Craftsman Interior Architecture

저자 블로그(http://blog.naver.com/hdh1470)를 통한 실시간 질의응답

실내건축 기능사

실기

황두환 지음

" 이 책을 선택한 당신, 이미 성공의 첫걸음을 내디뎠습니다! "

BM (주)도서출판 성안당

■ 도서 A/S 안내

성안당에서 발행하는 모든 도서는 저자와 출판사, 그리고 독자가 함께 만들어 나갑니다.

좋은 책을 펴내기 위해 많은 노력을 기울이고 있습니다. 혹시라도 내용상의 오류나 오탈자 등이 발견되면 "좋은 책은 나라의 보배"로서 우리 모두가 함께 만들어 간다는 마음으로 연락주시기 바랍니다. 수정 보완하여 더 나은 책이 되도록 최선을 다하겠습니다.

성안당은 늘 독자 여러분들의 소중한 의견을 기다리고 있습니다. 좋은 의견을 보내주시는 분께는 성안당 쇼핑몰의 포인트(3,000포인트)를 적립해 드립니다.

잘못 만들어진 책이나 부록 등이 파손된 경우에는 교환해 드립니다.

저자 문의 e-mail : hdh1470@naver.com(황두환)
본서 기획자 e-mail : coh@cyber.co.kr(최옥현)
홈페이지 : http://www.cyber.co.kr   전화 : 031) 950-6300

머리말　　　　　　　　　　　　　　　　　　　　　　　Preface

"이 책이 여러분의 꿈을 향한 여정에 작은 힘이 되기를 바랍니다."

필자 역시 여러분과 마찬가지로 실내건축을 공부하며 자격증 취득과정을 거쳐 온 사람입니다. 1998년 건축제도기능사를 시작으로 조적, 도장, 건축, 실내건축 등 다양한 자격을 취득하고, 관련 업무와 강의를 해오면서 느낀 점은 시공·설계 분야의 여러 자격이 실제 현장과는 다소 괴리가 있다는 사실이었습니다.

'실내건축기능사'는 1990년대 실내 환경에 대한 관심이 높아지던 시기에, 1997년 새롭게 신설된 종목입니다. 그러나 당시의 검정방식은 CAD 활용이 확산되던 산업환경과 달리, 삼각자·T자·제도기 등을 이용한 수작업 방식을 채택하였습니다. 오늘날 실내건축 산업 현장에서는 컴퓨터를 통한 2D 도면 작성, 3D 모델을 활용한 시각화 자료 제작 능력이 무엇보다 중요합니다. 이에 따라 산업 현장의 인력 수요, 설계 기술의 발전, 교육 환경의 변화에 맞춰 2026년 제1회 실기시험부터는 기존의 수작업 방식 대신 CAD 시스템을 기반으로 한 컴퓨터 활용 방식으로 변경되어 시행됩니다.

따라서 수험자에게는 평면도 등 2D 도면 작성 능력과 함께 투시도 작성을 위한 3D 모델링 프로그램 학습이 필수적으로 요구됩니다. 필자는 이러한 새로운 검정 방식과 출제 기준에 맞는 교재의 필요성을 절감하여 본서를 집필하게 되었습니다.

기능사 시험은 필기와 실기를 준비하는 과정에서 많은 시간과 노력, 그리고 비용이 소요됩니다. 이 책이 수험생 여러분의 자격증 취득과 목표 달성에 작은 힘이 되고, 교사와 강사님들께는 지식 전달을 위한 효과적인 참고 자료가 되기를 바랍니다. 끝으로, 부족한 필자의 원고를 적극 검토하고 출간을 이끌어주신 성안당 출판사 임직원 여러분께 감사드리며, 언제나 곁에서 응원과 힘이 되어준 영이, 재인, 지현에게도 깊은 고마움을 전합니다.

저자 황두환

차 례

PART 00 실내건축기능사 실기 개요

Chapter 01. 자격시험의 응시
01 자격검정 홈페이지 '큐넷'	2
02 자격증 취득절차	3
03 실기시험 출제기준(큐넷 공지 기준)	4
04 실기시험 채점기준(예상표)	6
05 시험장소별 프로그램 버전 (2025년 2월 AutoCAD 기준)	7

Chapter 02. 출제 도면과 작성 도면의 이해
01 출제되는 시험 문제지와 도면	9
02 문제도면과 요구조건의 이해	13
03 요구도면(답안) 작성에 대한 이해	16
04 시험문제 과제의 범위(주거공간)	21

PART 01 AutoCAD 실기 핵심 명령어 50

Chapter 01. 그리기 명령어
01 새 도면[New]	25
02 선[LINE(L)]	27
03 구성선[XLINE(XL)]	28
04 원[CIRCLE(C)]	29
05 호[ARC(A)]	29
06 타원[ELLIPSE(EL)]	30
07 직사각형[RECTANG(REC)]	31
08 해치[HATCH(H)]	31
09 도넛[DONUT(DO)]	32
10 스플라인[SPLINE(SPL)]	33
11 영역[BOUNDARY(BO)]	34
12 텍스트 서클[TCIRCLE]	34

Contents

Chapter 02. 편집 명령어

01 지우기[ERASE(E)] / [DELETE]	36
02 간격 띄우기[OFFSET(O)]	37
03 자르기[TRIM(TR)]	37
04 연장[EXTEND(EX)]	38
05 그립[GRIP]	40
06 이동[MOVE(M)]	40
07 복사[COPY(CO, CP)]	41
08 분해[EXPLODE(X)]	42
09 신축[STRETCH(S)]	43
10 모깎기[FILLET(F)]	44
11 끊기[BREAK(BR)]	44
12 회전[ROTATE(RO)]	45
13 축척[SCALE(SC)]	46
14 대칭[MIRROR(MI)]	47
15 정렬[ALIGN(AL)]	48
16 블록[BLOCK(B)]	49
17 결합[JOIN(J)]	50

Chapter 03. 문자, 치수 관련 명령어

01 스타일[STYLE(ST)]	51
02 단일 행 문자[DTEXT(DT)]	52
03 여러 줄 문자[MTEXT(T, MT)]	53
04 문자 편집[DDEDIT(ED)]	53
05 치수 스타일[DIMSTYLE(D)]	54
06 선형치수[DIMLINEAR(DLI)]	55
07 빠른 작업[QUICKDIM(QDIM)]	55
08 빠른 지시선[QLEADER(LE)]	56

Chapter 04. 출력 및 기타 명령어

01 옵션[OPTIONS(OP)]	57
02 객체 스냅[OSNAP(OS)]	58
03 선 종류[LINETYPE(LT)], 선 축척[LTSCALE(LTS)]	58
04 도면층[LAYER(LA)]	59

05	도면층 컨트롤	60
06	특성의 Line Type(선 종류) 컨트롤	61
07	특성 일치[MATCHPROP(MA)]	61
08	특성[PROPERTIES(Ctrl+1, CH)]	62
09	파일 열기[OPEN(Ctrl+O)]	63
10	파일 저장[SAVE(Ctrl+S)]	63
11	다른 이름으로 저장[SAVEAS(Ctrl+Shift+S)]	63
12	파일 부착[ATTACH]	64
13	플롯[PLOT(Ctrl+P)]	64

PART 02 실내건축도면의 이해

Chapter 01. 실내건축도면과 표현

01	평면도, 내부 입면도, 천장도의 이해	68
02	주거공간의 구조(기둥, 벽, 덕트)	71
03	선, 문자, 치수의 표현	76
04	용어와 기호	78
05	마감재와 명칭의 표현	80

Chapter 02. AutoCAD 환경설정

01	객체 스냅 및 상태막대 설정	81
02	문자 설정(style)	82
03	치수 설정(Dimstyle)	82
04	선분 유형 설정(Linetype)	84
05	도면층 구성(Layer)	85
06	도면양식 및 표제란 작성	86

Chapter 03. 주거공간의 도면 요소 그리기

01	가구 그리기	90
02	위생도기와 욕조 그리기	99
03	창호 그리기	101
04	설비 그리기	103
05	평면(벽체) 그리기	104
06	내부 입면 그리기	108

Contents

PART 03 2D 도면 과제 작성

Chapter 01. 자녀방: 2D 도면 작성
- 01 요구조건과 문제도면 확인 — 112
- 02 평면도 작성 — 113
- 03 천장도 작성 — 130
- 04 내부 입면도-A 작성 — 136

Chapter 02. 거실: 2D 도면 작성
- 01 요구조건과 문제도면 확인 — 143
- 02 평면도 작성 — 145
- 03 천장도 작성 — 158
- 04 내부 입면도-A 작성 — 165

Chapter 03. 주방: 2D 도면 작성
- 01 요구조건과 문제도면 확인 — 170
- 02 평면도 작성 — 172
- 03 천장도 작성 — 187
- 04 내부 입면도-D 작성 — 194

Chapter 04. 원룸(대학생): 2D 도면 작성
- 01 요구조건과 문제도면 확인 — 200
- 02 평면도 작성 — 202
- 03 천장도 작성 — 216
- 04 내부 입면도-A 작성 — 222

PART 04 실기시험에 꼭 필요한 SketchUp 명령어 47

Chapter 01. 스케치업 시작하기
- 01 스케치업 작업환경 설정하기 — 231
- 02 모델 살펴보기(작업화면 컨트롤) — 233
- 03 뷰(View) — 235
- 04 뷰 스타일(Style) — 235

　　　　　05 투시도(카메라) 설정　　　　　　　236
　　　　　06 기본 단축키　　　　　　　　　　　237

Chapter 02. 그리기 도구
　　　　　01 선(L)　　　　　　　　　　　　　238
　　　　　02 사각형(R)　　　　　　　　　　　238
　　　　　03 원(C)　　　　　　　　　　　　　239
　　　　　04 2점 호(A)　　　　　　　　　　　240

Chapter 03. 편집 도구
　　　　　01 선택(Space Bar)　　　　　　　　241
　　　　　02 지우개(E)　　　　　　　　　　　243
　　　　　03 밀기/끌기(P)　　　　　　　　　244
　　　　　04 그룹　　　　　　　　　　　　　246
　　　　　05 이동(M)　　　　　　　　　　　247
　　　　　06 회전(Q)　　　　　　　　　　　248
　　　　　07 따라가기　　　　　　　　　　　250
　　　　　08 배율(S)　　　　　　　　　　　250
　　　　　09 오프셋(F)　　　　　　　　　　252
　　　　　10 대칭　　　　　　　　　　　　　253
　　　　　11 기타 편집 도구　　　　　　　　254

Chapter 04. 재질 및 주석 도구
　　　　　01 줄자(T)　　　　　　　　　　　258
　　　　　02 치수　　　　　　　　　　　　　259
　　　　　03 3D 텍스트　　　　　　　　　　260
　　　　　04 페인트통(B)　　　　　　　　　261

Chapter 05. 출력 및 기타 도구
　　　　　01 태그　　　　　　　　　　　　　262
　　　　　02 스타일 설정　　　　　　　　　262
　　　　　03 그림자 설정　　　　　　　　　264
　　　　　04 카메라 설정　　　　　　　　　265
　　　　　05 이미지 내보내기　　　　　　　266
　　　　　06 파일 가져오기　　　　　　　　267

Contents

PART 05 3D 모델링 과제 작성

Chapter 01. 자녀방: 3D 모델링 및 실내투시도
01 요구도면 확인   270
02 3D 모델링 과정   271
03 2D 도면 수정   271
04 3D 모델링   272
05 재질 및 환경요소 적용   291
06 실내투시도 이미지 추출 및 배치   295

Chapter 02. 거실: 3D 모델링 및 실내투시도
01 요구도면 확인   300
02 3D 모델링 과정   300
03 2D 도면 수정   301
04 3D 모델링   302
05 재질 및 환경요소 적용   322
06 실내투시도 이미지 추출 및 배치   327

Chapter 03. 주방: 3D 모델링 및 실내투시도
01 요구도면 확인   332
02 3D 모델링 과정   332
03 2D 도면 수정   333
04 3D 모델링   334
05 재질 및 환경요소 적용   350
06 실내투시도 이미지 추출 및 배치   354

Chapter 04. 원룸: 3D 모델링 및 실내투시도
01 요구도면 확인   358
02 3D 모델링 과정   358
03 2D 도면 수정   359
04 3D 모델링   360
05 재질 및 환경요소 적용   378
06 실내투시도 이미지 추출 및 배치   382

PART 06 실기시험 처음부터 끝까지 따라하기

Chapter 01. AutoCAD 환경설정
    01 시험 시작 전 장비(PC) 확인   389
    02 AutoCAD 버전에 따른 시스템 확인   389

Chapter 02. 시험문제 확인 및 도면 양식 작성
    01 요구사항 확인   392
    02 수험자 유의사항   394
    03 문제도면-평면도   396
    04 선의 유형, 도면층, 글꼴, 치수의 설정   397
    05 도면 양식 작성하기   399

Chapter 03. 평면도 작성
    01 벽체 작성   401
    02 창호 작성   402
    03 가구 작성 및 배치   405
    04 문자 기입   410
    05 선 정리 및 해치   411
    06 치수 기입   414
    07 디자인 의도   415

Chapter 04. 내부 입면도 작성
    01 내부 입면도 작성 준비   417
    02 입면 윤곽 작성   418
    03 가구 작성   419
    04 기호 및 문자 기입   421
    05 치수 기입   421

Contents

Chapter 05. 천장도 작성

01 천장도 작성 준비   423
02 개구부 편집 및 몰딩 작성   425
03 조명 및 설비 배치   425
04 문자 및 치수 기입   427
05 2D 도면 저장   429
06 PDF 저장   429

Chapter 06. 투시도 작성

01 2D 도면 수정   436
02 2D 도면 정리   437
03 3D 모델링   440
04 천장 모델링   451
05 세부 모델링 및 소품 추가   452
06 재질 및 환경요소 적용   453
07 실내투시도 이미지 추출 및 배치   457
08 PDF 저장   462
09 A3 용지 출력   465

PART 07 실내건축기능사 실기 예상문제

01. 서재   468
02. 부부침실   476
03. 식사실   484
04. 원룸형 주택(A)   492
05. 원룸형 주택(B)   500
06. 주거용 오피스텔(A)   508
07. 주거용 오피스텔(B)   516

Craftsman Interior Architecture

PART 0

실내건축기능사 실기 개요

Chapter 01 | **자격시험의 응시**

Chapter 02 | **출제 도면과 작성 도면의 이해**

Chapter 01 자격시험의 응시

실내건축기능사는 학력 등 응시자격에 대한 제한이 없으므로 누구나 응시하여 취득할 수 있습니다.

Section 01 자격검정 홈페이지 '큐넷'

한국산업인력공단에서 운영하는 '큐넷'은 국가기술자격의 정보제공은 물론 접수, 시행, 관리 등 다양한 업무를 지원합니다.

www.q-net.or.kr

포털사이트에서 '큐넷'으로 검색

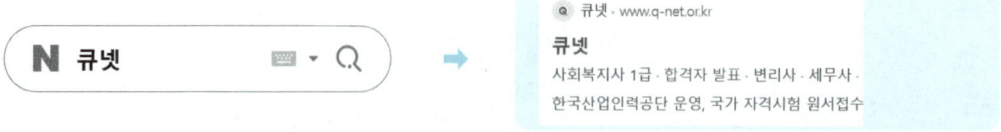

Section 02 자격증 취득절차

큐넷 홈페이지에서 회원가입을 시작으로 필기시험과 실기시험으로 나누어 응시하게 됩니다.

1. 큐넷의 회원가입
2. 필기시험 접수
3. 필기시험 응시
    - 시험시간: 60분
    - 합격기준: 60문제 중 36문제 이상 맞으면 합격

    * 필기시험에 합격하면 2년간 실기시험에 응시 가능
4. 필기시험 합격
5. 실기시험 접수
6. 실기시험 응시
    - 시험시간: 5시간 정도
    - 합격기준: 완성 제출하여 60점 이상
7. 실기시험 합격
8. 자격증 발급
    큐넷 홈페이지에서 발급신청 및 출력
    - 상장형(무료, 직접 출력)
    - 수첩형(발급수수료+배송비)

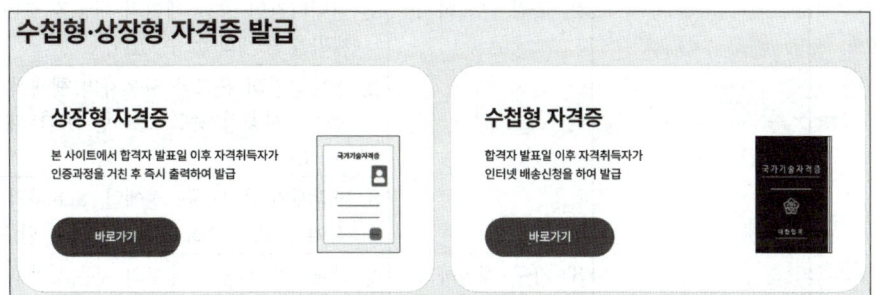

Section 03 실기시험 출제기준(큐넷 공지 기준)

직무분야	건설	중직무분야	건축	자격종목	실내건축기능사	적용기간	2025. 01. 01~ 2027. 12. 31

○ **직무내용**: 기능적, 미적 요소를 고려하여 건축 실내공간을 계획하고, 기본 설계도서를 작성하며, 완료된 설계도서에 따라 시공 등의 현장업무를 수행하는 직무이다.
○ **수행준거**: 1. 계획설계도면, 실시설계도면 등을 작도할 수 있다.
　　　　　　　2. 실내투시도 및 투상도를 작도할 수 있다.

실기검정방법	작업형	시험시간	5시간 정도

실기과목명	주요항목	세부항목	세세항목
실내건축 작업	1. 실내디자인 계획	1. 공간 계획하기	1. 실내디자인 기획단계의 내용을 토대로 통합적이고 구체적인 실내공간을 계획할 수 있다.
			2. 실내디자인 기획단계의 내용을 토대로 마감재, 색채, 조명, 가구, 장비, 에너지 절약, 친환경 계획을 적용할 수 있다.
			3. 실내디자인 공간 계획에 따른 기본 설계도면을 작성할 수 있다.
			4. 실내디자인 공간 계획에 따른 개략적인 물량을 산출할 수 있다.
			5. 공사 공정에 따라 제반 비용을 포함한 총공사예가를 산출할 수 있다.
		2. 마감 계획하기	1. 실내디자인 공간 계획의 내용을 토대로 마감 계획을 구체화할 수 있다.
			2. 실내공간의 용도와 사용자의 행태적, 심리적 특성, 시공성 등을 고려한 마감 계획을 할 수 있다.
			3. 마감재의 안전기준, 장애인, 노유자의 편의 증진에 관한 기준을 검토하고 적용할 수 있다.
		3. 가구 계획하기	1. 실내디자인 공간 계획의 내용을 토대로 가구 계획을 구체화할 수 있다.
			2. 계획된 공간의 특성에 따라 행태적, 심리적 특성을 고려한 가구계획을 할 수 있다.
			3. 계획된 공간에 전기, 기계설비 요소들을 고려한 가구배치를 할 수 있다.
			4. 계획된 공간의 특성에 따라 인체공학적, 심리적 특성을 고려한 가구를 선정할 수 있다.

실기과목명	주요항목	세부항목	세세항목
실내건축 작업	1. 실내디자인 계획	3. 가구 계획하기	5. 장애인, 노유자의 특성을 고려한 가구 계획을 할 수 있다.
		4. 조명 계획하기	1. 계획된 공간에 적절한 조도를 갖춘 경제적, 기능적, 심미적인 조명배치에 대한 기본 계획을 할 수 있다.
			2. 계획된 공간에 경제적, 기능적, 심미적인 조명과 조명기구 등을 선정할 수 있다.
			3. 계획된 공간에 경제적, 기능적, 심미적인 배선기구 등을 선정할 수 있다.
			4. 계획된 공간에 필요한 약전, 정보통신에 대한 기본 설비 계획을 할 수 있다.
			5. 계획된 전기설비에 대하여 전기설비 협력업체와 구체화 작업을 협의할 수 있다.
			6. 전기설비 및 조명 협력업체를 관리할 수 있다.
		5. 설비 계획하기	1. 계획된 공간에 필요한 급배수, 공조, 냉난방, 위생설비, 배관, 배선 등 설비 기본 계획을 수립할 수 있다.
			2. 계획된 공간에 필요한 소화설비 등에 대한 계획을 수립할 수 있다.
			3. 계획된 공간에 필요한 실내위생설비 및 실내 관련 설비기구를 선정할 수 있다.
			4. 계획된 공간에 필요한 방화 및 피난시설에 대한 계획을 수립할 수 있다.
			5. 계획된 공간에 필요한 화재탐지설비에 대한 계획을 수립할 수 있다.
			6. 계획된 위생·소방·안전 설비에 대하여 협력업체와 구체화 작업을 협의할 수 있다.
			7. 위생설비 및 소방·안전 협력업체를 관리할 수 있다.
	2. 실내디자인 설계도서 작성	1. 실시 설계도면 작성하기	1. 기본 설계를 바탕으로 시공이 가능하도록 실시설계 도면을 작성할 수 있다.
			2. 설계도면 작성 기준에 따라 정확하게 설계도면을 작성할 수 있다.
			3. 도면을 작성한 후 설계도면집을 완성하여 제시할 수 있다.
		2. 내역서 작성하기	1. 실시설계 도면을 파악하여 수량산출서를 작성할 수 있다.
			2. 자재의 단가와 개별 직종 노임단가를 조사하여 재료비, 노무비, 경비를 파악하고 일위대가를 작성할 수 있다.

실기과목명	주요항목	세부항목	세세항목
실내건축 작업	2. 실내디자인 설계도서 작성	2. 내역서 작성하기	3. 공종별 내역서를 작성할 수 있다.
			4. 공사의 원가계산서를 작성할 수 있다.
		3. 시방서 작성하기	1. 실시설계도면을 검토하여 도면에 표현하기 어려운 내용과 공사의 특수성을 감안하여 시방서를 작성할 수 있다.
			2. 시공을 위한 일반사항과 공종별 지침에 대해 기술할 수 있다.
			3. 필요한 경우 특기시방서를 직접 작성하거나 관련 업체에 요청하여 취합할 수 있다.

Section 04 실기시험 채점기준(예상표)

주요항목	배점	감점사항
도면 배치 및 미관	10	1. 도면의 배치가 중앙에 있지 않고 한쪽으로 치우친 경우 2. 지정된 테두리선을 작성하지 않거나 표제란이 틀린 경우 3. 도면요소 이외에 불필요한 요소가 남아 있는 경우 4. 도면명, 축척 표기 등 주요 기호를 누락하거나 틀린 경우
선의 작도 및 구분	10	1. 도면요소에 따른 선의 두께 표현이 미숙한 경우 2. 선분이 교차되는 부분, 모서리 부분의 처리가 미흡한 경우 3. 치수선 및 인출선, 지시선의 각도 등 정렬상태가 고르지 못한 경우 4. 지정된 선의 두께로 하지 않은 경우
문자 내용의 표기	10	1. 문자의 크기와 간격이 적절하지 못하고, 일정치 않은 경우 2. 문자 내용의 표현, 위치가 적절하지 못한 경우 3. 문자를 표기해야 하는 곳에 표기되지 않은 경우 4. 문자 및 숫자에 오타가 있거나 표기방법이 잘못된 경우
평면도	30	1. 도면요소의 크기 및 간격 등 형상 표현이 미흡한 경우 2. 재료의 표현이 누락되거나 미흡한 경우 3. 출입구, 단차의 표현, 입면기호 등 주요 기호가 누락된 경우 4. 개구부의 표현이 구조적으로 미흡한 경우 5. 가구, 집기가 누락되거나 미흡한 경우 6. 동선, 가구, 마감 계획이 미흡한 경우 7. 배치되는 가구 및 집기의 크기가 적절치 않은 경우 8. 디자인 의도가 누락된 경우
내부 입면도	10	1. 벽면의 마감표기가 누락된 경우 2. 관련된 가구의 표현이 미흡한 경우 3. 문자, 치수의 표기가 미흡한 경우

주요항목	배점	감점사항
천장도	10	1. 평면도의 구조와 일치하지 않는 경우 2. 조명의 배치, 표현이 미흡한 경우 3. 환기 및 소방설비의 배치, 표현이 미흡한 경우 4. 천장의 마감표기가 누락된 경우 5. 커튼 박스가 누락된 경우
투시도	20	1. 표현 방향 및 부분이 공간을 나타내는 데 있어 부족한 경우 2. 가구 및 집기의 배치가 누락된 경우 3. 가구 및 집기의 표현이 미흡한 경우 4. 걸레받이, 천장몰딩 등 주요 마감재의 표현이 미흡한 경우 5. 적용된 재질이 디자인 의도와 일치하지 않은 경우 6. 재질 적용 및 표현이 미흡한 경우 7. 투시도의 전체적인 균형이 맞지 않는 경우

Section 05 시험장소별 프로그램 버전(2025년 2월 AutoCAD 기준)

공개된 프로그램의 버전은 '예정'된 현황으로, 실제 접수 시 일부 변경이 있을 수 있으며, 실기시험 전에 배정된 시험장에 전화로 문의하여 확인하는 것이 좋습니다.

기관명	시험장소명	시설현황
서울	서울동부국가자격시험장(광진구) [주차 절대 불가]	AutoCAD 2019(한글)
서울	휘경공업고등학교 [주차 협소]	AutoCAD 2024(한글)
서울서부	서울서부국가자격시험장	AutoCAD 2020(한글)
서울서부	서울중부기술교육원 [주차 불가]	AutoCAD LT 2022(한글)
서울서부	용산철도고등학교 [주차 불가]	AutoCAD 2022(한글)
부산	부산국가자격시험장(금곡동, 한국산업인력공단 부산지역본부)	AutoCAD 2024(한글)
대구	대구공업대학교 3호관	AutoCAD 2023(한글)
대구	대구디지털시험센터 1층 6실 [유료주차 주차 협소]	AutoCAD 2020(한글)
대구	대구디지털시험센터 1층 7실 [유료주차 주차 협소]	AutoCAD 2020(한글)
대구	한국폴리텍대학 영남융합기술캠퍼스(크리에이티브관)	2차원 : AutoCAD 2016(한, 영)
인천	인천디지털시험센터 10실 [인천인력개발원 내, 유료주차]	2차원 : AutoCAD 2020(한글)
인천	피나캐드학원 1실 [주차 불가]	2차원 : AutoCAD 2023(한글)
광주	광주공업고등학교(건축과) [정문 왼쪽 주차]	AutoCAD 2013(한글)
광주	광주디지털시험센터 4실 [주차 불가]	AutoCAD 2020(한글)
광주	전남공업고등학교	AutoCAD 2016(한글)

Craftsman Interior Architecture

기관명	시험장소명	시설현황
서울남부	나눔디지털디자인학원	AutoCAD 2022(영문)
서울남부	서울산업정보학교 [주차 불가]	AutoCAD 2024(한글)
서울남부	유한공업고등학교	AutoCAD 2021(한글)
서울남부	한국폴리텍대학 서울강서캠퍼스	AutoCAD 2018(한글)
충남	천안공업고등학교 [대중교통 이용]	AutoCAD 2023(한글)
울산	울산국가자격시험장	AutoCAD 2020(한글)
경인	수원공업고등학교	AutoCAD 2020(한글)
경인	수원디지털시험센터 [주차 불가, 주변 공영주차장(유료) 이용]	AutoCAD 2020(한글)
경인	안양공업고등학교 [주차 협소]	AutoCAD 2020(한글)
충북	충북국가자격시험장 3층 전산3실	AutoCAD 2020(한글)
대전	대전국가자격시험장(CBT 1실) [주차 불가]	AutoCAD 2020(한글)
대전	대전디지털시험센터 1실 9층	AutoCAD 2020(한글)
대전	대전디지털시험센터 2실 9층	AutoCAD 2020(한글)
전북	전북국가자격시험장 3층 5실(전북지사 청사 내)	AutoCAD 2020(한글)
전북	전북국가자격시험장 3층 6실(전북지사 청사 내)	AutoCAD 2020(한글)
전남	한국폴리텍대학 순천캠퍼스	AutoCAD 2015(한글)
경북	경북국가자격시험장(안동)	AutoCAD 2018(한글)
제주	제주국가자격시험장(제주지사)	AutoCAD 2021(한글)
강원동부	강원동부국가자격시험장(강릉)	AutoCAD 2020(한글)
부산남부	부산남부국가자격시험장(남구 용당동)	AutoCAD 2020(한글)
경북동부	경북직업전문학교(본관)	AutoCAD 2014(한글)
경기북부	경기북부국가자격시험장 [주차 불가]	AutoCAD 2019(한글)
경기북부	대한상공회의소 경기인력개발원	소프트웨어: ZW CAD 2020(한글)
경기동부	성남테크노과학고등학교(뒷건물)	AutoCAD 2020(한글)
경기동부	여주대학교(자동차연구소)	AutoCAD 2022(한글)
경기동부	한국폴리텍대학 성남캠퍼스(드림관)	AutoCAD 2022(한글)
경북서부	한국폴리텍대학 구미캠퍼스(누리관)	AutoCAD 2021(한글)
경기남부	(평택)동일공업고등학교 [주차 불가]	AutoCAD 2022(한글)
경기서부	부천공업고등학교 [주차 불가, 대중교통 이용]	AutoCAD 2019(한글)
서울강남	서울동부기술교육원	AutoCAD 2020(한글)

Chapter 02 출제 도면과 작성 도면의 이해

실기시험은 문제도면을 그대로 그리는 것이 아니라, 주어진 공간(평면도)과 제시된 요구조건에 맞춰 평면도, 내부 입면도, 천장도, 실내투시도를 작성하는 것입니다. 요구도면을 작성하려면 먼저 제시된 요구조건과 주어진 공간(평면도)을 이해하는 것이 중요합니다.

Section 01 출제되는 시험 문제지와 도면

문제지는 총 4~5페이지입니다.

1페이지 : 요구사항과 조건

국가기술자격 실기시험문제

자격종목	실내건축기능사	과제명	주거용 오피스텔

※ 시험시간 : 5시간

1. 요구사항

요구조건에 따라 건축설계 프로그램을 사용하여 도면을 작도하고, PDF 파일로 변환하여 출력 후 작업물과 출력물을 제출하시오.

가. 요구조건

개요	용도	• 주거용 오피스텔
	인적 구성	• 20대 여성 1인
제시도면 조건	설계면적	• 6,150mm × 4,300mm × 2,500mm(CH)
	출입문	• 1,000mm × 2,000mm(H)
	화장실문	• 800mm × 2,000mm(H)
	이중창문	• 2,500mm × 1,500mm(H)

제시도면 조건	외벽체	• 콘크리트 벽체/붉은벽돌 치장마감 [내부 마감재 임의] + [THK 200mm 철근콘크리트] + [THK 100mm 단열재] + [0.5B 붉은벽돌 마감]
	내벽체	• 콘크리트 벽체: THK 200mm 철근콘크리트 • 화장실 벽체: 0.5B 벽돌쌓기
설계조건	필요 공간 및 집기	• 싱글침대　　　　　　　　• 책장 • 1인용 소파 및 테이블　　• 2인용 식탁 및 의자 • 옷장　　　　　　　　　　• 신발장 • 컴퓨터 및 책상　　　　　• TV 및 테이블 • 장식장　　　　　　　　　• 주방기구

※ 위에 제시된 조건은 필수조건이며, 이외에 필요한 조건은 수험자가 임의로 추가할 수 있음(주어지지 않은 치수는 수험자가 임의로 설정).

2페이지: 요구도면과 기타 사항

나. 요구도면

❶ 평면도(1장, 가구배치 및 바닥마감재 표기) – S : 1/30
   • 평면도 주변의 여유공간에 설계(디자인) 의도를 200자 이내로 서술
❷ 내부 입면도(1장) – S : 1/30
   • D방향 1면(가구 배치 및 벽면재료 표기)
❸ 천장도(1장) – S : 1/30
   • 설비, 조명기구 배치 및 범례표 작성/천장마감재 표기
❹ 실내투시도(1장) – S : N.S
   • 계획의 포인트가 좋은 지점에서 1소점 또는 2소점 투시법으로 작성

다. 기타 사항

❶ 도곽 작성(작성시트)
   • 아래 예시와 같이 도곽 및 표제란을 작성
   • 도곽 안에 요구도면이 들어가도록 작업한 후 PDF 파일로 제출 및 출력(3D 작업 포함)

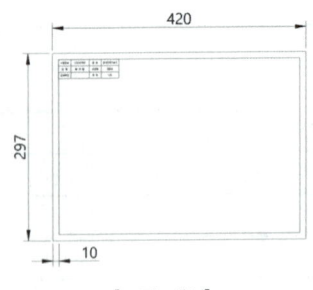

[도곽 예시]

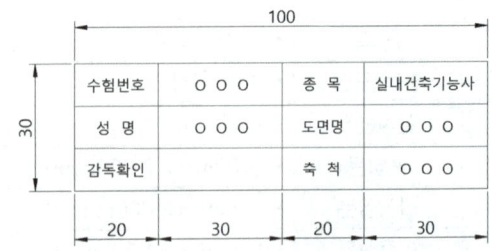

[표제란 예시]

❷ 도면 배치 순서

2D 작업(흑백)			3D 작업(컬러)
첫째 장	둘째 장	셋째 장	넷째 장
평면도	내부 입면도	천장도	실내투시도

❸ 2D 작업 선 두께

빨강(1)=0.05mm	노랑(2)=0.3mm	녹색(3)=0.25mm	하늘색(4)=0.2mm
파랑(5)=0.15mm	보라(6)=0.1mm	회색 1(8)=0.05mm	회색 2(9)=0.1mm

- 선의 통일을 위해 제시된 조건으로 검은색 선의 PDF 파일로 제출

3페이지: 수험자 유의사항

2. 수험자 유의사항

※ 다음 유의사항을 고려하여 요구사항을 완성하시오.

가. 명기되지 않은 조건은 건축법, 건축구조 및 건축제도 원칙에 따릅니다.

나. 시험 시작 후 제공된 폴더명을 본인 비번호로 바꾸고, 모든 파일은 해당 폴더 안에 저장하도록 합니다.

다. 정전 및 기계 고장 등에 의한 자료손실을 방지하기 위하여 수시로 저장합니다.

라. 2D 작업이 완료되면 2D 제출용 폴더를 생성하여 해당 폴더 안에 PDF 파일로 저장 후 감독위원에게 제출합니다. (2D 작업 PDF 제출이 완료된 이후 3D 작업을 실시)

마. 3D 작업이 완료되면 3D 제출용 폴더를 생성하여 해당 폴더 안에 PDF 파일로 저장 후 감독위원에게 제출하고 시험위원 입회하에 본인이 직접 A3 용지에 2D, 3D 도면을 출력하도록 합니다.

※ 2D 제출용 폴더명 예시: 1_홍길동_2D (비번호_이름_2D)

※ 3D 제출용 폴더명 예시: 1_홍길동_3D (비번호_이름_3D)

※ PDF 파일명 예시: 1_홍길동_평면도 (비번호_이름_도면명)

※ 출력작업 시 출력 관련된 설정 외의 도면 수정작업 등은 할 수 없으며, 수정작업 등을 한 경우 실격됩니다.

※ 수험자의 작도 잘못으로 도면이 출력이 안 되는 경우, 출력시간이 10분을 초과할 경우는 실격 처리됩니다. (출력시간은 시험시간에서 제외, 출력 기회는 2회 제공)

바. 시험장의 장비(시설) 등이 파손되거나 고장 나지 않도록 유의하여 작업하도록 합니다.

사. 다음 사항은 실격에 해당하여 채점 대상에서 제외됩니다.

① 시험시간 내에 요구사항을 완성하지 못한 경우

② 시험시간 내에 제출된 작품이라도 다음과 같은 경우

- 구조적, 기능적으로 사용 불가능한 도면이 1개라도 있을 경우
- 주어진 조건을 지키지 않고 작도한 경우

③ 기타 채점대상에서 제외되는 조건
- 지급된 재료 이외의 재료를 사용한 경우
- 제공된 자료 이외에 블록, 오브젝트, 프로그램(리습, 루비 등)을 별도로 사전에 지참하여 사용하는 경우
- 시험 중 시설·장비의 조작 또는 재료의 취급이 미숙하여 위해를 일으킬 것으로 시험위원 전원이 합의하여 판단한 경우

4페이지 : 문제도면

3. 도 면

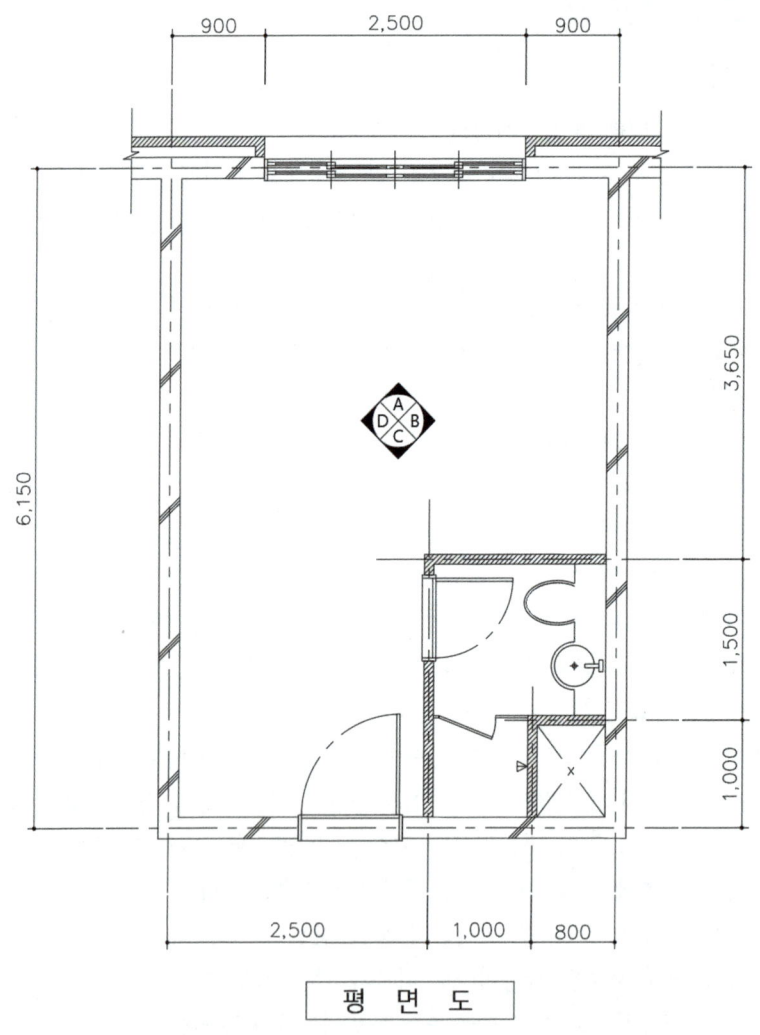

평 면 도

5페이지 : 지급재료 목록

4. 지급재료 목록

번호	재료명	규격	단위	수량	비고
1	AutoCAD (2D 설계 프로그램)	-	개	1	1인당
2	SketchUp-Pro	-	개	1	1인당
3	출력용지	A3	장	8	1인당
4	USB 메모리	64GB	개	1	15인당
5	프린터 잉크	표준량	개	1	검정장당

Section 02 문제도면과 요구조건의 이해

문제도면은 가구 배치가 되지 않은 평면도로, 주로 욕실과 현관 등의 정보만 표시됩니다. 주어진 평면에 요구조건을 충족하는 공간을 설계하는 것이 실기시험의 과제입니다.

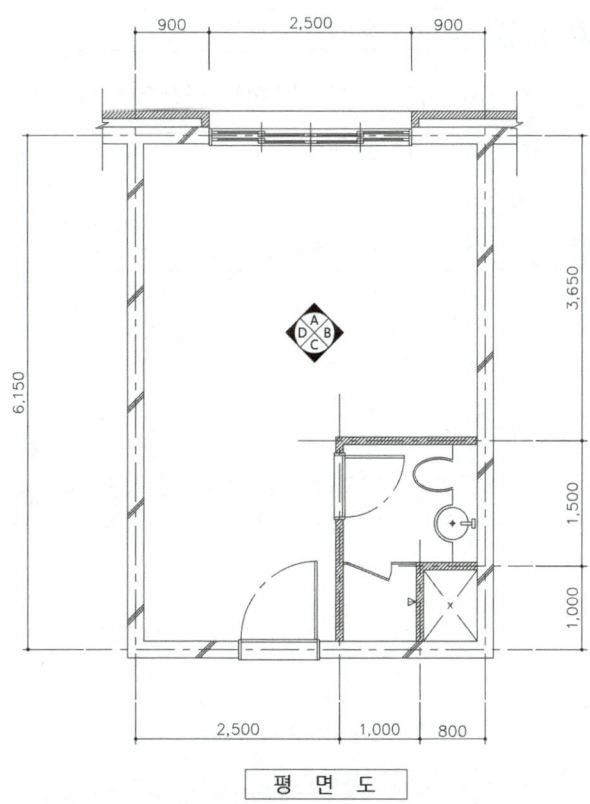

평 면 도

① 개요	용도	• 주거용 오피스텔
	인적 구성	• 20대 여성 1인
② 제시도면 조건	설계면적	• 6,150mm × 4,300mm × 2,500mm(CH)
	출입문	• 1,000mm × 2,000mm(H)
	화장실문	• 800mm × 2,000mm(H)
	이중창문	• 2,500mm × 1,500mm(H)
	외벽체	• 콘크리트 벽체/붉은벽돌 치장마감 [내부 마감재 임의] + [THK 200mm 철근콘크리트] + [THK 100mm 단열재] + [0.5B 붉은벽돌 마감]
	내벽체	• 콘크리트 벽체: THK 200mm 철근콘크리트 • 화장실 벽체: 0.5B 벽돌쌓기
③ 설계조건	필요 공간 및 집기	• 싱글침대 • 책장 • 1인용 소파 및 테이블 • 2인용 식탁 및 의자 • 옷장 • 신발장 • 컴퓨터 및 책상 • TV 및 테이블 • 장식장 • 주방기구

❶ 개요 확인

용도	• 주거용 오피스텔
인적 구성	• 20대 여성 1인

주거용 오피스텔로서 20대 여성 1인이 거주하는 공간으로 디자인

❷ 도면 조건(구조) 확인

• 설계면적

설계면적	• 6,150mm × 4,300mm × 2,500mm(CH)

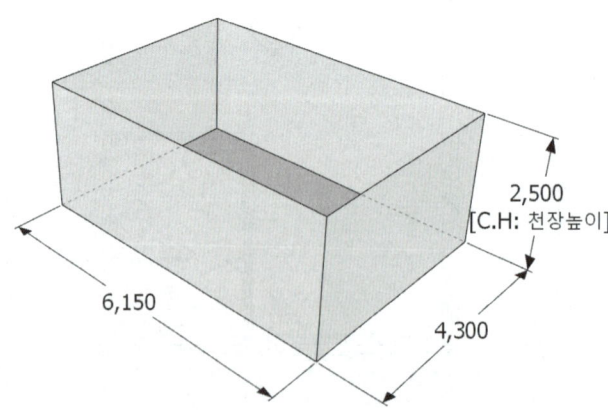

• 창호

① 출입문	1,000mm×2,100mm(H)
② 화장실문	800mm×2,000mm(H)
③ 이중창문	2,500mm×1,500mm(H)

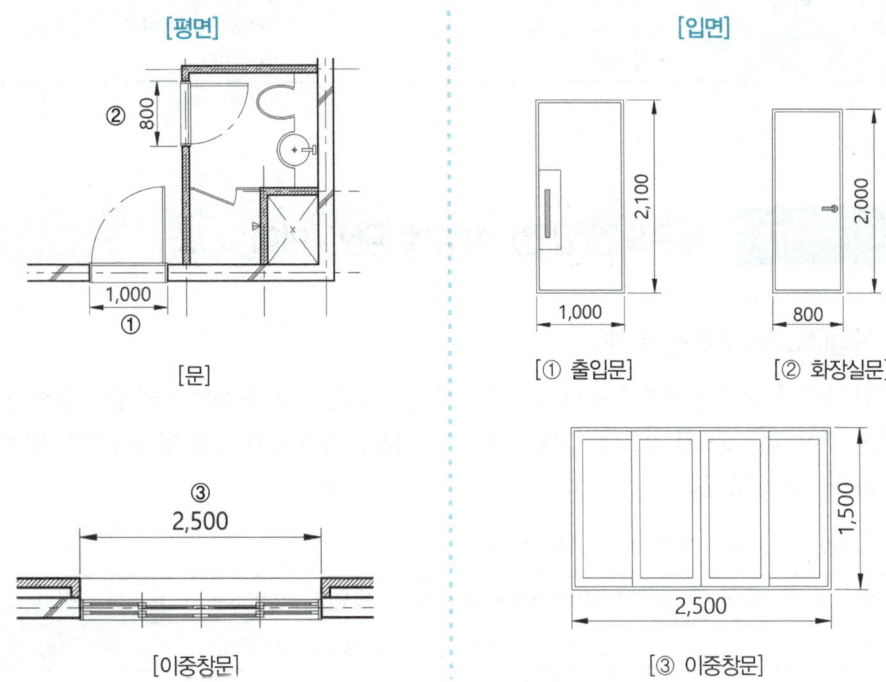

• 벽체

외벽체	• 콘크리트 벽체/붉은벽돌 치장마감 [내부 마감재 임의 + THK 200mm 철근콘크리트 + THK 100mm 단열재 + 0.5B 붉은벽돌 마감]
내벽체	• 콘크리트 벽체: [THK 200mm 철근콘크리트] • 화장실 벽체: [0.5B 벽돌 쌓기]

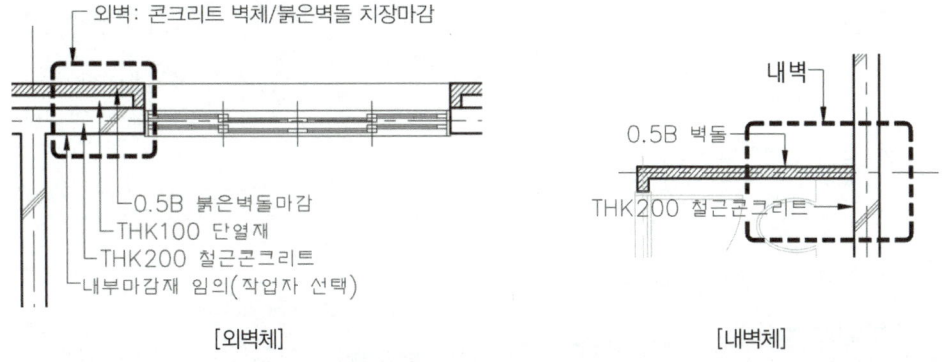

③ 설계조건 확인

주어진 공간에 제시된 가구와 집기는 필수조건으로 모두 작성하고 배치

필요 공간 및 집기	• 싱글침대 • 1인용 소파 및 테이블 • 옷장 • 컴퓨터 및 책상 • 장식장	• 책장 • 2인용 식탁 및 의자 • 신발장 • TV 및 테이블 • 주방기구

Section 03 요구도면(답안) 작성에 대한 이해

1) 2D 작업(AutoCAD) 선 두께

제시된 색상과 선의 두께를 적용하여 도면을 작성합니다. 도면 표현의 다양성을 위해 총 8가지의 색상이 주어지는 것으로, 도면요소에 따른 선의 사용은 수험자가 직접 정의하므로 작업자에 따라 차이가 날 수 있습니다.

※ 본 교재에서는 필자가 정의한 선을 사용합니다.

빨강(1)=0.05mm	노랑(2)=0.3mm	녹색(3)=0.25mm	하늘색(4)=0.2mm
파랑(5)=0.15mm	보라(6)=0.1mm	회색 1(8)=0.05mm	회색 2(9)=0.1mm

2) 평면도

문제지에 표기된 필수 가구와 집기를 배치해 축척 1/30로 작성합니다. 캐드로 도면을 작성하기 전 시험지의 평면도에 공간의 구성과 가구의 배치를 스케치한 다음 캐드로 도면을 작성합니다. 각 공간의 바닥마감재를 표기하고 디자인 의도를 200자 이내로 서술합니다. 되도록 제시된 도면의 방향을 유지해야 하지만 도면 크기에 따라 방향을 변경해도 됩니다.

실내건축기능사 실기

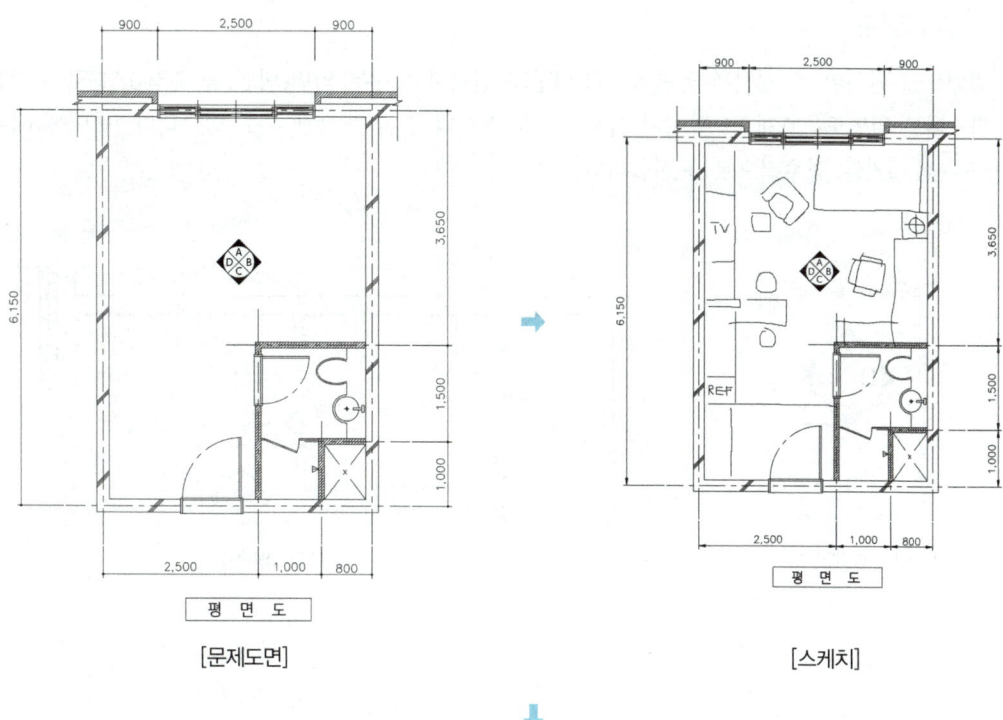

[문제도면]   [스케치]

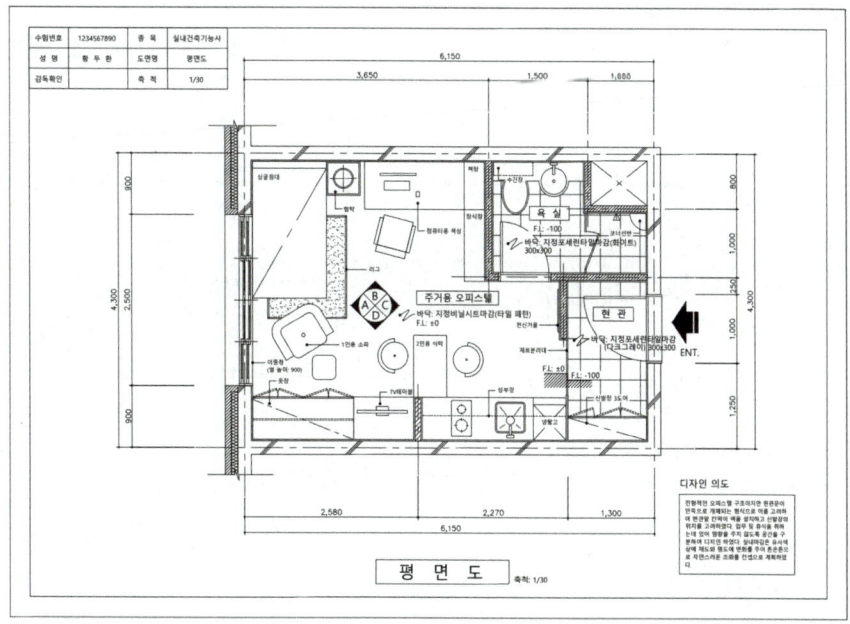

[평면도 완성도면]

Chapter 02 출제 도면과 작성 도면의 이해

Craftsman Interior Architecture

3) 내부 입면도

평면도를 완성한 후 제시된 입면기호의 방향과 일치하는 내부 입면(벽면)을 축척 1/30로 작성합니다. 내부 입면도는 1개 면 작성이 기준이지만, 2개의 면이 제시될 수도 있습니다. 벽면에 배치된 가구나 집기는 필수적으로 표현합니다.

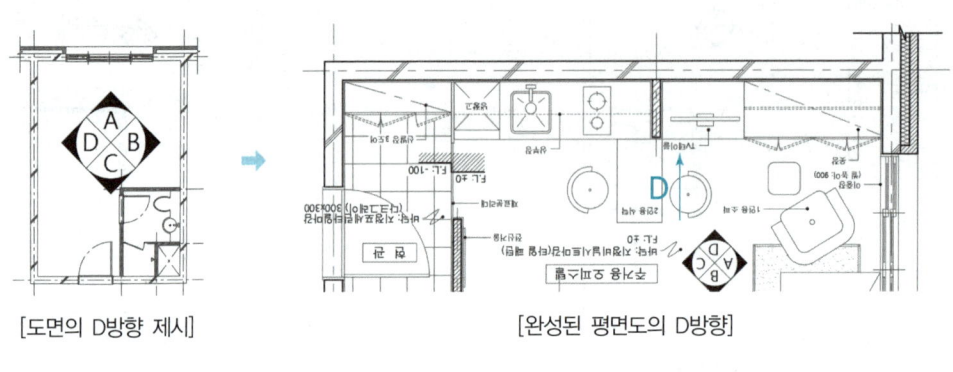

[도면의 D방향 제시]   [완성된 평면도의 D방향]

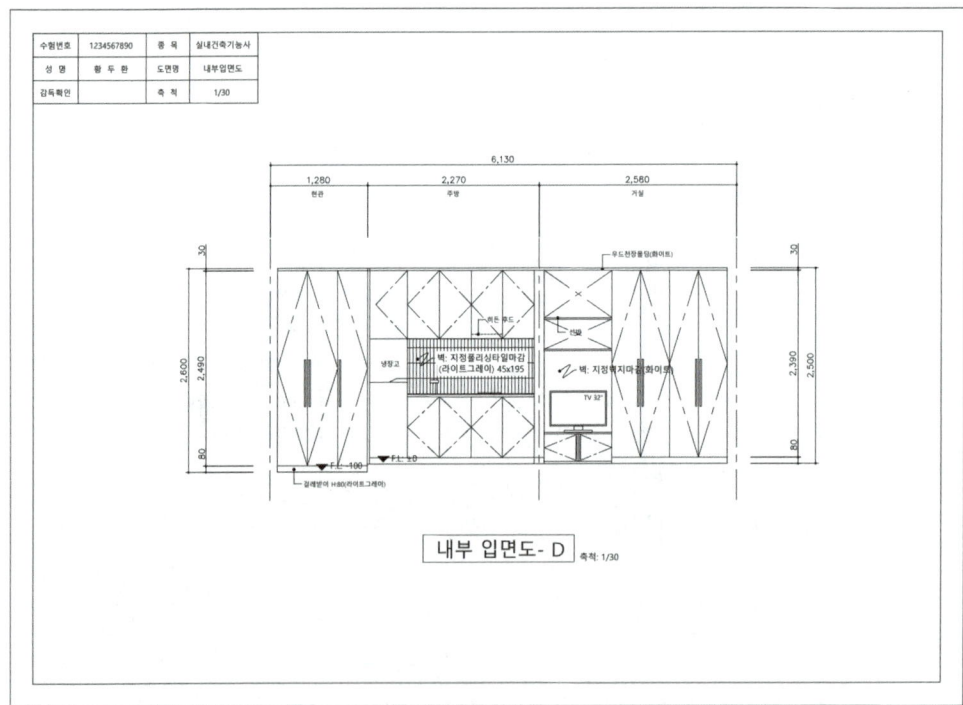

[입면도 완성도면]

4) 천장도

완성된 평면도를 복사해서 수정하는 방법으로, 축척 1/30로 작성합니다. 설비와 조명기구를 배치하고 각 공간의 천장마감재를 표기합니다. 천장도 작성 후 좌측이나 우측 여백에 범례표를 작성합니다.

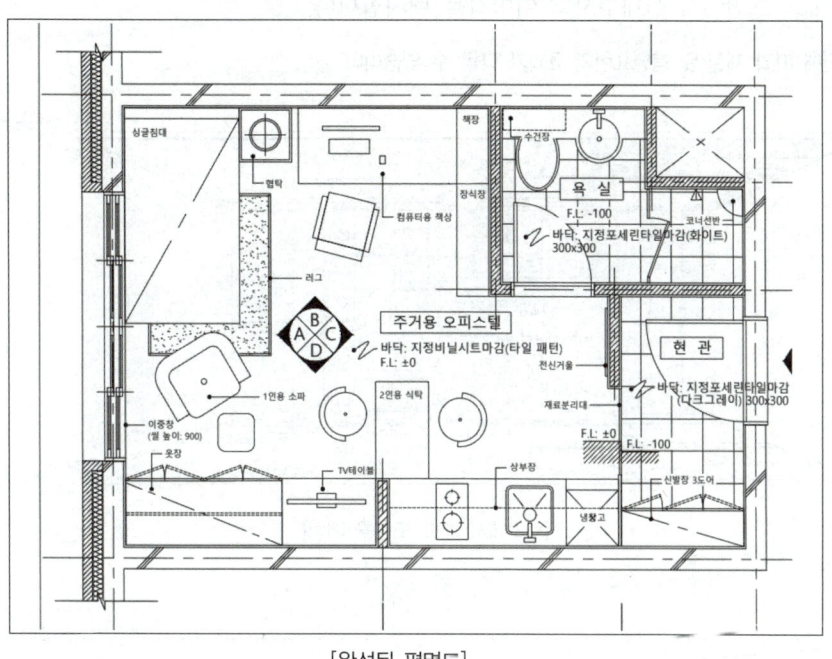

[완성된 평면도]

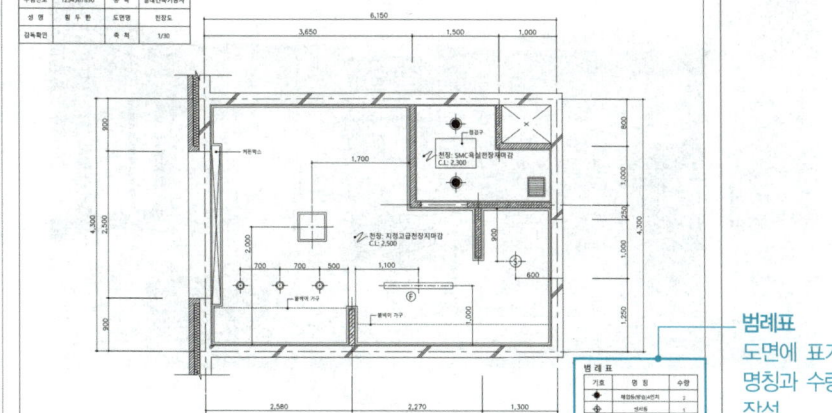

범례표
도면에 표기한 기호의 명칭과 수량을 표로 작성

[천장도 완성도면]

5) 실내투시도

캐드를 활용한 2D 도면 작성을 모두 마친 후 실내투시도 작성에 필요한 모델링을 진행합니다. 계획의 포인트가 좋은 지점(수험자 선택)에서 1소점 또는 2소점 투시법으로 작성합니다. 앞서 완성한 평면도, 내부 입면도, 천장도를 스케치업으로 불러와 모델링 후 실내투시도 이미지를 추출합니다. 이후 캐드 도면에서 실내투시도 이미지를 배치합니다.

* 스케치업 버전에 따라 재질 및 음영표현의 효과가 다를 수 있습니다.

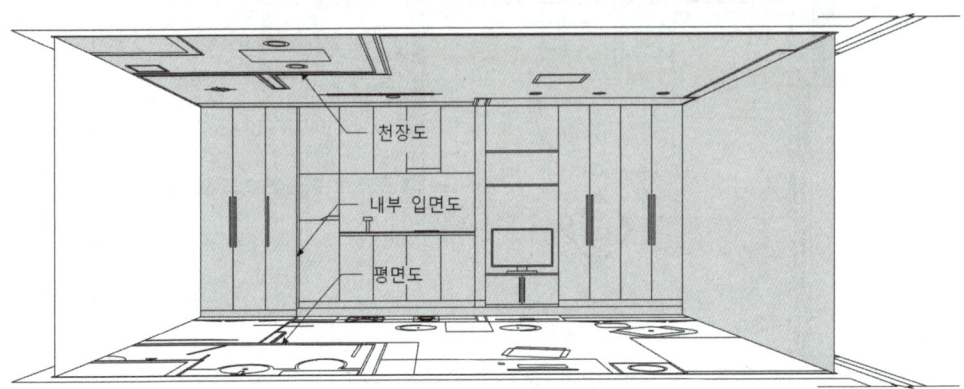

[스케치업에서 캐드 도면을 배치]

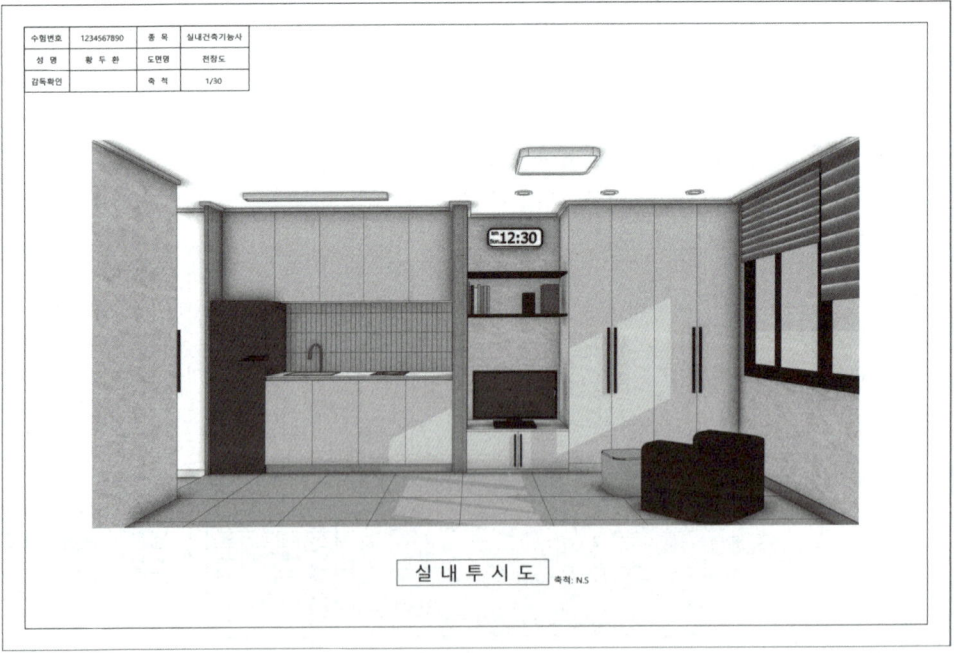

[실내투시도 완성도면]

Section 04 시험문제 과제의 범위(주거공간)

실내공간의 유형은 크게 주거공간, 상업공간, 업무공간, 전시공간으로 구분됩니다. 기능사 등급에서는 주거공간에 해당되는 주방, 거실, 방 등 주택의 일부나 원룸, 오피스텔과 같은 공간이 문제도면으로 제시됩니다.

등급	기능사	산업기사	기사
공간 범위	주거공간	주거공간, 업무공간, 상업공간	주거공간, 업무공간, 상업공간, 전시공간
작성과제 (도면)	평면도 내부 입면도(1면) 천장도 실내투시도	평면도 내부 입면도(2면) 천장도 실내투시도	평면도 내부 입면도(2면) 천장도 실내투시도 상세단면도
시험시간	5시간 정도	5시간 30분 정도	6시간 30분 정도
과년도 출제문제 (2025년까지)	자녀방 주방 거실 원룸 주거용 오피스텔 독신자 아파트	독신자APT 오피스텔 이동통신매장 의류매장 벤처사무실 커피숍 헤어숍 네일숍 패스트푸드점 안경점 약국 베이커리카페	홍보 부스 PC방 디자인사무소 사장실+비서실 커피숍 병원 한의원 귀금속전시장 웨딩숍 식료품점 약국 패스트푸드점 제과점 자동차판매대리점 의류매장 참치전문점 어린이도서관 이동통신매장

Craftsman Interior Architecture

PART 1

AutoCAD
실기 핵심 명령어 50

Chapter 01 | **그리기 명령어(12)**

Chapter 02 | **편집 명령어(17)**

Chapter 03 | **문자, 치수 관련 명령어(8)**

Chapter 04 | **출력 및 기타 명령어(13)**

Craftsman Interior Architecture

AutoCAD의 순수 명령어는 1,000개가 넘지만, 일반적으로 교육기관이나 AutoCAD 관련 서적에서는 300여 개 정도를 다룹니다. 그러나 실내건축기능사 실기시험에서는 약 50여 개의 명령어만으로 충분합니다. 이 단원에서는 시험에 필요한 주요 명령어와 그 활용방법에 대해 알아보겠습니다.

AutoCAD 실기 핵심 명령어 50

그리기 명령어
01. NEW
02. LINE(L)
03. XLINE(XL)
04. CIRCLE(C)
05. ARC(A)
06. ELLIPSE(EL)
07. RECTANG(REC)
08. HATCH(H)
09. DONUT(DO)
10. SPLINE(SPL)
11. BOUNDARY(BO)
12. TCIRCLE(TCI)

15. ALIGN(AL)
16. BLOCK(B)
17. JOIN(J)

문자, 치수 관련 명령어
01. STYLE(ST)
02. DTEXT(DT)
03. MTEXT(T, MT)
04. DDEDIT(ED)
05. DIMSTYLE(D)
06. DIMLINEAR(DLI)
07. QUICKDIM(QDIM)
08. QLEADER(LE)

편집 명령어
01. ERASE(E)
02. OFFSET(O)
03. TRIM(TR)
04. EXTEND(EX)
05. GRIP
06. MOVE(M)
07. COPY(CO, CP)
08. EXPLODE(X)
09. STRETCH(S)
10. FILLET(F)
11. BREAK(BR)
12. ROTATE(RO)
13. SCALE(SC)
14. MIRROR(MI)

출력 및 기타 명령어
01. OPTIONS(OP)
02. OSNAP(OS)
03. LAYER(LA)
04. LINETYPE(LT), LTSCALE(LTS)
05. 도면층 컨트롤
06. 특성의 Line Type(선 종류) 컨트롤
07. MATCHPROP(MA)
08. PROPERTIES
09. OPEN
10. SAVE
11. SAVEAS
12. ATTACH
13. PLOT

Chapter 01 그리기 명령어

- 선, 원, 사각형 등을 그릴 때 사용하는 명령입니다. 기본적인 사용법과 주요 옵션을 확인합니다.
- 단축아이콘은 홈탭의 '그리기' 패널에서 사용할 수 있습니다.

> **학습파일** | 실습파일 \ Part01 \ Ch01 \ 그리기 명령어.dwg
> ▶ 동영상 \ Part01 \ Ch01 \ 그리기 명령어.mp4

 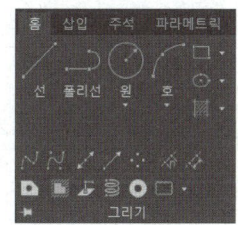

Section 01 새 도면 [New]

❶ AutoCAD 설치 ⇨ 실행 ⇨ '새로 만들기' 또는 단축아이콘() 클릭

❷ 명령행 위쪽의 ①부분을 클릭한 후, 드래그하여 3~4줄이 되도록 합니다.

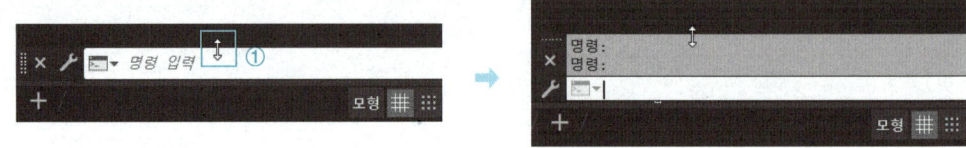

❸ 새 도면 설정

[STARTUP] Enter↵ ⇨ 1 Enter↵ (단위 선택으로 시작)

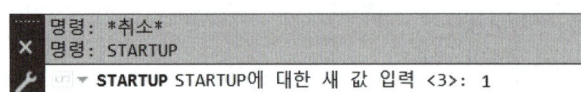

> **TIP 동적 입력 On/Off**
>
> 명령어 입력 시 커서 옆에 내용이 표시되면, F12를 눌러 동적 입력 기능을 Off합니다. 다시 한 번 누르면 동적 입력이 On으로 설정됩니다.
>
> 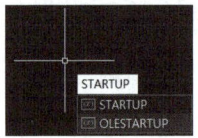   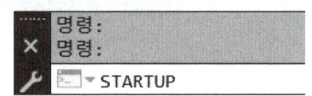
>
> [동적 입력 On]   [동적 입력 Off]

❹ [NEW] Enter↵ ⇨ [확인] 버튼 클릭

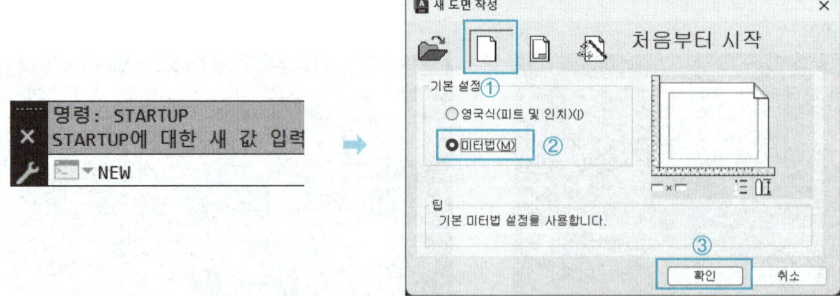

❺ 배경색 설정

OP [Enter↵] ⇨ [화면표시] 탭 클릭 ⇨ [색상] 버튼 클릭 ⇨ 검은색 클릭 ⇨ [적용 및 닫기] 클릭

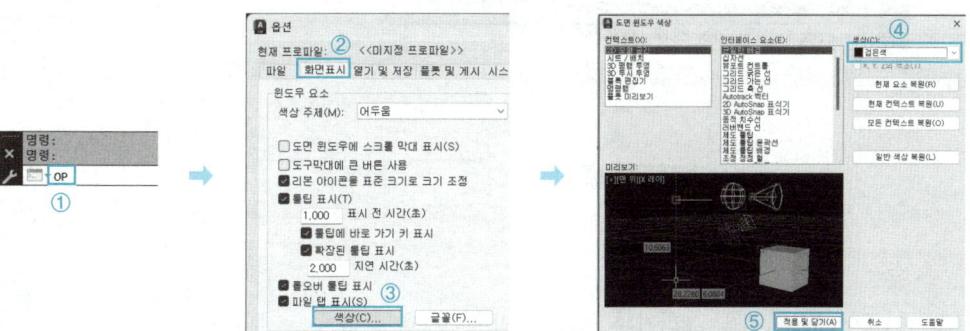

> **TIP** 실제 작업은 검은 바탕 화면에서 하지만, 본 교재에서는 시인성을 높이기 위해 흰색 바탕을 사용합니다.

❻ 커서 크기 설정

- [제도] 탭 클릭 ⇨ [AutoSnap] 표식 크기 조절(중간보다 조금 작게)
- [선택] 탭 클릭 ⇨ [확인란 크기] 표식 크기 조절(중간보다 조금 작게) ⇨ [적용(A)] 클릭 ⇨ [확인] 버튼 클릭

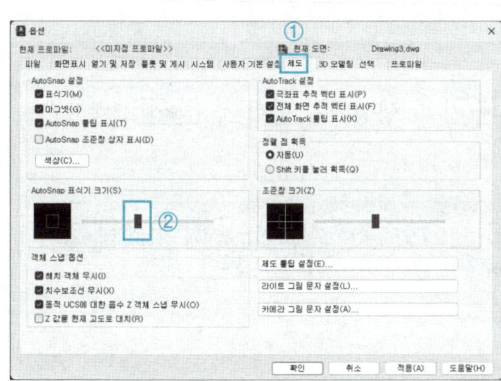 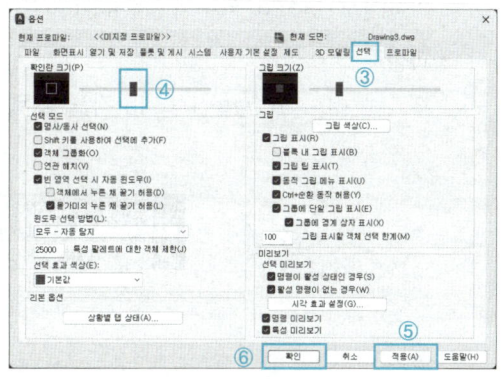

Section 02 선 [LINE(L)]

• 내용

수평선, 수직선, 사선을 그리는 명령으로, 가장 많이 사용됩니다.

- 과정

L Enter↵ ⇨ 선의 시작점(①) 클릭 ⇨ 다음 점(②) 클릭 ⇨ Enter↵ (종료)

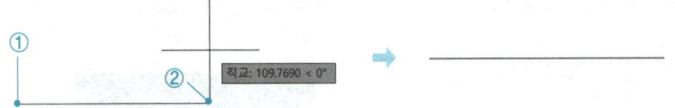

- 용도

기준이 되는 선을 그리거나 물체의 외형, 기호 등을 그릴 때 사용합니다.

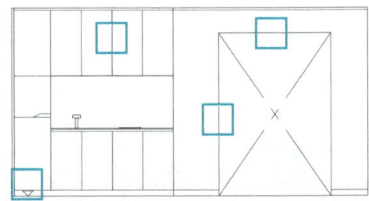

Section 03 구성선 [XLINE(XL)]

- 내용

사용자가 입력한 각도나 수직, 수평으로 무한대 선을 생성합니다.

- 과정

XL Enter↵ ⇨ A Enter↵ ⇨ 45(각도 입력) Enter↵ ⇨ 생성위치 클릭 ⇨ Enter↵ (종료)

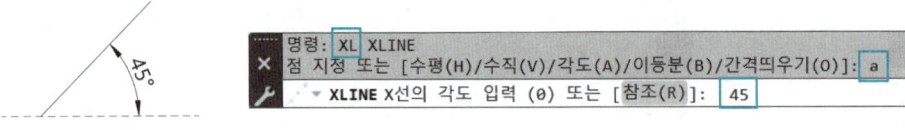

- 용도

수평(H) 및 수직(V) 옵션은 앞서 작성한 객체와 동일한 위치를 표시할 때 많이 사용됩니다.

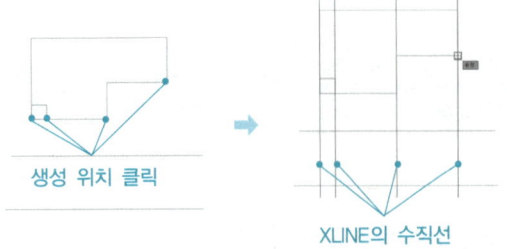

Section 04 원 [CIRCLE(C)]

- 내용

  반지름(R)이나 지름(D)을 입력하여 원을 생성합니다.

- 과정

  C Enter↵ ⇨ 원의 중심점 클릭 ⇨ 40(반지름 입력) Enter↵ (종료)

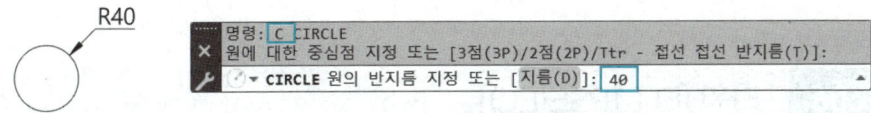

- 용도

  도어 핸들, 레인지의 화구, 원형 의자 등과 같은 둥근 형태의 객체를 그릴 때 사용합니다.

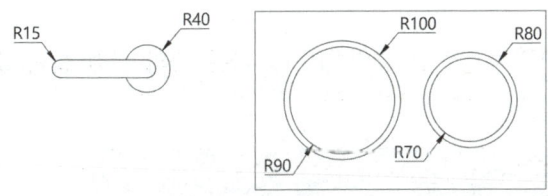

Section 05 호 [ARC(A)]

- 내용

  원의 일부인 호를 생성합니다.

- 과정

  A Enter↵ ⇨ 호의 시작점 클릭(1P) ⇨ 두 번째 점 클릭(2P) ⇨ 끝점 클릭(3P)

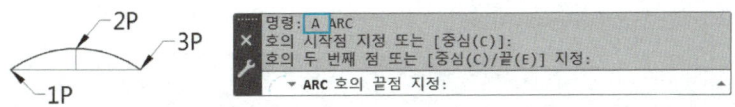

- 용도

해치(통로)의 상부 아치 등 모서리가 둥근 형상을 그릴 때 사용합니다.

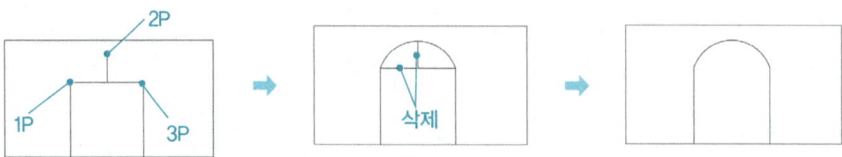

Section 06 타원 [ELLIPSE(EL)]

- 내용

타원을 생성합니다.

- 과정

EL `Enter↵` ⇨ 타원축의 시작점 클릭(1P) ⇨ 끝점 클릭(2P) ⇨ 다른 축의 끝점 클릭(3P)

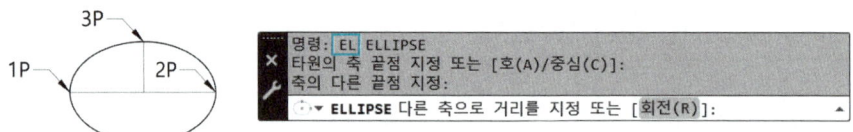

- 용도

세면대, 양변기 모양을 그릴 때 사용합니다.

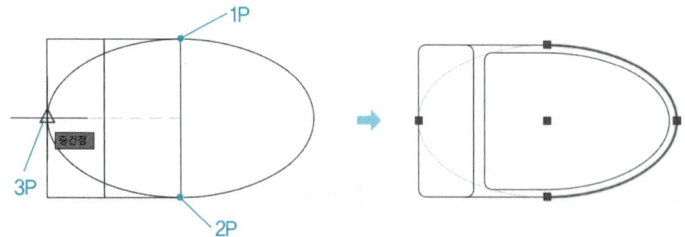

Section 07 직사각형 [RECTANG(REC)]

- **내용**

  하나의 Polyline으로 구성된 직사각형을 생성합니다.

- **과정**

  REC Enter⏎ ⇨ 코너 점 클릭 ⇨ @100,50(크기 입력) Enter⏎

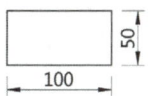 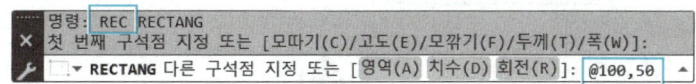

- **용도**

  도면 양식이나 사각형 모양의 가구 및 조명의 윤곽을 그릴 때 사용됩니다.

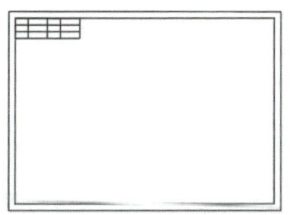 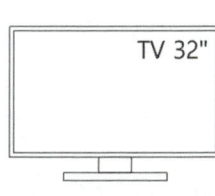 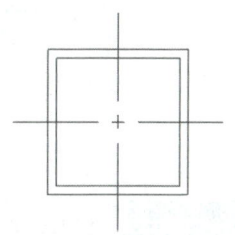

Section 08 해치 [HATCH(H)]

- **내용**

  사용자가 지정한 영역에 패턴을 넣습니다.

- **과정**

  H Enter⏎ ⇨ 영역 클릭 ⇨ 패턴, 크기, 각도 설정 ⇨ Enter⏎ 또는 [닫기] 클릭

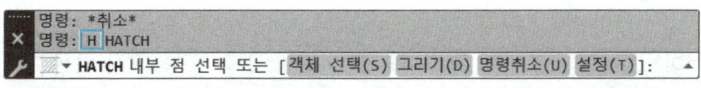

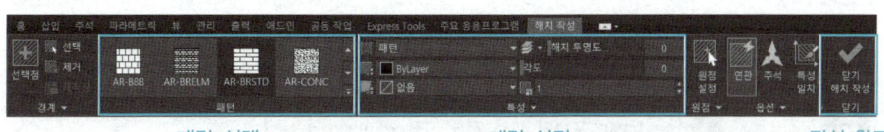

패턴 선택　　　　패턴 설정　　　　작성 완료

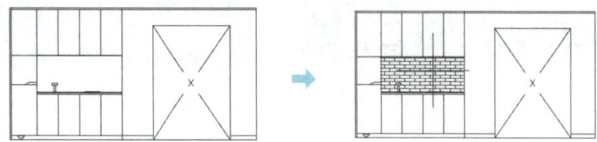

- **용도**

  색을 채우거나 타일, 벽지 등의 재료를 표현할 때 많이 사용됩니다.

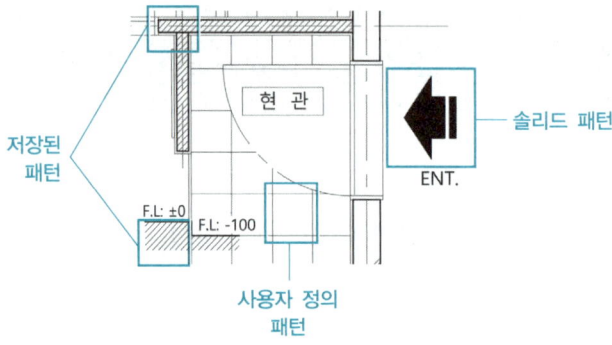

Section 09 도넛 [DONUT(DO)]

- **내용**

  크고 작은 점과 도넛 모양을 생성합니다.

- **과정**
  - 점: DO `Enter↵` ⇨ 0(안지름) `Enter↵` ⇨ 30(바깥지름) `Enter↵` ⇨ 생성 위치 클릭 ⇨ `Enter↵` (종료)

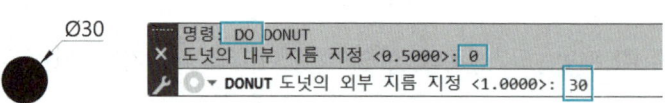

  - 도넛: DO `Enter↵` ⇨ 15(안지름) `Enter↵` ⇨ 30(바깥지름) `Enter↵` ⇨ 생성 위치 클릭 ⇨ `Enter↵` (종료)

• 용도

문자를 작성할 때 지시선의 화살표 형태로 사용됩니다.

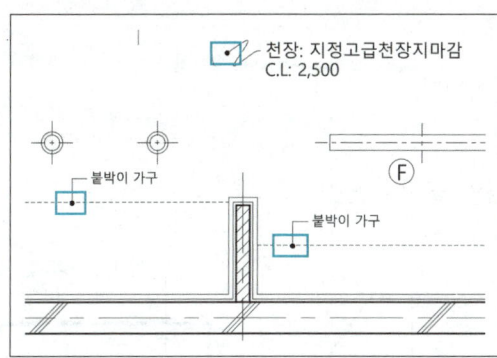

Section 10 스플라인 [SPLINE(SPL)]

• 내용

연속된 자유로운 곡선을 작성합니다.

• 과정

SPL [Enter] ⇨ 시작 점 클릭 ⇨ 다음 점 클릭 ⇨ 다음 점 클릭 ⇨ 끝점 클릭 [Enter]

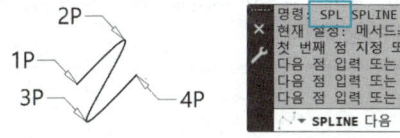

• 용도

파단선, 주요 마감재를 표기할 때 사용됩니다.

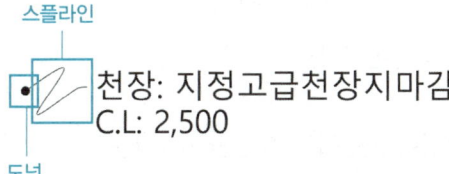
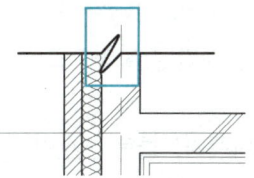

Craftsman Interior Architecture

Section 11 영역 [BOUNDARY(BO)]

• 내용
닫힌 영역을 따라 동일한 폴리선을 작성합니다.

• 과정
BO Enter ⇨ ① [점 선택] 클릭 ⇨ ② 영역 클릭 Enter

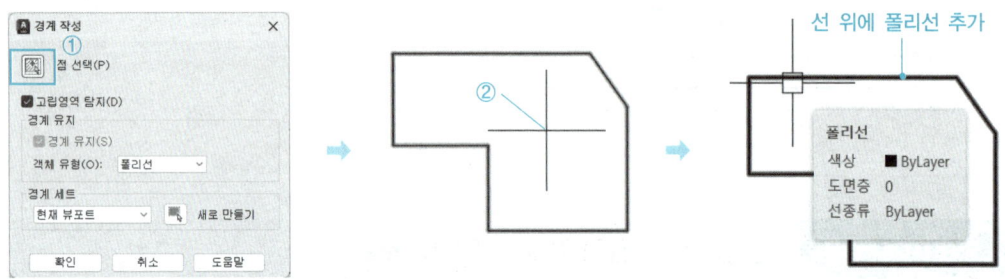

• 용도
선(Line)으로 작성한 영역을 폴리선(Polyline)으로 바꾸면, 벽체 두께선, 마감선, 몰딩선 등을 빠르게 작성할 수 있습니다.

> 참고
> BOUNDARY(BO) 명령은 기존 선을 폴리선으로 변경하는 것이 아니라, 동일한 위치에 새로운 폴리선을 추가로 생성하는 명령입니다. 따라서 기존 선 위에 폴리선이 겹쳐 작성됩니다.

Section 12 텍스트 서클 [TCIRCLE(TCI)]

• 내용
문자에 원, 슬롯, 사각형 모양으로 테두리를 작성합니다.

• 과정
TCI Enter ⇨ ① [문자] 클릭 Enter ⇨ 여백 입력 Enter ⇨ R Enter Enter

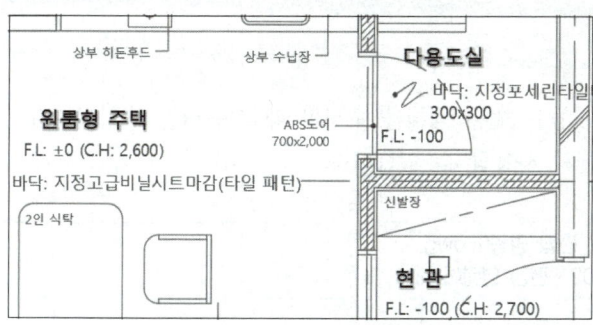

↓

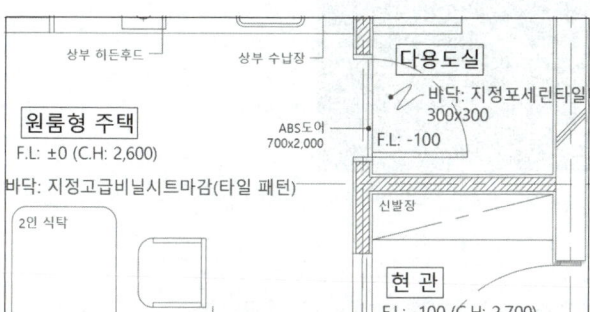

Chapter 02 편집 명령어

- 지우기, 자르기, 연장, 이동, 복사 등은 원본 객체를 수정할 때 사용하는 명령입니다.
- 단축아이콘은 홈탭의 '수정' 패널에서 사용할 수 있습니다.

> **학습파일** │ 실습파일 \ Part01 \ Ch02 \ 편집 명령어.dwg
> ▶ 동영상 \ Part01 \ Ch02 \ 편집 명령어.mp4

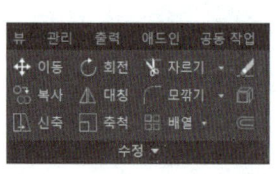 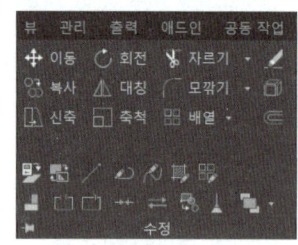

Section 01 지우기 [ERASE(E)] / [DELETE]

- **내용**
작성된 요소를 삭제합니다. 객체를 선택한 후 키보드에서 Delete 키를 눌러도 삭제할 수 있습니다.

- 과정 A – ERASE(E)
 E Enter ⇨ 삭제할 객체 클릭 ⇨ Enter

- 과정 B – DELETE Delete
 삭제할 객체 클릭 ⇨ Delete

Section 02 간격 띄우기 [OFFSET(O)]

- 내용
  선, 호, 원 등을 입력한 간격으로 평행하게 복사합니다.

- 과정
  O Enter↵ ⇨ 30(거릿값 입력) Enter↵ ⇨ 복사할 대상 클릭 ⇨ 복사할 방향 클릭 ⇨ Enter↵ (종료)

  ```
  명령: O OFFSET
  현재 설정: 원본 지우기=아니오    도면층=원본    OFFSETGAPTYPE=0
  OFFSET 간격띄우기 거리 지정 또는 [통과점(T) 지우기(E) 도면층(L)] <10.0000>: 30
  ```

- 용도
  기준선을 복사하거나 재료의 두께, 가구의 폭, 깊이, 높이를 표시할 때 사용됩니다.

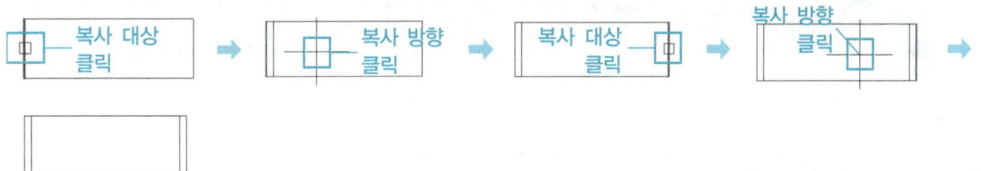

* Polyline을 Offset한 경우
  Rectang(REC)과 같은 Polyline은 하나의 선으로 연결되어 있어 모든 선이 같이 복사됩니다.

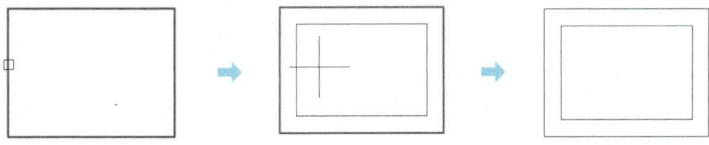

Section 03 자르기 [TRIM(TR)]

- 내용
  선, 원, 호 등의 경계를 기준으로 불필요한 부분을 잘라냅니다.
  ※ 본 교재에서는 Trim 명령의 S(표준) 모드를 기준으로 학습합니다.

- 과정 A – 빠른 모드(2021 버전 이상)
  - 기준선 사용: TR [Enter↵] ⇨ T [Enter↵] ⇨ 기준선 클릭 [Enter↵] ⇨ 자를 부분 클릭 ⇨ [Enter↵] (종료)
  - 모든 선 기준 사용: TR [Enter↵] ⇨ 자를 부분 클릭 ⇨ [Enter↵] (종료)

```
명령: TR TRIM
현재 설정: 투영=UCS, 모서리=없음, 모드=빠른 작업
자를 객체를 선택하거나 Shift 키를 누른 채로 선택하여 확장 또는
▼ TRIM [절단 모서리(T) 걸치기(C) 모드(O) 프로젝트(P) 지우기(R)]:
```

- 과정 B – 표준 모드
  - 기준선 사용: TR [Enter↵] ⇨ 기준선 클릭 [Enter↵] ⇨ 자를 부분 클릭 ⇨ [Enter↵] (종료)
  - 모든 선 기준 사용: TR [Enter↵] ⇨ [Enter↵] ⇨ 자를 부분 클릭 ⇨ [Enter↵] (종료)

- 모드 변경

  TR [Enter↵] ⇨ O [Enter↵] ⇨ S(표준)/Q(빠른 작업) [Enter↵]

```
명령: TR TRIM
현재 설정: 투영=UCS, 모서리=없음, 모드=빠른 작업
자를 객체를 선택하거나 Shift 키를 누른 채로 선택하여 확장 또는
▼ TRIM [절단 모서리(T)/걸치기(C)/모드(O)/프로젝트(P)/지우기(R)]: o 자르기 모드 옵션 입력 [빠른 작업(Q) 표준(S)] <빠른 작업(Q)>: s
```

- 용도

  도면작성 중 불필요한 선, 원, 호의 일부를 자를 때 사용됩니다.

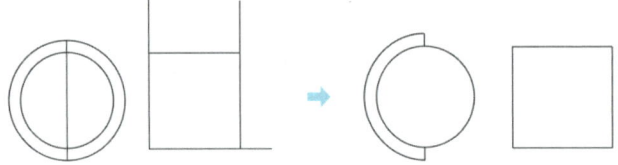

Section 04 연장 [EXTEND(EX)]

- 내용

  선이나 원, 호의 경계를 기준으로 선 또는 호의 길이를 연장합니다. 이 명령의 사용법과 원리는 [TRIM] 명령과 동일합니다.

  ※ 본 교재에서는 Extend 명령의 S(표준) 모드를 기준으로 학습합니다.

- 과정 A – 빠른 모드(2021 버전 이상)
  - 기준선 사용: EX [Enter↵] ⇨ B [Enter↵] ⇨ 기준선 클릭 [Enter↵] ⇨ 연장할 부분 클릭 ⇨ [Enter↵] (종료)

- 모든 선 기준 사용: EX Enter↵ ⇨ 연장할 부분 클릭 ⇨ Enter↵ (종료)

```
명령: EX EXTEND
현재 설정: 투영=UCS, 모서리=없음, 모드=빠른 작업
연장할 객체 선택 또는 Shift 키를 누른 채 선택하여 자르기 또는
▼ EXTEND [경계 모서리(B) 걸치기(C) 모드(O) 프로젝트(P)]:
```

• 과정 B - 표준 모드
- 기준선 사용: EX Enter↵ ⇨ 기준선 클릭 Enter↵ ⇨ 연장할 부분 클릭 ⇨ Enter↵ (종료)
- 모든 선 기준 사용: EX Enter↵ ⇨ Enter↵ ⇨ 연장할 부분 클릭 ⇨ Enter↵ (종료)

• 모드 변경
EX Enter↵ ⇨ O Enter↵ ⇨ S(표준)/Q(빠른 작업) Enter↵

```
명령: EX EXTEND
현재 설정: 투영=UCS, 모서리=없음, 모드=빠른 작업
연장할 객체 선택 또는 Shift 키를 누른 채 선택하여 자르기 또는
▼ EXTEND [경계 모서리(B)/걸치기(C)/모드(O)/프로젝트(P)]: O 연장 모드 옵션 입력 [빠른 작업(Q) 표준(S)] <빠른 작업(Q)>: S
```

• 용도
도면작성 중 선의 길이가 짧아 연장하고자 할 경우 사용됩니다.

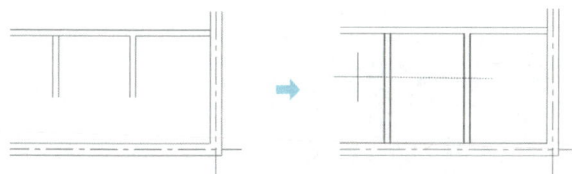

✓ 참고

유사한 명령으로 길이조정 LENGTHEN(LEN)이 있습니다.

• 과정
LEN Enter↵ ⇨ DE Enter↵ ⇨ 100(추가 길이) Enter↵ ⇨ 조정할 객체 클릭 ⇨ Enter↵ (종료)

```
명령: LEN LENGTHEN
측정할 객체 또는 [증분(DE)/퍼센트(P)/합계(T)/동적(DY)] 선택 <증분(DE)>: de
증분 길이 또는 [각도(A)] 입력 <0.0000>: 100
▼ LENGTHEN 변경할 객체 선택 또는 [명령 취소(U)]:
```

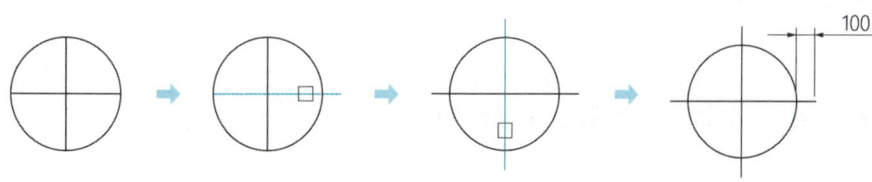

Section 05 그립 [GRIP]

- **내용**
  선택된 대상을 표시하고 편집명령을 실행합니다.

- **과정**
  - 객체 늘리고 줄이기: ① 대상 클릭 ⇨ ② Grip 클릭 ⇨ ③ 늘리거나 줄일 위치 클릭(F8=On)

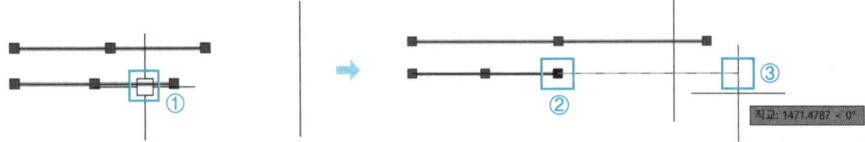

  - 편집명령 사용하기: ① 대상 클릭 ⇨ ② Grip 클릭 ⇨ ③ 마우스 오른쪽 클릭 ⇨ ④ 명령 클릭(F8=Off)

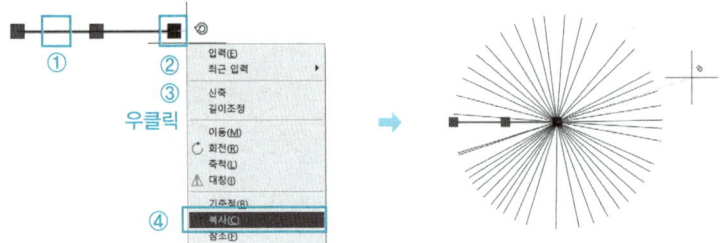

- **용도**
  선분의 길이를 조정한 후, 플랜트 박스(화분)를 표현할 때 [Rotate] 명령과 [Copy] 명령을 동시에 사용합니다.

Section 06 이동 [MOVE(M)]

- **내용**
  지정된 거리 및 방향으로 객체를 이동합니다.

- **과정**
  - 거릿값 입력: M [Enter↵] ⇨ 이동할 객체 클릭 [Enter↵] ⇨ 기준점 클릭 ⇨ F8=ON ⇨ 방향 지시 ⇨ 450(거릿값 입력) [Enter↵]

– 위치 지정: M `Enter↵` ⇨ 이동할 대상 클릭 `Enter↵` ⇨ 기준점 클릭 ⇨ 목적지 클릭

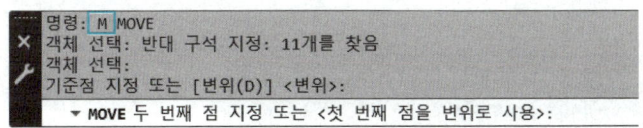

- 용도
  - 요소를 특정 거리만큼 이동하거나 위치를 조정할 경우 사용됩니다.
  - 거릿값 입력(`F8`=ON)

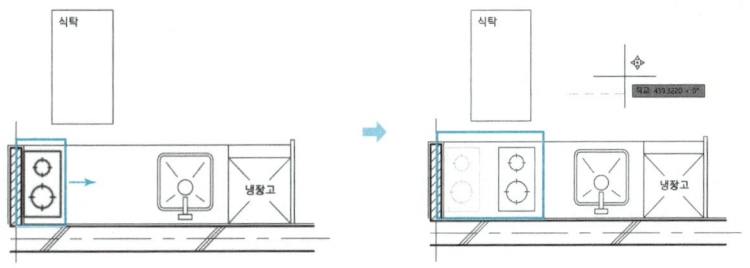

- 목적지 지정

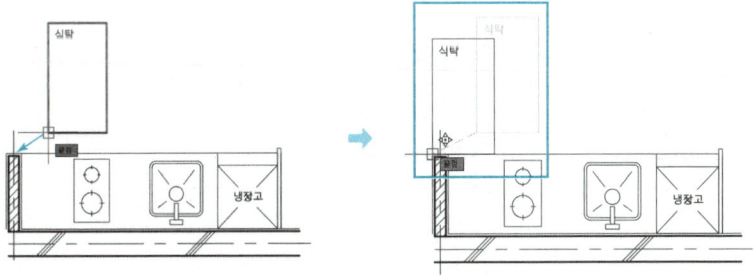

Section 07 복사 [COPY(CO, CP)]

- 내용
  지정된 거리 및 방향으로 객체를 복사합니다.

- 과정
  - 거릿값 입력: CO `Enter↵` ⇨ 복사할 객체 클릭 `Enter↵` ⇨ 기준점 클릭 ⇨ `F8`=ON ⇨ 방향 지시 ⇨ 450(거릿값 입력) `Enter↵` ⇨ `Enter↵` (종료)

- 위치 지정: CO Enter↵ ⇨ 복사할 대상 클릭 Enter↵ ⇨ 기준점 클릭 ⇨ 목적지 클릭 ⇨ Enter↵ (종료)

```
명령: CO COPY
객체 선택: 반대 구석 지정: 5개를 찾음
객체 선택:
현재 설정:  복사 모드 = 다중(M)
기본점 지정 또는 [변위(D)/모드(O)] <변위>:
COPY 두 번째 점 지정 또는 [배열(A)] <첫 번째 점을 변위로 사용>:
```

- 용도
  - 도면 요소를 특정 거리만큼 복사하거나 여러 개를 추가할 때 사용됩니다.
  - 거릿값 입력(F8=ON)

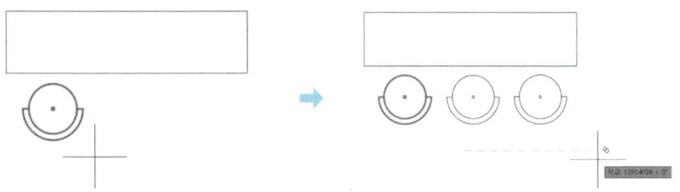

- 목적지 지정

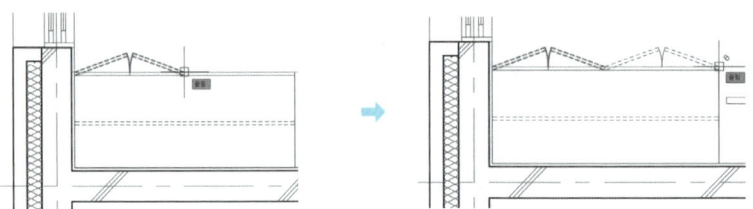

Section 08 분해 [EXPLODE(X)]

- 내용

  RECTANG(사각형), DONUT(도넛) 등 폴리선과 해치 패턴, 치수, 블록을 분해합니다.

- 과정

  X Enter↵ ⇨ 분해할 대상 클릭 ⇨ Enter↵

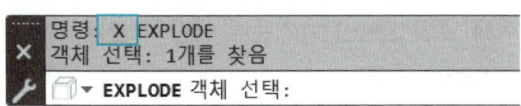

• 용도

RECTANG(사각형)이나 POLYLINE 요소를 하나씩 편집할 때 분해한 후 작업합니다.

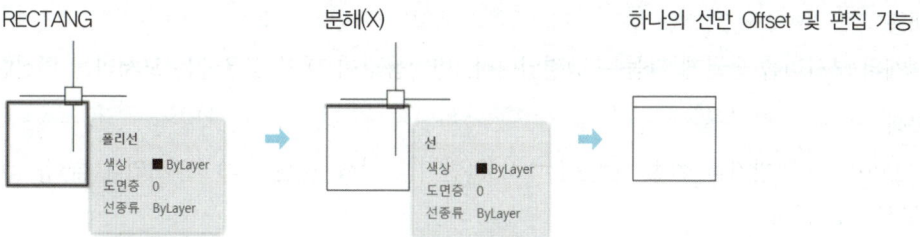

Section 09 신축 [STRETCH(S)]

• 내용

작성된 선분이나 도면 요소의 형태를 늘리거나 줄여 조정합니다.

• 과정
- 신축값을 입력: S [Enter↵] ⇨ 범위 지정(걸침 선택) [Enter↵] ⇨ 기준점 클릭 ⇨ 늘리거나 줄일 값 입력 [Enter↵]
- 신축 위치를 지정: S [Enter↵] ⇨ 범위 지정(걸침 선택) [Enter↵] ⇨ 기준점 클릭 ⇨ 신축 위치 클릭

```
명령: S STRETCH
걸침 윈도우 또는 걸침 폴리곤만큼 신축할 객체 선택...
객체 선택: 반대 구석 지정: 6개를 찾음
객체 선택:
기준점 지정 또는 [변위(D)] <변위>:
STRETCH 두 번째 점 지정 또는 <첫 번째 점을 변위로 사용>: 1000
```

• 용도

도면 요소의 길이가 짧거나 길어 조정이 필요할 때 사용하는 명령입니다. 주로 벽체 간격이나 창호 크기를 조절할 때 활용됩니다.

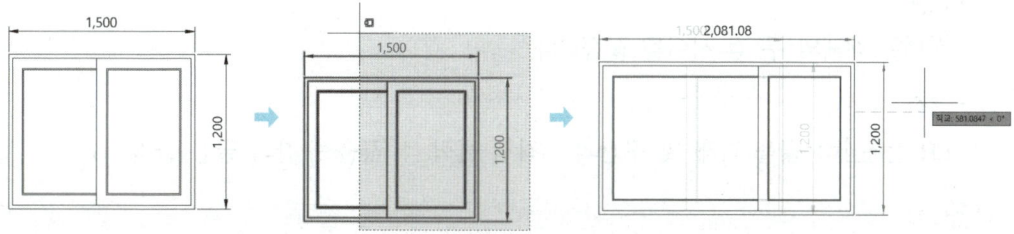

Section 10 모깎기 [FILLET(F)]

- **내용**

  객체의 모서리를 둥글게 다듬는 명령입니다. 반지름값이 '0'인 경우에는 모서리를 편집합니다.

- **과정**

  F [Enter↵] ⇨ R(반지름 설정) [Enter↵] ⇨ 200(반지름 입력) [Enter↵] ⇨ [모서리 1 클릭] ⇨ [모서리 2 클릭]

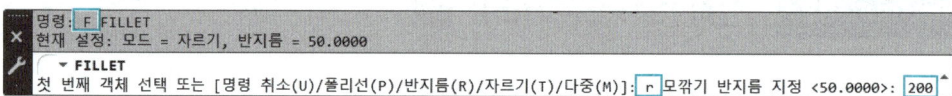

- **용도**

  반지름값을 '0'으로 설정하여 모서리를 잘라내거나 붙이는 데 많이 사용됩니다. TRIM이나 EXTEND보다 신속한 편집이 가능합니다.

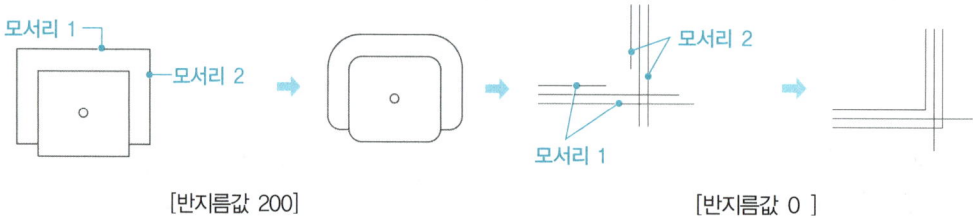

[반지름값 200]   [반지름값 0]

Section 11 끊기 [BREAK(BR)]

- **내용**

  선택한 객체의 두 점 사이를 끊습니다.

- **과정**

  BR [Enter↵] ⇨ 끊을 객체 및 구간의 시작점 클릭 ⇨ 끊을 구간의 끝점 클릭

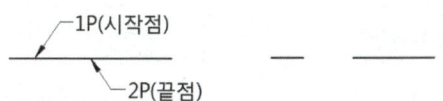

- 용도

경계가 없는 선분이나 원의 일부를 끊어낼 때 사용하며, 파단선 작성과정에서도 활용됩니다.

Section 12 회전 [ROTATE(RO)]

- 내용

지정한 기준점을 중심으로 객체를 회전시킵니다.

- 과정

RO Enter↵ ⇨ 회전할 객체 클릭 Enter↵ ⇨ 회전 기준점 클릭 ⇨ 15(각도 입력) Enter↵

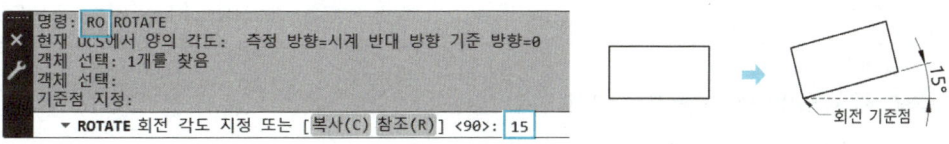

- 용도

의자와 같은 가구를 자연스럽게 배치하거나 도면요소를 회전시킬 때 사용됩니다.

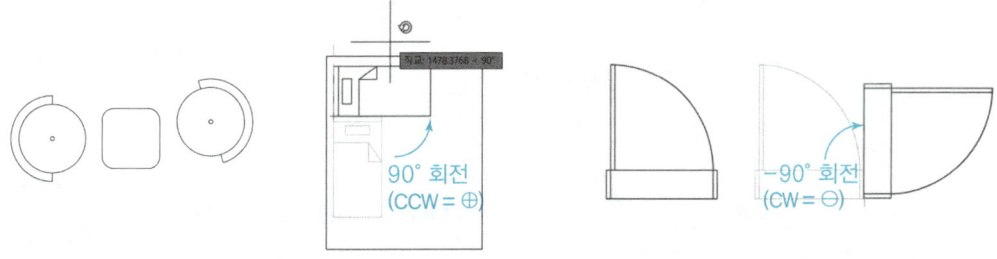

Section 13 축척 [SCALE(SC)]

- **내용**

    객체의 크기 비율을 유지하면서 확대 또는 축소합니다.

- **과정**

    기본 배율 입력: SC `Enter↵` ⇨ 객체 클릭 `Enter↵` ⇨ 확대, 축소 기준점 클릭 ⇨ 0.5(배율 입력) `Enter↵`

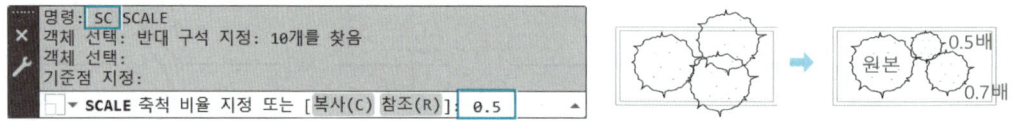

- **용도**

    도면 양식을 시험규격에 맞는 크기로 변경하고, 천장도에서는 조명기호의 크기를 조절할 때 사용됩니다.

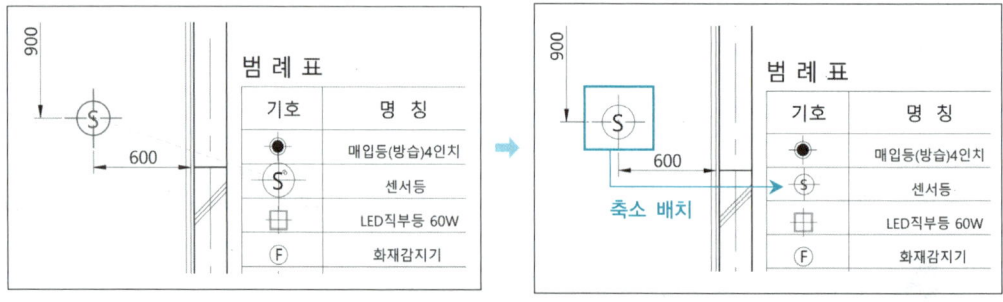

참조 배율 입력: SC `Enter↵` ⇨ 객체 클릭 `Enter↵` ⇨ 확대, 축소 기준점 클릭 ⇨ R(참조) `Enter↵` ⇨ 30(참조값 입력) ⇨ 40(신규값 입력)

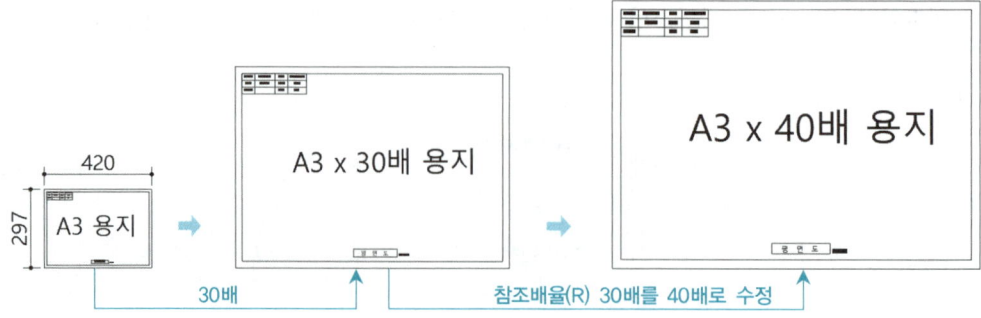

Section 14 대칭 [MIRROR(MI)]

- **내용**

  선택한 객체를 대칭으로 복사합니다.

- **과정**

  MI Enter ⇨ 대칭 복사할 객체 클릭 Enter ⇨ 축의 시작점 클릭 ⇨ 축의 끝점 클릭 ⇨ Enter

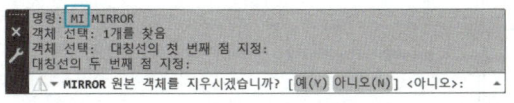

- **용도**

  도면요소가 대칭일 때 사용됩니다. 주로 테이블의 마주보는 의자나 수납장 도어를 대칭으로 복사할 때 활용됩니다.

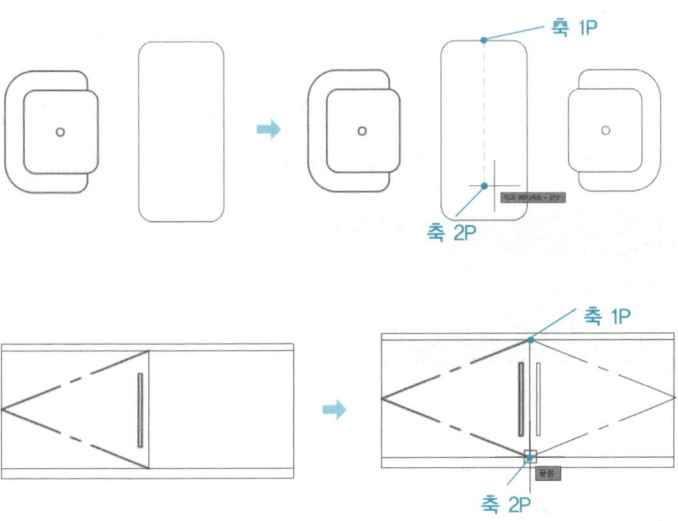

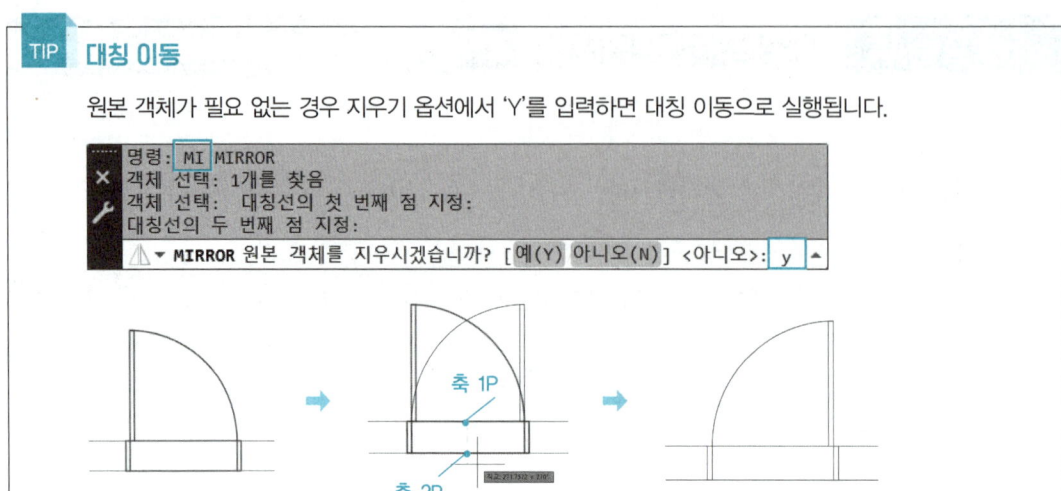

Section 15 정렬 [ALIGN(AL)]

- **내용**

  선택한 객체를 수평, 수직 또는 사선 등 각도에 맞춰 정렬합니다.

- **과정**

  AL `Enter↵` ⇨ 정렬할 객체 클릭 `Enter↵` ⇨ 소스의 이동점(1P) 클릭 ⇨ 목적지 클릭(2P) ⇨ 소스의 두 번째 이동점(3P) 클릭 ⇨ 목적지 방향 클릭(4P) ⇨ `Enter↵` ⇨ `Enter↵`

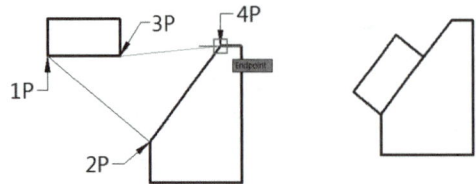

- 용도

  사선으로 꺾여 있는 벽에 가구를 정렬할 때 사용됩니다.

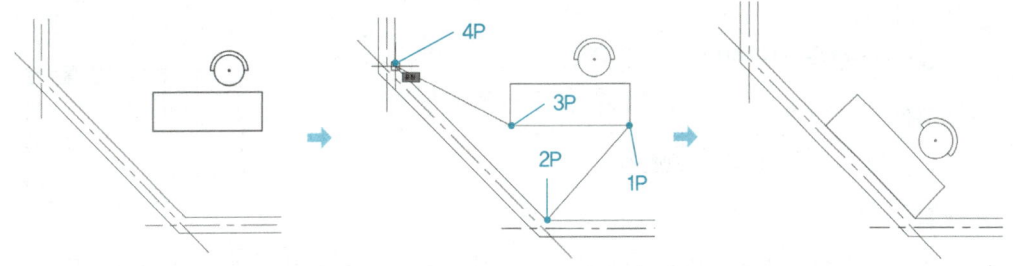

Section 16 블록 [BLOCK(B)]

- 내용

  선택한 객체들을 하나의 블록으로 묶어 단일 객체처럼 사용할 수 있도록 합니다.

- 과정

  B Enter ⇨ 블록 정의(이름, 선택점, 객체 선택) ⇨ [확인] 버튼 클릭

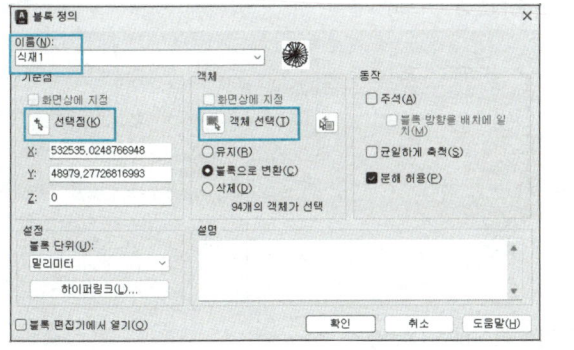 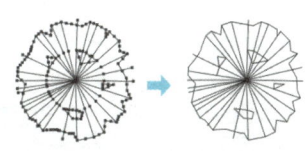

[여러 개의 객체]   [하나의 객체]

- 용도

  많은 선으로 구성된 도면 요소를 하나의 블록으로 만들어 관리할 수 있습니다.
  (작성된 블록은 [Explode(X)] 명령으로 분해할 수 있습니다.)

Section 17 결합 [JOIN(J)]

- **내용**

  끊어진 선을 결합하여 폴리선(Polyline)으로 만듭니다.

- **과정**

  J `Enter↵` ⇨ 객체 클릭 `Enter↵`

- **용도**

  선(Line)으로 작성된 벽체 중심선을 폴리선(Polyline)으로 변경해 벽체 두께나 마감선, 몰딩선 등을 빠르게 작성할 수 있습니다.

  (결합된 폴리선은 [Explode(X)] 명령으로 분해할 수 있습니다.)

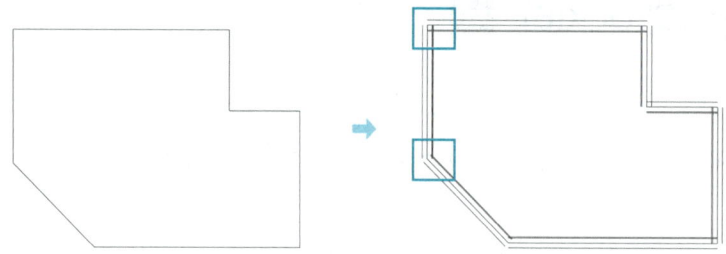

[선으로 작성한 벽체 중심선을 Offset]

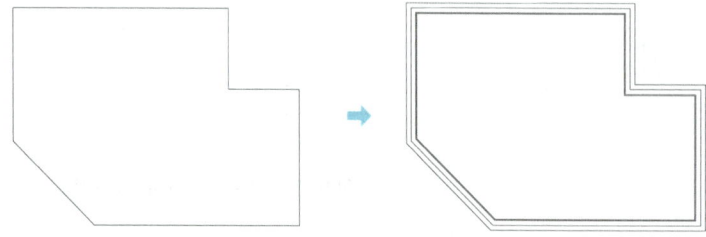

[폴리선으로 작성한 벽체 중심선을 Offset]

Chapter 03 문자, 치수 관련 명령어

도면을 작성한 후 재료의 명칭, 규격, 실의 명칭 등 도면 내용을 표기하고 치수를 기입할 때 사용하는 명령입니다. 단축아이콘은 홈탭의 '주석' 패널에서 사용할 수 있습니다.

> **학습파일** | 실습파일 \ Part01 \ Ch03 \ 문자, 치수 명령어.dwg
> ▶ 동영상 \ Part01 \ Ch03 \ 문자, 치수 명령어.mp4

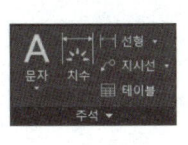 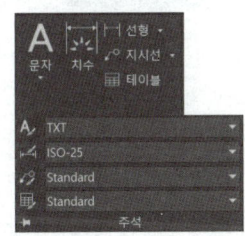

Section 01 스타일 [STYLE(ST)]

- **내용**
  문자의 유형 및 글꼴을 설정합니다.

- **과정**
  ST Enter ⇨ 대화상자의 글꼴을 '맑은 고딕'으로 변경 ⇨ [적용] 클릭 ⇨ [닫기] 클릭

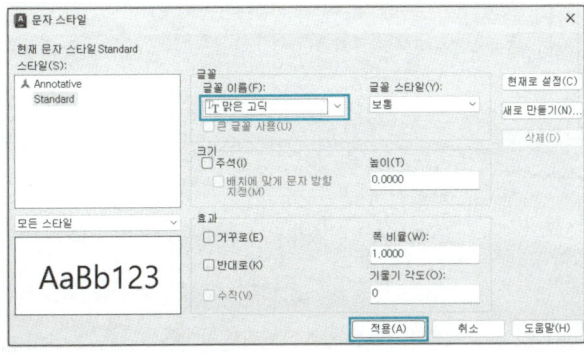

Craftsman Interior Architecture

• 용도

문자와 치수문자에 사용될 글꼴을 설정합니다.

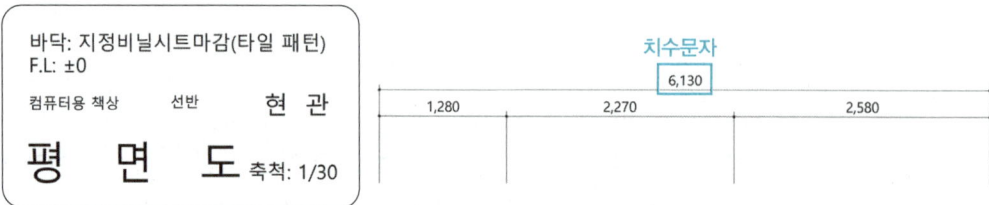

Section 02 단일 행 문자 [DTEXT(DT)]

• 내용

설정한 Style(문자유형)로 동적 문자를 작성합니다.

• 과정

DT `Enter↵` ⇨ 문자의 시작 위치 클릭 ⇨ 60(문자 높이) `Enter↵` ⇨ 0(문자 각도) `Enter↵` ⇨ 내용 타이핑 `Enter↵` (행 변경) ⇨ `Enter↵` (종료)

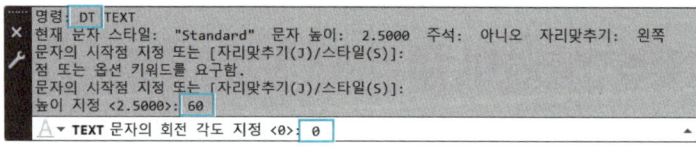

• 용도

도면에 필요한 각종 재료와 실명, 도면명 등을 표기합니다.

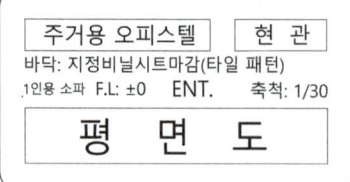

Section 03 여러 줄 문자 [MTEXT(T, MT)]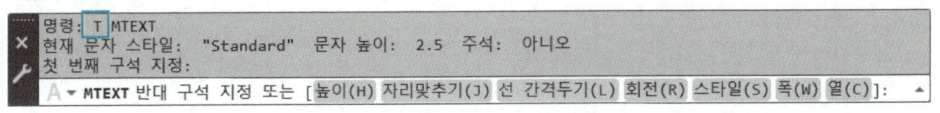

- **내용**
  설정한 Style(문자유형)로 여러 줄(다중행)의 문자를 작성합니다. 문자의 영역을 지정한 후 리본 메뉴에서 문자 높이, 스타일 등을 설정합니다.

- **과정**
  T Enter↵ ⇨ 시작 코너점 클릭 ⇨ 끝나는 코너점 클릭 ⇨ 타이핑 ⇨ [닫기] 클릭 (종료)

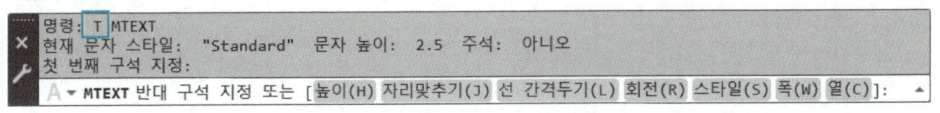

영역 지정   리본 메뉴

- **용도**
  평면도의 '디자인 의도'와 같이 여러 줄로 써야 하는 글을 작성합니다.

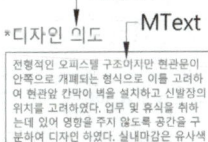

Section 04 문자 편집 [DDEDIT(ED)]

- **내용**
  작성된 문자 및 치수문자의 내용을 수정합니다.

- **과정**
  ED Enter↵ ⇨ 수정할 문자 클릭 ⇨ 수정 ⇨ Enter↵ (문자 수정 종료) ⇨ Enter↵ (종료)

  * 명령어를 입력해 사용해도 되지만, 대기상태에서 문자 및 치수문자를 더블클릭하면 바로 수정할 수 있습니다.

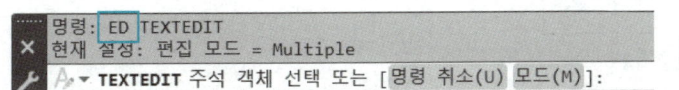

F.L: ±0 ➡ F.L: -100

- 용도

  동일한 문자를 복사한 후 위치에 맞게 문자를 수정합니다.

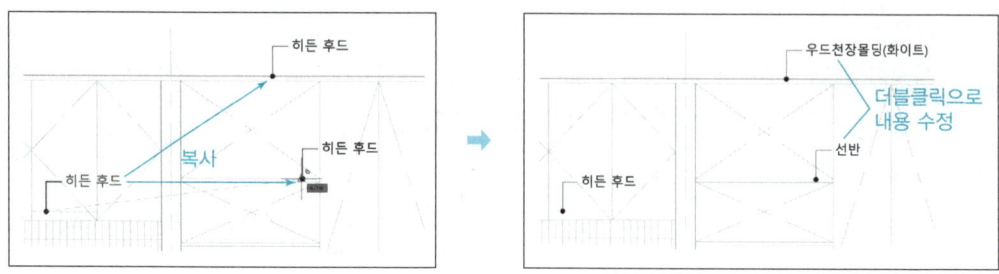

Section 05 치수 스타일 [DIMSTYLE(D)]

- 내용

  치수의 유형을 설정합니다.

- 과정

  D `Enter↵` ⇨ [수정] 버튼 클릭 ⇨ 화살표, 단위 등 설정 ⇨ [확인] 버튼 클릭 ⇨ [닫기] 버튼 클릭

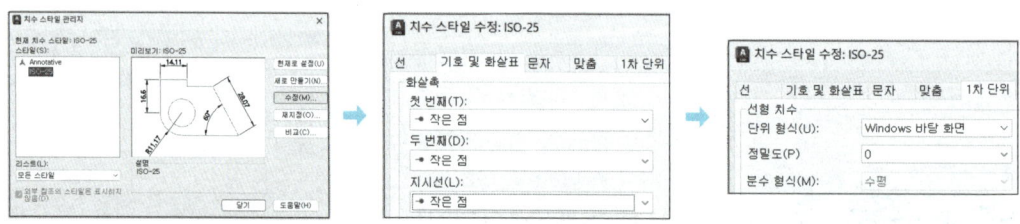

[수정 버튼 클릭]

- 용도

  도면에 기입할 치수의 모양, 단위 등을 설정합니다.

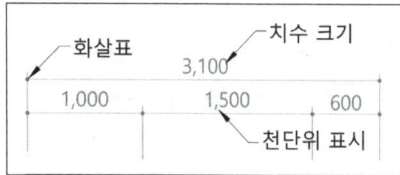

Section 06 선형치수 [DIMLINEAR(DLI)]

- **내용**
  선형치수를 작성합니다.

- **과정**
  DLI `Enter⏎` ⇨ 치수의 시작 위치 클릭(1P) ⇨ 치수의 끝나는 위치 클릭(2P) ⇨ 치수선의 위치 클릭(3P)

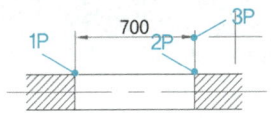 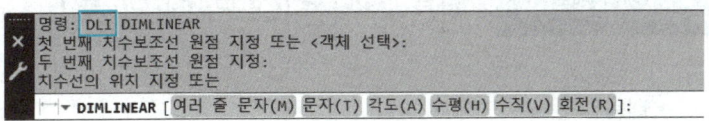

- **용도**
  작성된 평면도, 내부 입면도, 천장도에 치수를 기입합니다.

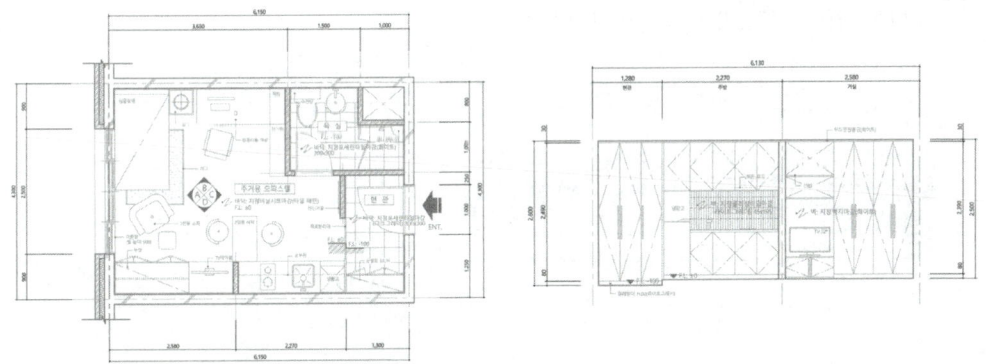

Section 07 빠른 작업 [QUICKDIM(QDIM)]

- **내용**
  치수를 신속하게 기입합니다.

- **과정**
  QDIM `Enter⏎` ⇨ 치수를 기입할 객체 클릭 `Enter⏎` ⇨ 치수선의 위치 클릭

  *QD를 입력해도 실행 가능합니다.

Craftsman Interior Architecture

- 용도

작성된 평면도, 내부 입면도, 천장도 등의 도면에 빠르게 치수를 입력할 수 있습니다.

Section 08 빠른 지시선 [QLEADER(LE)]

- 내용

지시선을 신속하게 기입합니다.

- 과정

LE [Enter ↵] ⇨ 화살표의 시작 위치 클릭(1P) ⇨ 지시선이 꺾이는 위치 클릭(2P) ⇨ 지시선이 끝나는 위치 클릭(3P) ⇨ [Esc] (명령 종료)

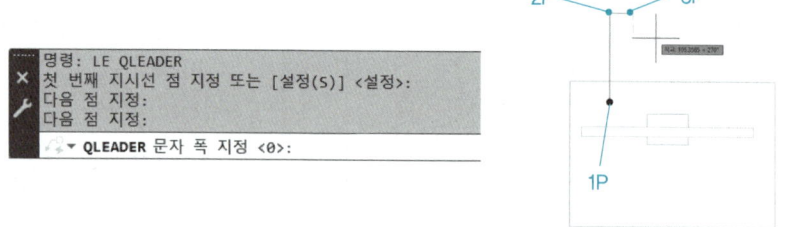

- 용도

지시선은 [LINE] 명령과 [DONUT] 명령을 사용해 작성하지만, [QLEADER] 명령으로 지시선을 작성할 경우 화살표 모양을 점으로 설정하고 DimScale값을 45 정도로 설정합니다(문자는 별도로 입력합니다).

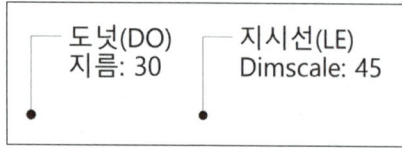

Chapter 04 출력 및 기타 명령어

도면 출력, 도면층 관리, 환경설정 등 도면작성과 프로그램 운영에 필요한 다양한 명령어입니다.

> **학습파일** │ 실습파일 \ Part01 \ Ch04 \ 기타 명령어.dwg
> ▶ 동영상 \ Part01 \ Ch04 \ 기타 명령어.mp4

Section 01 옵션 [OPTIONS(OP)] 옵션

- 내용
  AutoCAD의 사용자 환경을 설정합니다.

- 과정
  OP `Enter↵` ⇨ 환경설정 ⇨ [확인] 버튼 클릭

  ＊자세한 내용은 Part 01–Chapter 01의 Section 01 '새 도면'을 참고할 것.

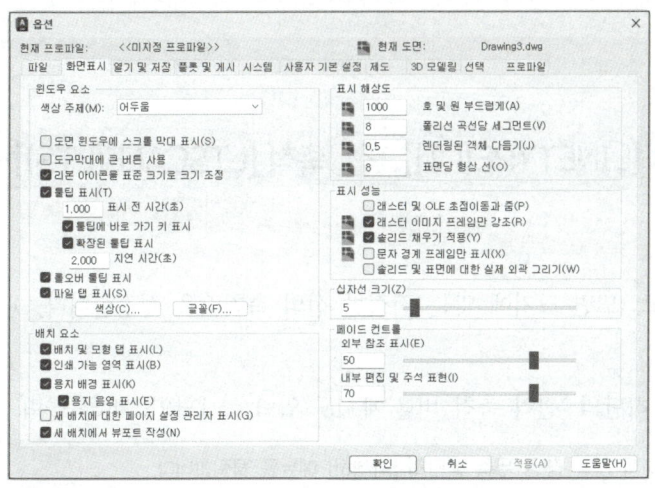

- 용도
  실내건축 도면작성에 적합한 작업환경을 설정합니다.

Section 02 객체 스냅 [OSNAP(OS)]

- **내용**

  정확한 위치를 추적하는 객체 스냅을 설정합니다.

- **과정**

  OS `Enter↵` ⇨ 객체 스냅 설정 ⇨ [확인] 버튼 클릭

  * OSNAP 설정 후 활성화 여부는 상태막대에서 로 확인합니다(단축키: `F3`).

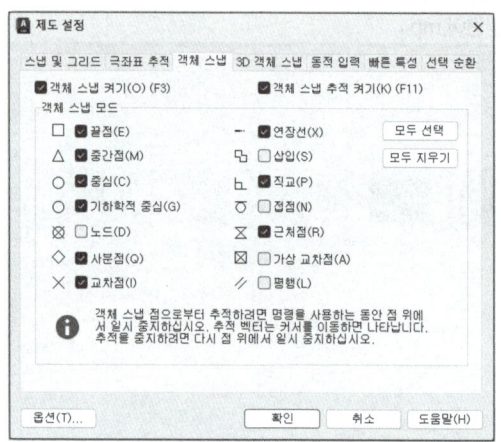

- **용도**

  끝점, 중간점, 중심 등의 위치를 추적해 정확한 도면을 작성할 수 있습니다.

Section 03 선 종류 [LINETYPE(LT)], 선 축척 [LTSCALE(LTS)]

- **내용**

  필요한 선 종류를 로드하고, 도면 크기에 맞는 적절한 선의 축척값을 설정합니다.

- **과정**

  LT `Enter↵` ⇨ 설정창 우측 하단의 '전역 축척 비율'에 '15' 입력 ⇨ [확인] 버튼 클릭

  * 설정창 하단의 상세 메뉴가 보이지 않을 경우, 우측 상단의 [자세히] 메뉴를 클릭합니다.

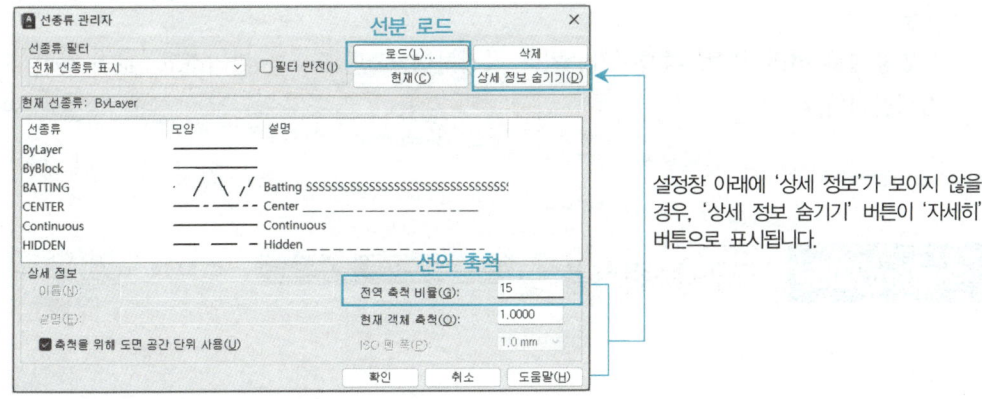

LTS `Enter↵` ⇨ 15(축척값) `Enter↵`

* 'LT' 명령어는 선 종류의 로드와 선의 축척 설정이 모두 가능하고, 'LTS' 명령어는 선의 축척값만 설정할 수 있습니다.

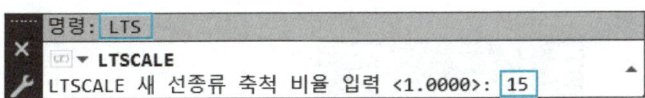

Section 04 도면층 [LAYER(LA)]

• 내용

도면 작성에 필요한 도면층(Layer)을 생성합니다.

• 과정

LA `Enter↵` ⇨ 도면층 설정(이름, 색상, 선의 유형) ⇨ [닫기×] 버튼 클릭

* 다음 그림과 같이 실기시험 조건에 맞춰 8개의 도면층을 구성하고, Center, Hidden, Batting선을 로드합니다.

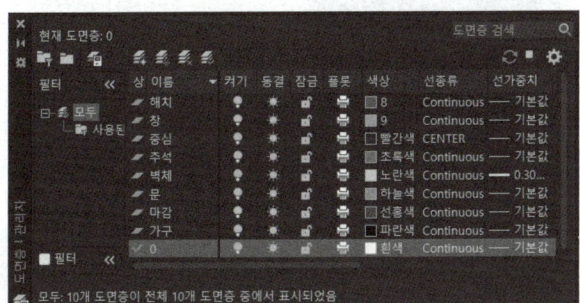 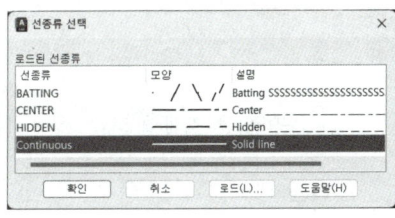

- 용도

도면층별로 선의 색상, 종류, 가중치를 설정하여 도면 요소를 관리하고, 보기 좋은 도면을 작성합니다.

Section 05 도면층 컨트롤

- 내용

도면층 변경 및 On/Off를 설정합니다.

- 과정
  - 도면층 변경 시

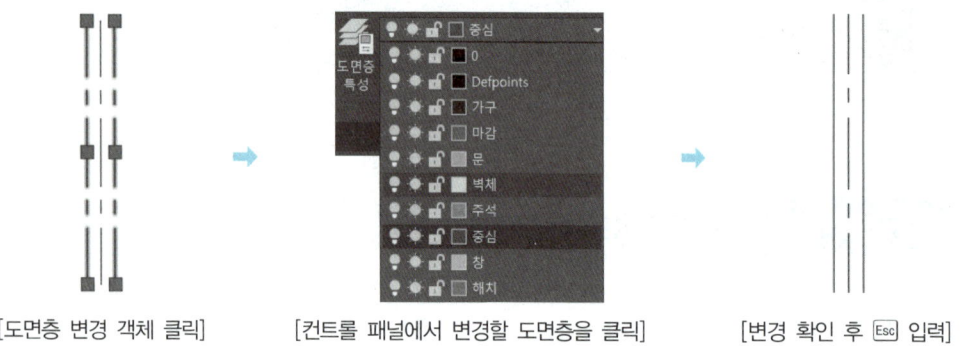

[도면층 변경 객체 클릭] [컨트롤 패널에서 변경할 도면층을 클릭] [변경 확인 후 Esc 입력]

  - 도면층 Off 시

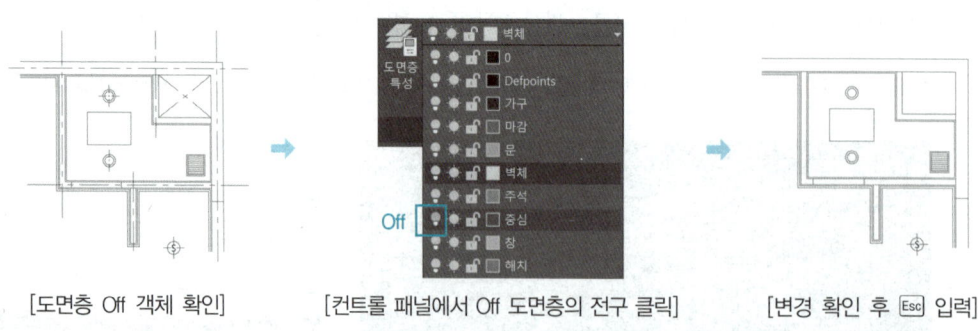

[도면층 Off 객체 확인] [컨트롤 패널에서 Off 도면층의 전구 클릭] [변경 확인 후 Esc 입력]

- 용도

작성되는 객체의 도면층을 변경하고, 객체의 화면 출력 여부를 설정합니다.

Section 06 특성의 Line Type(선 종류) 컨트롤

- 내용

  도면층은 유지하고 선의 종류만 변경합니다.

- 과정

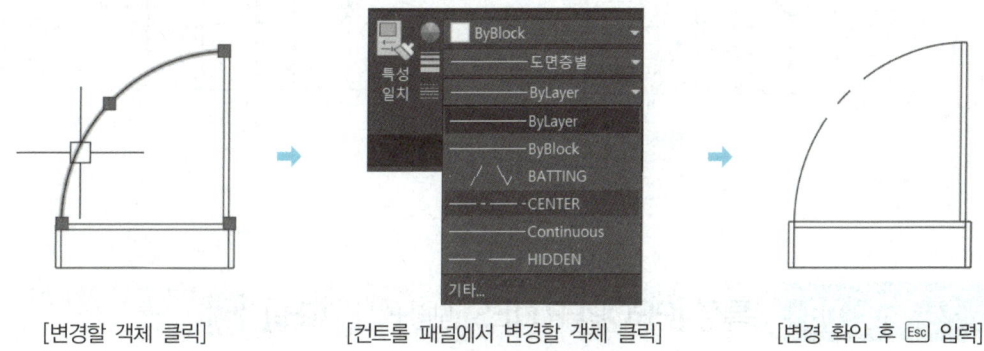

[변경할 객체 클릭]   [컨트롤 패널에서 변경할 객체 클릭]   [변경 확인 후 Esc 입력]

- 용도

  문, 조명, 수납장 등 하나의 도면 요소에 두 가지 선을 사용하는 경우, 일부 선만 선택하여 선의 종류를 변경합니다.

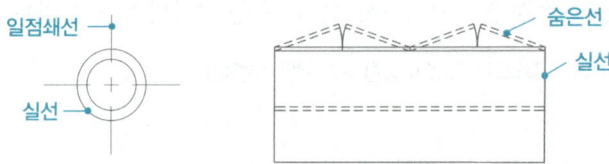

Section 07 특성 일치 [MATCHPROP(MA)]

- 내용

  선택한 객체의 특성(도면층, 선의 유형, 치수, 문자, 해치 등)을 다른 객체에 복사합니다.

- 과정

  MA Enter ⇨ 특성을 복사할 원본 객체 클릭 ⇨ 특성을 적용할 객체 클릭 ⇨ Enter (종료)

Craftsman Interior Architecture

- 용도

도면에서 Hatch, LineType, LTscale을 동일하게 적용하거나, 변경하고자 하는 도면층(Layer)과 같은 요소가 주변에 있을 경우 Layer 컨트롤 패널을 사용하지 않고 MATCHPROP를 사용해 도면층을 변경합니다.

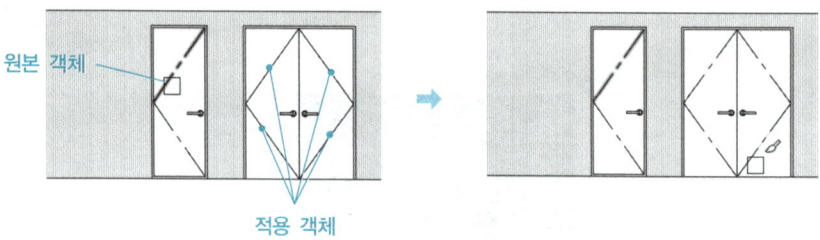

Section 08 특성 [PROPERTIES(Ctrl+1, CH)]

- 내용

선택한 객체의 특성을 확인하고 수정합니다.

- 과정

객체 클릭 ⇨ Ctrl + 1 ⇨ 특성값 수정 Enter⏎ ⇨ Esc (선택 해제) ⇨ [닫기(×)] 버튼 클릭

* Esc로 선택 해제 시 커서를 특성창이 아닌 작업화면으로 이동한 후 Esc를 누릅니다.

- 용도

선의 종류, 축척, 문자 스타일, 높이 등을 수정할 때 사용합니다.

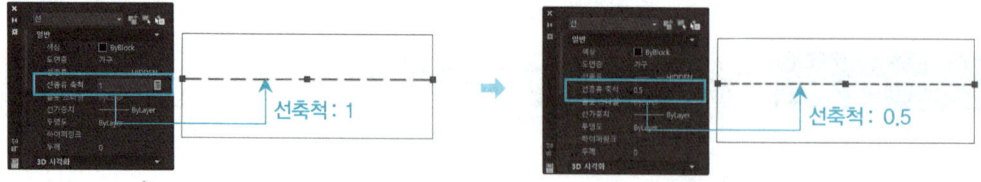

Section 09 파일 열기 [OPEN(Ctrl+O)]

- 내용
  작성된 도면 파일을 엽니다.

- 과정
  Ctrl + O ⇨ 파일 선택 ⇨ [열기] 버튼 클릭

Section 10 파일 저장 [SAVE(Ctrl+S)]

- 내용
  작성된 도면 파일을 저장합니다.

- 과정
  Ctrl + S ⇨ 경로 지정 ⇨ 파일명 입력 ⇨ [저장] 버튼 클릭

Section 11 다른 이름으로 저장 [SAVEAS(Ctrl+Shift+S)]

- 내용
  작성된 도면 파일을 다른 이름으로 저장합니다.

- 과정
  Ctrl + Shift + S 입력 ⇨ 경로 지정 ⇨ 파일명 입력 ⇨ [저장] 버튼 클릭

- 용도
  현재 작업 중인 도면 파일은 그대로 유지하면서 새로운 파일을 추가로 저장합니다.

Craftsman Interior Architecture

Section 12 파일 부착 [ATTACH]

- 내용

  현재 도면에 다른 도면 파일이나 이미지 파일(jpg, png, tif)을 불러와 부착합니다.

- 과정

  ATTACH `Enter` ⇨ 부착할 파일 클릭 ⇨ [열기] 버튼 클릭 ⇨ [확인] 버튼 클릭 ⇨ 삽입점 클릭 ⇨ 축척값 또는 위치 클릭

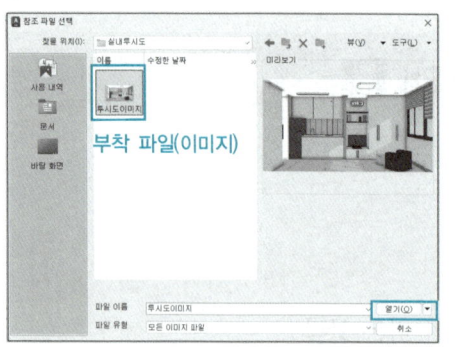
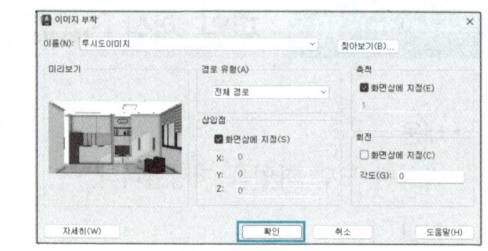
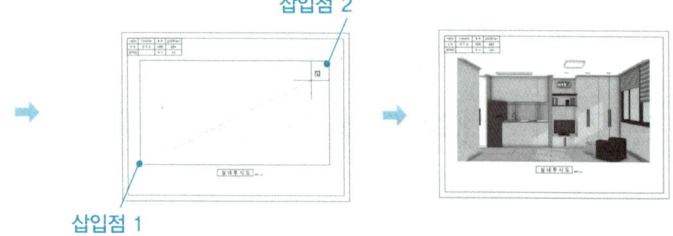

- 용도

  스케치업에서 작성한 실내투시도 이미지를 오토캐드 도면에 부착할 때 사용합니다.

Section 13 플롯 [PLOT(`Ctrl`+P)]

- 내용

  작성한 도면을 출력합니다.

- 과정

  `Ctrl`+P ⇨ 출력 설정 ⇨ ctb(컬러 테이블) 설정 ⇨ [확인] 버튼 클릭

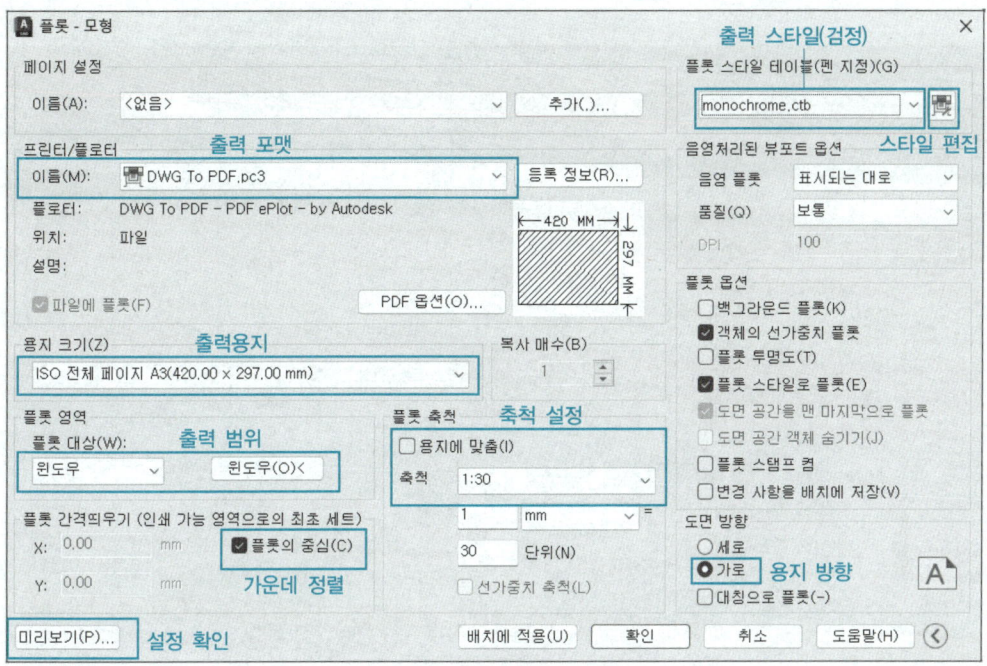
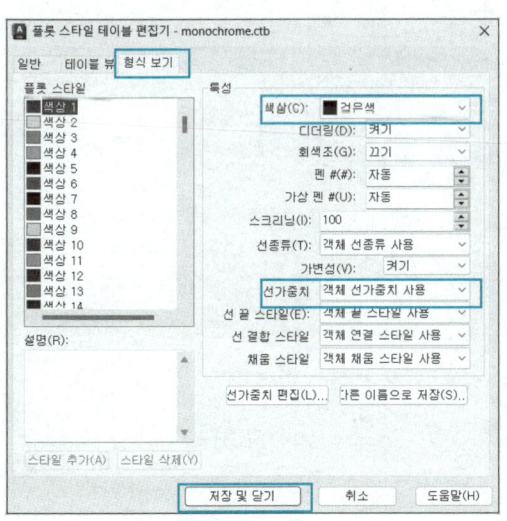
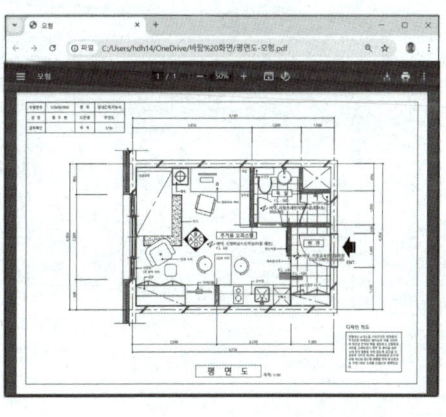

Craftsman Interior Architecture

PART 2

실내건축도면의 이해

Chapter 01 | 실내건축도면과 표현

Chapter 02 | AutoCAD 환경설정

Chapter 03 | 주거공간의 도면 요소 그리기

Chapter 01 실내건축도면과 표현

Section 01 평면도, 내부 입면도, 천장도의 이해

실내건축 공사 및 실내건축기능사 시험에서 요구되는 2D 도면은 주어진 공간의 평면도, 내부 입면도(전개도), 천장도 등 총 3종의 도면을 작성해야 합니다.

1) 평면도

평면도는 일반적으로 해당 층의 바닥면에서 1.2~1.5m 높이에서 수평으로 절단한 후 위에서 내려다본 모습을 나타낸 도면입니다. 이는 건축설계 및 실내건축설계에서 기준이 되는 도면으로, 실기시험에서는 평면도와 함께 디자인 의도도 함께 작성해야 합니다.

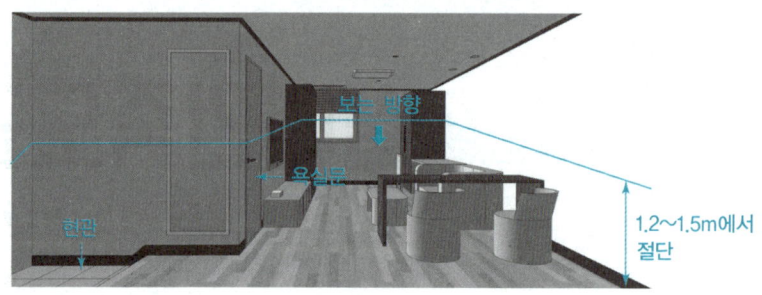

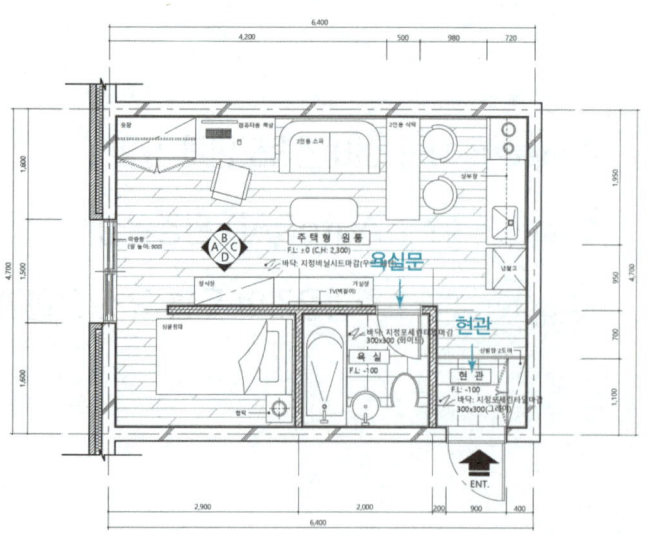

디자인 의도

전형적인 원룸형 구조이지만 욕실이 중간에 돌출된 구조로 이를 고려하여 욕실 좌측으로 벽을 연장하여 독립적인 침실을 구성하였고, 업무 및 휴식을 취하는 데 있어 영향을 주지 않도록 가구를 사용해 공간을 구분하여 디자인하였다. 실내마감은 밝은 색상에 채도와 명도에 변화를 주어 톤인톤으로 세련되고 발랄한 느낌으로 계획하였다.

2) 내부 입면도

실내공간의 디자인을 나타내기 위하여 사방의 벽을 수평으로 투시하여 전개한 도면으로, 벽면의 형상, 설치된 집기나 가구, 마감재료 등을 나타냅니다. 건축설계에서는 전개도, 실내건축설계에서는 '내부 입면도' 또는 '실내 입면도'라고 합니다.

실내건축기능사 실기시험에서는 한 면만 작성하며, 산업기사와 기사 시험에서는 두 면을 작성하는 것이 기준입니다.

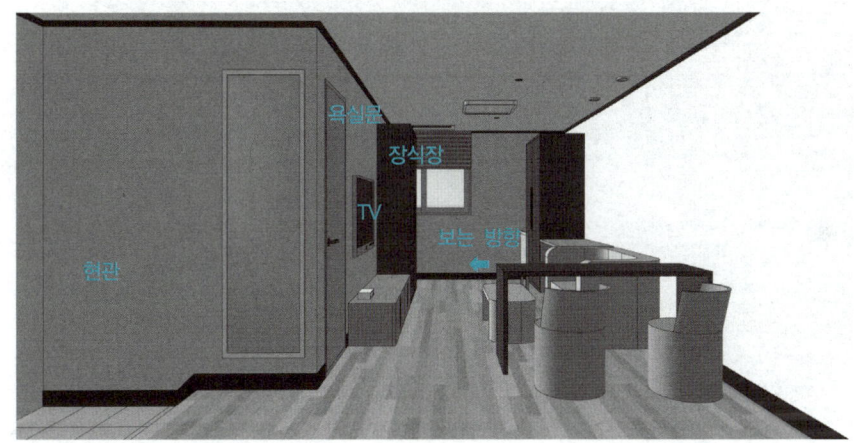

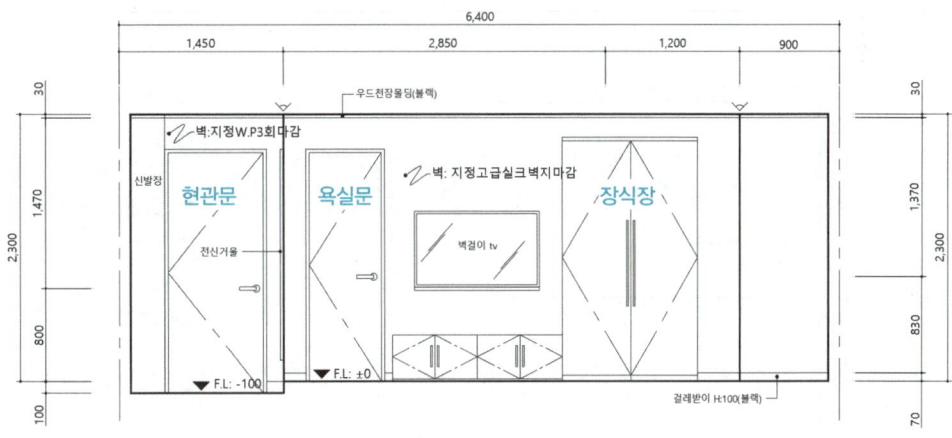

Craftsman Interior Architecture

3) 천장도

천장면을 천장 위에서 투영해 내려다본 도면으로, 천장면에 설치된 조명, 공조설비, 소방설비, 천장면의 마감재를 표시합니다. 천장도는 도면에 표시한 각종 기호를 확인할 수 있도록 범례를 함께 작성합니다.

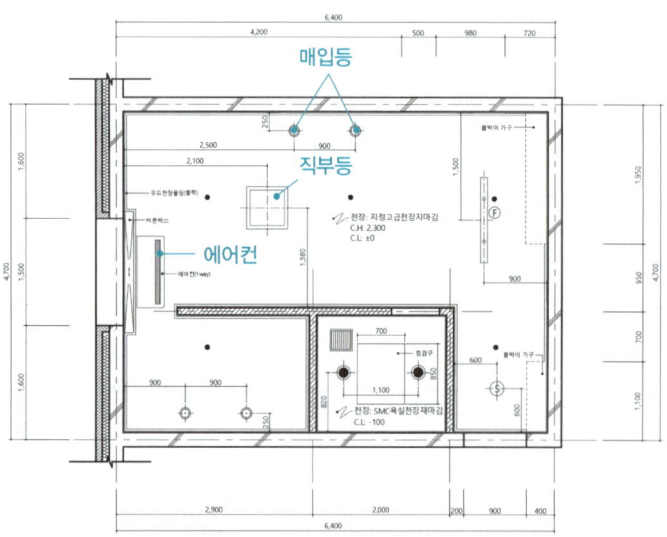

기호	명 칭	수량
●	매입등(방습)4인치	2
ⓢ	센서등	1
⊞	LED직부등 60W	1
Ⓕ	화재감지기	1
⊕	매입등 2인치(전구색)	4
▣	환기구	1
▭	LED주방등 40W	1
●	화재감지기	5

Section 02 주거공간의 구조(기둥, 벽, 덕트)

1) 문제도면의 구조 해석

출제되는 평면도를 이해하려면, 공간을 구성하는 건축구조를 정확히 파악하고 해석할 수 있어야 합니다.

❶ 외벽 구조의 유형

[철근콘크리트구조]   [벽돌구조]

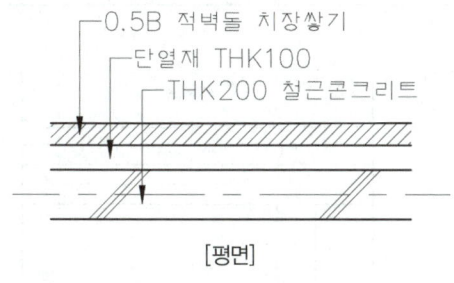
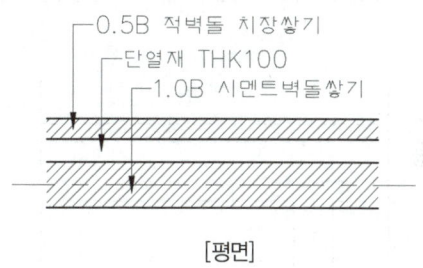

[평면]   [평면]

❷ 내벽(칸막이) 구조의 유형

[철근콘크리트구조]   [벽돌구조(1.0B, 0.5B)]

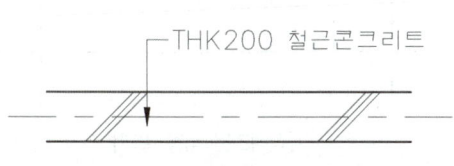
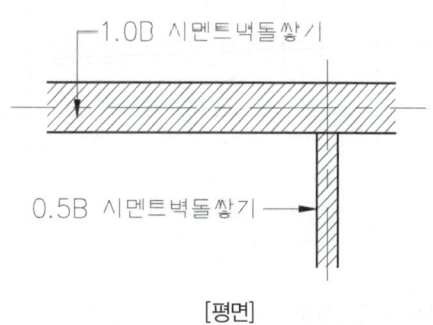

[평면]   [평면]

> **참고**
>
> 0.5B에서 'B'는 Brick의 약자로, 벽돌을 의미한다. 0.5B는 벽돌 두께의 반 장 두께 또는 마구리 부분의 두께로 90mm이며, 1.0B는 벽돌 한 장의 두께로 190mm이다.
>
> THK는 thickness의 약자로, 두께(mm)를 의미한다.

2) 문제지에 제시되는 도면과 벽체 조건을 적용한 예시

*아래 예시는 문제도면에 벽체 재료가 표시되지 않은 경우입니다. 도면에 따라 벽체의 재료가 표시되어 있는 경우도 있습니다.

[벽체 작성조건]

외벽체	• 콘크리트 벽체/붉은벽돌 치장마감 [내부 마감재 임의 + THK 200mm 철근콘크리트 + THK 100mm 단열재 + 0.5B 붉은벽돌 마감]
내벽체	• 콘크리트 벽체: [THK 200mm 철근콘크리트] • 화장실 벽체: [1.0B 벽돌 쌓기]

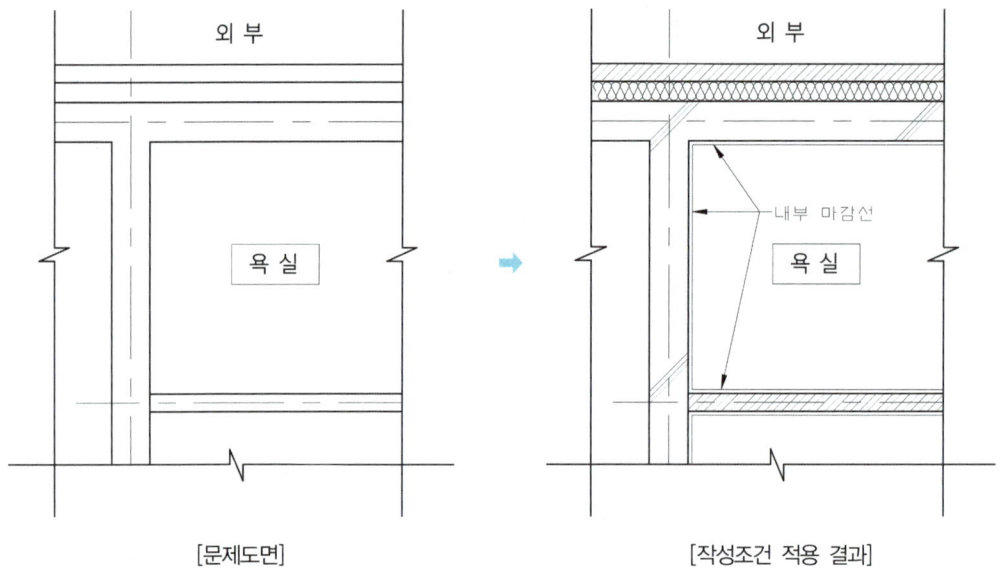

3) 벽체 중심선

조적벽체의 중심선은 1.0B 시멘트벽돌의 중심을 기준으로 할 수도 있고, 벽체 총두께의 중심을 기준으로 할 수도 있습니다. 따라서 문제도면에서 기준이 되는 중심선의 위치를 확인한 후 도면작성을 시작해야 합니다.

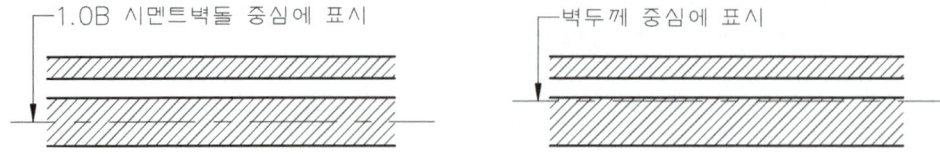

4) 기둥

소규모 건축물의 철근콘크리트 기둥은 일반적으로 400×400, 500×500, 600×600, 400×600 등 다양한 크기가 사용되며, 보통 400~600mm 범위 내에서 사용됩니다. 요구조건에 기둥의 단면 크기가 제시되지 않은 경우, 평면도에 표시된 벽체 두께를 참고하여 그 치수를 가늠해야 합니다.

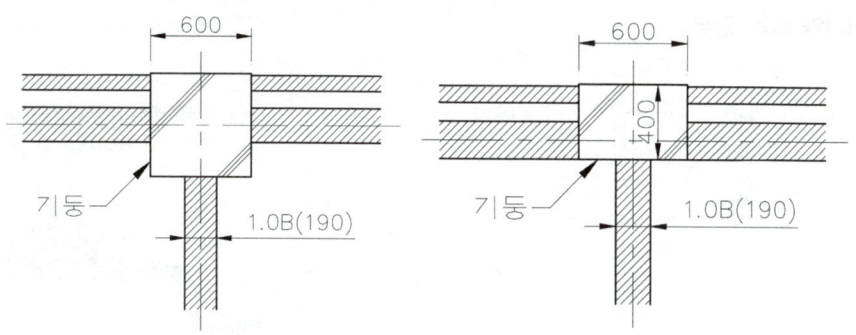

[철근콘크리트 기둥]

5) 덕트(AD/PD)

덕트는 주로 현관, 욕실, 주방 옆에 있는 설비공간으로, 도면에서는 '×(void)'로 표시됩니다. 덕트 내부에 파이프 등 설비는 작성하지 않습니다.

- AD(Air Duct): 배기, 환기설비 등 공기가 지나는 통로
- PD(Pipe Duct): 급수 및 배수 설비 등 배관이 지나는 통로

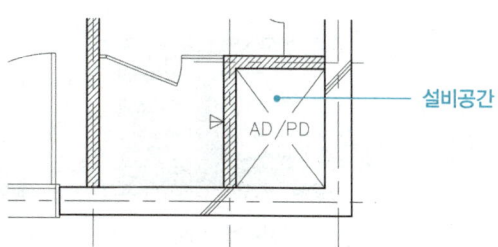

6) 해치(출입 개구부)

해치는 주로 거실과 주방이 분리된 구조에서 표시됩니다. 공간을 연결하는 개구부 상부는 헤더의 유무에 따라 파선(----)으로 구분합니다. 헤더의 형상은 일자형, 아치형 등으로 디자인할 수 있습니다.

❶ 헤더가 없는 경우

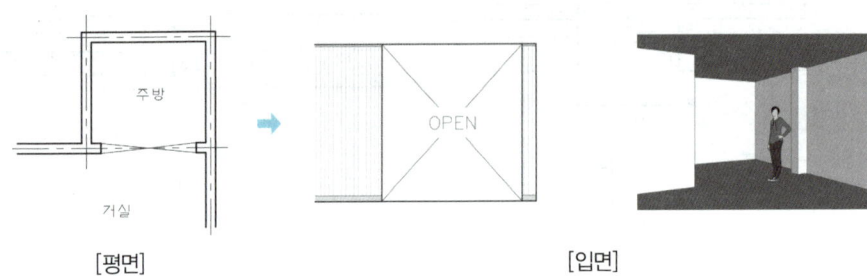

❷ 헤더가 있는 경우

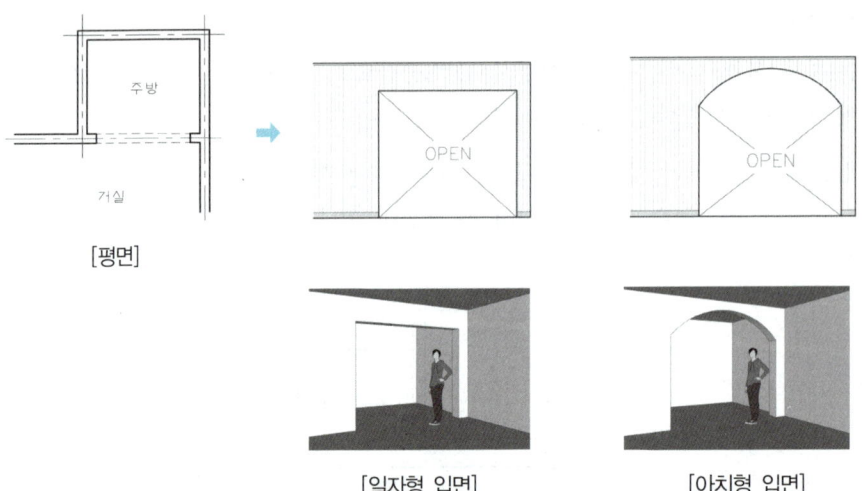

7) 문

공간의 문과 가구의 문은 주로 여닫이문이 사용됩니다. 입면도에서는 평면도의 개폐 방향과 일치하도록 화살표와 손잡이를 정확하게 표현해야 합니다.

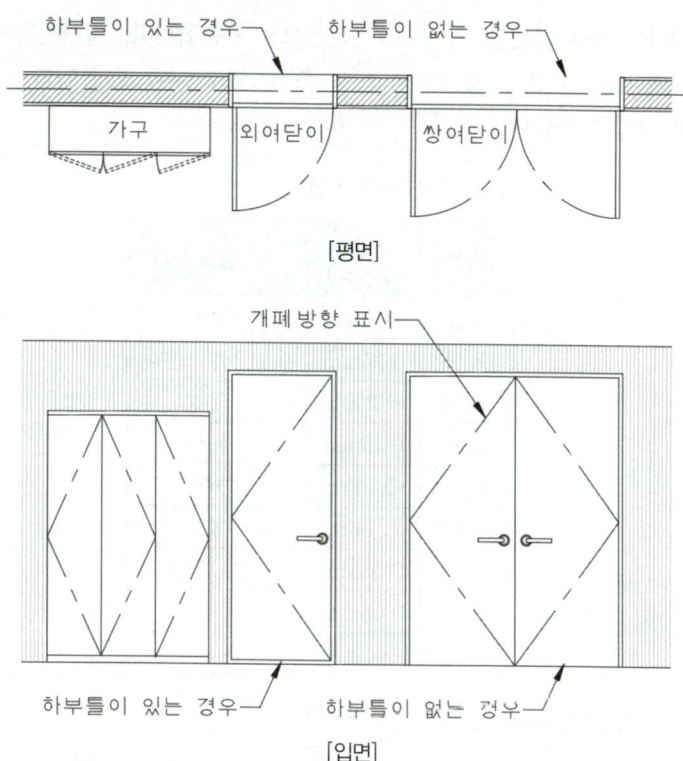

8) 창문

창문은 주로 미서기창이 사용되며 단창과 이중창으로 구분됩니다. 공간 유형에 따라 고정창(FIX)이 설치되기도 하며, 주로 이중창이 출제됩니다.

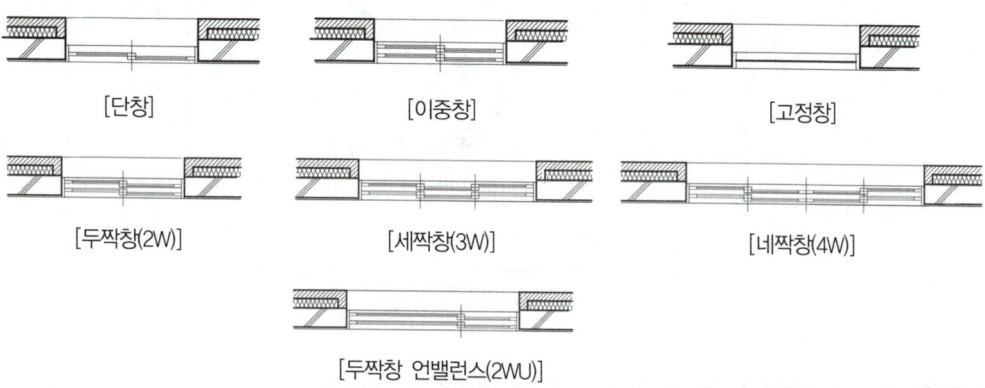

Section 03 **선, 문자, 치수의 표현**

1) 선 두께(가중치)

실내건축제도에서는 선을 굵은선, 중간선, 가는선으로 구분합니다. 실기시험에서 제시되는 선의 두께는 0.05, 0.1, 0.15, 0.2, 0.25, 0.3mm 등 총 6가지로, 수험자가 임의로 지정하여 사용하면 됩니다. 정해진 정답은 없습니다.

[선의 두께(가중치)와 용도]

색상	두께(가중치)	용도
노랑	0.3mm	벽체
녹색	0.25mm	주석(치수, 문자)
하늘색	0.2mm	문
파랑	0.15mm	가구
보라	0.1mm	마감
회색 2	0.1mm	창
회색 1	0.05mm	해치(패턴)
빨강	0.05mm	중심

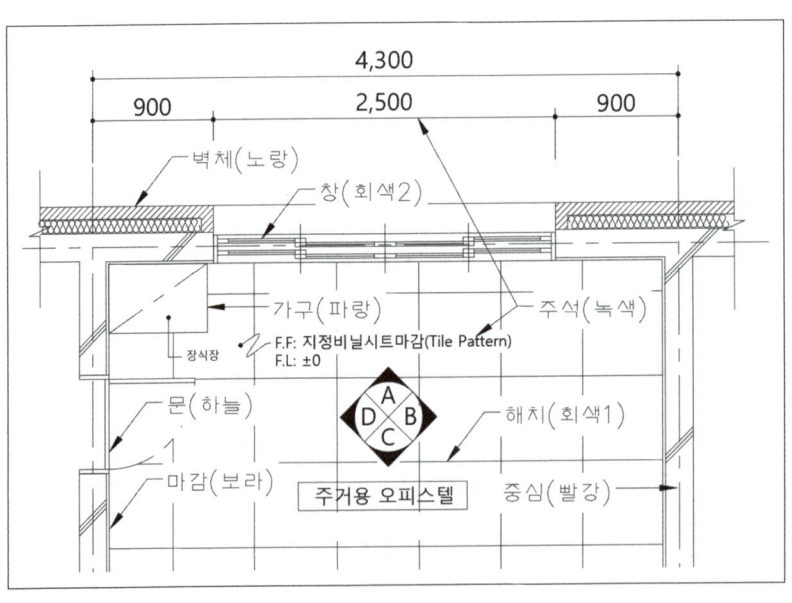

[실기시험 적용 예]

※ 선 두께는 예고 없이 변경될 수 있으므로 시험장에서 제시된 두께를 반드시 확인한 후 적용해야 합니다.

2) 문자

작성 도면의 축척은 모두 1:30이며, 이 경우 1:1 축척 기준 2mm를 적용해 가구 및 집기는 60mm, 마감 표기는 80mm, 실명은 100mm, 도면명은 180mm로 기입하며, 글꼴은 '맑은 고딕'을 사용합니다.

*축척이 1:30이 아닐 경우, 문자 높이는 2mm를 기준으로 축척값에 곱하여 작성합니다.

[예시1] 축척 1:40 도면
- 가구 및 집기: 2mm×40(축척)을 적용하여 80mm 정도로 작성
- 마감 표기: 100, 실명: 130, 도면명: 240 정도로 작성

[예시2] 축척 1:50 도면
- 가구 및 집기: 2mm×50(축척)을 적용하여 100mm 정도로 작성
- 마감 표기: 130, 실명: 160, 도면명: 300 정도로 작성

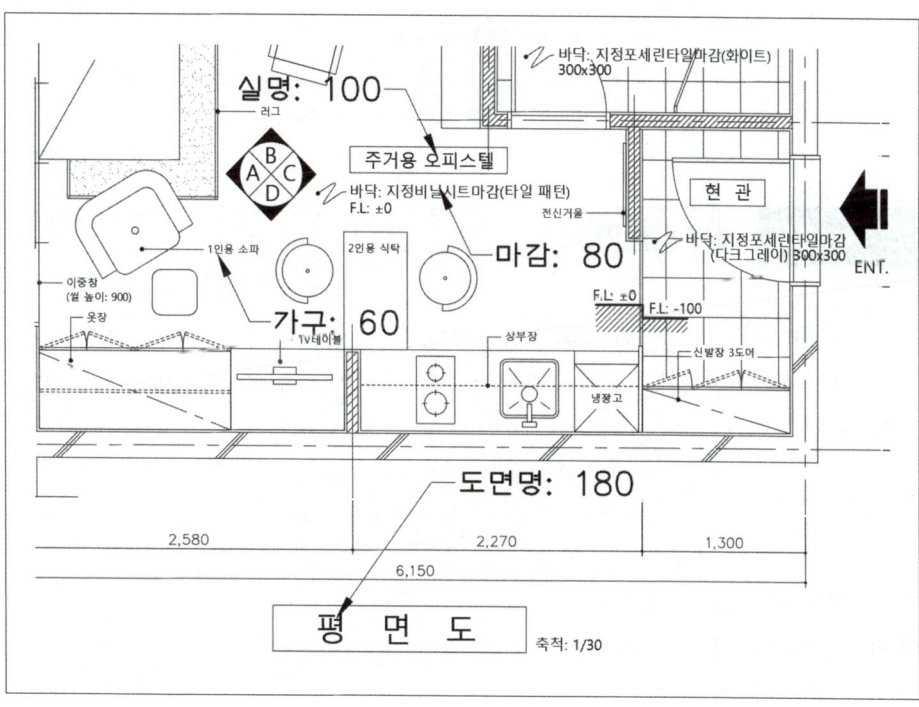

3) 치수

치수는 기본적으로 부분 치수와 전체 치수로 구분하여 각 부분과 전체 합을 쉽게 확인할 수 있도록 표시합니다. 또한 치수문자의 글꼴은 '맑은 고딕'을 사용하고 헤드를 '점(Dot small)'으로 설정하여 기입합니다.

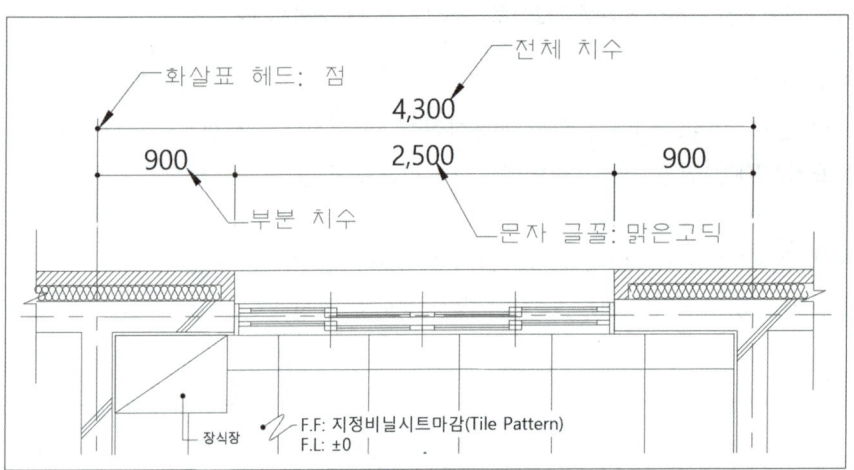

Section 04 용어와 기호

도면에 표기되는 용어는 한글과 영어를 모두 사용할 수 있으며, 필요에 따라 영문 약자도 사용할 수 있습니다. 실기시험에서 사용되는 용어는 건축 및 실내건축도면에서 많이 사용되는 용어들로 반드시 숙지하도록 합니다.

1) 기본 용어

① F.L: 바닥선(Floor Line 또는 Floor Level)
② C.L: 천장선(Ceiling Line 또는 Ceiling Level)
③ C.H: 천장높이(Ceiling Height)
④ ENT.: 출입구(Entrance)
⑤ AD: 에어 덕트(Air Duct)
⑥ PD: 파이프 덕트(Pipe Duct)

2) 기호

① ∨, ▼ : 벽 모서리(90° 꺾이는 벽의 끝)

② ▽ : 마감면

③ ⬆ : 주출입구

④ ◇(A,B,C,D) : 내부 전개(입면) 방향(4면)

⑤ (A) : 내부 전개(입면) 방향(1면)

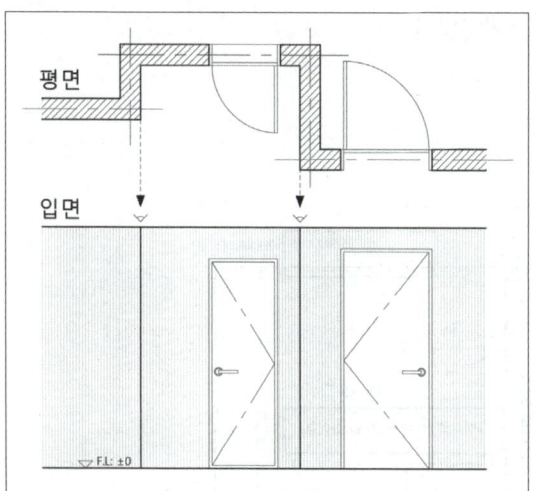

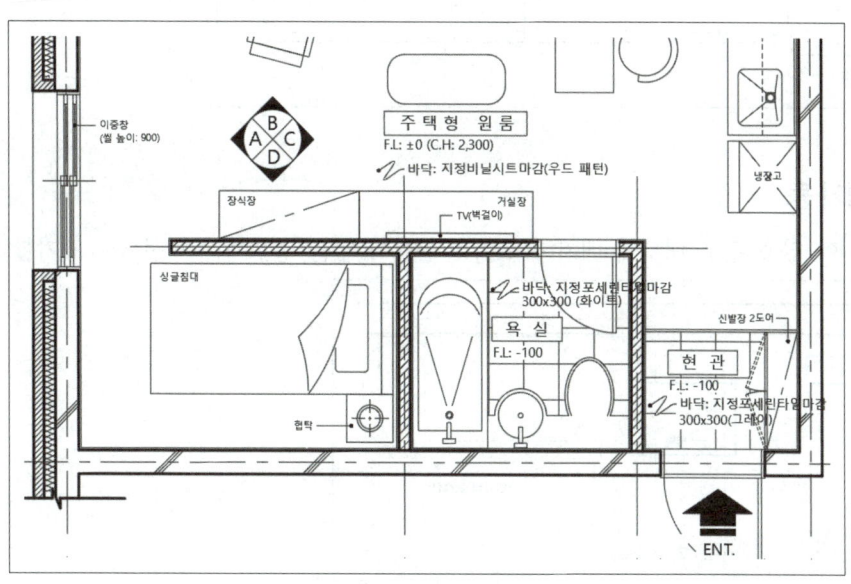

Section 05 마감재와 명칭의 표현

1) 면 마감

벽면, 바닥면, 천장면은 주요 마감재로, 곡선 지시선을 사용하여 다른 표기와 구분합니다.

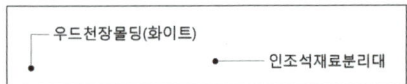

2) 부분 마감

모서리나 특정 위치의 마감은 직선으로 표기합니다.

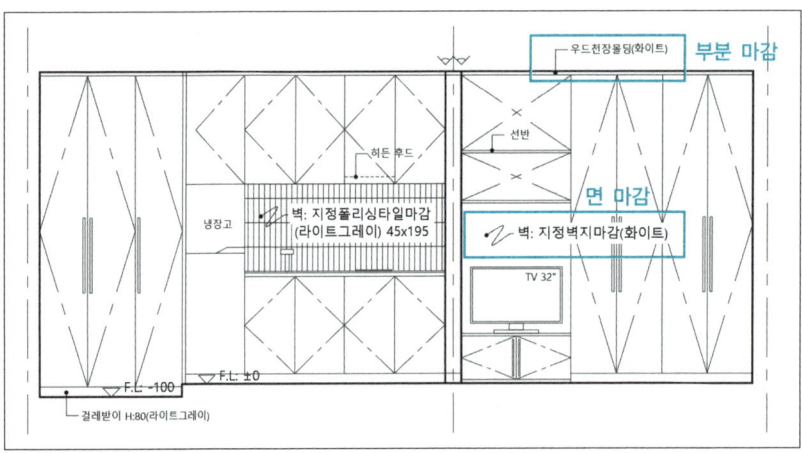

3) 가구 및 집기 등

내부에 공간이 있을 경우 내부에 배치하고 여유 공간이 없을 경우에는 직선으로 표기합니다.

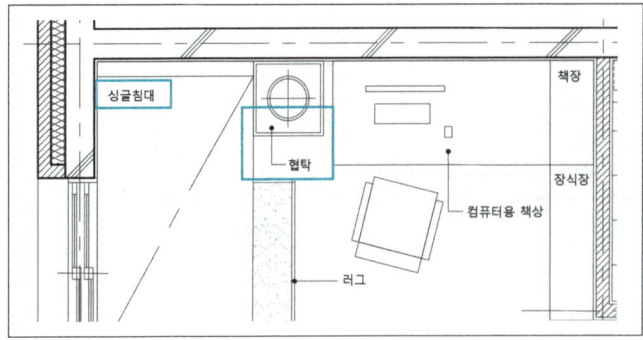

Chapter 02 AutoCAD 환경설정

AutoCAD 사용 환경은 사용자, 직종, 업무 내용에 따라 다를 수 있습니다. 본 교재에서는 프로그램 설치 후를 기준으로 실내건축기능사 실기시험에 적합한 환경으로 설정하겠습니다. 또한 AutoCAD 2025(한글) 버전을 기준으로 차이점을 비교하면서 학습내용을 설명합니다.

> **학습파일** | 완성파일 \ Part02 \ Ch02 \ 도면양식.dwg
> ▶ 동영상 \ Part02 \ Ch02 \ 환경설정 및 양식작성.mp4

Section 01 객체 스냅 및 상태막대 설정

2D 도면 작성에 적용할 객체 스냅을 변경합니다.

* 프로그램 설치 직후의 초기 환경 설정 및 옵션(Options) 설정에 대해서는 Part 01의 Chapter 01을 참고하기 바랍니다.

❶ AutoCAD 실행 ⇨ 새도면(미터법) ⇨ OS Enter↵ ⇨ 그림과 같이 체크 ⇨ [확인] 버튼 클릭

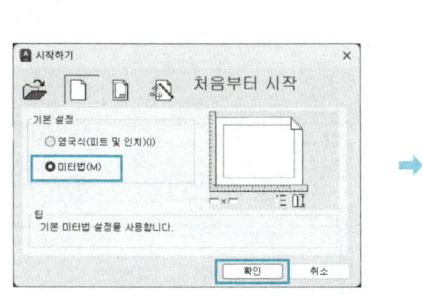 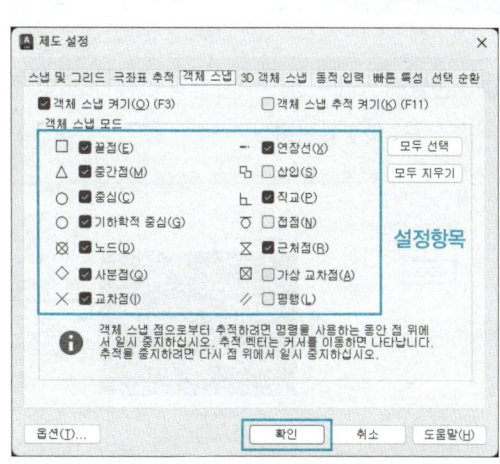

❷ AutoCAD 화면 우측 하단 상태막대에서 객체 스냅(F3), 주석 표시가 켜져 있는지 확인합니다.

Section 02 문자 설정(style)

기본으로 설정된 글꼴은 한글을 지원하지 않으므로 다음과 같이 '맑은 고딕'으로 변경합니다.

❶ ST `Enter↵` ➪ 글꼴을 '맑은 고딕'으로 설정 ➪ [적용] 버튼 클릭 ➪ [닫기] 버튼 클릭

*이때 @맑은 고딕(T @맑은 고딕)이 아닌 맑은 고딕(T 맑은 고딕)으로 설정해야 합니다.

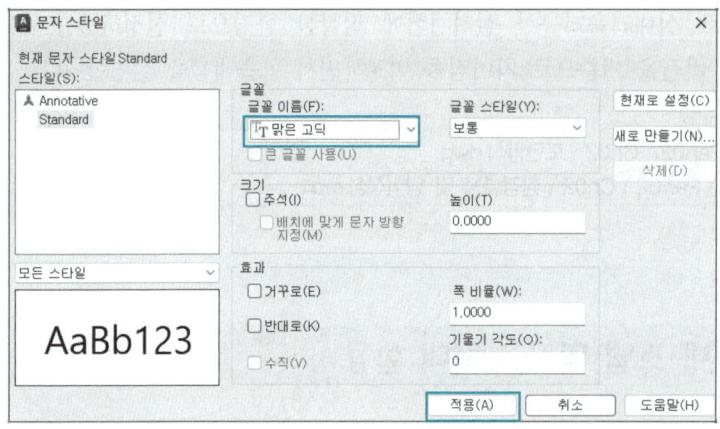

Section 03 치수 설정(Dimstyle)

❶ D `Enter↵` ➪ [수정] 버튼 클릭 ➪ [기호 및 화살표] 탭 클릭 ➪ 화살표촉, 지시선 모양을 '작은 점'으로 설정합니다.

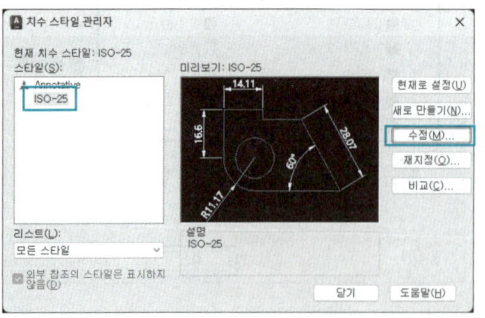 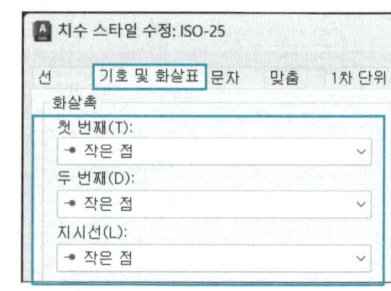

❷ [맞춤] 탭 클릭 ➪ '전체 축척 사용'값을 '30'으로 설정합니다.

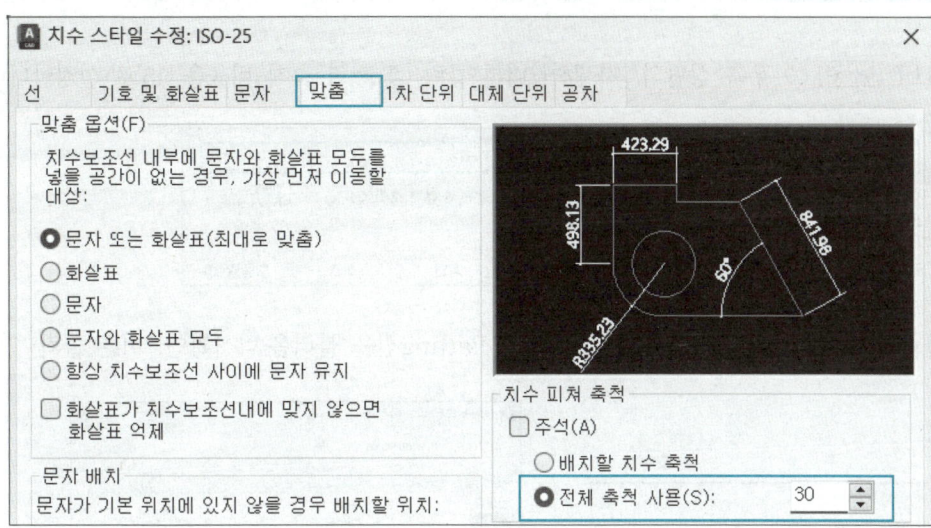

❸ [1차 단위] 탭 클릭 ➪ '단위 형식'을 'Windows 바탕화면', '정밀도'는 '0'으로 설정 ➪ [확인] 버튼 클릭 ➪ [닫기] 버튼 클릭

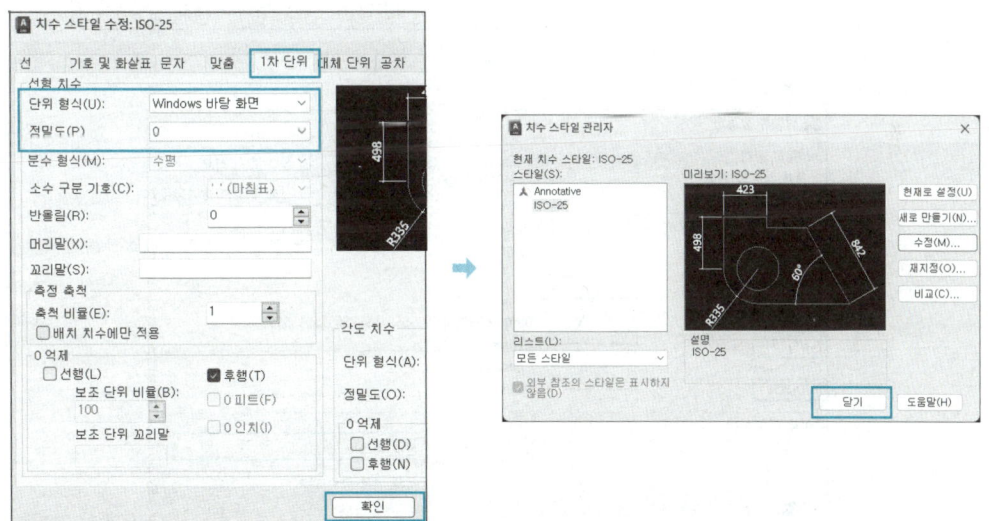

Section 04 선분 유형 설정(Linetype)

❶ LT Enter⏎ ➪ 우측 상단의 [자세히] 버튼 클릭 ➪ 전역 축척 비율을 '15'로 설정합니다.

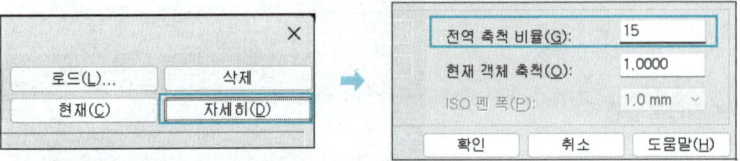

❷ [로드] 버튼 클릭 ➪ Center, Hidden, Batting선을 불러옴 ➪ [확인] 버튼 클릭

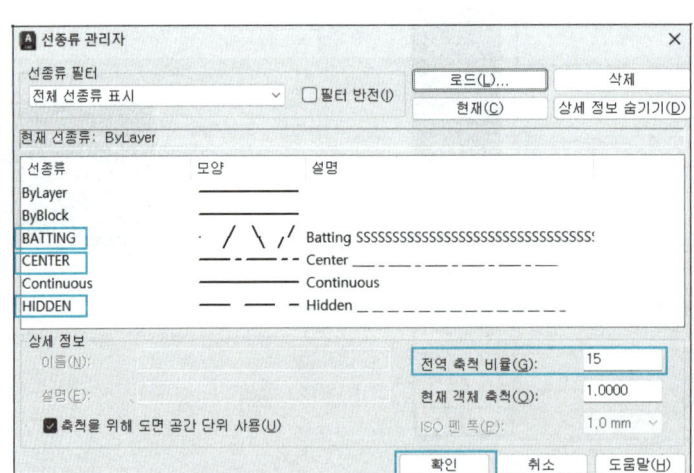

Section 05 도면층 구성(Layer)

[2D 도면의 도면층 조건]

빨강(1)=0.05mm	노랑(2)=0.3mm	녹색(3)=0.25mm	하늘색(4)=0.2mm
파랑(5)=0.15mm	보라(6)=0.1mm	회색 1(8)=0.05mm	회색 2(9)=0.1mm

① LA [Enter↵] ⇨ 도면층 추가 클릭 ⇨ 도면층의 이름, 색상, 선 종류를 설정 ⇨ ❌ 버튼 클릭

* 선의 가중치(두께)는 출력 설정에서 CTB를 추가하여 적용합니다(Part 04의 Chapter 07).

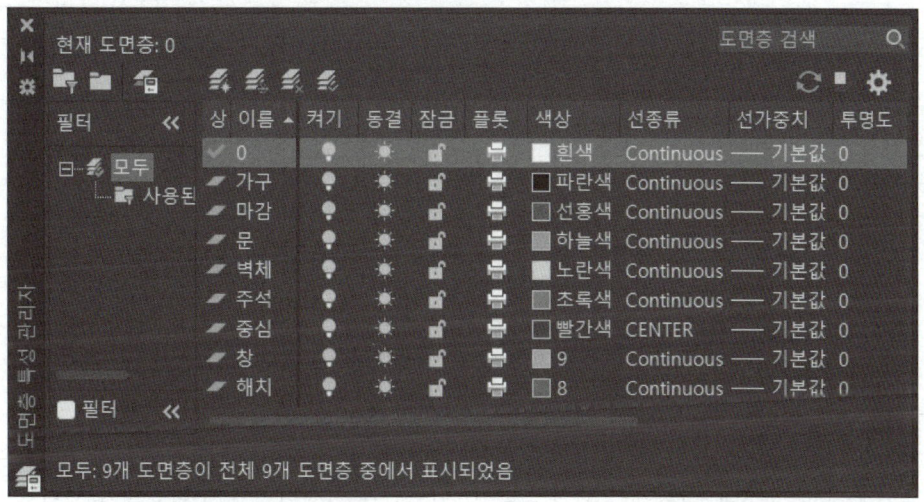

② 리본메뉴 도면층 패널에서 현재 도면층을 '벽체' 도면층으로 설정합니다.

Section 06 **도면양식 및 표제란 작성**

2D 작성 도면인 평면도, 내부 입면도, 천장도는 A3 용지에 출력합니다. 모든 도면은 1/30 축척으로 출력해야 하므로 이에 맞는 양식을 작성합니다. 도면 양식, 표제란, 테두리선 간격, 도면의 축척은 변경될 수 있으므로 시험장에서 다시 한 번 확인하고 작성해야 합니다.

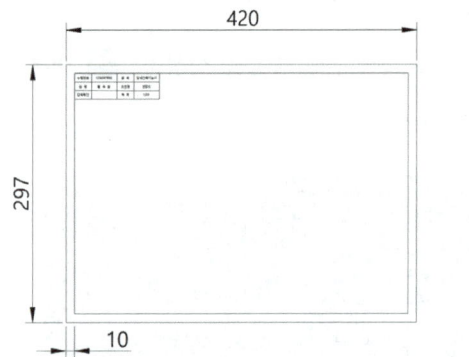

[공개문제의 용지 규격 및 표제란]

❶ 빈 공간에 [Rectang(REC)] 명령을 사용하여 가로 420, 세로 297 크기의 사각형을 그립니다.

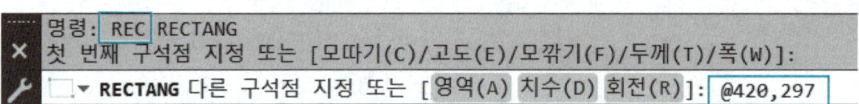

❷ [Offset(O)] 명령을 실행하여 안쪽으로 10 간격만큼 복사하여 테두리선을 그립니다.

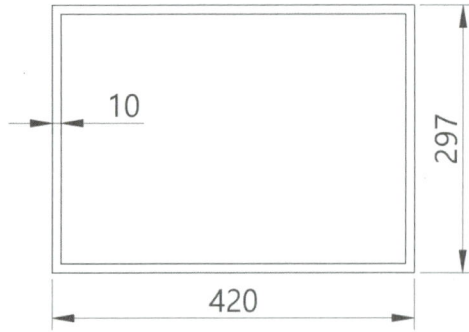

❸ 빈 공간에 [Rectang(REC)], [Explode(X)], [Offset(O)] 명령을 사용하여 다음과 같은 표제란을 그립니다.

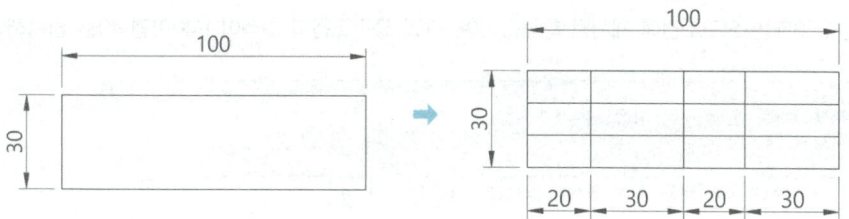

❹ 작성한 표제란을 [Move(M)] 명령으로 테두리선의 좌측 상단으로 이동합니다.

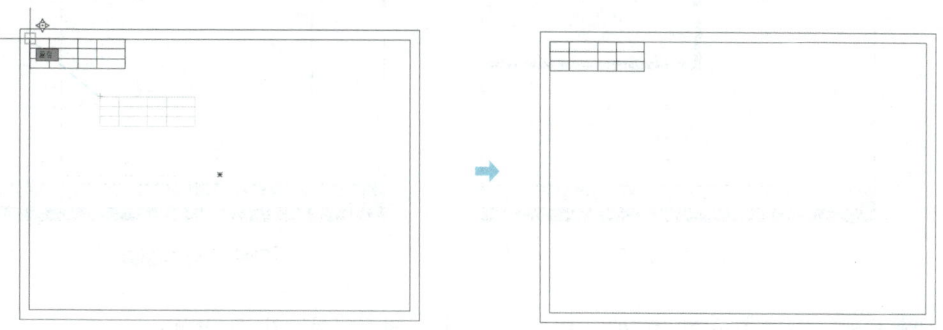

❺ [PEDIT(PE)] 명령을 실행한 후, 폭(W) 옵션을 사용하여 테두리선의 두께를 '1'로 변경합니다.

* 테두리선의 두께 변경은 필수사항이 아니므로 생략해도 무방합니다.

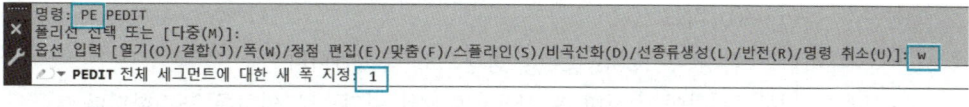

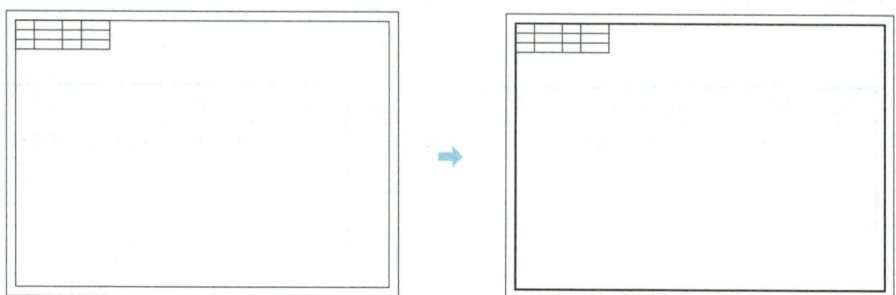

Craftsman Interior Architecture

❻ [SCALE(SC)] 명령을 실행하여 작성한 도면 양식을 30배 확대합니다.

* 30배로 확대한 후 양식이 화면 밖으로 벗어날 경우 마우스 휠을 더블클릭하거나 'Z' Enter↵ ⇨ 'E' Enter↵ 합니다.

여기서 30배는 요구조건에 제시된 축척값이며, 만일 요구조건의 축척이 1/40이면 40을 입력해야 합니다.

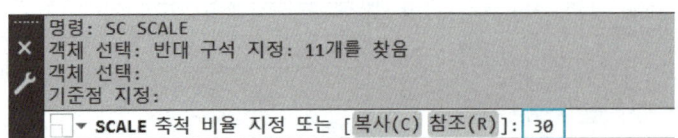

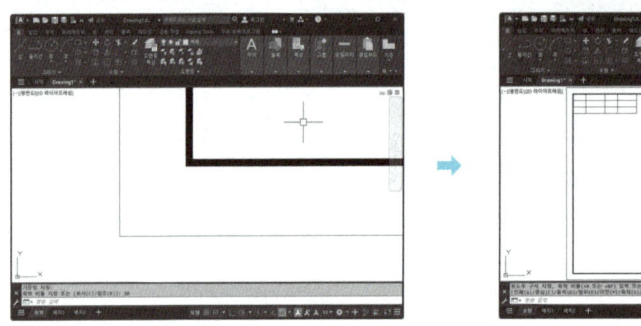

[SCALE 30배]   [마우스 휠 더블클릭]

❼ 작성된 도면 양식이 '벽체' 도면층(노랑)으로 작성되었는지 확인합니다.

* 본 교재는 가독성을 높이기 위해 흰색 배경에 검정색 선을 사용합니다. 도면층의 정확한 확인은 답안 파일과 동영상 강의를 참고하기 바랍니다.

❽ [DTEXT(DT)] 명령을 실행하여 다음과 같이 표제란 내용을 작성합니다.

- 문자 높이: 80, 각도: 0
- 문자 하나만 작성 후 [Copy(CO)] 명령으로 복사합니다.
- 문자를 더블클릭하여 수정한 후 [MOVE(M)] 명령으로 위치를 조정합니다.

* 표제란의 문자는 눈으로 보기에 중앙에 위치하면 충분합니다.

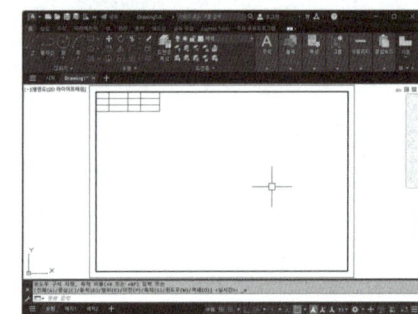

❾ 작성한 문자를 모두 선택하여 '주석' 도면층(녹색)으로 변경한 뒤, 파일 이름을 '2D 도면'으로 지정하여 저장합니다.

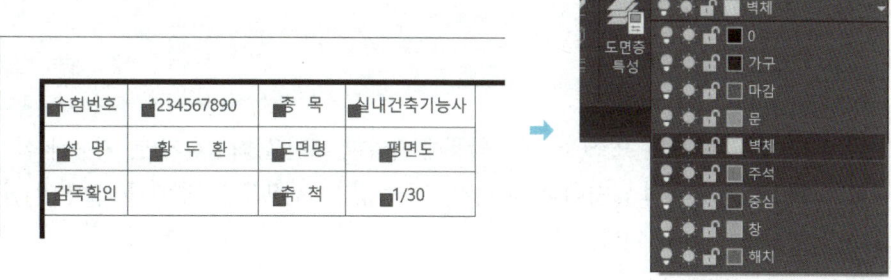

[완성된 실기시험 도면양식]

Chapter 03 주거공간의 도면 요소 그리기

실무에서는 미리 준비된 도면 요소(소스)를 활용해 다양한 도면을 작성하지만, 기능사 실기시험에서는 이러한 소스가 제공되지 않습니다. 따라서 가구, 집기, 위생도기, 창호 등 도면에 필요한 모든 요소를 직접 작성해야 합니다.

> **학습파일** | 실습파일 \ Part02 \ Ch03 \ 도면요소 그리기.dwg
> ▶ 동영상 \ Part02 \ Ch03 \ 도면요소 그리기.mp4

Section 01 가구 그리기

신속한 도면작성을 위해 주거공간에 필수적으로 배치되는 가구의 대략적인 치수를 숙지하는 것이 좋습니다. 모든 가구의 세부 치수를 외울 필요는 없으며, 가구의 전체 폭(W), 깊이(D), 높이(H) 정도만 파악하면 됩니다. 대부분의 가구는 인체 치수를 기준으로 제작되므로, 인체 치수를 바탕으로 암기 범위를 점차 확장해 나가면 됩니다.
[실습파일\Part02\Ch03\도면요소 그리기.dwg] 파일을 열어 Chapter 03의 '도면 요소 그리기' 실습을 진행합니다.

* 가구의 폭(W), 깊이(D), 높이(H)를 제외한 틀(프레임)의 두께나 손잡이 등은 20~30mm 정도로 자유롭게 표현합니다.

① 침대 : 원룸이나 독신자 아파트에 많이 사용되는 싱글과 슈퍼싱글 침대를 그려보고, 해당 치수를 익힙니다.

(단위: mm)

규격	폭(W)	깊이(D)	높이(H) * 매트리스 포함	헤드 높이(HH)
싱글(S)	1,000	2,000	450 내외	900 내외
슈퍼싱글(SS)	1,100	2,000		
더블(D)	1,400	2,000		
퀸(Q)	1,500	2,000		
킹(K)	1,600	2,000		

실내건축기능사 실기

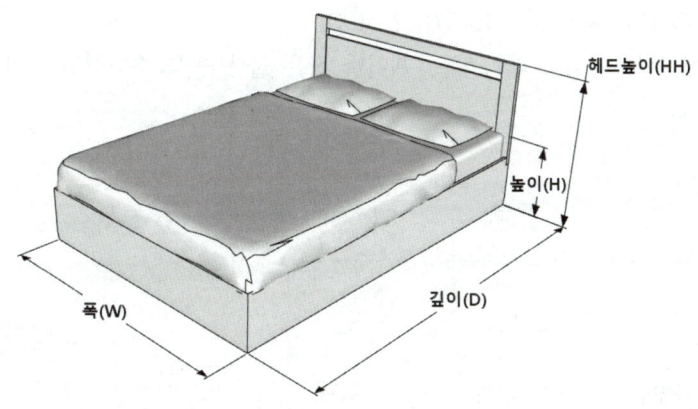

- 평면 표현의 예

  CAD 활용능력이 다소 부족하거나 작업속도가 빠르지 않다면 '표현 1'의 방식으로 도면을 작성합니다.

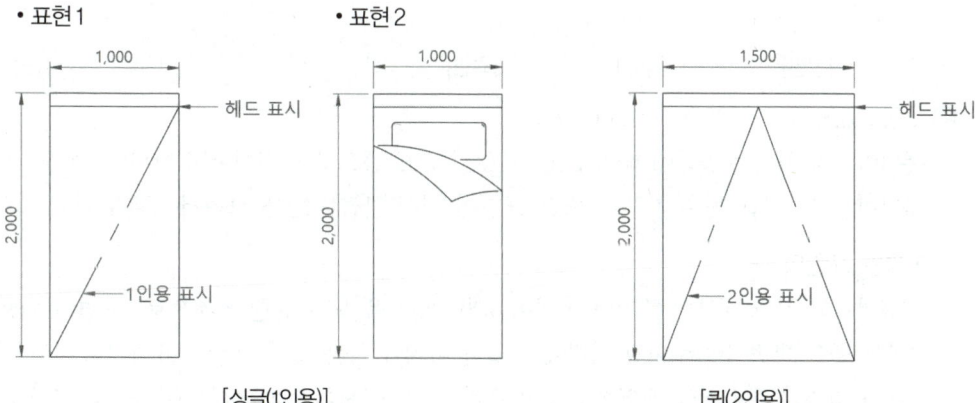

- 입면 표현의 예

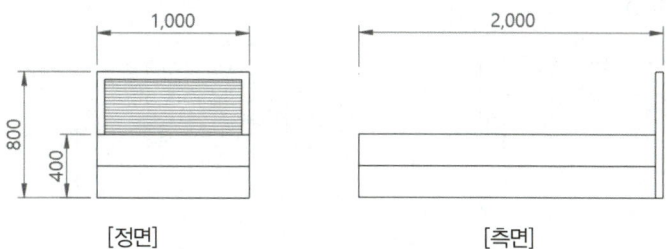

Chapter 03 주거공간의 도면 요소 그리기 **91**

❷ 협탁 : $400(W) \times 400(D) \times 400(H)$ [±100]

침대 옆에 두는 사이드 테이블로, 책이나 작은 물품 등을 수납하고 스탠드 조명을 올려 둘 수 있습니다.

- 표현 1

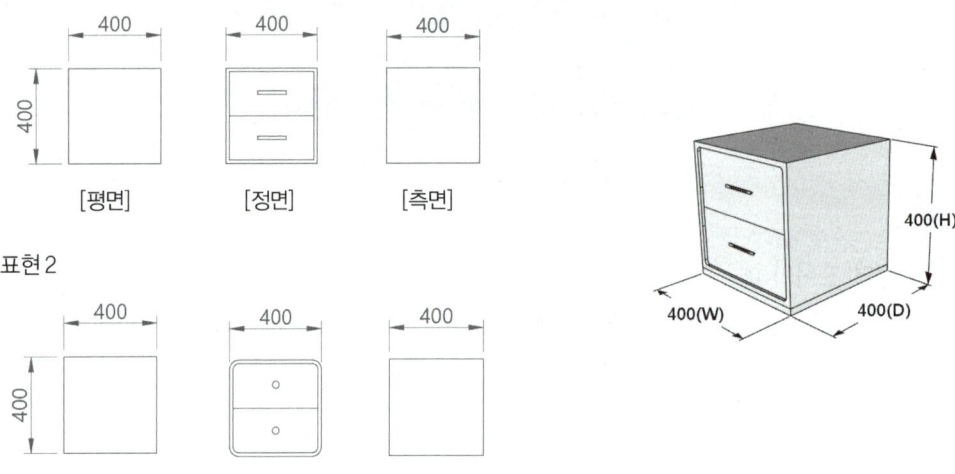

- 표현 2

❸ 옷장 : $800(W) \times 600(D) \times 1800(H)$

폭(W)은 배치되는 공간에 따라 900, 1200, 1500 등으로 늘려서 작성합니다. 옷장, 신발장, 붙박이장 등 키가 높은 가구는 평면 표현에 사선(일점쇄선)을 그려서 구분합니다.

- 평면 표현의 예

'표현 2'는 옷장 내부의 행거와 옷걸이, 개폐 형식을 모두 표현한 것으로, 도면의 내용 전달에는 좋은 방법이나 주어진 시간에 작업을 마쳐야 하는 것이 가장 중요하므로 CAD 활용능력이 다소 부족하거나 작업속도가 빠르지 않다면 '표현 1'의 방식으로 도면을 작성합니다.

- 표현 1

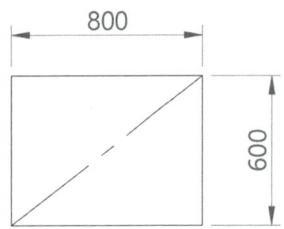

- 표현 2

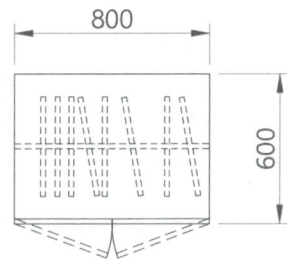

• 입면 표현의 예

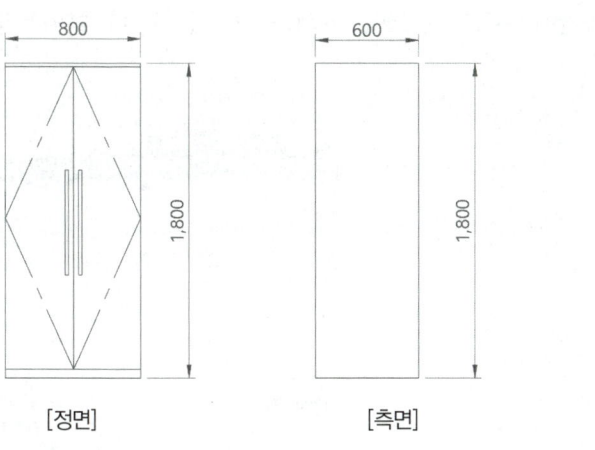
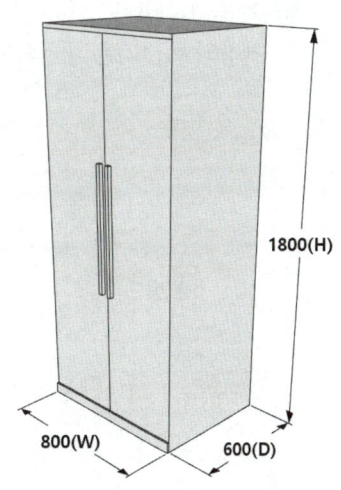

❹ 책장 및 장식장 : $600(W) \times 300(D) \times 1800(H)$

책장의 폭(W)은 배치되는 공간에 따라 900, 1200, 1500 등으로 늘려서 작성합니다. 옷장처럼 키가 높은 가구는 평면 표현에는 사선(일점쇄선)을 그려서 구분합니다. 선반 형식으로만 구성하는 것보다는, 상단에는 선반 4~5단을 배치하고 하단에는 도어로 구성하는 것이 더 간편합니다. 장식장은 책장과 동일한 방법으로 작성하고 선반 부분에 유리문을 달아 구성합니다.

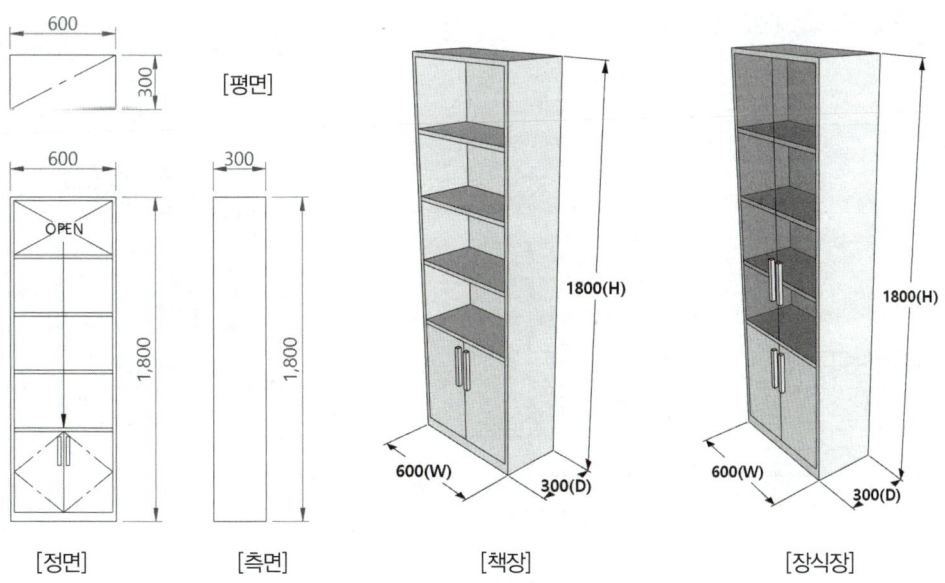

❺ 책상: 1200(W)×600(D)×750(H), **의자**: 400(W)×400(D)×800(H)

책상의 폭(W)은 배치되는 공간에 따라 900, 1500, 1800 등으로 늘리거나 줄여서 작성합니다.

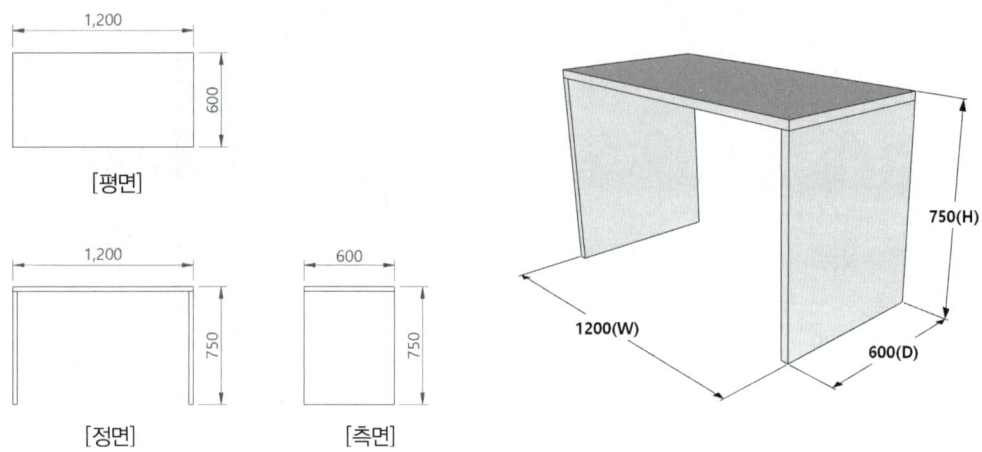

의자는 다른 가구에 비해 구조가 복잡하므로, 단순한 형태로 좌방석 정도만 표현합니다. 시간적으로 여유가 있다면 팔걸이와 등받이의 각도까지 표현합니다.

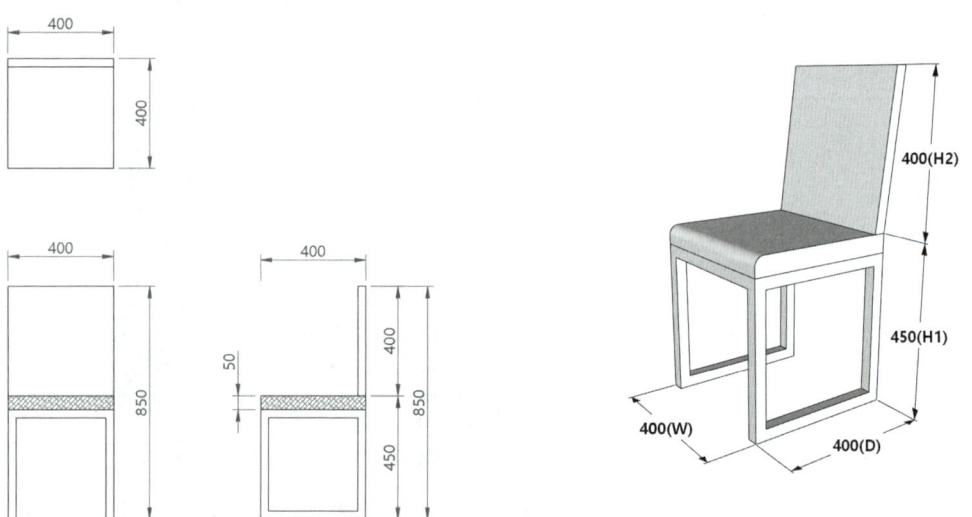

❻ 식탁(1~2인용) : 대향형 $1200(W) \times 400(D) \times 750(H)$, 동향형 $900(W) \times 700(D) \times 750(H)$
주방 공간의 형태에 따라 대향형과 동향형으로 구분하여 배치합니다.
배치 공간에 여유가 있다면 폭(W)과 깊이(D)를 늘려서 작성할 수 있으며, 디자인 의도에 따라 반원형 식탁을 사용해도 좋습니다.

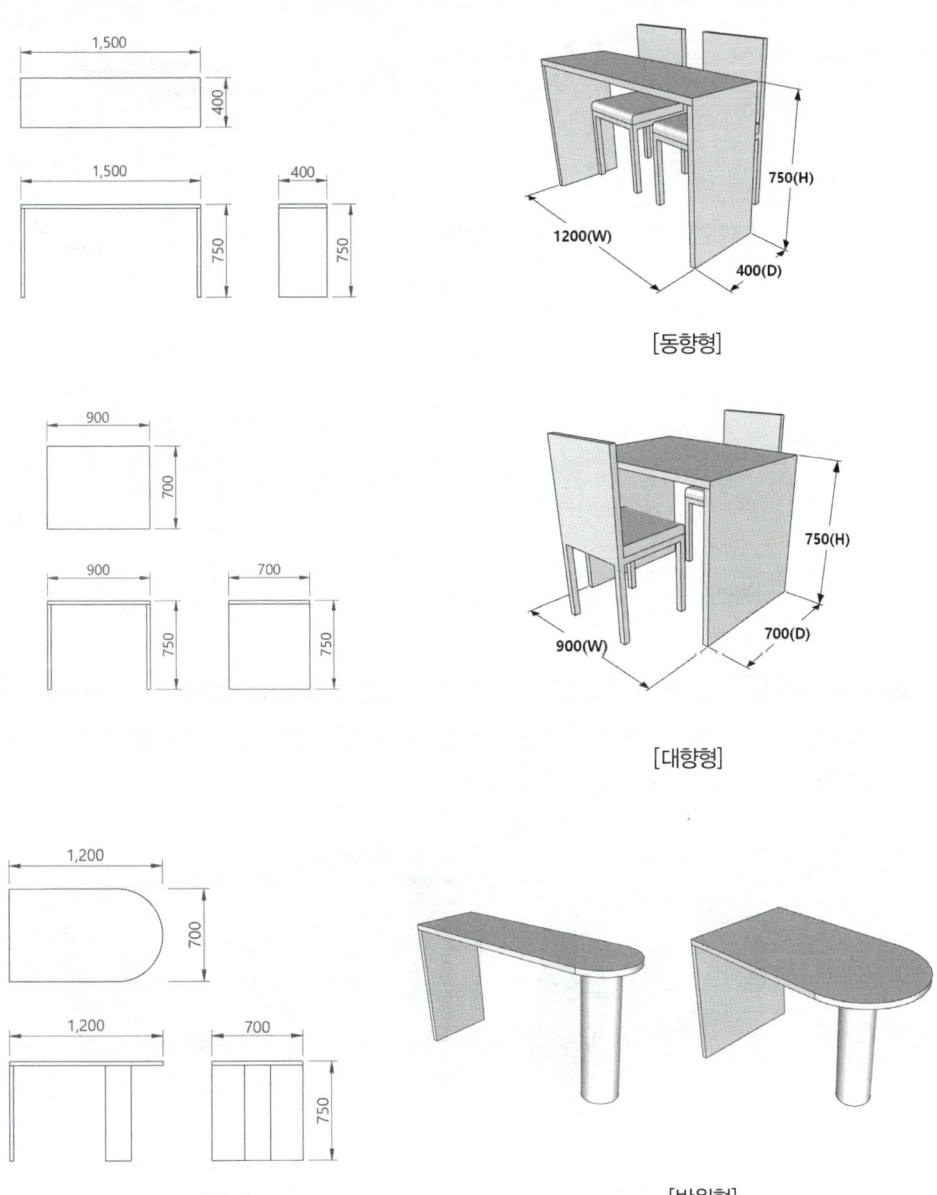

[동향형]

[대향형]

[반원형]

식탁에 사용되는 의자는 책상의 의자를 그대로 복사하거나 재질이나 일부 형태만 변경하여 사용합니다. 새로 작성할 경우 단순한 형태로 좌방석과 등받이 정도만 표현합니다.

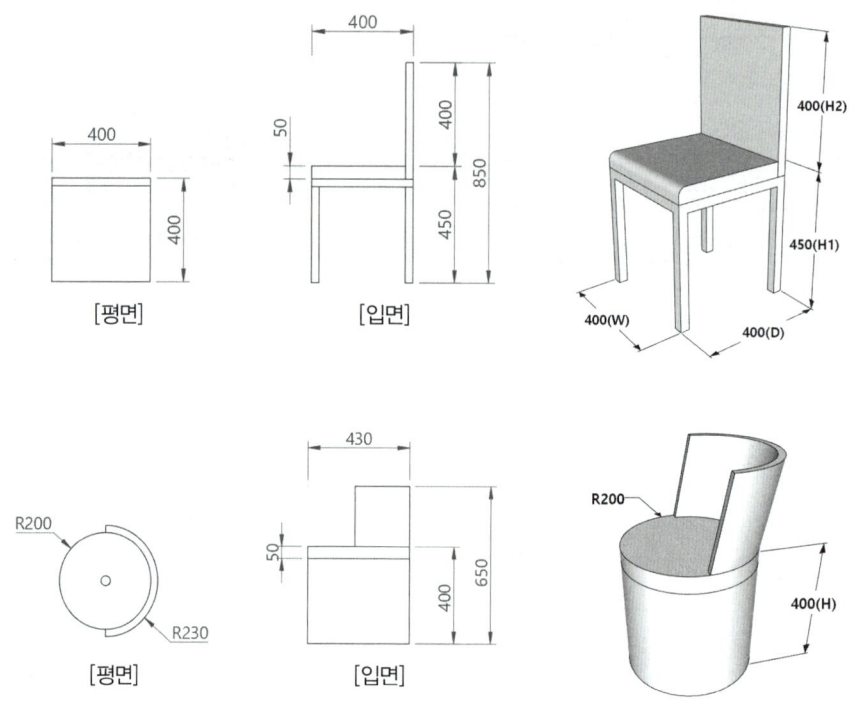

❼ 소파: 1인용 $750(W) \times 650(D) \times 700(H)$, 2인용 $1300(W) \times 650(D) \times 700(H)$
소파를 각지게 디자인하면 딱딱한 인상을 줄 수 있으므로 모서리 부분을 둥글게 하여 부드럽고 편안한 느낌을 주는 것이 좋습니다.

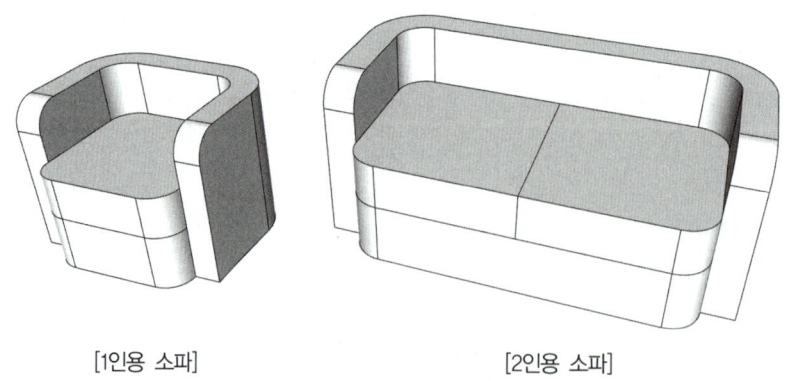

[1인용 소파]   [2인용 소파]

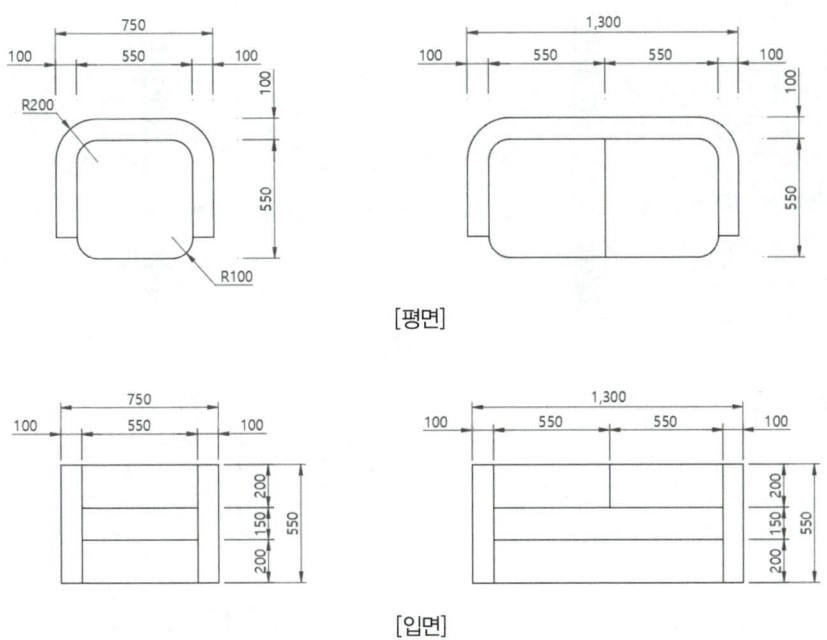

[평면]

[입면]

소파용 테이블은 높이(H)를 300~350 정도로 하여 소파와 테이블이 세트처럼 보이도록 구성하는 것이 좋습니다. 작업시간이 부족하여 소파를 각지게 디자인했다면 테이블도 각지게 디자인합니다.

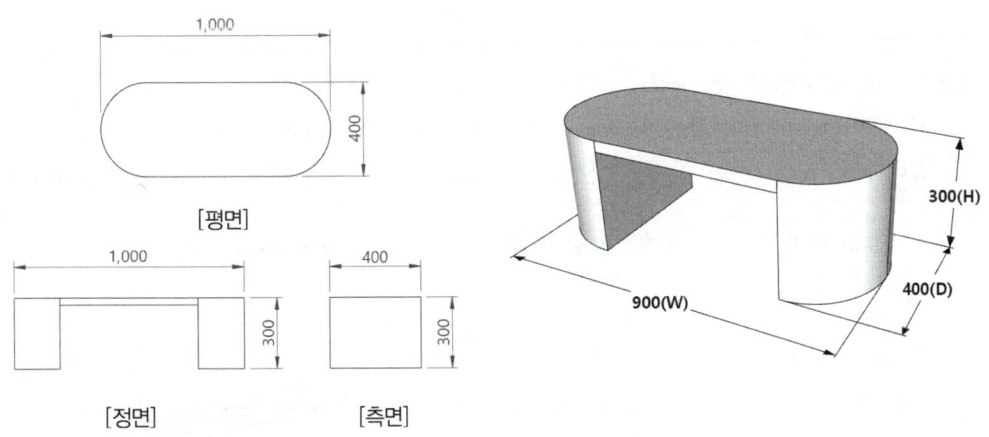

[평면]

[정면] [측면]

❽ 신발장: 현관 폭(W)×300~350(D)×천장높이(H)

신발장의 폭(W)과 높이(H)는 배치되는 공간에 맞추고 깊이(W)는 300~350 정도로 작성합니다. 폭이 900 정도면 2도어로, 1000 이상이면 3도어로 작성합니다. 신발장의 하부는 바닥 끌림을 방지하기 위해 100 정도 간격을 둡니다.

Craftsman Interior Architecture

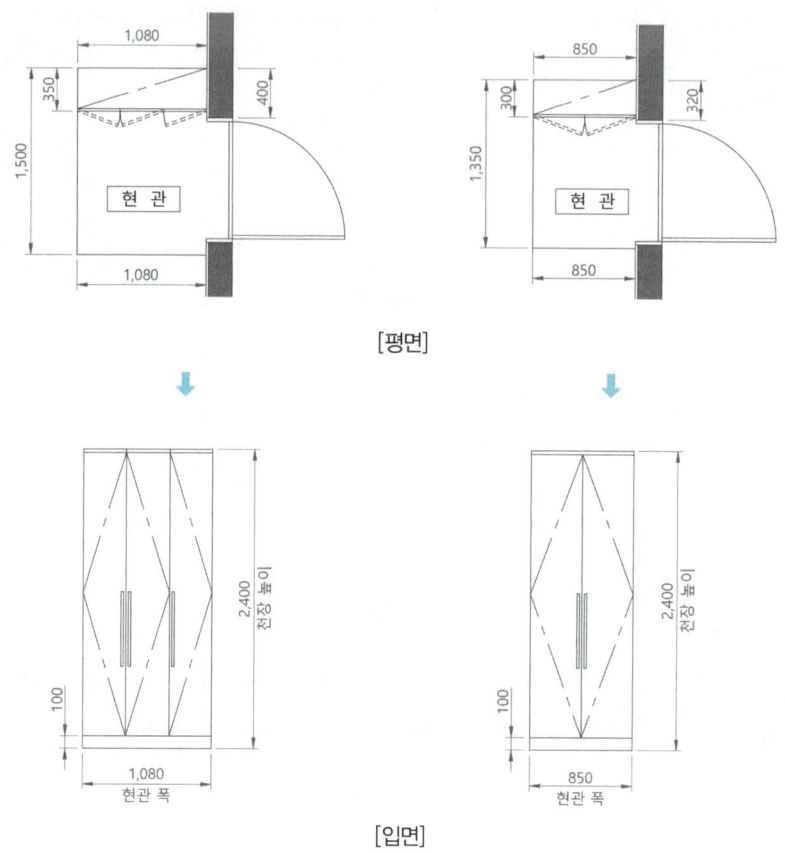

❾ TV 테이블(거실장): 800(W)×300(D)×400(H)

TV 테이블은 배치 공간에 따라 최소 800(W)×300(D)×400(H)을 기준으로 하되, 폭(W), 깊이(D), 높이(H)를 키워서 작성하고, TV는 32~42인치 정도의 크기로 작성합니다.

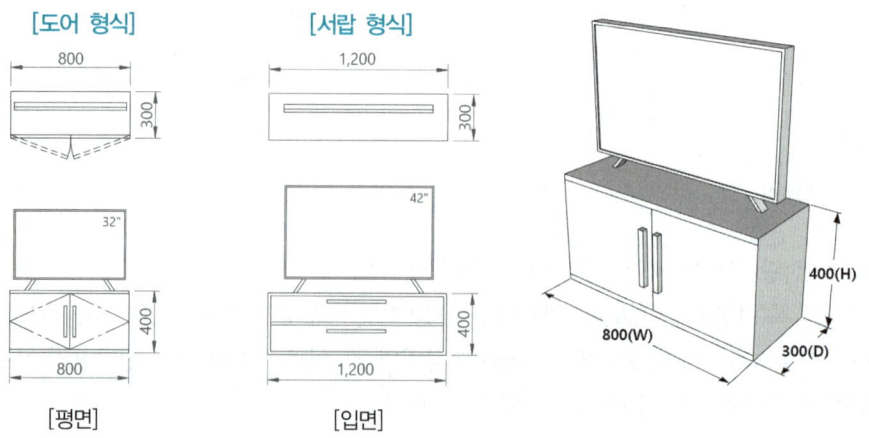

* 32인치: 750(W)×450(H), 42인치: 1000(W)×600(H)

⑩ 주방기구(싱크 및 냉장고)

싱크대는 하부장과 중간(midway) 높이를 먼저 표시하고, 나머지 부분을 상부장 높이로 합니다. 배치 공간에 따라 도어의 폭과 개수를 조정합니다.

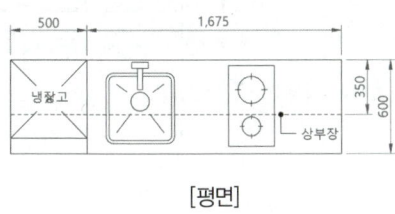

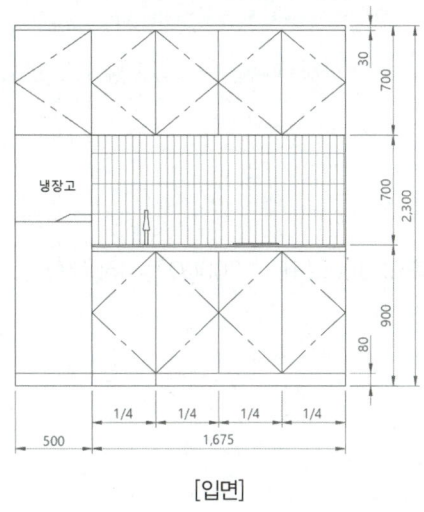

Section 02 위생도기와 욕조 그리기

욕실은 내부 입면도 범위에 포함되지 않으므로 평면 중심으로 연습합니다. 양변기 덮개의 곡선은 [타원(EL)] 명령을 사용해야 자연스럽게 표현됩니다. 양변기 끝이 욕실문에 걸릴 경우 물탱크(200)를 150 정도로 줄여서 작성합니다.

❶ 세면대: $550(W) \times 450(D) \times 400(H)$

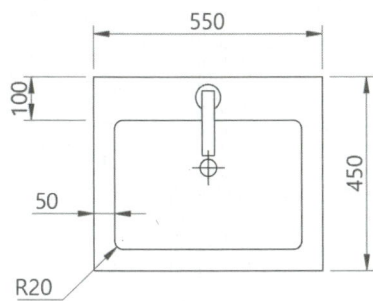

❷ 양변기: $400(W) \times 750(D) \times 650(H)$

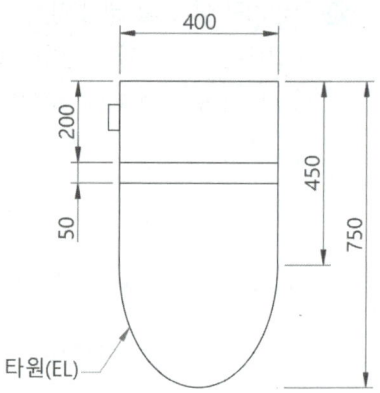

❸ 욕조: $1600(W) \times 700(D) \times 450(H)$

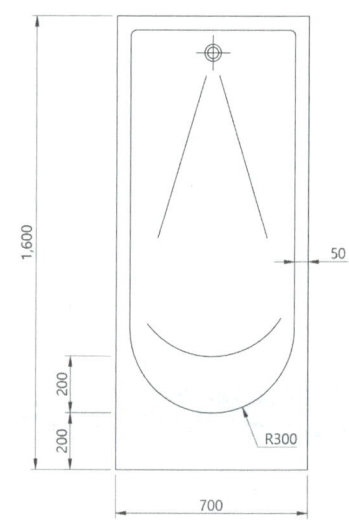

❹ 양변기와 욕실문의 간섭 확인

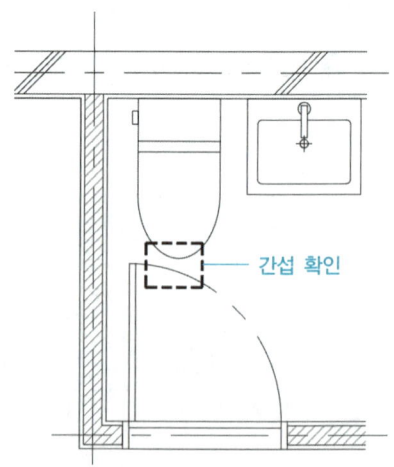

Section 03　창호 그리기

창호(창과 문)의 치수는 요구조건에 제시되어 있으며, 개폐 형식은 문제도면(평면도)을 통해 확인할 수 있습니다. 따라서 창틀, 문틀, 핸들 등 세부 치수를 숙지하고 있어야 합니다.

[요구조건에 주어지는 치수]

출입문	$1,000 \times 2,100 \text{mm}(H)$
화장실문	$800 \times 2,000 \text{mm}(H)$
이중창문	$1,500 \times 1,200 \text{mm}(H)$

① 창

창의 높이와 출입 가능 여부에 따라 전창, 반창으로 구분됩니다. 문제도면에서 발코니 등 외부 공간과 연결되는 부분은 전창으로 작성합니다.

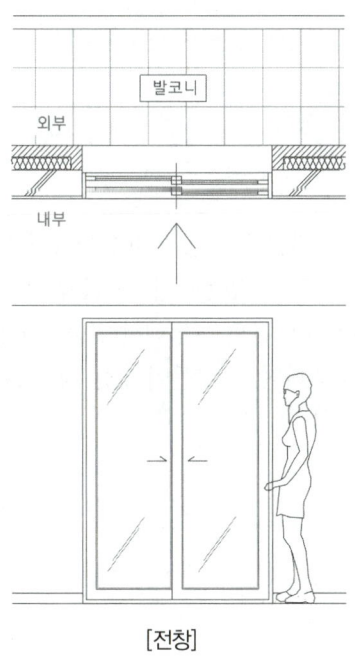

[전창]

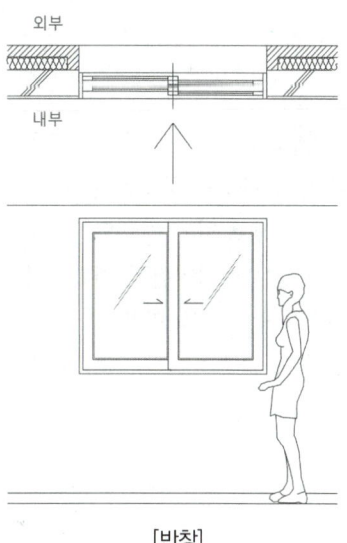

[반창]

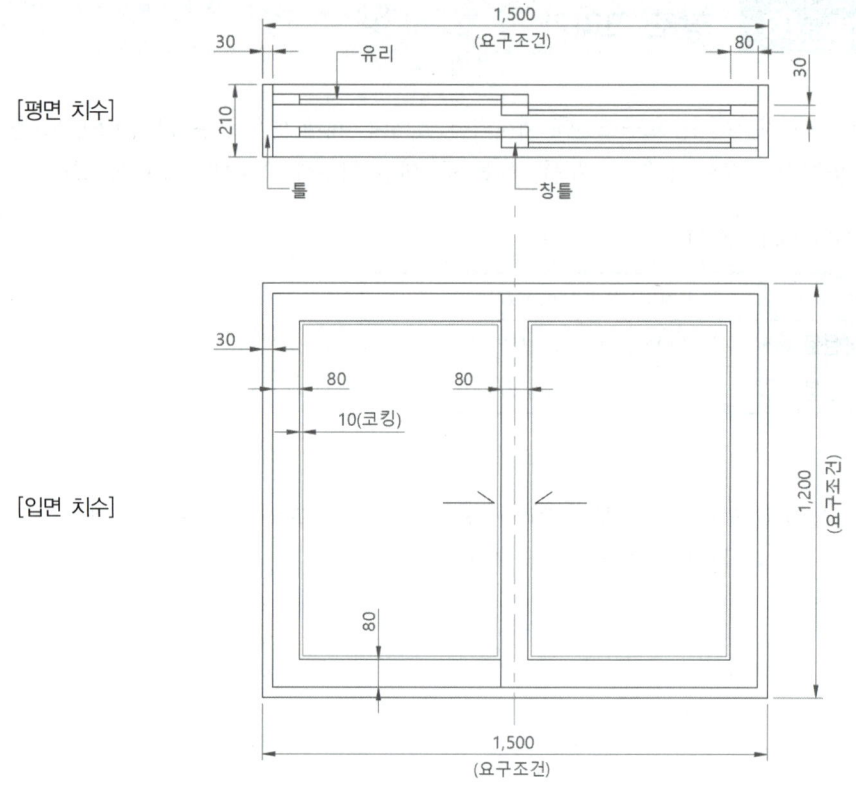

[평면 치수]

[입면 치수]

❷ 문

문의 크기는 요구조건을 참고하여 작성하고, 핸들은 바닥에서 900~1000mm 높이에 배치합니다. 현관문의 하부틀은 바닥에 매립되어 표현되지 않고, 방문이나 욕실문은 하부틀이 있는 경우도 있고 없는 경우도 있습니다. 연습 시에는 한 가지 유형을 정해서 연습합니다. 하부틀이 없는 경우 바닥마감의 연속성과 디자인 측면에서 유리하며, 하부틀이 있는 경우에는 바람이나 이물질의 유입을 막을 수 있고 내구성이 우수합니다.

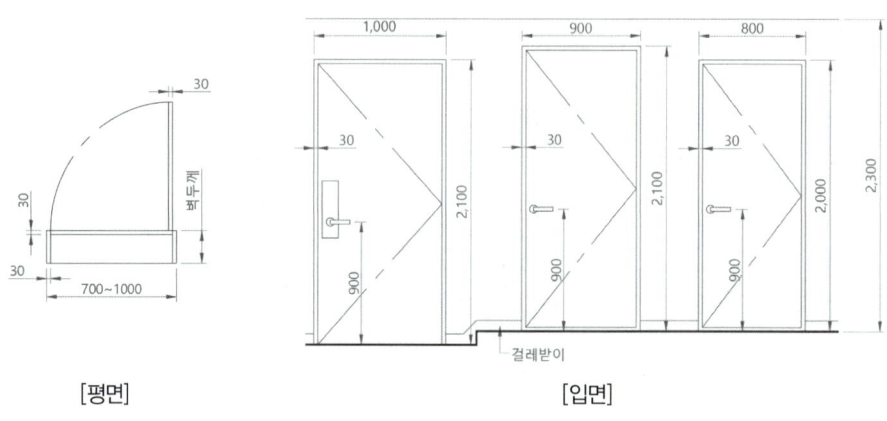

[평면]   [입면]

Section 04 설비 그리기

조명 및 설비는 기호 형식으로 중복되지 않게 작성합니다. 기구의 틀 두께는 모두 10~20 정도로 표현하며, 센서등과 화재감지기의 문자는 높이 100 정도로 표기합니다.

❶ 조명

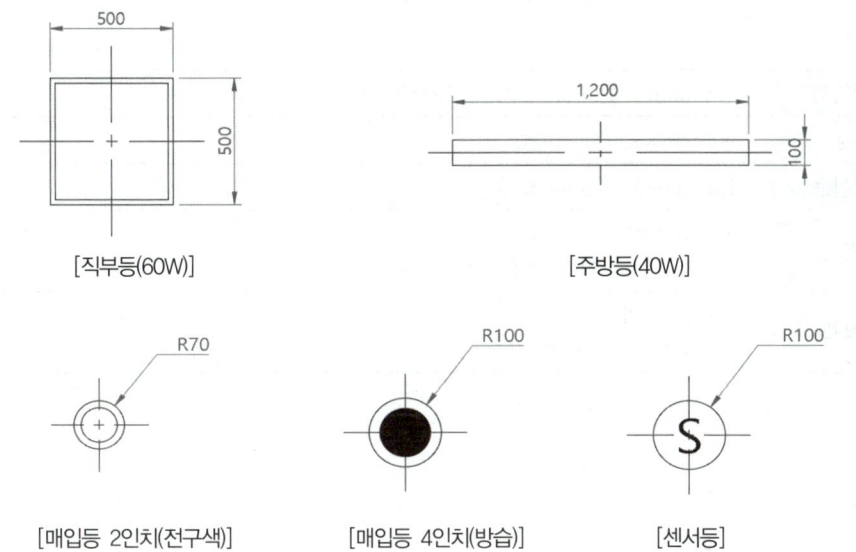

❷ 소방 및 공조

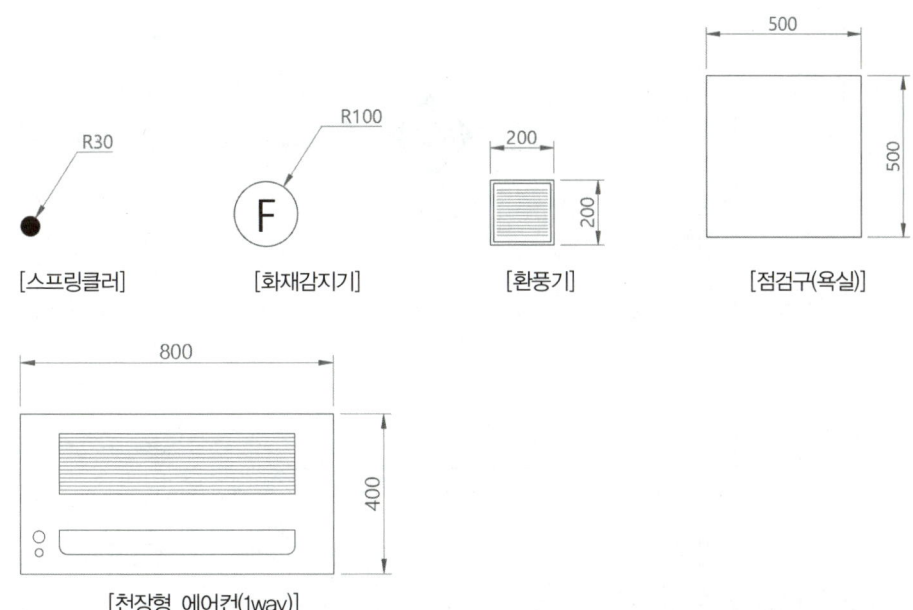

Section 05 평면(벽체) 그리기

실기문제도면 작성에 앞서 간단한 평면의 벽체를 작성해 봅니다. 요구조건을 확인하여 제시된 도면을 중심선, 벽체 두께, 개구부만 표현합니다.

❶ 요구조건과 도면 확인

[요구조건]

설계면적	4,500mm × 4,200mm × 2,400mm(CH)
방문	900mm × 2,100mm(H)
이중창문	1,500mm × 1,200mm(H)
외벽체	자녀방 외벽 [1.5B 공간 쌓기(단열재 THK120)]
내벽체	자녀방 내벽 [1.0B 시멘트벽돌 쌓기]

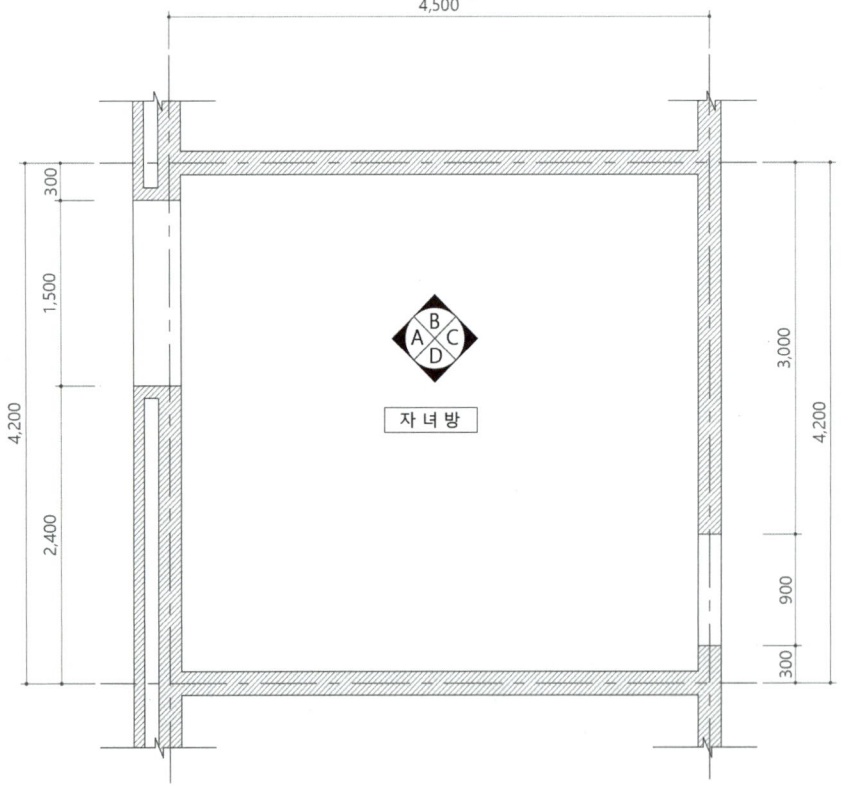

[도면]

❷ 중심선과 내벽 그리기

현재 도면층을 '벽체'로 변경합니다. 사각형 모양의 공간으로 치수를 확인한 후, [직사각형(Rec)] 명령으로 작성하고, [간격띄우기(O)] 명령을 사용하여 벽의 두께를 표현합니다. 중심선을 기준으로 1.0B(190)의 1/2인 95씩 복사합니다.

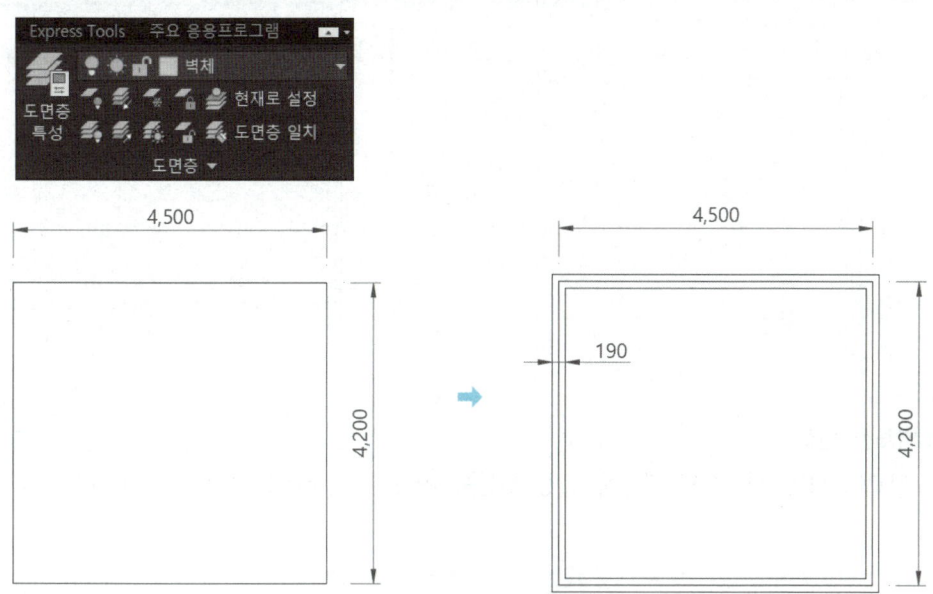

❸ 외벽 그리기

중심선은 '중심' 도면층으로 변경합니다. 작성된 벽체를 분해(X)한 뒤, 단열재(120)와 0.5B(90)를 그려줍니다. 자녀방의 크기보다 조금 큰 임의의 사각형을 대략 그린 후 중심선과 일부 벽체선을 연장합니다.

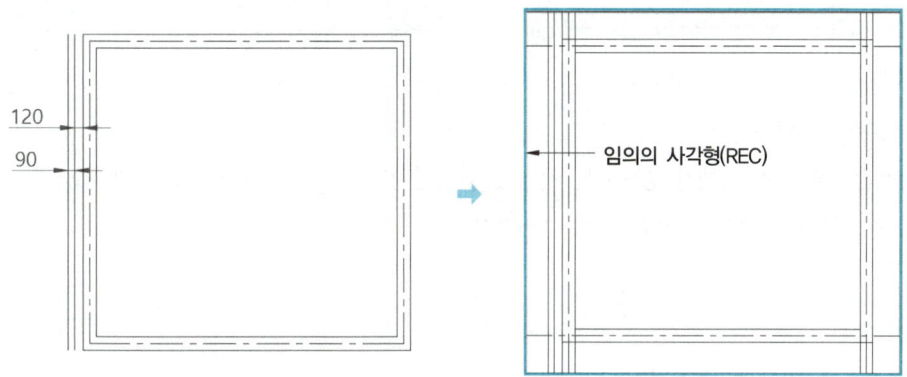

❹ 개구부 표시

임의의 사각형을 삭제하고 1.0B 벽돌이 교차하는 부분을 [자르기(TR)] 명령으로 편집합니다. 창과 문의 위치는 [간격띄우기(O)] 명령으로 표시합니다.

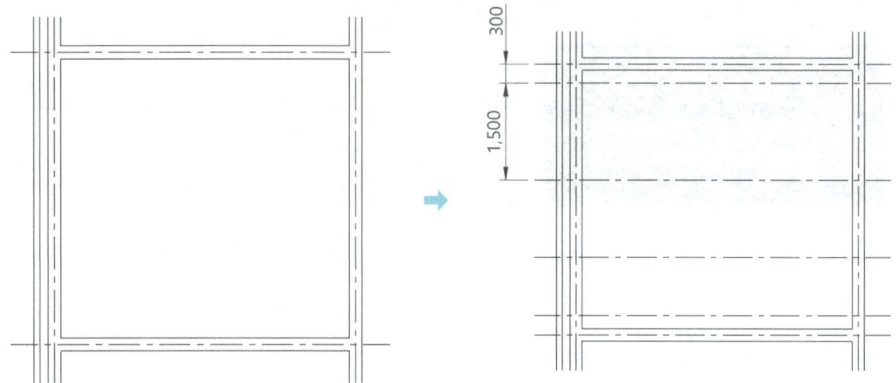

❺ 벽체선 편집

[자르기(TR)] 명령으로 편집하고 창 부분을 확대하여 단열재 부분을 그려줍니다.

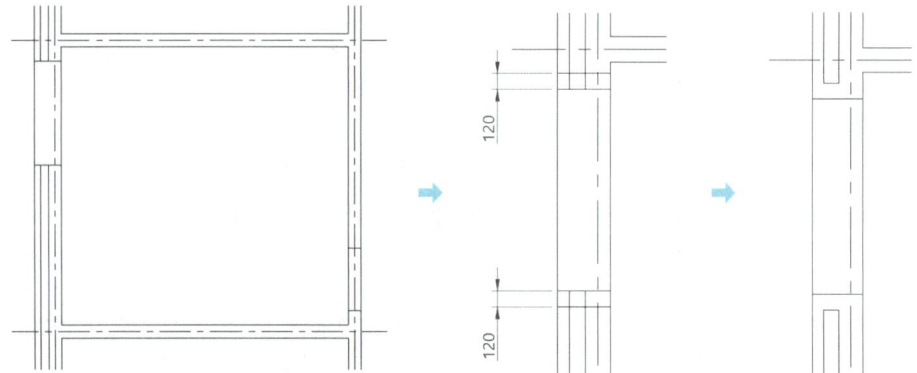

❻ 파단선 작성

파단선을 그려 벽체가 생략되는 지점에 배치합니다. 벽체 끝에 파단선을 배치한 후 틈이 생기지 않도록 편집하고 중심선을 늘려줍니다.

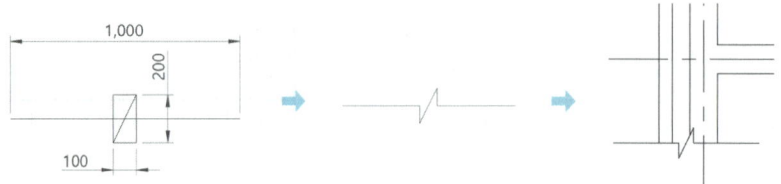

❼ 패턴 넣기

'중심'(빨강) 도면층을 Off한 뒤 [해치(H)] 명령을 사용하여 벽체의 재료 표시를 넣습니다. 해치의 패턴은 'ANSI31', 축척은 10으로 설정합니다. 해치 적용 후 '중심' 도면층을 다시 On으로 전환합니다.

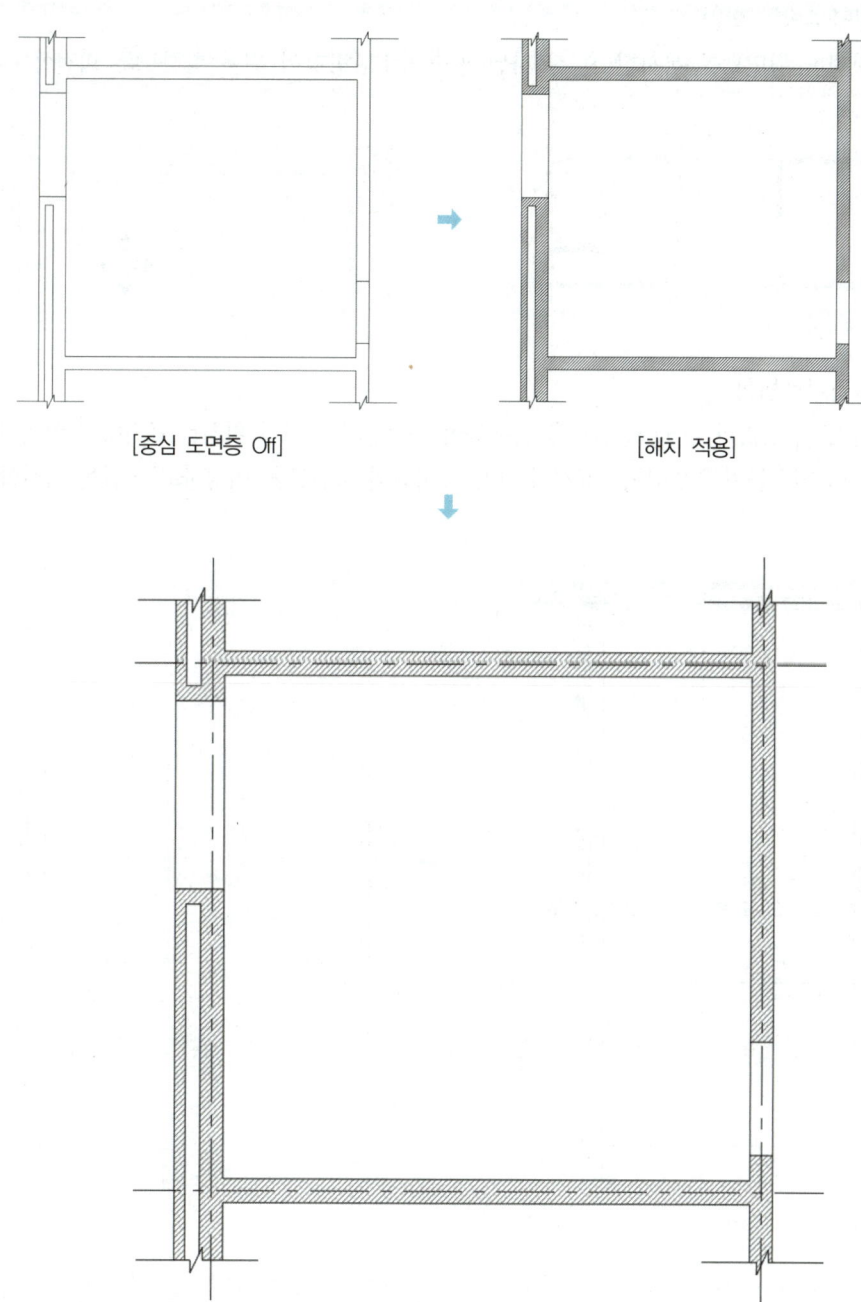

[중심 도면층 Off]   [해치 적용]

[중심 도면층 On]

Section 06 내부 입면 그리기

작성된 자녀방의 평면도를 활용하여 A방향과 C방향의 내부 입면을 작성합니다.

❶ 내부 입면 A방향 확인

앞서 작성한 평면도를 복사한 후, 복사된 평면도를 A방향이 위를 향하도록 회전합니다.

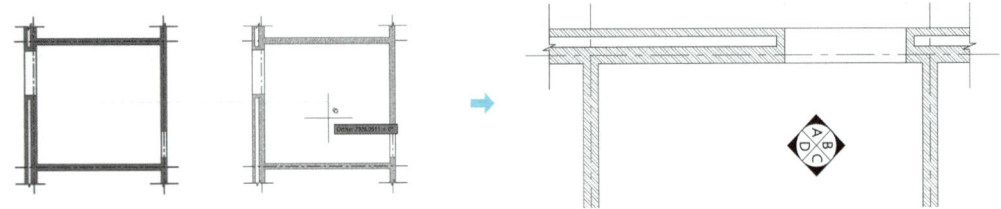

❷ 입면 그리기(A방향)

[구성선(XL)] 명령의 수직(V) 옵션을 사용하여 중심선과 모서리 위치를 표시하고 임의의 가로선을 그려 천장높이인 2400을 표시합니다. 중심선의 도면층을 변경하고 벽면을 편집합니다.

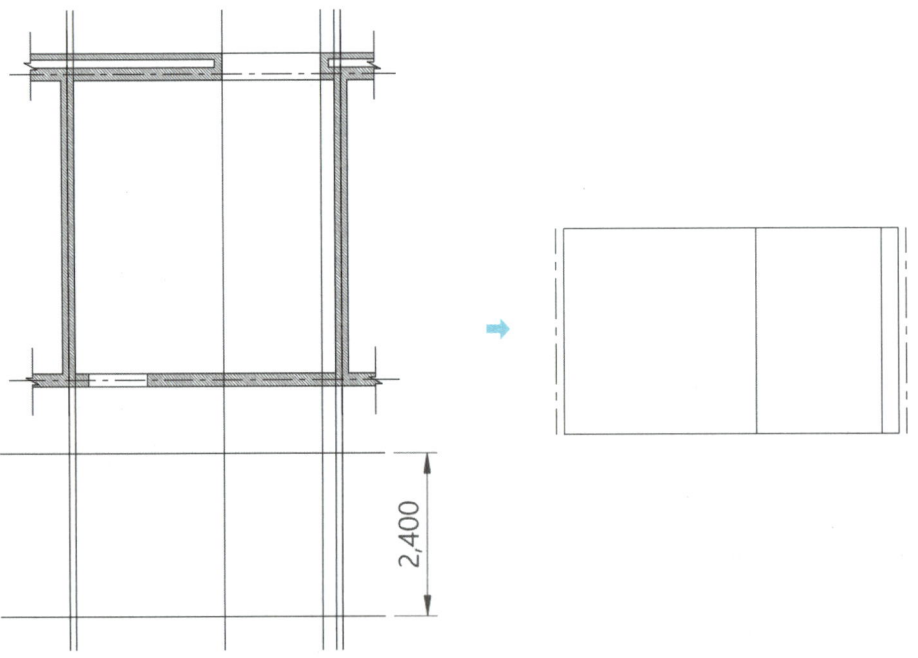

❸ 창문과 몰딩 그리기

[간격띄우기(O)] 명령을 사용하여 걸레받이, 창문, 천장몰딩을 표시하고 편집합니다. 창문은 천장에서 100만큼 거리를 두고 그려줍니다.

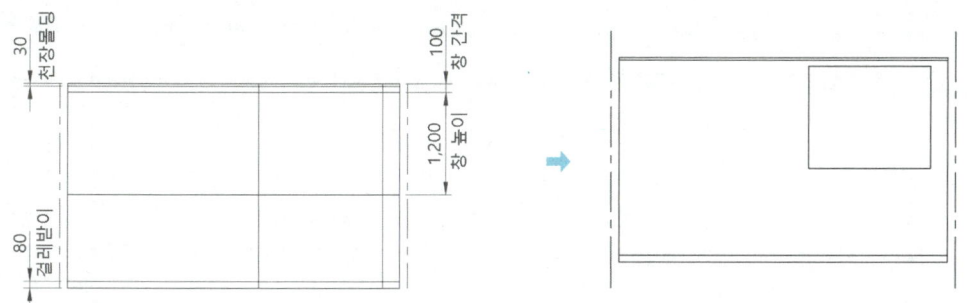

❹ 내부 입면 C방향 확인

앞서 작성한 평면도를 하나 더 복사합니다. 복사된 평면도를 C방향이 위를 향하도록 90° 회전합니다.

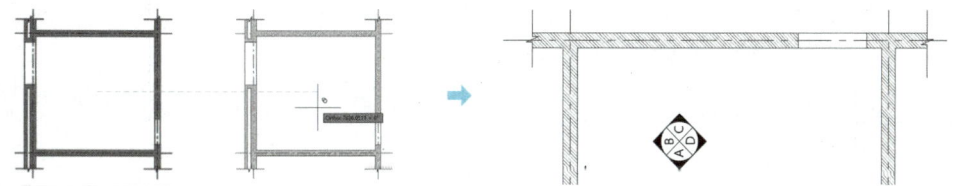

❺ 입면 그리기(C방향)

[구성선(XL)] 명령의 수직(V) 옵션을 사용하여 중심선과 모서리 위치를 표시하고 임의의 가로선을 그려 천장높이 2400을 표시합니다. 중심선의 도면층을 변경하고 벽면을 편집합니다.

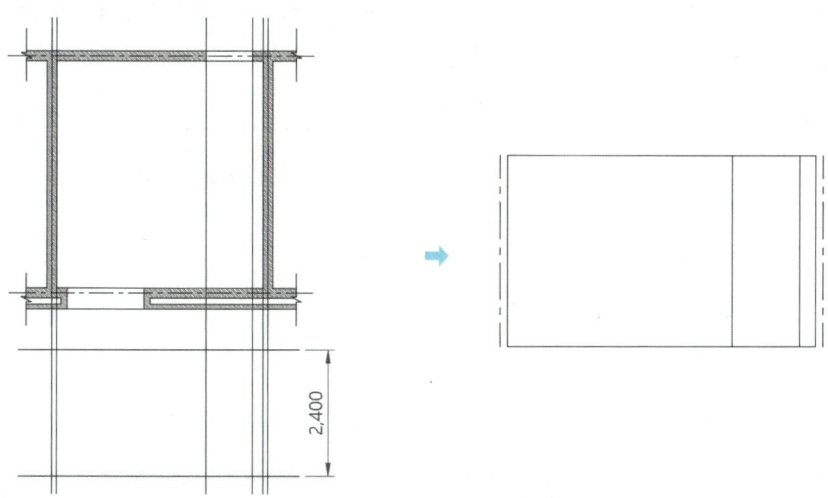

❻ 문과 몰딩 그리기
[간격띄우기(O)] 명령을 사용하여 걸레받이, 문, 천장몰딩을 표시하고 편집합니다.

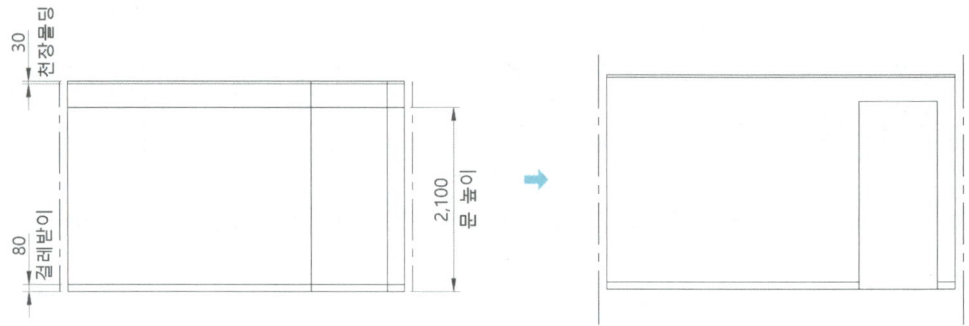

❼ 누락 요소 확인
완성된 평면과 입면에서 누락 요소나 편집 상태를 확인합니다.

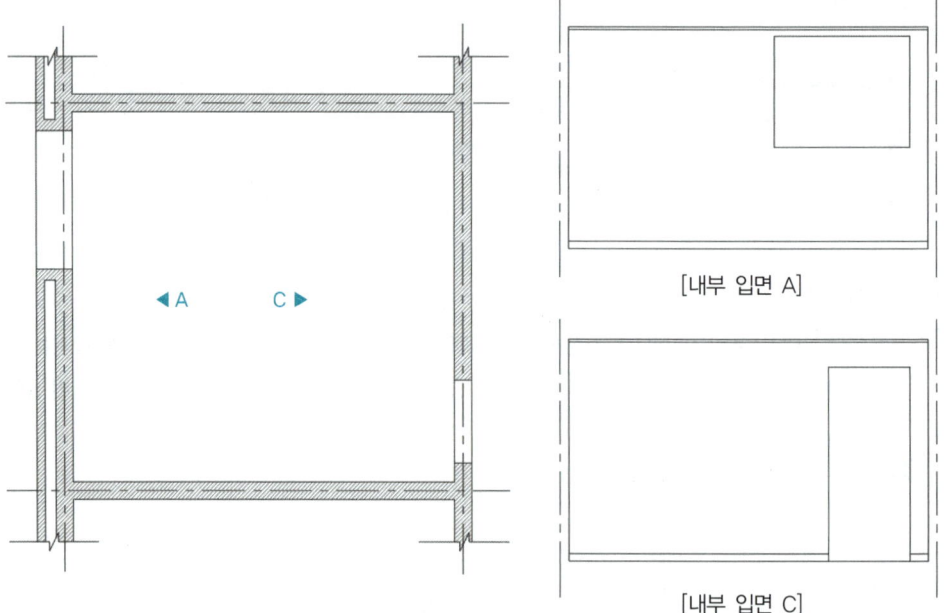

PART 3

2D 도면 과제 작성

Chapter 01 | **자녀방 : 2D 도면 작성**

Chapter 02 | **거실 : 2D 도면 작성**

Chapter 03 | **주방 : 2D 도면 작성**

Chapter 04 | **원룸(대학생) : 2D 도면 작성**

Chapter 01 자녀방 : 2D 도면 작성

Section 01 요구조건과 문제도면 확인

① 요구조건

개 요	용 도	• 주택의 자녀방(여중생)
	인적 구성	• 10대 자녀 1명
제시도면 조건	설계면적	• 4,500mm×4,300mm×2,350mm(CH)
	방 문	• 900mm×2,100mm(H)
	이중창문	• 1,200mm×1,500mm(H)
	외벽체	• 시멘트벽돌 벽체/붉은벽돌 치장마감 [내부 마감재 임의 + 1.0B 시멘트벽돌 + THK 100mm 단열재 + 0.5B 붉은벽돌 마감]
	내벽체	• 벽돌 벽체[1.0B 시멘트벽돌 쌓기] • PD 벽체[0.5B 시멘트벽돌 쌓기]
설계조건	필요 공간 및 집기	• 싱글침대 • 학습용 TV 및 테이블 • 옷장 2개 • 책상 • 책장 2개 • PC 테이블 * 그 외 가구 및 집기는 수검자가 임의로 더 추가해도 됨.

② 문제도면

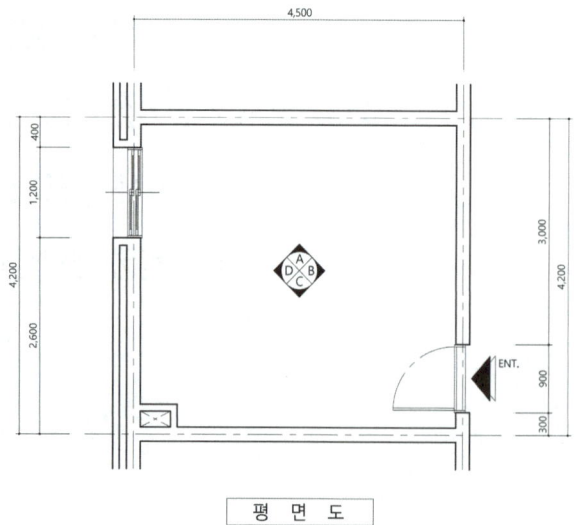

평 면 도

❸ 요구도면

도면의 배치 순서는 평면도, 내부 입면도, 천장도, 실내투시도(3D)의 순으로 정리하여 제출한다.
- 평면도(1장, 가구배치 및 바닥마감재 표기) – S : 1/30
  평면도 주변의 여유공간에 설계(디자인) 의도를 200자 이내로 서술
- 내부 입면도(1장) – S : 1/30
  A방향 1면(가구 배치 및 벽면재료 표기)
- 천장도(1장) – S : 1/30
  설비, 조명기구 배치 및 범례표 작성/천장마감재 표기

❹ 주안점
- 자녀방은 침실에 해당되는 공간으로, 침대의 측면은 외벽 쪽을 피하고 헤드는 창문 아래쪽을 피해 배치하는 것을 기본으로 합니다. 외벽 쪽에 침대의 측면을 두게 될 경우 협탁을 두고 배치합니다.
- 키가 높은 장은 중간에 배치하는 것보다 가급적 안쪽에 배치합니다.
- 바닥은 장판, 벽과 천장은 실크벽지로 마감하고 아늑한 느낌의 난색 계열로 계획합니다.
- 요구조건에는 없지만 직부등 외에 추가적인 매입등이나 협탁 위에 스탠드를 두어 아늑한 분위기를 연출하는 것이 좋습니다.

Section 02 평면도 작성

공간의 조건을 파악한 후 가장 먼저 작성하는 도면으로, 이후 작성되는 모든 도면은 완성된 평면도의 영향을 받습니다. 배점 또한 가장 높으며, 누락되는 도면 요소(가구, 기호, 마감표기 등)가 없도록 주의합니다.

> **학습파일** | 실습파일 \ Part02 \ Ch02 \ 도면양식.dwg
> ▶ 동영상 \ Part03 \ Ch01 \ 자녀방 – 평면도.mp4

❶ AutoCAD 환경설정 및 도면양식 작성

AutoCAD를 실행하고 Part 02의 Chapter 02를 참고하여 도면양식을 준비하거나 [실습파일 \Part02\Ch02\도면양식.dwg] 파일을 불러옵니다. 현재 도면층은 '벽체'(노랑) 도면층으로 진행합니다.

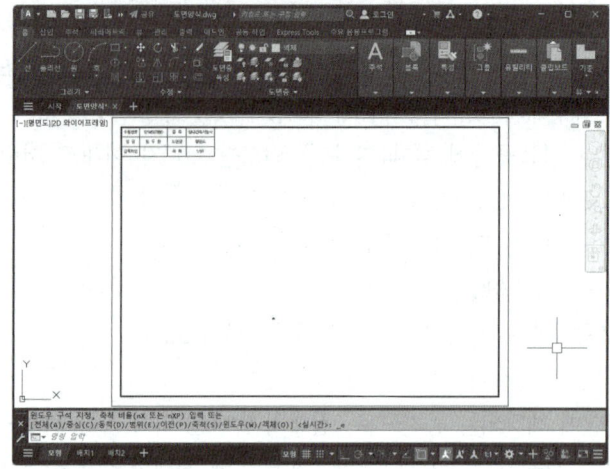

❷ 설계공간의 작성조건 및 문제도면의 치수를 확인해 중심선과 벽체를 표시합니다. 중심선은 '중심' 도면층으로 변경합니다.

[작성조건]
- 설계면적 : 4,500mm×4,300mm×2,350mm(CH)
- 출 입 문 : 900mm×2,100mm(H)
- 이중창문 : 1,200mm×1,500mm(H)
- 외 벽 체 : 1.0B 시멘트벽돌 + THK 100mm 단열재 + 0.5B 붉은벽돌 마감
- 내 벽 체 : 벽돌 벽체[1.0B 시멘트벽돌 쌓기], PD 벽체[0.5B 시멘트벽돌 쌓기]

[문제도면]

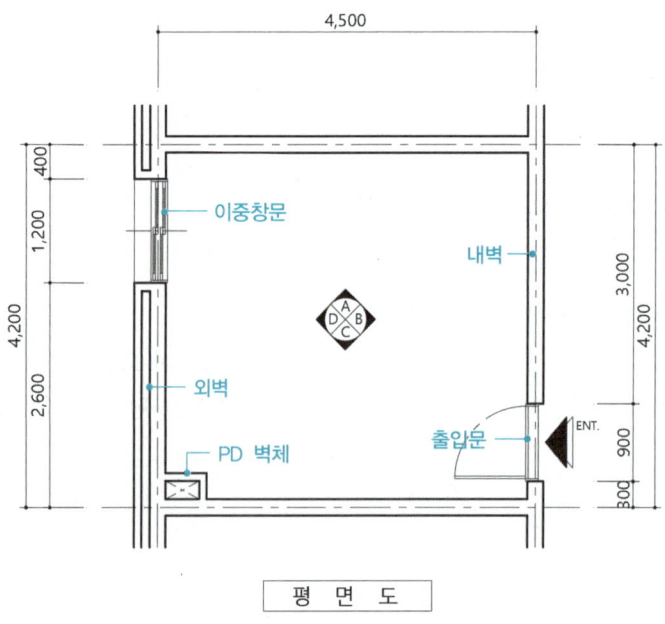

실내건축기능사 **실기**

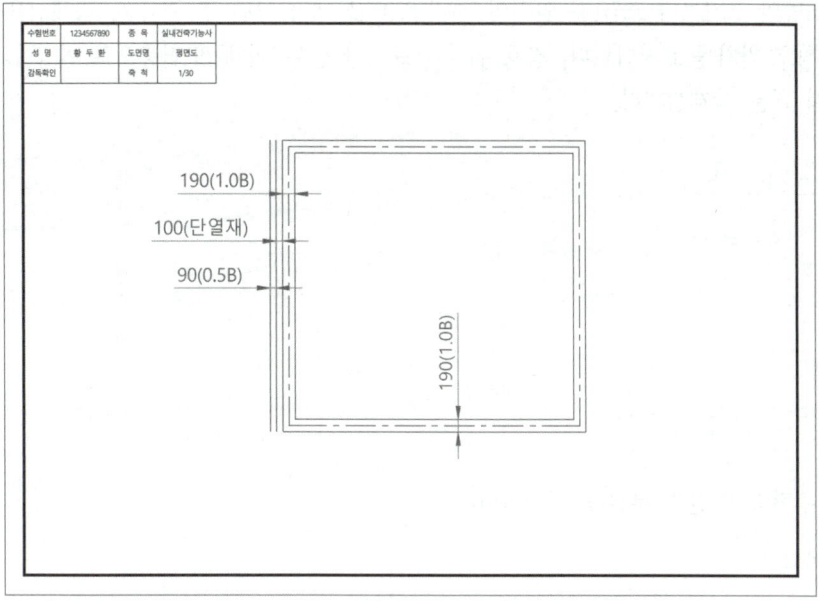

❸ 좌측 아래 PD(Pipe Duct) 공간은 치수가 제시되어 있지 않으므로 1.0B 벽체 두께를 참고하여 임의로 작성합니다(벽체 안쪽을 기준으로 500, 300 정도). 보이드를 나타내는 '×' 표시는 도면층을 '중심'으로 변경한 후 특성([Ctrl]+[1])에서 선종류 축척을 약 '0.5'로 설정합니다.

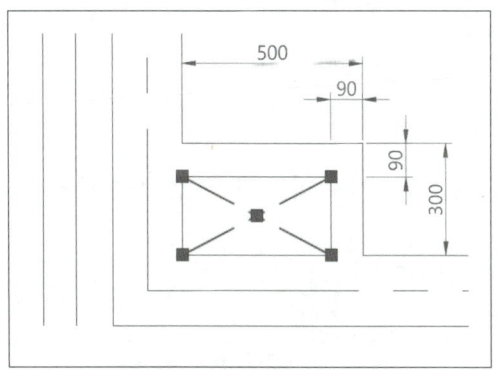

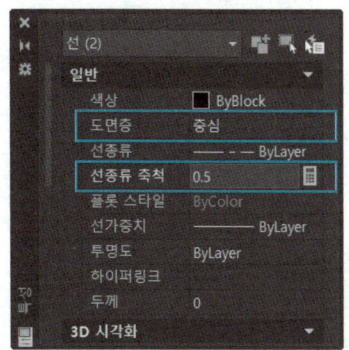

Chapter 01 자녀방 : 2D 도면 작성

❹ 자녀방의 크기보다 조금 큰 임의의 '사각형 ①'을 대략 그린 후 중심선, 벽체선을 편집(연장)하고 창호 위치를 표시합니다. 창호 위치를 표시한 선은 '벽체' 도면층으로 변경합니다. 이후 '사각형 ①'은 삭제합니다.

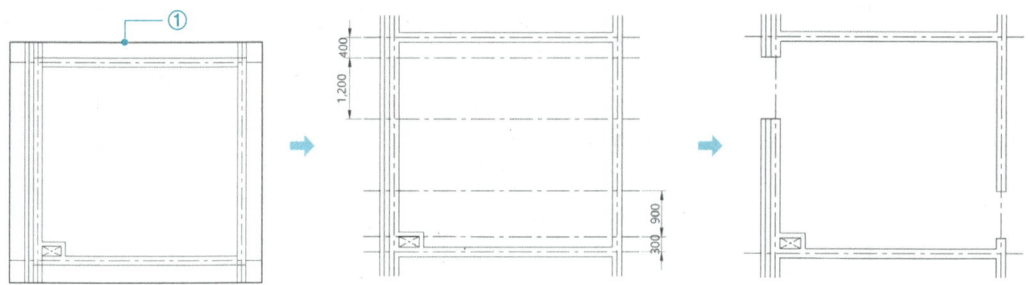

❺ 창 주변의 단열재 부분을 편집합니다.

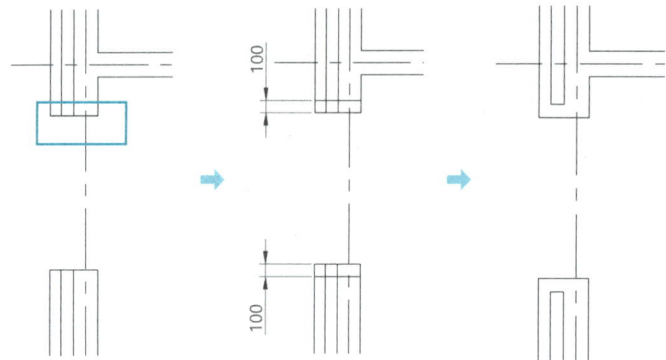

❻ 빈 공간에 방문을 그립니다. 개폐 범위(원)는 선 ①과 ②를 기준으로 잘라냅니다.

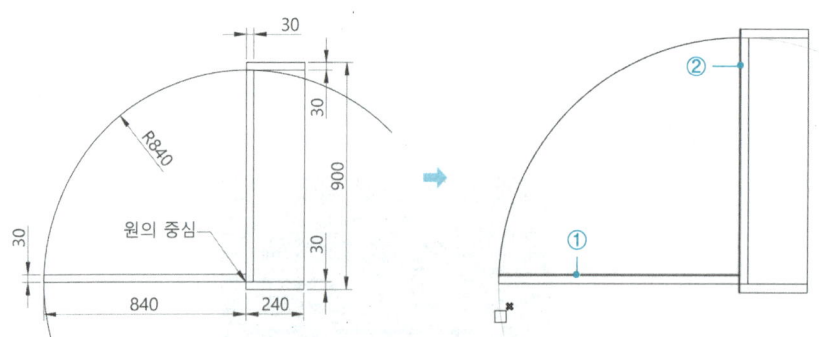

❼ 개폐 범위 호는 '중심'(빨강) 도면층, 나머지는 '문'(하늘색) 도면층으로 변경해서 배치합니다.

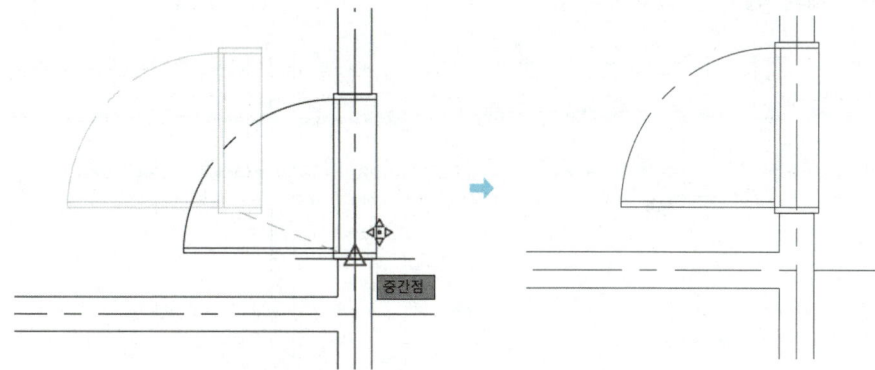

❽ 빈 공간에 창을 그립니다. 중심선은 '중심'(빨강) 도면층, 나머지는 '창'(회색 2) 도면층으로 변경합니다. 중심선의 일점쇄선 표현은 설정하지 않아도 됩니다.

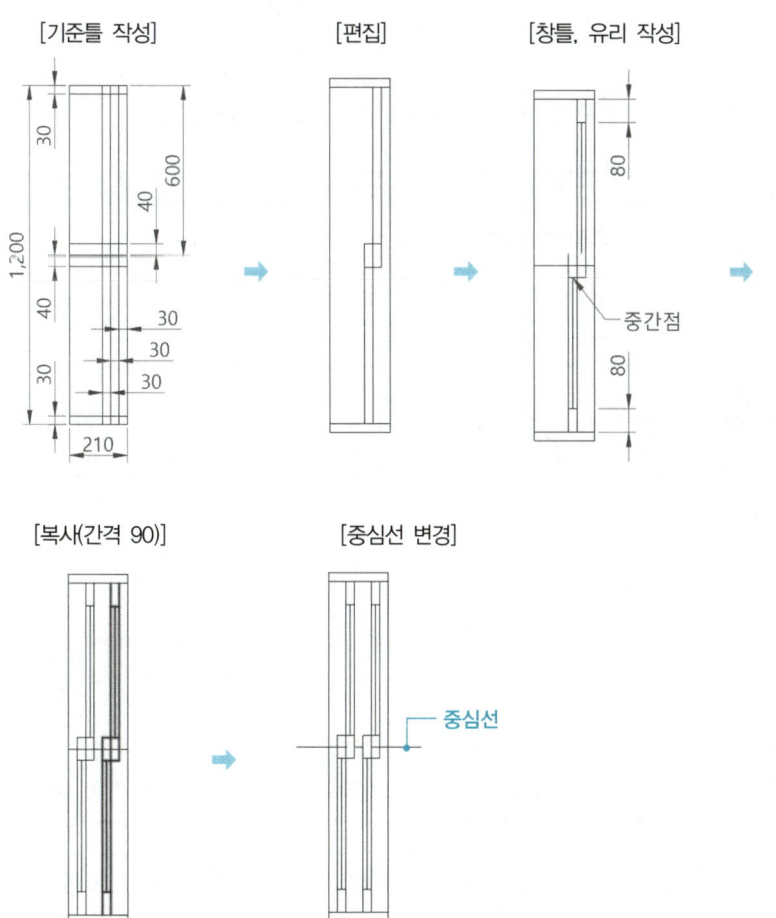

❾ 끝점과 끝점을 기준으로 창을 배치합니다. 창을 다시 실내 쪽으로 20 이동하고 입면으로 보이는 벽체의 선 ①을 그려줍니다.

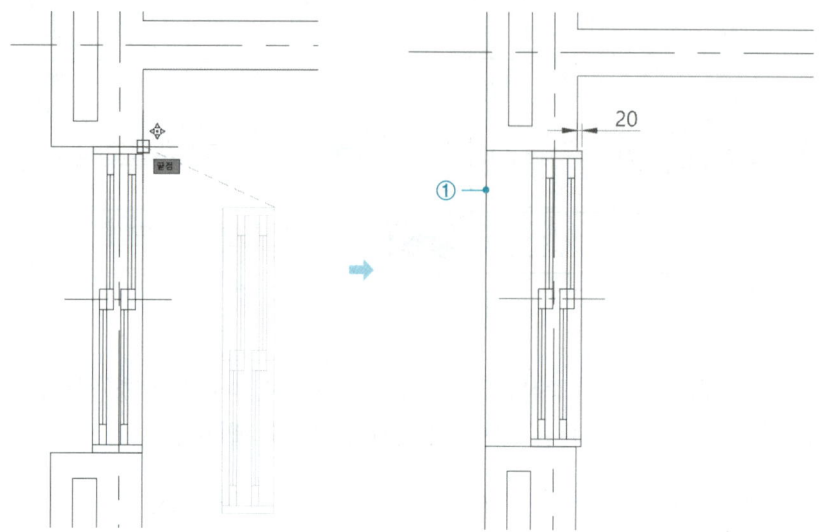

❿ [Offset(O)] 명령으로 모르타르 위 벽지마감을 20 두께로 그립니다.

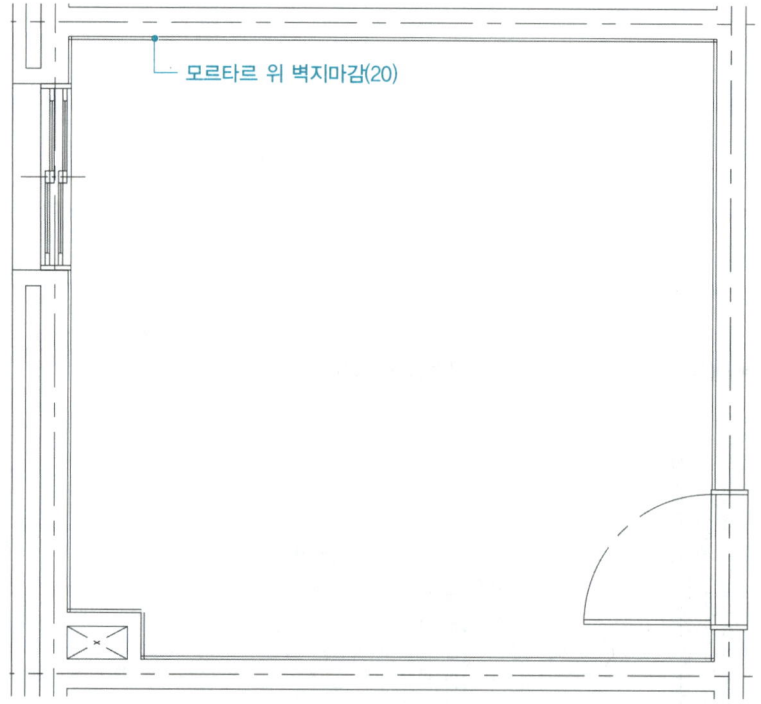

⑪ 코너 부분은 [Trim(TR)] 또는 [Fillet(F)] 명령으로 편집하고 '마감'(선홍색) 도면층으로 변경합니다.

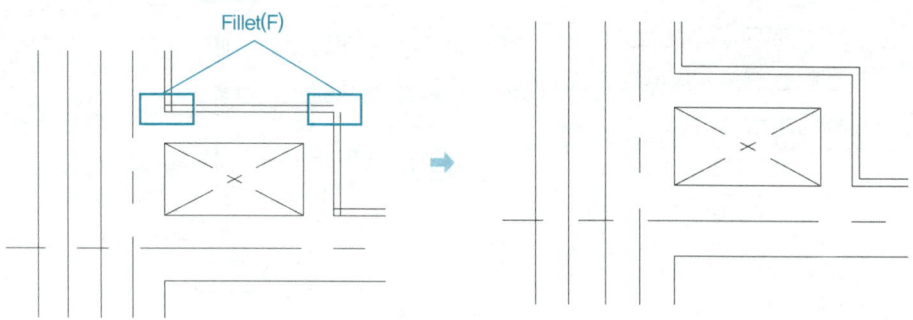

[코너 부분 편집]

⑫ 파단선을 그려 벽체가 생략되는 위치에 배치하고, 중심선을 연장하여 기본작업을 마무리합니다.

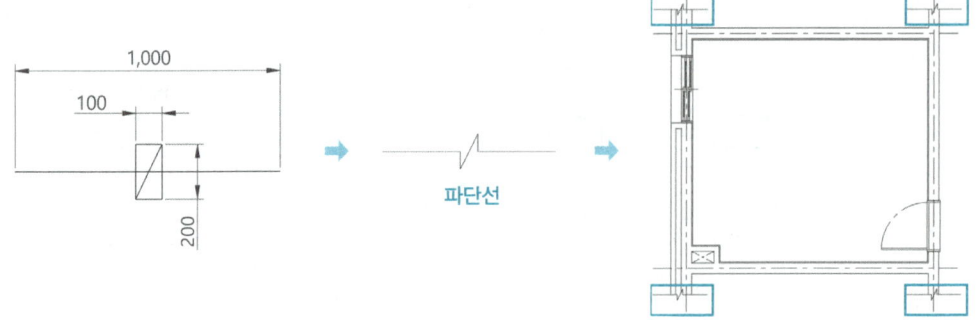

⑬ 현재 도면층을 '가구'(파랑) 도면층으로 변경하고, 빈 공간에 요구조건에 주어진 필요한 가구들을 모두 작성합니다.
(필요 가구: 싱글침대, 옷장 2개, 책장 2개, 책상, PC 테이블, 학습용 TV 및 테이블)

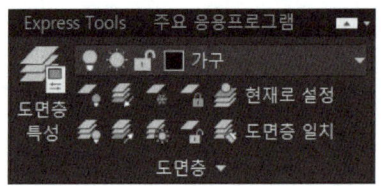

• 싱글침대와 협탁(스탠드 포함)

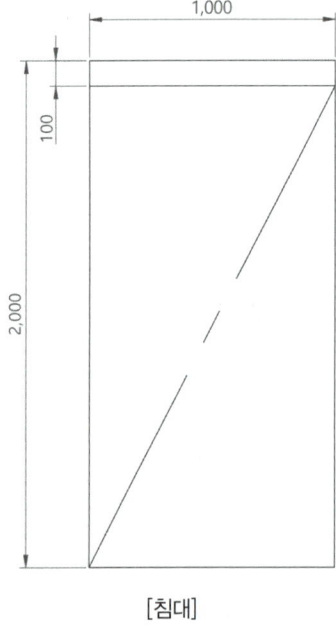

[침대]

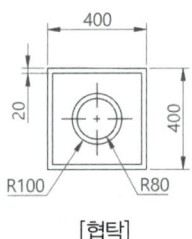

[협탁]

- 옷장 2개, 책장 2개

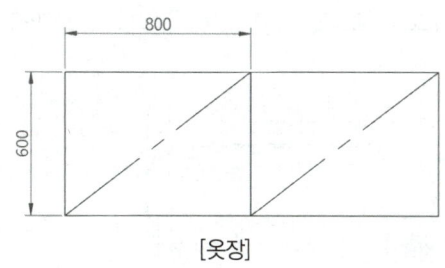

[옷장]

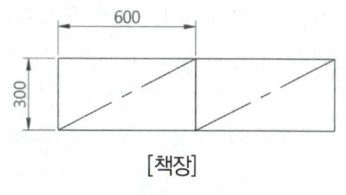

[책장]

- 책상, PC 테이블, 학습용 TV 및 테이블
  모니터, 키보드, 마우스는 대략적인 크기로 그려도 무방합니다.

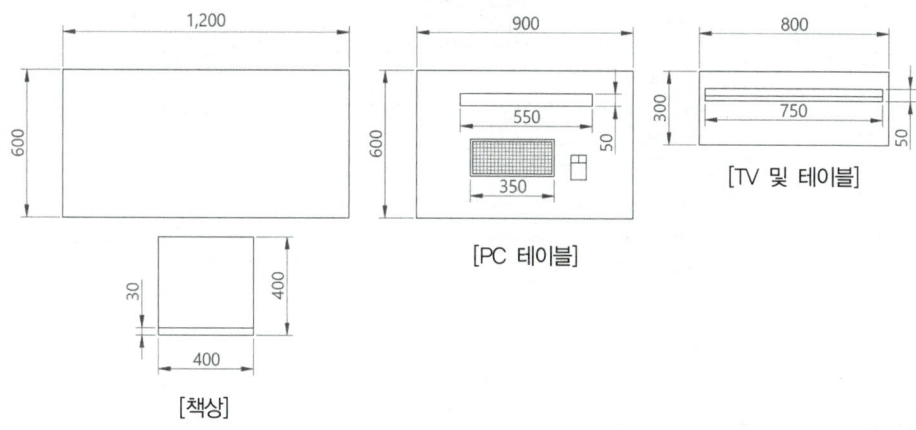

⑭ 주어진 공간에 기능성과 동선을 고려하여 가구를 배치합니다. 침대와 협탁을 먼저 배치하고 나머지 가구를 배치합니다. 배치시간은 5분 내외로 합니다[배치 2의 경우, PC 테이블의 깊이(D)를 100 줄여 코너 공간을 활용합니다].

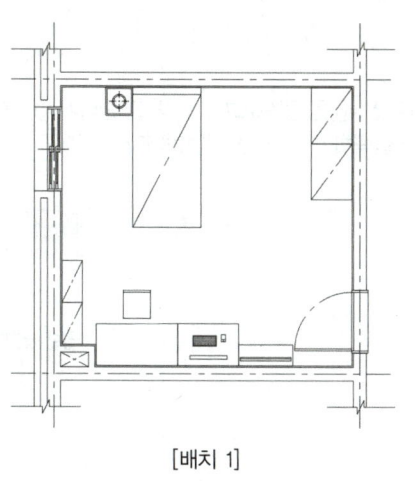

[배치 1]

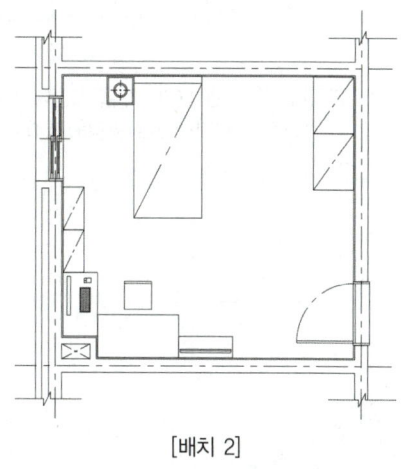

[배치 2]

⑮ 필수 가구 배치 후 주어진 공간과 작업시간에 여유가 있다면 침대에 러그, 화분, 장식장 등을 추가로 작성합니다. 선의 간격이 촘촘한 러그, 키보드, 식물은 '해치'(회색1) 도면층으로 변경합니다.

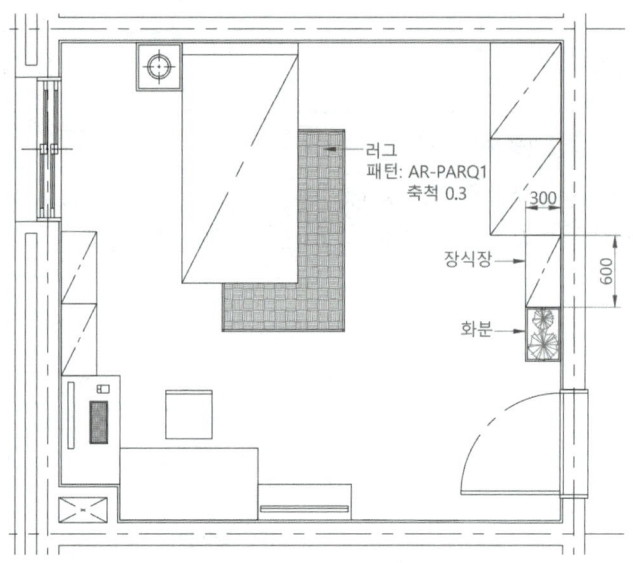

TIP 화분 그리기

1. 임의의 크기(300 내외)로 원이나 사각형 모양으로 화분을 작성합니다.

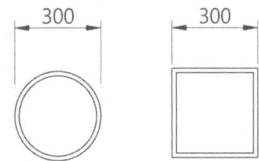

2. 빈 공간에 선(100 내외)을 그립니다. 대기 상태의 커서로 선(①)을 클릭하고 그립점(②)을 다시 클릭합니다. 그립점이 빨간색으로 변경되면 마우스 오른쪽 버튼을 클릭하고 '회전'을 선택합니다.

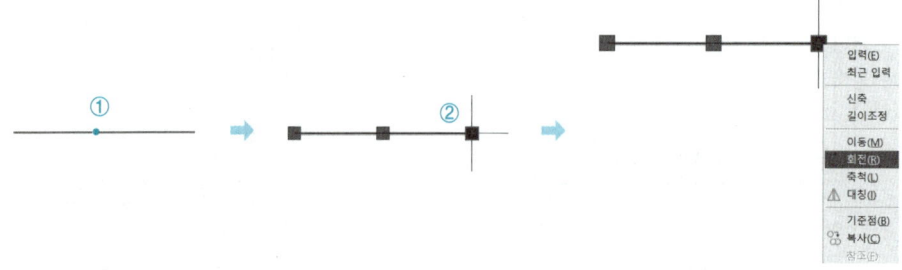

3. 다시 마우스 오른쪽 버튼을 클릭하고 복사를 선택합니다. 직교 모드(F8)가 Off인지 확인한 후 커서를 이동하면서 불규칙적으로 클릭해 나갑니다.

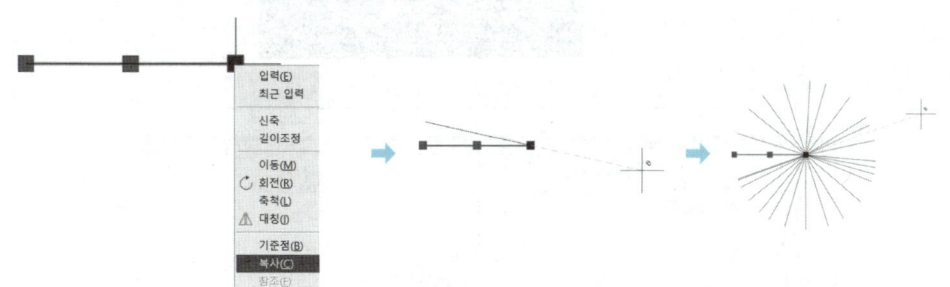

4. [Line(L)] 명령으로 윤곽을 자연스럽게 그려주고 안쪽에 빈 공간도 표현합니다.
완성된 식재를 복사해 [Scale(SC)] 명령으로 0.7배 정도 줄여 화분에 배치합니다.
작성된 식물은 선이 촘촘하므로 '해치'(회색1) 도면층으로 변경합니다.
화분은 많은 선으로 구성되어 있으므로 작성 후 가급적 블록(B)으로 저장합니다.

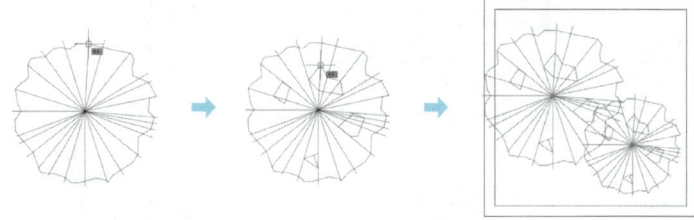

⑯ 현재 도면층을 '주석'(녹색) 도면층으로 변경하고 문자와 기호를 작성합니다. 지시선의 선은 [Line(L)], 점은 [DOnut(DO, D30)] 명령으로 작성합니다.

[문자 높이]

가구 및 집기: 60, 바닥마감재, 바닥레벨: 80, 자녀방 실명: 100, 출입구 ENT.: 100, 도면명 평면도: 180, 축척: 80, 입면기호 문자: 100

* 가구의 치수는 암기를 위해 도면에 표기하면서 연습하는 것이 좋으며, 실제 시험에서도 표기하는 것을 권장합니다.

참고

축척에 따른 문자 높이 및 점(Donut)의 크기 계산

가장 작은 문자인 가구 및 집기의 높이를 2mm(출력 높이) 기준으로 계산합니다(정해진 정답은 없음).
① 축척 1/30인 경우 2mm×30=60으로 하여 나머지 문자 높이를 조금씩 높여서 작성
② 축척 1/40인 경우 2mm×40=80
③ 축척 1/50인 경우 2mm×50=100

[예시]

축척	가구 및 집기	기호, 실명	도면명	점(Donut)
1/30	60	80~100	180~200	D30
1/40	80	100~120	240~250	D40
1/50	100	120~140	280~300	D50

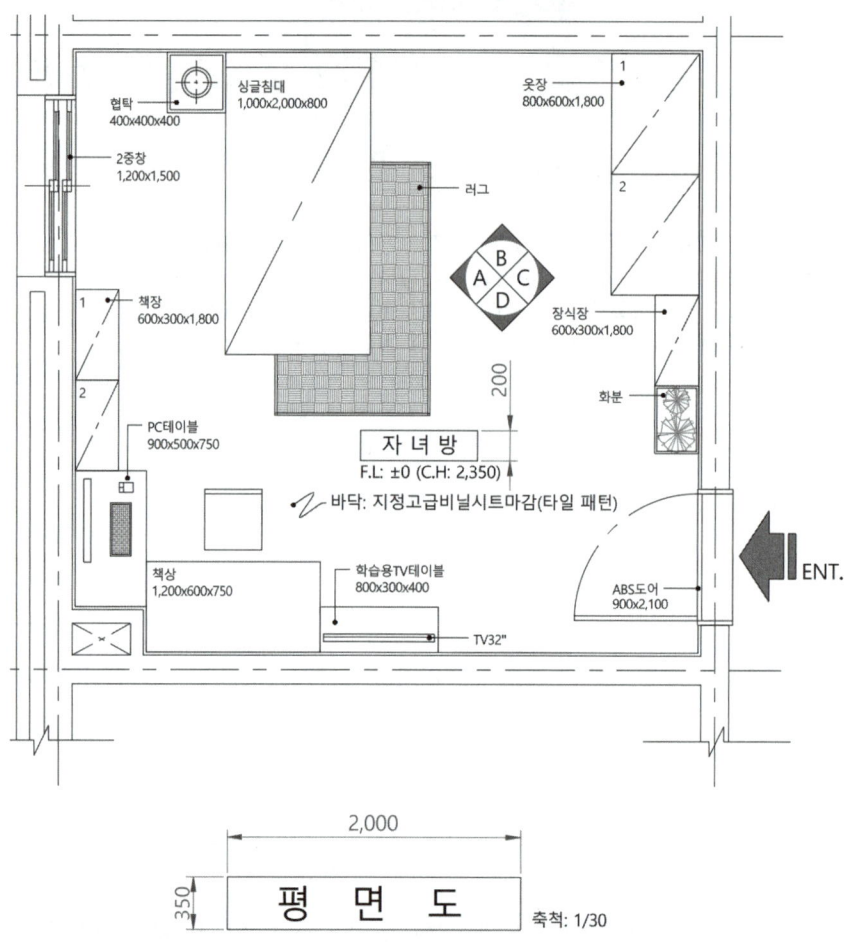

TIP 출입구 화살표와 입면기호 그리기

1. 화살표를 구성하는 도형을 그립니다.

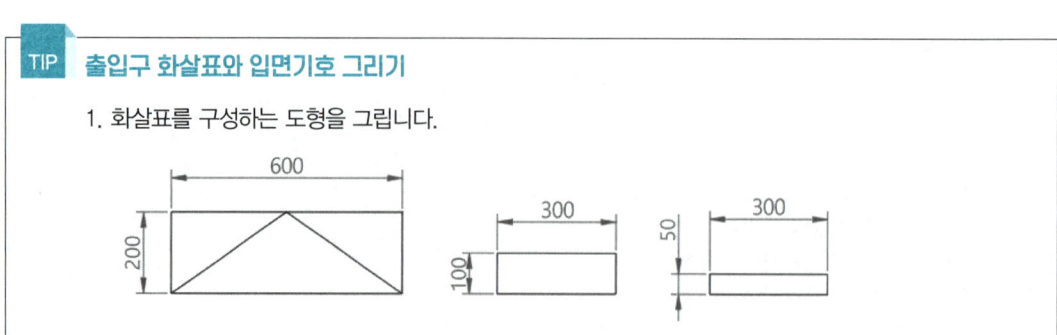

2. 도형을 이동해 화살표 모양을 만들고 불필요한 부분을 잘라냅니다. [해치(H)] 명령으로 내부를 채워 완성합니다.

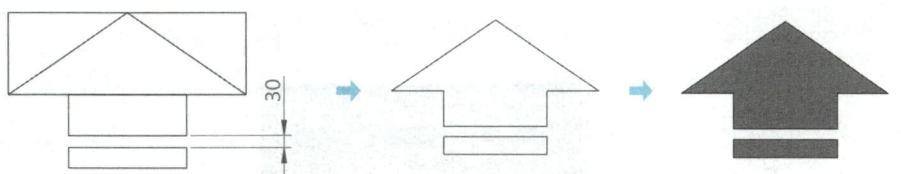

3. 입면기호를 구성하는 도형을 그리고 45° 회전시킵니다. [해치(H)] 명령으로 내부를 채우고 문자를 작성해 완성합니다.

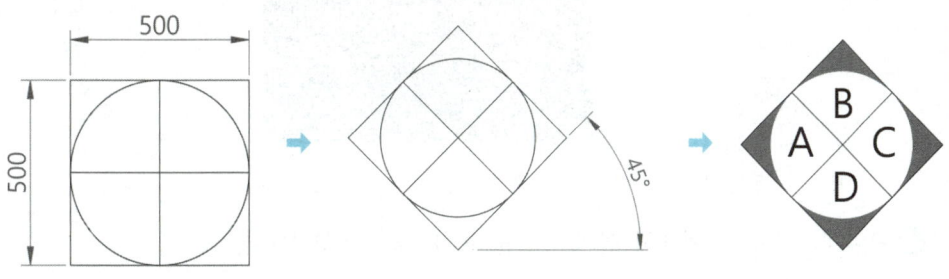

⑰ 외벽 부분을 확대하고 단열재 두께의 1/2(50)을 Offset(O)합니다. 복사된 선을 대기상태의 커서로 선택하고 특성 패널에서 선 종류를 'BATTING'으로 변경합니다.

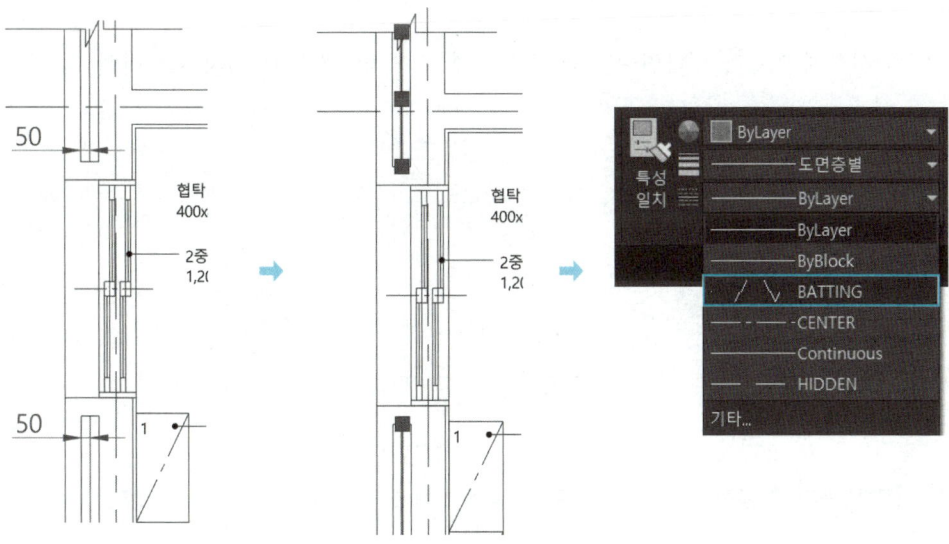

⑱ 선이 선택된 상태에서 특성(Ctrl+1)을 실행합니다. 선종류 축척을 '0.3' 정도로 설정하고 단열재는 '해치'(회색1) 도면층으로 변경합니다(단열재 두께에 따라 적절한 축척값을 입력합니다).

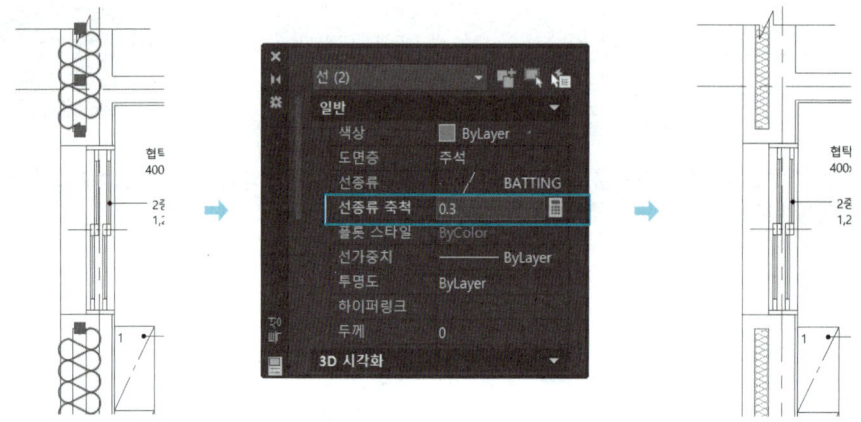

⑲ 단열재 끝부분을 확대해 선의 길이를 보기 좋게 조정합니다.

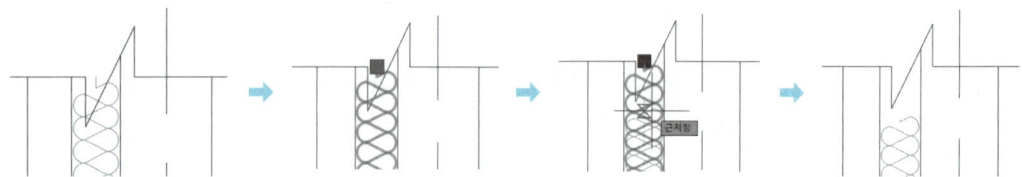

⑳ 작업시간에 여유가 있다면 옷장과 장식장에 행거 및 개폐형식까지 표현하면 더 좋습니다.

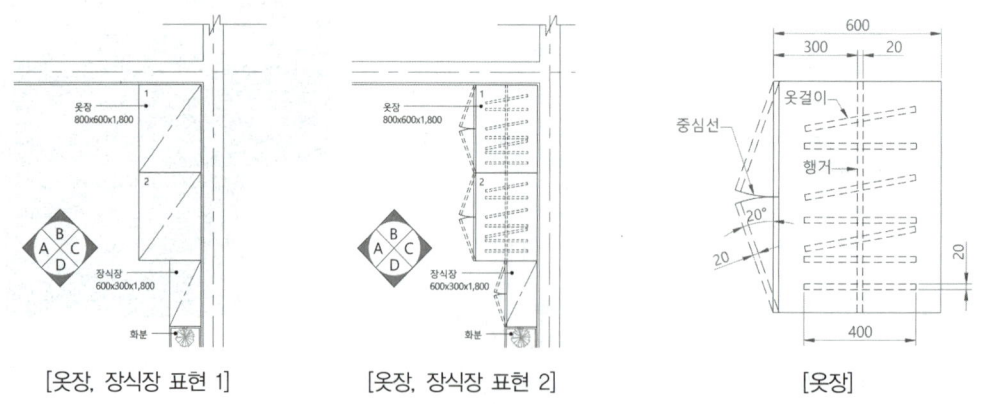

[옷장, 장식장 표현 1]   [옷장, 장식장 표현 2]   [옷장]

㉑ 벽체의 재료표시 패턴을 넣기 위해 현재 도면층을 '해치'(회색1) 도면층으로 변경하고 '중심'(빨강) 도면층을 Off합니다. 해치의 패턴은 'ANSI31' 축척 10으로 설정합니다. 해치 적용 후 '중심' 도면층은 다시 On으로 변경합니다.

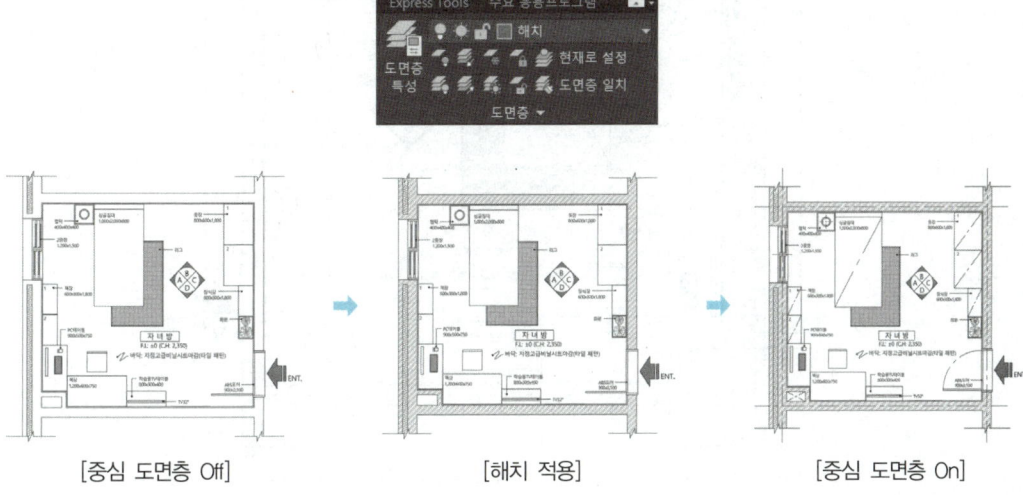

[중심 도면층 Off]　　　[해치 적용]　　　[중심 도면층 On]

㉒ 계속해서 [해치(H)] 명령을 사용해 바닥 패턴을 넣습니다. 패턴 형식은 '사용자 정의', 간격은 600으로 하고 '이중' 옵션을 적용합니다.
[가구가 배치된 실내공간 등 해치의 경계가 복잡한 경우 해치 명령 적용 시 오류가 나타날 수 있으므로 작업 전 저장(save)하는 것을 권장합니다.]

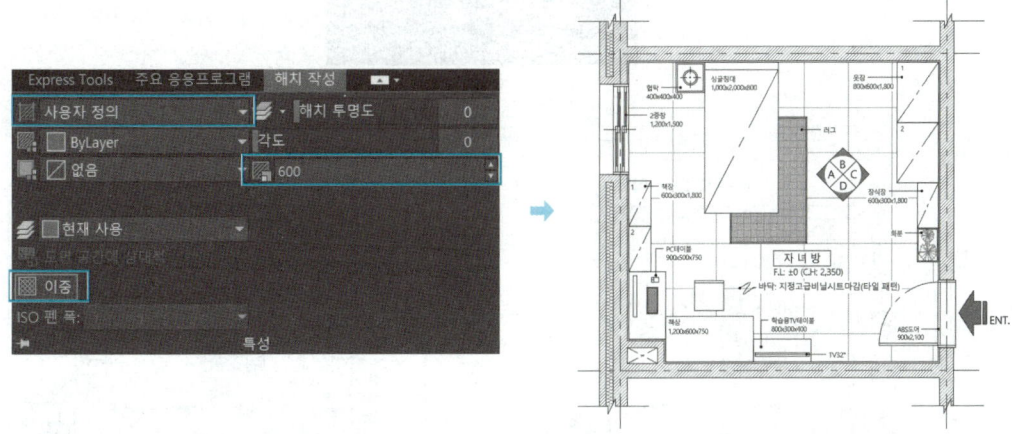

㉓ 치수를 기입하기 위해 각 구간(벽, 창호, 주요 가구)에 보조선을 그려줍니다(보조선은 치수 기입 후 삭제하므로 선의 종류나 유형은 아무 선이나 상관이 없습니다. 아래 그림은 시인성을 위해 파선으로 표시하였으며, 주요 가구의 치수 구간도 작업자에 따라 차이가 있을 수 있습니다).

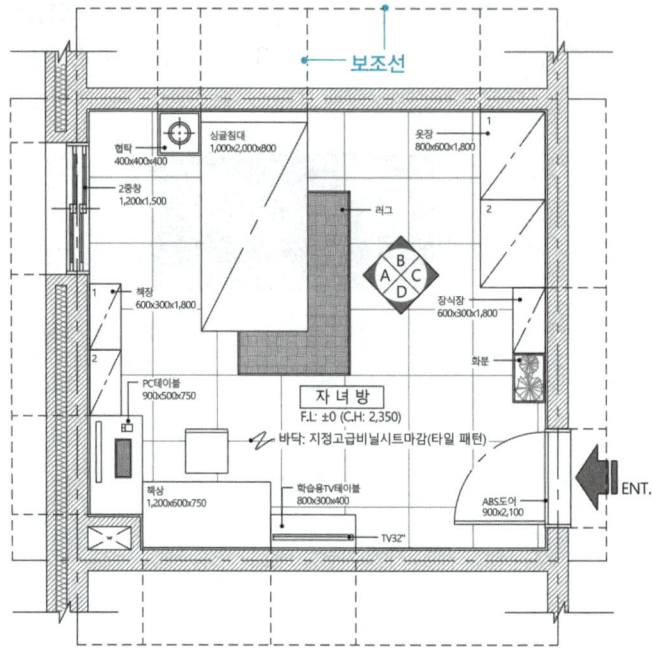

24 치수를 기입하기 위해 현재 도면층을 '주석'(녹색) 도면층으로 변경합니다. [선형치수(DLI)], [연속치수(DCO)], [신속치수(QDIM)] 명령 등을 사용해 치수를 기입하고 보조선은 삭제합니다.

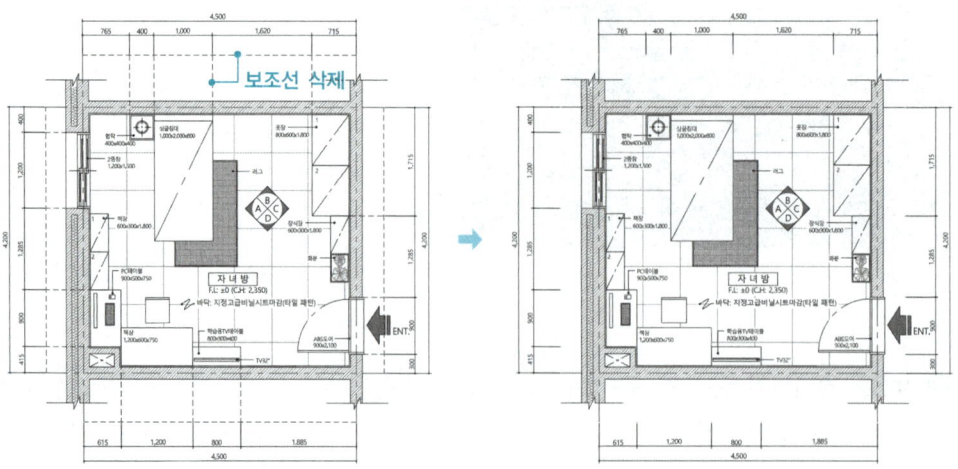

㉕ 도면의 하단 빈 공간에 '디자인 의도'를 작성합니다. '디자인 의도' 문자는 높이 100, 내용은 높이 60으로 작성하여 평면도를 완성합니다(디자인 의도의 내용은 장문으로 [Mtext(T)] 명령을 사용합니다).

학습파일 | 완성파일 \ Part03 \ Ch01 \ 자녀방 – 평면도.dwg

디자인 의도 작성

디자인 의도는 200자 이내로 서술합니다. 작업자가 계획한 마감재, 동선, 가구배치 및 색상, 조명, 디자인 콘셉트 등에 대한 내용을 서술합니다.

1. 공간의 유형이나 구조를 작성
2. 실내마감재의 종류, 특징을 작성
3. 가구 배치의 형식이나 특징을 작성
4. 공간과 동선의 특징을 작성
5. 조명 및 전체적인 분위기, 콘셉트를 작성

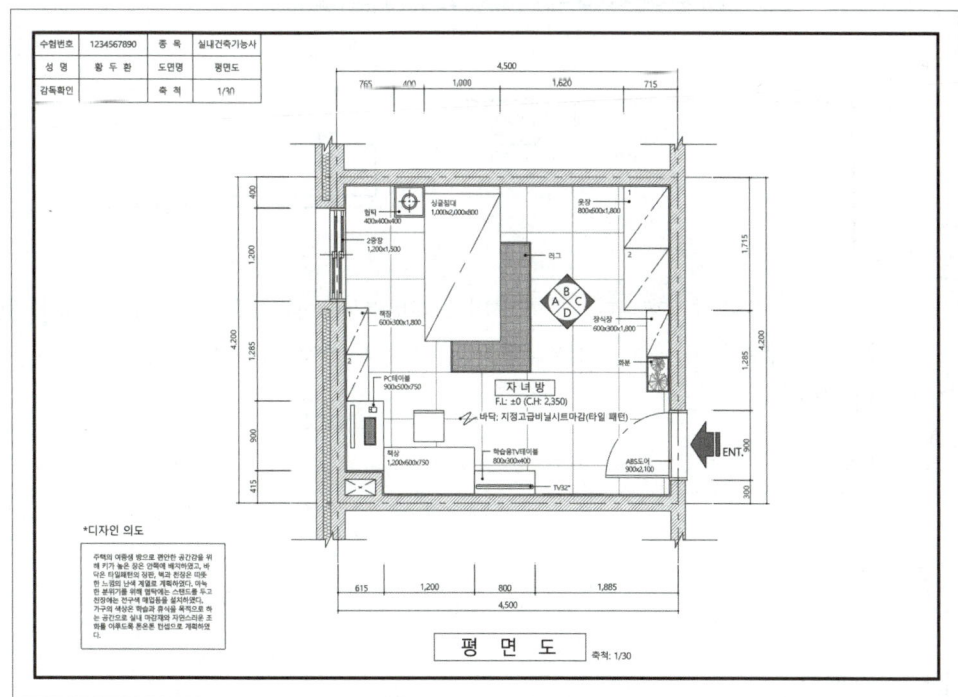

* 디자인 의도

주택의 여중생 방으로 편안한 공간감을 위해 키가 높은 장은 안쪽에 배치하였고, 바닥은 타일패턴의 장판, 벽과 천장은 따뜻한 느낌의 난색 계열로 계획하였다. 아늑한 분위기를 위해 협탁에는 스탠드를 두고 천장에는 전구색 매입등을 설치하였다. 가구의 색상은 학습과 휴식을 목적으로 하는 공간으로 실내 마감재와 자연스러운 조화를 이루도록 톤온톤 컨셉으로 계획하였다.

1,400
2,000

Section 03 천장도 작성

천장도는 평면도의 공간을 그대로 사용하므로, 완성된 평면도를 복사한 후 불필요한 부분을 삭제하고 조명 및 설비를 배치하여 완성합니다.

학습파일 | ▶ 동영상 \ Part03 \ Ch01 \ 자녀방 – 천장도.mp4

① 완성된 평면도를 우측에 그대로 복사한 후 표제란의 도면명(①)과 도면 하단의 도면명(②)을 천장도로 수정합니다.

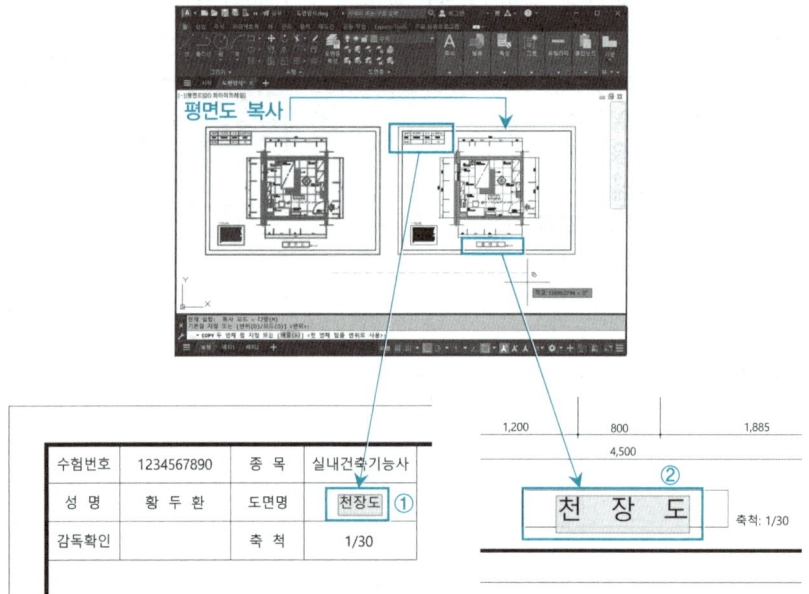

② 디자인 의도는 범례표로 수정합니다. 디자인 의도 테두리선을 분해(X)하여 [Offset(O)] 명령으로 복사하고 소제목 높이는 80, 세부 내용은 60으로 작성합니다(숫자 1 대신 다른 내용을 써도 무방합니다).

* 디자인 의도

* 범 례 표

기호	명 칭	수량
	1	1
	1	1
	1	1
	1	1
	1	1
	1	1
500	1,000	500

❸ 천장도와 관련이 없는 부분적인 치수와 실내 공간의 모든 요소를 삭제합니다.

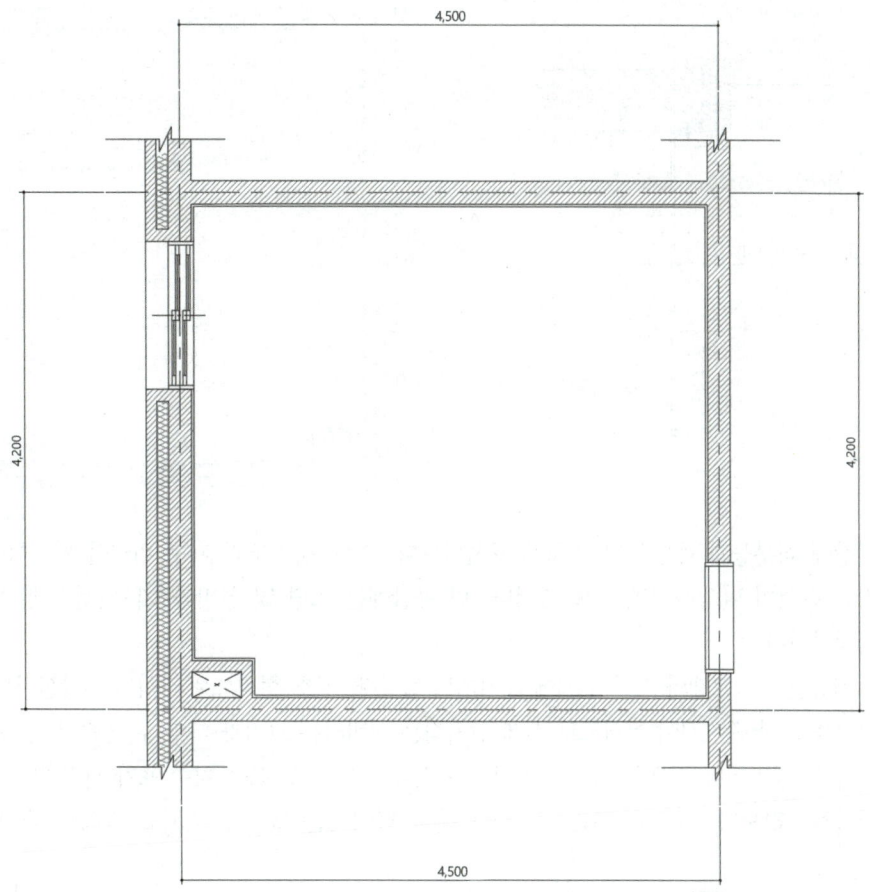

❹ 창과 문도 경계선을 제외한 모든 요소를 삭제합니다.

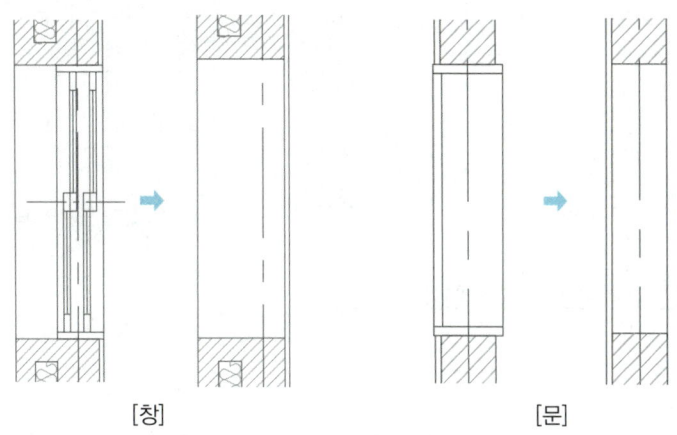

[창]　　　　　　[문]

❺ 천장몰딩 및 커튼박스를 작성합니다. 도면층은 '마감'(보라) 도면층을 적용합니다.

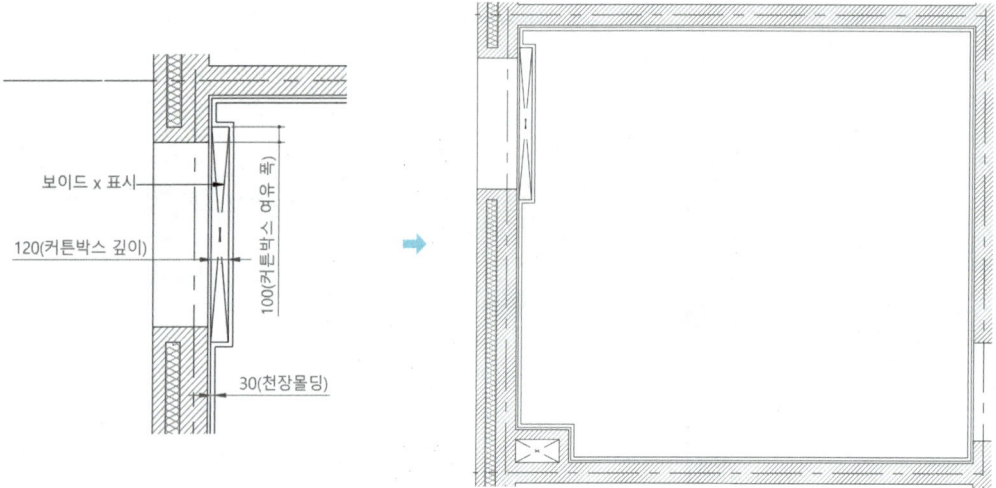

❻ 천장에 직부등과 매입등의 위치를 표시합니다. 이때 평면도의 가구 위치를 확인하여 키가 큰 장과 간섭이 발생하지 않도록 합니다. 빈 공간에는 조명 및 설비를 '가구'(선홍색) 도면층으로 작성합니다.

    천장설비는 교재와 다른 위치에 배치해도 됩니다. 기호 형식으로 작성된 천장설비는 디자인과 크기를 나타내는 것이 아니므로 실제 설치되는 설비와는 크기가 다를 수 있습니다. 조명의 위치는 실의 중앙이나 필요한 위치에 배치하는 것을 기본으로 하고, 치수 표기 시 '1023'처럼 떨어지지 않는 값보다는 550, 1100, 1500과 같이 떨어지는 값으로 위치를 정해서 배치합니다.

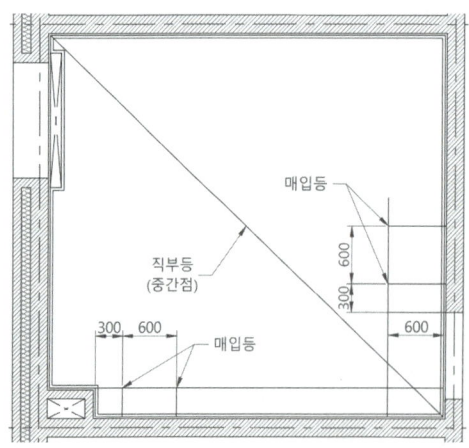
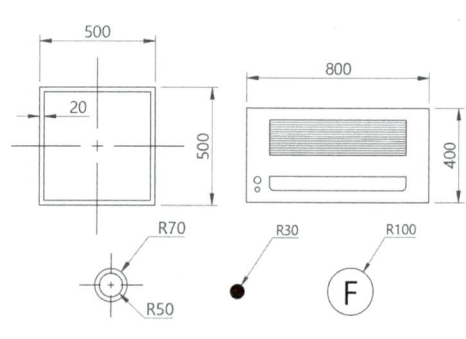

❼ 조명 및 천장설비를 배치하고 보조선은 삭제합니다. 스프링클러와 화재감지기는 직부등 주변에 적절히 배치합니다.

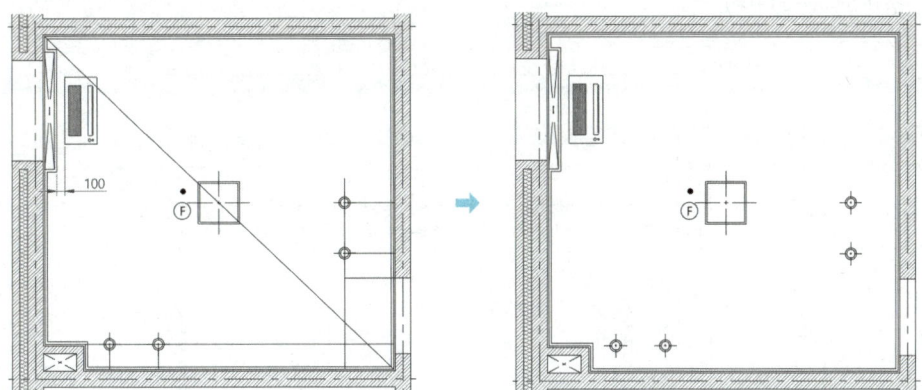

❽ 현재 도면층을 '주석'(녹색) 도면층으로 변경합니다. 조명 및 설비의 위치를 파악할 수 있도록 치수를 기입하고 문자를 작성합니다. 치수는 벽의 마감선(선홍색)을 기준으로 치수를 기입합니다.

[문자 높이]
- 커튼박스, 에어컨, 몰딩: 60
- 천장마감: 80

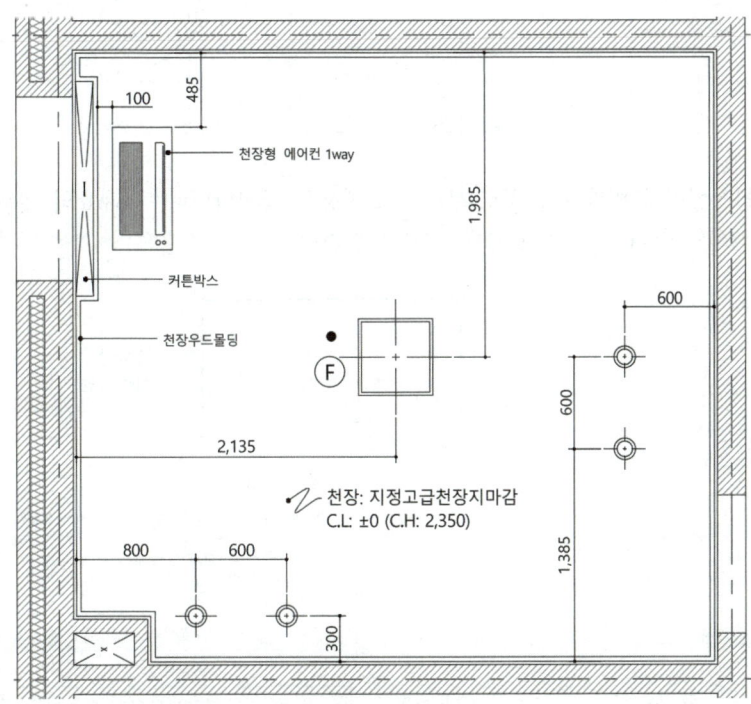

Craftsman Interior Architecture

❾ 외부에 치수를 기입합니다. 천장 구조물이나 우물천장 등에 의한 천장의 단 차이가 없으므로 개구부, PD 부분만 추가로 기입합니다(공간 내부에 기입한 조명의 치수를 외부에 기입하는 방법도 있습니다).

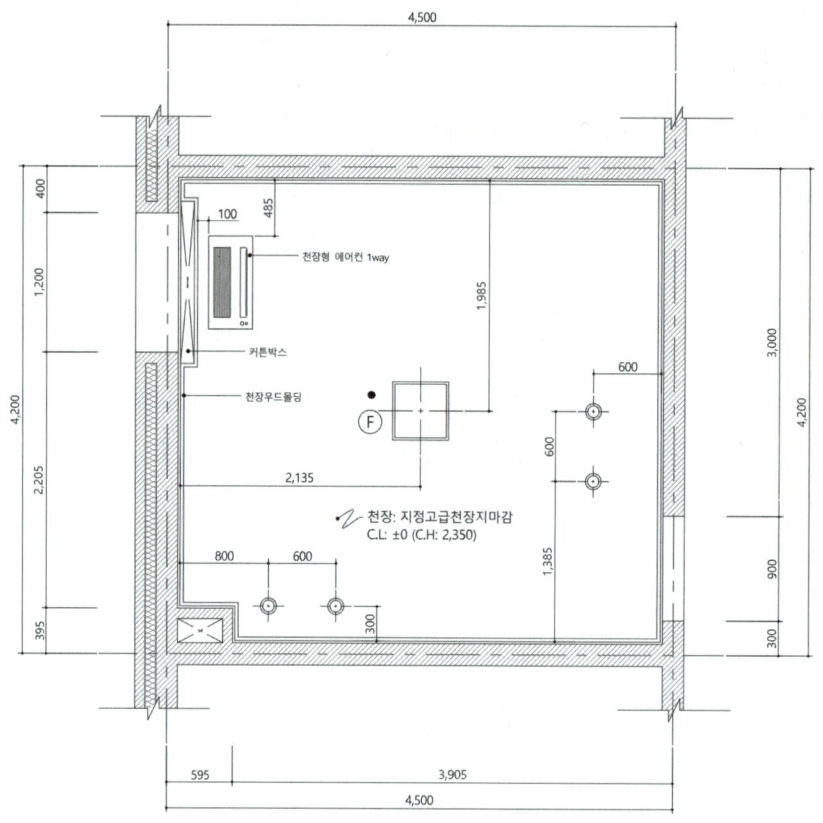

❿ 배치한 조명 및 천장설비를 범례표 근처로 복사하고 내용을 작성합니다. 범례표의 내용은 주조명, 보조조명, 소방설비의 순으로 작성하는 것이 좋습니다.

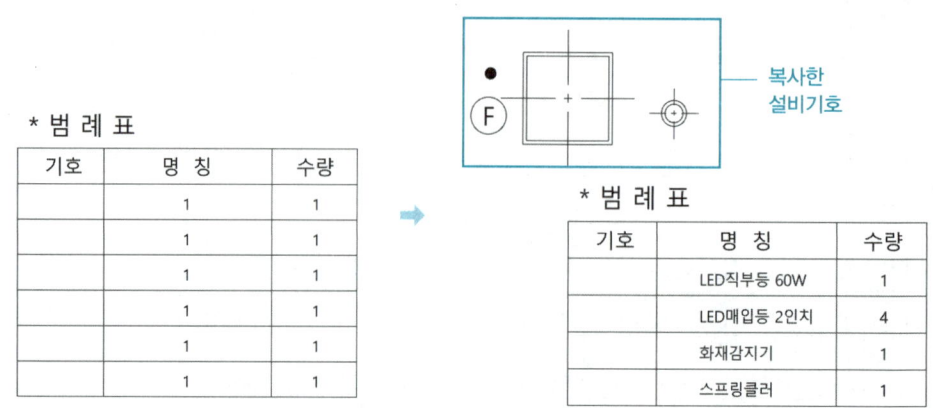

⑪ 범례표 기호 칸에 조명 및 설비 기호를 넣습니다. [축척(SC)] 명령을 사용해 크기를 줄여 배치합니다(범례표에 배치한 기호는 도면층을 변경하지 않아도 됩니다).

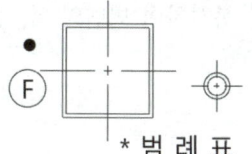

기호	명 칭	수량
	LED직부등 60W	1
	LED매입등 2인치	4
	화재감지기	1
	스프링클러	1

* 범 례 표

기호	명 칭	수량
⊞	LED직부등 60W	1
⊕	LED매입등 2인치	4
F	화재감지기	1
●	스프링클러	1

⑫ 누락 요소나 편집되지 않은 부분을 확인합니다.

학습파일 | 완성파일 \ Part03 \ Ch01 \ 자녀방 - 천장도.dwg

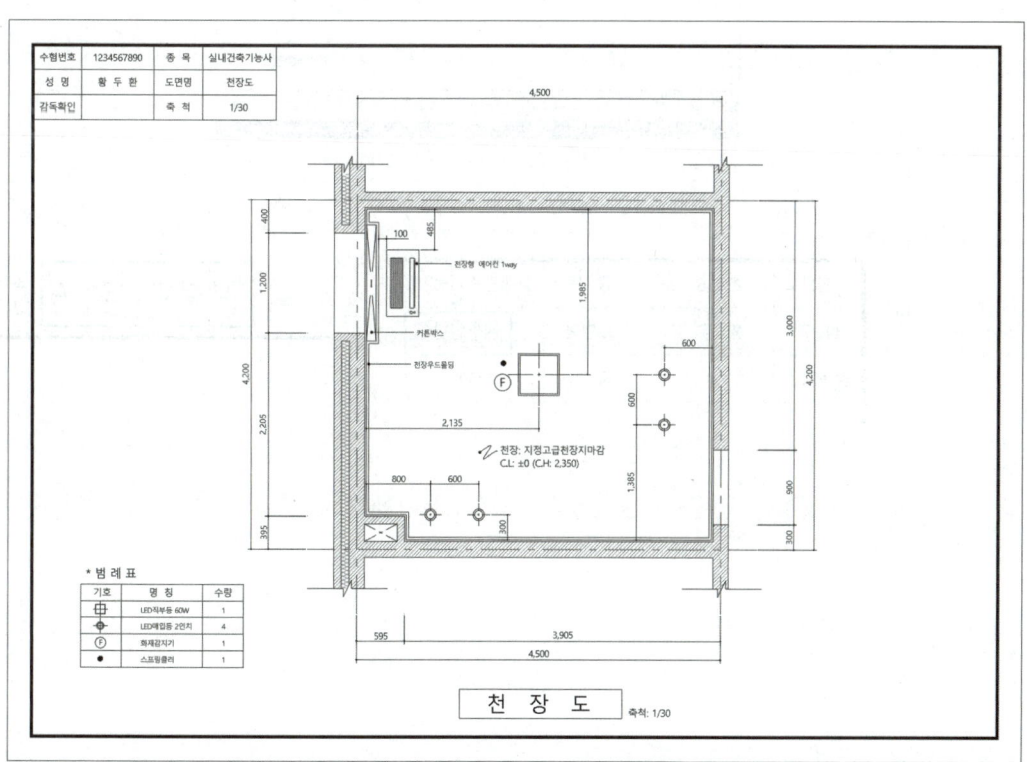

Craftsman Interior Architecture

Section 04 　내부 입면도 - A 작성

내부 입면도 또한 평면도를 참고하여 작성합니다. 완성된 평면도를 복사하여 벽면의 폭, 중심선, 가구 위치 등 평면적인 정보를 활용합니다.

> 학습파일 | ▶ 동영상\Part03\Ch01\자녀방 - 내부 입면도.mp4

❶ 완성된 평면도를 천장도 우측에 그대로 복사하여 표제란의 도면명(①)과 도면 하단의 도면명 (②)을 '내부 입면도', '내부 입면도-A'로 수정합니다.

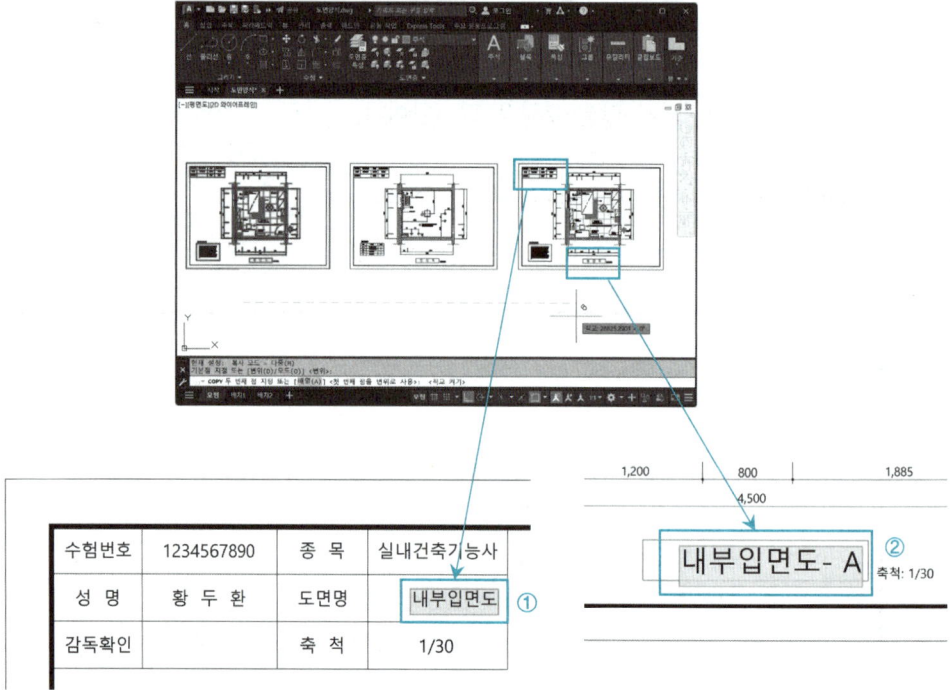

❷ 복사한 평면도의 디자인 의도는 삭제하고 평면도는 도면양식 위로 이동합니다. 이동된 평면도를 A방향이 위로 향하도록 −90°(시계 방향 90°)° 회전하고 현재 도면층을 '벽체'(노랑) 도면층으로 변경합니다.

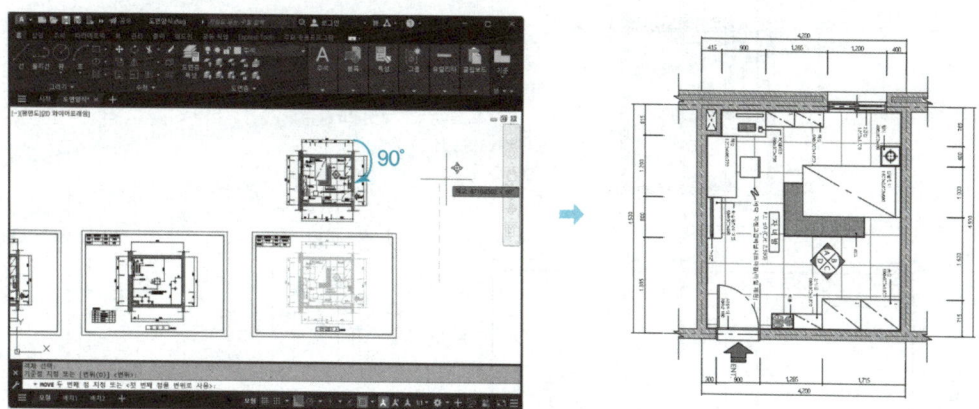

❸ [구성선(XL)] 명령의 수직(V) 옵션을 사용해 중심선, 마감 모서리, 가구의 위치를 표시합니다.

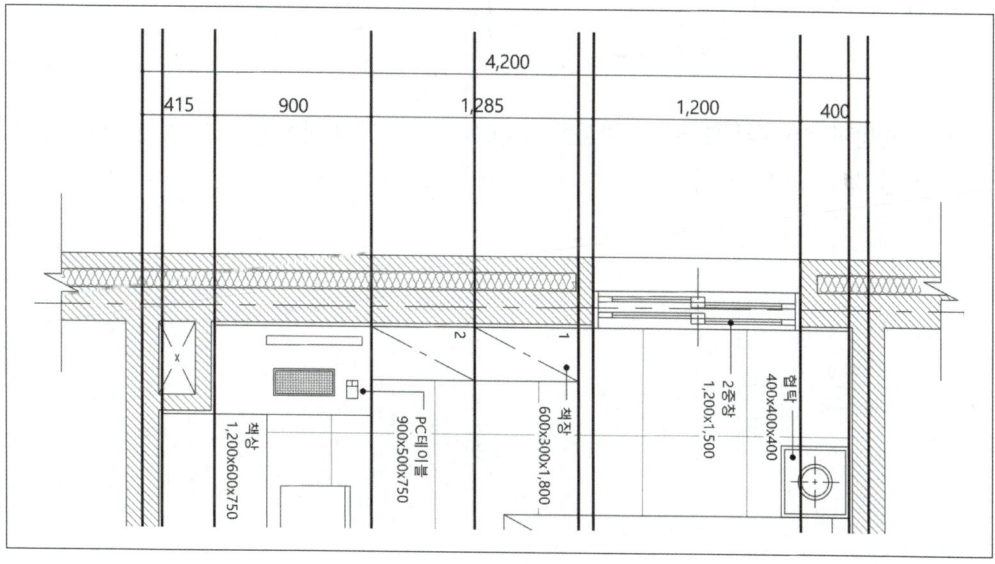

❹ 임의의 가로선(①)을 그려 천장높이 2,350을 표시합니다. 벽면을 편집하고 중심선 ②, ③의 도면층을 변경합니다. 벽면 ④, ⑤, ⑥, ⑦, ⑧은 '벽체' 도면층입니다.

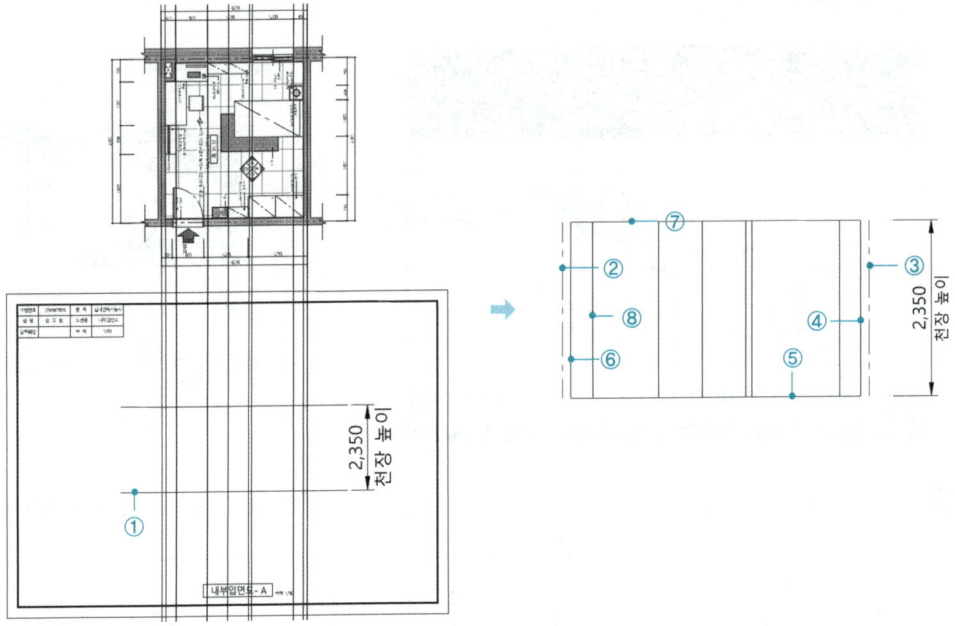

❺ 걸레받이(80), 창문(1,500), 천장몰딩(30)을 표시하고 편집합니다. 창은 천장에서 100만큼 거리를 두고 그려줍니다.

TIP **내부 입면도의 가구 표현**

내부 입면도 작성의 주요 목적은 벽면에 시공되는 마감(걸레받이, 벽지, 천장몰딩 등), 제작가구(붙박이가구), 창호의 위치 및 형상을 표현하는 데 있습니다. 벽면에 배치되지 않는 기성가구는 작성할 필요가 없습니다.

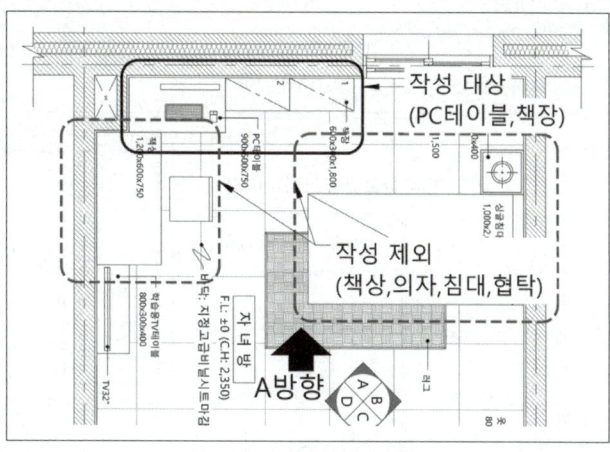

❻ 가구와 창은 세부적으로 작성하며, 정해진 치수는 없으므로 작업자가 직접 치수를 설정해서 그려도 됩니다. 도면에 표시된 치수는 참고용입니다. 가구와 창은 해당 도면층으로 변경하고, 천장몰딩과 걸레받이는 '마감'(선홍색) 도면층으로 변경합니다.

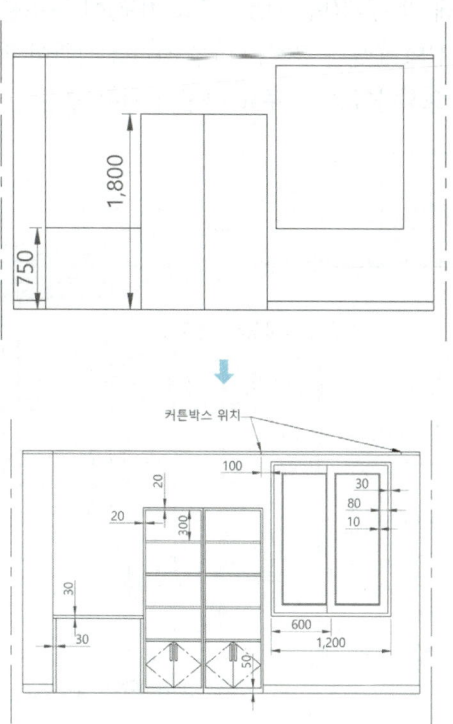

❼ 기호와 문자를 작성한 뒤, '주석'(녹색) 도면층으로 변경합니다.

[문자 높이]
- 벽 마감, 레벨기호: 80
- OPEN, 몰딩, 걸레받이: 60

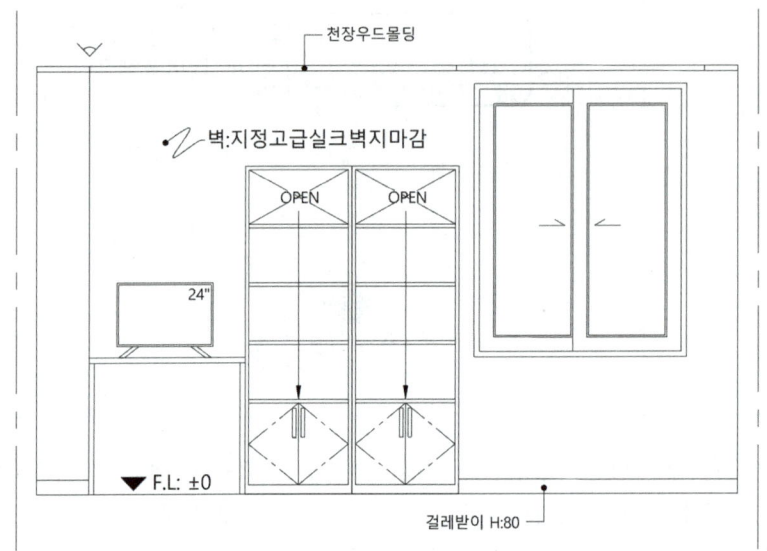

❽ 치수를 기입하기 위해 각 구간(벽, 창호, 주요 가구)에 보조선을 그려줍니다. 보조선은 치수 기입 후 삭제하므로 선의 종류나 유형은 아무 선이나 상관이 없습니다. 아래 그림에서는 시인성을 위해 파선으로 표시하였으며, 주요 가구의 치수 구간도 작업자에 따라 차이가 있을 수 있습니다.

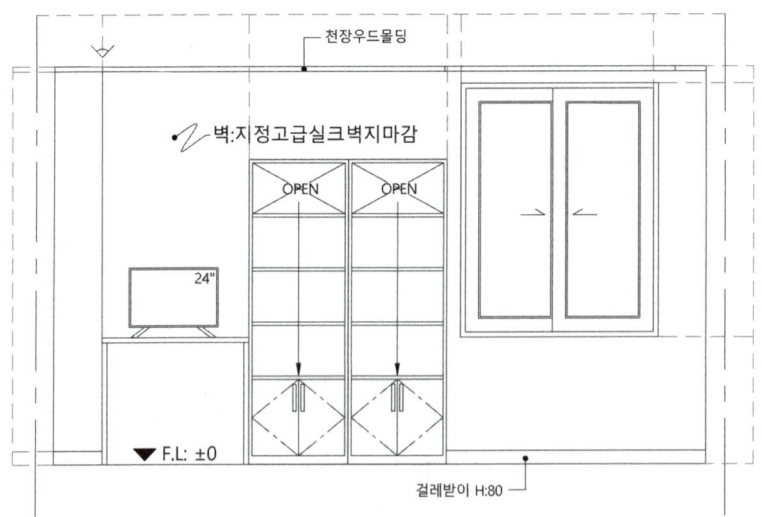

❾ 치수를 기입하여 내부 입면도-A를 완성합니다. 보조선은 삭제하고 벗어난 치수문자를 조정합니다.

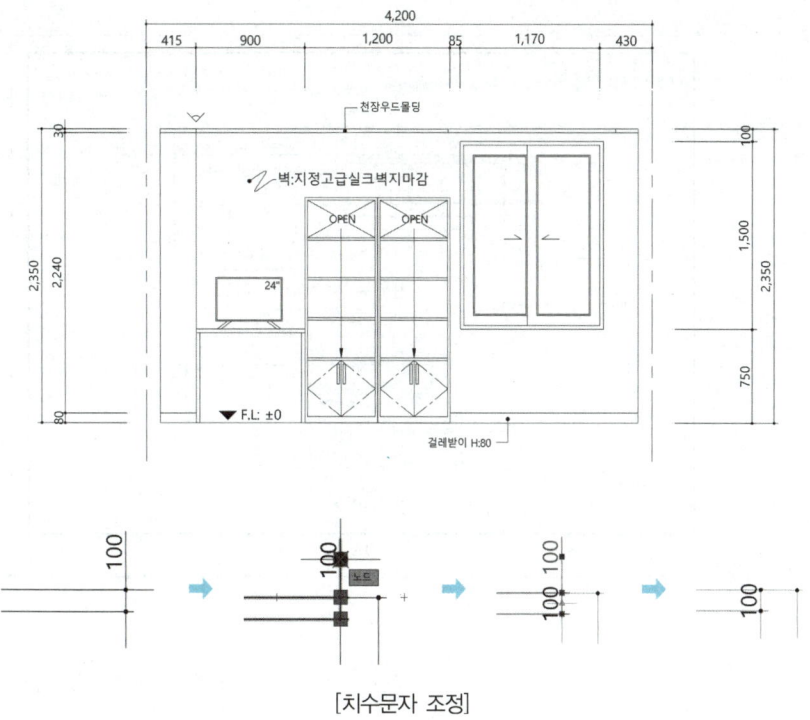

[치수문자 조정]

❿ 완성된 자녀방의 평면도, 천장도, 내부 입면도는 답안 파일과 대조하여 누락 부분 및 각 부분의 도면층 적용을 확인합니다.

> 학습파일 | 완성파일\Part03\Ch01\자녀방 – 내부 입면도.dwg

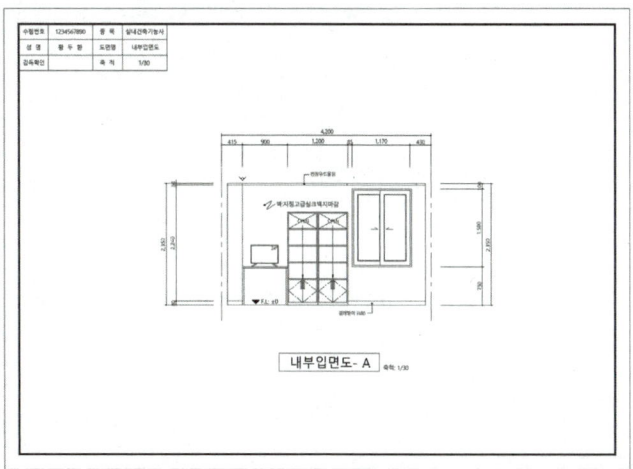

> **참고**
>
> 기능사 실기시험의 입면도는 보통 한 면만 작성하지만, 난이도 조정을 위해 두 면을 작성해야 할 경우 위아래로 배치합니다.
>
>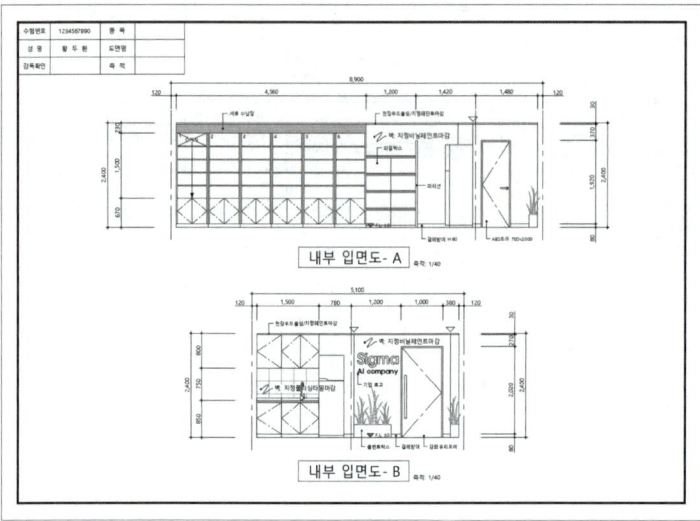

Chapter 02 거실 : 2D 도면 작성

Section 01 요구조건과 문제도면 확인

❶ 요구조건

개 요	용 도	• 주택의 거실
	인적 구성	• 4인 가족
제시도면 조건	설계면적	• 4,900mm × 4,100mm × 2,400mm(CH)
	이중창문	• 3,500mm × 2,200mm(H)
	외벽체	• 시멘트벽돌 벽체/붉은벽돌 치장마감 [내부 마감재 임의 + 1.0B 시멘트벽돌 + THK 100mm 단열재 + 0.5B 붉은벽돌 마감]
	내벽체	• 벽돌 벽체 [1.0B 시멘트벽돌 쌓기]
설계조건	필요 공간 및 집기	• 소파 세트　　　　• 오디오 • 장식장　　　　　• 에어컨(스탠드형) • TV　　　　　　　• 플로어스탠드 • 거실장　　　　　• 화분 * 그 외 가구 및 집기는 수검자가 임의로 추가해도 됨.

❷ 문제도면

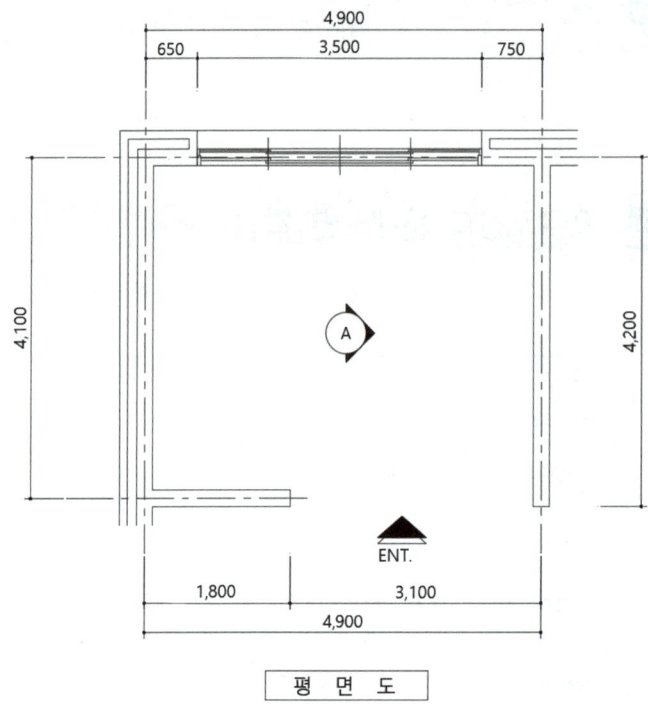

평 면 도

❸ 요구도면
- 도면의 배치 순서는 평면도, 내부 입면도, 천장도, 실내투시도(3D)의 순으로 정리하여 제출한다.
- 평면도(1장, 가구배치 및 바닥마감재 표기) – S: 1/30
- 평면도 주변의 여유 공간에 설계(디자인) 의도를 200자 이내로 서술
- 내부 입면도(1장) – S: 1/30
- A방향 1면(가구 배치 및 벽면재료 표기)
- 천장도(1장) – S: 1/30
- 설비, 조명기구 배치 및 범례표 작성 / 천장마감재 표기

❹ 주안점
- 거실은 가족 구성원이 공동으로 사용하는 다목적 공간입니다. 휴식, 담소, 접대 등의 기능을 가지고 있어 주택의 중심이 됩니다.
- 천장에는 면적에 맞는 직부등 외에 간접등, 스탠드, 브래킷 등을 설치하고 평천장보다는 단의 차이를 두어 입체감을 표현하는 것도 좋습니다.
- 다양한 구성원이 사용하는 만큼 유행이나 강한 개성을 나타내는 것보다 편안한 느낌으로 계획하는 것이 좋습니다. 바닥은 마루, 장판 등으로 마감하고 러그로 포인트를 주는 것도 좋습니다. 벽과 천장은 벽지, 페인트, 벽돌 등으로 마감할 수 있습니다.

Section 02 평면도 작성

공간의 조건을 파악한 후 가장 먼저 작성되는 도면으로, 이후 작성되는 모든 도면은 완성된 평면도의 영향을 받습니다. 배점 또한 가장 높은 도면이므로 누락되는 도면 요소(가구, 기호, 마감표기 등)가 없도록 주의합니다.

학습파일	실습파일 \ Part02 \ Ch02 \ 도면양식.dwg
	▶ 동영상 \ Part03 \ Ch02 \ 거실 – 평면도.mp4

❶ AutoCAD 환경설정 및 도면양식 작성

AutoCAD를 실행하고 Part 02의 Chapter 02를 참고하여 도면양식을 준비하거나 [실습파일 \Part02\Ch02\도면양식.dwg]을 불러옵니다. 현재 도면층은 '벽체'(노랑) 도면층으로 진행합니다.

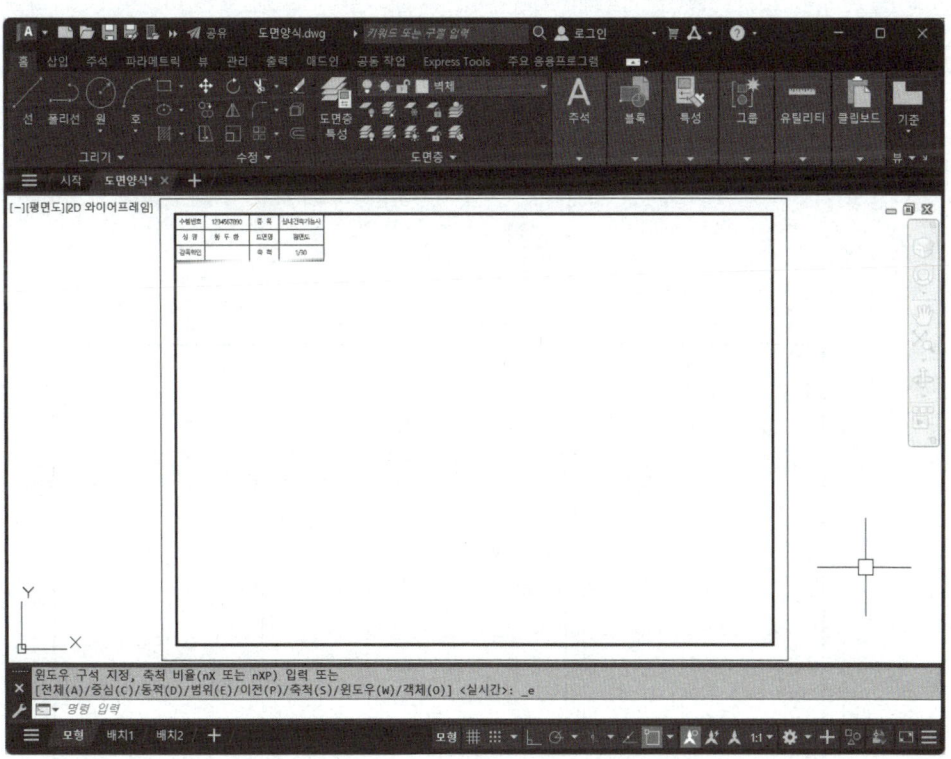

❷ 설계공간의 작성조건 및 문제도면의 치수를 확인하여 중심선과 벽체를 표시합니다. 중심선은 '중심' 도면층으로 변경합니다.

[작성조건]
- 설계면적: 4,900mm×4,100mm×2,400mm(CH)
- 이중창문: 3,500mm×2,200mm(H)
- 외벽체: 1.0B 시멘트벽돌 + THK 100mm 단열재 + 0.5B 붉은벽돌 마감
- 내벽체: 벽돌 벽체 [1.0B 시멘트벽돌 쌓기]

[문제도면]

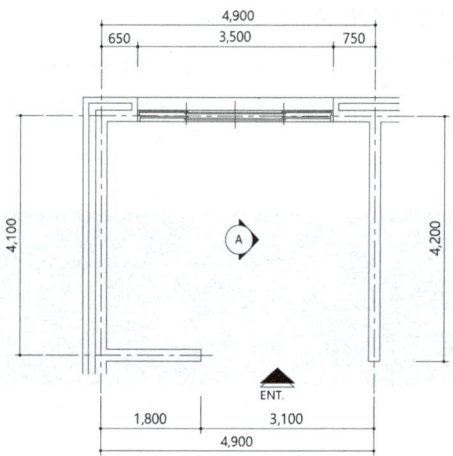

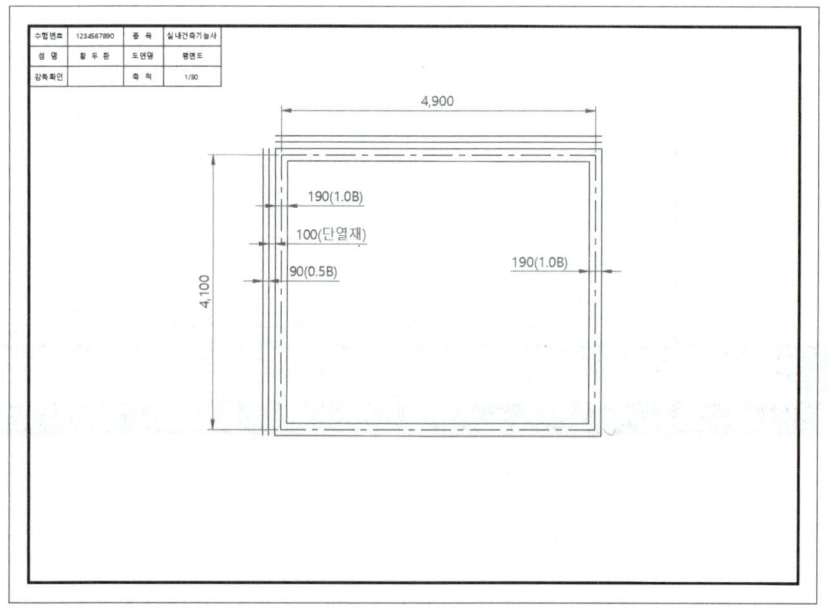

❸ 창과 출입구의 위치를 표시하고 벽체 두께를 편집합니다.

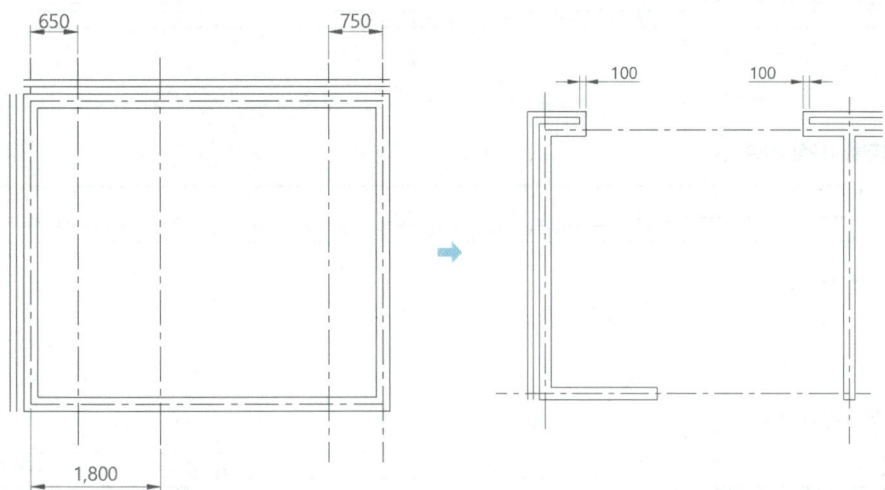

❹ 거실 크기보다 조금 큰 임의의 사각형 ①을 대략 그린 후 중심선, 벽체선의 길이를 정리하고 파단선을 작성합니다. 중심선을 제외한 모든 선은 '벽체' 도면층으로 변경합니다.

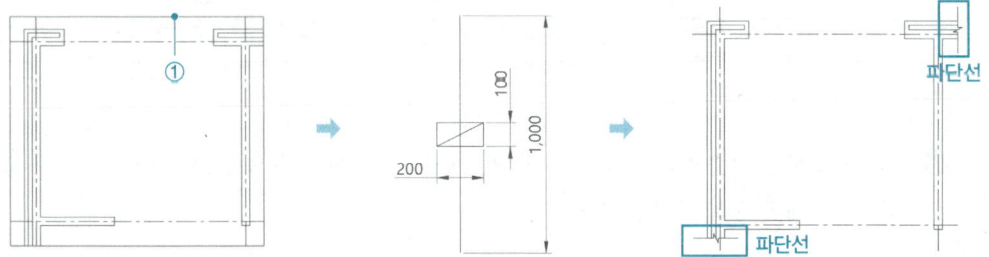

❺ 빈 공간에 창을 그립니다. 중심선은 '중심'(빨강) 도면층, 나머지는 '창'(회색2) 도면층으로 변경합니다.

[기준틀 작성]

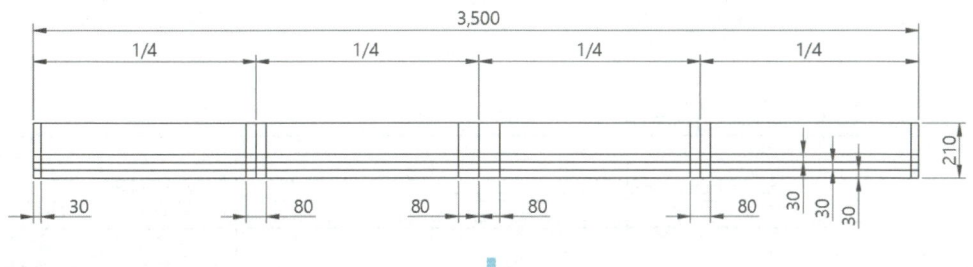

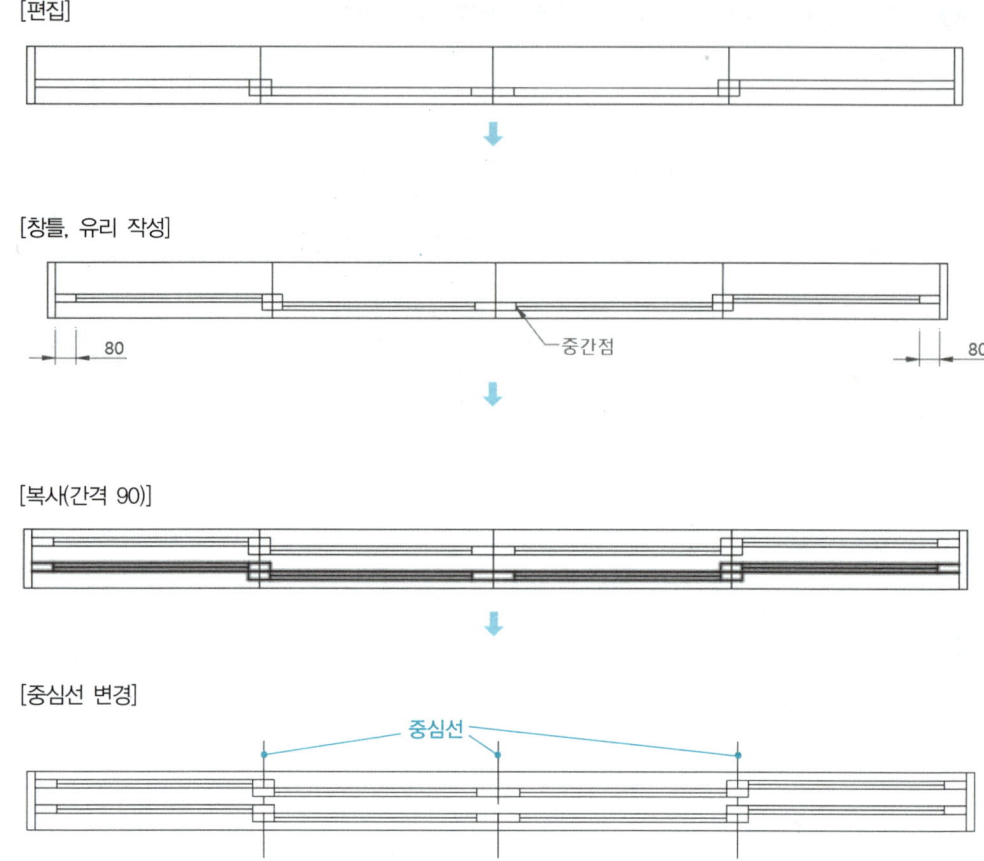

❻ 끝점과 끝점을 기준으로 창을 배치한 후, 창을 다시 실내 쪽으로 20만큼 이동하고 입면으로 보이는 벽체선 ①을 그려줍니다.

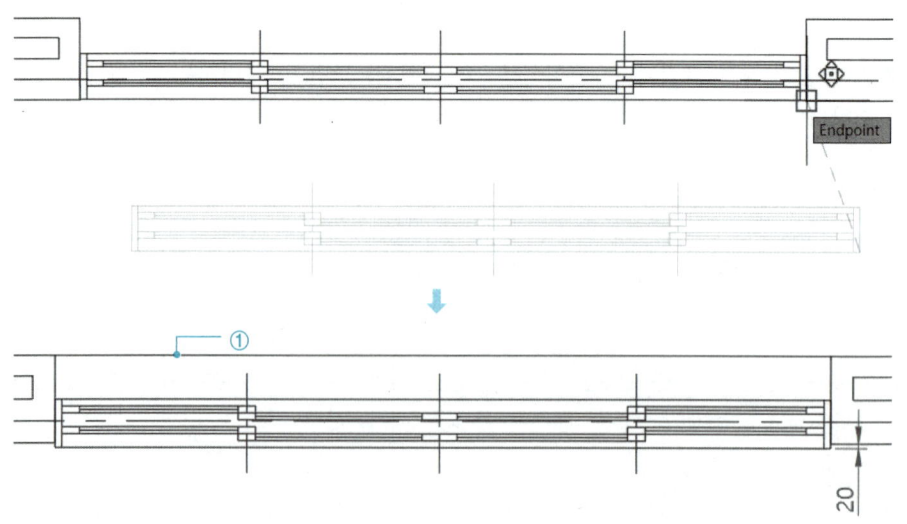

❼ [Offset(O)] 명령을 사용하여 모르타르 위 벽지마감을 두께 20으로 그립니다.

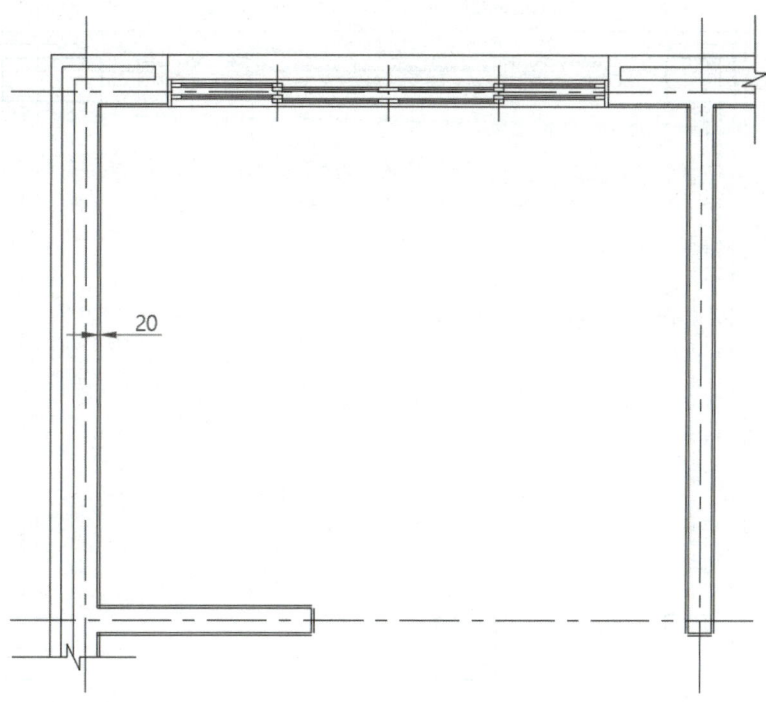

❽ 코너 부분은 [Trim(TR)] 또는 [Fillet(F)] 명령으로 편집하고 '마감'(선홍색) 도면층으로 변경합니다.

[코너 부분 확대]

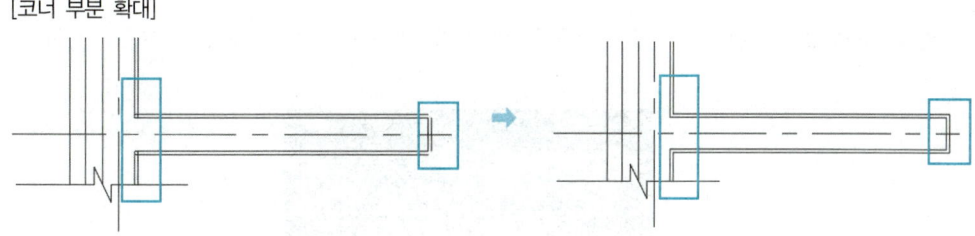

[코너 부분 편집]

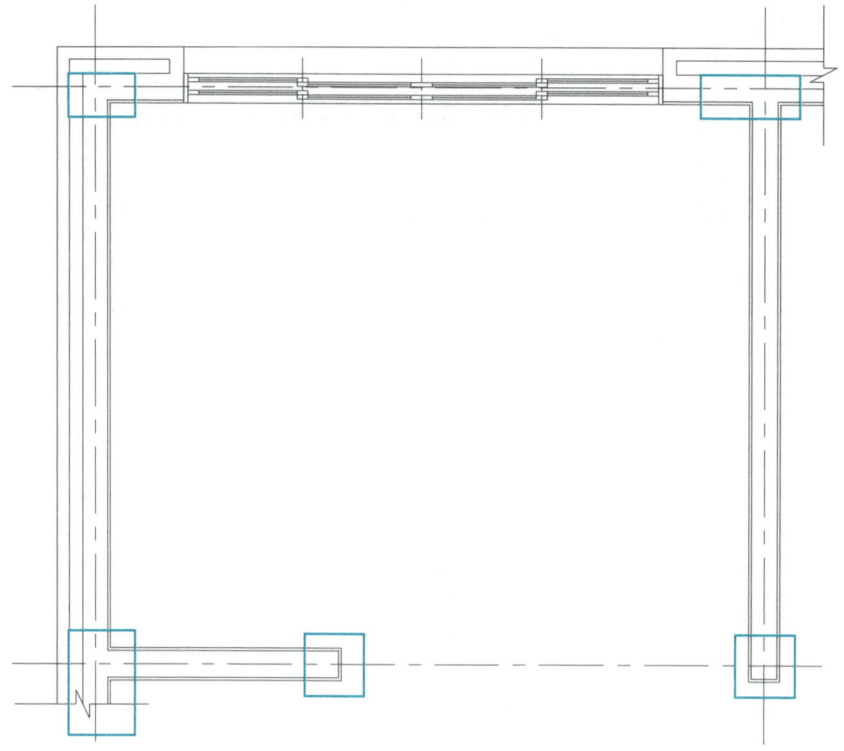

❾ 현재 도면층을 '가구'(파랑) 도면층으로 변경하고, 요구조건에 주어진 필요한 가구를 빈 공간에 모두 작성합니다.

필요 가구: 소파 세트, 오디오, 장식장, 에어컨(스탠드형), TV, 플로어스탠드, 거실장, 화분

- 소파 세트: 원룸에 사용되는 1~2인용 소파보다는 좀더 크게 작성합니다(좌방석의 파티션이 2개지만 4인용 소파입니다).

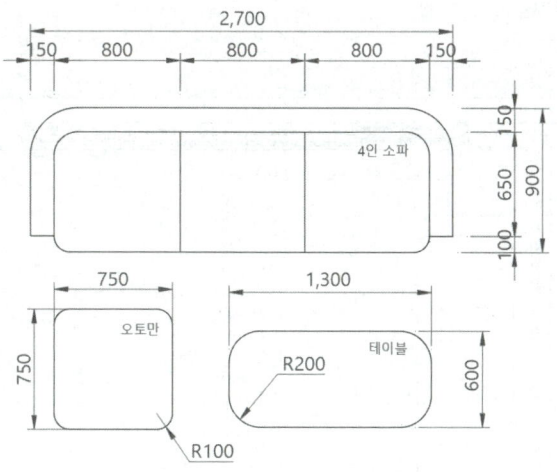

참고

소파 크기(W) [단위: mm]
- 1인: 약 700~1100
- 2인: 약 1400~1700
- 3인: 약 180~2200
- 4인: 약 2300~2700

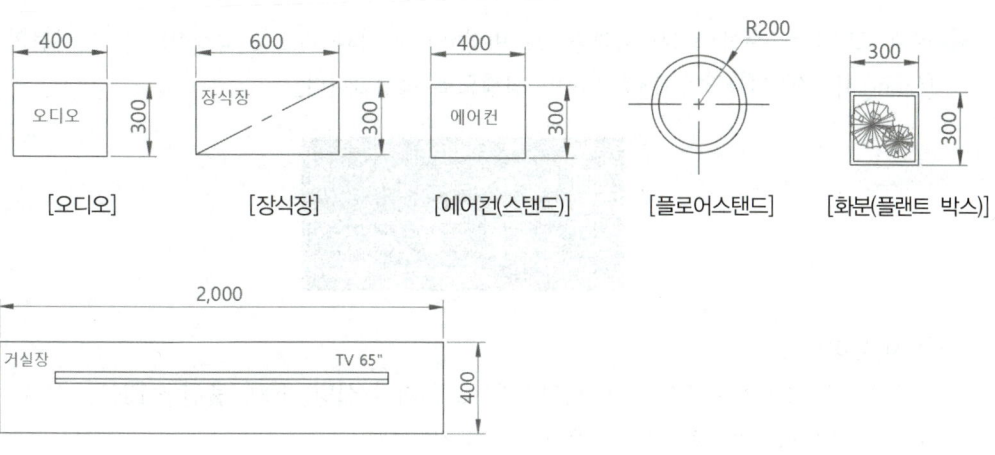

Craftsman Interior Architecture

⑩ 주어진 공간에 기능과 동선을 고려하여 배치합니다. 소파 세트와 거실장을 먼저 배치하고 나머지 가구를 배치합니다. 여유가 있다면 소파 세트 바닥에 러그를 배치합니다. 배치시간은 5분 내외로 합니다.

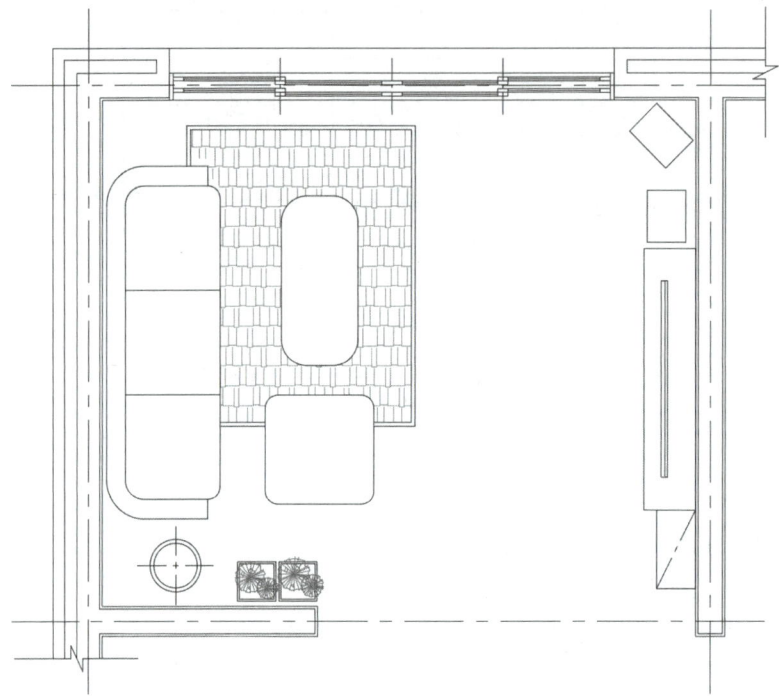

⑪ 현재 도면층을 '주석'(녹색) 도면층으로 변경하고 문자와 기호를 작성합니다. 지시선의 선은 [Line(L)], 점은 [DOnut(DO, D30)] 명령으로 작성합니다.

[문자 높이]
가구 및 집기: 60, 바닥마감재, 바닥레벨: 80, 거실 실명: 100, 출입구 ENT.: 100, 도면명 평면도: 180, 축척: 80, 입면기호 문자: 100

실내건축기능사 실기

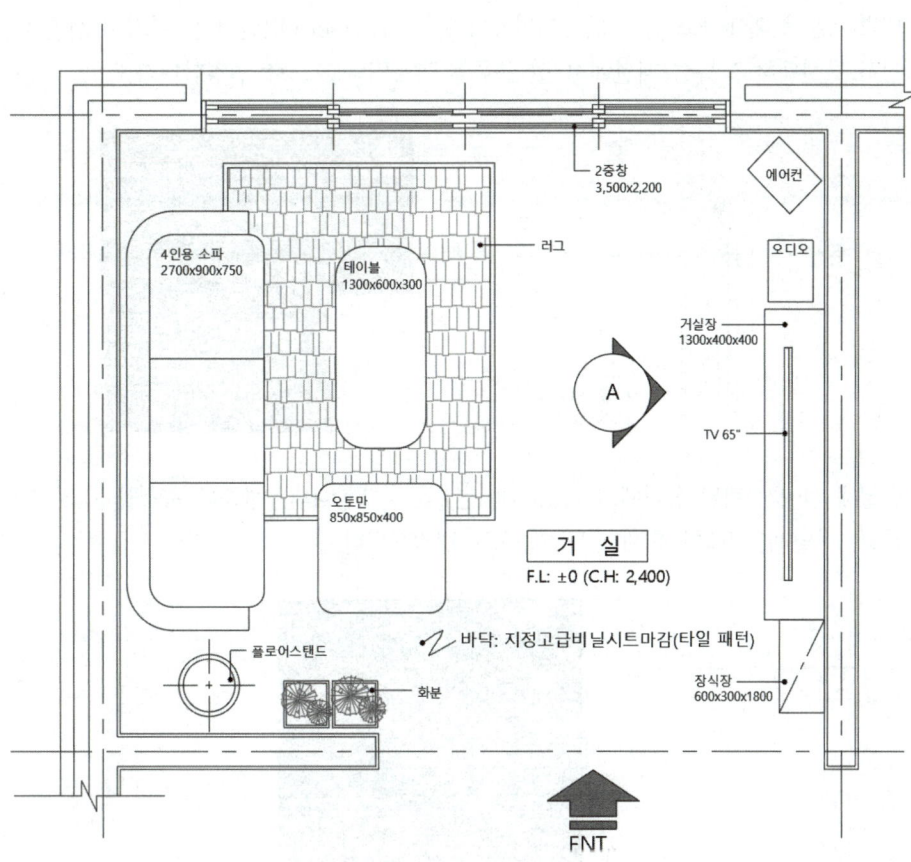

평 면 도 축척: 1/30

⑫ 작업시간에 여유가 있다면 장식장의 개폐형식까지 표현하면 더 좋습니다.

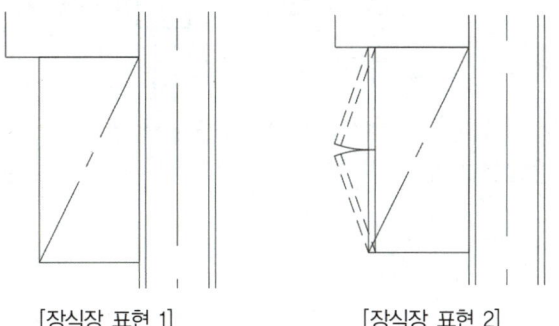

[장식장 표현 1] [장식장 표현 2]

Chapter 02 거실: 2D 도면 작성

❸ 외벽 부분을 확대하고 단열재 두께의 1/2(50)을 [Offset(O)]합니다. 복사된 선을 대기상태의 커서로 선택하고 특성 패널에서 선 종류를 'BATTING'으로 변경합니다.

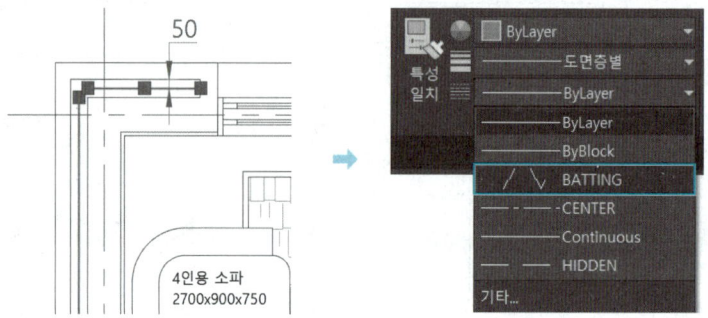

❹ 단열재 선이 선택된 상태에서 특성(Ctrl+1)을 실행합니다. 선종류 축척을 '0.3' 정도로 설정하고, 단열재는 '해치'(회색1) 도면층으로 변경합니다.

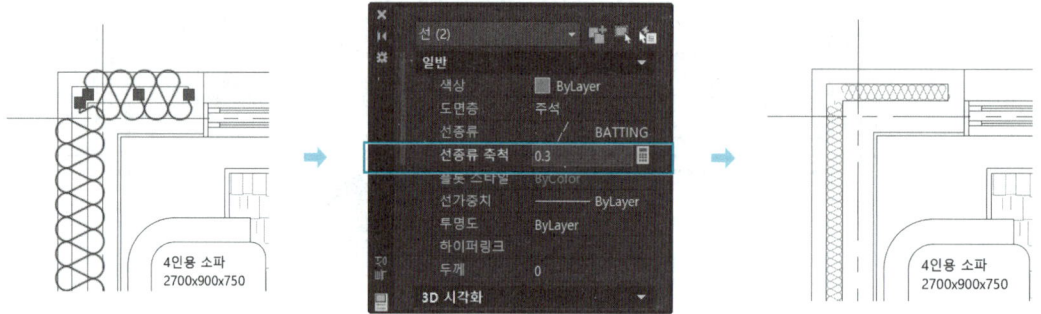

❺ 단열재 끝부분을 확대하여 선의 길이를 보기 좋게 조정한 뒤, [Fillet(F)] 명령을 사용해 코너를 편집합니다.

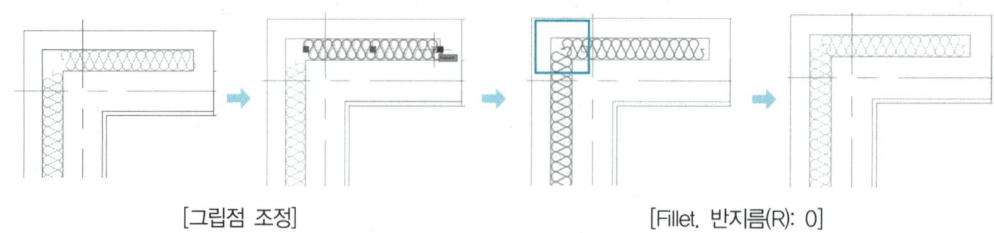

[그립점 조정]　　　　　　　　　　　　　　　[Fillet, 반지름(R): 0]

⑯ 벽체의 재료표시 패턴을 넣기 위해 현재 도면층을 '해치'(회색1) 도면층으로 변경하고, '중심'(빨강) 도면층을 Off 상태로 전환합니다. 해치의 패턴은 'ANSI31', 축척은 10으로 설정합니다. 해치를 적용한 후 '중심' 도면층을 다시 On으로 활성화합니다.

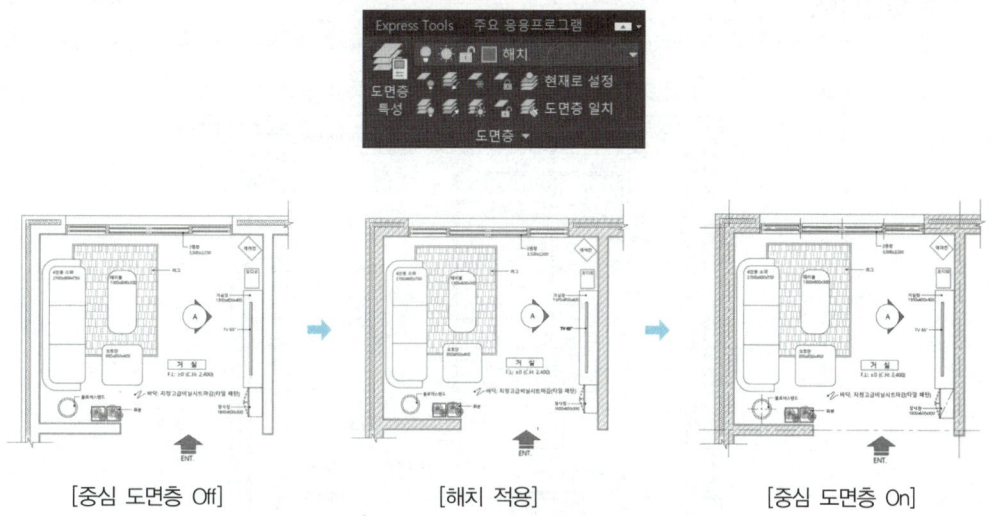

[중심 도면층 Off]   [해치 적용]   [중심 도면층 On]

⑰ 계속해서 [해치(H)] 명령을 사용해 바닥 패턴을 넣습니다. 패턴 형식은 '사용자 정의', 간격은 600으로 하고 '이중' 옵션을 적용합니다.

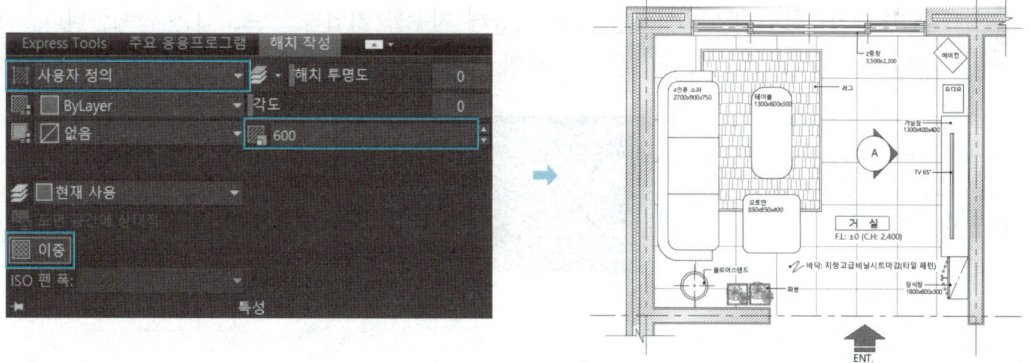

Chapter 02 거실: 2D 도면 작성

Craftsman Interior Architecture

⑱ 치수를 기입하기 위해 각 구간(벽, 창호, 주요 가구)에 보조선을 그려줍니다. 이 보조선은 치수 기입 후 삭제하므로 선의 종류나 유형은 아무 선이나 상관이 없습니다. 아래 그림에서는 시인성을 높이기 위해 파선으로 표시하였으며, 주요 가구의 치수 구간은 작업자에 따라 차이가 있을 수 있습니다.

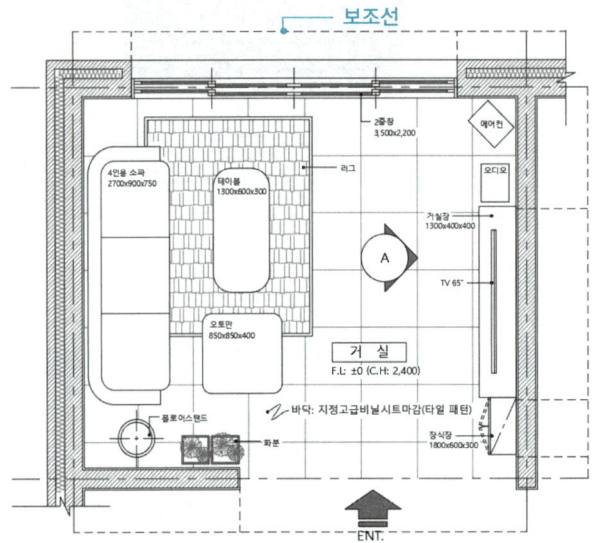

⑲ 치수를 기입하기 위해 현재 도면층을 '주석'(녹색)으로 변경합니다. [선형치수(DLI)], [연속치수(DCO)], [신속치수(QDIM)] 명령 등을 사용해 치수를 기입하고 보조선은 삭제합니다. 이때 기입된 치수의 값, 치수의 구간은 작업자의 기준이나 마감 두께에 따라 달라질 수 있습니다.

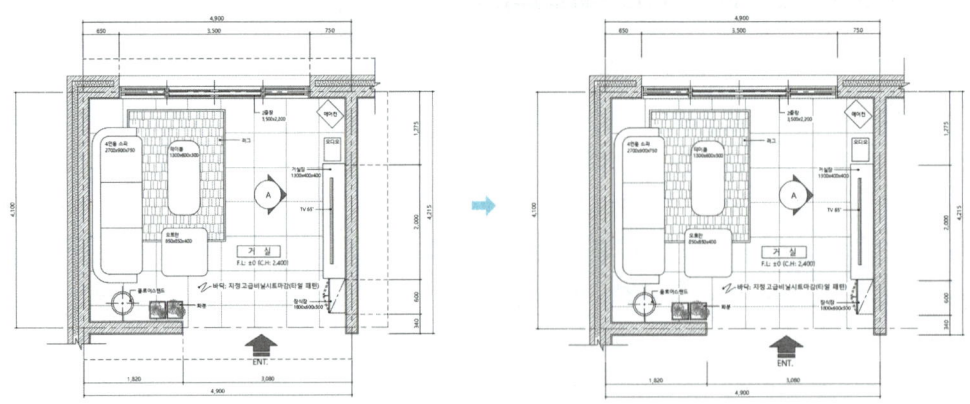

⑳ 도면 하단의 빈 공간에 '디자인 의도'를 작성합니다. '디자인 의도'라는 제목은 문자 높이 100, 내용은 높이 60으로 작성해 평면도를 완성합니다. 디자인 의도의 내용은 [Mtext(T)] 명령을 사용하여 장문 형식으로 입력합니다.

학습파일 | 완성파일 \ Part03 \ Ch02 \ 거실 – 평면도.dwg

디자인 의도 작성

디자인 의도는 200자 이내로 서술합니다. 작업자가 계획한 마감재, 동선, 가구배치 및 색상, 조명, 디자인 콘셉트 등에 대한 내용을 서술합니다.

1. 공간의 유형이나 구조를 작성
2. 실내마감재의 종류, 특징을 작성
3. 가구 배치의 형식이나 특징을 작성
4. 공간과 동선의 특징을 작성
5. 조명 및 전체적인 분위기, 콘셉트를 작성

*디자인 의도

4인 가족이 거주하는 주택의 거실로 가족 구성원의 편안한 휴식 및 손님의 접대 등을 위해 편안한 소파와 오토만을 추가로 배치하였고, 바닥은 타일패턴의 장판, 벽과 천장은 따뜻한 느낌의 난색 계열로 계획하였다. 아늑한 분위기를 위해 소파 옆으로 플로어 스탠드를 두고 천장에는 전구색 간접등을 설치하였다. 거실 가구의 색상은 휴식 및 다양한 기능을 목적으로 하는 공간으로 실내 마감재와 자연스러운 조화를 이루도록 톤온톤 컨셉으로 계획하였다.

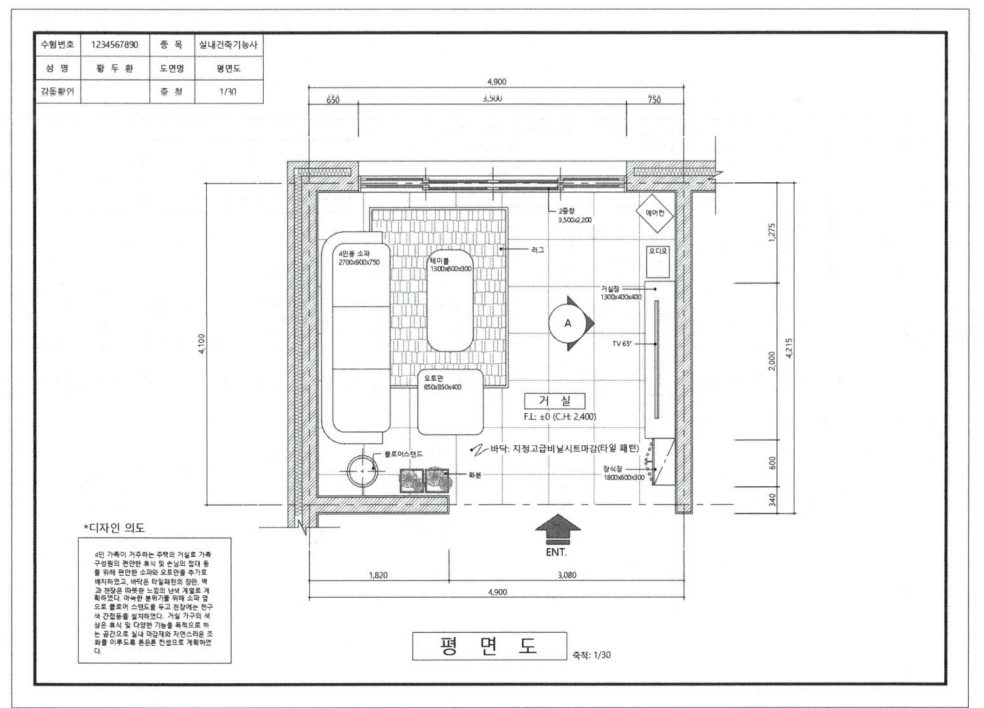

Craftsman Interior Architecture

Section 03 천장도 작성

천장도는 평면도의 공간을 그대로 활용하므로 완성된 평면도를 복사한 후 불필요한 부분을 삭제하고 조명 및 설비를 배치하여 완성합니다.

> 학습파일 | ▶ 동영상\Part03\Ch02\거실 – 천장도.mp4

❶ 완성된 평면도를 우측에 그대로 복사한 후 표제란의 도면명(①)과 도면 하단의 도면명(②)을 천장도로 수정합니다.

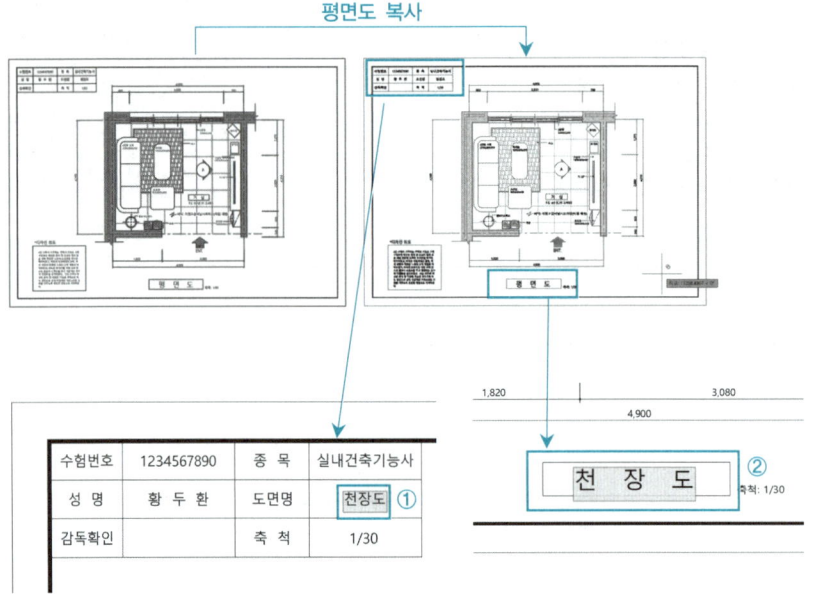

❷ '디자인 의도'를 '범례표'로 수정합니다. '디자인 의도'의 테두리선을 분해(X)하여 [Offset(O)] 명령으로 복사하고 소제목 높이는 80, 세부 내용은 60으로 작성합니다. 숫자 1 대신 다른 내용을 써도 무방합니다.

❸ 천장도와 관련 없는 일부 치수와 실내 공간의 모든 요소를 삭제합니다.

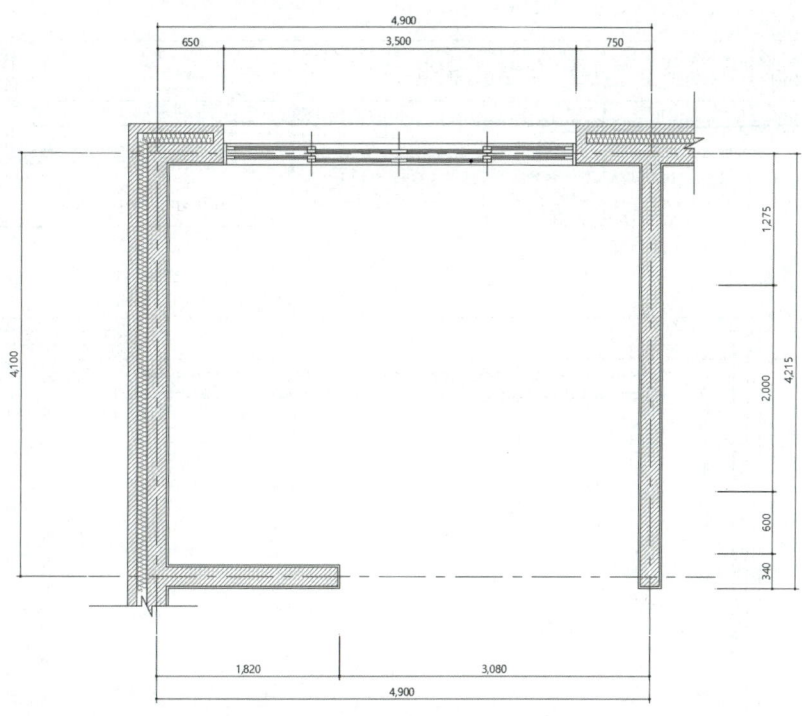

❹ 창의 경우에도 경계선을 제외한 나머지를 삭제합니다.

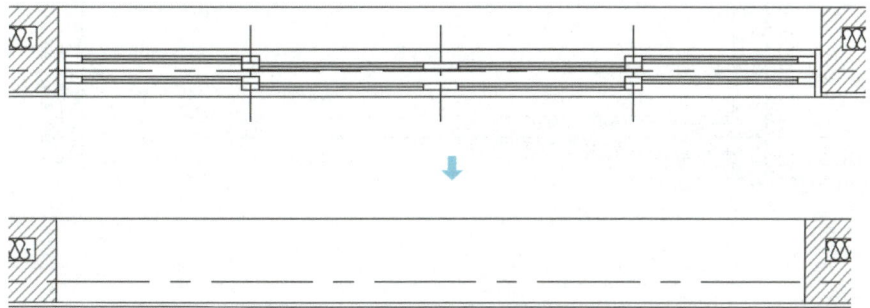

Craftsman Interior Architecture

❺ 천장몰딩 및 커튼박스를 작성합니다. 도면층은 '마감'(보라) 도면층을 적용합니다.

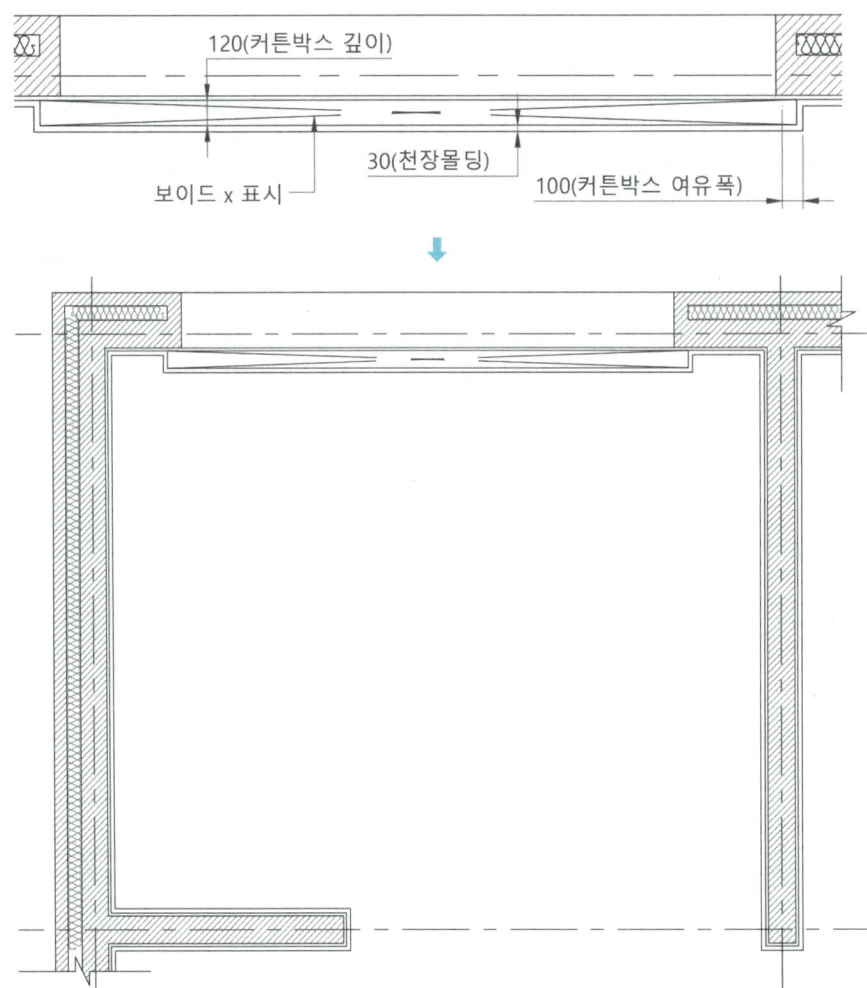

❻ 천장에는 직부등, 간접등, 매입등의 위치를 표시합니다. 이때 평면도의 가구 위치를 확인하여 키가 큰 장과 간섭이 발생하지 않도록 주의합니다. 빈 공간에는 조명 및 설비를 '가구'(선홍색) 도면층으로 작성합니다.

천장설비는 교재와 다른 위치에 배치해도 됩니다. 기호 형식으로 작성된 천장설비는 디자인과 크기를 나타내는 것이 아니므로 실제 설치되는 설비와는 크기가 다를 수 있습니다. 조명의 위치는 실의 중앙이나 필요한 위치에 배치하는 것을 기본으로 하고, 치수 표기 시 '1023'처럼 떨어지지 않는 값보다는 550, 1100, 1500과 같이 떨어지는 값으로 위치를 정해서 배치합니다.

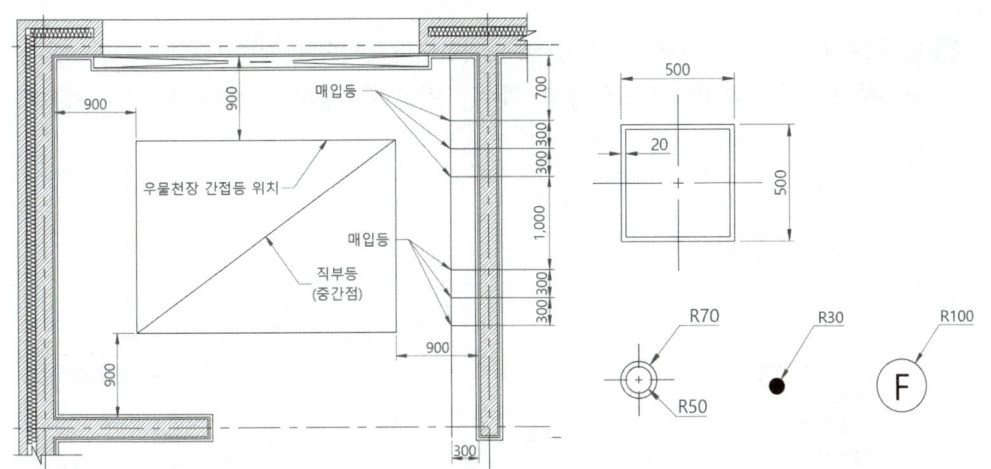

❼ 조명 및 천장설비를 배치하고 보조선은 삭제합니다. 스프링클러와 화재감지기는 직부등 주변에 적절히 배치하고 우물천장의 단차를 표시합니다.

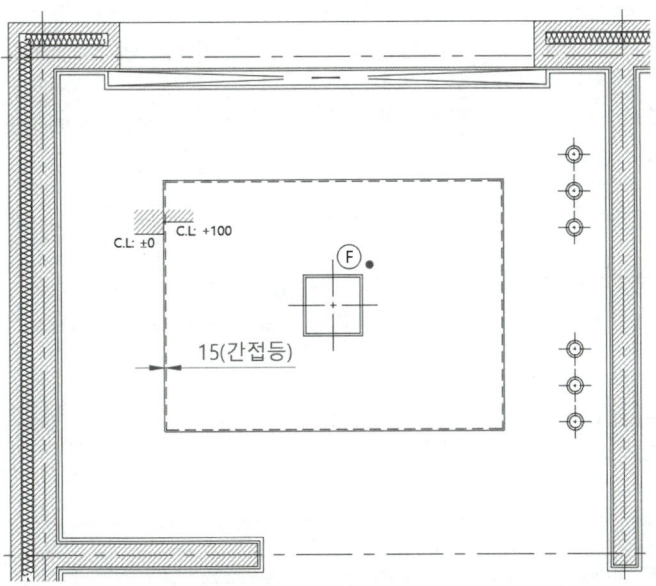

Craftsman Interior Architecture

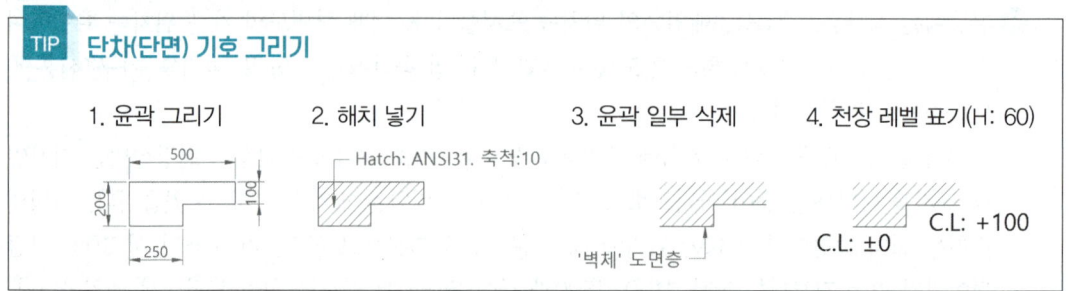

⑧ 현재 도면층을 '주석'(녹색) 도면층으로 변경합니다. 조명 및 설비의 위치를 파악할 수 있도록 치수를 기입하고 문자를 작성합니다. 치수는 벽의 마감선(선홍색)을 기준으로 치수를 기입합니다.

[문자 높이]
- 커튼박스, 천장몰딩: 60
- 천장마감: 80

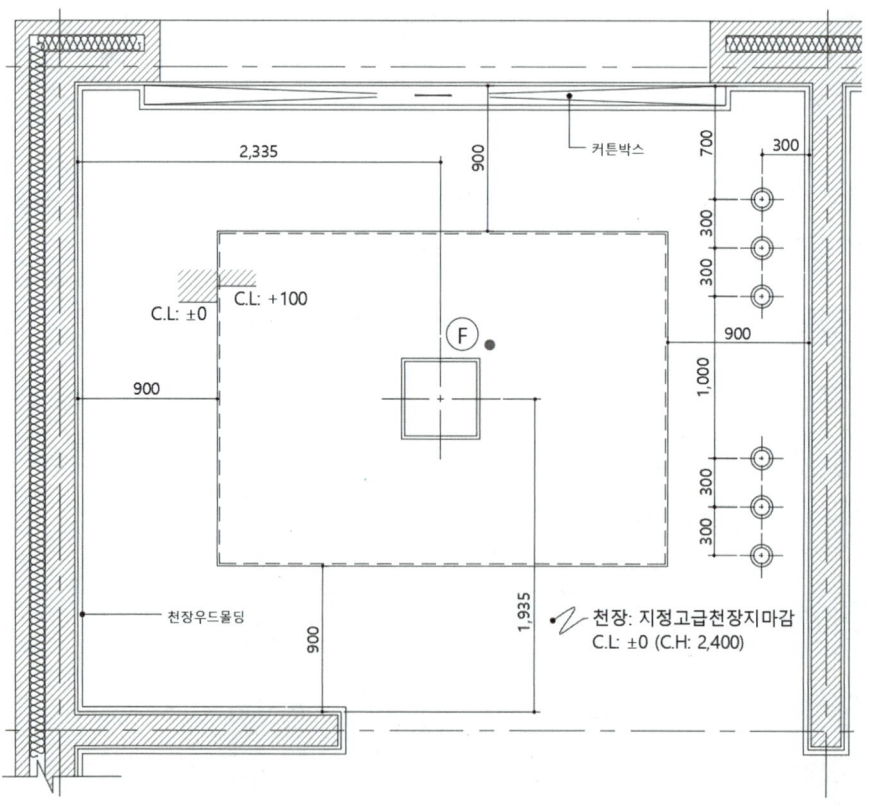

❾ 천장의 단차, 조명기구 등에 치수를 기입합니다(공간 내부에 기입한 조명의 치수를 외부에 기입하는 방법도 있습니다).

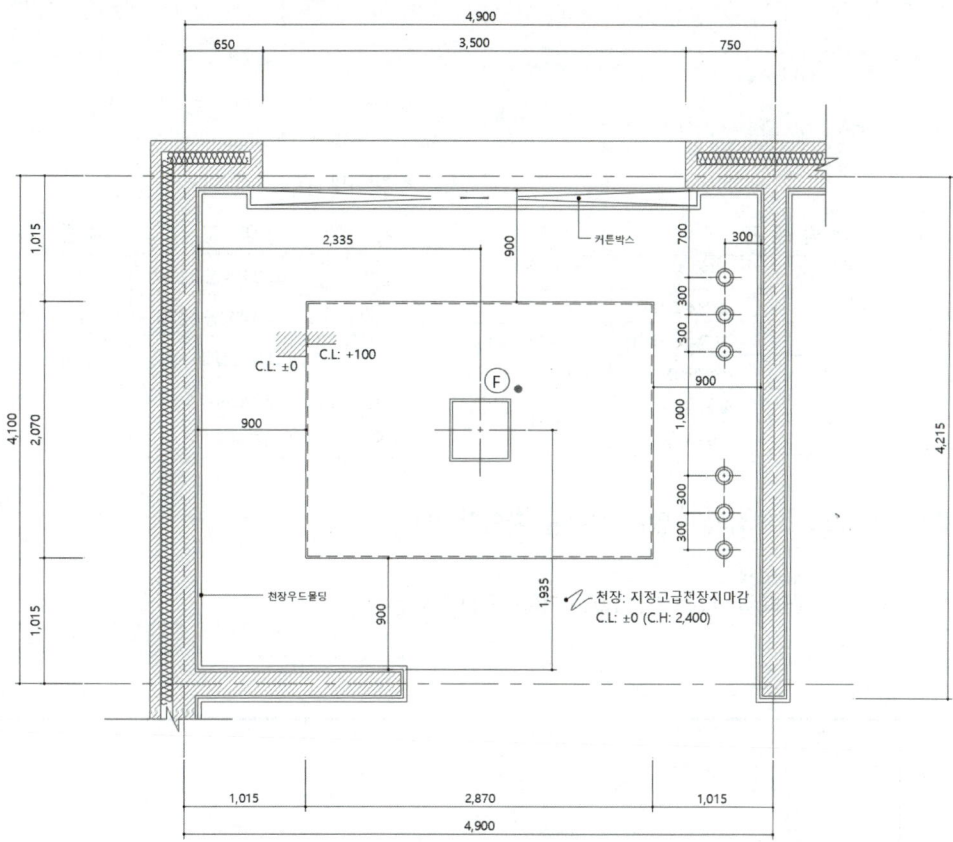

❿ 배치한 조명 및 천장설비를 범례표 근처로 복사하고 내용을 작성합니다. 범례표의 내용은 주조명, 보조조명, 소방설비의 순으로 작성하는 것이 좋습니다.

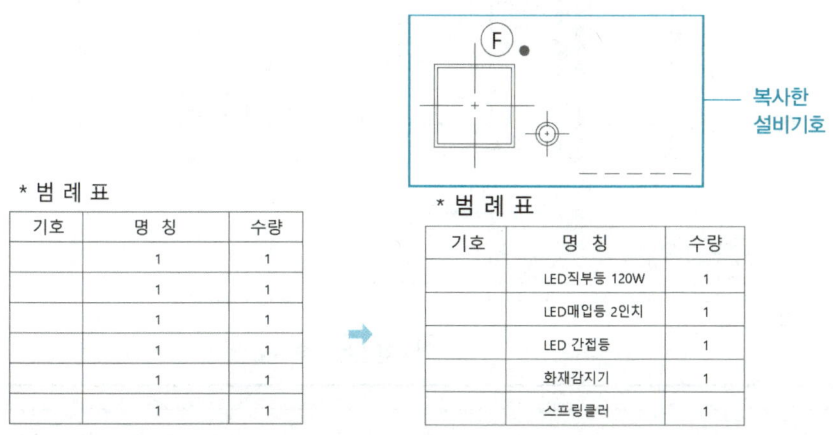

Craftsman Interior Architecture

⑪ 범례표 기호칸에 조명 및 설비 기호를 넣습니다. [축척(SC)] 명령을 사용해 크기를 줄여 배치합니다. 파선(-----)은 간접등입니다. 기호칸에 배치 시 선의 축척값을 반으로 줄여서 배치합니다.

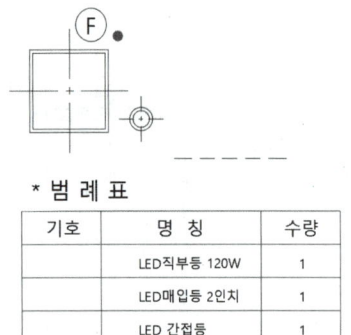

* 범례표

기호	명 칭	수량
	LED직부등 120W	1
	LED매입등 2인치	1
	LED 간접등	1
	화재감지기	1
	스프링클러	1

* 범례표

기호	명 칭	수량
⊞	LED직부등 120W	1
⊕	LED매입등 2인치	6
------	LED 간접등	10m
F	화재감지기	1
●	스프링클러	1

⑫ 누락 요소나 편집되지 않은 부분을 확인합니다.

> 학습파일 | 실습파일\Part03\Ch02\거실 – 천장도.dwg

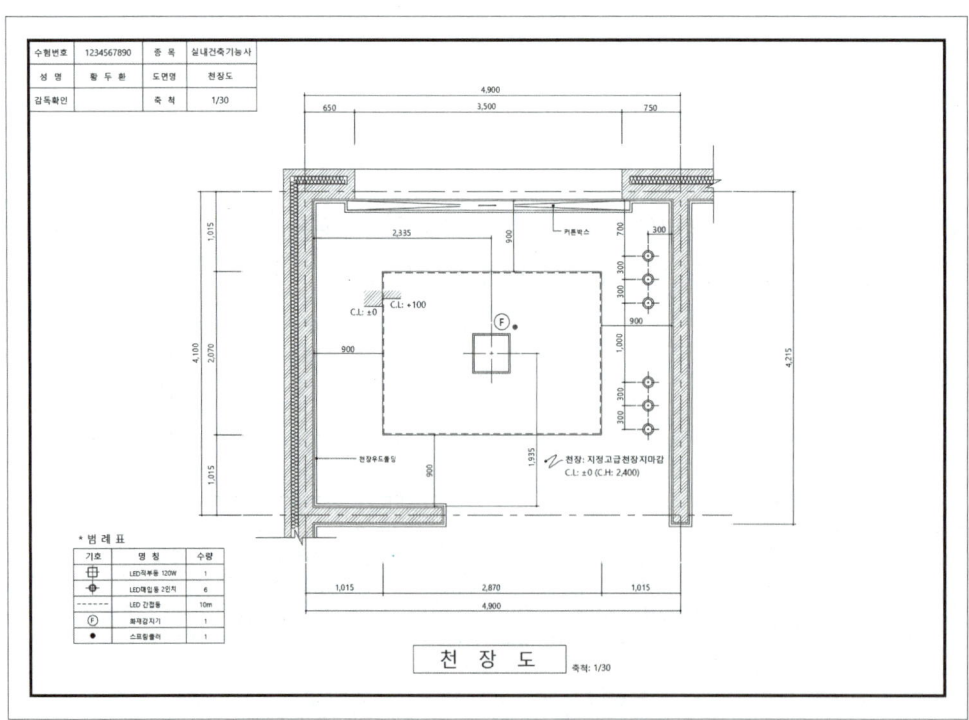

Section 04 내부 입면도 - A 작성

내부 입면도 또한 평면도를 참고하여 작성합니다. 완성된 평면도를 복사해 벽면의 폭, 중심선, 가구 위치 등 평면 정보를 활용합니다.

학습파일 | ▶ 동영상\Part03\Ch02\거실 – 내부 입면도.mp4

❶ 완성된 평면도를 천장도 우측에 그대로 복사하여 표제란의 도면명(①)과 도면 하단의 도면명(②)을 '내부 입면도', '내부 입면도-A'로 수정합니다.

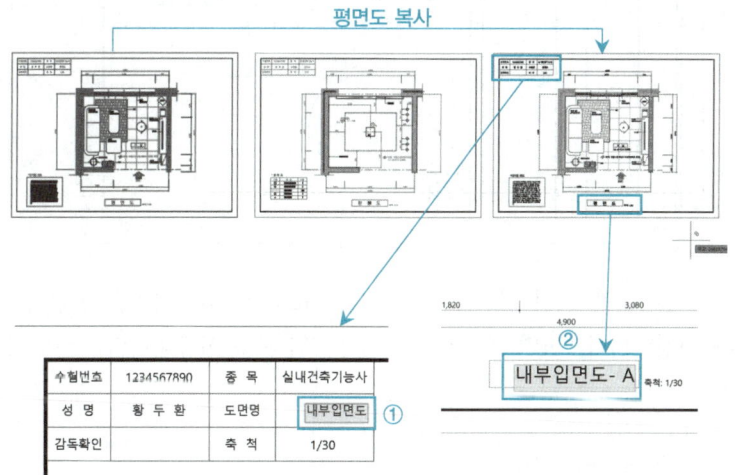

❷ 복사한 평면도의 '디자인 의도'는 삭제하고, 평면도는 도면양식 위로 이동합니다. 이동한 평면도를 A방향이 위를 향하도록 90°(반시계 방향) 회전한 후, 현재 도면층을 '벽체'(노랑) 도면층으로 변경합니다.

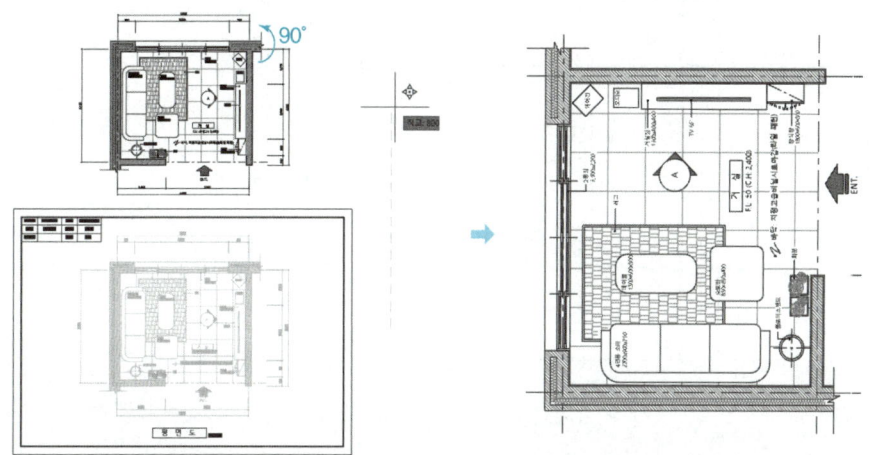

❸ [구성선(XL)] 명령의 수직(V) 옵션을 사용해 중심선, 마감 모서리, 가구의 위치를 표시합니다. 이때 에어컨의 모서리 위치도 표시합니다.

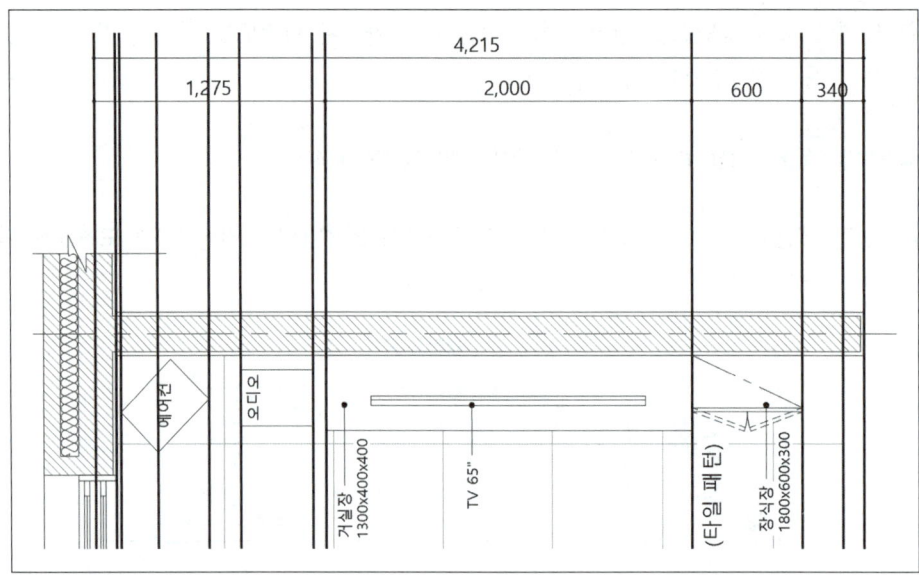

❹ 임의의 가로선(①)을 그려 천장높이 2,400을 표시합니다. 벽면을 편집하고 중심선 ②, ③의 도면층을 변경합니다. 벽면 ④, ⑤, ⑥, ⑦은 '벽체' 도면층입니다. 우측 중심선과 벽선을 잘 구분해야 합니다.

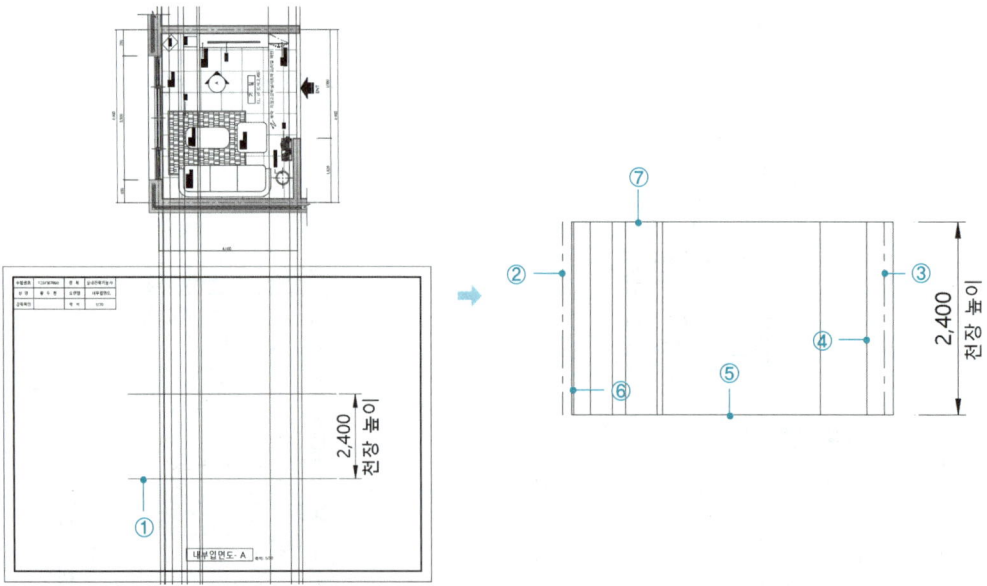

❺ 걸레받이(80), 천장몰딩(30), 에어컨(1,800)을 표시하고 편집합니다.

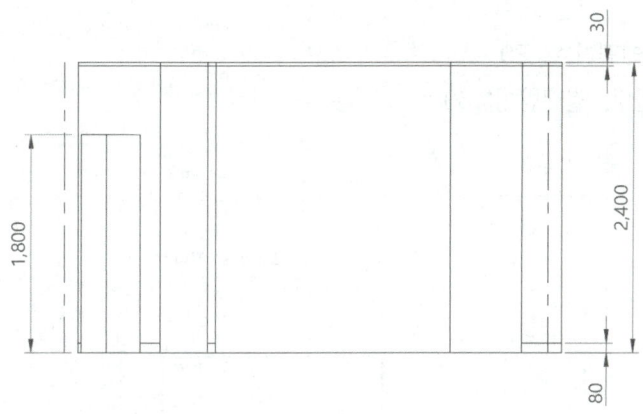

❻ 가구를 세부적으로 그려줍니다. 세부 치수의 정답은 없으므로 작업자가 직접 치수를 설정해서 그려도 됩니다. 가구는 '가구'(파랑) 도면층으로 변경합니다. 천장몰딩과 걸레받이는 '마감'(선홍색) 도면층으로 변경합니다.

에어컨, 스피커와 같이 디자인이 필요한 가구는 수험자의 연습량에 따라 표현의 정도가 다를 수 있습니다. 가구는 3D 모델링까지 연관되므로 너무 무리하여 시간을 낭비하지 않도록 합니다.

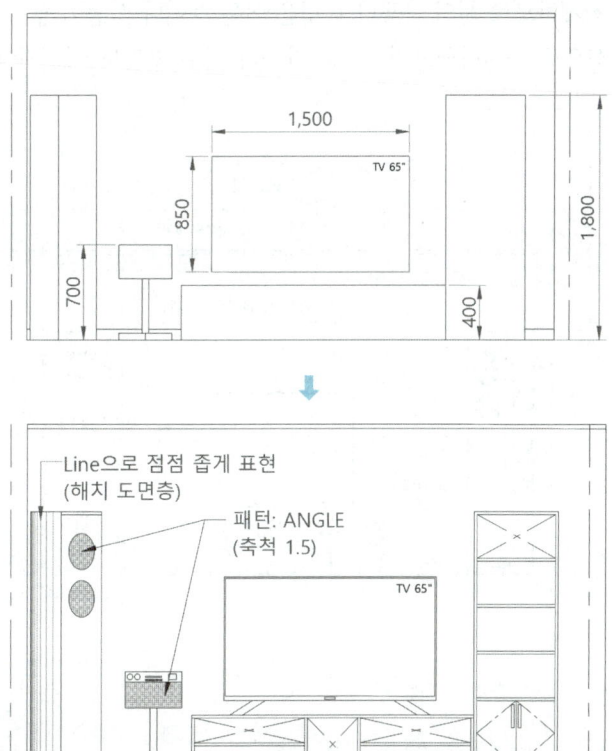

❼ 기호와 문자를 작성하고 '주석'(녹색) 도면층으로 변경합니다.

[문자 높이]
- 벽 마감, 레벨기호: 80
- OPEN, 몰딩, 걸레받이: 60

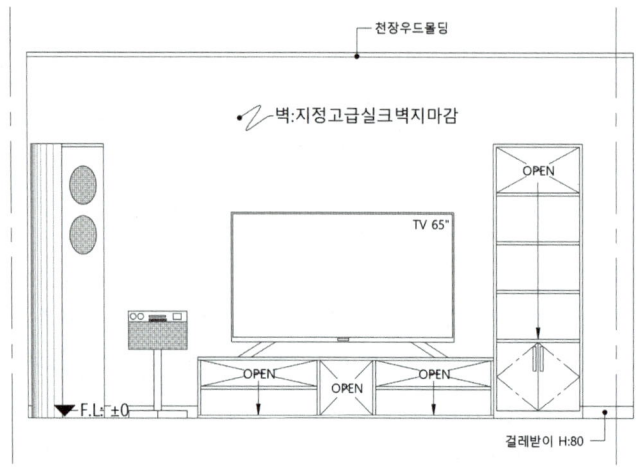

❽ 치수를 기입하기 위해 각 구간(벽, 창호, 주요 가구)에 보조선을 그려줍니다. 이때 보조선은 치수 기입 후 삭제하므로 선의 종류나 유형은 아무 선이나 상관이 없습니다. 아래 그림은 시인성을 위해 파선으로 표시하였으며, 주요 가구의 치수 구간도 작업자에 따라 차이가 있을 수 있습니다.

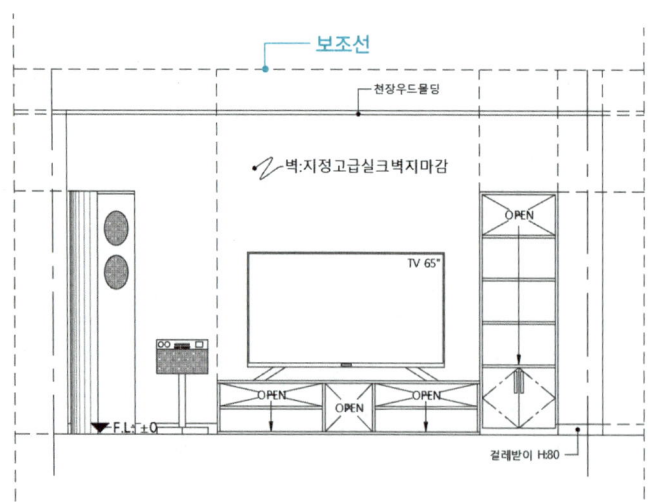

❾ 치수를 기입해 내부 입면도-A를 완성합니다.
완성된 거실의 평면도, 천장도, 내부 입면도는 답안 파일과 대조하여 누락 부분 및 각 부분의 도면층 적용을 확인합니다.

> **학습파일** | 완성파일\Part03\Ch02\거실 – 내부 입면도.dwg

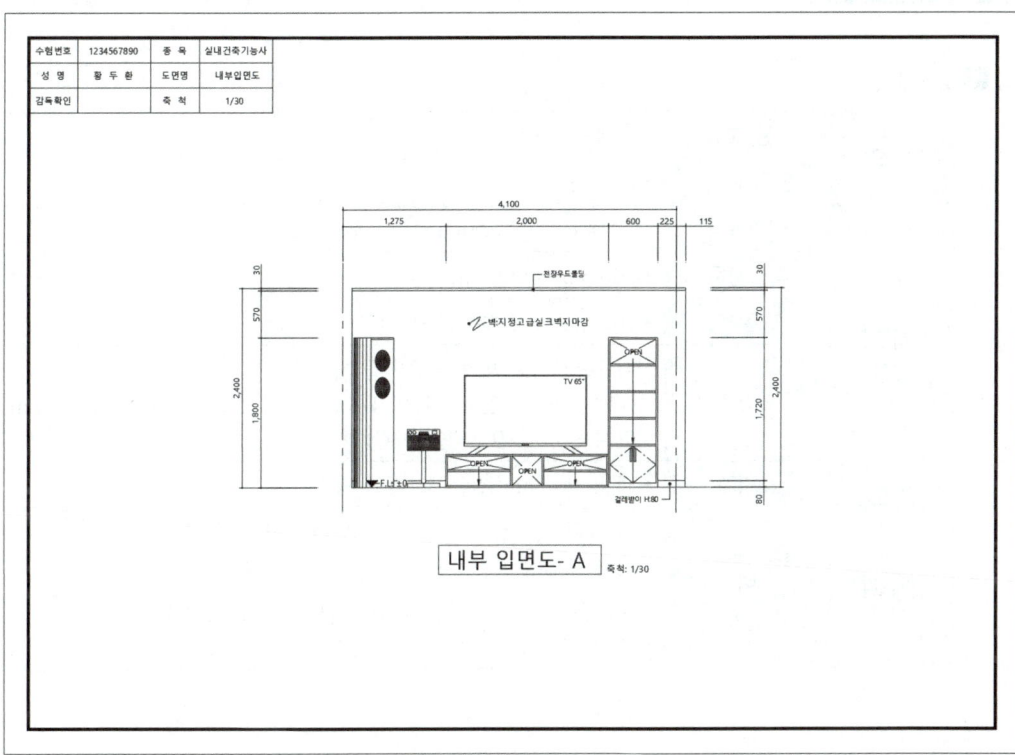

Chapter 03 주방 : 2D 도면 작성

Section 01 요구조건과 문제도면 확인

❶ 요구조건

개 요	용 도	• 주택의 주방
	인적 구성	• 4인 가족
제시도면 조건	설계면적	• 4,800mm×4,300mm×2,300mm(CH)
	이중창문	• 900mm×600mm(H)
	문	• 700mm×2,000mm(H)
	외벽체	• 철근콘크리트 벽체/붉은벽돌 치장마감 [내부 마감재 임의 + THK 200mm 철근콘크리트 + THK 120mm 단열재 + 0.5B 붉은벽돌 마감]
	내벽체	• THK 200mm 철근콘크리트 벽체
설계조건	필요 공간 및 집기	• 싱크세트 • 식탁 • 벽면 수납장 • 냉장고 * 작업대는 준비대-개수대-조리대-가열대-배선대순으로 계획한다. * 그 외 가구 및 집기는 수검자가 임의로 더 추가해도 된다.

❷ 문제도면

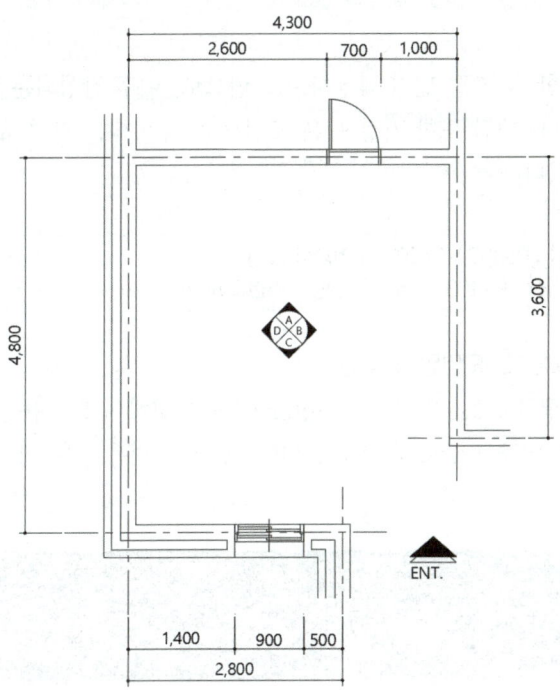

❸ 요구도면

도면의 배치 순서는 평면도, 내부 입면도, 천장도, 실내투시도(3D)의 순으로 정리하여 제출합니다.

- 평면도(1장, 가구배치 및 바닥마감재 표기) – S: 1/30
- 평면도 주변의 여유 공간에 설계(디자인)의도를 200자 이내로 서술
- 내부 입면도(1장) – S: 1/30
- D방향 1면(가구 배치 및 벽면재료 표기)
- 천장도(1장) – S: 1/30
- 설비, 조명기구 배치 및 범례표 작성 / 천장마감재 표기

❹ 주안점

- DK(다이닝 키친)형식의 주방으로, 4인용 식탁을 구성해야 합니다.
- 주방은 가사 노동이 행해지는 공간으로, 작업의 동선을 고려하여 효율적인 공간이 되도록 계획합니다. 작업대(싱크대)의 순서는 냉장고를 기준으로 준비대 → 개수대 → 조리대 → 가열대 → 배선대 → 식탁으로 진행되도록 계획합니다.
- 천장에는 직부등을 설치하고 가열대(레인지) 상부에는 후드를 설치합니다.
- 바닥마감은 마루, 장판(비닐시트) 등으로 마감하고, 싱크대 앞 벽면(미드웨이)은 타일, 천장은 천장지로 마감합니다.

Section 02 평면도 작성

공간의 조건을 파악한 후 가장 먼저 작성하는 도면으로, 이후 작성되는 모든 도면은 완성된 평면도의 영향을 받습니다. 배점 또한 가장 높은 도면으로, 누락되는 도면 요소(가구, 기호, 마감표기 등)가 없도록 주의합니다.

> **학습파일** │ 실습파일 \ Part02 \ Ch02 \ 도면양식.dwg
> │ ▶ 동영상 \ Part03 \ Ch03 \ 주방 – 평면도.mp4

❶ AutoCAD 환경설정 및 도면양식 작성

AutoCAD를 실행하고 Part 02의 Chapter 02를 참고하여 도면양식을 준비하거나 [실습파일\Part02\Ch02\도면양식.dwg]을 불러옵니다. 현재 도면층은 '벽체'(노랑) 도면층으로 진행합니다.

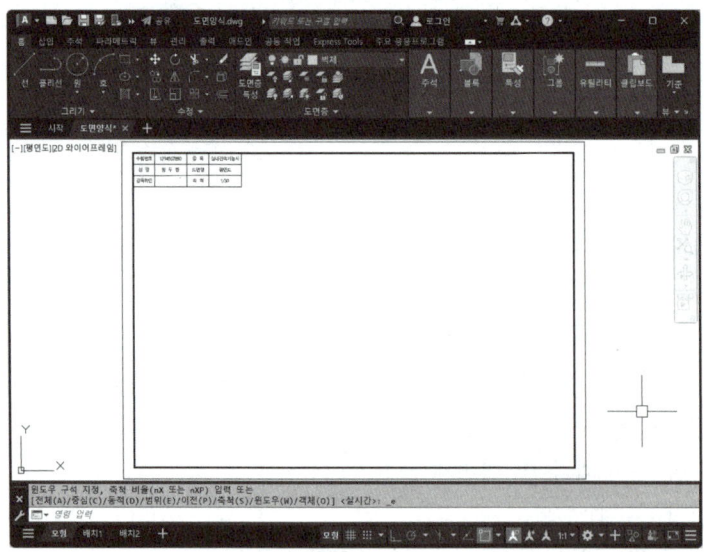

❷ 설계공간의 작성조건 및 문제도면의 치수를 확인해서 중심선과 벽체를 표시합니다. 중심선은 '중심' 도면층으로 변경합니다.

[작성조건]
- 설계면적: 4,800mm×4,300mm×2,300mm(CH)
- 이중창문: 900mm×600mm(H)
- 문: 700mm×2,000mm(H)
- 외벽체: THK 200mm 철근콘크리트 + THK 120mm 단열재 + 0.5B 붉은벽돌 마감
- 내벽체: THK 200mm 철근콘크리트

[문제도면]

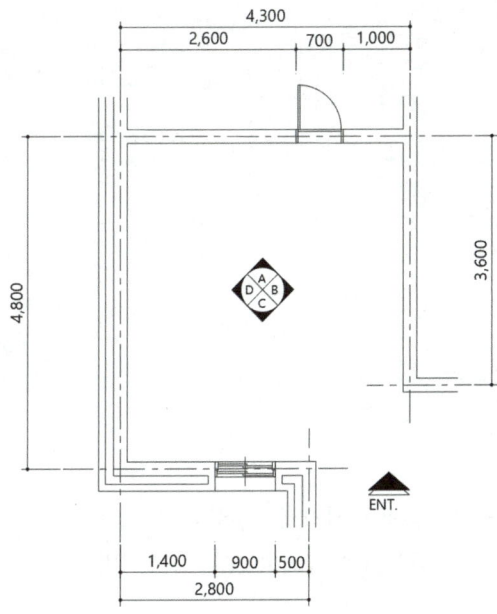

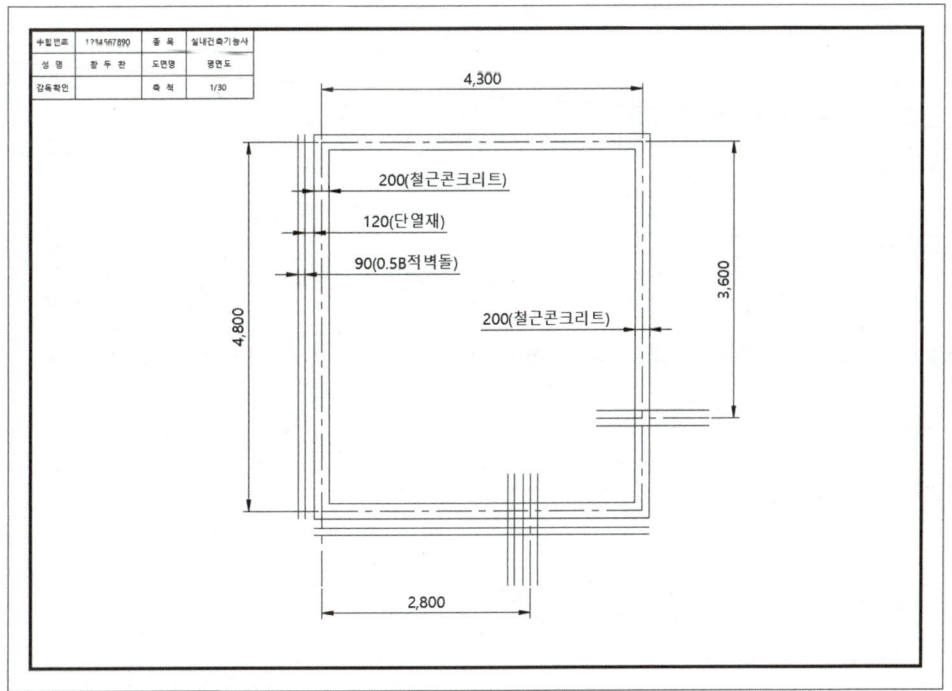

Chapter 03 주방: 2D 도면 작성

❸ 창과 문, 출입구의 위치를 표시하고 벽체 두께를 편집합니다.

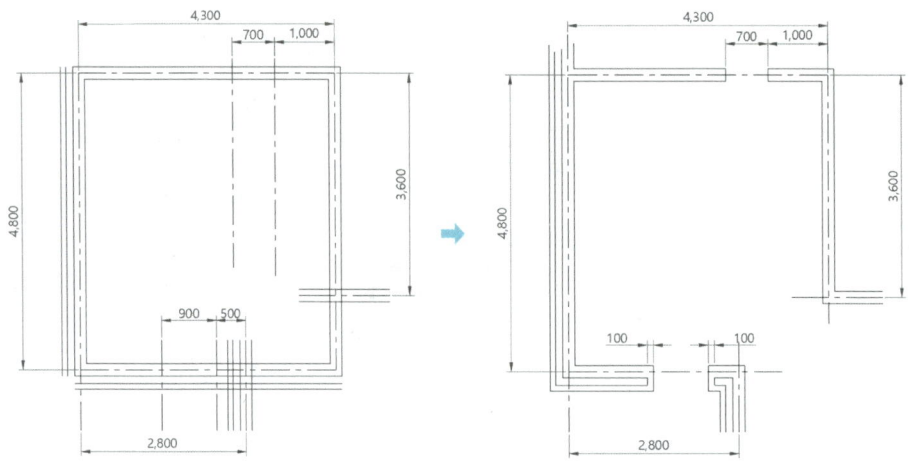

❹ 주방 크기보다 조금 큰 임의의 사각형(①)을 대략 그린 후 중심선, 벽체선의 길이를 정리하고 파단선을 작성합니다. 중심선을 제외한 모든 선은 '벽체' 도면층으로 변경합니다.

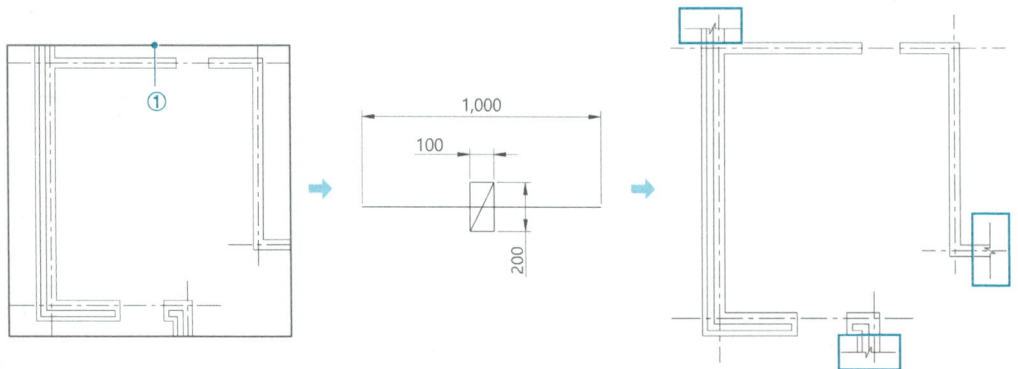

❺ 빈 공간에 방문을 그립니다. 개폐 범위(원)는 선 ①과 ②를 기준으로 잘라냅니다.

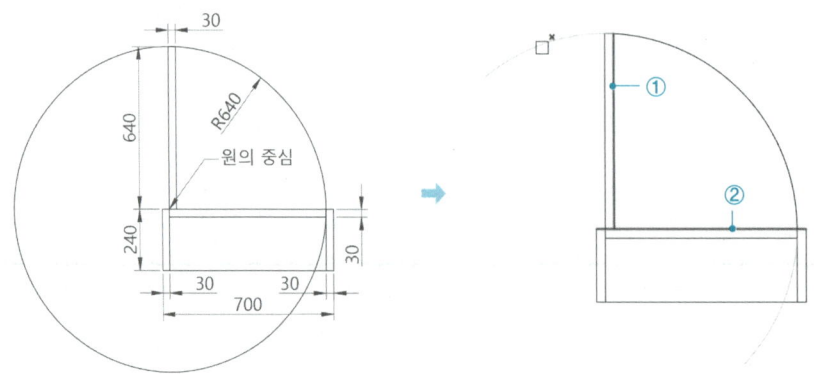

❻ 개폐 범위 호는 '중심'(빨강) 도면층, 나머지는 '문'(하늘색) 도면층으로 변경해 배치합니다.

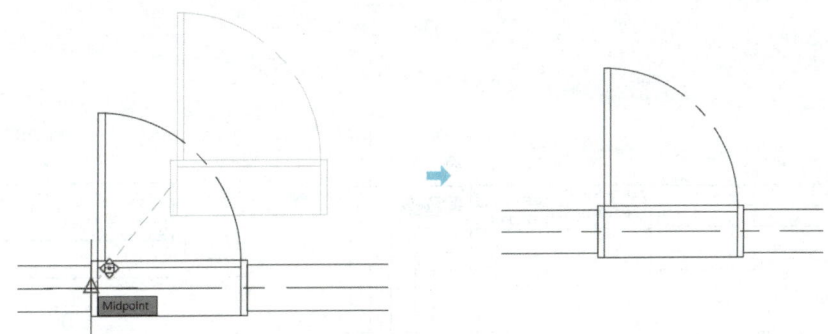

❼ 빈 공간에 창을 그립니다. 중심선은 '중심'(빨강) 도면층, 나머지는 '창'(회색 2) 도면층으로 변경합니다.

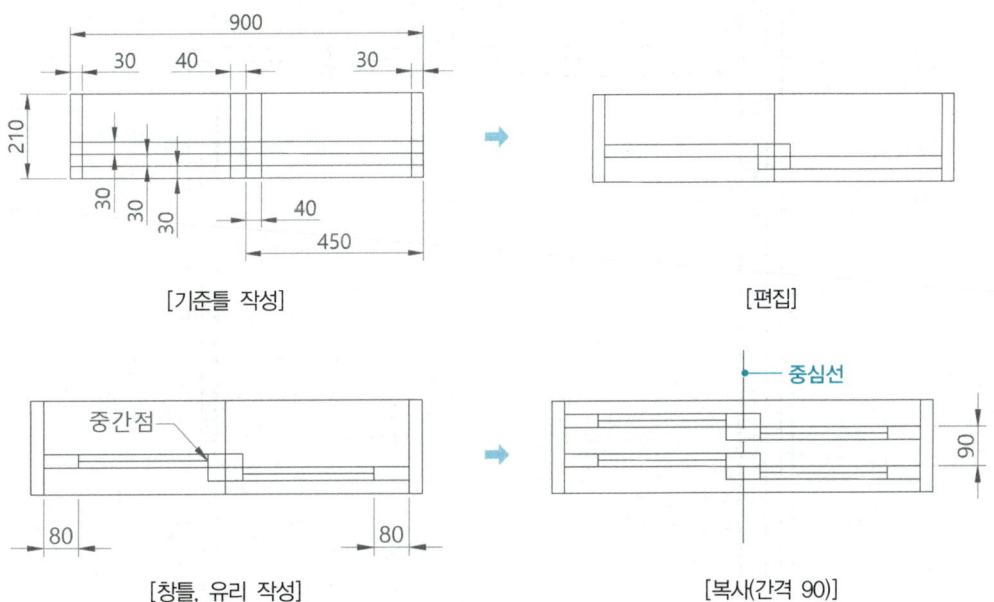

[기준틀 작성] [편집]

[창틀, 유리 작성] [복사(간격 90)]

❽ 끝점과 끝점을 기준으로 창을 배치합니다. 창을 다시 실내 쪽으로 20 이동하고 입면으로 보이는 벽체선(①)을 그려줍니다.

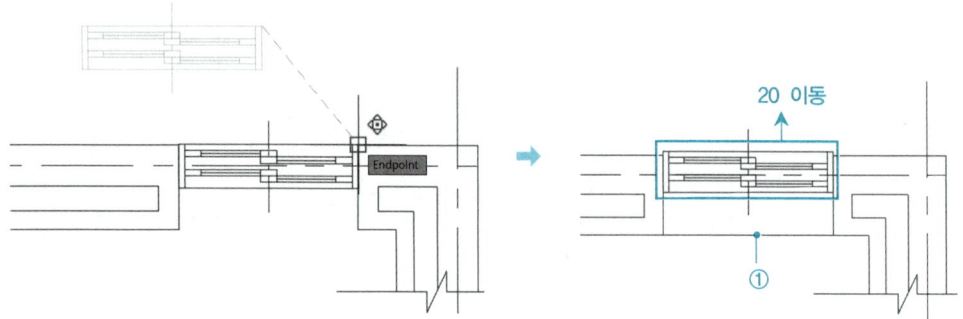

❾ [Offset(O)] 명령으로 모르타르 위 벽지마감을 두께 20으로 그립니다.

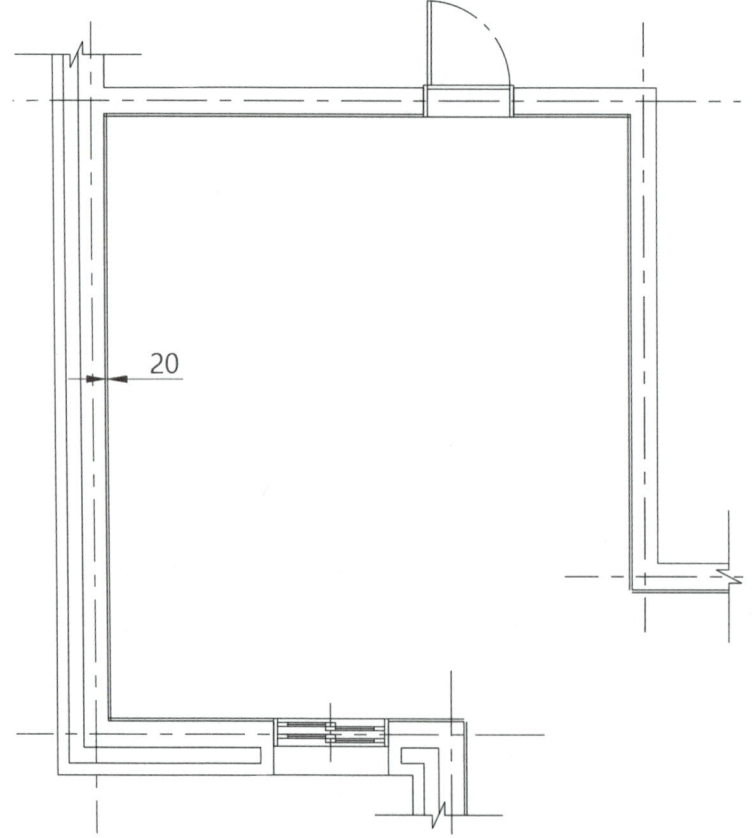

❿ 코너 부분은 [Trim(TR)] 또는 [Fillet(F)] 명령으로 편집하고 '마감'(선홍색) 도면층으로 변경합니다.

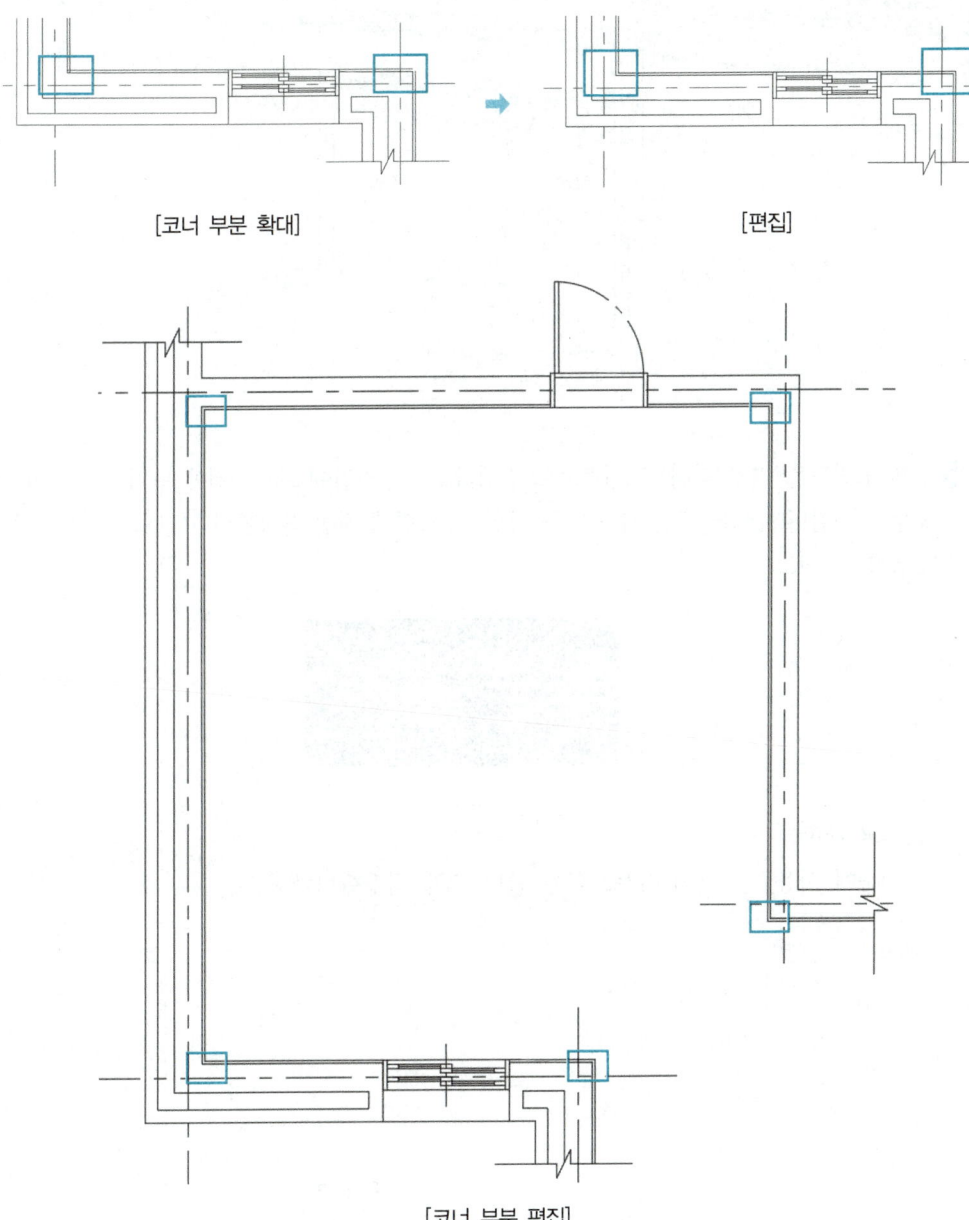

[코너 부분 확대]　　　　　　　[편집]

[코너 부분 편집]

❶❶ 작업대 공간과 식탁 공간을 간단히 구상합니다.

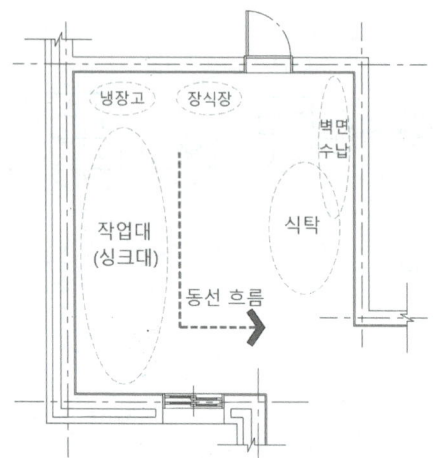

❶❷ 현재 도면층을 '가구'(파랑) 도면층으로 변경하고, 빈 공간에 요구조건에 주어진 필요한 가구를 모두 작성합니다. 싱크대는 기성 가구 작성 후 도면에 직접 작성합니다(필요 가구: 식탁, 벽면 수납장, 냉장고).

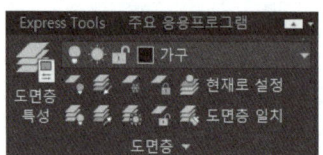

- 식탁 세트

  원룸에 사용되는 식탁 세트보다는 좀더 크게 작성합니다.

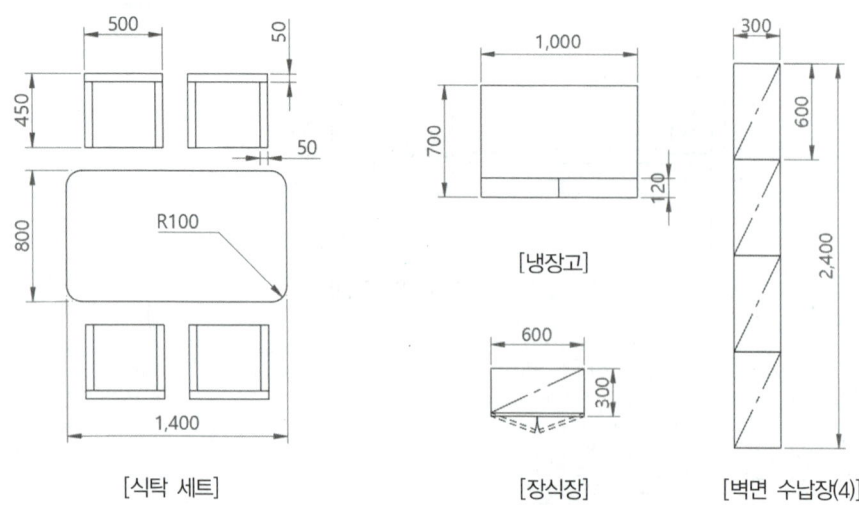

[식탁 세트]   [냉장고]   [장식장]   [벽면 수납장(4)]

⑬ 냉장고는 여유공간(100)을 두고 배치합니다. 주방은 작업대의 구간을 확인하기 위해 문자를 기입하면서 작성합니다. 개수대와 가열대는 특징 일부만 간략히 표현하고 가열대 상부의 후드는 상부 수납과 가열대 선에 맞추어 안쪽으로 15~20 정도 간격을 두고 표현합니다.

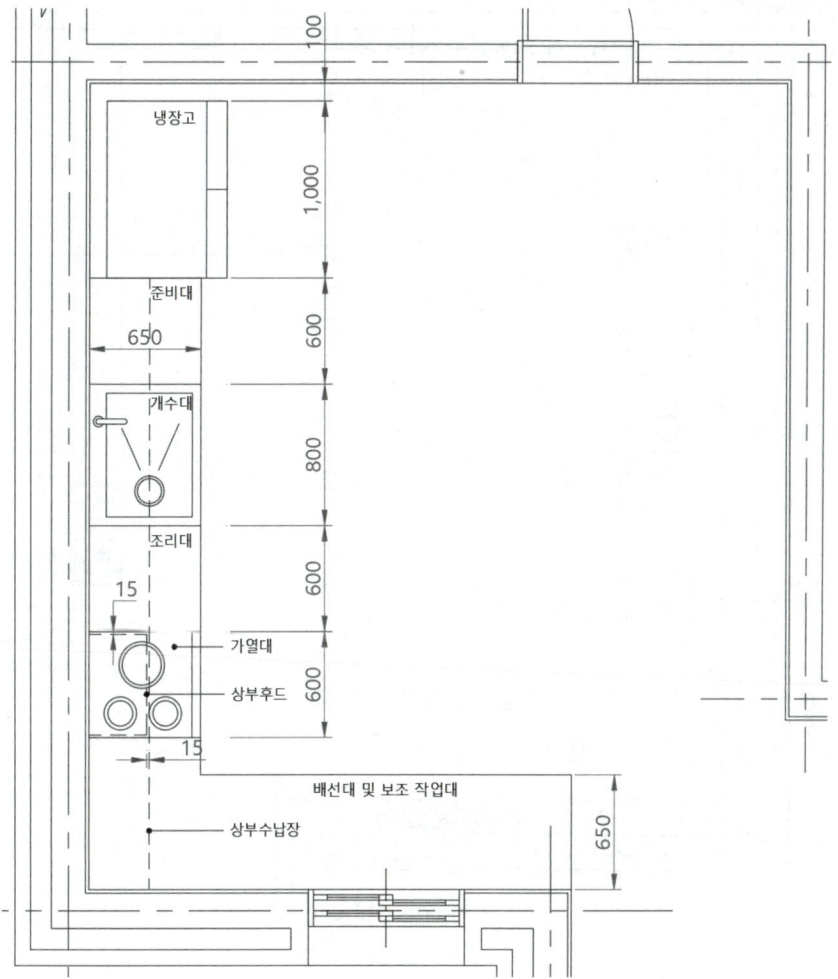

Craftsman Interior Architecture

⑭ 나머지 가구 및 추가 집기를 기능과 동선을 고려하여 배치합니다.

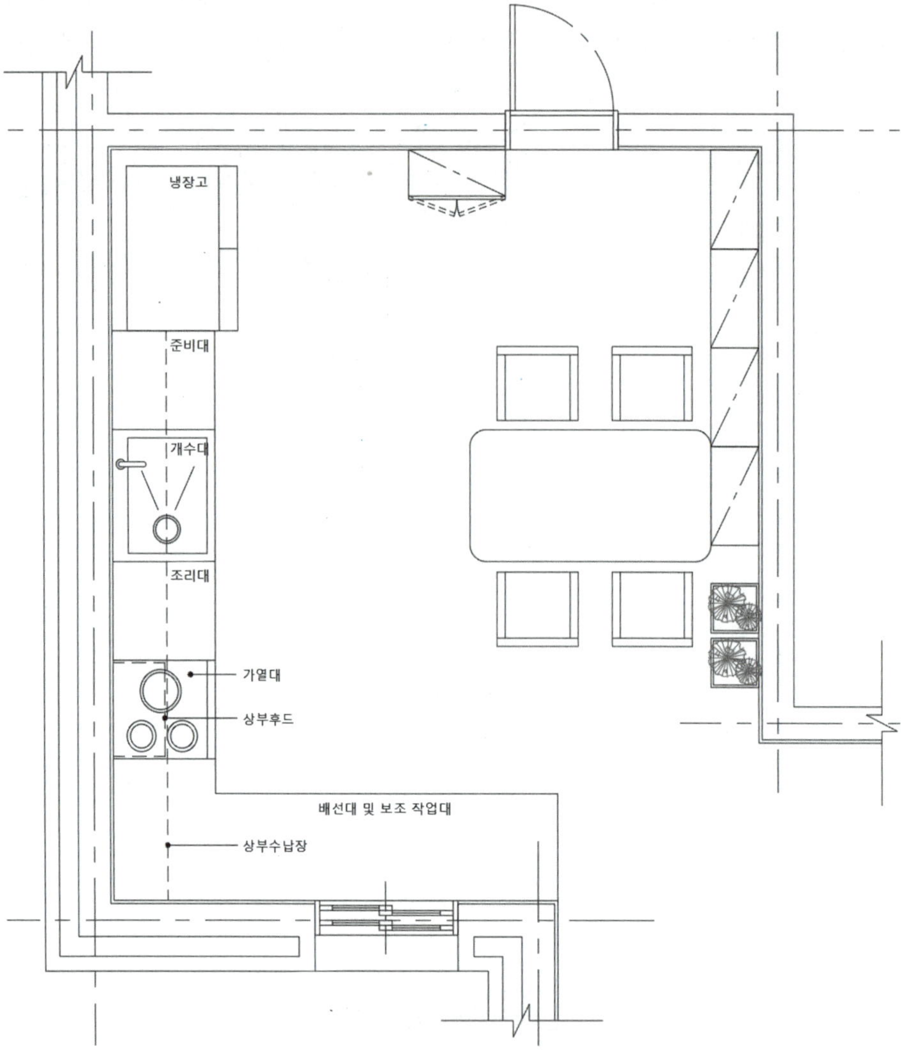

⑮ 현재 도면층을 '주석'(녹색) 도면층으로 변경하고 나머지 문자와 기호를 작성합니다. 지시선의 선은 [Line(L)], 점은 [DOnut(DO, D30)] 명령으로 작성합니다.

[문자 높이]
가구 및 집기: 60, 바닥마감재, 바닥레벨: 80, 주방 실명: 100, 출입구 ENT.: 100, 도면명 평면도: 180, 축척: 80, 입면기호 문자: 100

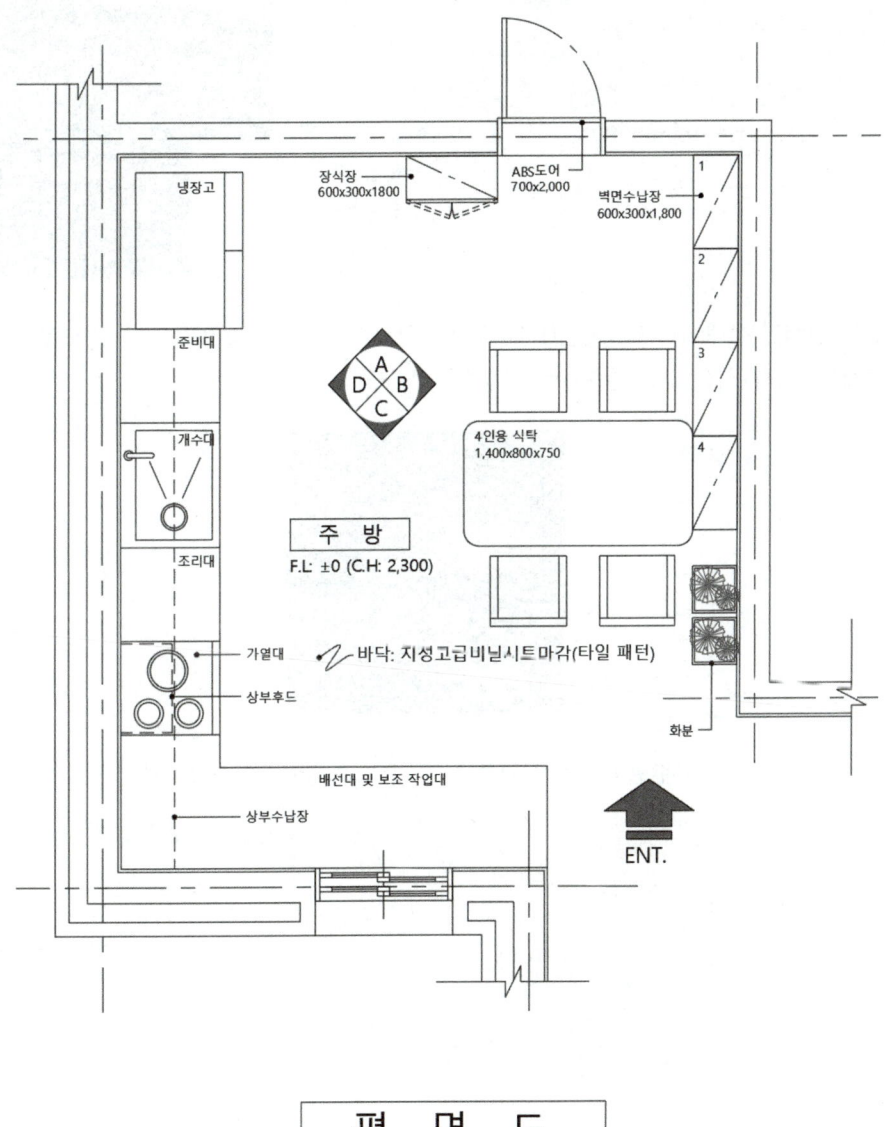

평 면 도 축척: 1/30

❶❻ 외벽 부분을 확대한 후, 단열재 두께(120)의 1/2(60)을 [Offset(O)]합니다. 복사된 선은 대기 상태의 커서로 선택하고 특성 패널에서 선 종류를 'BATTING'으로 변경합니다.

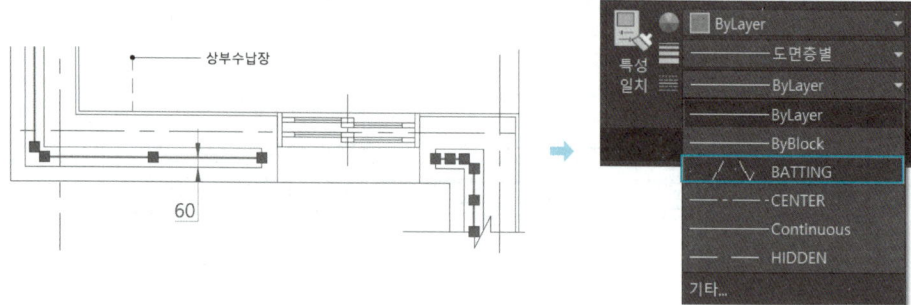

❶❼ 선이 선택된 상태에서 특성([Ctrl]+[1])을 실행합니다. 선종류 축척을 '0.3' 정도로 설정하고 단열재는 '해치'(회색1) 도면층으로 변경합니다.

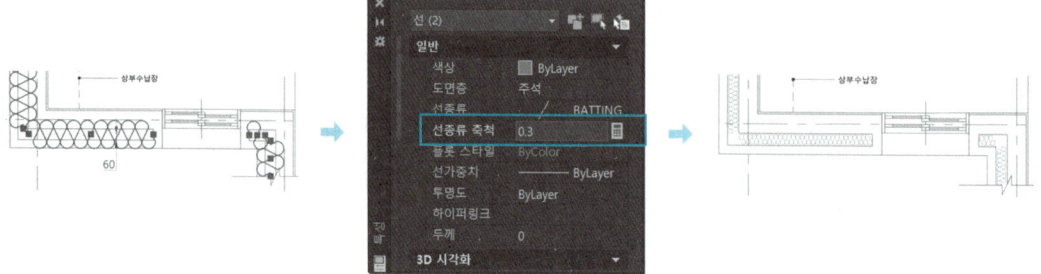

❶❽ 단열재 끝부분을 확대하여 선의 길이를 보기 좋게 조정한 후, [Fillet(F)] 명령으로 코너를 편집합니다.

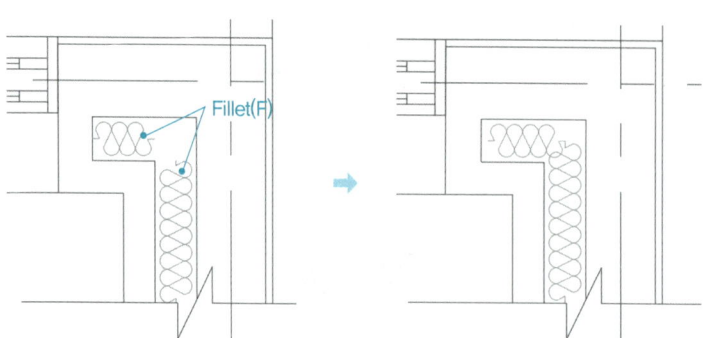

⑲ 철근콘크리트와 적벽돌의 경계선을 그려주거나 벽체선을 연장합니다.

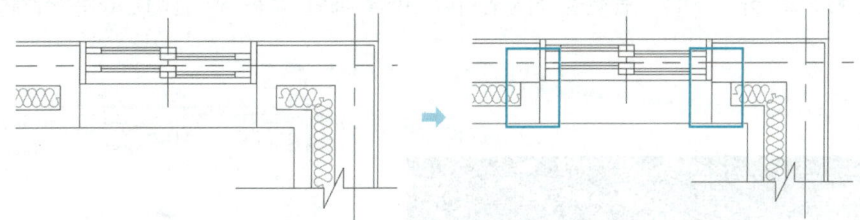

⑳ 중심선이나 파단선을 기준으로 바닥 패턴의 경계선을 그려줍니다. 중심선을 기준으로 할 경우 ①지점부터 선을 그려줍니다. 해치의 패턴은 닫혀 있는 영역에만 적용이 가능합니다. 해치 적용 후 경계선은 삭제합니다.

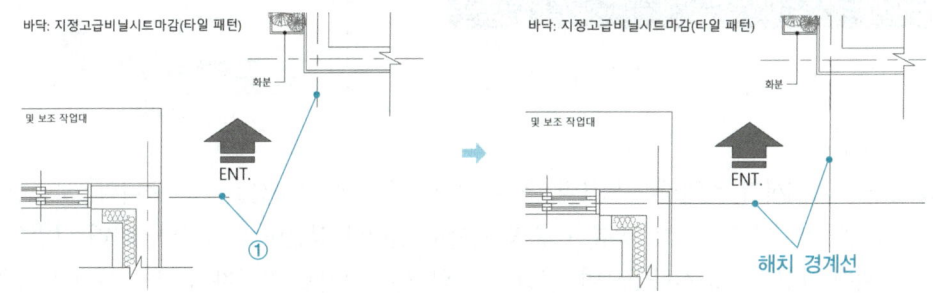

㉑ 철근콘크리트와 적벽돌의 재료표시 패턴을 넣기 위해 현재 도면층을 '해치'(회색1) 도면층으로 변경하고 '중심'(빨강) 도면층을 Off 상태로 전환합니다. 해치를 적용한 후 '중심' 도면층을 다시 On으로 설정합니다(철근콘크리트 패턴: 'JIS_RC_18' 축척 30, 적벽돌 패턴: 'ANSI31' 축척 10).

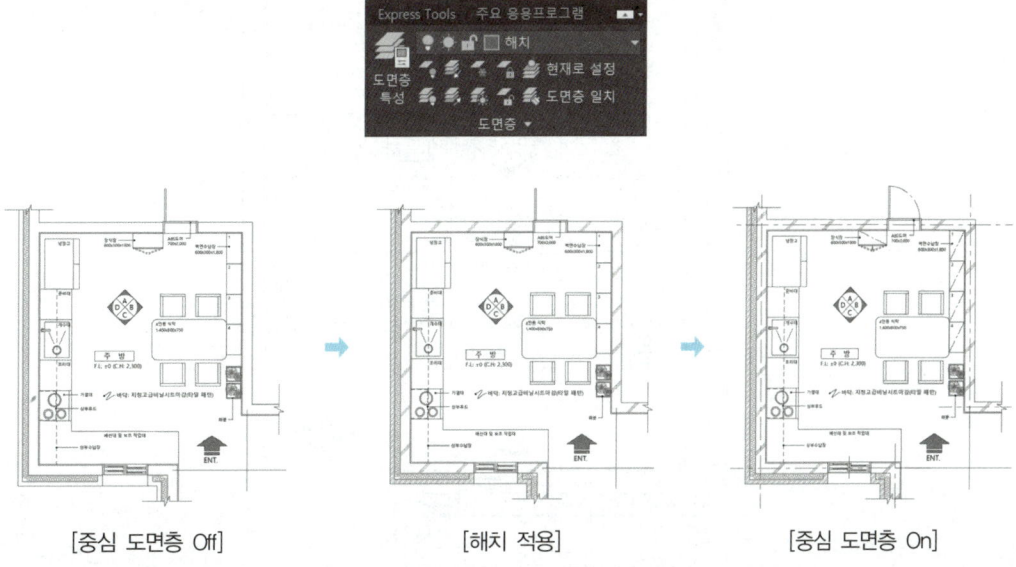

[중심 도면층 Off]　　　[해치 적용]　　　[중심 도면층 On]

㉒ 계속해서 [해치(H)] 명령을 사용해 바닥 패턴을 넣습니다. 패턴 형식은 '사용자 정의', 간격은 '600'으로 하고 '이중' 옵션을 적용합니다. 바닥 패턴 적용 후 선 ①, ②는 삭제합니다.

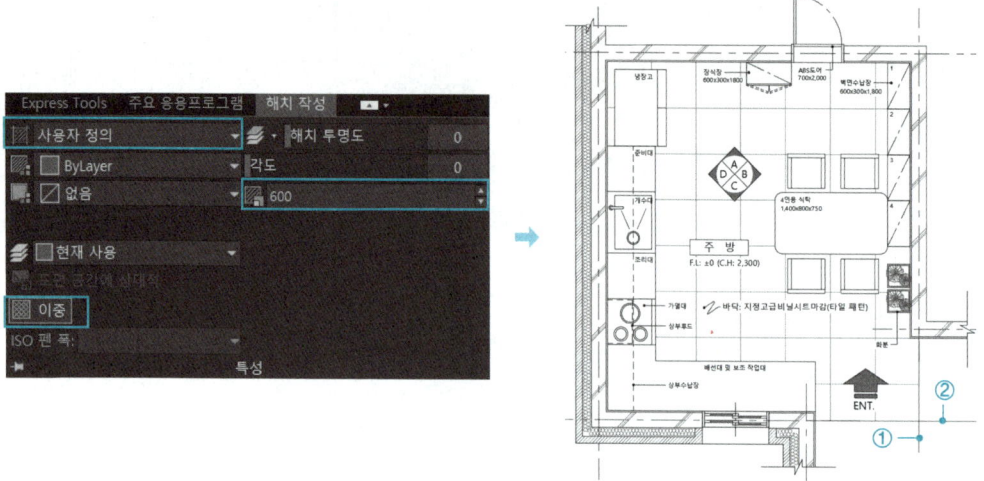

㉓ 치수를 기입하기 위해 각 구간(벽, 창호, 주요 가구)에 보조선을 그려줍니다. 보조선은 치수 기입 후 삭제하므로 선의 종류나 유형은 아무 선이나 상관이 없습니다. 아래 그림은 시인성을 위해 파선으로 표시하였으며, 주요 가구의 치수 구간도 작업자에 따라 차이가 있을 수 있습니다.

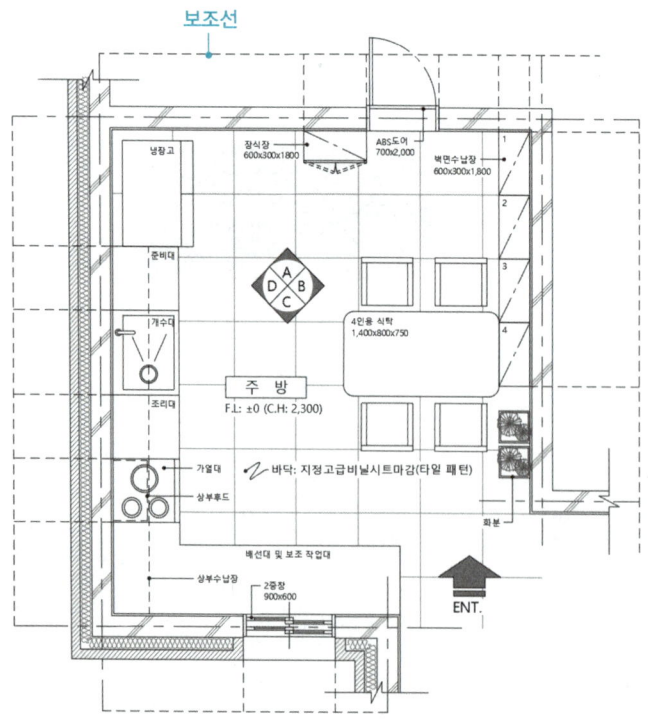

실내건축기능사 실기

㉔ 치수를 기입하기 위해 현재 도면층을 '주석'(녹색) 도면층으로 변경합니다. [선형치수(DLI)], [연속치수(DCO)], [신속치수(QDIM)] 명령 등을 사용해 치수를 기입하고, 보조선은 삭제합니다. 기입된 치수의 값, 치수의 구간은 작업자의 기준이나 마감 두께에 따라 달라질 수 있습니다.

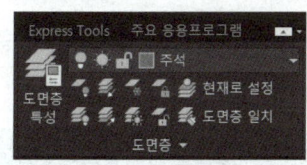

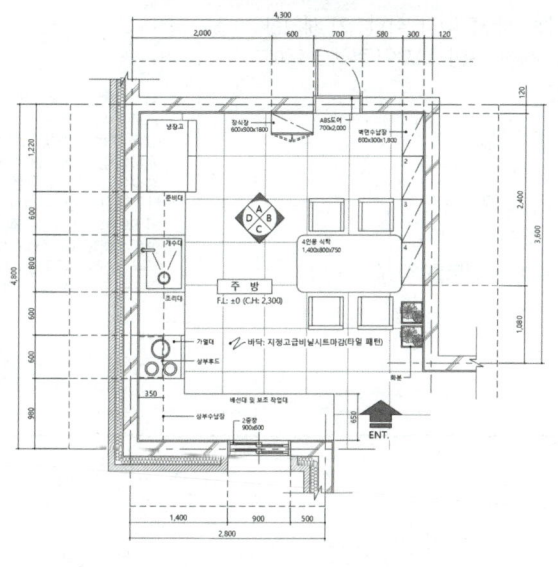

↓

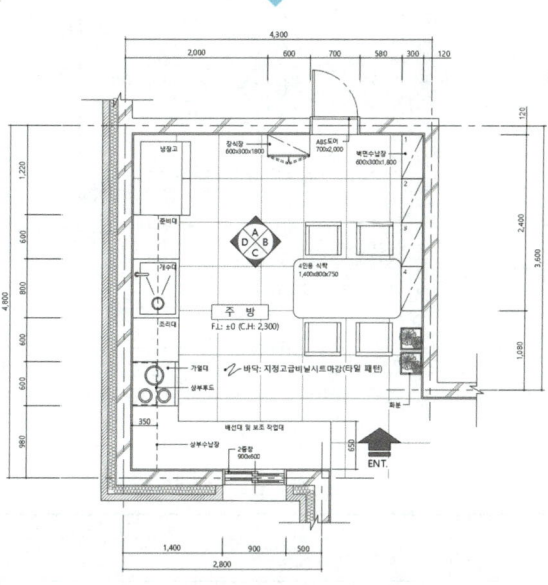

Chapter 03 주방: 2D 도면 작성

Craftsman Interior Architecture

㉕ 도면 하단의 빈 공간에 '디자인 의도'를 작성합니다. '디자인 의도'라는 제목은 문자 높이 100, 내용은 높이 60으로 작성해 평면도를 완성합니다. 디자인 의도의 내용은 [Mtext(T)] 명령을 사용하여 장문 형식으로 입력합니다.

학습파일 | 완성파일 \ Part03 \ Ch03 \ 주방 – 평면도.dwg

디자인 의도 작성

디자인 의도는 200자 이내로 서술합니다. 작업자가 계획한 마감재, 동선, 가구배치 및 색상, 조명, 디자인 콘셉트 등에 대한 내용을 서술합니다.

1. 공간의 유형이나 구조를 작성
2. 실내마감재의 종류, 특징을 작성
3. 가구 배치의 형식이나 특징을 작성
4. 공간과 동선의 특징을 작성
5. 조명 및 전체적인 분위기, 콘셉트를 작성

*디자인 의도

4인 가족이 거주하는 주택의 주방 겸 식당으로 가족 구성원의 효율적인 가사노동을 위해 짧은 동선을 적용하고 보조 작업대를 배치하였다. 편안한 식사를 위해 등받이와 팔걸이가 있는 의자를 배치하였다. 바닥은 타일패턴의 장판, 벽과 천장은 밝은 느낌의 화이트 색상으로 적용하였다. 천장에는 밝은 직부등과 팬던트를 설치하고, 식탁과 일부 가구는 원목을 사용하여 내구성과 자연스러운 멋을 낼 수 있도록 계획하였다.

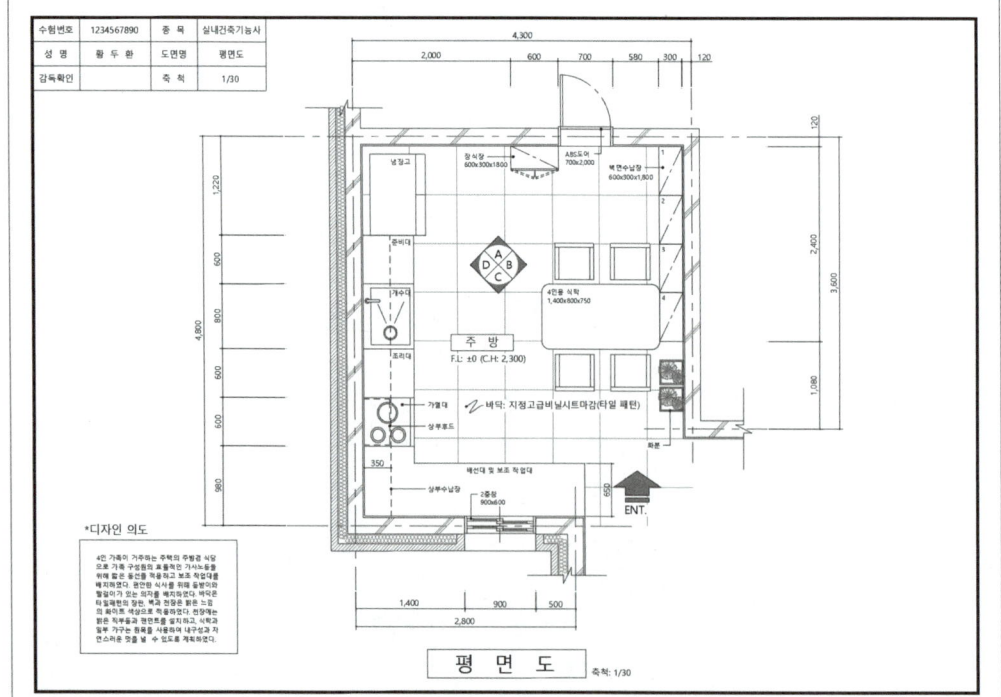

Section 03 천장도 작성

천장도는 평면도의 공간을 그대로 사용하므로 완성된 평면도를 복사해 불필요한 부분을 삭제하고 조명 및 설비를 배치해 완성합니다.

> 학습파일 | ▶ 동영상 \ Part03 \ Ch03 \ 주방 – 천장도.mp4

① 완성된 평면도를 우측에 그대로 복사해 표제란의 도면명(①)과 도면 하단의 도면명(②)을 천장도로 수정합니다.

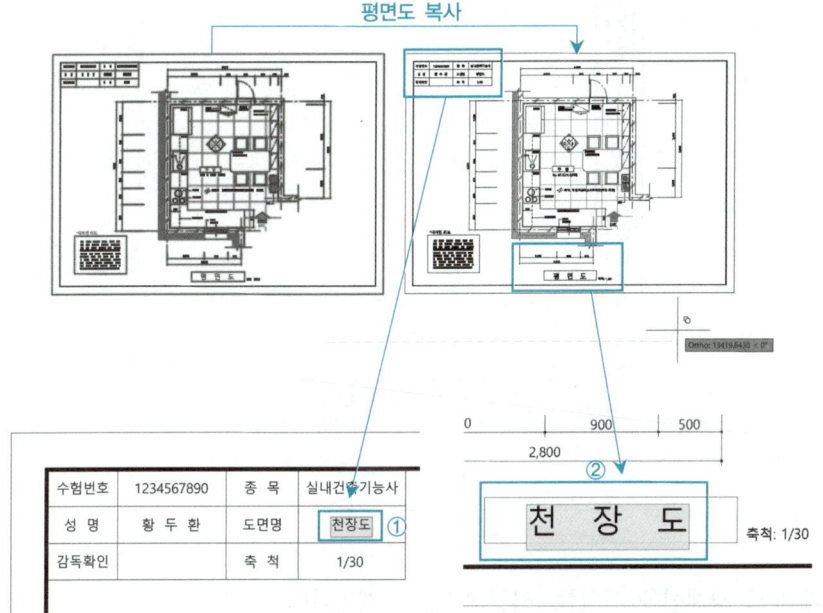

② 디자인 의도를 범례표로 수정합니다. 디자인 의도 테두리선을 분해(X)하여 [Offset(O)] 명령으로 복사하고 소제목 높이는 80, 세부 내용은 60으로 작성합니다. 숫자 1 대신 다른 내용을 써도 무방합니다.

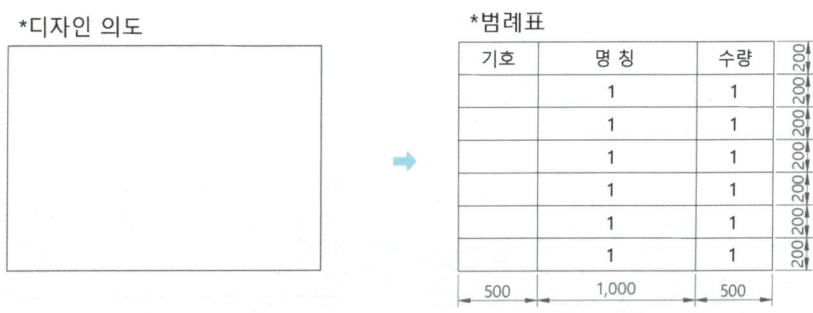

❸ 천장도와 관련 없는 일부 치수는 삭제합니다. 또한 천장면에 부착되는 붙박이 가구인 상부 수납장과 벽면 수납장을 제외한 실내 공간의 모든 요소도 삭제합니다.

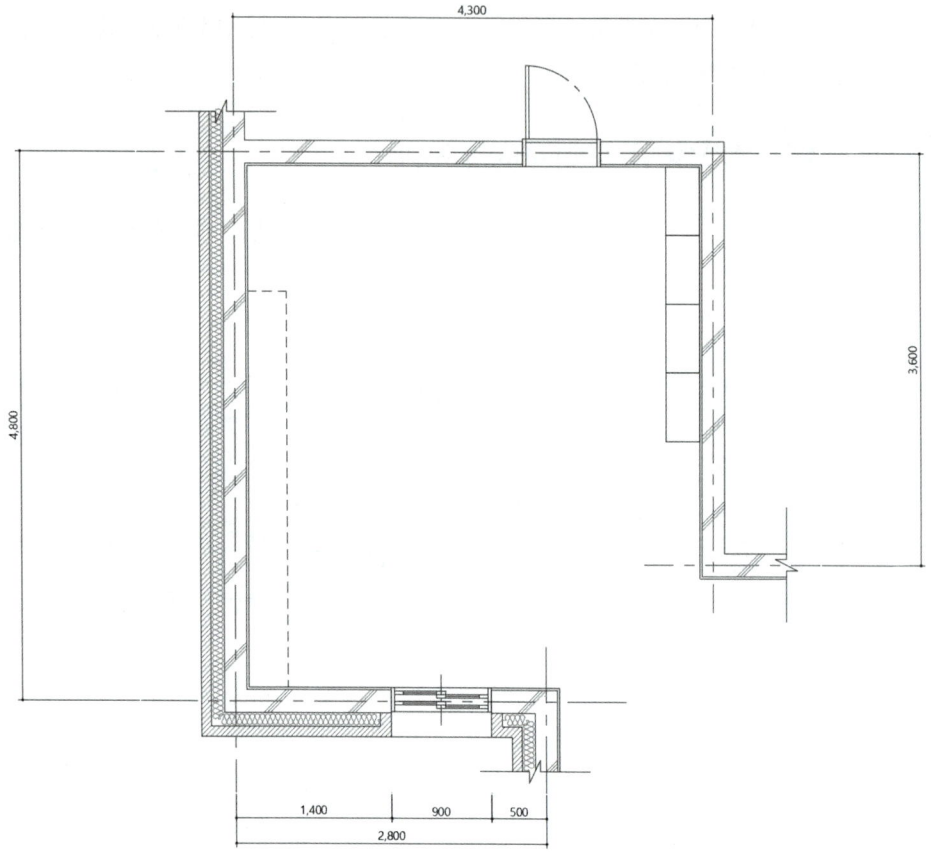

❹ 창과 문도 경계선을 제외한 모든 요소를 삭제합니다.

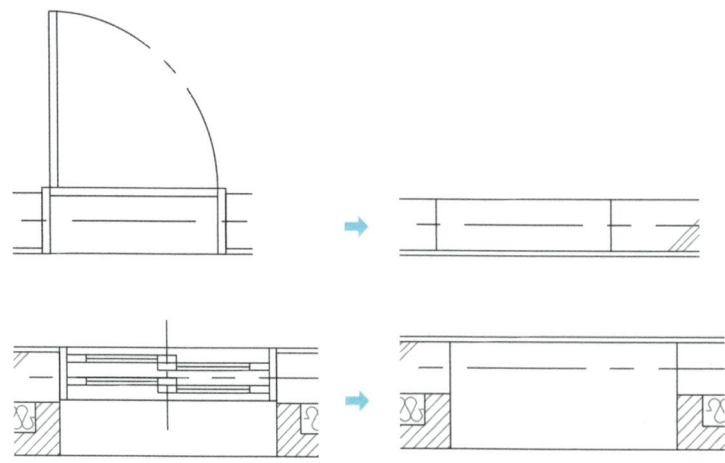

❺ 천장몰딩(30)을 작성하고, 도면층은 '마감'(보라) 도면층을 적용합니다. 붙박이장은 파선 또는 실선으로 통일해서 표현합니다.

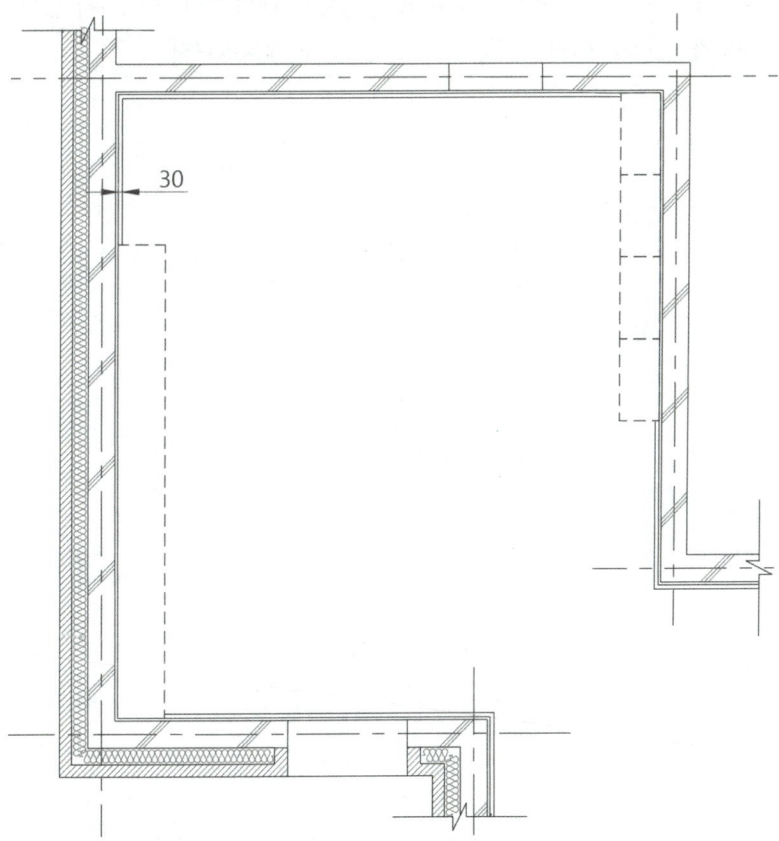

❻ 천장에 직부등과 매입등의 위치를 표시합니다. 이때 평면도의 가구 배치를 참고하여 상부 수납장과 같은 키가 큰 가구와 간섭이 발생하지 않도록 주의합니다. 조명은 실의 중앙이나 필요한 위치에 배치하는 것을 기본으로 하고, 치수는 '1023'처럼 떨어지지 않는 값보다는 550, 1100, 1500과 같이 떨어지는 값으로 위치를 정해 배치합니다.

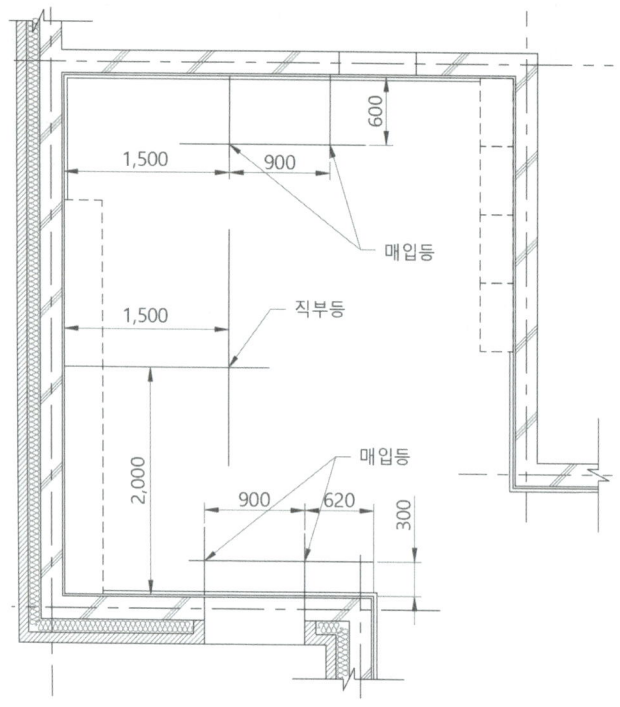

❼ 펜던트 조명의 위치를 표시하기 위해 평면도의 식탁을 같은 위치로 복사합니다. 펜던트 2개가 식탁 중앙에 배치되도록 보조선을 그리고, 이후 식탁은 삭제합니다.

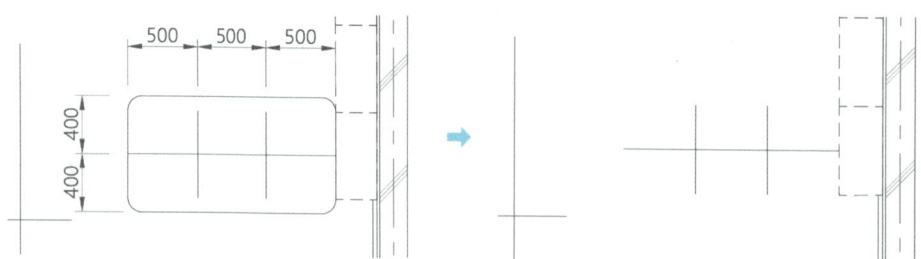

❽ 빈 공간에는 조명 및 설비를 '가구'(선홍색) 도면층으로 작성합니다. 천장설비는 교재와 다른 위치에 배치해도 무방합니다. 기호로 표현된 천장설비는 디자인이나 크기를 나타내는 것이 아니므로 실제 설치되는 설비와 크기가 다를 수 있습니다.

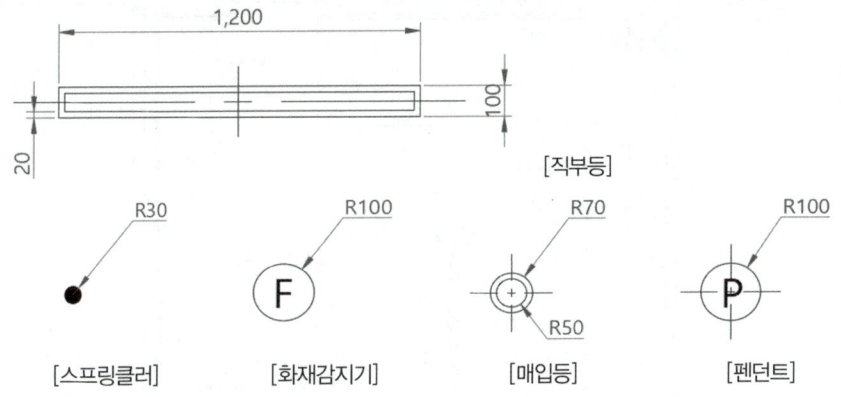

❾ 조명 및 천장설비를 배치한 후, 보조선은 삭제합니다. 스프링클러와 화재감지기는 직부등 주변에 적절히 배치합니다.

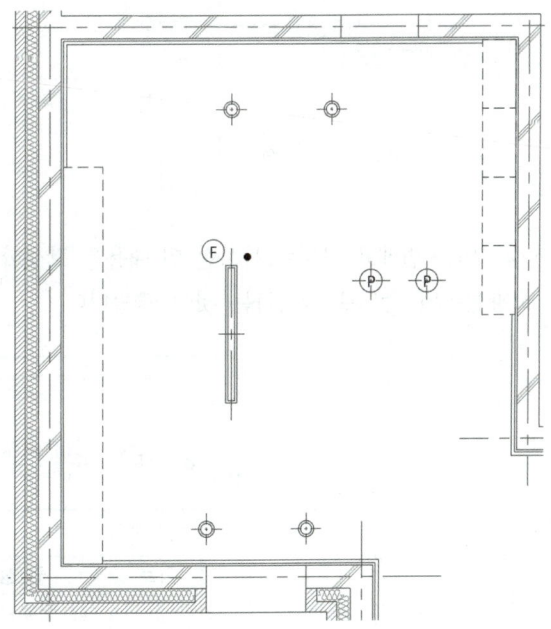

❿ 현재 도면층을 '주석'(녹색) 도면층으로 변경합니다. 조명 및 설비 위치를 파악할 수 있도록 치수와 문자를 기입합니다. 치수는 벽의 마감선(선홍색)을 기준으로 기입합니다.

[문자 높이]
붙박이장: 60, 천장몰딩: 60, 천장마감: 80

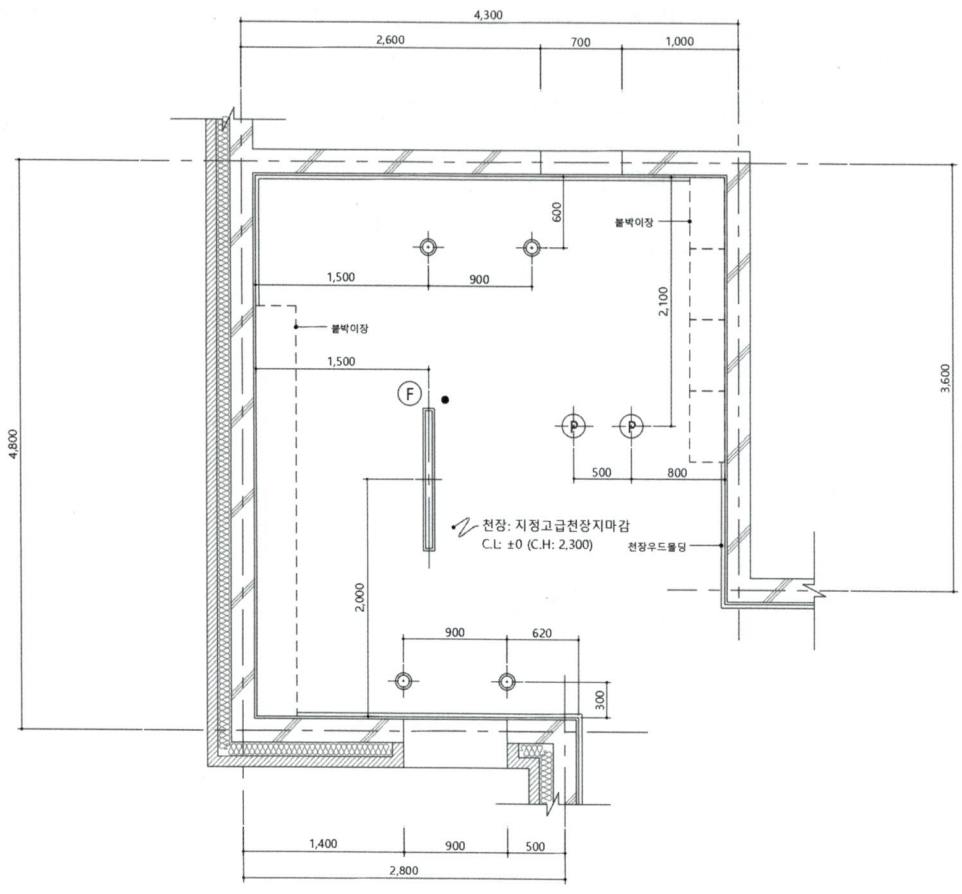

⑪ 배치한 조명 및 천장설비를 범례표 근처로 복사한 뒤 내용을 작성합니다. 범례표의 내용은 주조명, 보조조명, 소방설비의 순으로 작성하는 것이 좋습니다.

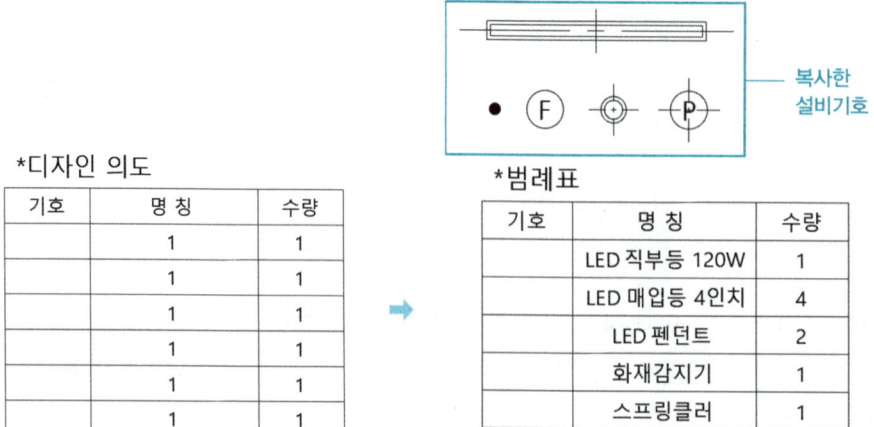

⑫ 범례표 기호칸에 조명 및 설비 기호를 넣습니다. [축척(SC)] 명령을 사용해 크기를 줄여 배치합니다.

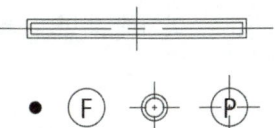

*범례표

기호	명 칭	수량
	LED 직부등 120W	1
	LED 매입등 4인치	4
	LED 펜던트	2
	화재감지기	1
	스프링클러	1

➡

*범례표

기호	명 칭	수량
▭	LED 직부등 120W	1
⊕	LED 매입등 4인치	4
P	LED 펜던트	2
F	화재감지기	1
●	스프링클러	1

⑬ 누락 요소나 편집되지 않은 부분을 확인합니다.

학습파일 | 완성파일 \ Part03 \ Ch03 \ 주방 – 천장도.dwg

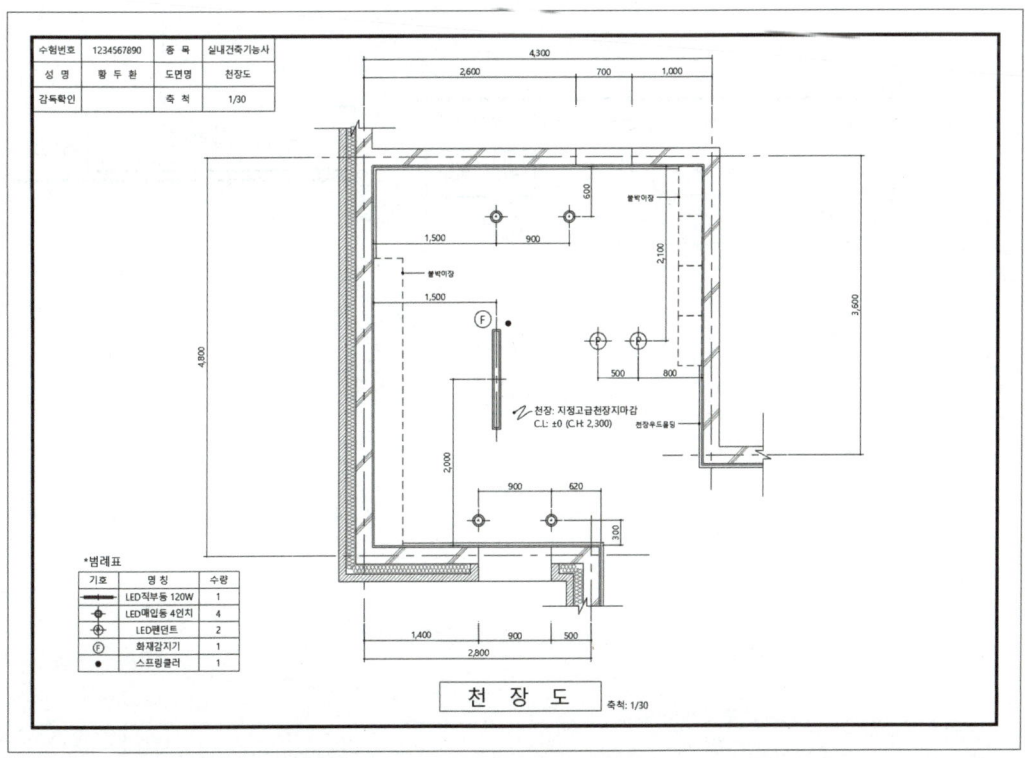

Section 04 내부 입면도 - D 작성

내부 입면도 또한 평면도를 참고하여 작성합니다. 완성된 평면을 복사해 벽면의 폭, 중심선, 가구 위치 등 평면 정보를 활용합니다.

> 학습파일 | ▶ 동영상\Part03\Ch03\주방 - 내부 입면도.mp4

1 완성된 평면도를 천장도 우측에 그대로 복사하여 표제란의 도면명(①)과 도면 하단의 도면명 (②)을 '내부 입면도', '내부 입면도-D'로 수정합니다.

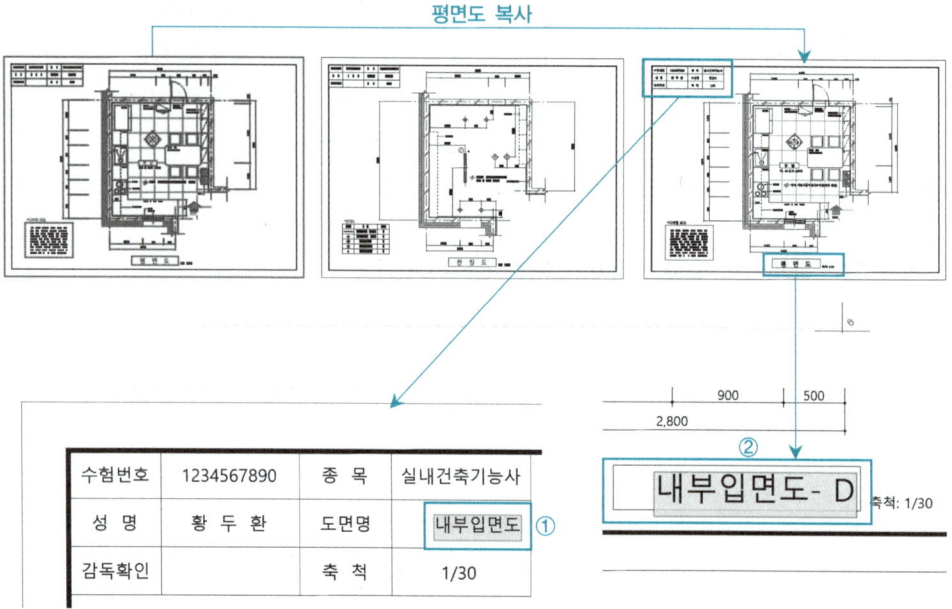

실내건축기능사 실기

❷ 복사한 평면도의 '디자인 의도'는 삭제하고, 평면도는 도면양식 위로 이동합니다. 이동한 평면도를 D방향(싱크대)이 위를 향하도록 −90°(시계방향 90°) 회전한 후, 현재 도면층을 '벽체'(노랑) 도면층으로 변경합니다.

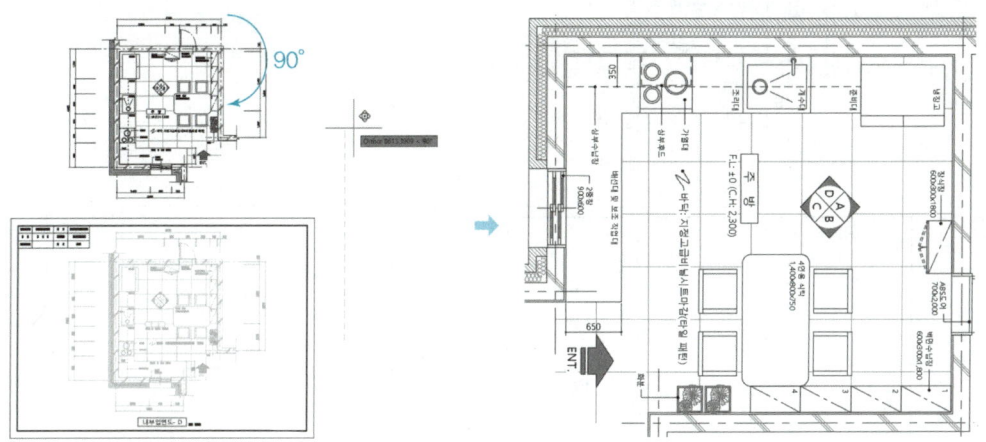

❸ [구성선(XL)] 명령의 [수직(V)] 옵션을 사용해 중심선, 마감 모서리, 가구의 위치를 표시합니다.

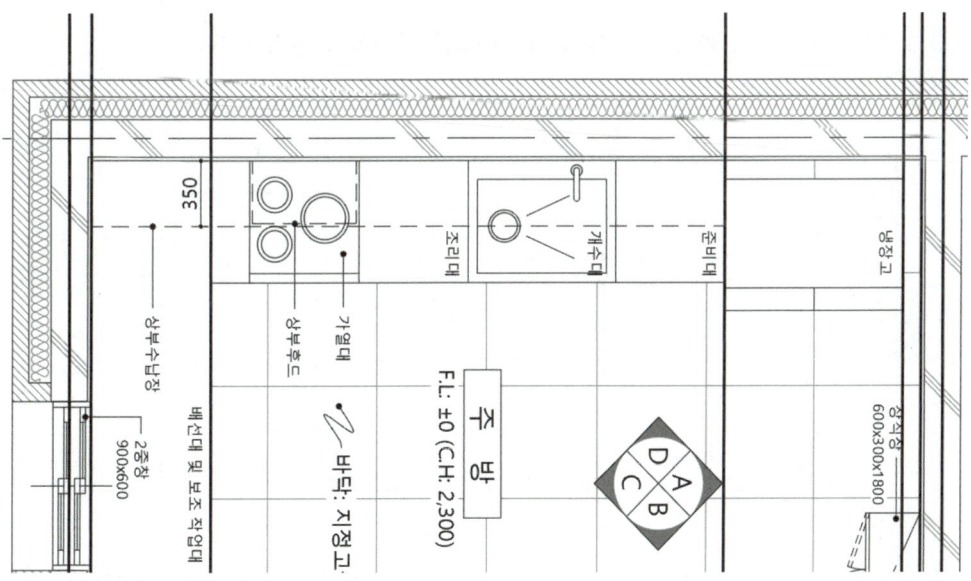

Chapter 03 주방: 2D 도면 작성

❹ 임의의 가로선(①)을 그려 천장높이 2,300을 표시합니다. 벽면을 편집하고 중심선 ②, ③의 도면층을 변경합니다.

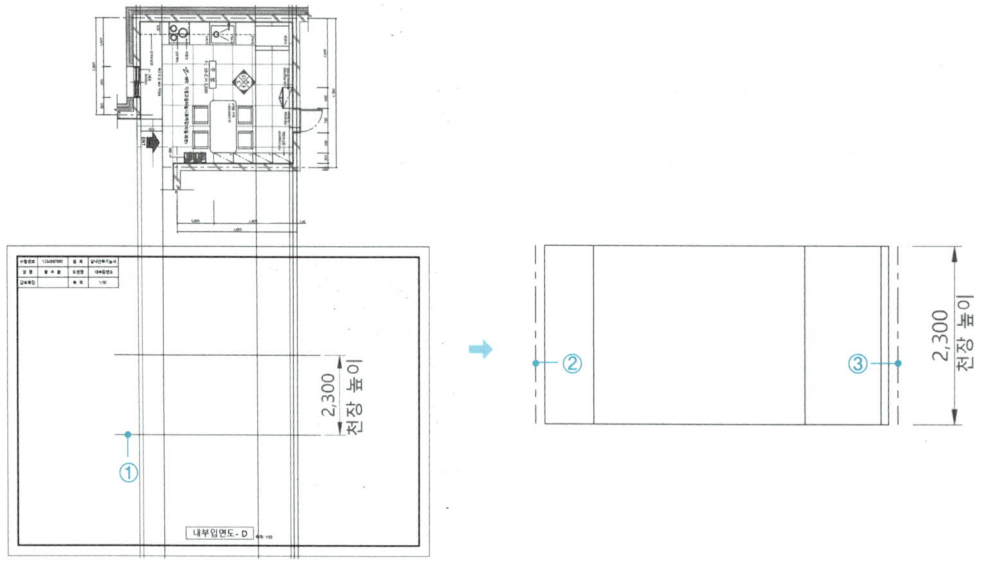

❺ 걸레받이(80), 천장몰딩(30), 냉장고(1,900)를 표시하고 편집합니다.

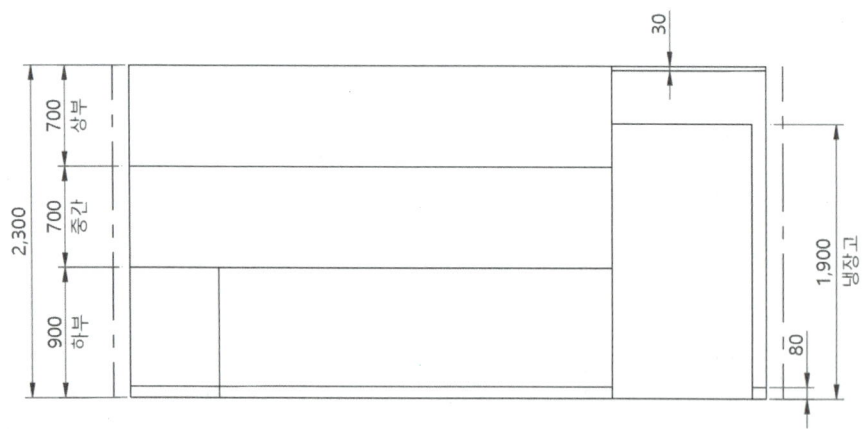

❻ 상/하부장의 도어는 400 내외의 값으로 분할합니다. 작업대 전체 길이인 3,460을 10등분하면 346, 9등분을 하면 384.4, 8등분을 하면 432.5가 되며, 여기서는 8등분으로 작업합니다. [Offset(O)] 명령을 실행한 후 '3460/8'을 입력합니다.

장의 구성은 사용자에 따라 다를 수 있습니다. 식기세척기, 후드, 전자레인지, 밥솥 등 주방 가전 배치에 따라 장의 폭이나 높이, 내부 구성 등 세부 계획이 필요하지만, 실기시험에서는 신속한 작업이 요구되므로 등분으로 하는 방식을 권장합니다.

```
명령: O
OFFSET
현재 설정: 원본 지우기=아니오  도면층=원본  OFFSETGAPTYPE=0
OFFSET 간격띄우기 거리 지정 또는 [통과점(T) 지우기(E) 도면층(L)]
<1.0000>: 3460/8
```

[도어 분할 예]

- 10등분: 면 분할이 많아집니다.

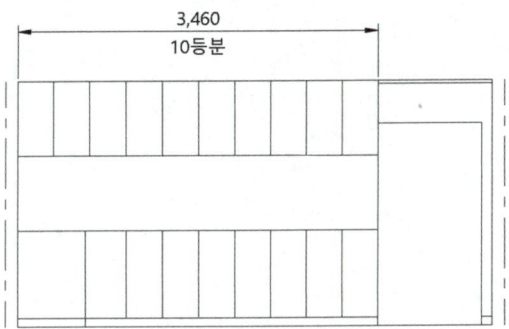

- 9등분: 도어 하나는 외여닫이로 구성됩니다.

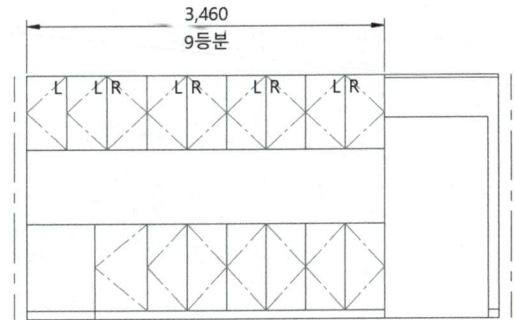

- 8등분: 망장(슬라이딩 레일 선반)으로 사용할 수 있는 좁은 도어가 만들어집니다.

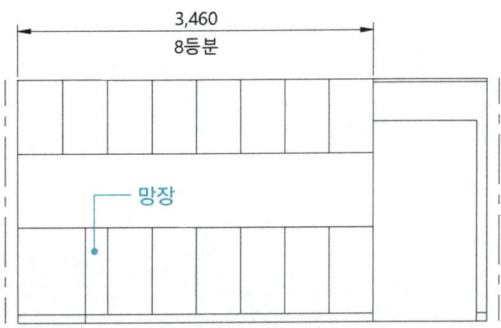

❼ 가구는 세부적으로 그리되 세부 치수에 정해진 답은 없으므로 작업자가 직접 설정해서 그려도 됩니다. 가구는 '가구'(파랑) 도면층으로 변경하고, 천장몰딩과 걸레받이는 '마감'(선홍색) 도면층으로 변경합니다.

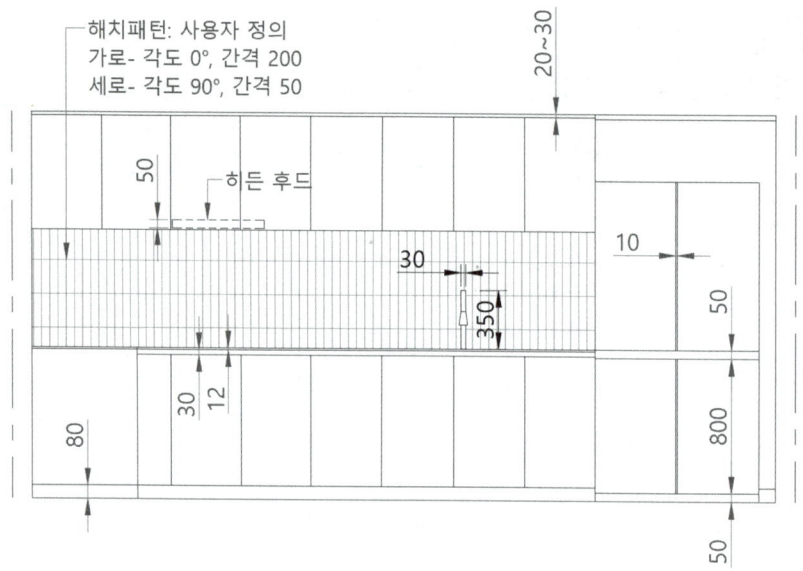

❽ 기호와 문자를 작성하고 '주석'(녹색) 도면층으로 변경합니다.

[문자 높이]
- 벽 마감, 레벨기호: 80
- 수전, 후드, 몰딩, 걸레받이: 60

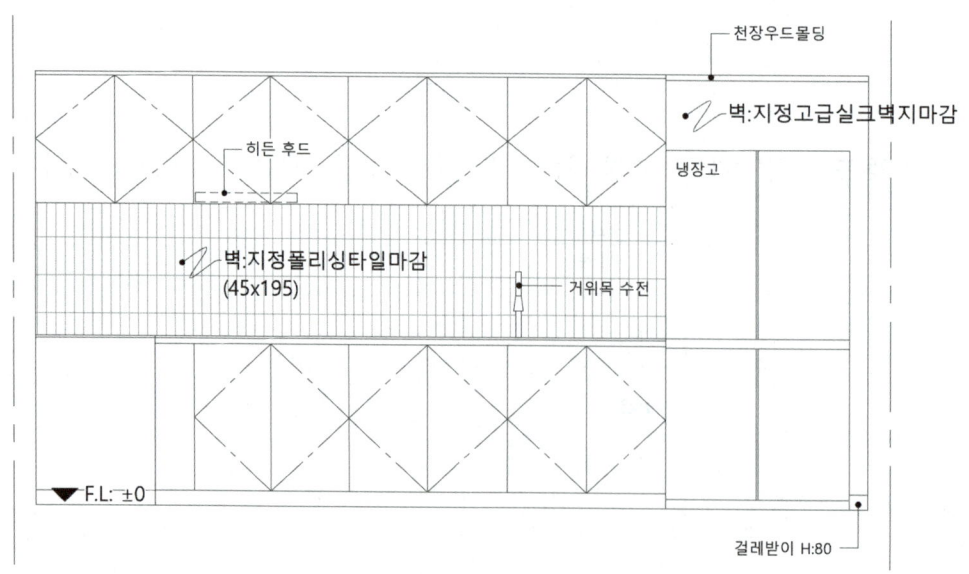

❾ 치수를 기입하기 위해 각 구간(벽, 창호, 주요 가구)에 보조선을 그립니다. 보조선은 치수 기입 후 삭제하므로 선의 종류나 유형은 아무 선이나 상관이 없습니다. 아래 그림에서는 시인성을 높이기 위해 파선으로 표시하였으며, 주요 가구의 치수 구간은 작업자에 따라 다를 수 있습니다.

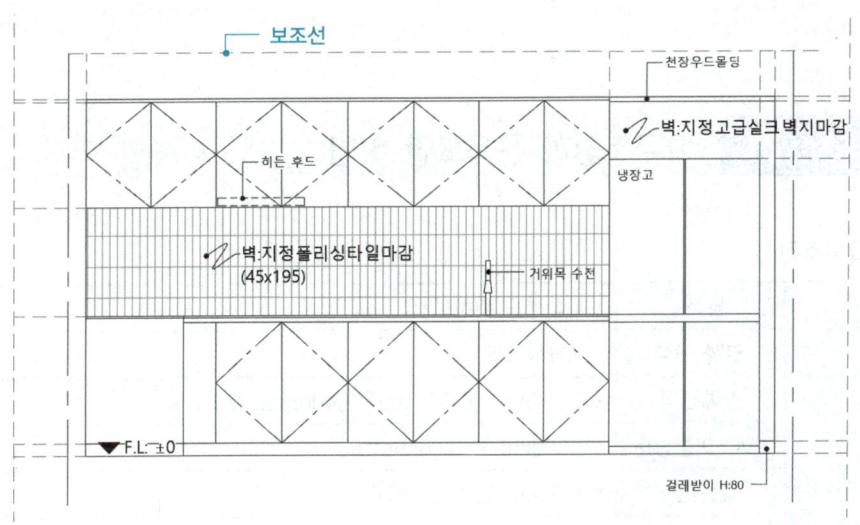

❿ 치수를 기입하여 '내부 입면도-D'를 완성합니다. 완성된 주방의 평면도, 천장도, 내부 입면도는 답안 파일과 대조하여 누락 부분 및 각 부분의 도면층 적용 여부를 확인합니다.

학습파일 | 완성파일\Part03\Ch03\주방-내부 입면도.dwg

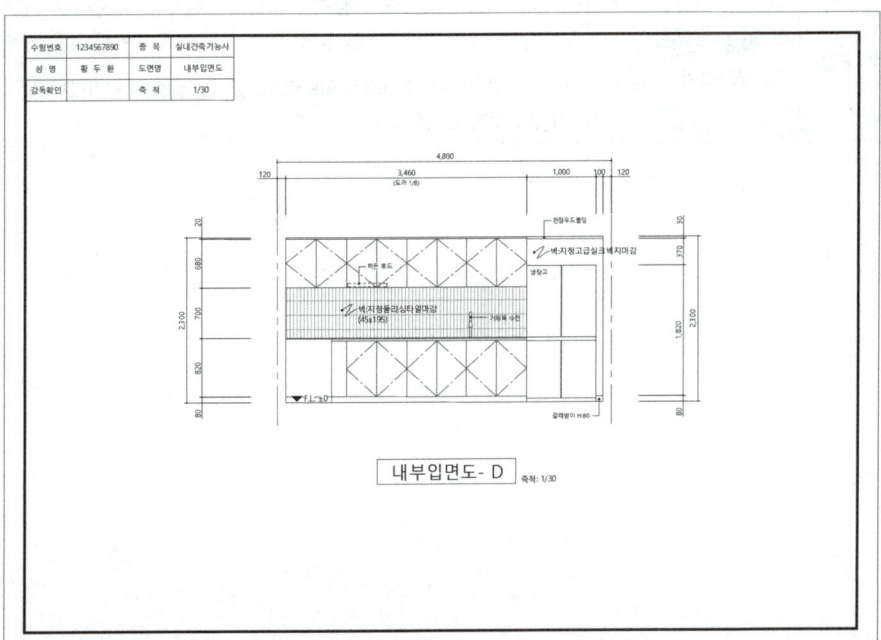

Chapter 04 원룸(대학생) : 2D 도면 작성

Section 01 요구조건과 문제도면 확인

❶ 요구조건

개요	용도	• 대학생을 위한 원룸
	인적 구성	• 대학생 1명
제시도면 조건	설계면적	• 4,300mm×6,500mm×2,400mm(CH)
	PVC 이중창문	• 2,500mm×1,200mm(H)
	현관문	• 900mm×2,100mm(H)
	욕실문	• 700mm×2,000mm(H)
	외벽체	• 시멘트벽돌 벽체/붉은벽돌 치장마감 [내부 마감재 임의+1.0B 시멘트벽돌+THK 100mm 단열재 +0.5B 붉은벽돌 마감]
	내벽체	• 벽돌 벽체 [1.0B 시멘트벽돌 쌓기]
설계조건	필요 공간 및 집기	• 싱글침대　　　• 컴퓨터 및 책상, 의자　　• 오디오, TV • 옷장, 책장　　• 1인용 소파　　　　　　• 싱크대 세트 * 그 외 가구 및 집기는 수검자가 임의로 더 넣어도 좋으며 명기되지 않은 내장재는 실의 기능에 맞게 표기한다.

❷ 문제도면

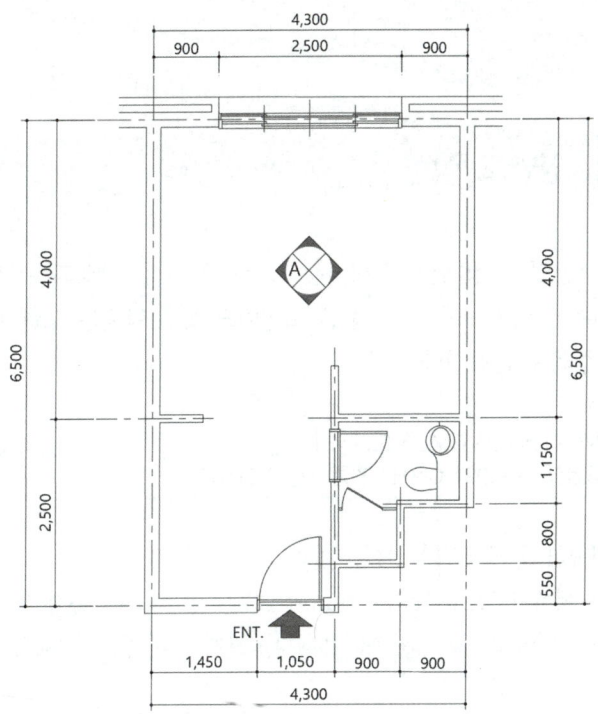

❸ 요구도면
도면의 배치 순서는 평면도, 내부 입면도, 천장도, 실내투시도(3D)의 순으로 정리하여 제출한다.

① 평면도(1장, 가구배치 및 바닥마감재 표기) – S: 1/30
  • 평면도 주변의 여유 공간에 설계(디자인)의도를 200자 이내로 서술
② 내부 입면도(1장) – S: 1/30
  • A방향 1면(가구 배치 및 벽면재료 표기)
③ 천장도(1장) – S: 1/30
  • 설비, 조명기구 배치 및 범례표 작성 /천장마감재 표기

❹ 주안점
① 앞서 학습한 자녀방, 거실, 주방과 관련된 가구와 욕실이 포함된 공간으로, 문제로 제시된 평면 공간을 작성할 때 침대, 싱크, 소파 등의 위치를 대략적으로 구상하는 것이 좋습니다.
② 욕실이 포함된 원룸 형태로, 다소 복잡한 벽체 구성에 유의합니다.
③ 협소한 공간이지만 취침, 취사, 위생, 활동공간으로 구분하고, 평면 및 입면 계획은 단순하고 간결하게 구성하는 것이 좋습니다.
④ 원룸의 싱크대는 2m 이내의 키친네트(간이 주방) 형식으로 간단하게 구성합니다.

⑤ 바닥마감은 마루, 장판(비닐시트) 등으로 하고, 싱크대 앞 벽면(미드웨이)은 타일로, 천장은 천장지로 마감합니다.

Section 02 평면도 작성

공간의 조건을 파악한 후 가장 먼저 작성하는 도면으로, 이후 작성되는 모든 도면은 완성된 평면도의 영향을 받습니다. 배점 또한 가장 높은 도면이므로, 누락되는 도면 요소(가구, 기호, 마감표기 등)가 없도록 주의해야 합니다.

> **학습파일** | 실습파일 \ Part02 \ Ch02 \ 도면양식.dwg
> ▶ 동영상 \ Part03 \ Ch04 \ 원룸 – 평면도.mp4

❶ AutoCAD 환경설정 및 도면양식 작성

AutoCAD를 실행하고 Part 02의 Chapter 02를 참고하여 도면양식을 준비하거나 [실습파일\Part02\Ch02\도면양식.dwg]을 불러옵니다. 현재 도면층은 '벽체'(노랑) 도면층으로 진행합니다.

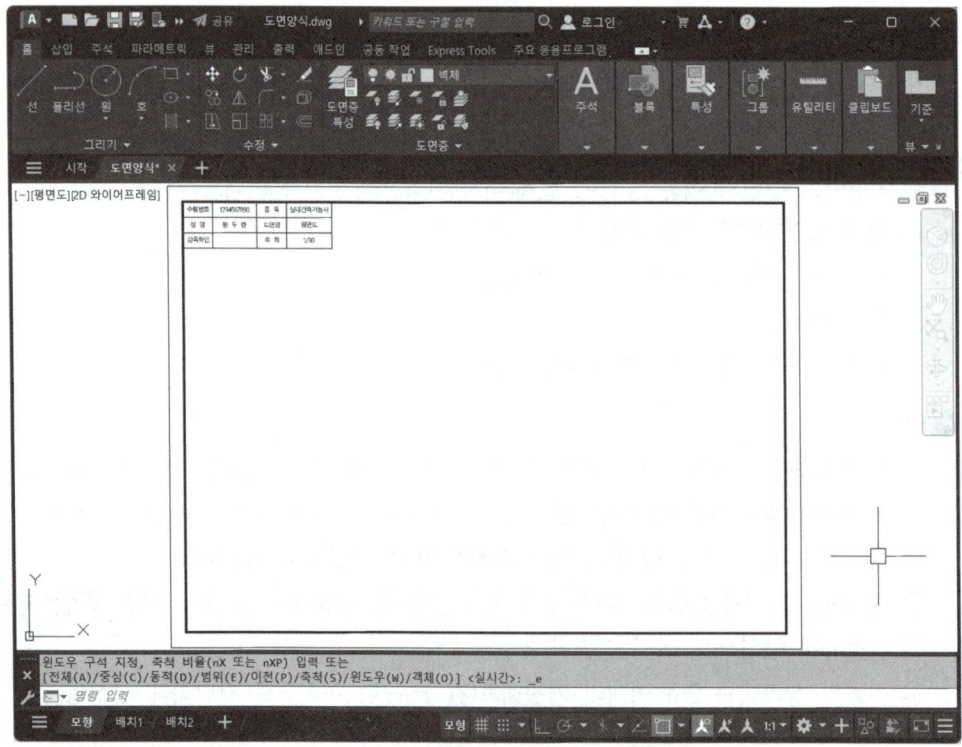

❷ 설계공간의 작성조건 및 문제도면의 치수를 확인합니다.
[작성 조건]
- 설계면적: 4,300mm×6,500mm×2,400mm(CH)
- 이중창문: 2,500mm×1,200mm(H)
- 현관문: 900mm×2,100mm(H)
- 욕실문: 700mm×2,000mm(H)
- 외벽체: 1.0B 시멘트벽돌 + THK 100mm 단열재 + 0.5B 붉은벽돌 마감(1.5B 공간 쌓기)
- 내벽체: 1.0B 시멘트벽돌 쌓기

[문제도면]

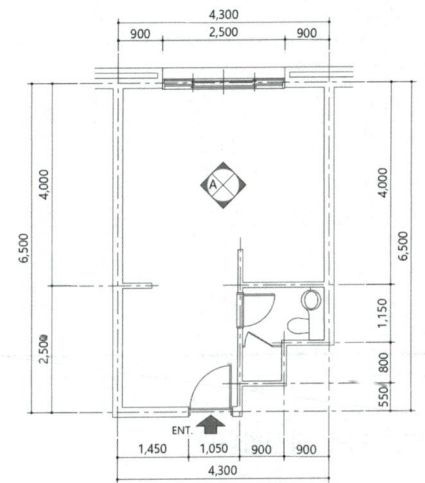

❸ 제시된 문제도면은 세로로 긴 형태이므로, A3 용지에 배치하기 어렵습니다. 따라서 도면을 90°(반시계 방향) 회전하여 작성하는 것이 좋습니다.

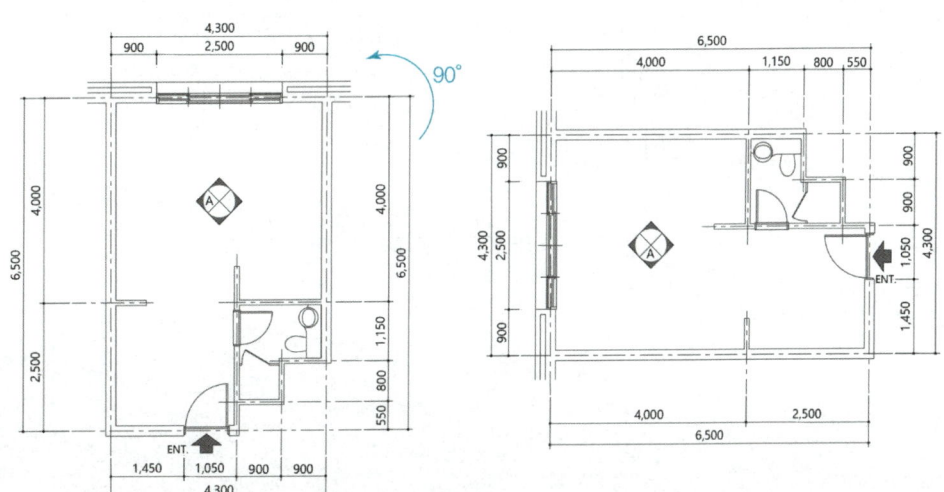

❹ 공간 전체 크기를 기준으로 중심선과 벽체 두께를 표시하고 중심선은 '중심' 도면층으로 변경합니다. 제시되지 않은 욕실 칸막이벽은 0.5B(90)로 작성하고, 그 외 제시되지 않은 조건은 주변 치수와 비교하여 수험자가 판단합니다.

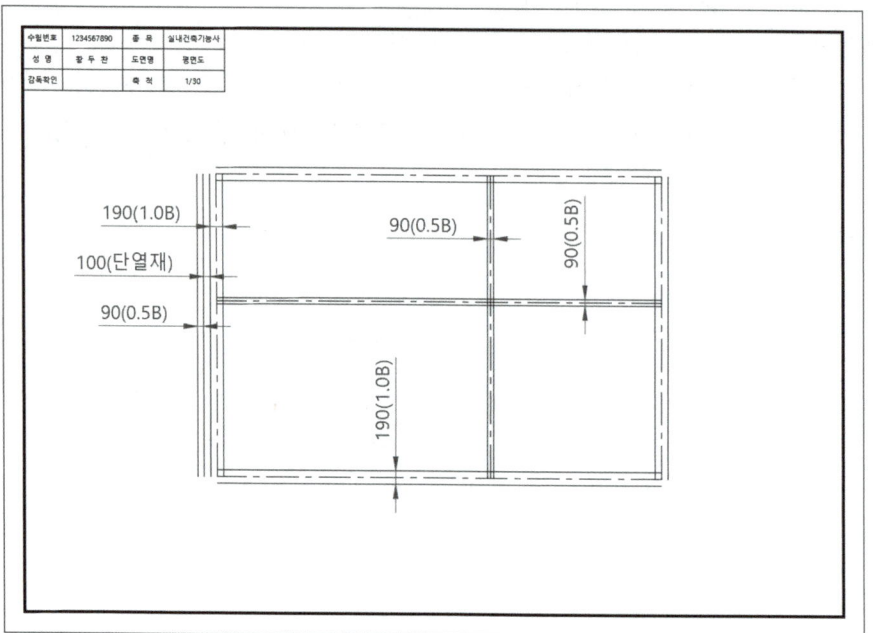

❺ 나머지 욕실벽과 칸막이벽을 작성합니다.

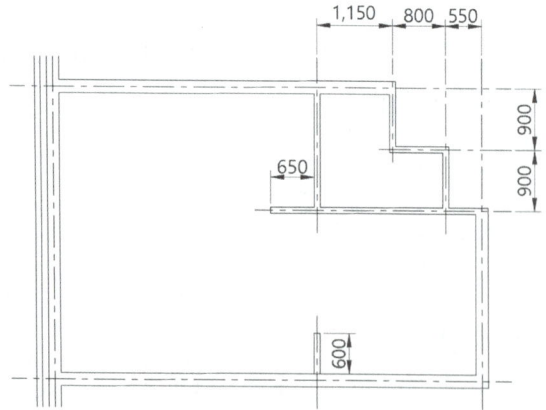

❻ 창, 문, 출입구의 위치를 표시하고 벽체의 단열재 부분을 편집합니다. 벽체 끝부분에는 파단선을 작성합니다. 중심선을 제외한 모든 선은 '벽체' 도면층으로 변경합니다.

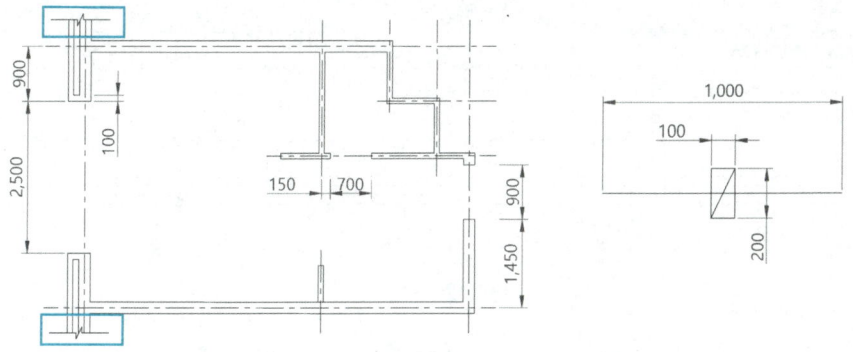

❼ 빈 공간에 욕실문과 현관문을 그립니다.

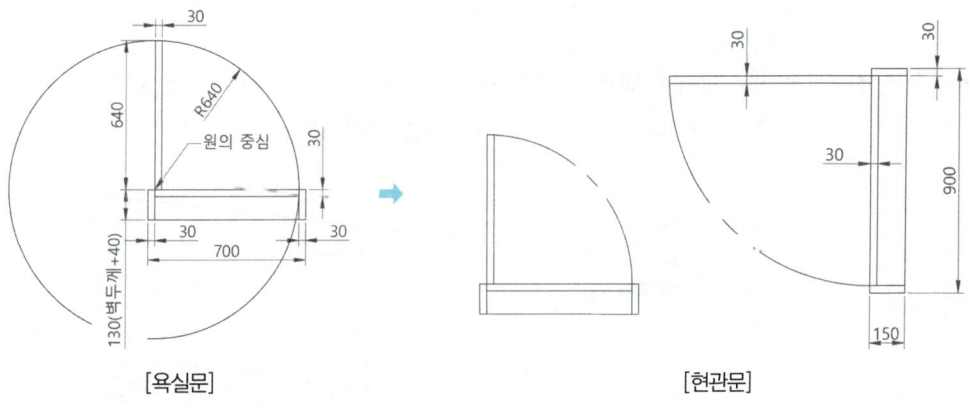

[욕실문]   [현관문]

❽ 개폐 범위를 나타내는 호는 '중심'(빨강) 도면층으로, 나머지는 '문'(하늘색) 도면층으로 변경하고, 벽체와 문틀의 중간점을 기준으로 배치합니다.

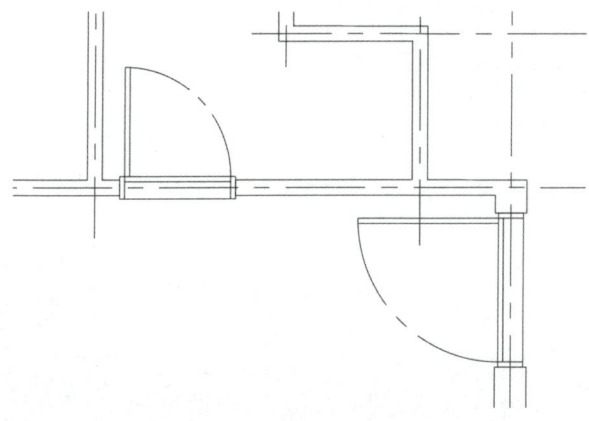

❾ 빈 공간에 창을 그립니다. 중심선 ①, ②, ③은 '중심'(빨강) 도면층으로, 나머지는 '창'(회색 2) 도면층으로 변경합니다. 이중창의 경우 단창을 90 간격으로 복사하여 작성합니다.

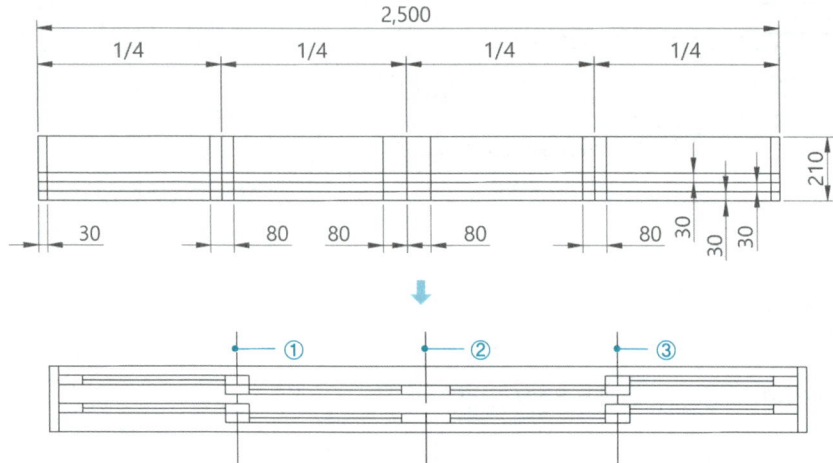

❿ 작성된 창을 90° 회전시켜 끝점과 끝점을 기준으로 창을 배치합니다. 창을 다시 실내 쪽으로 20만큼 이동시키고, 입면에서 보이는 벽체선(①)을 그립니다.

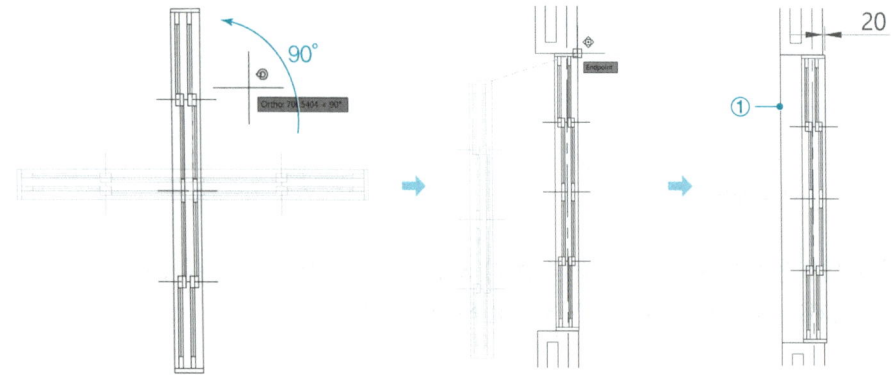

⓫ 욕실을 포함한 각 실은 [Offset(O)] 명령을 사용하여 모르타르 위 벽지마감을 두께 20으로 그립니다. 코너 부분은 [Trim(TR)] 또는 [Fillet(F)] 명령으로 편집하고, '마감'(선홍색) 도면 층으로 변경합니다.

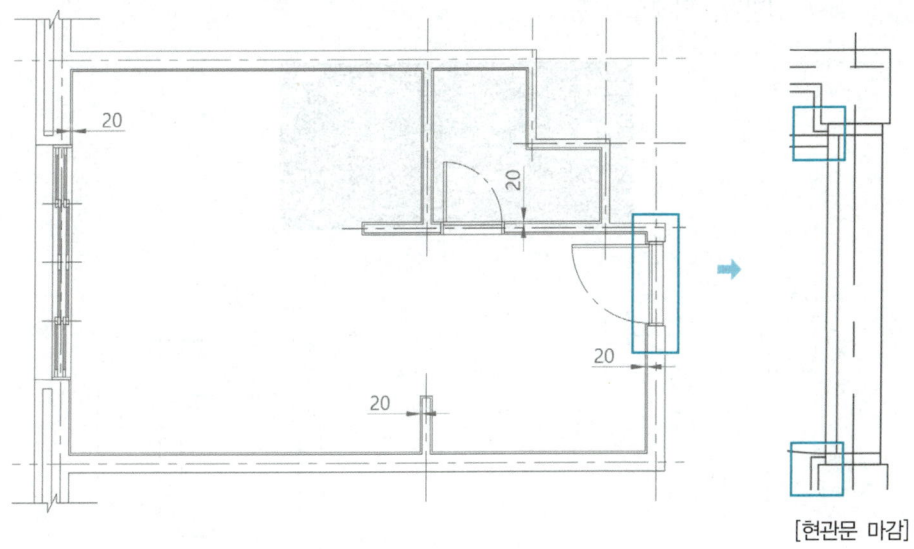

[현관문 마감]

⓬ 교재의 문제도면이나 노트에 원룸 공간을 간단히 구상하며 스케치합니다.

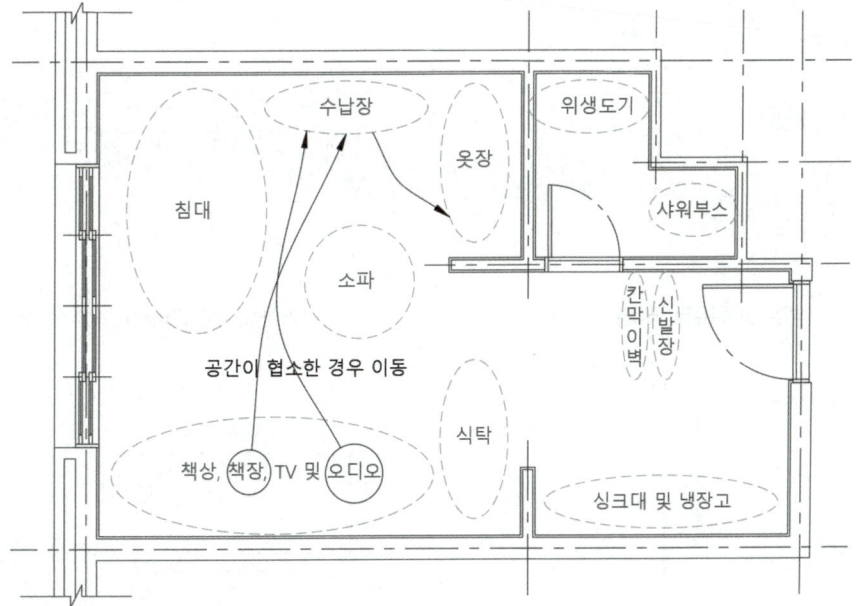

❸ 현재 도면층을 '가구'(파랑) 도면층으로 변경하고, 빈 공간에 요구조건에 주어진 필요한 가구를 모두 작성합니다. 싱크대, 식탁, 신발장, 옷장은 기성 가구를 참고하여 도면에 직접 작성합니다.

　작성할 가구: 싱글침대, 1인용 소파, 옷장, 수납장, 책상(컴퓨터), 책장, TV, 오디오, 냉장고, 신발장, 위생도기 등

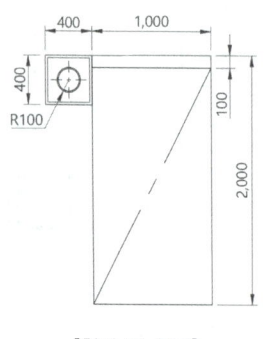

[침대 및 협탁]

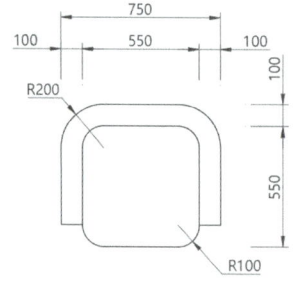

[1인용 소파]

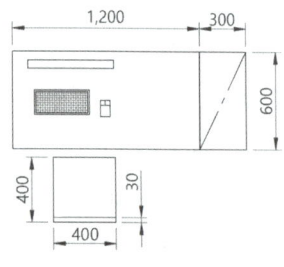

[책상 및 컴퓨터, 책장]

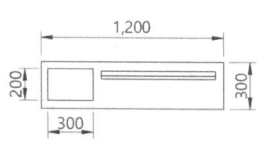

[거실장, TV, 오디오]

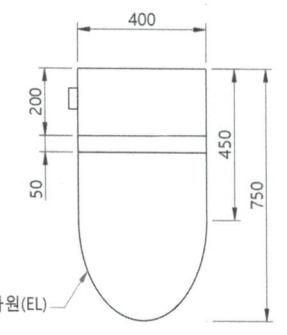

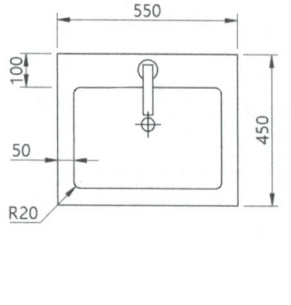

[위생도기]

⑭ 배치장소가 정해진 옷장, 싱크대, 신발장, 위생도기, 샤워부스를 먼저 배치합니다.

• 옷장(붙박이), 욕실

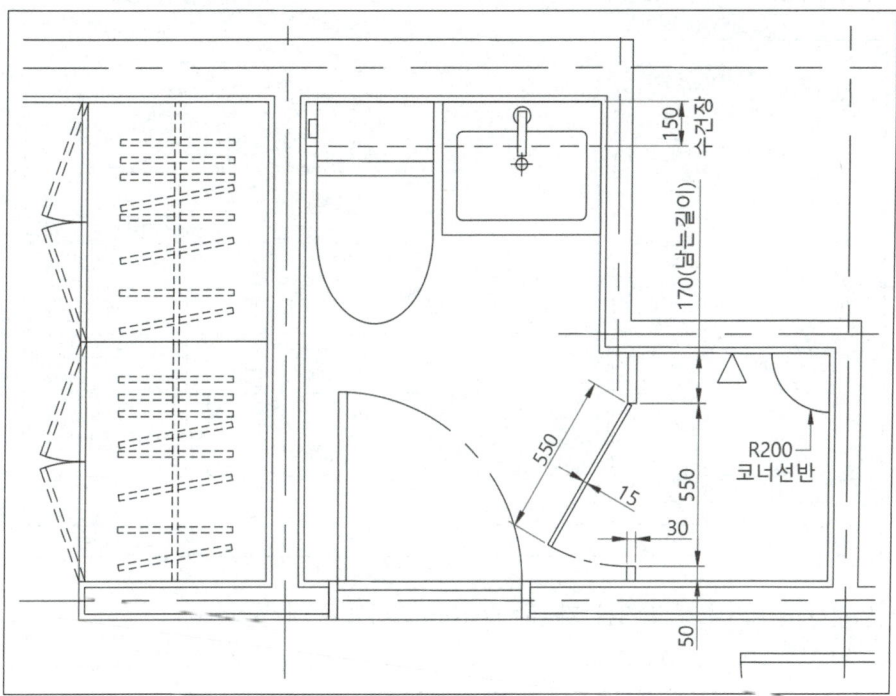

• 현관

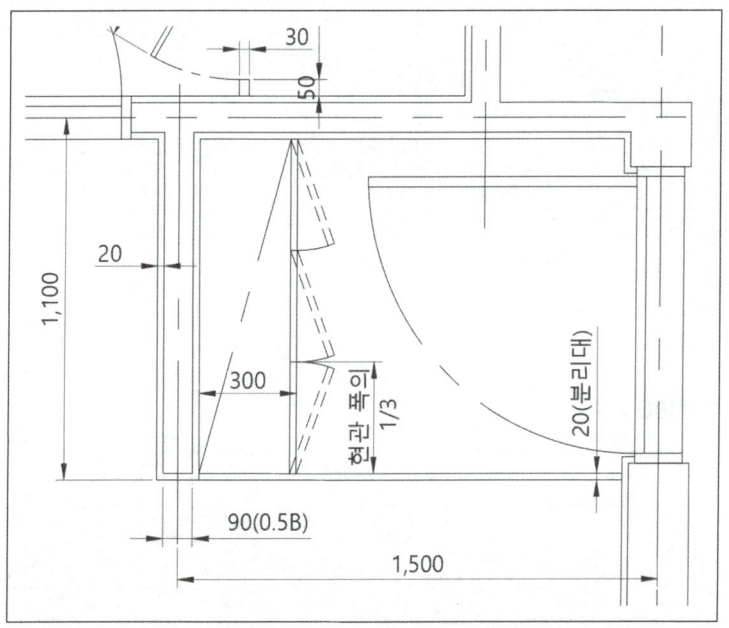

- 싱크대, 식탁

  냉장고가 배치될 공간은 여유 공간을 두거나 조금 더 크게 작성합니다. 싱크대의 개수대, 가열대, 후드의 치수는 대략적으로 비율만 맞춰 작성해도 무방합니다.

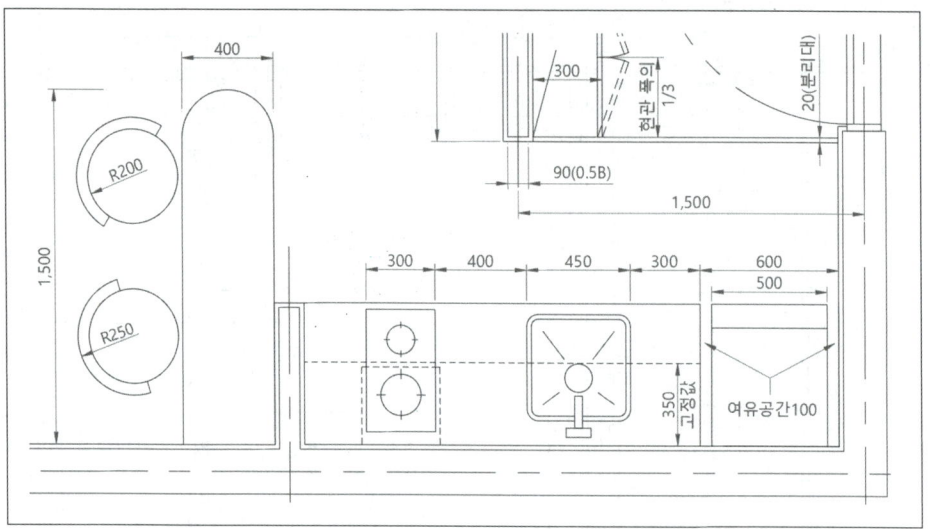

⑮ 나머지 가구 및 추가 집기를 기능과 동선을 고려하여 배치합니다.

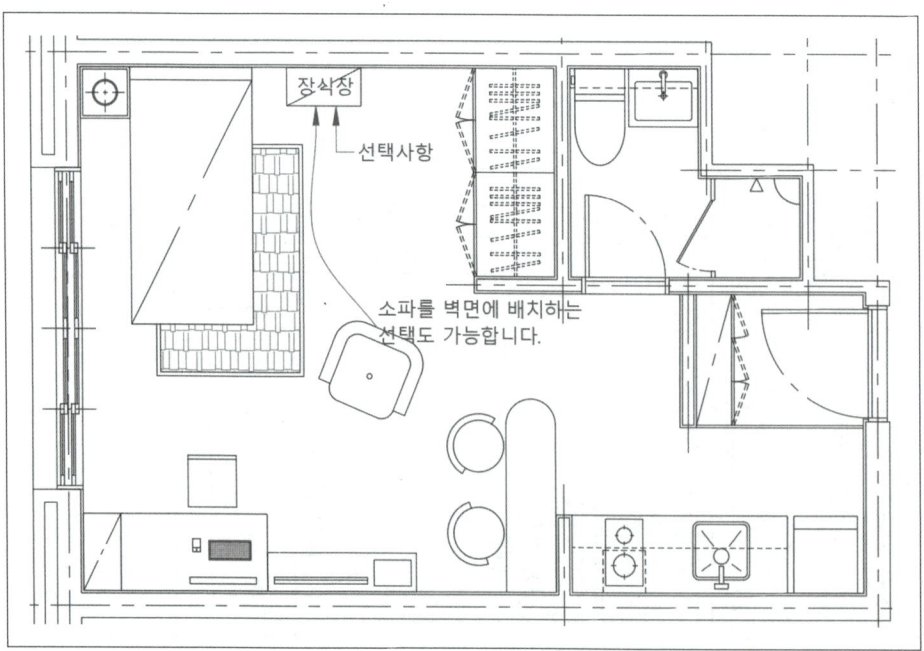

❶⓰ 현재 도면층을 '주석'(녹색) 도면층으로 변경하고 나머지 문자와 기호를 작성합니다. 지시선의 선은 [Line(L)], 점은 [DOnut(DO, D30)] 명령을 사용하여 작성합니다.

[문자 높이]
가구 및 집기: 60, 바닥마감재, 바닥레벨: 80, 실명: 100, 출입구 ENT.: 100, 도면명 평면도: 180, 축척: 80, 입면기호 문자: 100

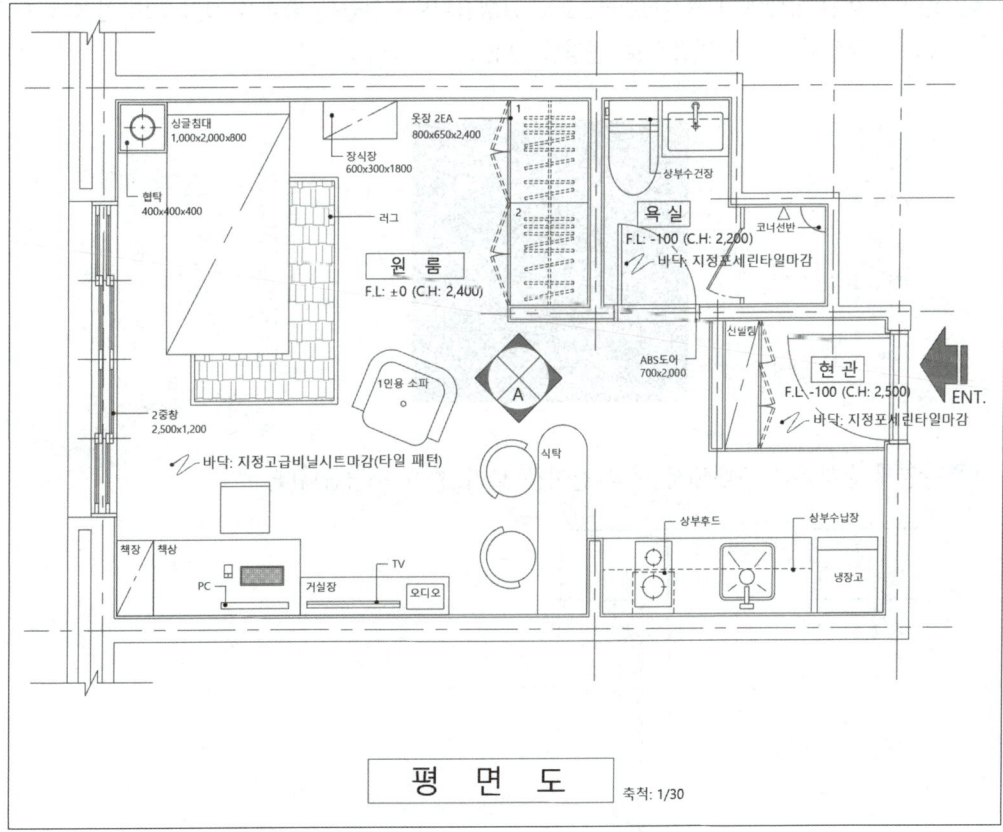

⑰ 외벽 부분을 확대하고 단열재 두께(100)의 1/2(50)을 [Offset(O)]합니다. 복사된 선을 대기상태의 커서로 선택하고 특성 패널에서 선 종류를 'BATTING'으로 변경합니다.

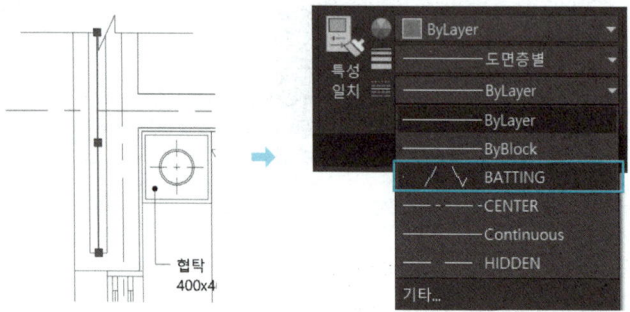

⑱ 선이 선택된 상태에서 특성(Ctrl+1)을 실행합니다. 선종류 축척을 '0.3'으로 설정하고, 단열재는 '해치'(회색1) 도면층으로 변경합니다.

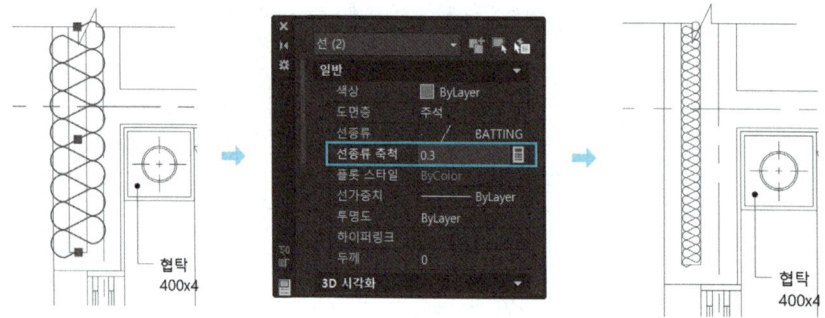

⑲ 단열재 끝부분을 확대해서 선의 길이를 보기 좋게 조정합니다.

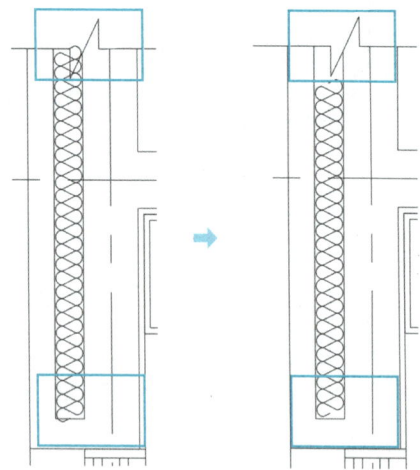

⑳ [해치(H)] 명령을 사용하여 바닥 패턴을 넣습니다. 패턴 형식은 '사용자 정의', 간격은 600(욕실, 현관: 300)으로 하고 '이중' 옵션을 적용합니다.

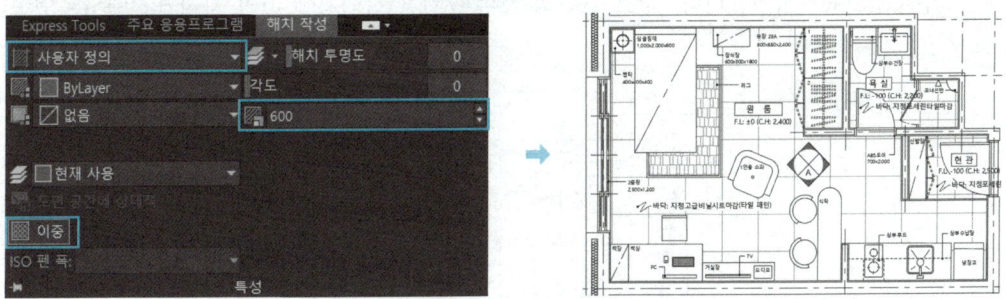

㉑ 벽체의 재료 표시를 위한 패턴을 넣기 위해 현재 도면층을 '해치'(회색 1) 도면층으로 변경하고, '중심'(빨강) 도면층은 Off합니다. 해치의 패턴은 'ANSI31'로, 축척은 10으로 설정합니다. 해치 적용 후 '중심' 도면층은 다시 On으로 전환합니다.

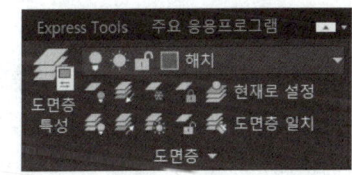

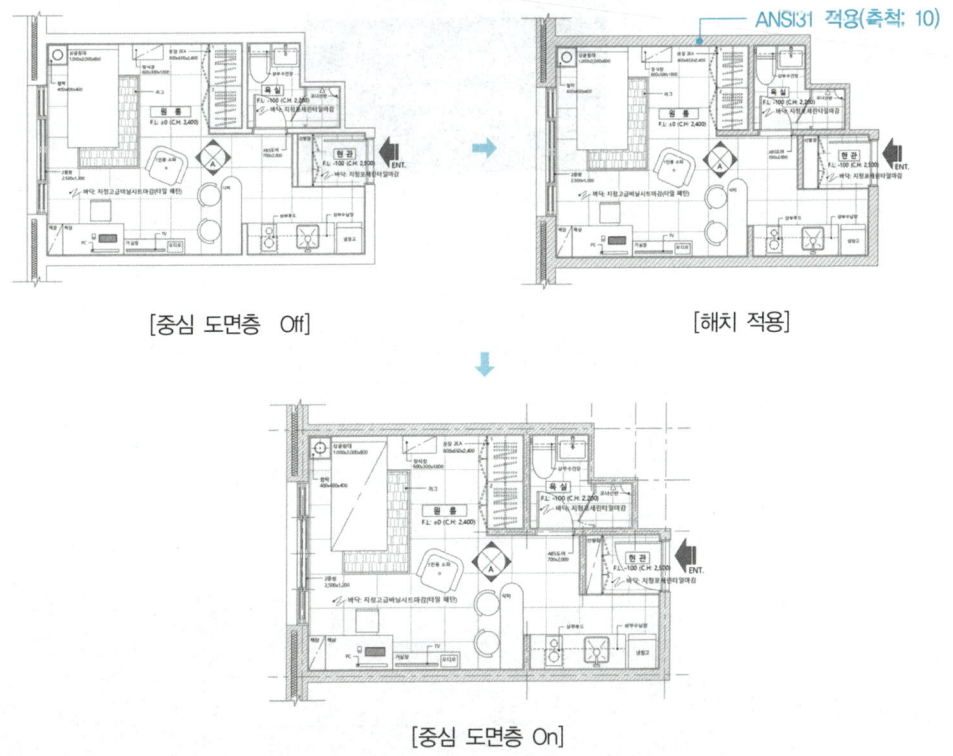

[중심 도면층 Off] [해치 적용]

[중심 도면층 On]

㉒ 치수를 기입하기 위해 각 구간(벽, 창호, 주요 가구)에 보조선을 그려줍니다. 보조선은 치수 기입 후 삭제하므로 선의 종류나 유형은 제한이 없으며, 아래 그림에서는 시인성을 높이기 위해 파선으로 표시하였습니다. 주요 가구의 치수 구간은 작업자에 따라 차이가 있을 수 있습니다.

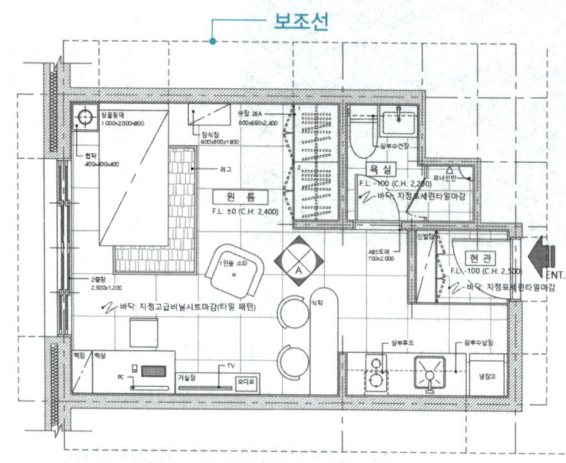

㉓ 치수를 기입하기 위해 현재 도면층을 '주석'(녹색) 도면층으로 변경합니다. [선형치수(DLI)], [연속치수(DCO)], [신속치수(QDIM)] 명령 등을 사용해 치수를 기입하고 보조선은 삭제합니다. 치수의 값과 구간은 작업자의 기준 및 마감 두께에 따라 달라질 수 있습니다.

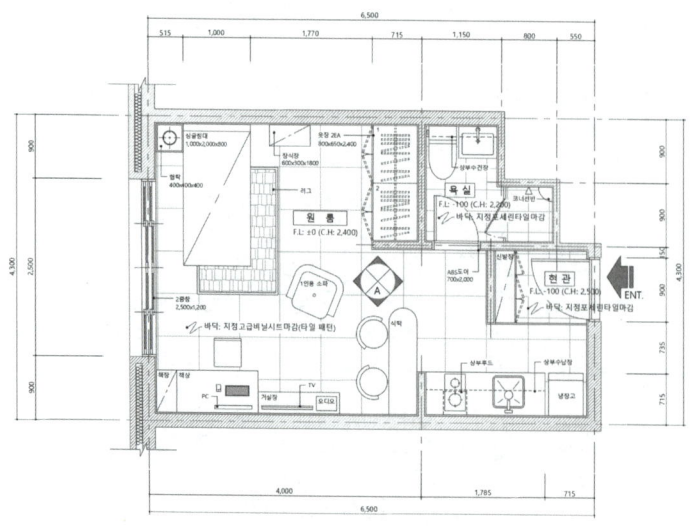

㉔ 도면 하단의 빈 공간에 '디자인 의도'를 작성합니다. '디자인 의도'라는 제목은 문자 높이 100, 내용은 높이 60으로 작성하여 평면도를 완성합니다. 디자인 의도의 내용은 [Mtext(T)] 명령을 사용하여 장문 형식으로 입력합니다.

학습파일 | 완성파일 \ Part03 \ Ch04 \ 원룸 – 평면도.dwg

디자인 의도 작성

디자인 의도는 200자 이내로 서술합니다. 작업자가 계획한 마감재, 동선, 가구배치 및 색상, 조명, 디자인 콘셉트 등에 대한 내용을 서술합니다.

1. 공간의 유형이나 구조를 작성
2. 실내마감재의 종류, 특징을 작성
3. 가구 배치의 형식이나 특징을 작성
4. 공간과 동선의 특징을 작성
5. 조명 및 전체적인 분위기, 콘셉트를 작성

*디자인 의도

대학생 1인이 거주하는 원룸형 구조의 주택으로 하나의 공간에 취침, 학습, 휴식공간을 분리하여 배치하였다. 현관문 밖에서 내부공간이 보이지 않도록 칸막이벽을 추가로 구성하였다. 바닥은 타일패턴의 장판, 벽과 천장은 밝은 느낌의 화이트 색상으로 적용하였다. 천장에는 밝은 직부등과 매입등을 설치하고 식탁 위로는 펜던트를 설치하여 아늑한 분위기와 멋을 낼 수 있도록 계획하였다.

2,000 × 1,400 (글자 수에 따라 조정)

Craftsman Interior Architecture

Section 03 　천장도 작성

천장도는 평면도의 공간을 그대로 활용하므로 완성된 평면도를 복사한 후 불필요한 부분을 삭제하고 조명 및 설비를 배치하여 완성합니다.

> 학습파일 | ▶ 동영상 \ Part03 \ Ch04 \ 원룸 – 천장도.mp4

① 완성된 평면도를 우측에 그대로 복사해 표제란의 도면명(①)과 도면 하단의 도면명(②)을 천장도로 수정합니다.

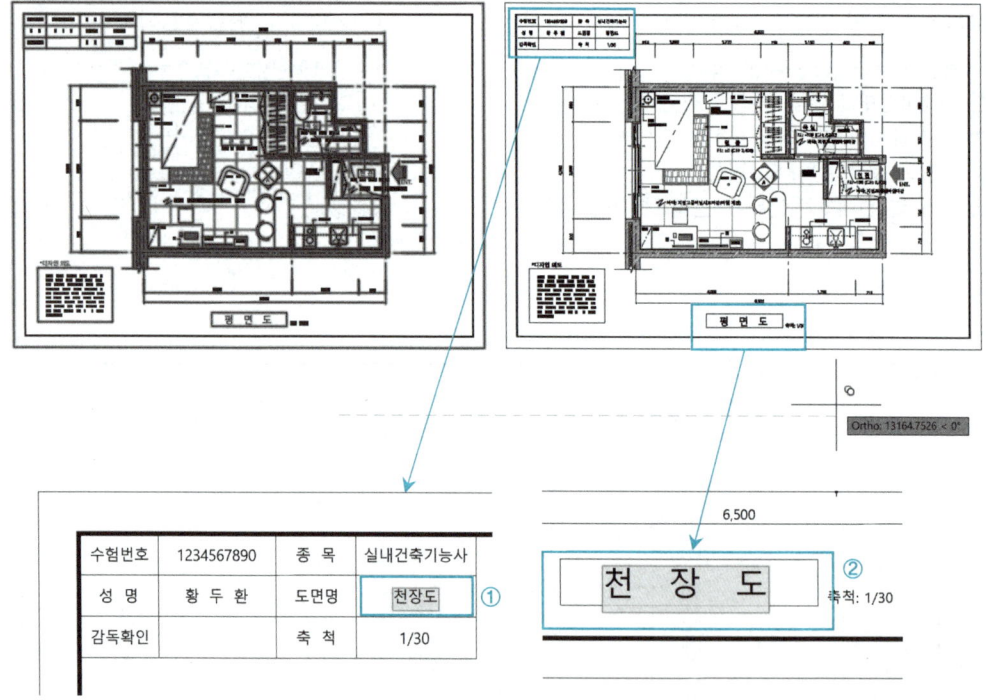

❷ '디자인 의도'를 범례표로 수정합니다. '디자인 의도' 테두리선을 분해(X)하여 [Offset(O)] 명령을 사용해 복사하고, 소제목 높이는 80, 세부 내용은 60으로 작성합니다(숫자 1 대신 다른 내용을 써도 무방합니다).

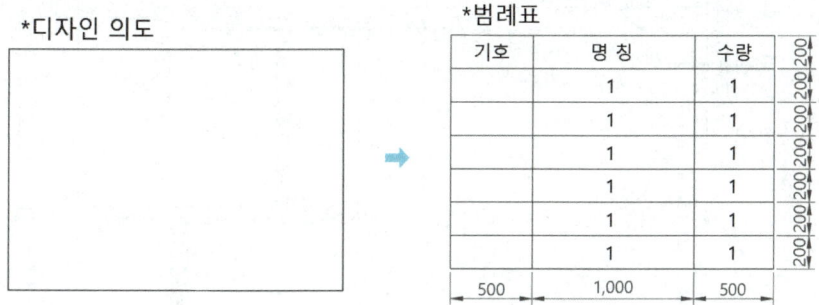

❸ 천장도와 관련이 없는 부분적인 치수는 삭제합니다. 또한 천장면에 부착되는 붙박이가구인 상부 수납장과 벽면 수납장을 제외한 실내 공간의 모든 요소도 삭제합니다. 단, 식탁은 펜던트의 위치를 확인하기 위해 파선으로 남겨 둡니다.

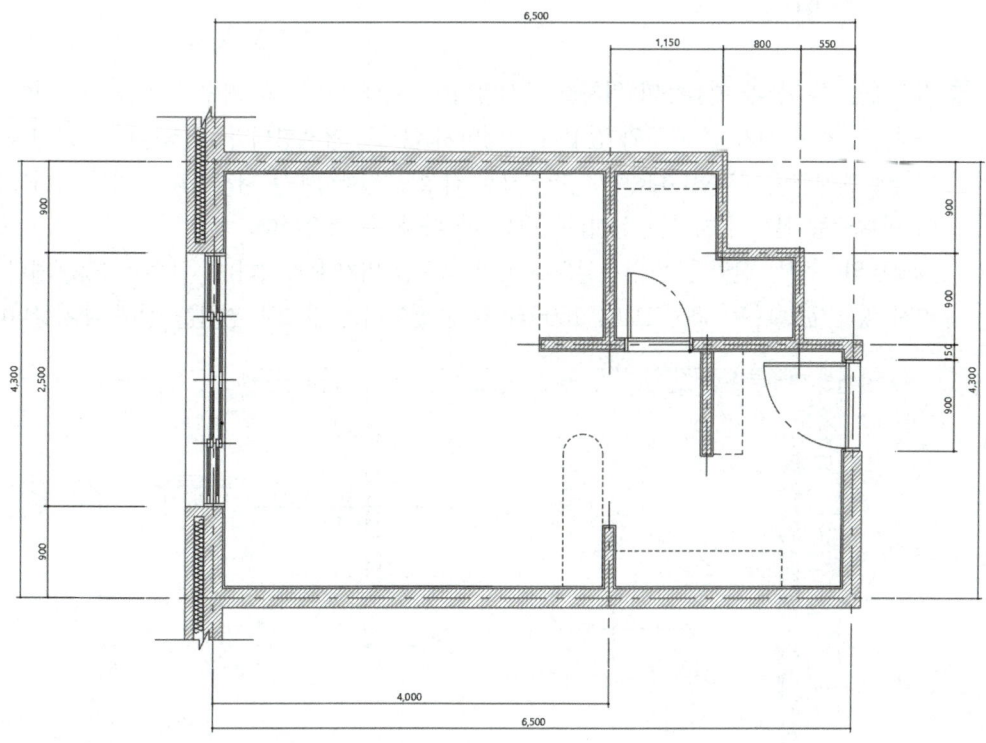

❹ 창과 문은 경계선을 제외한 나머지 요소를 삭제합니다. 천장몰딩(30)과 커튼박스(120)를 작성하고, 도면층은 '마감'(보라) 도면층을 적용합니다.

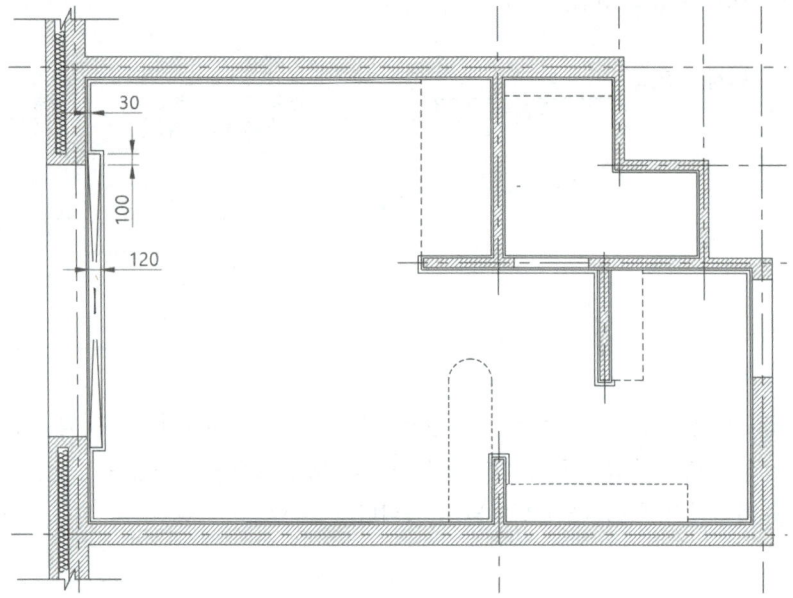

❺ 천장에는 직부등과 매입등의 위치를 표시합니다. 이때 평면도의 가구 위치를 확인하여 상부 수납장과 같은 키가 큰 가구와 간섭이 발생하지 않도록 유의합니다. 천장설비는 교재와 다른 위치에 배치해도 무방합니다. 기호 형식으로 작성된 천장설비는 디자인과 크기를 나타내는 것이 아니므로 실제 설치되는 설비와는 크기가 다를 수 있습니다.

조명의 위치는 실의 중앙이나 필요에 따라 적절한 위치에 배치하며, 치수는 '1023'처럼 떨어지지 않는 값보다는 550, 1100, 1500과 같이 떨어지는 값으로 위치를 정해 배치합니다.

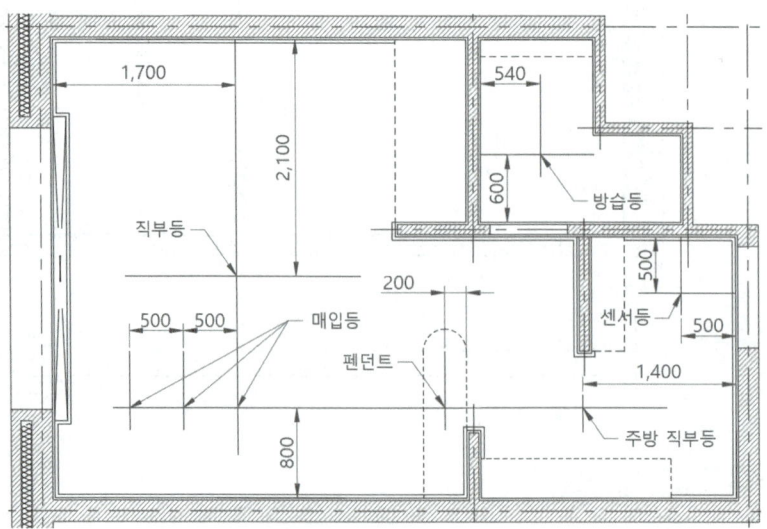

❻ 빈 공간에는 조명 및 설비를 '가구'(선홍색) 도면층에 작성합니다. 천장설비는 교재와 다른 위치에 배치해도 무방하며, 기호 형식으로 표시된 천장설비는 디자인과 크기를 나타내는 것이 아니므로 실제 설치되는 설비와는 크기가 다를 수 있습니다.

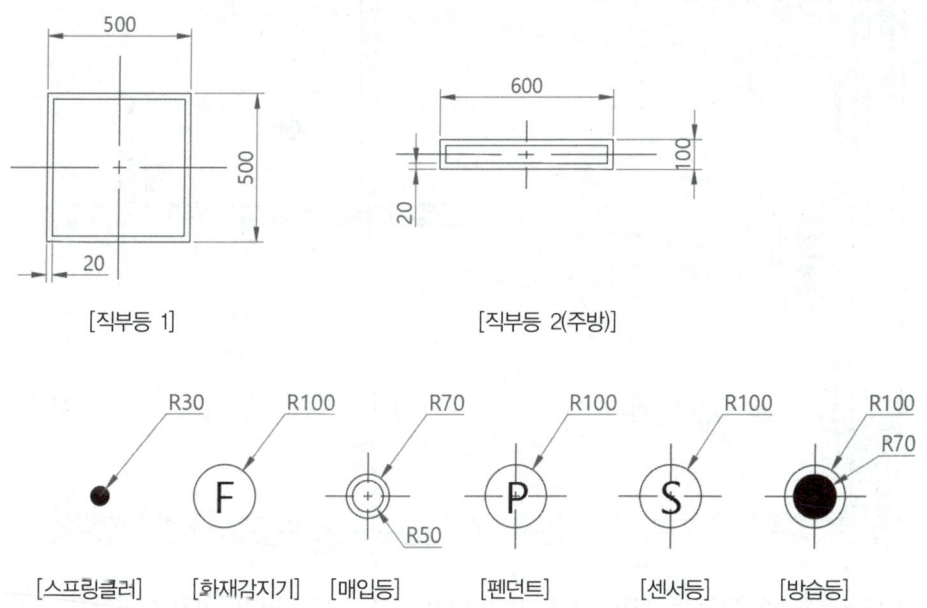

❼ 욕실에 점검구와 환풍기를 표시하고, 창 우측 중간에 에어컨을 배치합니다.

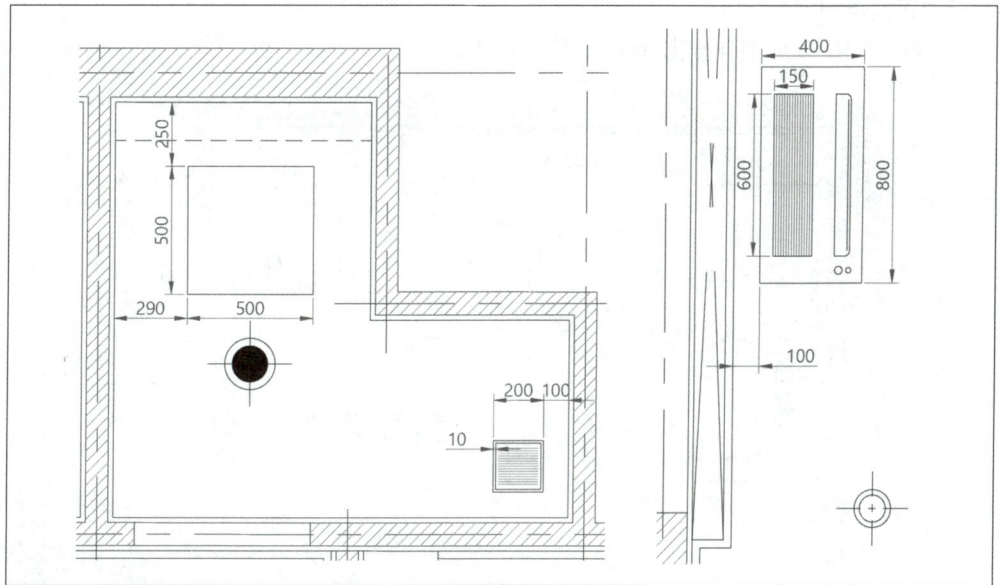

Chapter 04 원룸(대학생): 2D 도면 작성

❽ 나머지 조명과 천장설비를 모두 배치한 후 보조선은 삭제합니다. 스프링클러와 화재감지기는 직부등 주변에 적절하게 배치합니다.

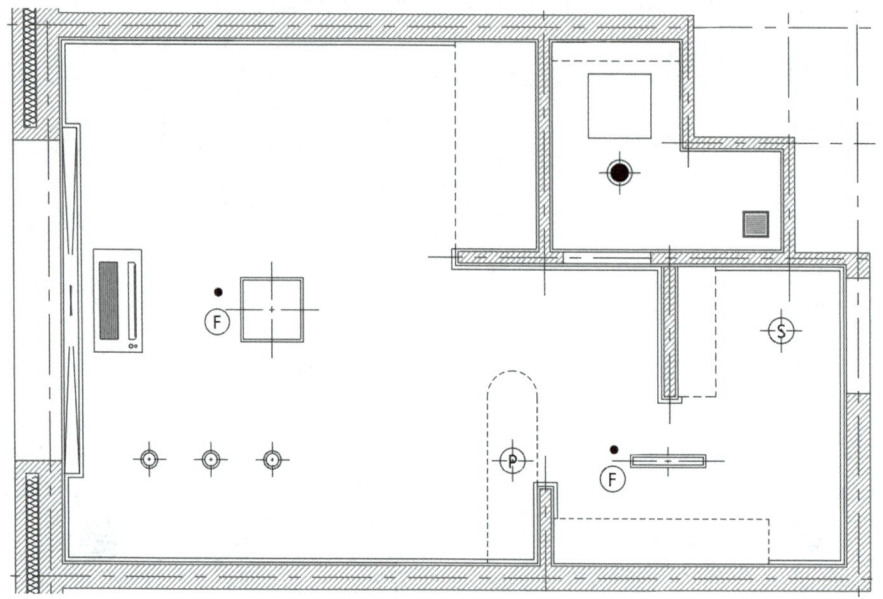

❾ 현재 도면층을 '주석'(녹색) 도면층으로 변경합니다. 조명 및 설비의 위치를 파악할 수 있도록 치수를 기입하고 문자를 작성합니다. 치수는 벽의 마감선(선홍색)을 기준으로 기입합니다.

[문자 높이]
붙박이장: 60, 천장몰딩: 60, 천장마감: 80

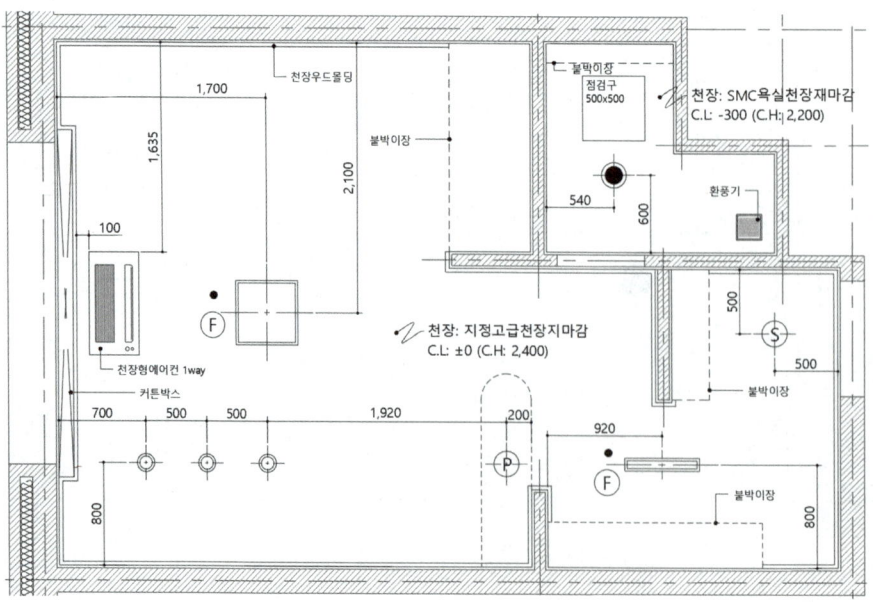

❿ 범례표 기호란에 조명 및 설비 기호를 넣습니다. [축척(SC)] 명령을 사용해 크기를 줄여 배치합니다. 만약 범례의 기호란이 부족하면 [Offset(O)], [Extend(EX)] 명령을 사용하여 추가합니다.

*범례표

기 호	명 칭	수 량
	1	1
	1	1
	1	1
	1	1
	1	1
	1	1

➡

*범례표

기 호	명 칭	수 량
	LED직부등 60W	1
	LED주방 직부등 60W	1
	LED매입등 2인치	3
P	LED펜던트	1
S	센서등	1
	매입등(방습) 4인치	1
F	화재감지기	2
●	스프링클러	2

⓫ 누락된 요소나 편집되지 않은 부분이 있는지 확인합니다.

학습파일 | 완성파일\Part03\Ch04\원룸 – 천장도.dwg

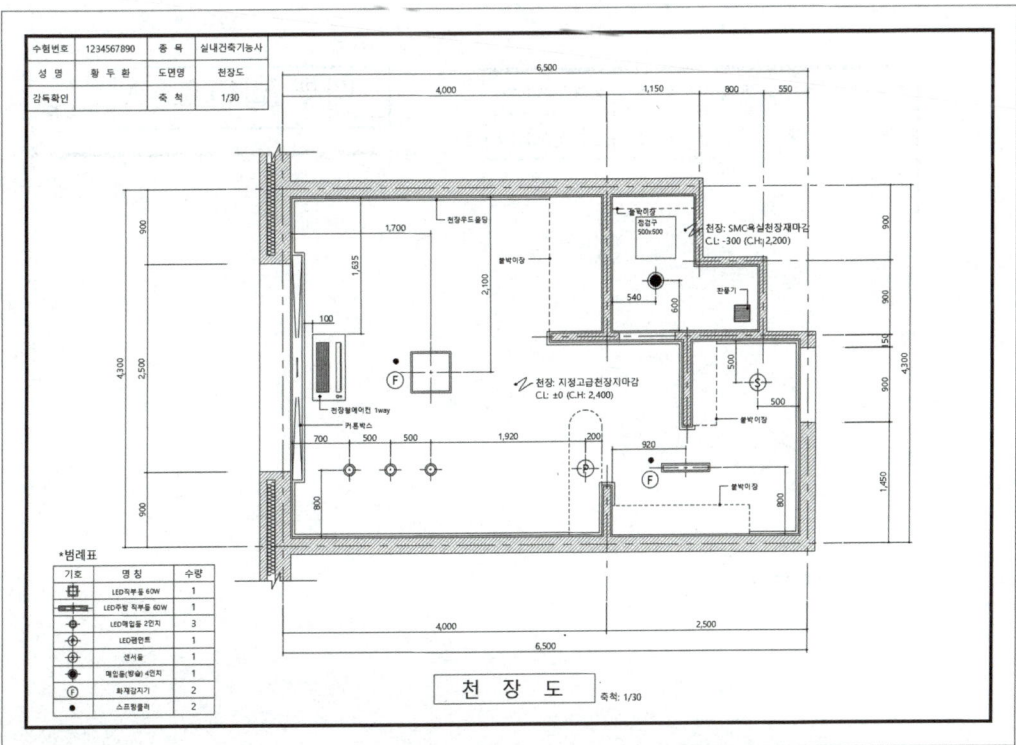

Section 04 내부 입면도 - A 작성

내부 입면도 또한 평면도를 참고하여 작성합니다. 완성된 평면도를 복사해 벽면의 폭, 중심선, 가구 위치 등 평면 정보를 활용합니다.

학습파일 | ▶ 동영상 \ Part03 \ Ch04 \ 원룸 – 내부 입면도.mp4

① 완성된 평면도를 천장도 우측에 그대로 복사한 후, 표제란의 도면명(①)과 도면 하단의 도면명(②)을 '내부 입면도', '내부 입면도-A'로 수정합니다.

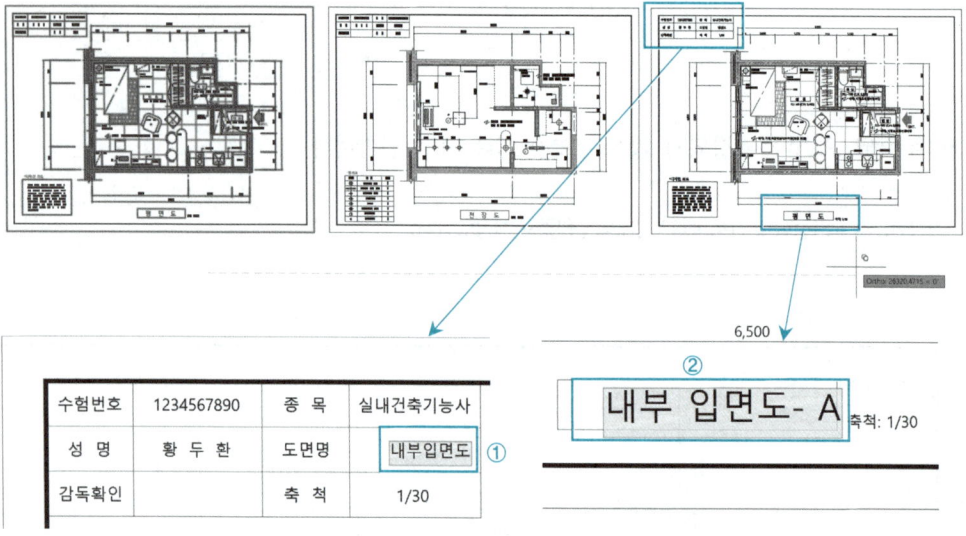

❷ 복사한 평면도의 디자인 의도는 삭제하고, 평면도는 도면양식 위로 이동시킵니다. 이동된 평면도를 A방향(싱크대)이 위쪽을 향하도록 180°(반시계 방향) 회전하고 현재 도면층을 '벽체'(노랑) 도면층으로 변경합니다.

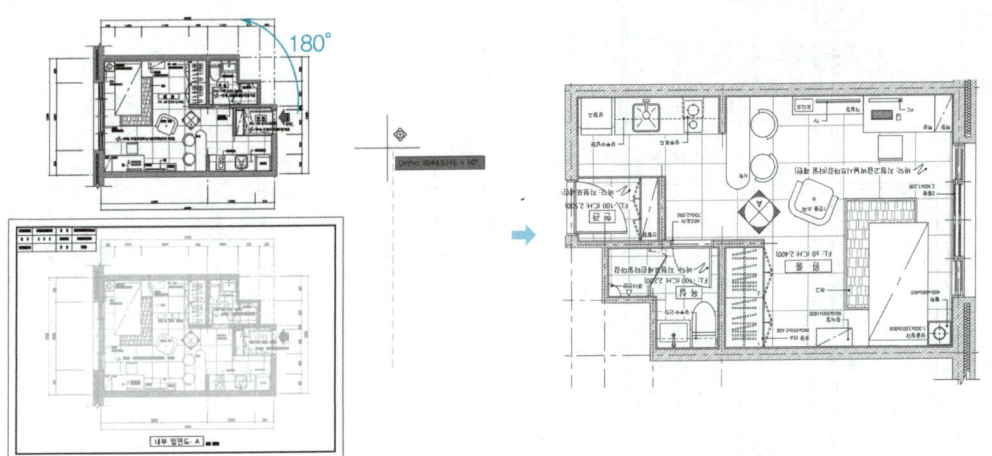

❸ [구성선(XL)] 명령의 [수직(V)] 옵션을 사용하여 중심선, 마감 모서리, 가구의 위치를 표시합니다.

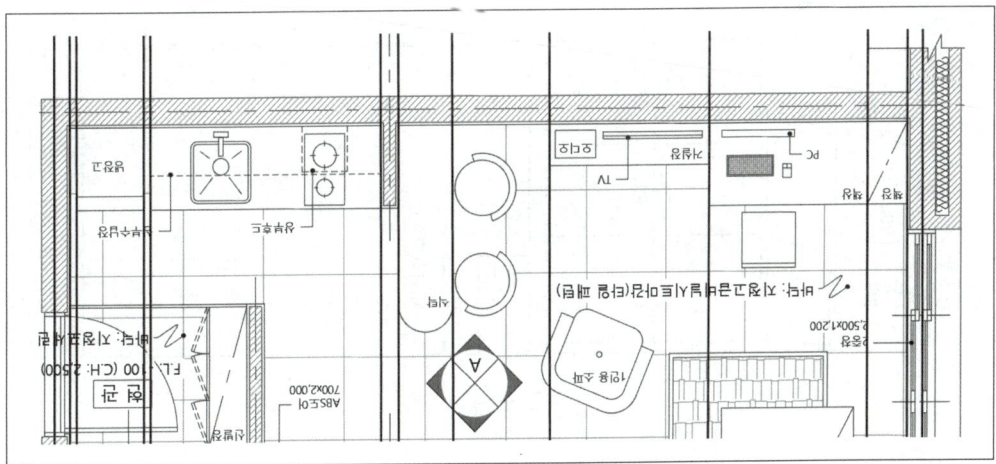

❹ 임의의 가로선(①)을 그려 천장높이 2,400을 표시합니다. 벽면을 편집하고 중심선 ②, ③의 도면층을 변경합니다.

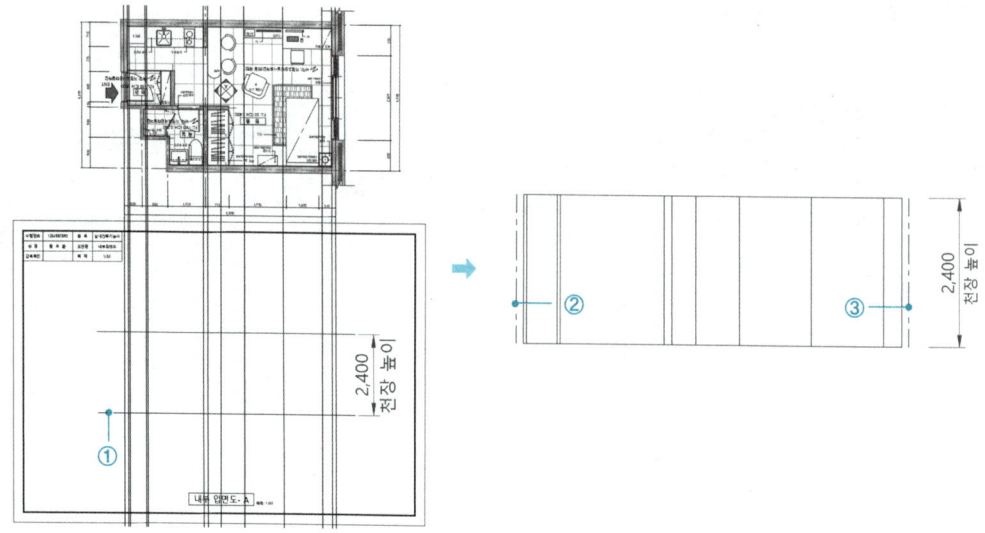

❺ 걸레받이(80), 천장몰딩(30), 싱크대, 냉장고(1,900) 등을 표시하고 편집합니다.

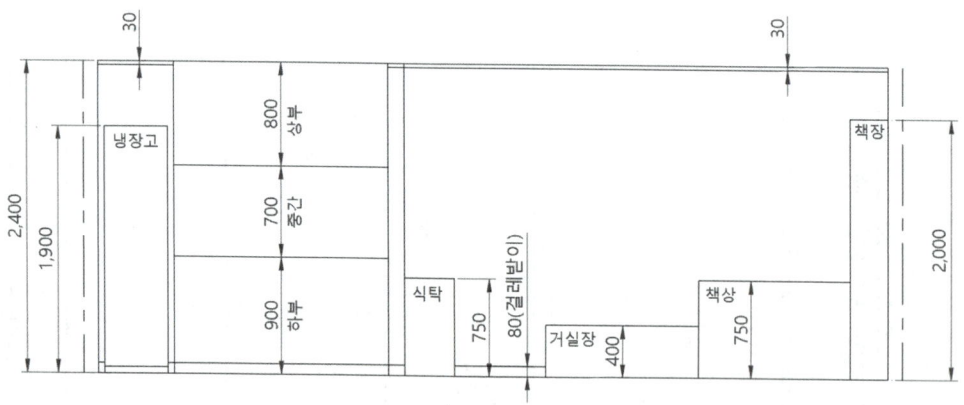

❻ 싱크대의 상부장과 하부장 도어는 400 내외의 크기로 분할합니다. 작업대 전체 길이인 1720을 4등분으로 작성하기 위해, [Offset(O)] 명령을 실행하고 '1720/4'를 입력합니다. 장의 구성은 사용자에 따라 달라질 수 있으며, 식기세척기, 후드, 전자레인지, 밥솥 등 주방가전 배치에 따라 장의 폭이나 높이, 내부 구성 등 세부적인 계획이 필요하지만, 실기시험에서는 작업속도가 중요하므로 등분으로 하는 것을 권장합니다.

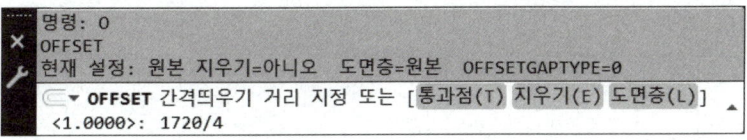

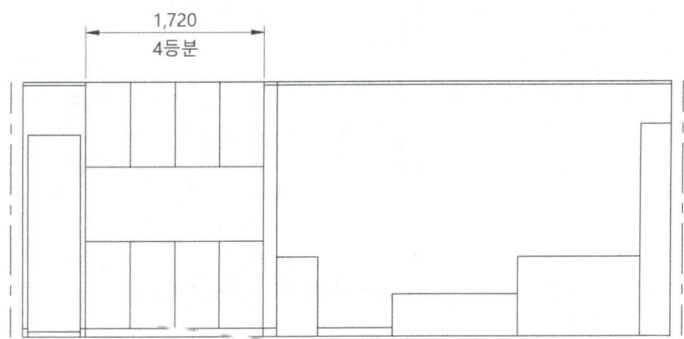

| TIP | 소형 냉장고를 배치할 경우(높이 1500 내외) |

원룸이나 사무실의 탕비실에서 사용되는 소형 냉장고는 높이가 1500 내외로, 싱크대 상부장 아래에 배치가 가능하므로 보다 더 깔끔한 레이아웃 구성이 가능합니다.

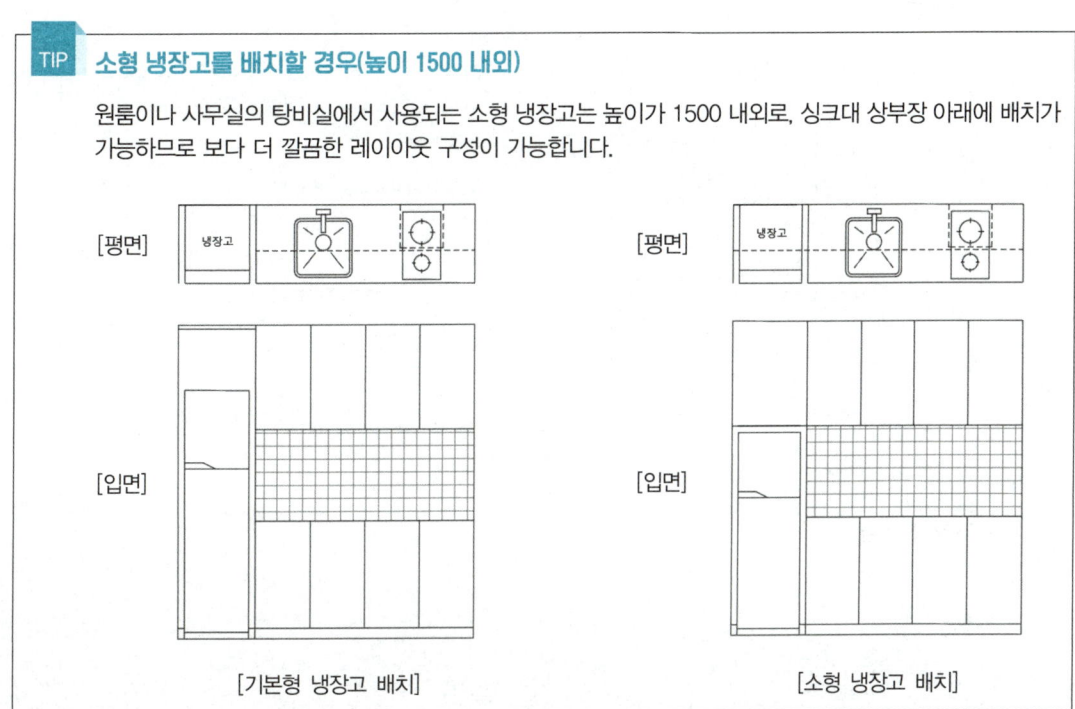

Chapter 04 원룸(대학생): 2D 도면 작성

❼ 가구를 세부적으로 그립니다. 세부 치수에는 정답이 없으므로 작업자가 직접 치수를 설정해서 그려도 무방합니다. 가구는 '가구'(파랑) 도면층으로, 천장몰딩과 걸레받이는 '마감'(선홍색) 도면층으로 변경합니다. 실제 시험에서 작업시간이 부족하거나 손이 느린 수험자는 의자를 생략해도 됩니다.

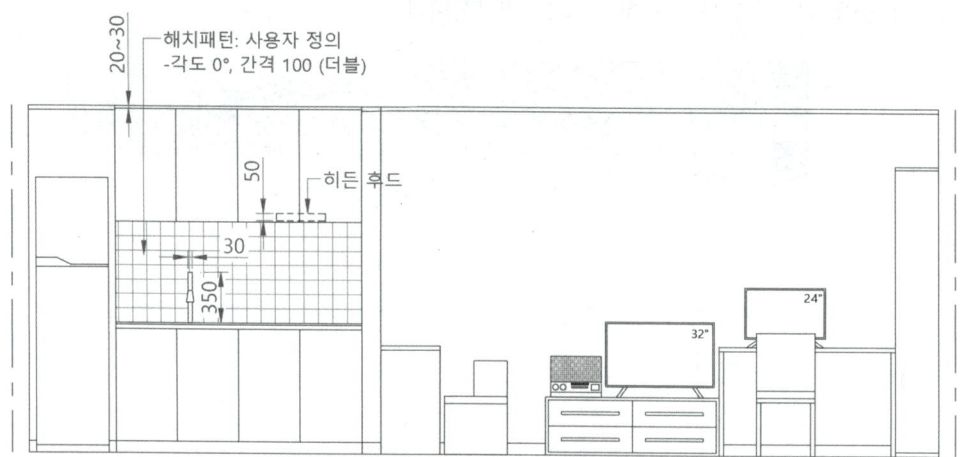

❽ 기호와 문자를 작성하고 '주석'(녹색) 도면층으로 변경합니다.

[문자 높이]

벽 마감, 레벨기호: 80, 수전, 냉장고, 후드, 몰딩, 걸레받이: 60

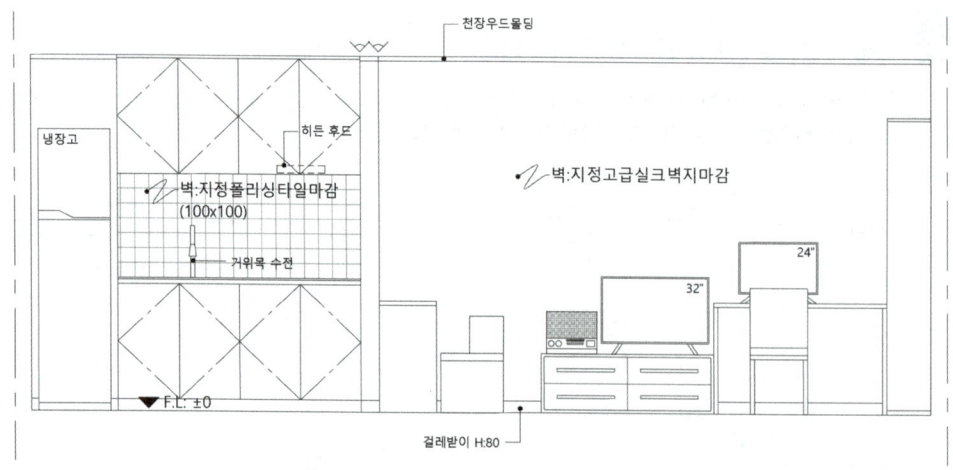

- 꺾임벽 기호

❾ 치수를 기입하기 위해 각 구간(벽, 싱크대, 주요 가구)에 보조선을 그려줍니다. 보조선은 치수 기입 후 삭제하므로 선의 종류나 유형은 제한이 없으며, 아래 그림에서는 시인성을 높이기 위해 파선으로 표시하였습니다. 주요 가구의 치수 구간은 작업자에 따라 차이가 있을 수 있습니다.

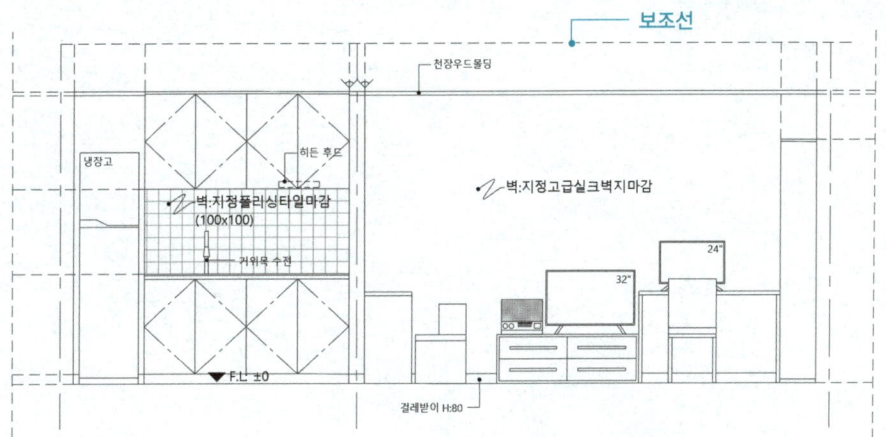

❿ 치수를 기입하여 내부 입면도-A를 완성합니다. 완성된 대학생 원룸의 평면도, 천장도, 내부 입면도를 답안 파일과 비교하여 누락된 부분이 없는지, 각 도면층이 적용되었는지를 확인합니다.

학습파일 | 완성파일 \ Part03 \ Ch04 \ 원룸 – 내부 입면도.dwg

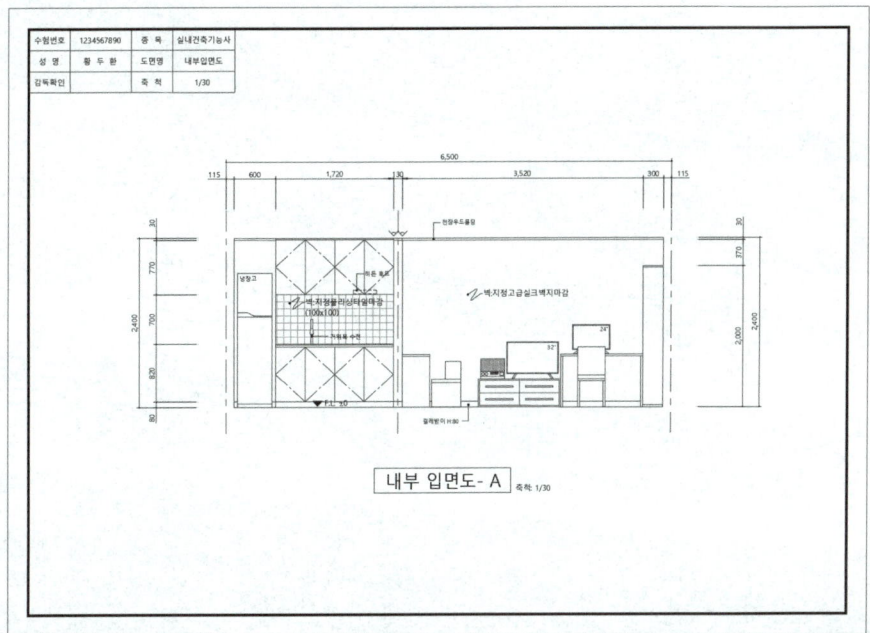

실기시험에 꼭 필요한 SketchUp 명령어 47

Chapter 01 | **스케치업 시작하기**

Chapter 02 | **그리기 도구**

Chapter 03 | **편집 도구**

Chapter 04 | **재질 및 주석 도구**

Chapter 05 | **출력 및 기타 도구**

SketchUp에는 다양한 모델링 도구와 기능이 있으며, 추가 확장도구(루비)도 활용되고 있습니다.
그러나 실내건축기능사 실기시험에서는 약 50여 가지의 도구만으로도 충분합니다.
이 단원에서는 시험에 필요한 주요 모델링 도구와 그 기본적인 사용방법에 대해 알아보겠습니다.

Chapter 01 스케치업 시작하기

효율적인 학습과 모델링 작업을 위해 기본적인 운용방법과 작업환경을 설정합니다.

학습파일 | 실습파일 \ Part04 \ Ch01 \ 살펴보기.skp
▶ 동영상 \ Part04 \ Ch01 \ 스케치업 시작하기.mp4

Section 01 스케치업 작업환경 설정하기

① 템플릿 선택

SketchUp 설치 ⇨ SketchUp 실행 ⇨ [건축-mm] 템플릿 클릭

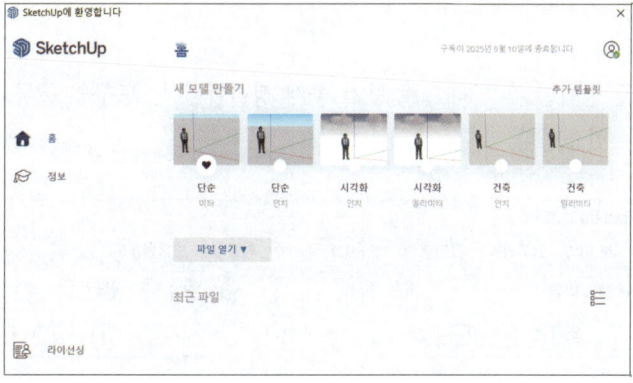

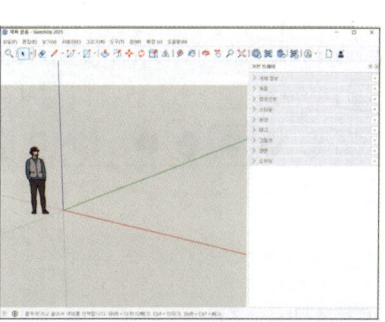

❷ 도구 모음 설정

메뉴 [보기] ⇨ [도구 모음]에서 단면, 뷰, 솔리드 도구, 스타일, 측정, 큰 도구 세트, 태그, 표준을 체크합니다.

❸ 도구 정리

도구막대 끝을 클릭한 후 드래그로 보기 좋게 정렬합니다. 도구의 종류와 위치는 사용자에 따라 달라질 수 있습니다.

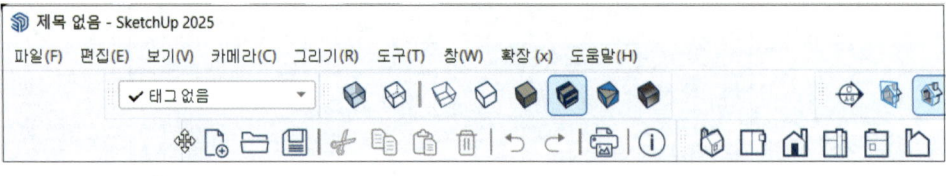

실내건축기능사 실기

Section 02 모델 살펴보기(작업화면 컨트롤)

❶ 파일 열기

[실습파일\Part04\Ch01\살펴보기.skp] 파일을 더블클릭하여 스케치업을 실행합니다.

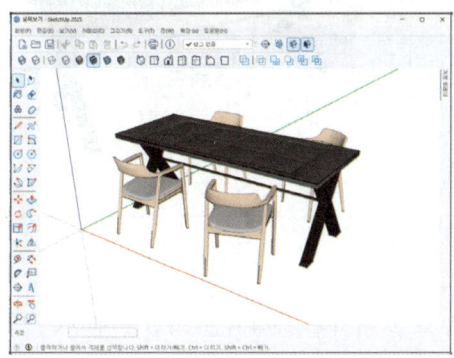

❷ 확대/축소

마우스 휠을 위로 돌리면 확대, 아래로 돌리면 축소됩니다. 이때 마우스 커서가 위치한 지점이 확대/축소의 기준이 됩니다. 커서를 의자 위에 두고 휠을 돌리면 의자가 확대되거나 축소됩니다.

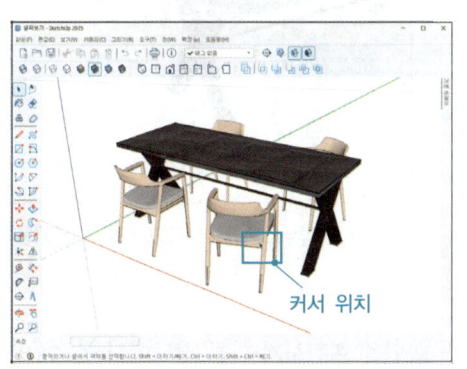 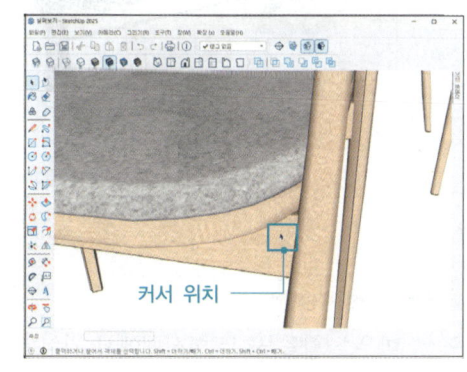

Chapter 01 스케치업 시작하기 233

❸ 전체 보기(Zoom Extents)

`Shift` + Z를 입력하면 모든 객체가 화면 크기에 맞춰집니다.

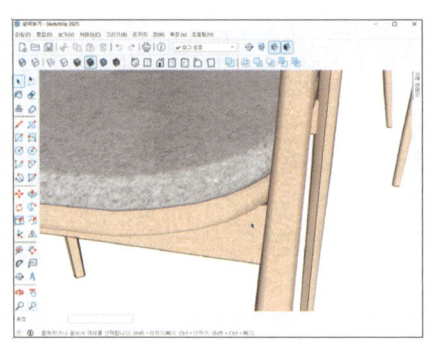 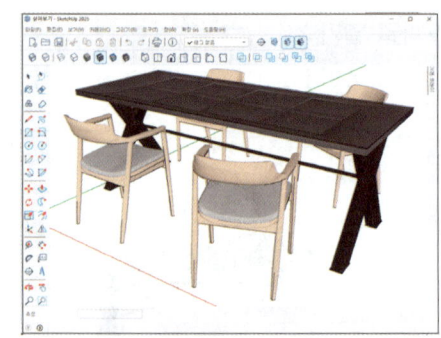

❹ 뷰 이동(Pan)

`Shift` 키를 누른 상태에서 마우스 휠을 꾹 누르고 커서를 움직이면 화면을 원하는 방향으로 이동할 수 있습니다.

[`Shift` + 마우스 휠을 누르고 좌측으로 이동]

❺ 뷰 회전(Orbit)

마우스 휠을 꾹 누른 상태에서 커서를 움직이면 화면을 회전시켜 다른 각도에서 볼 수 있습니다.

 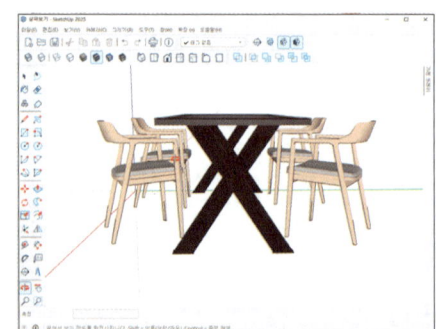

실내건축기능사 실기

Section 03 뷰(View)

① 내용

좌표축을 기준으로 바라보는 방향을 설정합니다.

② 과정

도구막대 아이콘을 클릭합니다.

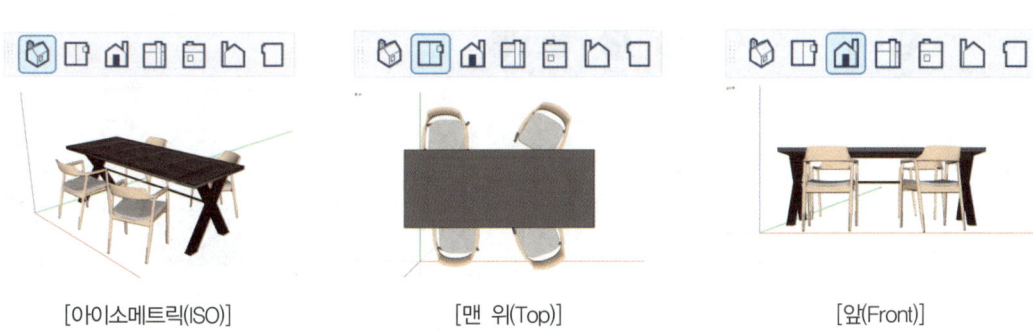

[아이소메트릭(ISO)]　　　　[맨 위(Top)]　　　　[앞(Front)]

Section 04 뷰 스타일(Style)

① 내용
- 화면에 출력되는 객체의 스타일을 설정합니다.
- 기본 설정(텍스처 사용) 상태를 기억해 둡니다.

② 과정

도구막대 아이콘을 클릭합니다.

[엑스레이]　　　　[음영 모드]　　　　[포토리얼(2025 버전 이상)]

Chapter 01 스케치업 시작하기 235

* 포토리얼 설정 후 기본 설정인 '텍스처 사용'으로 변경하려면 도구막대에서 '텍스처 사용' 아이콘(①)을 클릭합니다. 환경설정을 해제하려면 트레이 '환경'에서 선택 탭(②)을 클릭한 후 '모델 안'(③)을 클릭한 다음 '환경 없음'(④)을 클릭합니다.

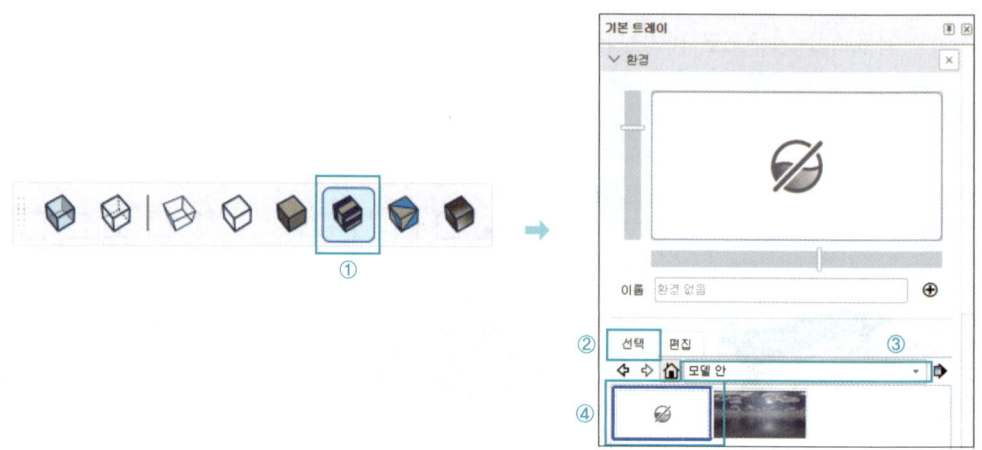

Section 05 투시도(카메라) 설정

① 내용
작업화면의 투시도 유형을 설정합니다.

② 과정
메뉴 [카메라]에서 '평행 투영', '원근감', '2점 투시' 중 하나를 선택합니다(기본값: 원근감).

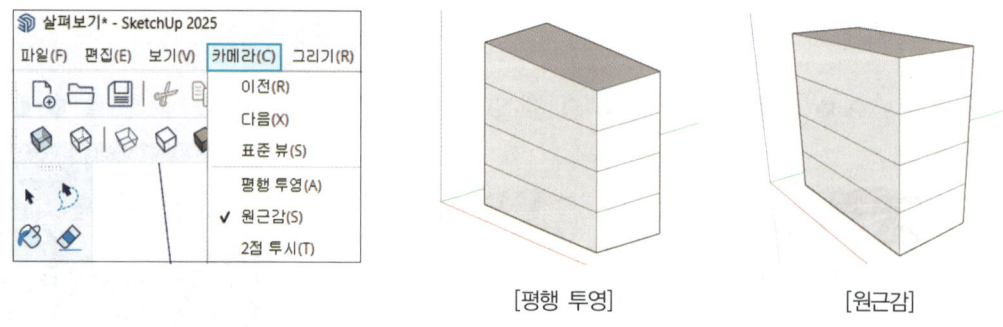

[평행 투영]   [원근감]

③ 용도
건축 및 인테리어 분야에서는 일반적으로 원근감 모드로 작업한 후 결과물을 출력할 때는 안정감을 주기 위해 2점 투시 모드로 설정합니다.

Section 06 기본 단축키

1 내용

신속한 모델링을 위한 기본 단축키

도구(단축키)	내용	도구(단축키)	내용
Line (L)	선	Select (Space Bar)	선택
Rectangle (R)	사각형	Eraser (E)	지우기
Circle (C)	원	Push/Pull (P)	밀기/끌기
2 Point Arc (A)	호(2Point)	Offset (F)	간격 띄우기
Move (M)	이동 및 복사	Search (Shift + S)	도구 검색
Rotate (Q)	회전 및 회전복사	Zoom Extents (Shift + Z)	전체 화면에 맞춤
Scale (S)	배율 및 신축	Tape Measure (T)	줄자(측정/보조선)
Paint Bucket (B)	페인트(재질)	Scroll / Click-Drag / Shift+Click-Drag / Double-Click	Zoom / Orbit / Pan / re-center view

* 스케치업 홈페이지(www.sketchup.com)의 'Help Center'에서 단축키가 정리된 PDF 파일(Quick Reference Card)을 다운로드할 수 있습니다.

Chapter 02 그리기 도구

기본적인 그리기 도구인 선(L), 사각형(R), 원(C), 호(A)의 사용방법을 학습합니다.

> 학습파일 | ▶ 동영상\Part04\Ch02\그리기 도구.mp4

Section 01 선 (L) ✏️

① 내용
수평선, 수직선, 사선 및 도형을 그립니다. 도형이 완전히 닫히면 내부에 면이 생성됩니다.

② 과정
L ⇨ 선의 시작점(①) 클릭 ⇨ 선의 끝점(②, ③) 클릭

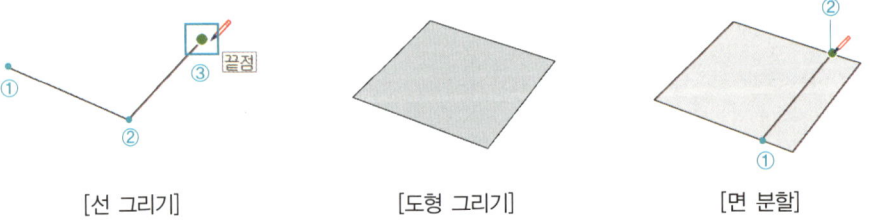

[선 그리기]　　　　　[도형 그리기]　　　　　[면 분할]

Section 02 사각형 (R)

① 내용
사각형을 그립니다.

② 과정
- R ⇨ 첫 번째 모서리(①) 클릭 ⇨ 두 번째 모서리(②) 클릭

- R ➪ 첫 번째 모서리 클릭 ➪ 'x, y' 길이값 입력 후 Enter↵

* 가로(x), 세로(y)값을 입력하여 작성한 후 가로, 세로가 반대로 됐을 때 다시 입력하면 됩니다.

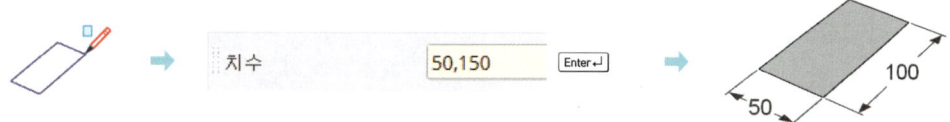

Section 03 원(C)

1 내용

원을 이루는 선(세그먼트)의 수량을 설정하여 원을 그립니다.

2 과정

- C ➪ 선(세그먼트)의 수(50) 입력 Enter↵ ➪ 원의 중심점(①) 클릭 ➪ 가장자리(통과점) 클릭

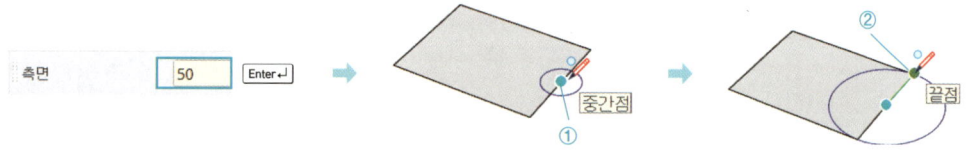

- C ➪ 선(세그먼트)의 수(50) 입력 Enter↵ ➪ 원의 중심점(①) 클릭 ➪ 반지름값(30) 입력 Enter↵

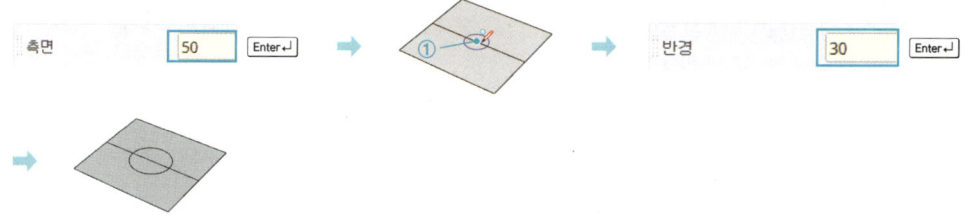

* 처음 입력한 세그먼트 수는 저장되므로, 이후에는 숫자 입력을 생략하고 바로 중심을 클릭합니다. 세그먼트 수를 변경하고자 할 경우에는 새로 입력합니다.

Section 04 2점 호(A)

❶ 내용
호를 이루는 선(세그먼트)의 수량을 설정하여 호를 그립니다.

❷ 과정
- A ⇨ 선(세그먼트)의 수(50) 입력 [Enter↵] ⇨ 호의 시작점(①) 클릭 ⇨ 호의 끝점(②) 클릭 ⇨ 돌출부(③) 클릭

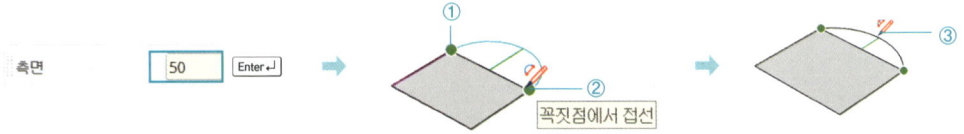

- A ⇨ 선(세그먼트)의 수(50) 입력 [Enter↵] ⇨ 호의 시작점(①) 클릭 ⇨ 호의 끝점(②) 클릭 ⇨ 돌출부 거릿값(60) 입력 [Enter↵]

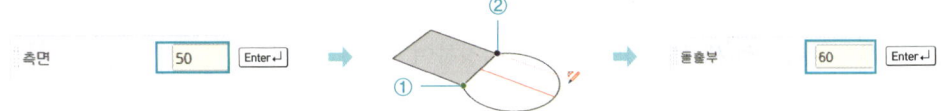

*큰 도구 세트에서 호, 3점 호, 파이 도구를 사용하면 다양한 방법으로 호를 그릴 수 있습니다.

Chapter 03 편집 도구

편집의 시작 단계인 선택 도구를 비롯해 지우기, 밀기/끌기, 이동, 복사 등 원본 객체를 수정하는 도구를 학습합니다.

> **학습파일** | 실습파일 \ Part04 \ Ch03 \ 편집 도구.skp
> ▶ 동영상 \ Part04 \ Ch03 \ 편집 도구.mp4

Section 01 선택 (Space Bar)

1) 내용
편집 대상을 선택합니다.

2) 과정
스케치업에서는 클릭, 더블클릭, 트리플클릭의 세 가지 방법의 클릭 선택과, 포함, 걸침의 두 가지 방법의 영역 선택으로 객체를 선택할 수 있습니다. 선택된 객체는 파란색으로 표시됩니다.

❶ 클릭

클릭한 선이나 면만 선택됩니다.

 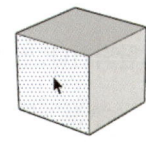

[모서리 클릭]   [면 클릭]

❷ 더블클릭

선을 더블클릭하면 선과 접한 면까지 선택되고, 면을 더블클릭하면 면과 접한 선까지 선택됩니다.

   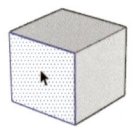

[모서리 더블클릭]   [면 더블클릭]

❸ 트리플클릭

선이나 면을 트리플클릭하면 연결된 모든 부분이 선택됩니다.

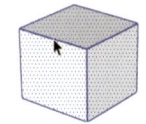   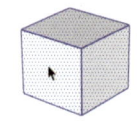

[모서리 트리플클릭]   [면 트리플클릭]

❹ 포함 선택, 걸침 선택

- 포함 선택 : 우측으로 클릭 드래그 ▷ 영역에 포함되는 객체만 선택

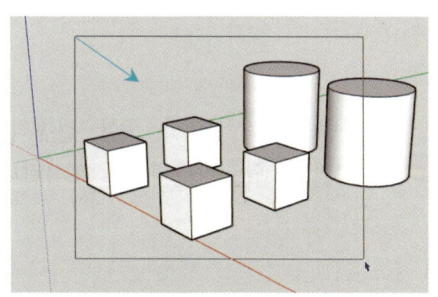   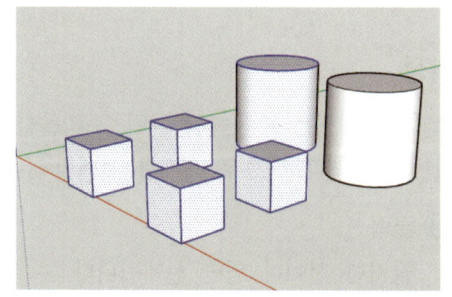

[우측 원통이 포함되지 않음]

- 걸침 선택 : 우측으로 클릭 드래그 ▷ 영역에 포함되거나 걸쳐지는 객체를 모두 선택

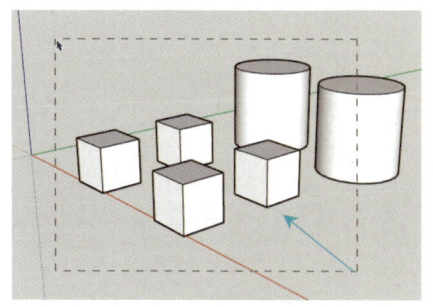   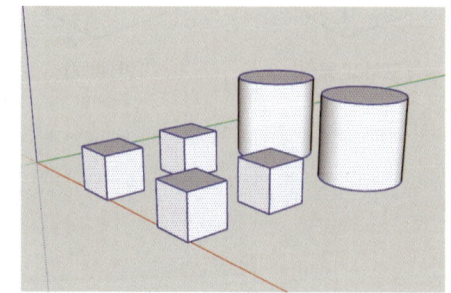

[우측 원통이 걸쳐짐]

❺ 선택 추가와 해제
- 전체 해제 : 빈 공간을 클릭하거나 Ctrl + T를 입력합니다.
- 선택 해제 : Ctrl + Shift + 클릭
- 선택 추가 : Ctrl + 클릭
- 선택 추가/해제 : Shift + 클릭

선택 이후 빈 공간을 클릭하면 선택이 해제됩니다.

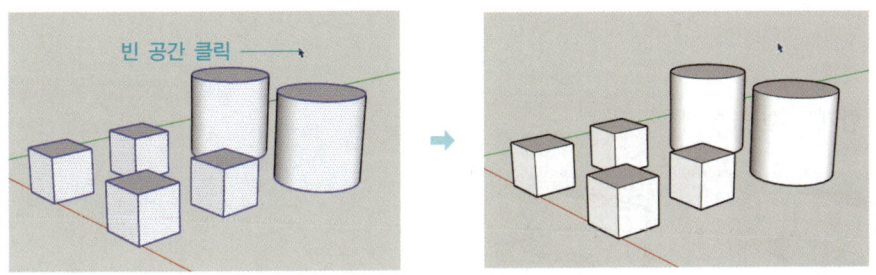

Section 02 지우개 (E)

1) 내용
객체를 삭제합니다.

2) 과정

❶ E ➡ 객체 클릭(지우개 모서리의 작은 원(①)에 걸친 상태에서 클릭)

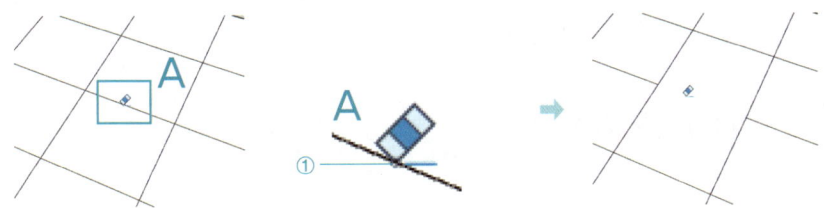

❷ E ➡ 클릭 드래그로 삭제할 객체를 통과

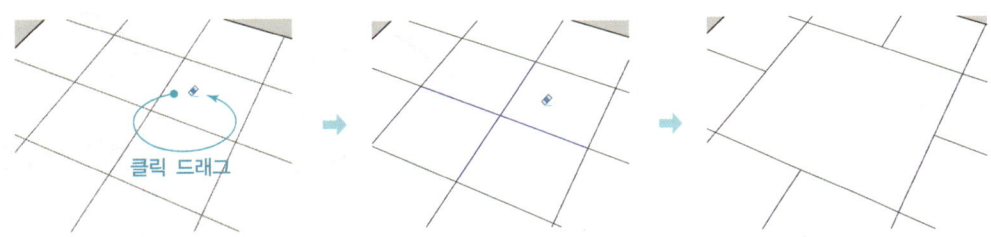

Craftsman Interior Architecture

＊ Space Bar 를 누르고 객체를 선택한 후 Delete를 눌러도 삭제할 수 있습니다.

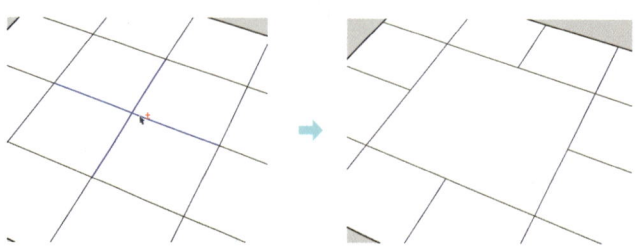

❸ 옵션
- 부드럽게: Ctrl + 클릭

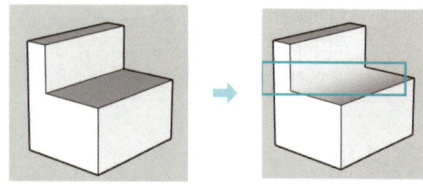

- 숨기기: Shift + 클릭

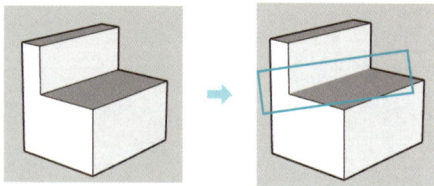

＊ 부드럽게/숨기기 취소: Alt + 클릭

Section 03 밀기/끌기 (P)

1) 내용

면을 밀고 끌어 입체적인 형상을 만듭니다.

2) 과정

❶ P ➡ 면(①) 클릭 ➡ 밀기/끌기의 목적지(②) 클릭

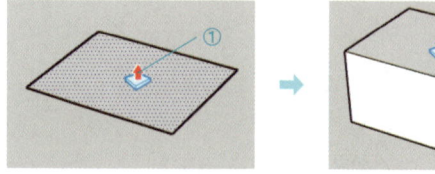

❷ P ⇨ 면(①) 클릭 ⇨ 밀기/끌기의 방향으로 커서 이동 ⇨ 거릿값(500) 입력 Enter↵

❸ 옵션
- 이전 값 반복 적용: 더블클릭

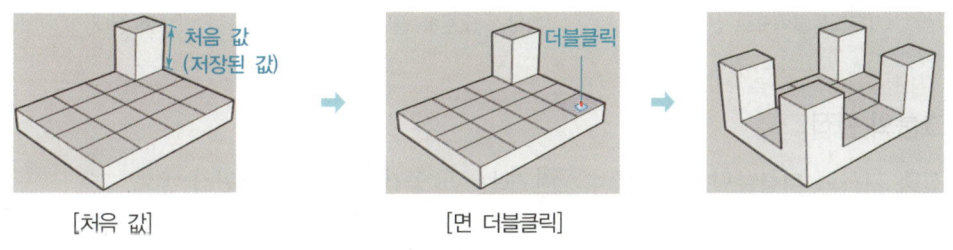

- 시작 면 새로 적용: Ctrl + 클릭

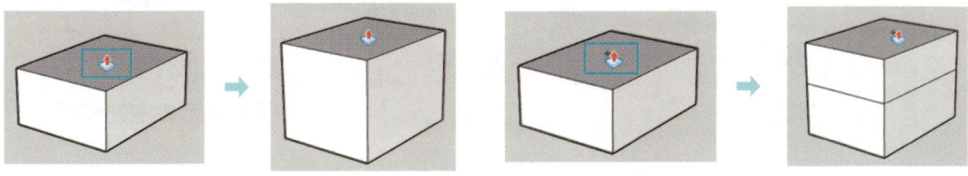

Section 04 그룹

1) 내용
선택한 여러 객체를 하나의 그룹으로 만듭니다.

2) 과정
객체 선택 ⇨ 마우스 오른쪽 클릭 ⇨ '그룹 만들기' 클릭

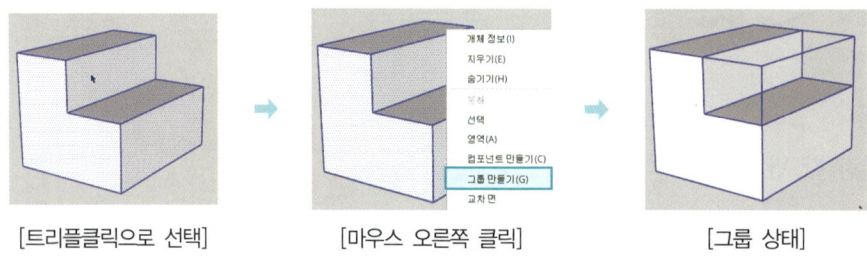

[트리플클릭으로 선택]　　[마우스 오른쪽 클릭]　　[그룹 상태]

3) 그룹의 편집
선택 커서로 더블클릭 ⇨ 편집 ⇨ [Esc] 또는 빈 공간을 클릭하여 편집 종료

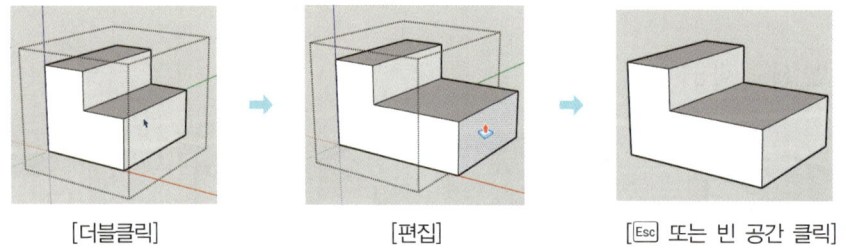

[더블클릭]　　[편집]　　[Esc] 또는 빈 공간 클릭]

＊그룹 객체의 분해

그룹 객체를 오른쪽 버튼으로 클릭 ⇨ '분해' 클릭

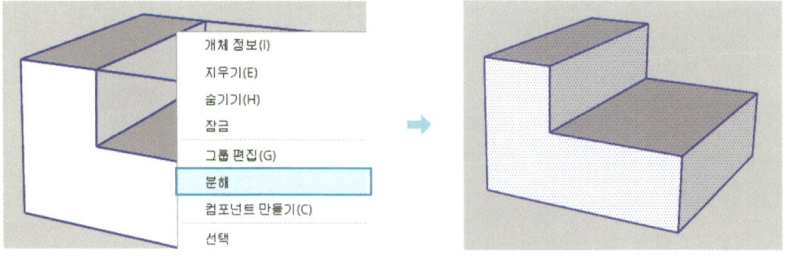

Section 05 이동 (M)

1) 내용

선택한 객체를 이동하거나 복사합니다.

2) 과정

❶ 객체 클릭 ⇨ M ⇨ 기준점(①) 클릭 ⇨ 목적지(②) 클릭

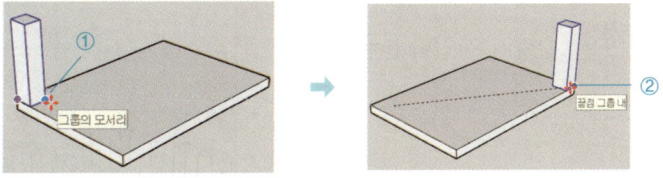

❷ 객체 클릭 ⇨ M ⇨ 기준점(①) 클릭 ⇨ 방향 지시 ⇨ 거릿값(1000) 입력 ⇨ Enter↵

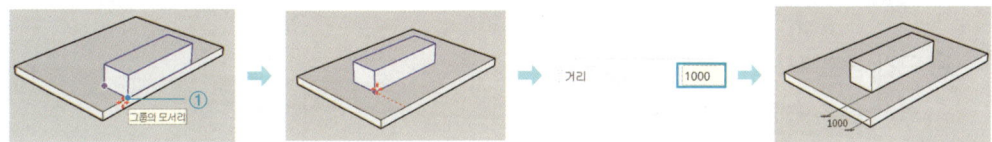

3) 옵션

❶ 늘리기

객체 클릭 ⇨ M ⇨ 기준점(①) 클릭 ⇨ 목적지(②) 클릭 또는 거릿값 입력 Enter↵

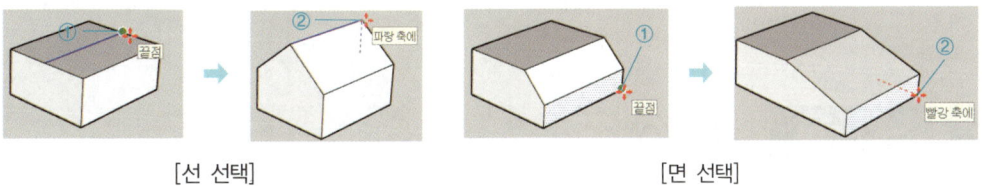

[선 선택]　　　　　　　　[면 선택]

❷ 복사

객체 클릭 ⇨ M ⇨ Ctrl ⇨ 기준점(①) 클릭 ⇨ 목적지(②) 클릭 또는 거릿값 입력 Enter↵

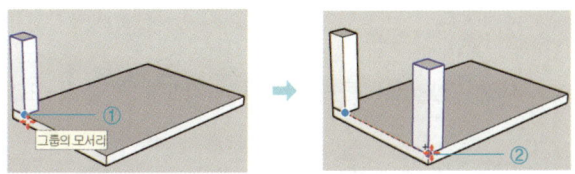

❸ 다중복사

객체를 선택한 후 ⇨ M ⇨ Ctrl ⇨ Ctrl ⇨ 기준점(①) 클릭 ⇨ 목적지(②) 클릭 또는 거릿값 입력 Enter↵

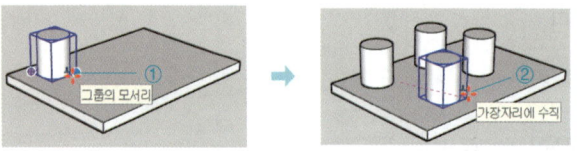

❹ 연속복사

복사 후 *수량 입력 Enter↵ 또는 수량*(×)입력 Enter↵

❺ 구간 등분복사

복사 후 '/수량 입력 Enter↵

Section 06 회전 (Q)

1) 내용

선택한 객체를 회전하거나 복사합니다.

2) 과정

객체 클릭 ⇨ Q ⇨ 기준점(①) 클릭 ⇨ 시작 각도(②) 클릭 ⇨ 회전 각도(③) 클릭 또는 입력 Enter↵

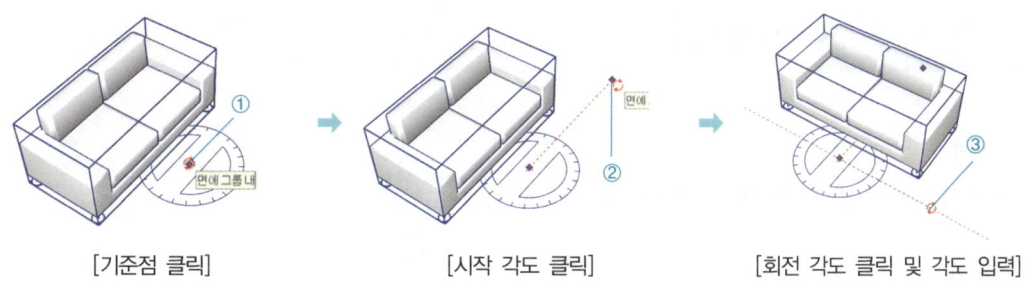

[기준점 클릭]　　　　　　[시작 각도 클릭]　　　　　　[회전 각도 클릭 및 각도 입력]

3) 옵션

❶ 복사

객체 클릭 ⇨ Q ⇨ Ctrl ⇨ 기준점(①) 클릭 ⇨ 시작 각도(②) 클릭 ⇨ 회전 각도(③) 클릭 또는 입력 Enter↵

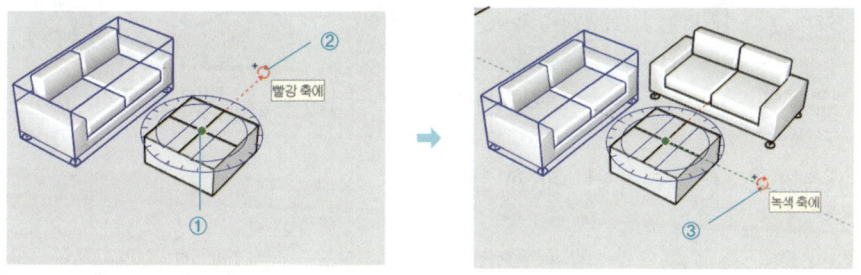

❷ 연속복사

복사 후 '*수량' 입력 Enter↵ 또는 수량*(×) 입력 Enter↵

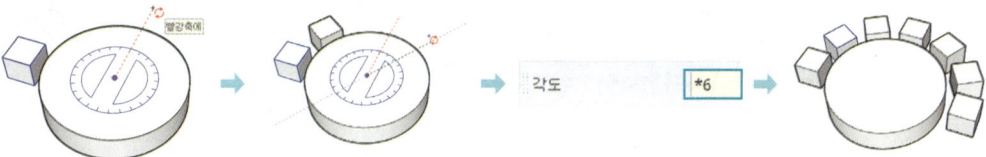

❸ 구간 등분복사

복사 후 '/수량' 입력 Enter↵

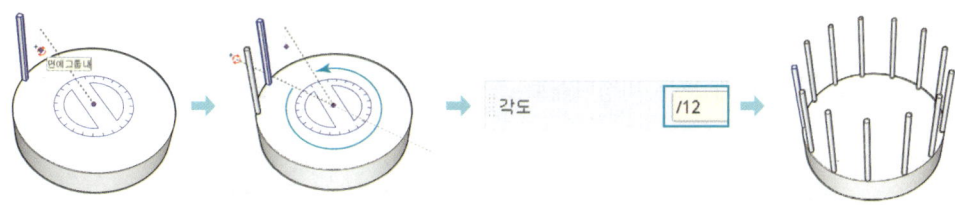

Section 07 따라가기

1) 내용
2차원 도형, 직선, 호 등의 경로를 활용하여 입체 도형을 만듭니다.

2) 과정

❶ 클릭 ⇨ 따라갈 면(①) 클릭 ⇨ 경로를 따라 커서 이동 ⇨ 경로 끝(②) 클릭

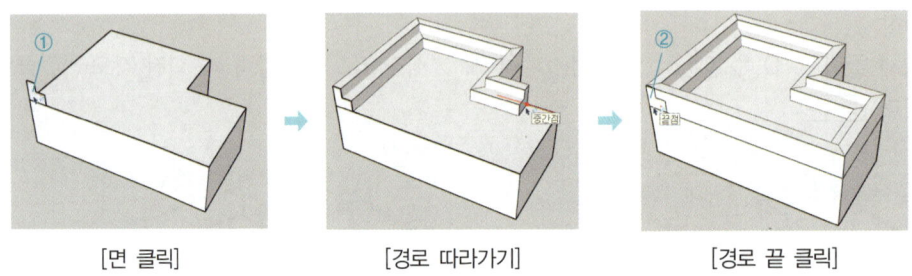

[면 클릭]   [경로 따라가기]   [경로 끝 클릭]

❷ 경로(①) 클릭 ⇨ 클릭 ⇨ 면(②) 클릭

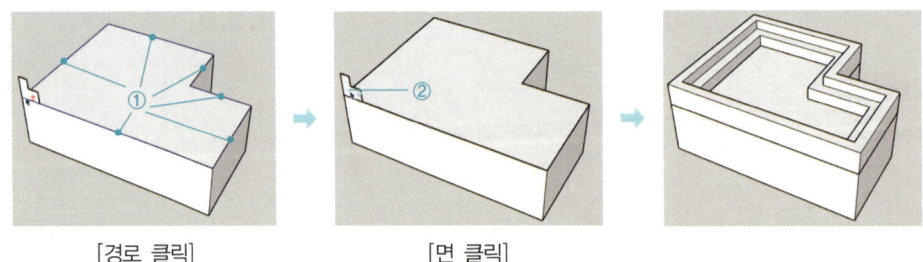

[경로 클릭]   [면 클릭]

Section 08 배율 (S)

1) 내용
객체의 크기를 정비례 또는 비정비례로 조정하여 늘리거나 줄일 수 있습니다.

2) 과정
객체 클릭 ⇨ S ⇨ 조절점(①) 클릭 ⇨ 맞춤 위치(②) 클릭 또는 배율값 입력 Enter↵

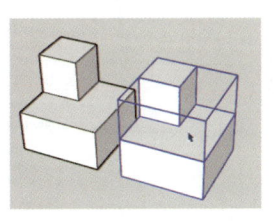 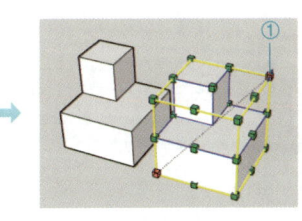 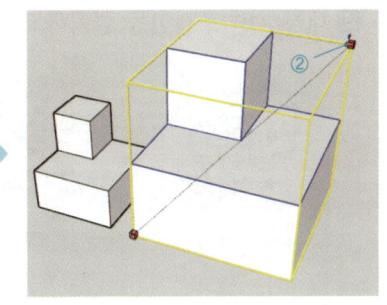

3) 옵션

❶ 정비례(3개 축 조정) : 코너 조절점 클릭

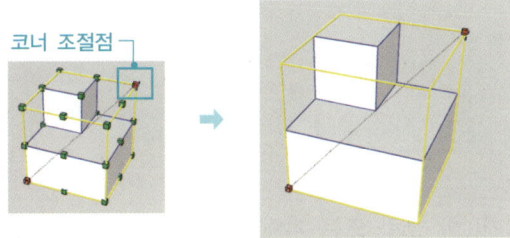

❷ 비정비례(2개 축 조정) : 모서리 조절점 클릭

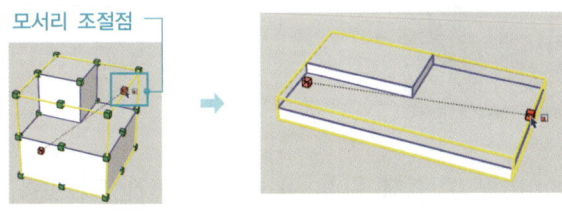

❸ 늘리기, 줄이기(1개 축 조정) : 면 조절점 클릭

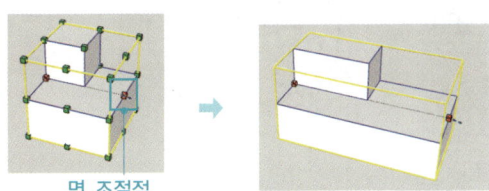

Craftsman Interior Architecture

❹ 대칭 : 면 조절점을 클릭하고 -1을 입력

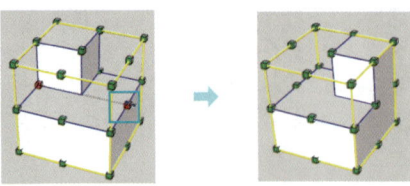

Section 09 오프셋 (F)

1) 내용

2개 이상의 모서리선을 복사합니다.

2) 과정

❶ F ➩ 면의 모서리(①) 클릭 ➩ 복사 위치(②) 클릭 또는 거릿값 입력 Enter↵

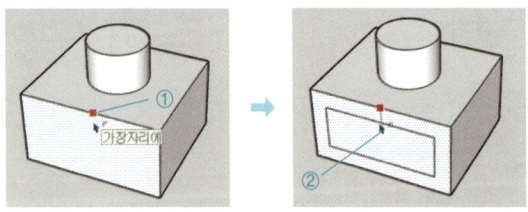

❷ 모서리(①) 클릭 ➩ F ➩ 모서리(②) 클릭 ➩ 복사 위치(③) 클릭 또는 거릿값 입력 Enter↵

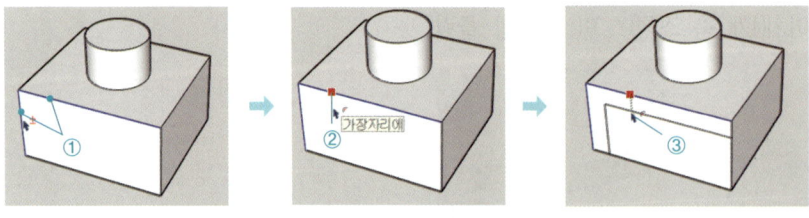

[모서리 클릭]

Section 10 대칭

1) 내용
객체를 대칭으로 이동하거나 복사합니다.

2) 과정

❶ 객체 클릭 ⇨ ▲ 클릭

❷ 대칭축 ①을 클릭 드래그로 ②지점까지 이동

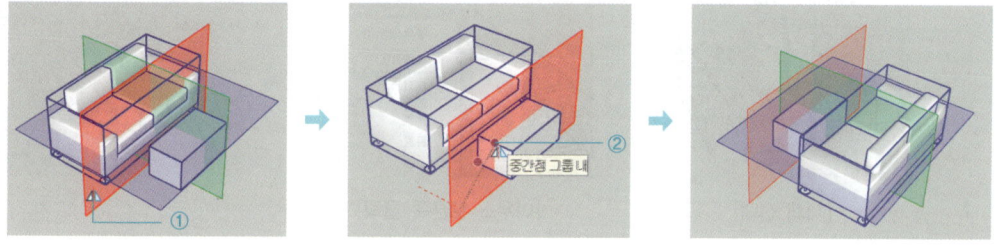

3) 옵션

❶ 복사

객체 클릭 ⇨ ▲ 클릭 ⇨ Ctrl ⇨ 대칭축 ①을 클릭 드래그로 ②지점까지 이동

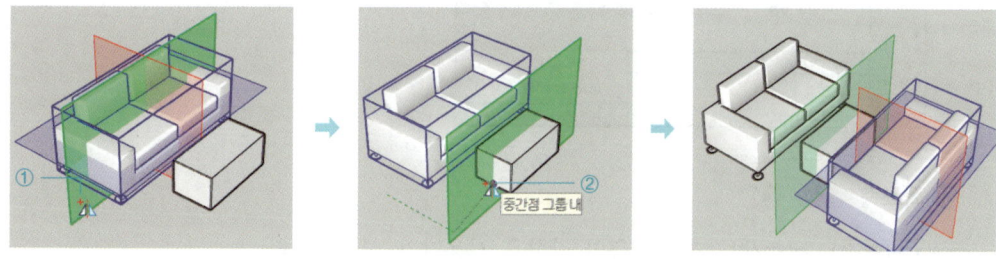

❷ 평면 중심 대칭

객체 클릭 ⇨ ▲ 클릭 ⇨ 방향키(↑, →, ←)

Section 11 기타 편집 도구

1) 내용
객체 숨기기, 좌표축 설정, 면 반전, 단면

❶ 객체 숨기기
선택한 객체를 숨겨 화면에 보이지 않게 합니다. 숨기기는 그룹/비그룹 상태를 구분합니다.

2) 과정

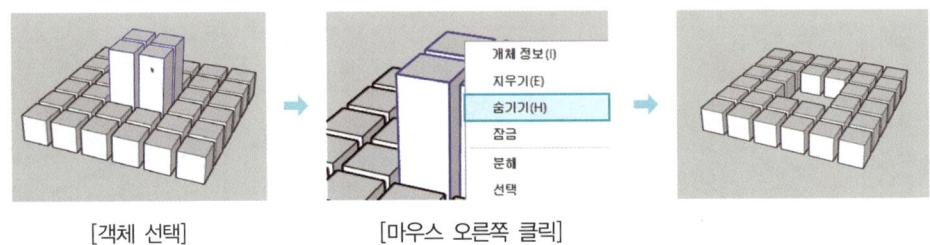

[객체 선택]　　　　　[마우스 오른쪽 클릭]

❶ 숨기기 취소
그룹 편집 모드에서 숨긴 객체는 해당 객체의 편집모드 상태에서 숨기기를 취소해야 합니다.

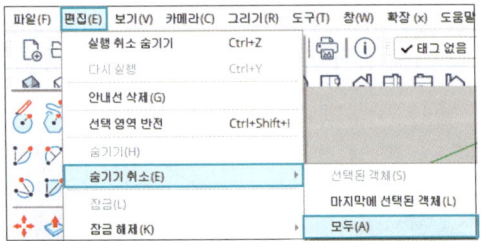

❷ 좌표축 설정
- x(빨강), y(녹색), z(파랑)축의 방향을 사용자가 설정합니다.
- 선이나 사각형을 그릴 때 설정된 축의 방향으로 그려지므로 축의 방향과 그릴 방향을 일치시켜야 할 때 사용됩니다.

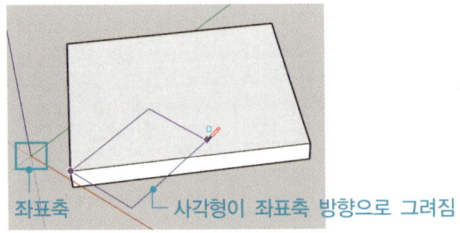

좌표축　　사각형이 좌표축 방향으로 그려짐

3) 과정

클릭 ⇨ 원점(①) 클릭 ⇨ x축 방향(②) 클릭 ⇨ y축 방향(③) 클릭

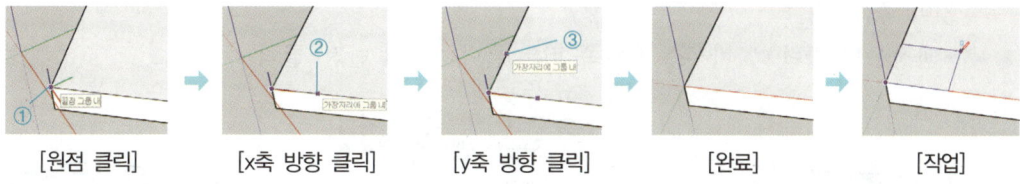

[원점 클릭]   [x축 방향 클릭]   [y축 방향 클릭]   [완료]   [작업]

4) 옵션

① 처음 위치로 재설정하기

좌표축을 원래의 위치와 방향으로 다시 설정하려면 화면에서 좌표축을 마우스 오른쪽 버튼으로 클릭하고 '재설정'을 클릭합니다.

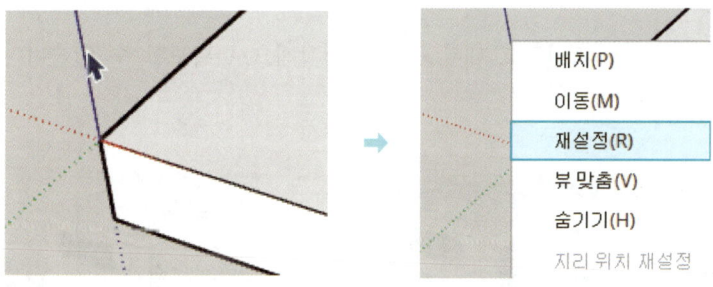

[축을 마우스 오른쪽 버튼으로 클릭]

② 좌표축 숨기기

좌표축을 마우스 오른쪽 버튼으로 클릭하여 '숨기기'를 선택하면 화면에서 보이지 않게 할 수 있습니다. 다시 보이게 하려면 메뉴 [보기]에서 축을 클릭합니다.

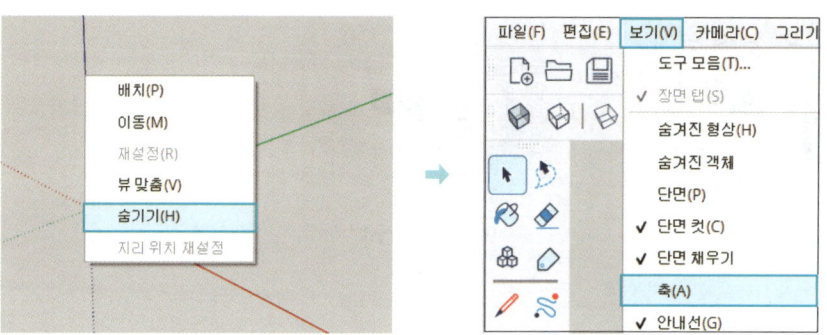

❸ 면 반전

스케치업은 앞면(흰색)과 뒷면(푸른색)으로 구분되어 있습니다. 기본적으로 겉으로 드러나는 부분을 앞면(흰색)으로 모델링합니다. 작업과정에서 뒷면이 드러나는 경우 앞면으로 변경하는 것이 좋습니다.

• 과정 : 면 클릭 ➪ 마우스 오른쪽 버튼 클릭 ➪ '면 반전' 클릭

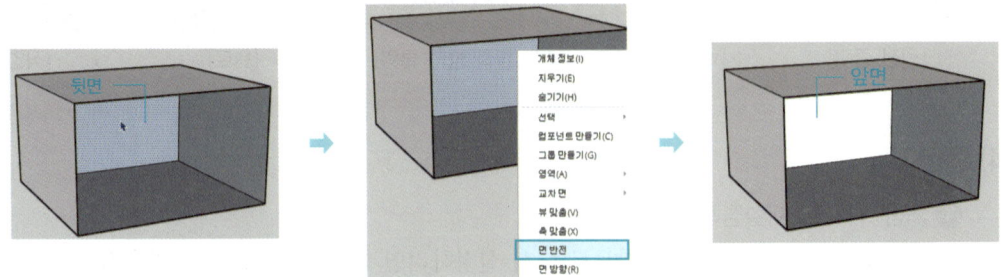

❹ 단면

단면 기호를 이동시켜 단면을 확인하고 내부 공간을 시각적으로 확보할 수 있습니다.

• 단면 : 단면 생성

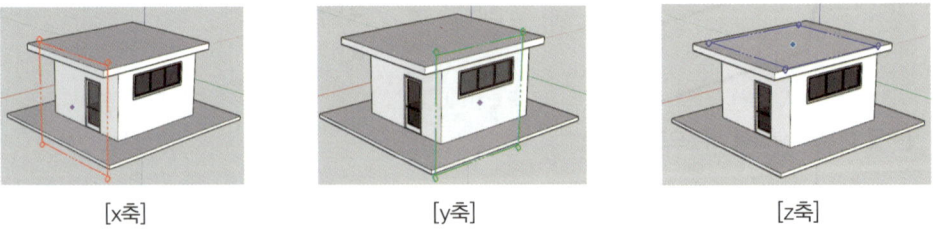

[x축]   [y축]   [z축]

• 단면 표시 : 단면 기호의 표시 여부를 설정

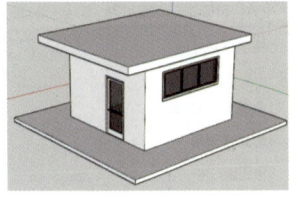   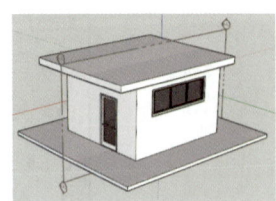

[단면 표시 Off]   [단면 표시 On]

- 단면 컷 표시 : 단면 컷의 표시 여부를 설정

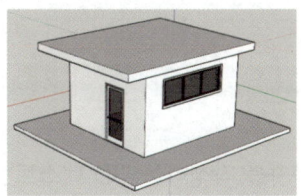 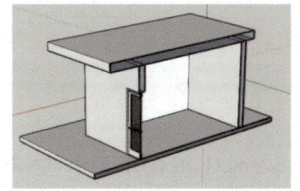

[단면 표시 Off, 단면 컷 표시 Off]   [단면 표시 Off, 단면 컷 표시 On]

- 단면 채우기 표시 : 단면의 채움 여부를 설정

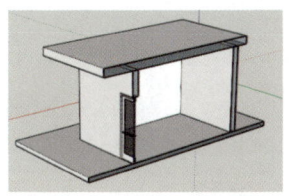 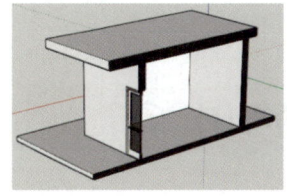

[단면 컷 표시 On, 단면 채우기 표시 Off]   [단면 컷 표시 On, 단면 채우기 표시 On]

Chapter 04 재질 및 주석 도구

3D 객체를 작성하는 과정에서 필요한 치수 도구와 입체 문자를 작성하는 '3D 텍스트', 그리고 재질을 적용하는 페인트통 도구에 대해 학습합니다.

> **학습파일** | 실습파일 \ Part04 \ Ch04 \ Ch04,05.skp
> ▶ 동영상 \ Part04 \ Ch04 \ Ch04,05.mp4

Section 01 줄자 (T)

1) 내용
거리를 측정하고 안내선(보조선)을 표시합니다.

2) 과정

❶ 긴 안내선

T ⇨ 모서리(①) 클릭 ⇨ 목적지(②)를 클릭하거나 거릿값을 입력한 후 Enter↵를 누릅니다.

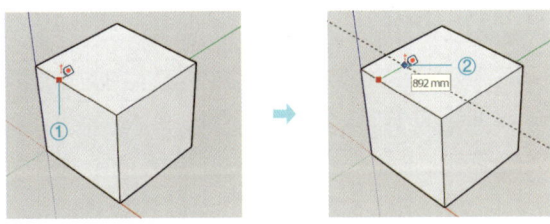

❷ 짧은 안내선

T ⇨ 꼭짓점(①) 클릭 ⇨ 목적지(②)를 클릭하거나 거릿값을 입력한 후 Enter↵를 누릅니다.

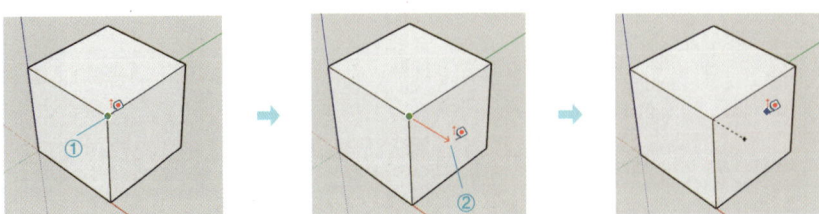

❸ 거리 측정

- T ⇨ 측정 시작점(①) 클릭 ⇨ 측정 끝점(②) 클릭
- 측정값은 화면과 VCB창에 표시됩니다.

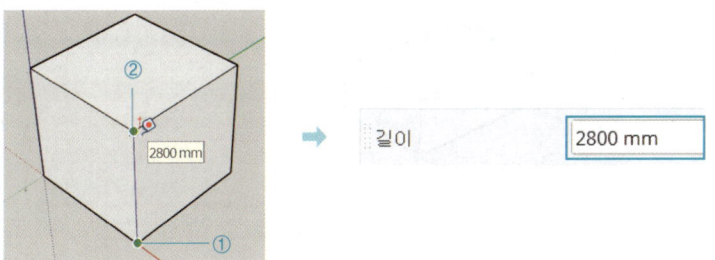

3) 옵션

❶ 안내선 삭제하기
메뉴에서 [편집] ⇨ [안내선 삭제]

❷ 안내선 숨기기
메뉴에서 [보기] ⇨ [안내선]

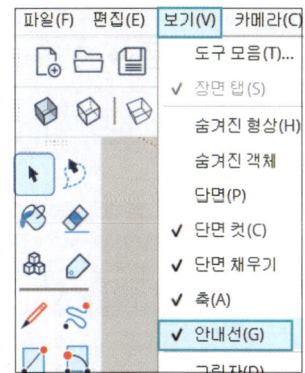

Section 02 치수

1) 내용

두 지점을 클릭하여 치수를 기입합니다. 클릭한 위치나 객체에 따라 선형치수, 정렬치수, 반지름, 지름치수가 자동으로 표시됩니다.

2) 과정

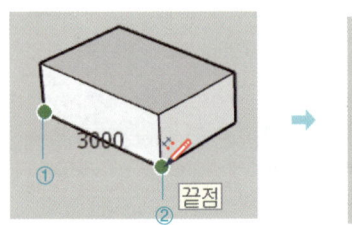 클릭 ⇨ 시작점(①) 클릭 ⇨ 끝점(②) 클릭 ⇨ 위치(③) 클릭

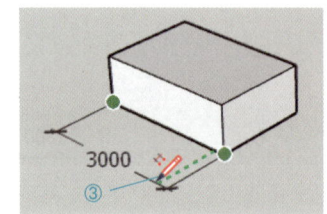

Section 03 3D 텍스트 A

1) 내용

3D 문자와 면이 있는 2D 문자를 작성할 수 있습니다. 작성된 3D 문자는 그룹으로 지정됩니다.

2) 과정

A 클릭 ⇨ 문자 작성 ⇨ 글꼴, 높이 등 설정 ⇨ 배치

Section 04 페인트통 (B)

1) 내용

객체의 면에 재질과 색상을 적용합니다.

2) 과정

재질(①) 선택 ⇨ 적용할 면(②) 클릭

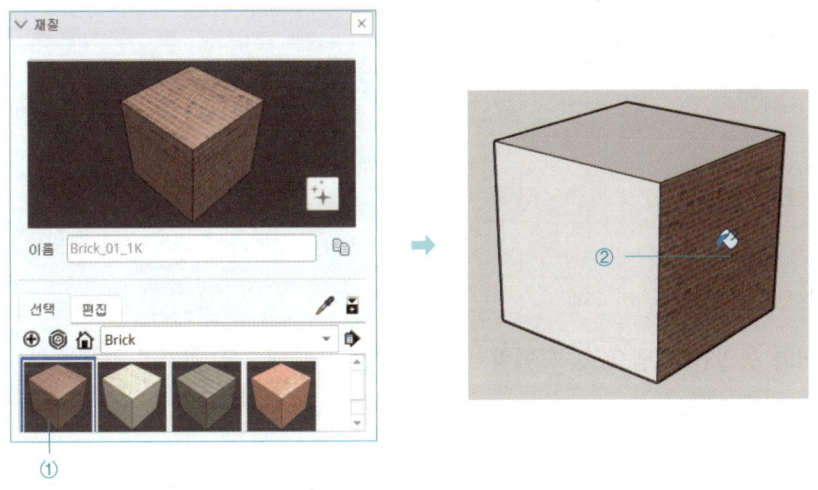

※ 재질 트레이의 표시 방식은 버전에 따라 차이가 있습니다.

3) 옵션

'편집' 탭에서 재질의 속성을 설정할 수 있습니다.

Chapter 05 출력 및 기타 도구

그리기 및 편집 도구 외에도 출력 도구와 모델링에 필요한 다양한 설정에 대해 학습합니다.

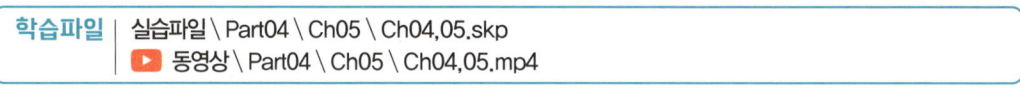

Section 01 태그

1) 내용

AutoCAD의 레이어와 동일한 개념으로, 모델링 요소를 구분하여 태그를 지정합니다.

2) 과정

태그 등록 ⇨ 객체 선택 ⇨ 태그 지정

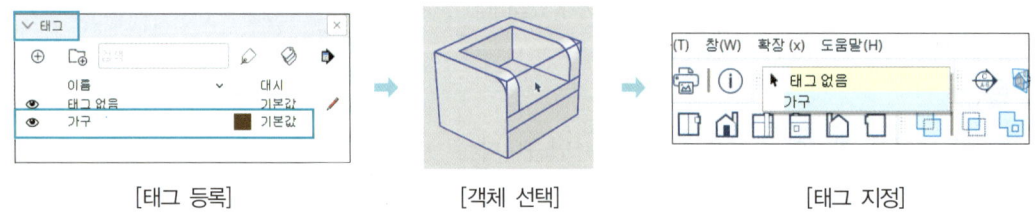

[태그 등록]　　　　　　[객체 선택]　　　　　　[태그 지정]

Section 02 스타일 설정

1) 내용

모델링 스타일에 영향을 주는 선 두께, 앰비언트, 배경을 설정합니다.

2) 과정

스타일(트레이) ⇨ 편집 탭 ⇨ 가장자리, 면, 배경 등을 설정합니다.

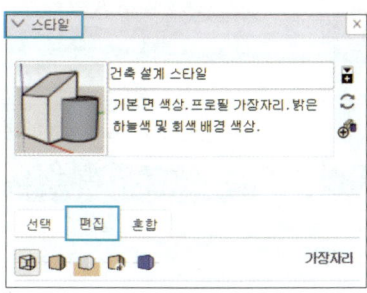

3) 옵션

❶ 프로필

윤곽을 나타내는 선의 두께로, 항목을 끄거나 '1'로 설정해야 디테일한 표현이 가능합니다.

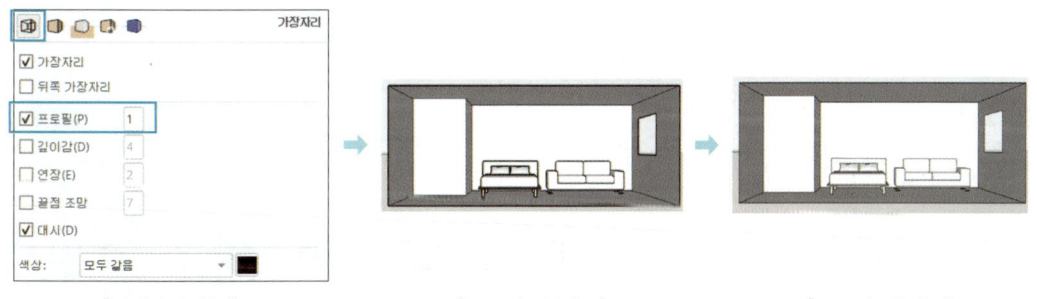

[가장자리 설정] [프로필: 두께 3] [프로필: 두께 1]

❷ 앰비언트 오클루전

음영을 적용하여 사실감을 높여줍니다(스케치업 2024 버전 이상).

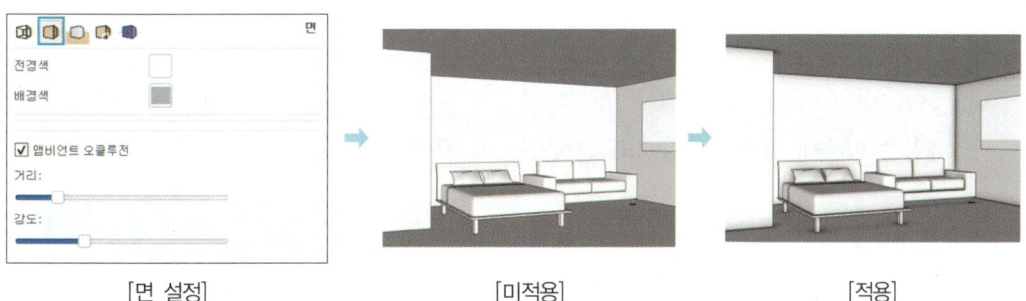

[면 설정] [미적용] [적용]

❸ 하늘

하늘의 색상과 표시 여부를 설정합니다.

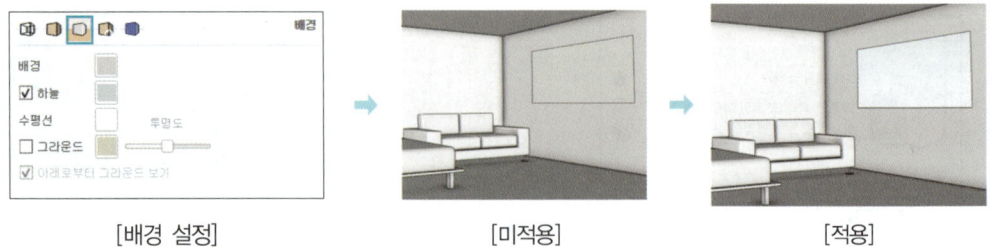

[배경 설정]   [미적용]   [적용]

Section 03 그림자 설정

1) 내용

시간 변화에 따른 그림자의 표시 여부를 설정합니다.

2) 과정

그림자(트레이) ⇨ 클릭

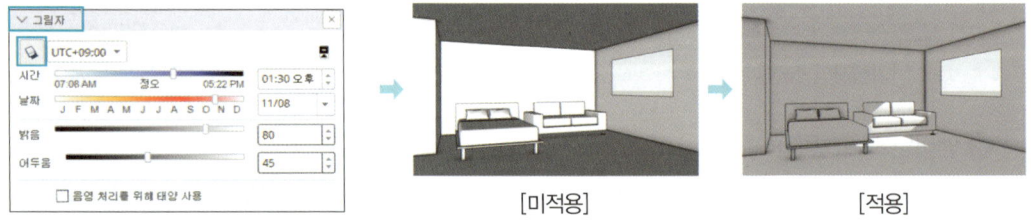

[미적용]   [적용]

3) 옵션

❶ 음영 처리를 위한 태양 사용

태양을 이용해 밝기는 적용하되 그림자는 표시하지 않을 때 사용합니다.

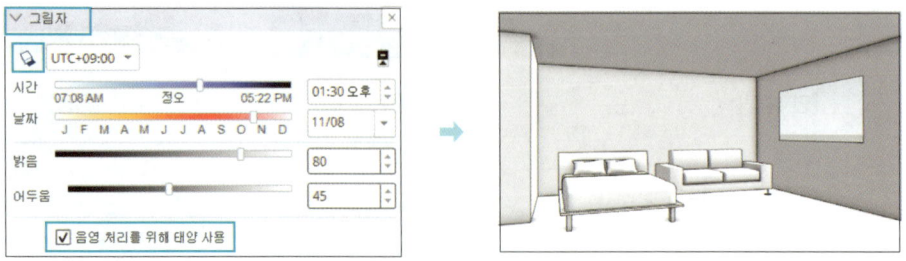

❷ 그림자 표시 설정
- 면에 : 면에 그림자 표시 여부 설정
- 바닥에 : 그라운드(지반면)에 그림자 표시 여부 설정
- 가장자리에 : 선 그림자 표시 여부 설정

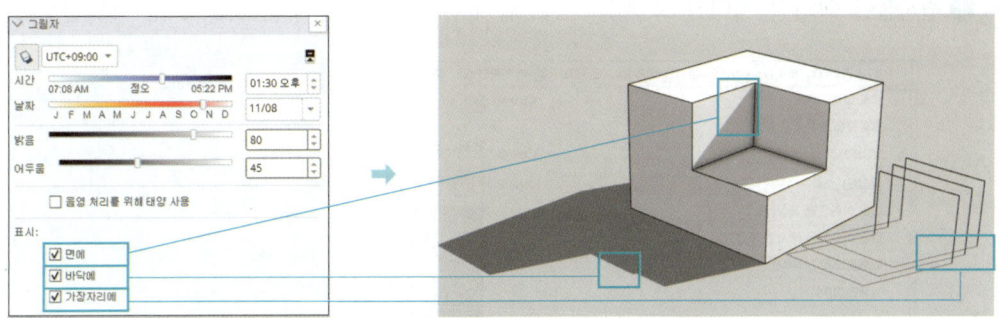

Section 04 카메라 설정

1) 내용

모델링을 완료한 후 투시도 이미지를 내보내기 전에 설정합니다. 수직선을 90°로 정렬하기 위해서는 카메라를 원근감에서 2점 투시로 변경한 후 이미지를 저장합니다.

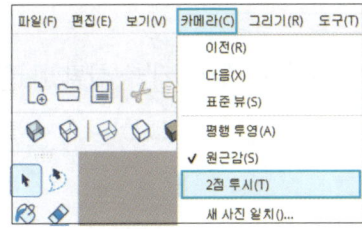

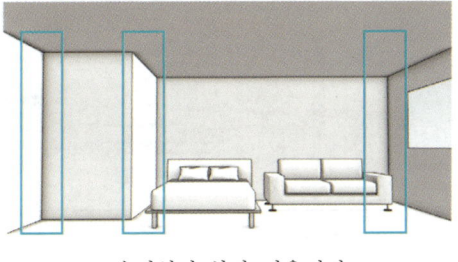

수직선이 살짝 기울어짐
[원근감]

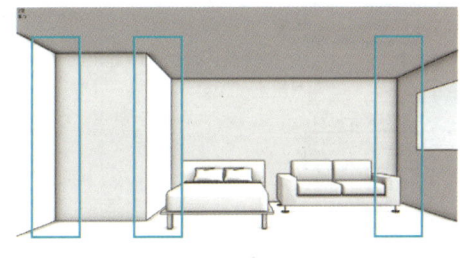

수직선이 90°로 정렬
[2점 투시]

Section 05 이미지 내보내기

1) 내용

❶ 결과물을 고화질 이미지 포맷으로 저장합니다. 선 배율 승수는 0.5~1 정도로 설정합니다.

❷ 파일이름을 입력하고 '옵션'을 클릭합니다.

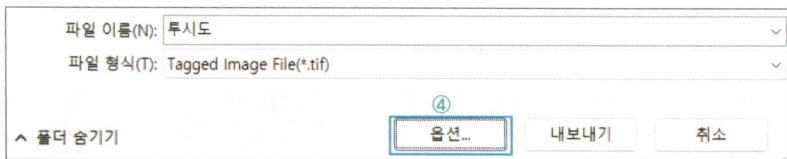

❸ '뷰 크기 사용'을 해제하고 설정합니다. '확인'을 클릭하고 이어서 '내보내기'를 클릭합니다.

 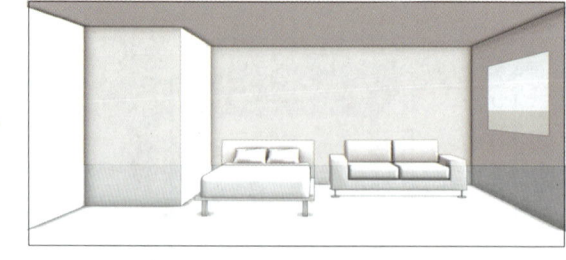

Section 06 파일 가져오기

1) 내용

외부 이미지 파일, CAD 도면, 다양한 3D 포맷 등을 불러올 때 사용합니다. CAD에서 2D 도면 작업을 마친 후 완성된 2D 도면을 스케치업으로 불러와 3D 모델링을 진행하게 됩니다.

[메뉴 파일에서 가져오기 클릭]

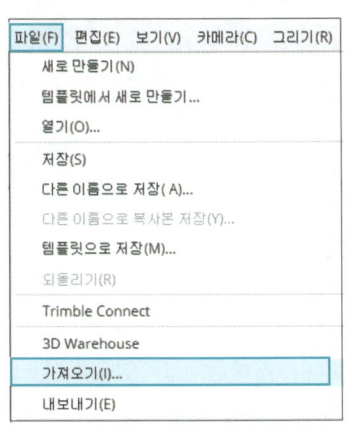

[CAD 파일 클릭 후 가져오기 클릭]

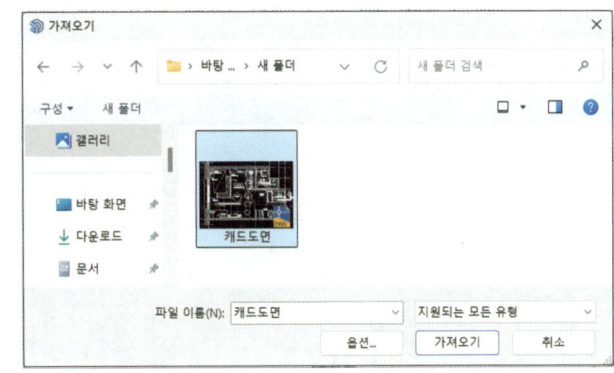

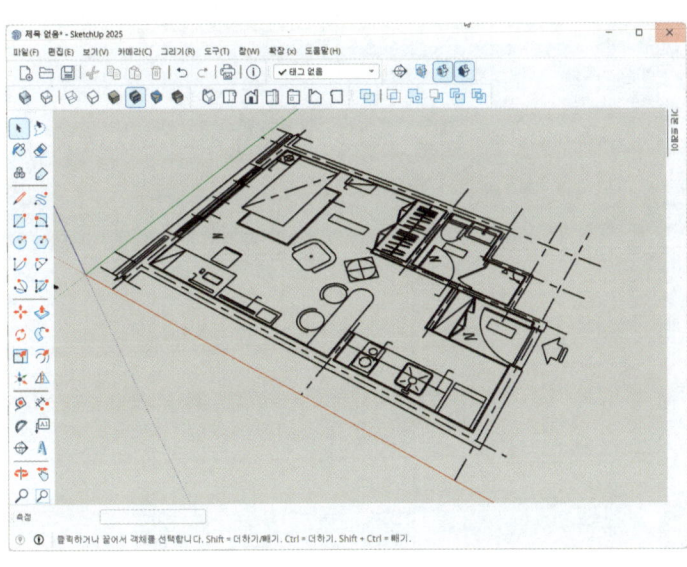

Craftsman Interior Architecture

PART 5

3D 모델링 과제 작성

Chapter 01 | **자녀방 : 3D 모델링 및 실내투시도**

Chapter 02 | **거 실 : 3D 모델링 및 실내투시도**

Chapter 03 | **주 방 : 3D 모델링 및 실내투시도**

Chapter 04 | **원 룸 : 3D 모델링 및 실내투시도**

Chapter 01 자녀방 : 3D 모델링 및 실내투시도

Section 01 요구도면 확인

❶ 실내투시도 1장(축척 : N.S)
  • 계획의 포인트가 좋은 지점에서 1소점 또는 2소점 투시법으로 투시도를 작성합니다.
  • 투시도 방향은 가급적 시간적으로 유리한 내부 입면도를 작성한 방향으로 설정합니다.
  • 완성된 3D 모델링은 TIF 또는 PNG 형식의 고해상도 이미지로 출력합니다.

❷ 투시도 방향 설정

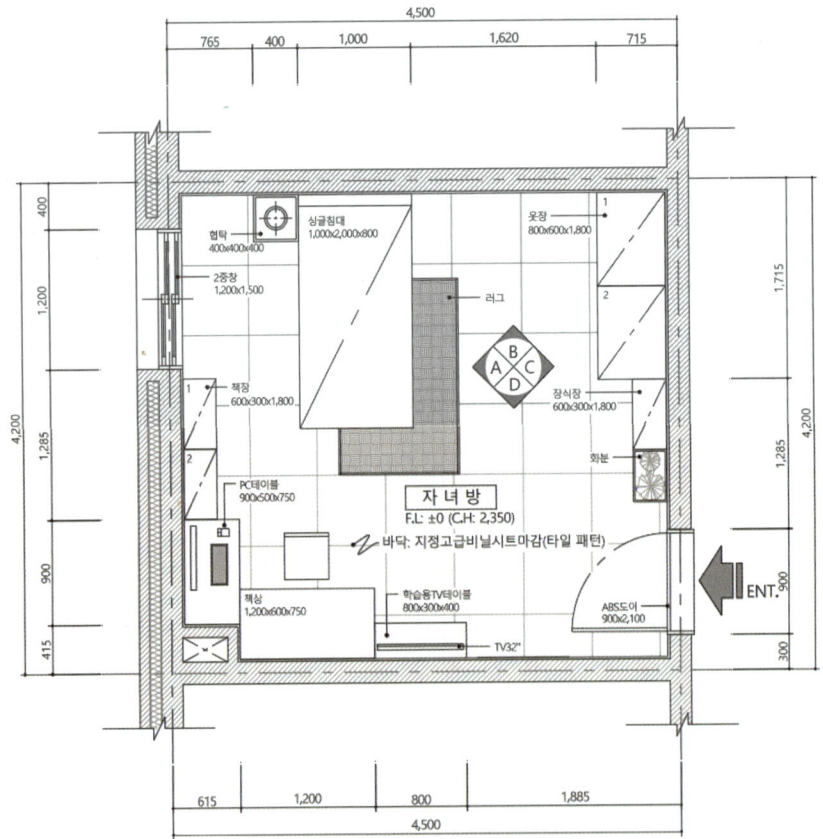

Section 02   3D 모델링 과정

① 완성된 평면도, 내부 입면도, 천장도를 모델링 용도로 수정합니다.
② 완성된 2D 도면을 스케치업으로 가져와 배치합니다.
③ 화면에 보여지는 부분을 중심으로 모델링을 진행합니다.
④ 재질, 그림자, 앰비언트 등 사실적인 효과를 적용합니다.
⑤ 실내투시도로 추출할 화면을 장면으로 등록합니다.
⑥ 등록된 장면을 고해상도 이미지 파일로 출력합니다.
⑦ CAD 프로그램을 실행하여 [Attach] 명령으로 실내투시도 이미지를 부착합니다.
⑧ 실내투시도를 A3 용지 규격의 PDF 파일로 출력합니다.
⑨ 제출 및 용지 출력을 진행합니다.

Section 03   2D 도면 수정

① Part 03의 Chapter 01에서 완성한 자녀방 2D 도면을 준비합니다. 도면을 수정하기 위해 임시 폴더를 생성하고, 완성된 2D 도면 파일을 해당 폴더에 복사합니다. 이때 원본 파일이 삭제되거나 수정되는 것에 주의합니다.

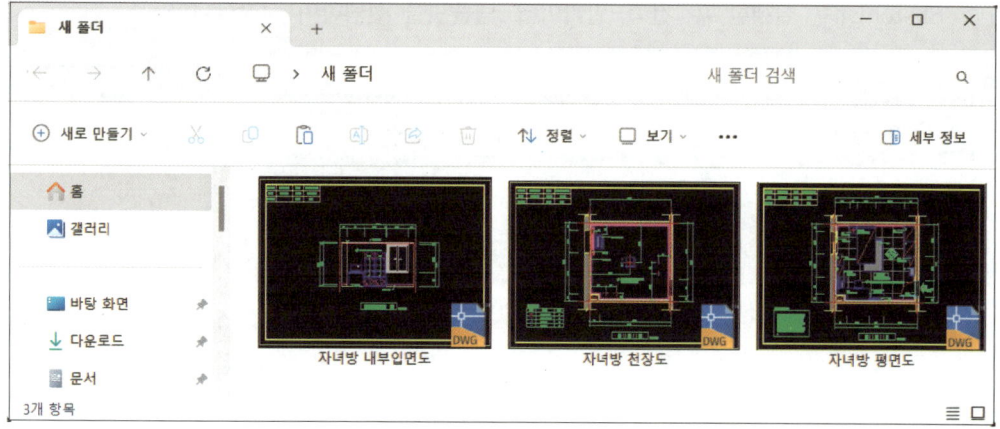

❷ 2D 도면에서 모델링에 불필요한 도면양식, 치수 등을 모두 삭제하고 저장합니다.

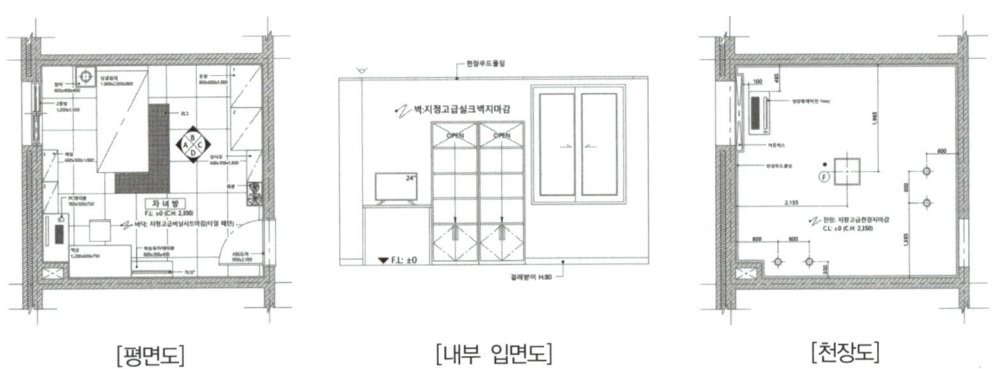

[평면도]   [내부 입면도]   [천장도]

* 위의 수정된 도면은 가독성을 고려해 검정 단색으로 변경한 이미지입니다.

Section 04   3D 모델링

학습파일 | ▶ 동영상 \ Part05 \ Ch01 \ 자녀방 – 투시도.mp4

❶ SketchUp 환경설정 및 2D 도면 가져오기
   SketchUp을 실행한 후 '건축–밀리미터' 템플릿을 선택하여 시작합니다.

 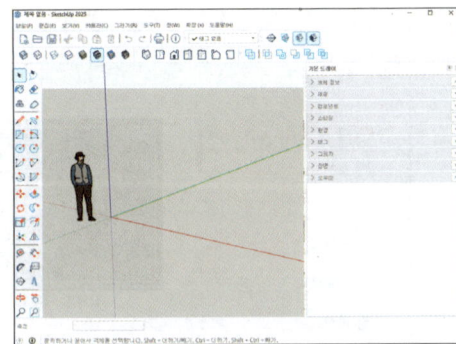

실내건축기능사 실기

❷ 메뉴의 [파일]에서 '가져오기'를 클릭한 뒤 수정된 평면도를 선택하고 '가져오기'를 클릭합니다. 결과 메시지창이 나타나면 닫기를 클릭합니다. 3개의 도면이 한 파일에 모두 작성되어 있는 경우, 해당 파일을 불러와 분해합니다.

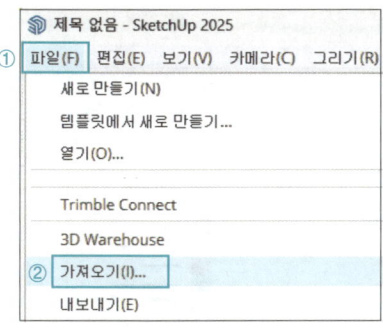
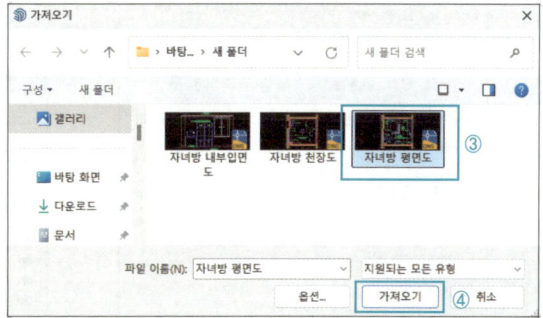

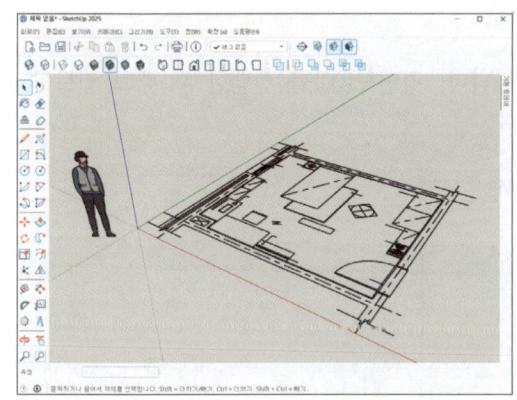

❸ 같은 방법으로 내부 입면도와 천장도도 가져옵니다. 가져온 도면은 원점에 배치되므로 겹치지 않도록 빈 공간으로 이동시킵니다. 기본 인물은 삭제합니다.

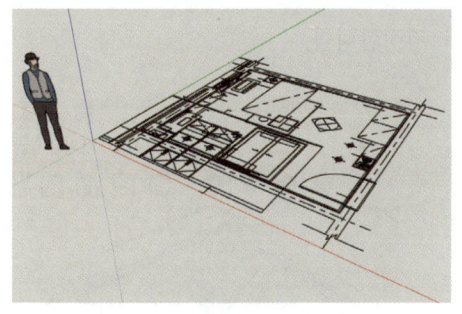
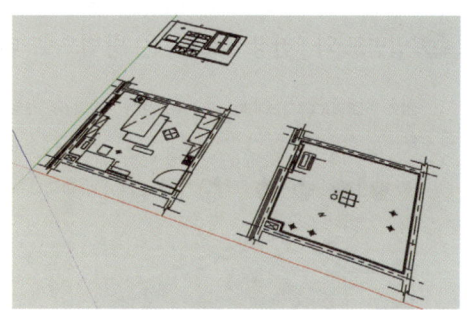

[도면이 겹침]   [겹치지 않게 이동]

Chapter 01 자녀방 : 3D 모델링 및 실내투시도   273

❹ 트레이 [스타일](①)에서 '편집'(②) 탭을 클릭한 뒤, '가장자리'(③) 항목을 선택하고 프로필값을 '1'(④)로 설정합니다. 트레이의 '태그'(⑤)에서 '추가(⊕)'(⑥)를 클릭하여 '평면도', '천장도', '입면도' 태그를 생성합니다.

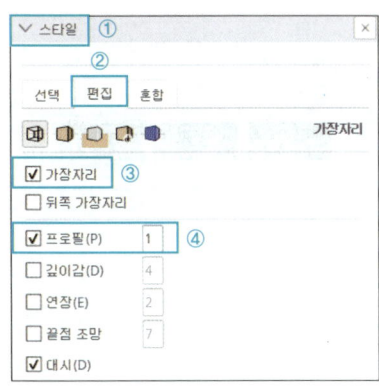
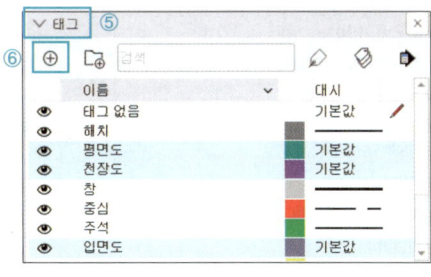

❺ 가져온 평면도에 등록한 태그를 지정합니다. 평면도(①)를 선택한 후 태그 컨트롤 패널에서 '평면도'(②) 태그를 클릭합니다.

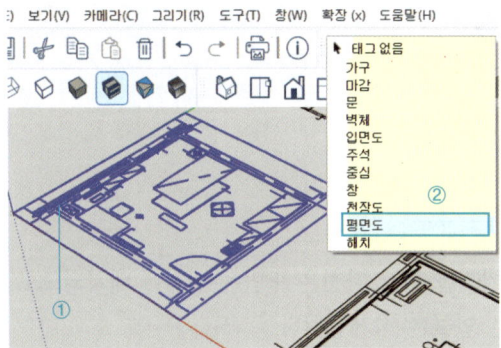

❻ '입면도'와 '천장도'도 같은 방법으로 태그를 지정합니다.

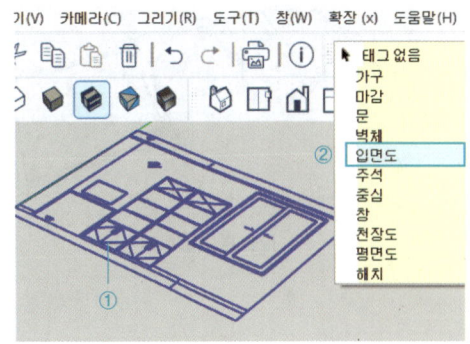
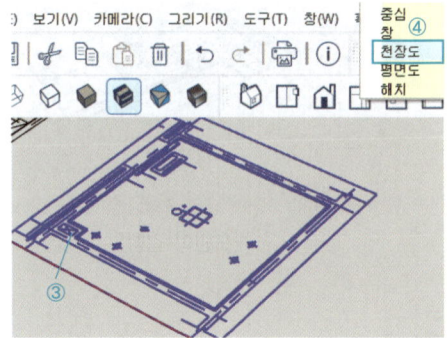

❼ 공간 구성

평면도를 확대한 후 실내 마감선 ①, ②지점을 기준으로 사각형을 그립니다.

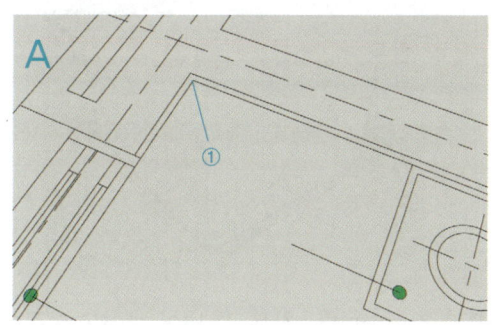
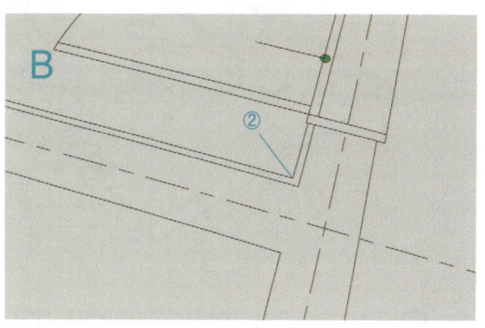

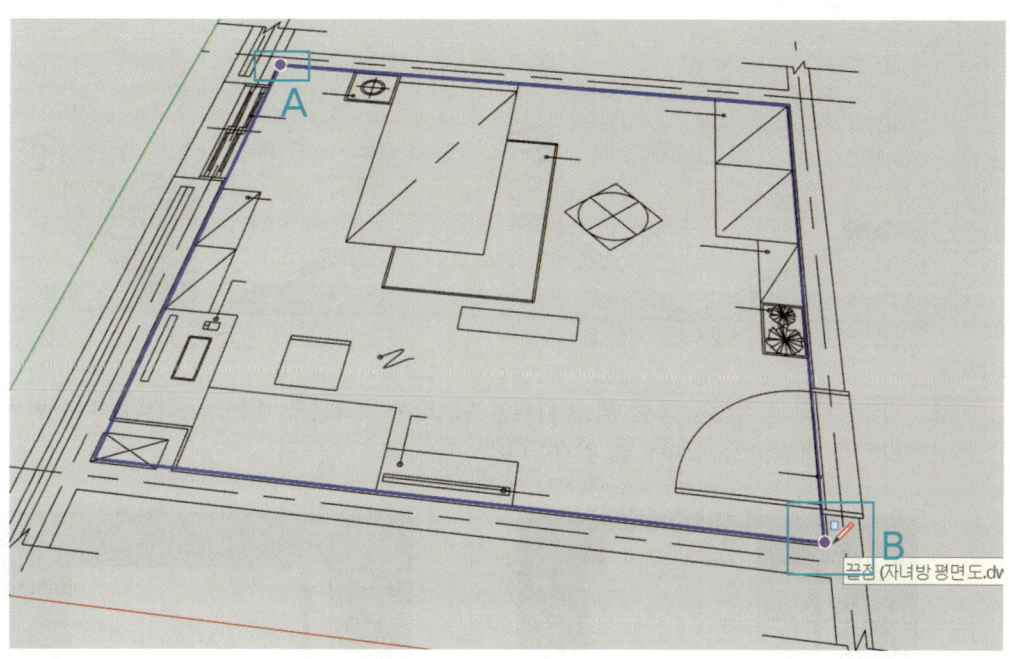

❽ 덕트 부분을 확대한 뒤 마감선을 기준으로 ①, ②지점을 클릭하여 사각형을 추가로 그립니다. 이후 '지우개(E)' 도구로 선 ③, ④를 삭제합니다.

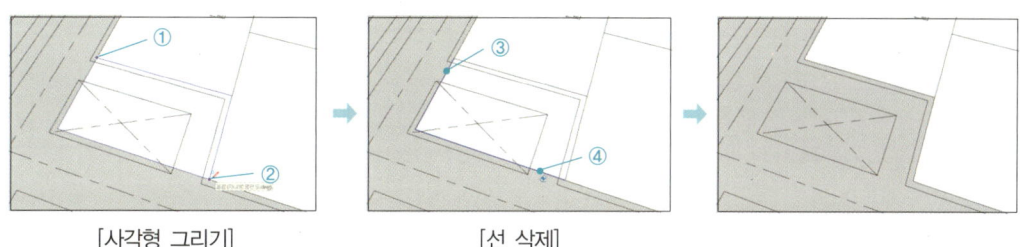

[사각형 그리기]　　　　[선 삭제]

Chapter 01 자녀방 : 3D 모델링 및 실내투시도

❾ '밀기/끌기(P)' 도구를 눌러 바닥면을 '2350'만큼 올립니다.

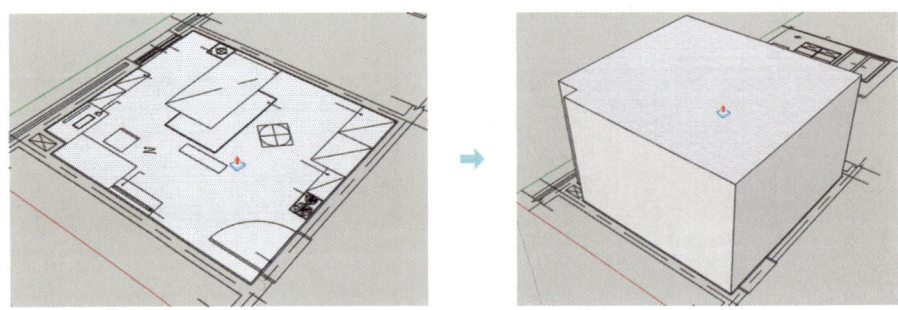

❿ 투시도는 내부 입면도와 동일한 창문 방향으로 작성합니다. 창문 쪽 벽이 보이도록 문이 있는 벽면(①)을 클릭하여 삭제합니다.

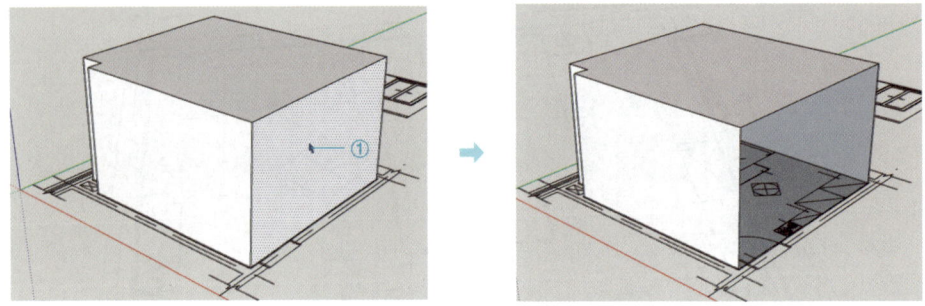

⓫ 트리플클릭으로 작성된 모든 면을 선택한 뒤, 마우스 오른쪽 버튼을 클릭합니다. '면 반전'을 클릭하여 내부 면을 앞면으로 변경합니다.

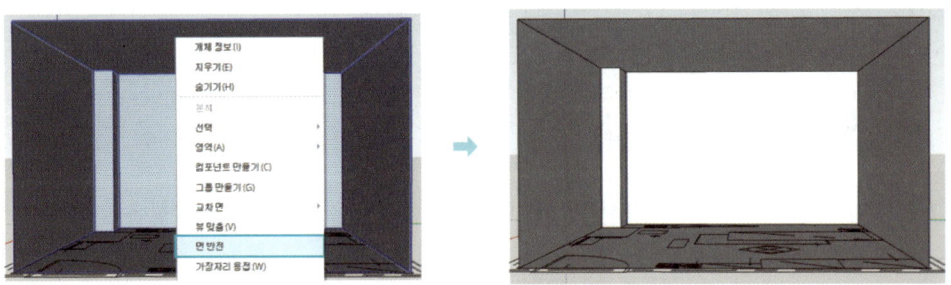

⑫ 작성된 공간을 다시 트리플클릭한 후, 마우스 오른쪽 버튼을 클릭합니다. '그룹'을 선택하여 하나의 독립된 요소로 만듭니다. 모델링 중 그룹화 과정은 매우 중요하므로 누락되는 일이 없도록 합니다. 어떠한 입체 형태(부재 단위)를 작성한 후 그룹을 설정하지 않으면 이후 작업에 영향을 줍니다.

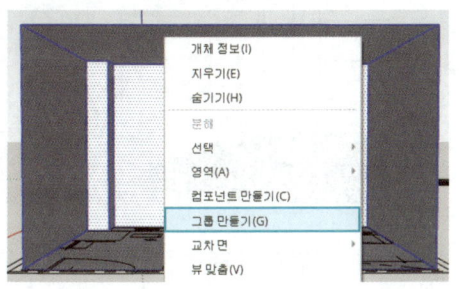 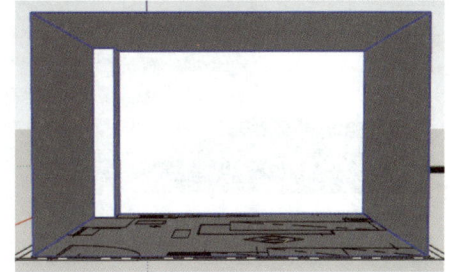

⑬ 공간 내부에 바닥 단차나 칸막이벽이 있는 경우, 단차를 맞추고 칸막이벽을 작성합니다. 자녀방의 경우 내부에 추가적인 벽이나 단차가 없으므로 다음 단계인 '내부 입면도' 배치로 진행합니다.

⑭ 도면 배치

내부 입면도를 클릭한 후 '회전(Q)' 도구를 누릅니다. 오른쪽 방향키(→)로 회전 방향을 설정하고 회전 기준점(①)을 클릭합니다. 시작 각도 위치(②)를 클릭한 뒤 커서를 회전 방향 ③지점으로 이동시킨 상태에서 '90'을 입력하고 Enter↵를 누릅니다.

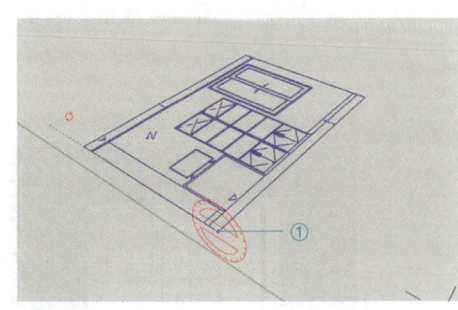 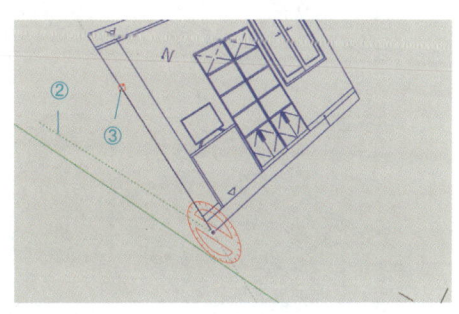

⑮ 이어서 회전 기준점(①)을 클릭한 뒤 시작 각도 위치(②)를 클릭합니다. 커서를 회전 방향 지점(③)으로 이동한 상태에서 90을 입력한 후 Enter↵를 누릅니다.

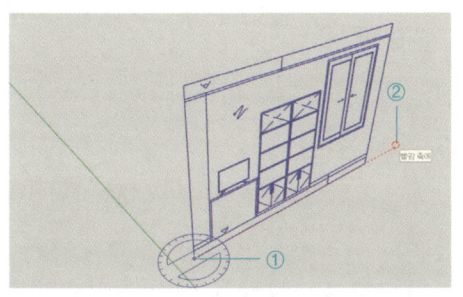 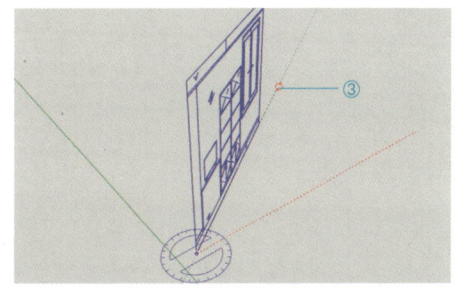

⑯ 회전된 '내부 입면도'를 클릭한 후 '이동(M)' 도구를 누릅니다. 이동 기준점인 ①지점을 클릭해 자녀방 내부의 ②지점을 클릭합니다.

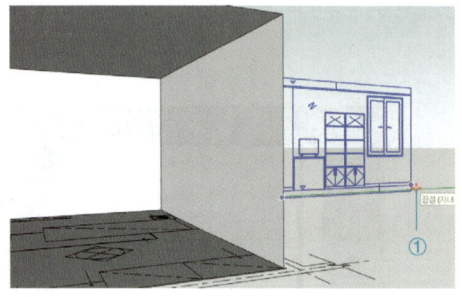 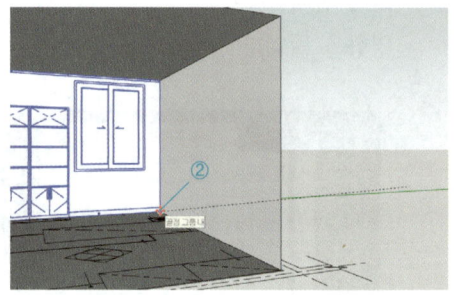

⑰ 가져온 천장도를 클릭한 후 '이동(M)' 도구를 누릅니다. 마감선(①)을 기준으로 하여 천장면의 지점 ②에 배치합니다.

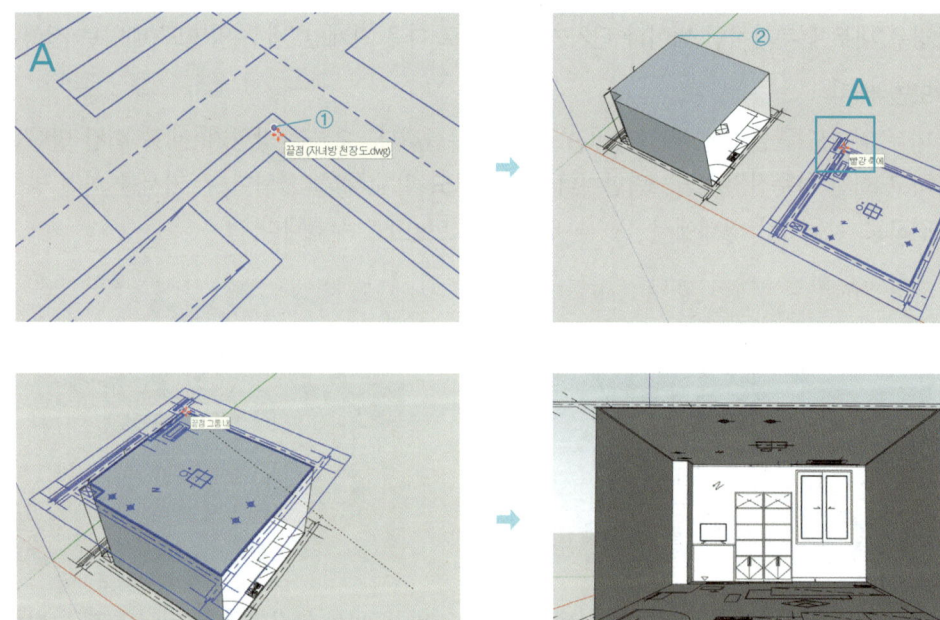

⓲ 현재 상태에서도 모델링은 가능하지만, 불필요한 중심선이나 기호가 보이지 않도록 태그를 설정하는 것이 좋습니다. 트레이의 '태그' 탭에서 '중심'과 '주석' 태그 옆의 눈 아이콘을 클릭하여 비활성화합니다.

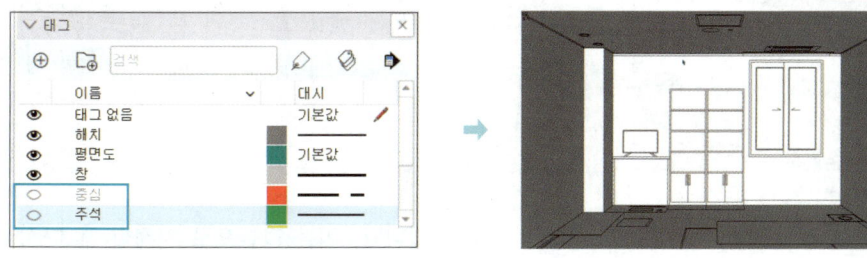

[중심, 주석 태그 Off]   [중심, 주석 요소를 숨긴 상태]

⓳ 평면도 활용 모델링

내부 모델링의 작업 범위는 사용자에 따라 다를 수 있습니다. 현재 자녀방에서는 좌측 벽의 TV부터 우측의 침대까지를 기준으로 모델링을 진행합니다. 먼저 TV 및 테이블을 모델링합니다. TV 윤곽에 맞춰 사각형을 그리고, 높이 약 450을 적용한 후 그룹으로 지정합니다. 이후 TV 외형은 Z축에 맞춰 위쪽으로 적절히 이동시켜 배치합니다.

[TV 스케치]   [TV 그룹 지정]   [TV 이동]

⓴ TV 테이블의 윤곽을 사각형으로 그리고 400 높이로 올려줍니다. 테이블 형태가 만들어지면 그룹으로 지정합니다.

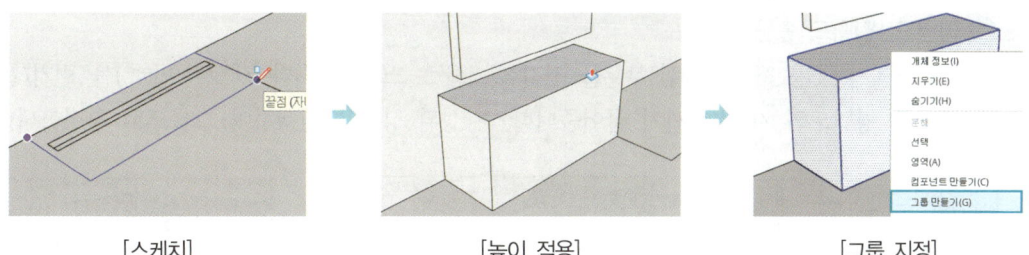

[스케치]   [높이 적용]   [그룹 지정]

㉑ 책상의 윤곽을 그린 후 750 높이로 올립니다. 선 ①, ②, ③을 선택하고 '오프셋(F)' 도구로 30만큼 복사한 뒤, 안쪽 면(④)을 벽면까지 밀어냅니다. 책상은 그룹으로 지정합니다.

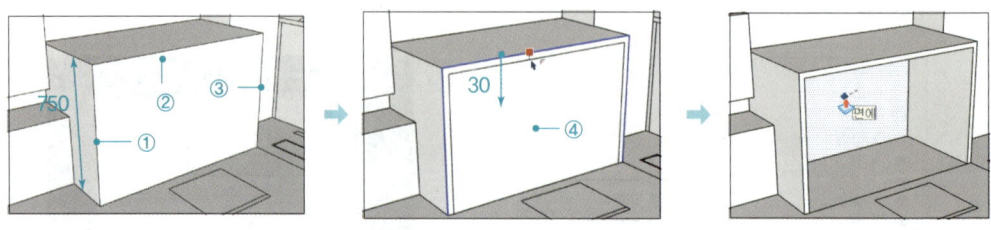

㉒ 의자의 전체 윤곽을 그리고, 약 400 높이로 올립니다. 이를 그룹으로 지정한 후 다시 좌방석의 윤곽을 그려 50 높이로 올린 후 그룹으로 지정합니다.

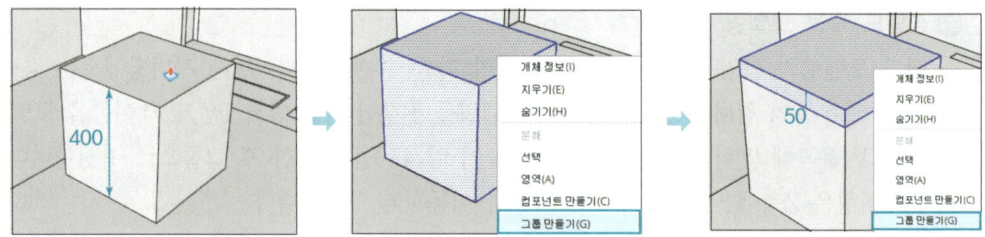

㉓ 등받이 모양의 사각형을 50 두께로 그리고, 400 정도 높이로 올린 후 별도의 그룹으로 지정합니다. 의자는 등받이, 좌방석, 다리부분 등 총 3개의 그룹으로 구성됩니다.

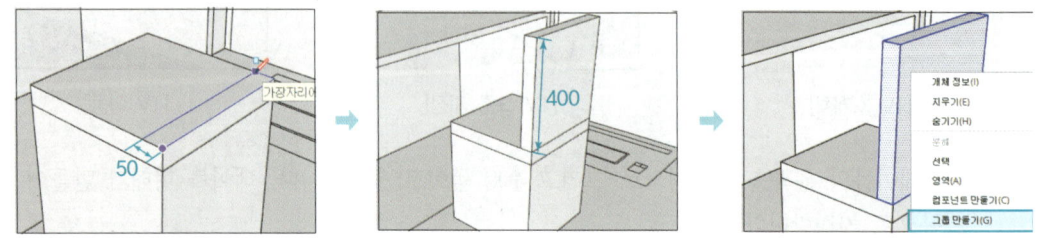

㉔ 평면도, 입면도 활용 모델링

입면도에서 PC용 책상의 상판 부분을 '사각형' 도구로 스케치합니다. 생성된 면(①)을 '밀기/끌기' 도구로 평면도의 지점(②)까지 끌어줍니다. 완성된 상판을 선택하여 그룹으로 지정합니다.

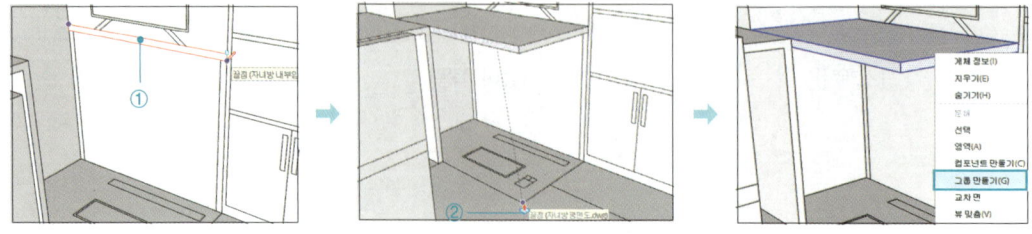

㉕ 상판과 동일한 과정으로 PC용 책상다리를 만들고 각각 그룹으로 지정합니다. 상판, 다리 1, 다리 2의 세 부재를 모두 선택하여 그룹으로 지정합니다.

[스케치(R)]   [끌기(P)]   [그룹 지정]

㉖ 캐드 도면의 선을 활용한 모델링

입면도의 선을 더블클릭하여 편집모드로 전환한 뒤, 포함 선택을 사용해 모니터의 선만 선택합니다.

[입면도 더블클릭]   [편집모드 확인]   [모니터 포함 선택]

㉗ [Ctrl] + C를 눌러 선택한 선을 복사하고, [Esc]를 눌러 편집모드를 종료합니다. 이후 메뉴 [편집]에서 '특정 위치에 붙여넣기'를 선택하면 도면과 동일한 자리에 그대로 복사됩니다.

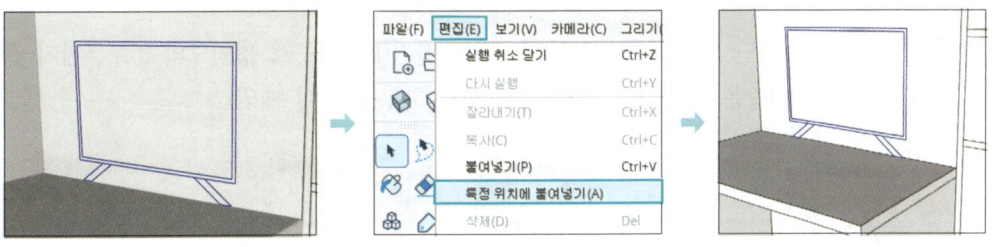

㉘ 복사된 선은 닫혀 있지만 면이 없는 상태입니다. 면을 생성하기 위해 선 ①, ②, ③, ④를 그려줍니다. 선택 커서로 면을 클릭해 면의 생성 여부를 확인합니다.

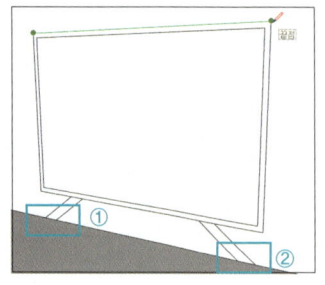
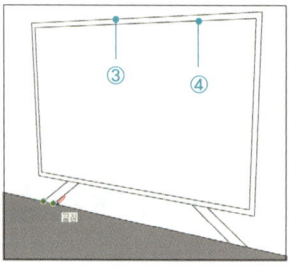

[선 덧그리기]　　　　　　　　　　　[면 확인]

㉙ 작성된 면을 '밀기/끌기(P)' 도구를 이용하여 베젤 50, 패널 40, 다리는 30 정도 끌어주고 그룹으로 지정합니다. 완성된 TV는 '이동(M)' 도구를 사용하여 테이블 중앙에 보기 좋게 배치합니다. '밀기/끌기' 두께와 상관없이 TV처럼 보이면 충분합니다.

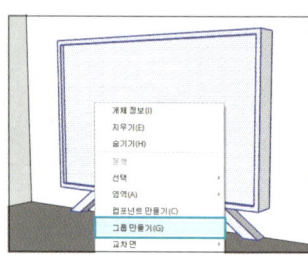
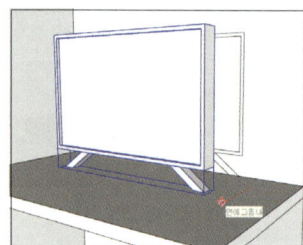

* TV를 제작할 때 꼭 '특정 위치에 붙여넣기'를 사용해야 하는 것은 아닙니다. TV 또한 책상과 같은 방법으로 진행해도 무방합니다.

㉚ 좌측 책장 하나만 외형을 스케치한 후 '밀기/끌기(P)' 도구로 평면도의 ①부분까지 끌어줍니다. 책장의 뒤판은 두께 20 정도 끌어줍니다(하부 손잡이 제외).

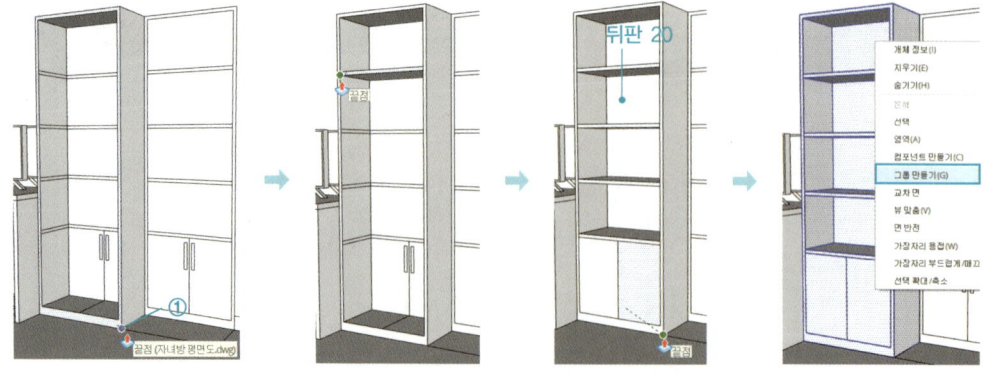

㉛ 우측 책장에 손잡이를 스케치한 후 '밀기/끌기(P)' 도구를 사용해 두께(20~30)를 적용합니다. 손잡이는 그룹으로 지정합니다.

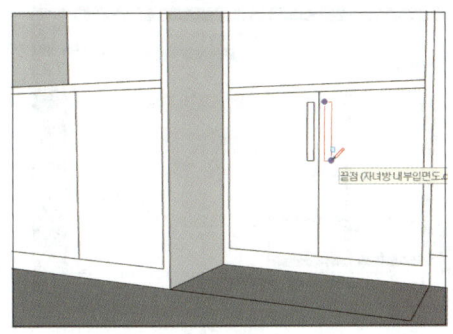 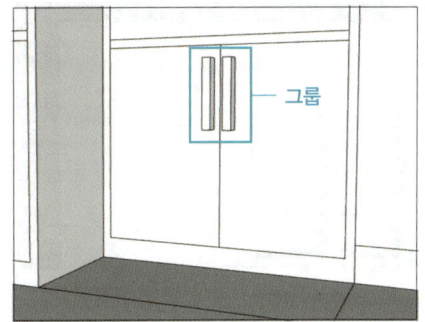

㉜ '이동(M)' 도구를 사용해 기준점(①)을 클릭한 후, 목적지(②)를 클릭해 손잡이를 이동합니다.

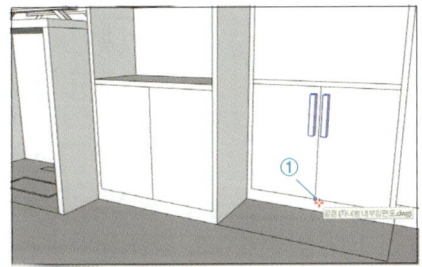 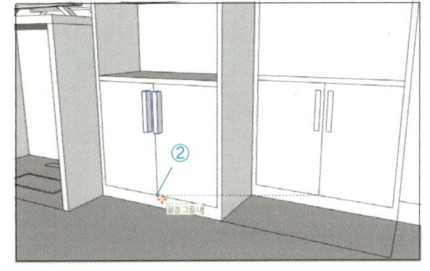

㉝ 손잡이와 좌측 책장을 '이동(M)' 도구를 사용하여 우측에 복사합니다.

㉞ 벽의 ①부분을 더블클릭하여 편집모드로 전환합니다. 창 영역을 제거하기 위해 사각형을 그려 면을 분리하고 분리된 면(②)을 삭제합니다. 그런 다음 Esc 를 눌러 그룹 편집을 종료합니다.

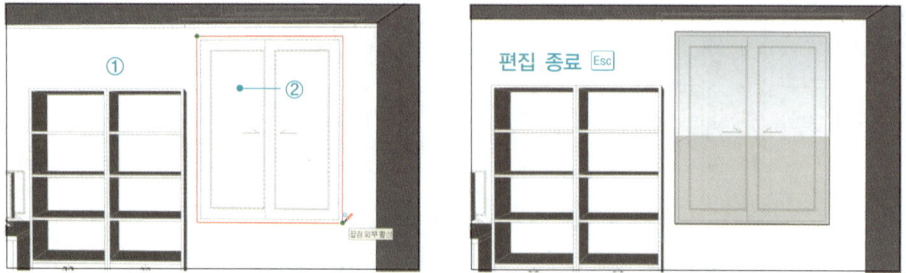

㉟ 창의 코킹선과 개폐 방향 기호를 제외한 나머지 부분을 그대로 스케치합니다.

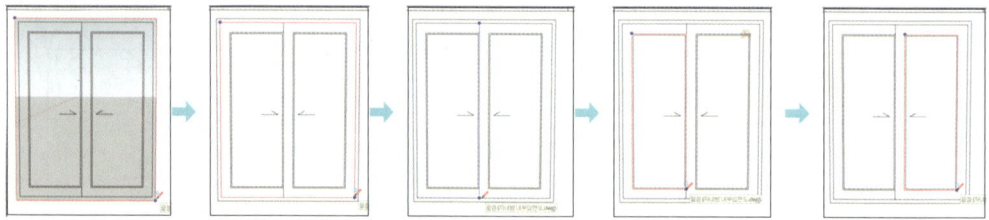

㊱ '밀기/끌기(P)' 도구를 사용해 틀 ①은 20, 창틀 ②는 10만큼 끌어주고, 창틀 ③과 유리면 ④는 20만큼 밀어냅니다.

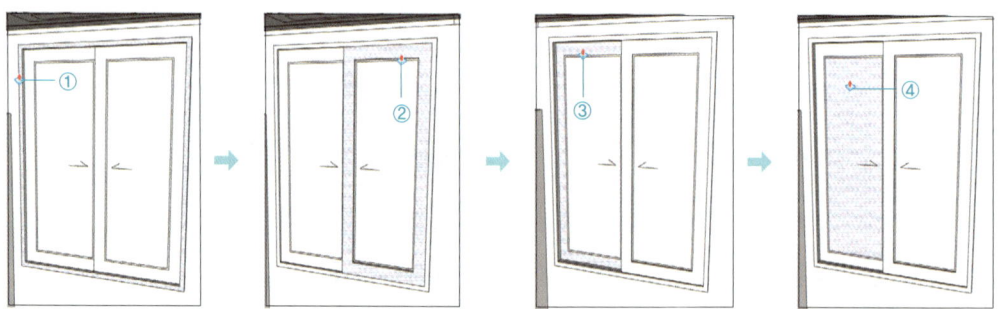

㊲ 계속해서 유리면 부분 ①, ②를 10만큼 밀어내고, 창을 모두 선택하여 그룹으로 지정합니다. 좀 더 상세한 표현도 가능하지만 출력 시에는 표현되지 않습니다.

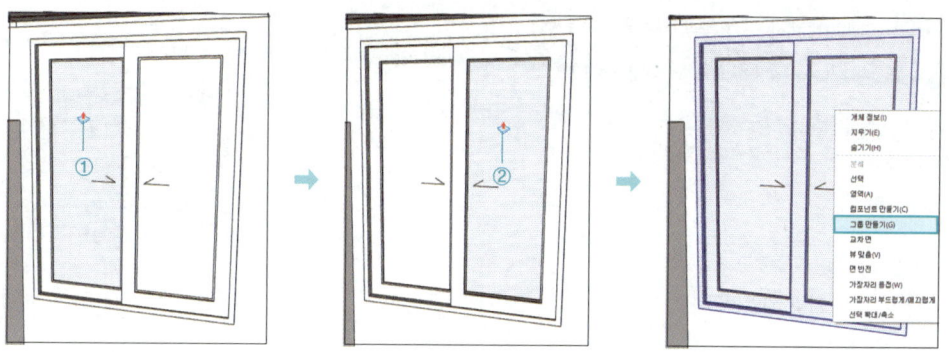

㊳ 협탁의 전체 윤곽을 그리고, 높이를 400만큼 올려줍니다. '오프셋(F)' 도구를 사용하여 틀 두께(20)를 표현한 뒤, 중간에 선을 그려 서랍을 표현합니다.

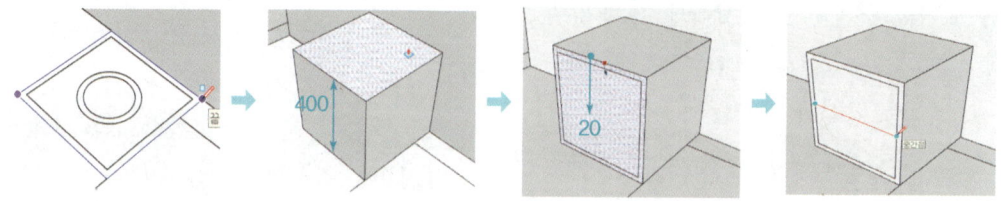

㊴ 협탁을 모두 선택하여 그룹으로 지정하고, 적절한 크기의 손잡이를 달아줍니다. 손잡이도 그룹으로 지정합니다.

Craftsman Interior Architecture

㊵ 침대를 '사각형(R)' 도구로 스케치하고 '선 그리기(L)'로 헤드의 경계선을 그려줍니다. '밀기/끌기(P)' 도구로 헤드보드는 800, 바닥틀은 200만큼 끌어주고 그룹으로 지정합니다.

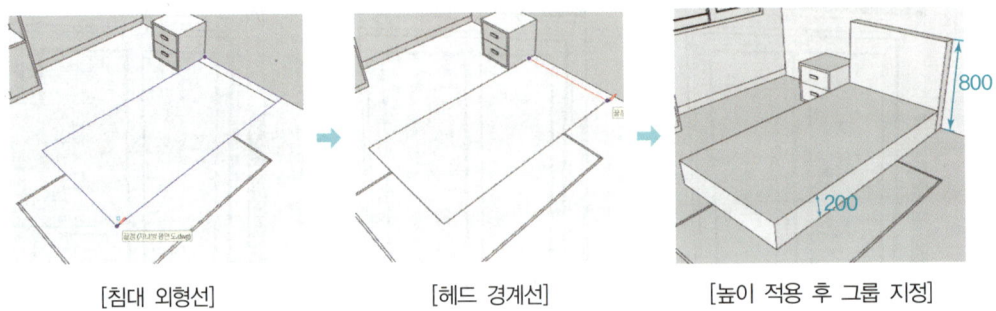

[침대 외형선]　　　[헤드 경계선]　　　[높이 적용 후 그룹 지정]

㊶ 바닥틀 모양으로 사각형을 그리고, '밀기/끌기(P)' 도구로 200만큼 끌어 그룹으로 지정합니다.

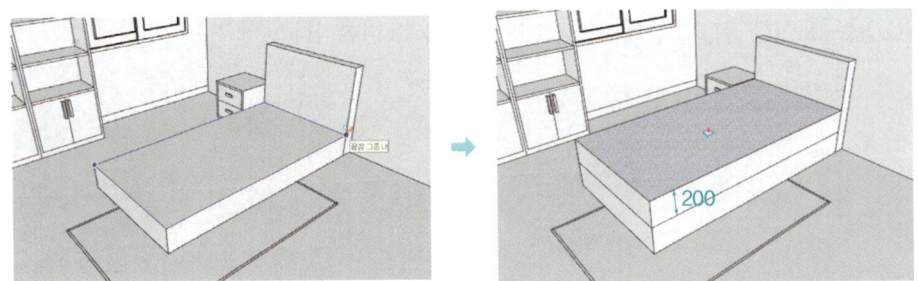

㊷ 러그의 모양대로 사각형을 그린 후 '밀기/끌기(P)' 도구로 10 정도 끌어 그룹으로 지정합니다.

* 두께가 너무 얇으면 바닥면과 겹침 현상이 나타날 수 있습니다.

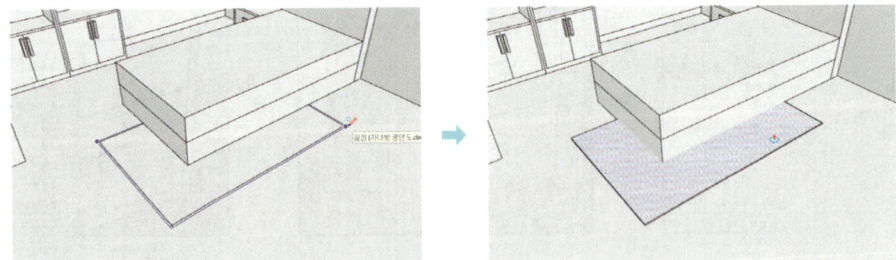

㊸ 천장 부분 모델링

천장면을 더블클릭하여 편집모드로 전환합니다. 사각형을 그린 후, '밀기/끌기(P)' 도구로 50~100 정도 밀고 Esc를 눌러 편집을 종료합니다.

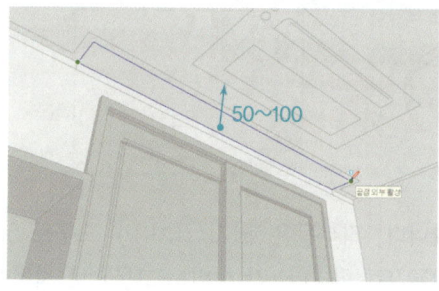 

㊹ 천장의 조명과 설비는 도면의 모양을 그대로 사용할 수도 있고, 도면 위에 비슷한 모양으로 덧그려 작업할 수도 있습니다. 여기서는 도면을 그대로 사용하여 진행하겠습니다. 천장도(①)를 더블클릭하여 편집모드로 전환합니다. 투시도에 보여지는 조명과 설비를 선택하고 Ctrl + C를 누릅니다. 이후 Esc를 눌러 편집모드를 종료합니다.

 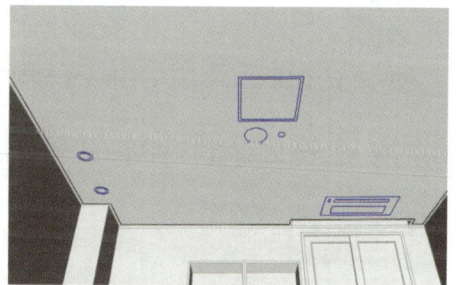

㊺ 메뉴의 '편집'에서 '특정 위치에 붙여넣기(A)'를 클릭합니다. 면이 없는 상태이므로, 선 그리기로 가로지르는 선을 그리고, 다시 '지우개(E)' 도구로 선을 삭제합니다.

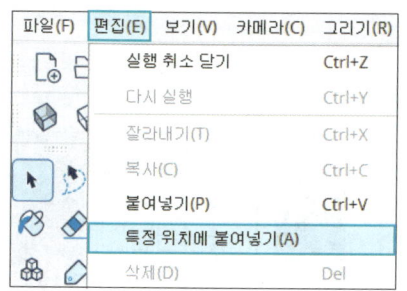 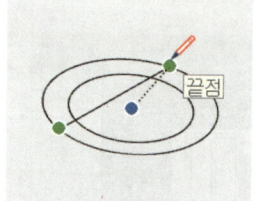 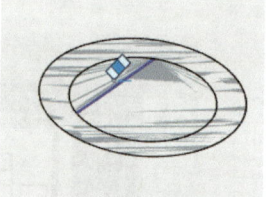

㊻ '밀기/끌기(P)' 도구를 사용해 바깥쪽은 10, 안쪽은 5 정도 끌어줍니다. 면이 뒷면(푸른색)으로 나타나면 Ctrl 키를 누릅니다. 완성된 매입등은 그룹으로 지정하고, 주변의 매입등은 '복사(M)' 도구를 사용해 배치합니다(복사 위치는 정확하지 않아도 됩니다).

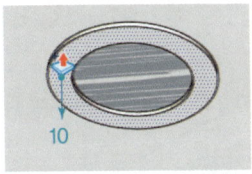 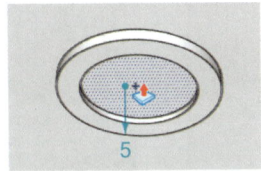 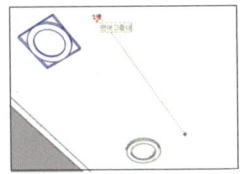

㊼ 직부등과 주변 설비도 동일한 방법으로 작성합니다. 직부등은 '밀기/끌기(P)' 도구로 50만큼, 화재감지기와 스프링클러는 20만큼 끌어서 형태를 표현합니다. 각 설비는 그룹으로 지정합니다.

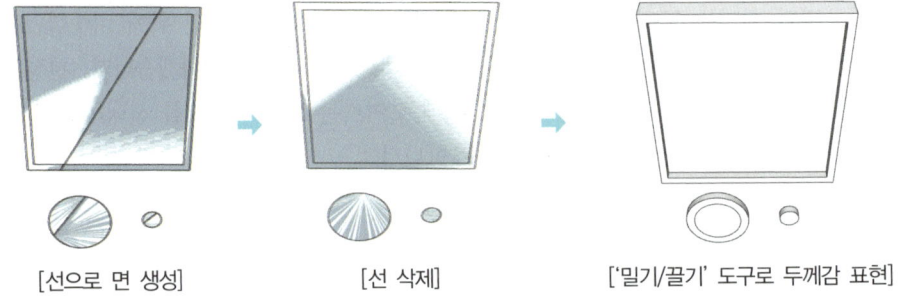

[선으로 면 생성]   [선 삭제]   ['밀기/끌기' 도구로 두께감 표현]

㊽ 천장형 에어컨도 동일한 방법으로 작성한 후 그룹으로 지정합니다.

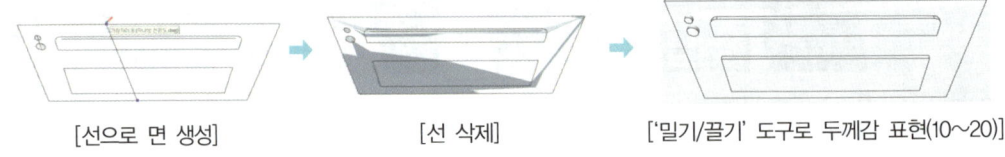

[선으로 면 생성]   [선 삭제]   ['밀기/끌기' 도구로 두께감 표현(10~20)]

㊾ 평면도, 내부 입면도, 천장도를 삭제하거나 태그를 모두 Off합니다. 참고 도면의 삭제 또는 태그 Off 시점은 사용자에 따라 다를 수 있습니다.

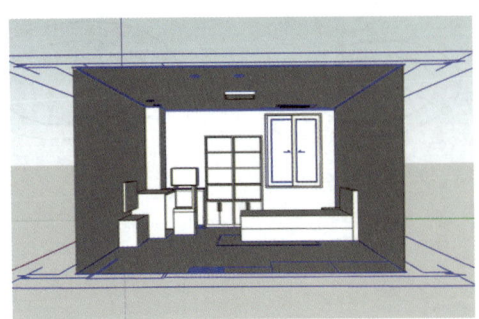 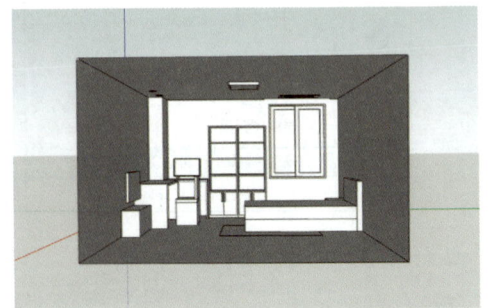

(50) 천장몰딩을 만들기 위해 '사각형(R)' 도구를 누르고 ①지점을 클릭합니다. 오른쪽 방향키(→)를 눌러 축을 맞춘 뒤, 커서를 ②지점으로 이동시켜 그려질 방향을 확인합니다. 그런 다음 30, 30을 입력하고 Enter↵를 누릅니다.

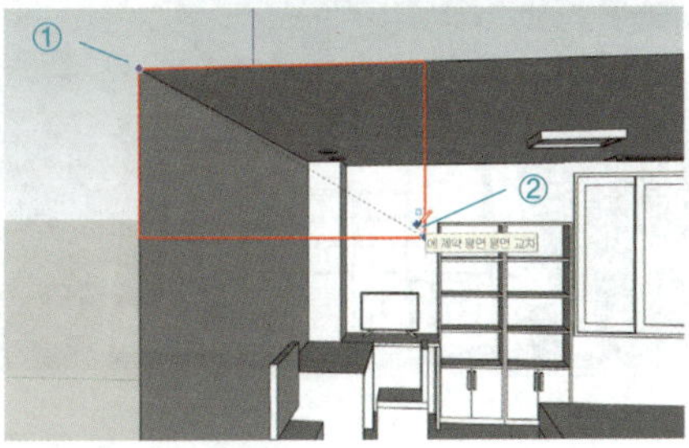

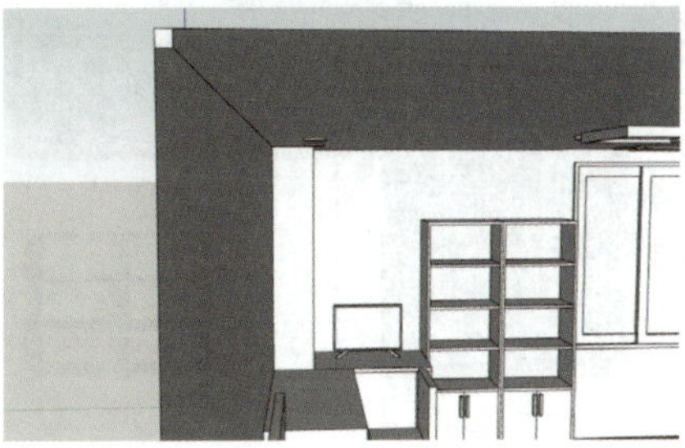

(51) 사각형이 따라갈 경로를 선 그리기로 그립니다. 충분히 확대하면서 선 ①~⑨를 정확하게 그립니다.

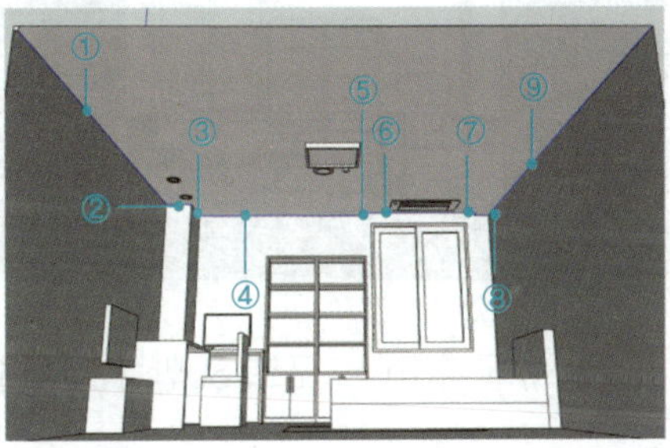

(52) 그려진 선 ①을 클릭한 후 마우스 오른쪽 버튼을 누릅니다. 선택 옵션에서 '모두 연결됨'을 선택합니다. 그런 다음 Shift를 누른 상태로 사각형만 선택해서 선택사항에서 제외시킵니다.

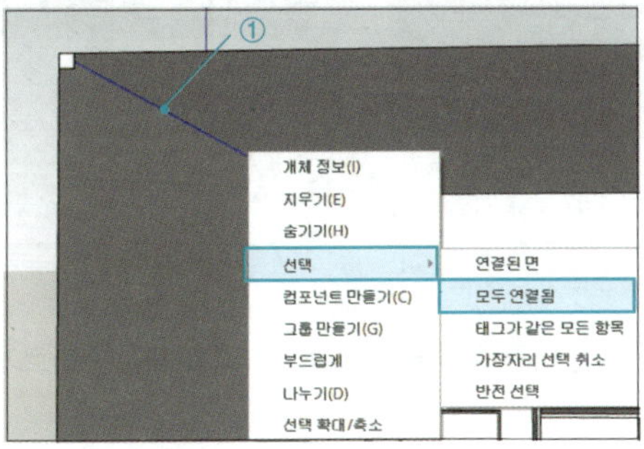

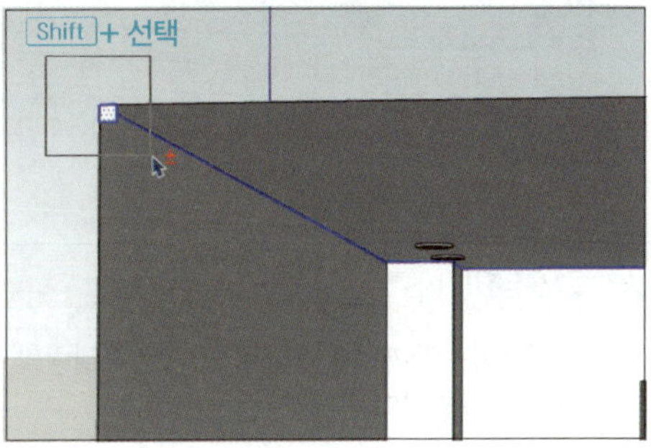

53 '따라가기( )' 도구를 클릭한 뒤, 몰딩 면 ①을 클릭합니다. 작성된 몰딩 ②를 트리플클릭하여 그룹으로 지정합니다.

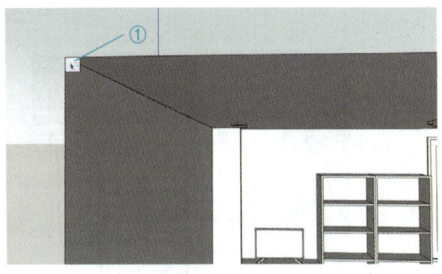

54 좌측과 우측 벽에 붙어 있는 가구를 안쪽으로 10만큼 이동합니다.

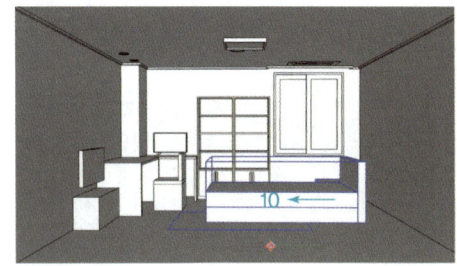

55 좌측 바닥에 '사각형(R)'을 3000, 10으로 그리고, '밀기/끌기(P)' 도구로 80만큼 끌어줍니다. 그룹으로 지정한 후 반대편에 복사합니다.

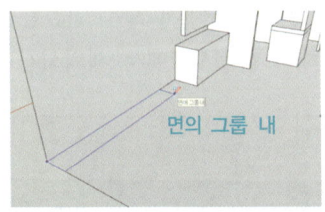
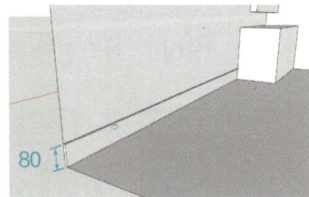
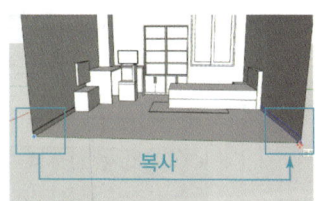

TIP 걸레받이

걸레받이는 두께 10 이하로 별도로 모델링할 수도 있으나, 벽면 하부에 경계선을 그리고 재질을 다르게 하는 방법도 있습니다.

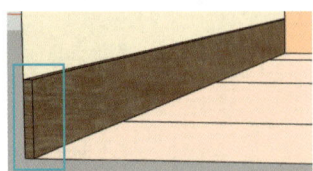
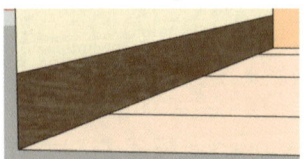

[두께 적용]　　　　　　　　[재질만 변경]

56 세부 모델링

대략적으로 완성된 모델은 남은 시간과 개인의 역량에 따라 디테일을 추가하거나 수정할 수 있습니다. 커튼이나 블라인드, 책장의 소품 등을 배치하는 것도 좋으며, TV, 마우스, 키보드, 의자, 침대, 협탁에 홈을 내거나 모서리를 둥글게 해보는 것도 좋습니다. 가급적 디자인 의도와 연관되도록 수정하는 것이 좋습니다.

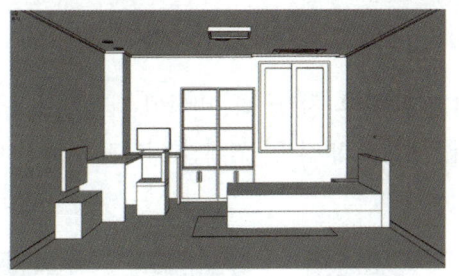 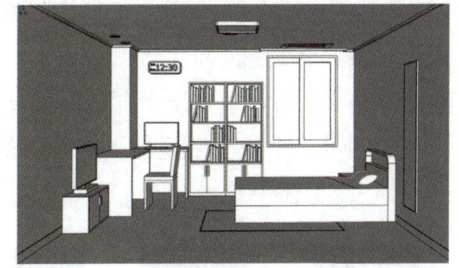

Section 05 재질 및 환경요소 적용

재질은 먼지가 큰 천장, 벽, 바닥에 채도가 높지 않은 컬러를 우선 적용한 후 몰딩과 주요 가구순으로 작업을 진행합니다.

* 재질을 적용하기 전에 평면도의 '디자인 의도'를 한 번 더 확인하는 것이 좋습니다.

❶ 바닥에 패턴을 만들기 위해 선을 그리고 600 간격으로 복사합니다.

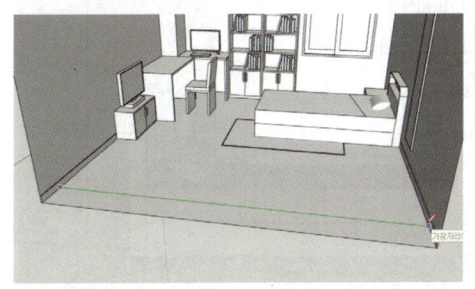 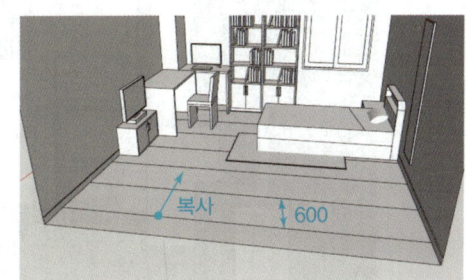

❷ 수직선을 한 번 더 그리고, 600 간격으로 복사합니다. 수직선은 수평선으로 인해 분리되어 있으므로 Shift 를 눌러 선택합니다.

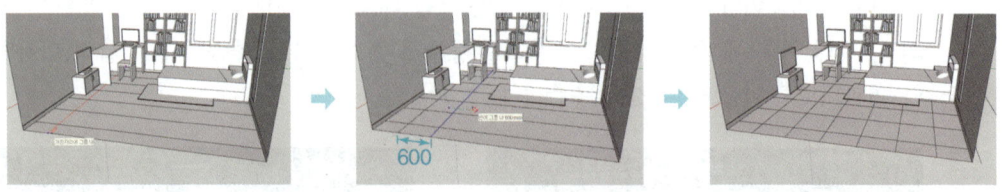

❸ 천장면이나 벽면을 더블클릭하여 편집모드로 전환한 후 천장, 벽, 바닥에 재질을 적용합니다 (사용자가 자유롭게 재질을 적용해도 됩니다. 재질의 명칭 및 썸네일 이미지는 버전에 따라 다를 수 있습니다).

[천장: M00_Soft_Cloud]

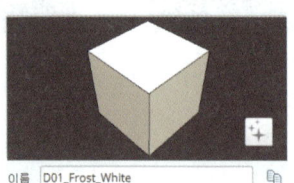
[벽: D01_Frost_White]

[바닥: C01_Vanilla_Cream]

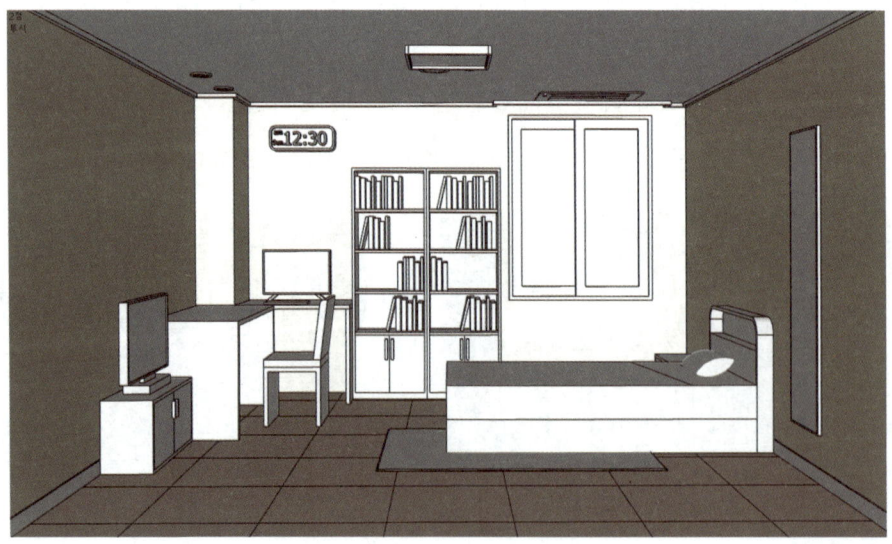

❹ 천장몰딩과 걸레받이는 그룹 상태에서 재질을 적용하고, 조명기기는 더블클릭한 후 빛이 나오는 부분만 재질을 적용합니다. TV, PC 모니터, 거울 등은 반사되는 표면만 선택해 재질을 적용합니다.

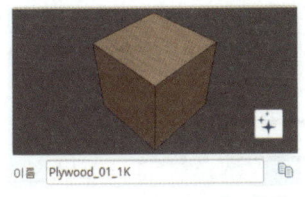  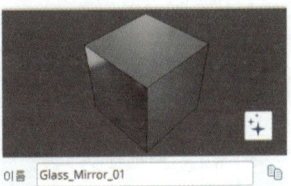

[몰딩, 걸레받이: Plywood_01_1K]   [조명: D02_Buttercup_Glow]   [TV, 모니터, 거울: Glass_Mirror_01]

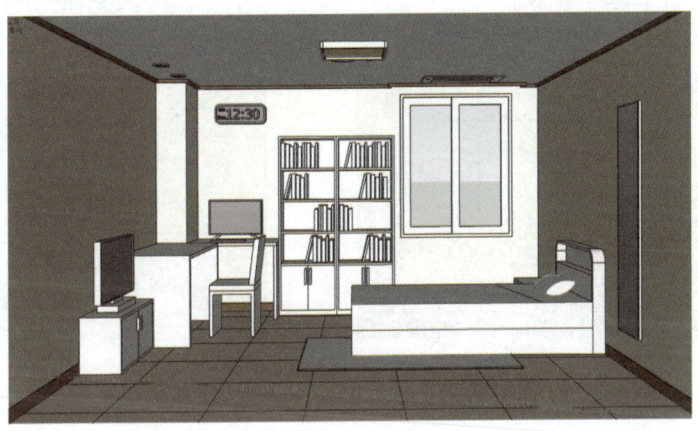

❺ 주요 가구의 컬러는 2~3가지 정도만 사용합니다. 누락된 가구나 소품이 없는지 확인하고, 공간이 비어 보이는 곳은 액자나 거울 등으로 보완합니다.

❻ 트레이의 그림자 모드를 활성화하거나 '음영 처리를 위한 태양 사용'을 활성화합니다. 그림자 설정은 사용자의 취향이나 경험에 따라 달라질 수 있습니다.

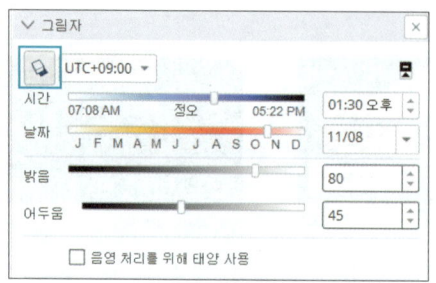
[그림자 활성화]

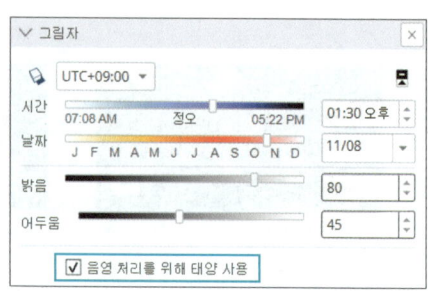
[음영 처리를 위한 태양 사용 활성화]

❼ 창문이 있는 경우, 외부에서 빛이 들어오는 시간대로 설정하거나 모델의 방향을 수정하는 것도 좋습니다. 내부 공간이 어둡지 않도록 그림자 설정에서 시간과 밝기를 설정합니다.

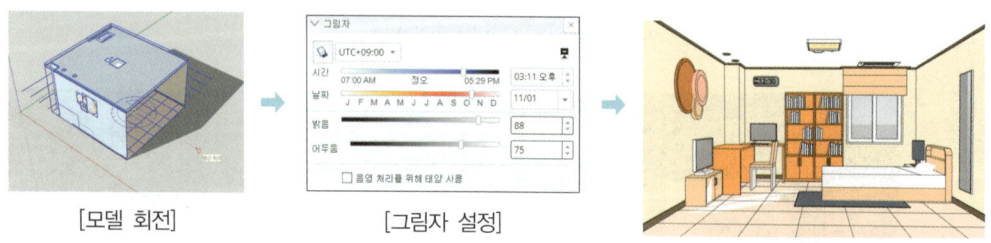
[모델 회전]　　　　[그림자 설정]

❽ 메뉴 [보기] ⇨ [면 스타일]에서 '앰비언트 오클루전'을 클릭하여 음영을 적용합니다(스케치업 2024 버전 이상).

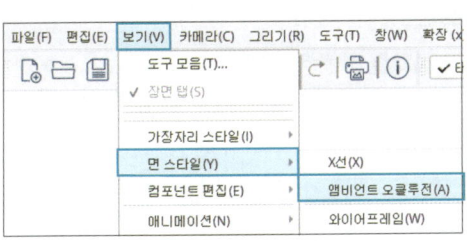 

Section 06 실내투시도 이미지 추출 및 배치

실내투시도 장면을 저장하고 고해상도 이미지로 출력합니다.

❶ 완성된 실내 공간을 보기 좋은 시점으로 맞춘 후, 메뉴 [카메라]에서 '2점 투시'를 클릭합니다. 이후 클릭 드래그로 화면을 한 번 더 조정합니다.

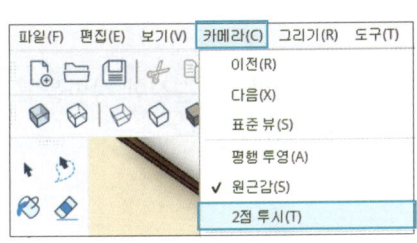 

❷ 트레이의 '장면' 탭에서 '장면 추가(⊕)'(①)를 클릭하여 현재 시점의 화면을 저장합니다. 장면을 저장한 후 시점이 흐트러지거나 다른 작업을 하더라도 장면 탭(③)을 클릭하면 저장된 시점으로 복귀됩니다.

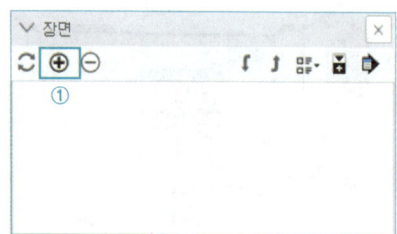
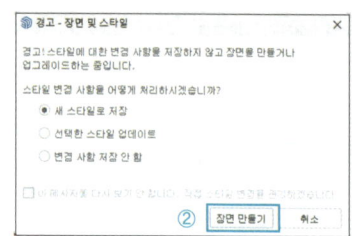

❸ 모델링에 부족한 부분이 없다면 스케치업 모델링 파일을 저장한 후, 설정한 장면을 출력하기 위해 메뉴 [파일] ⇨ [내보내기(E)]에서 '2D 그래픽'을 클릭합니다.

❹ 저장할 폴더를 지정한 후, 파일 이름을 '실내투시도', 형식을 'tif'로 설정합니다. 옵션 버튼(③)을 클릭한 뒤 '뷰 크기 사용'을 해제하고 픽셀값을 '3000', 선배율 승수를 '1'로 설정합니다. 설정을 마친 후 확인을 클릭하고 내보내기 버튼을 누르면 실내투시도 이미지가 저장됩니다.

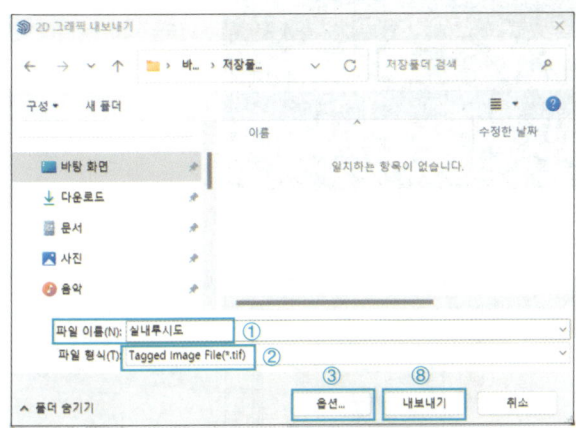 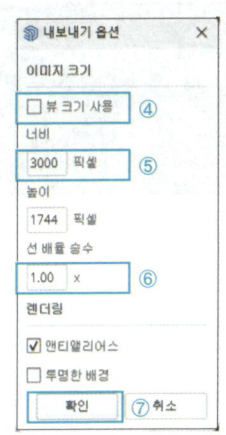

❺ 출력된 이미지의 품질을 확인한 후 캐드에서 2D 도면 작성 파일(평면도, 내부 입면도, 천장도)을 실행합니다. 완성된 입면도의 도면양식과 도면명을 우측으로 복사합니다.

 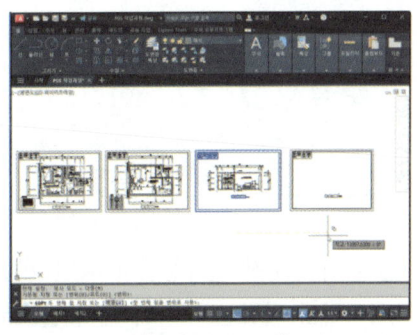

[이미지 뷰어로 확인]   [도면 양식 복사]

❻ 표제란과 하단의 도면명 및 축척을 '실내투시도', 'N.S'로 수정합니다.

❼ 메뉴의 [삽입](①)에서 참조의 '부착'(②)을 클릭한 후, 저장한 실내투시도 이미지를 선택하고 열기 버튼을 클릭합니다(부착 명령어: attach).

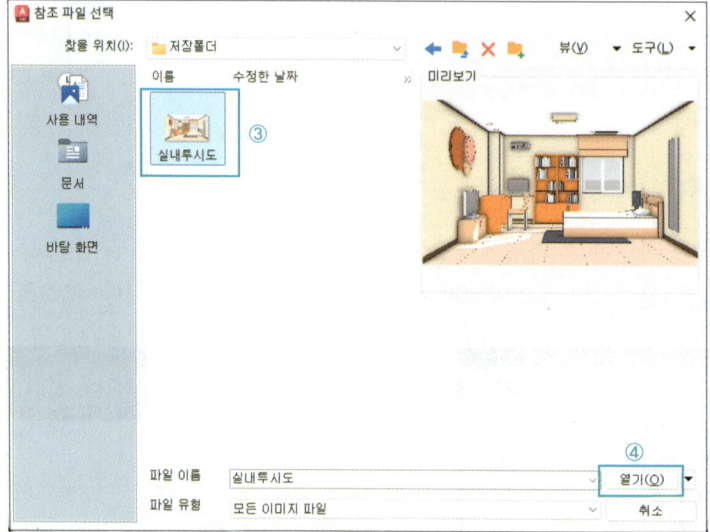

❽ 이미지 부착 설정창에서 '확인' 버튼(①)을 클릭합니다. ②지점을 클릭하고, ③지점 근처를 클릭하여 적절한 크기로 이미지를 부착합니다.

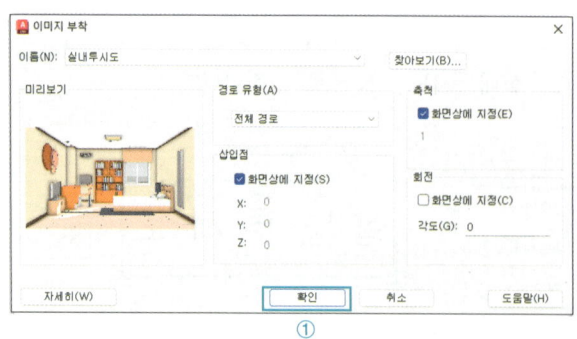
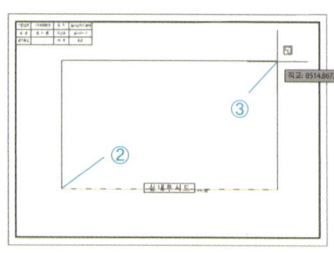

❾ 부착한 이미지를 보기 좋게 재배치한 후 작업파일을 저장합니다.

> **학습파일** | 완성파일 \ Part05 \ Ch01 \ 자녀방 – 실내투시도.dwg

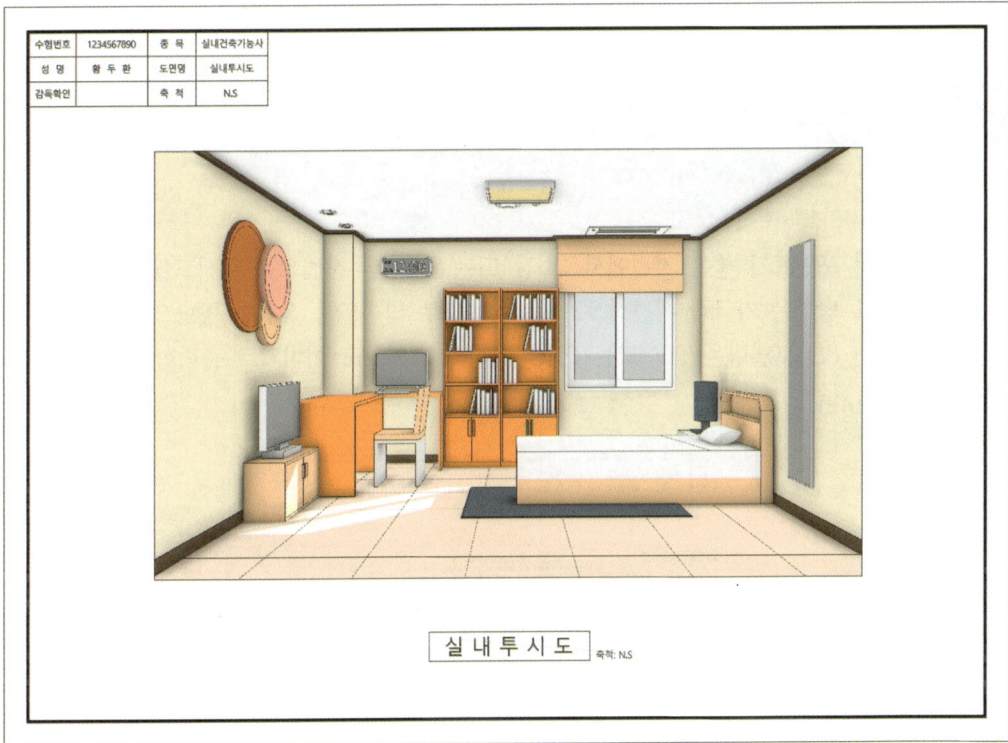

Chapter **02** 거실 : 3D 모델링 및 실내투시도

Section 01 요구도면 확인

❶ 실내투시도 1장(축척 : N.S)
- 계획의 포인트가 좋은 지점에서 1소점 또는 2소점 투시법으로 투시도를 작성합니다.
- 투시도 방향은 가급적 시간적으로 유리한 내부 입면도를 작성한 방향으로 설정합니다.
- 완성된 3D 모델링은 TIF 또는 PNG 형식의 고해상도 이미지로 출력합니다.

❷ 투시도 방향 설정

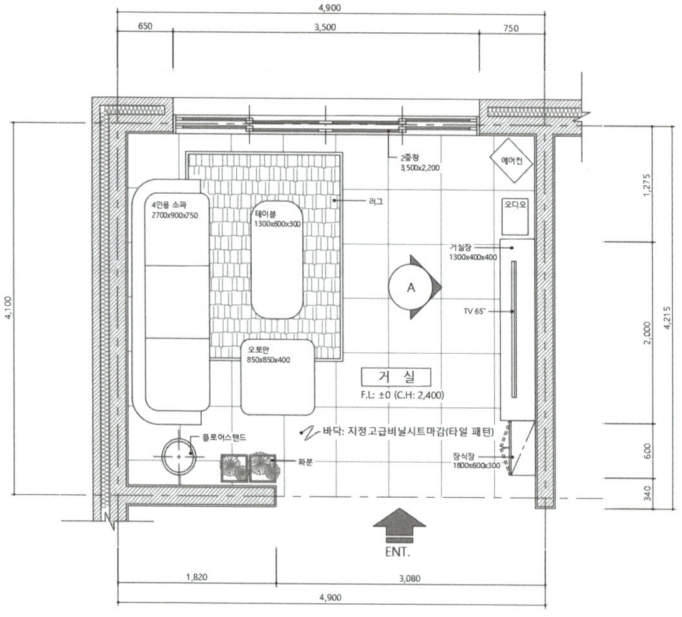

Section 02 3D 모델링 과정

❶ 완성된 평면도, 내부 입면도, 천장도를 모델링 용도로 수정합니다.
❷ 스케치업으로 완성된 2D 도면을 가져와 배치합니다.

❸ 화면에 보여지는 부분을 중심으로 모델링합니다.
❹ 재질, 그림자, 앰비언트 등 사실적인 효과를 적용합니다.
❺ 실내투시도로 추출할 화면을 장면으로 등록합니다.
❻ 장면을 고해상도 이미지 파일로 출력합니다.
❼ CAD 프로그램을 실행하여 [Attach] 명령으로 실내투시도 이미지를 부착합니다.
❽ 실내투시도를 A3 용지 규격의 PDF 파일로 출력합니다.
❾ 제출 및 용지 출력을 진행합니다.

Section 03 2D 도면 수정

❶ Part 03의 Chapter 02에서 완성한 거실 2D 도면을 준비합니다. 도면을 수정하기 위해 임시 폴더를 생성하고, 완성된 2D 도면 파일을 해당 폴더에 복사합니다. 이때 원본 파일이 삭제되거나 수정되는 것에 주의합니다.

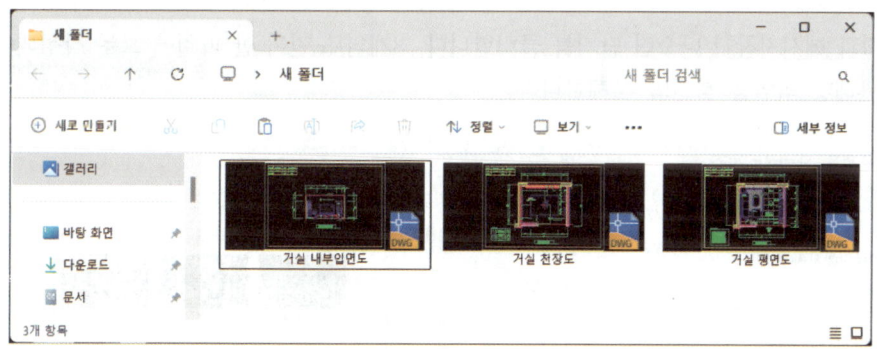

❷ 2D 도면에서 모델링에 불필요한 도면양식, 치수 등을 모두 삭제하고 저장합니다.

[평면도]   [내부 입면도]   [천장도]

* 위의 수정된 도면은 가독성을 고려해 검정 단색으로 변경한 이미지입니다.

Section 04 3D 모델링

> 학습파일 | ▶ 동영상\Part05\Ch02\거실-투시도.mp4

❶ SketchUp 환경설정 및 2D 도면 가져오기
　SketchUp을 실행한 후 '건축-밀리미터' 템플릿을 선택하여 시작합니다.

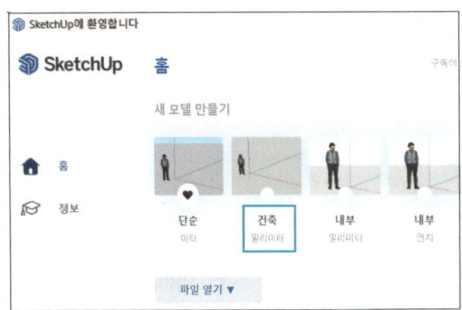 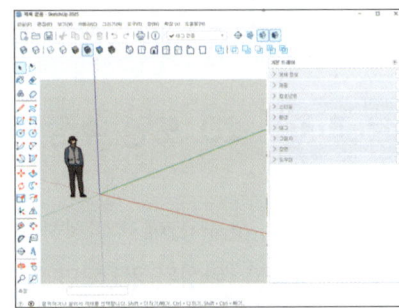

❷ 메뉴의 [파일]에서 '가져오기'를 클릭한 후 수정된 평면도를 선택하고 '가져오기'를 클릭합니다. 결과 메시지창이 나오면 닫기를 클릭합니다. 3개의 도면이 한 파일에 모두 작성되어 있는 경우, 해당 파일을 불러와 분해합니다.

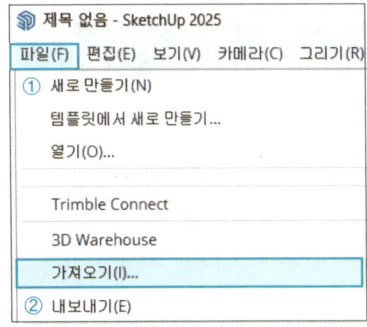 

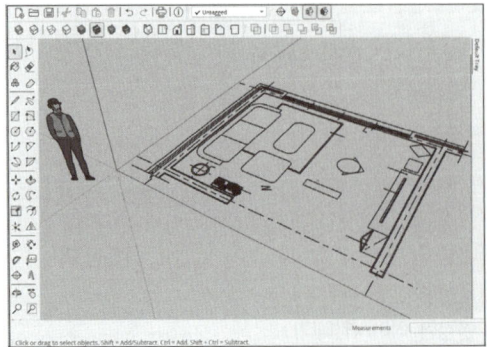

❸ 같은 방법으로 내부 입면도와 천장도도 가져옵니다. 가져온 도면은 원점에 배치되므로 겹치지 않도록 빈 공간으로 이동시킵니다. 기본 인물은 삭제합니다.

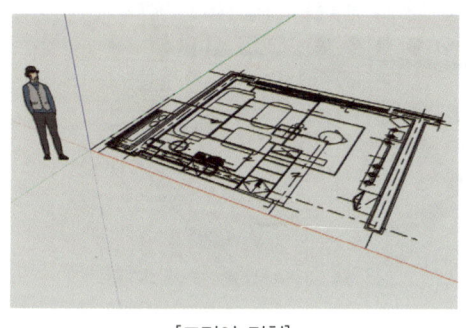 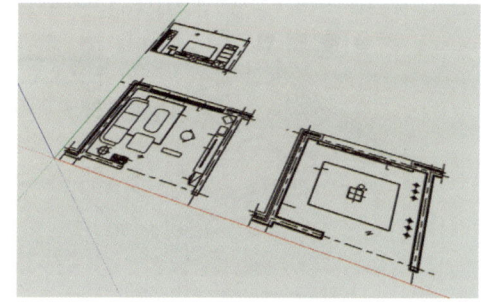

[도면이 겹침]　　　　　　　　　　　　[겹치지 않게 이동]

❹ 트레이 [스타일]에서 '편집' 탭(①)을 클릭합니다. '가장자리' 항목(②)을 선택한 뒤, 프로필값(③)을 '1'로 설정합니다. 이후 트레이의 '태그'에서 추가(⊕) 버튼(④)을 눌러 '평면도', '천장도', '입면도'를 추가합니다.

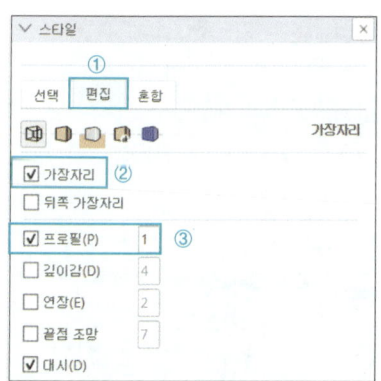 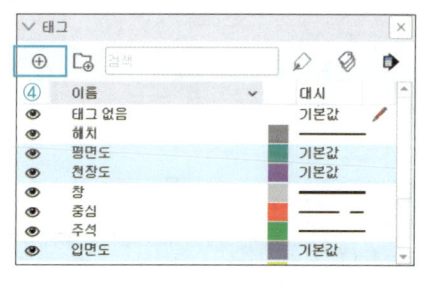

❺ 가져온 평면도를 등록한 태그로 지정합니다. 평면도 ①을 클릭하고 태그 컨트롤 패널에서 평면도 ②를 클릭합니다.

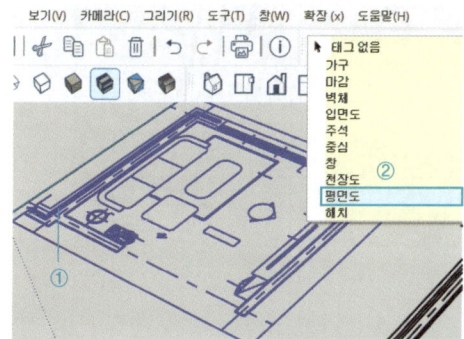

❻ 입면도와 천장도도 동일한 방법으로 태그를 지정합니다.

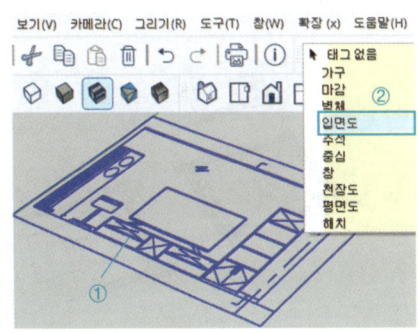 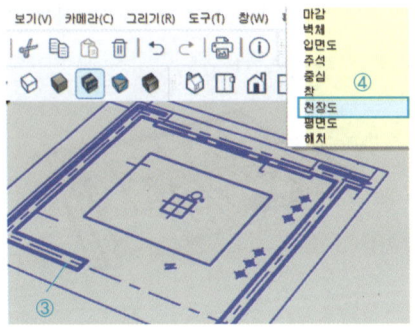

❼ 공간 구성

평면도를 확대한 후 실내 마감선의 ①, ②지점을 기준으로 사각형을 그립니다.

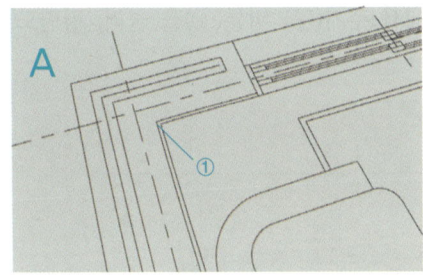 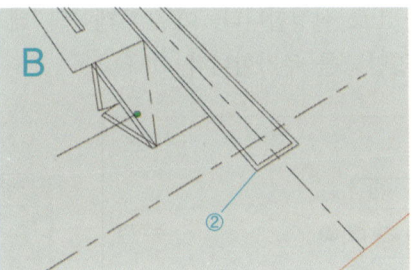

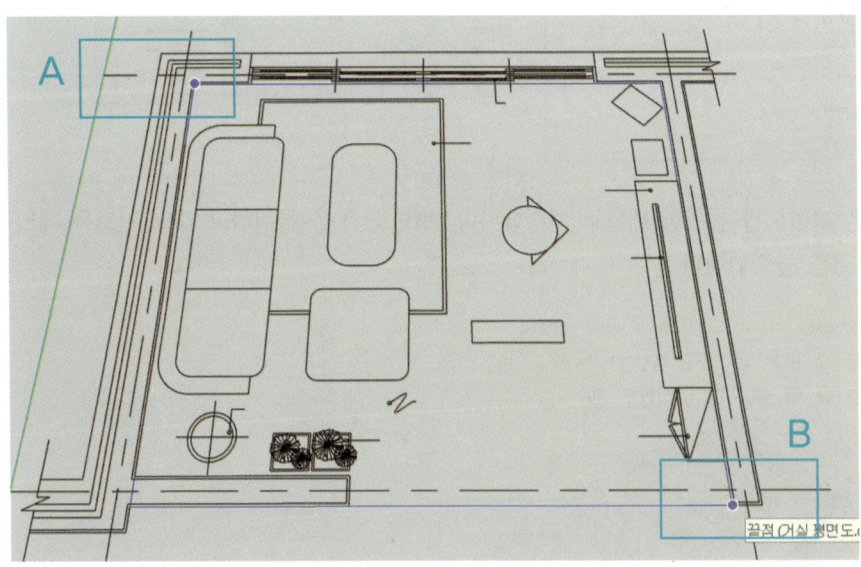

❽ 앞서 작성된 사각형을 '밀기/끌기(P)' 도구를 이용하여 바닥면에서 '2400' 높이로 올립니다.

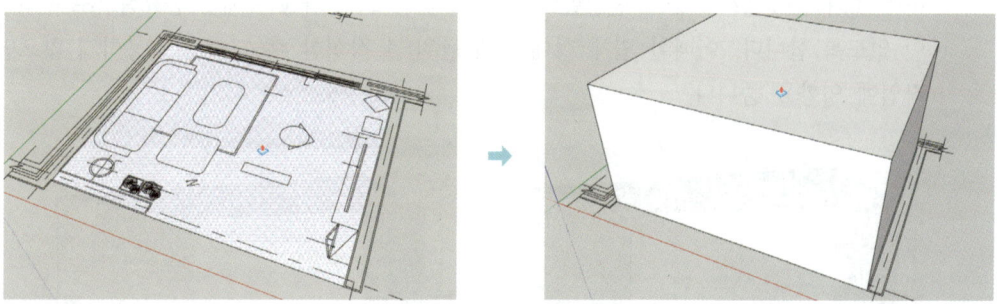

❾ 소파와 화분의 표현이 쉽지 않으므로 투시도의 방향은 창과 TV가 있는 면으로 설정합니다. 화분 근처의 칸막이벽은 표현영역이 아니므로 벽을 만들거나 수정하지 않습니다. 작업영역과 관련이 없는 출입구 벽면(①) 부분을 클릭해 삭제합니다.

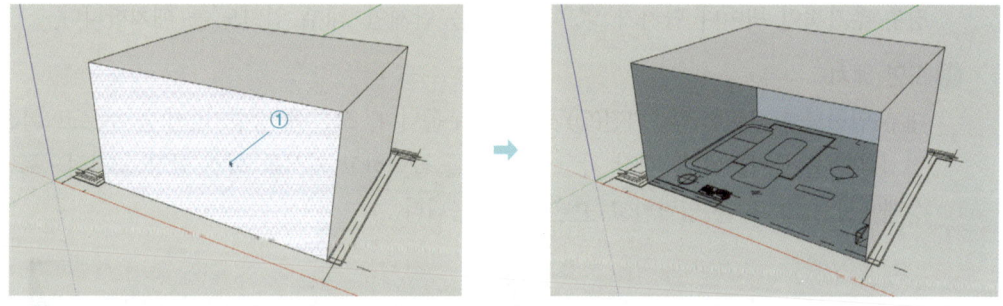

❿ 트리플클릭으로 작성된 모든 면을 선택한 후, 마우스 오른쪽 버튼을 클릭하고 '면 반전'을 선택하여 내부 면을 앞면으로 변경합니다.

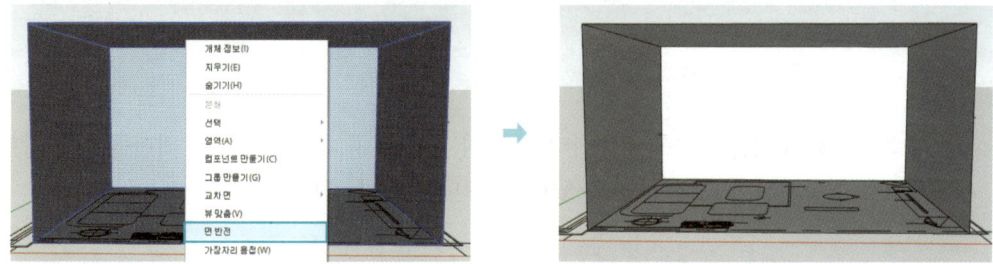

❶ 작성된 공간을 다시 트리플클릭해 선택하고, 마우스 오른쪽 버튼을 클릭합니다. '그룹'을 선택하여 하나의 독립된 요소로 변경합니다. 모델링 중 그룹 과정은 매우 중요하므로 누락되는 일이 없도록 합니다. 어떠한 입체 형태(부재 단위)를 작성한 후 그룹을 적용하지 않으면 다음 작업에 영향을 줍니다.

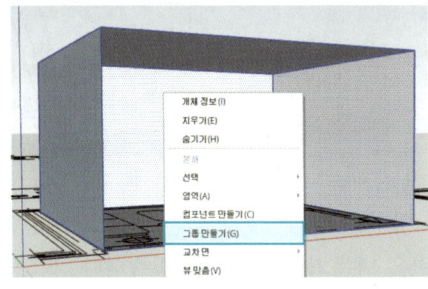 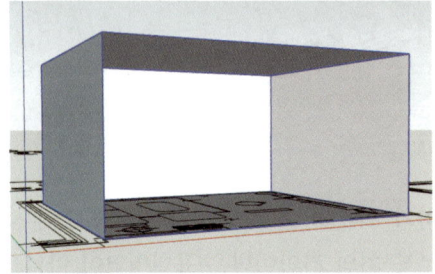

❷ 공간 내부에 바닥 단차나 칸막이벽이 있는 경우, 단차를 맞추고 칸막이벽을 작성합니다. 거실의 경우 추가적인 벽이나 단차가 없으므로 다음 단계인 '내부 입면도'를 배치합니다.

❸ 도면 배치

내부 입면도를 클릭한 후 '회전(Q)' 도구를 누릅니다. 오른쪽 방향키(→)를 누르고 회전 기준점 ①지점을 클릭합니다. 시작 각도 위치 ②를 클릭하고 커서를 회전 방향 ③지점으로 이동한 상태에서 숫자 90을 입력하고 Enter↵를 누릅니다.

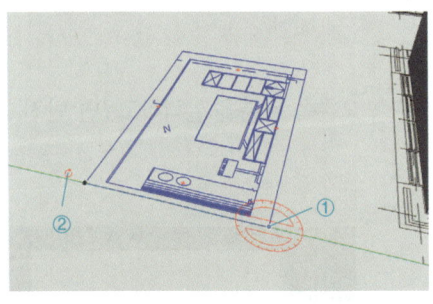 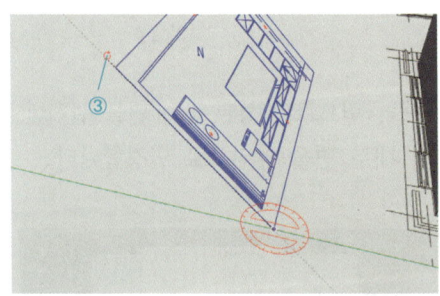

❹ 계속해서 회전 기준점 ①을 클릭합니다. 시작 각도 위치 ②를 클릭하고 커서를 회전 방향 ③지점으로 이동시킨 상태에서 90을 입력하고 Enter↵를 누릅니다.

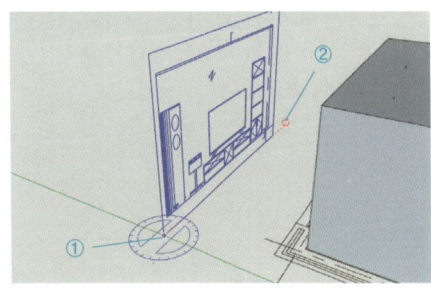 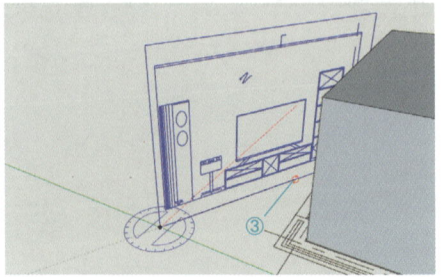

⓯ 회전된 '내부 입면도'를 클릭하고 '이동(M)' 도구를 누릅니다. 이동 기준점 ①을 클릭하고 거실 내부의 ②지점을 클릭합니다.

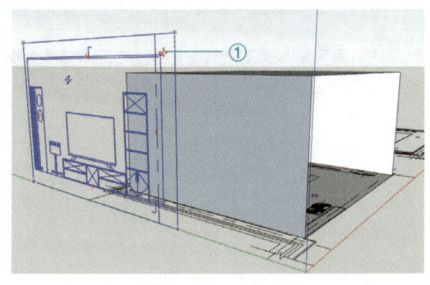 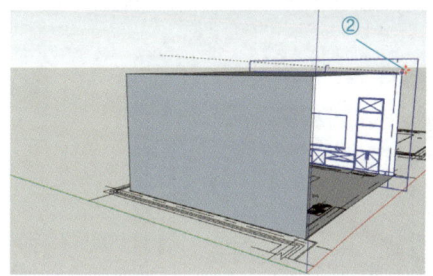

⓰ 가져온 천장도를 클릭하고 '이동(M)' 도구를 누릅니다. 마감선 ①을 기준점으로 하여 천장면 ②지점에 배치합니다.

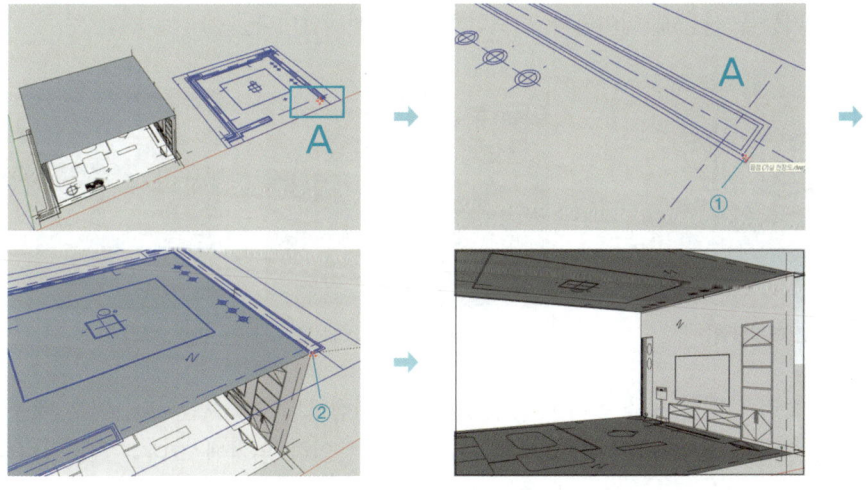

⓱ 현재 상태에서도 모델링은 가능하지만, 태그를 설정해서 불필요한 중심선이나 기호를 보이지 않게 하는 것이 좋습니다. 트레이의 태그에서 '중심' 및 '주석' 태그 옆의 눈 아이콘을 클릭해 표시를 끕니다.

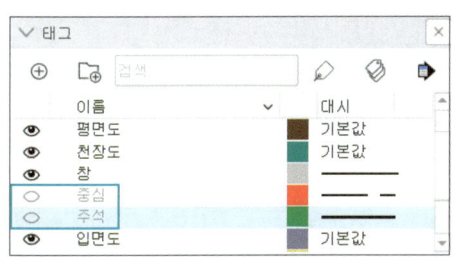 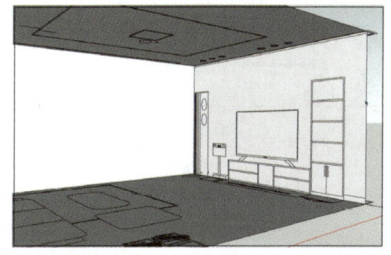

[중심, 주석 태그 Off]   [중심 및 주석 요소를 숨긴 상태]

Craftsman Interior Architecture

⑱ 내부 모델링

내부 모델링의 작업 범위는 사용자에 따라 다를 수 있습니다. 이번 작업에서는 거실 공간 중 위쪽의 창부터 우측 벽에 위치한 TV와 장식장을 기준으로 모델링을 진행합니다.

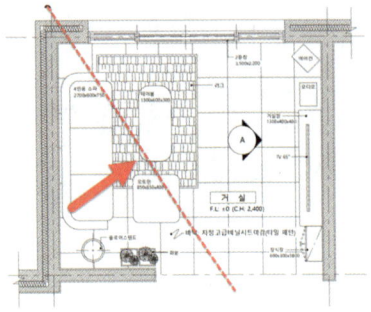

⑲ 먼저 테이블과 오토만을 모델링합니다. 평면도의 선을 더블클릭하여 편집모드로 전환한 뒤, 포함 선택 기능을 사용해 테이블과 오토만의 선만 선택합니다.

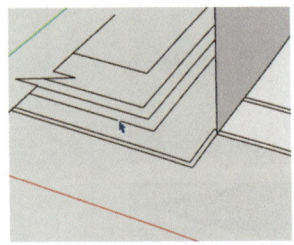
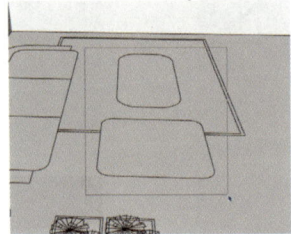

[평면도 더블클릭]   [테이블, 오토만 포함 선택]

⑳ Ctrl + C를 눌러 선택한 선을 복사하고, Esc를 눌러 편집모드를 종료합니다. 이후 메뉴 [편집]에서 '특정 위치에 붙여넣기'를 클릭해 원래 도면과 동일한 위치에 그대로 복사합니다.

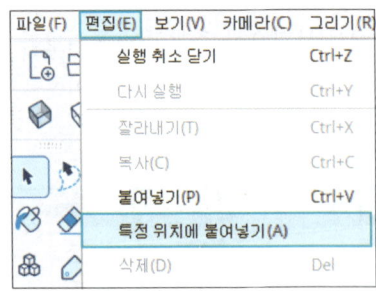
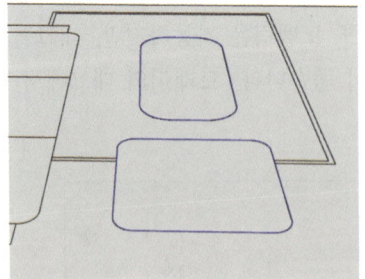

㉑ 복사된 선은 닫혀 있지만 면이 없는 상태입니다. 면을 만들기 위해 선 ①, ②를 그립니다. 이후 선택 커서로 면을 클릭해 면이 생성되었는지 확인합니다. 면이 생성된 것을 확인한 뒤 보조선 ①, ②는 삭제합니다.

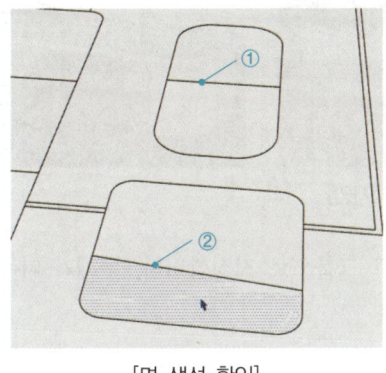
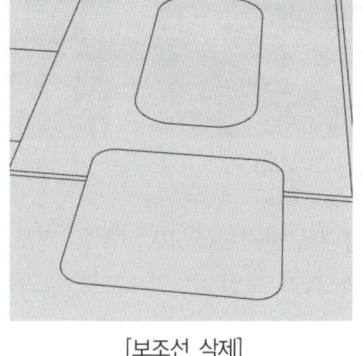

[면 생성 확인]　　　　　　　　[보조선 삭제]

㉒ 테이블은 높이 400, 오토만은 높이 200까지 올린 후 다시 [Ctrl]을 눌러 면을 추가해 150 정도 더 올려줍니다.

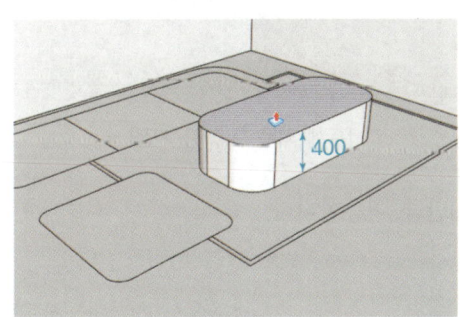
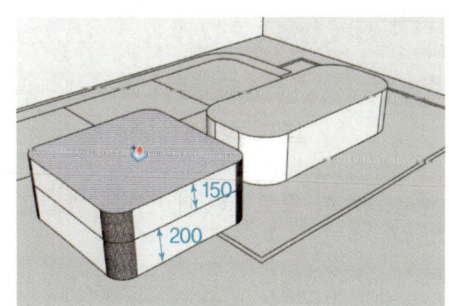

㉓ 오토만 코너의 불필요한 부분은 '지우개(E)' 도구를 이용해 숨겨줍니다. '지우개' 도구를 [Shift]를 한 번 누르고 사용합니다. 완성된 오토만은 그룹으로 지정합니다.

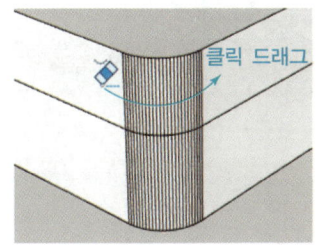
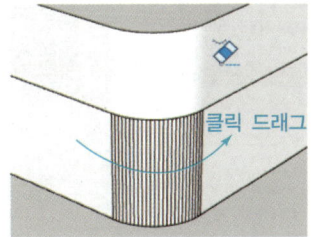
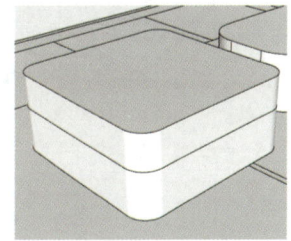

[오토만 그룹 지정]

㉔ '이동(M)' 도구로 테이블의 선(①)을 아래쪽으로 30만큼 거리를 두고 복사합니다. 그런 다음 면 ②를 끝까지 밀어내고 테이블을 그룹으로 지정합니다.

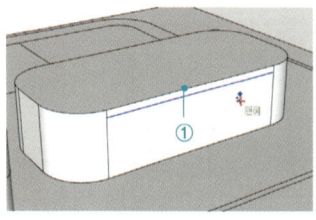 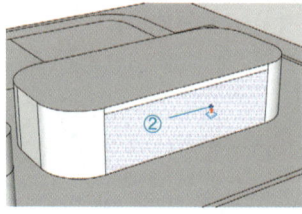 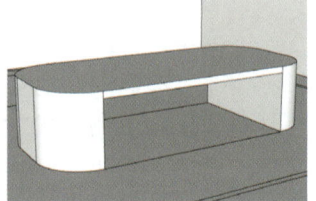

[선 ① 복사]   [면을 밀어내 디자인]

㉕ 러그의 모양대로 사각형을 그린 후 10 정도 끌어주고 그룹으로 지정합니다. 두께가 너무 얇으면 바닥면과 겹쳐 보일 수 있으므로 주의합니다.

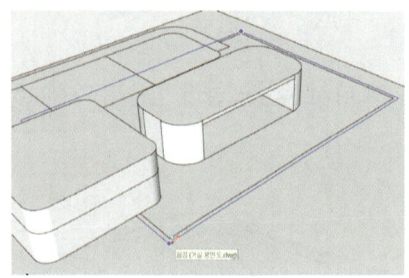 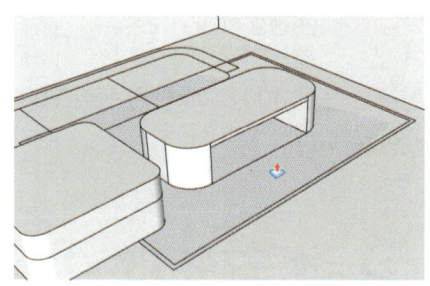

[러그 스케치]   [두께 적용 후 그룹 지정]

㉖ 앞서 작성한 오토만과 테이블을 위쪽으로 10만큼 이동합니다.

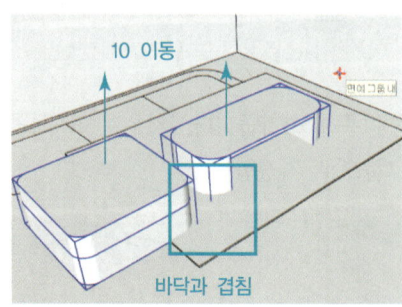 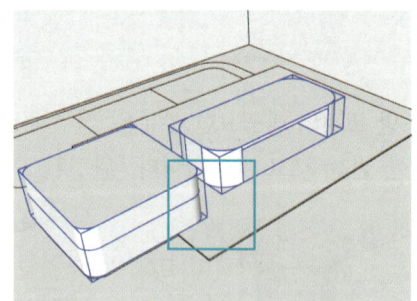

㉗ 창 부분을 만들기 위해 벽면 ①을 더블클릭하여 편집 모드로 전환합니다. 엑스레이 모드(②)를 클릭하고 창의 좌측 하단을 확대합니다. 창 부분의 입면도는 작성하지 않았으므로 창은 직접 모델링하겠습니다.

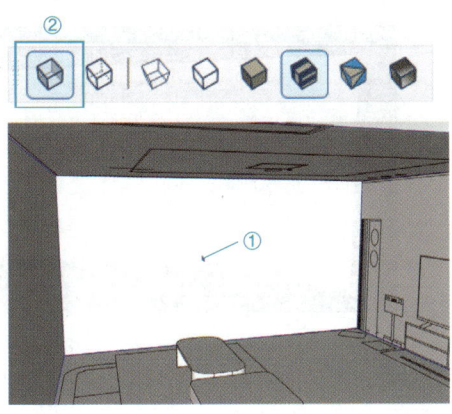
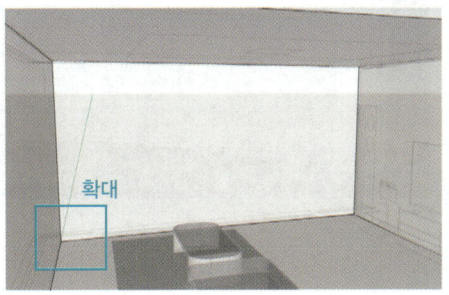

㉘ '줄자(T)' 도구를 사용해 창의 크기를 측정하거나 평면도 또는 작성조건에서 창의 가로, 세로 크기를 확인합니다. (거실창 : 3500×2200)
'사각형(R)' 도구로 ①지점을 클릭해 3500, 2000을 입력하고 Enter↵키를 누릅니다.

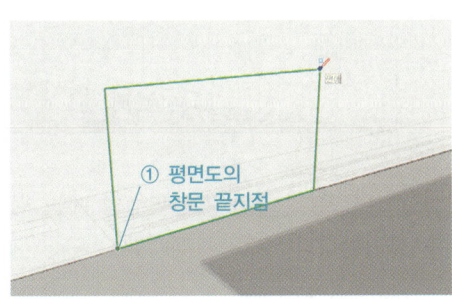
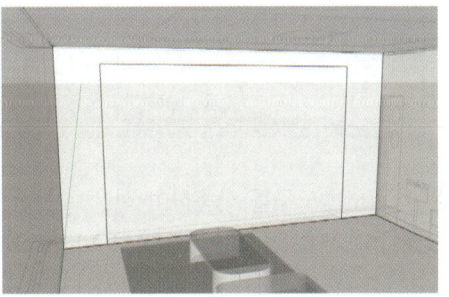

㉙ 면 ①을 클릭하여 삭제한 후 엑스레이 모드(②)와 편집 모드(Esc)를 해제합니다.

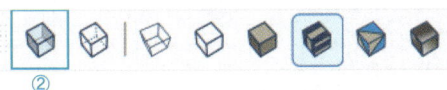

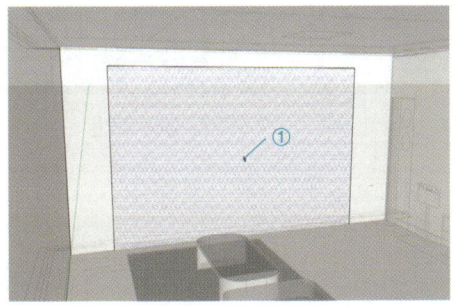
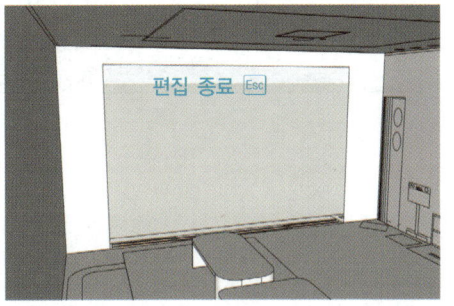

30 ①지점과 ②지점을 클릭하여 사각형을 그린 후 '오프셋(F)' 도구를 사용해 틀은 30, 창틀은 80을 복사합니다.

* 창 영역을 뚫어내고 다시 사각형을 작성하는 이유는 그룹으로 지정된 벽면과 새로 만들 창을 분리하기 위함입니다.

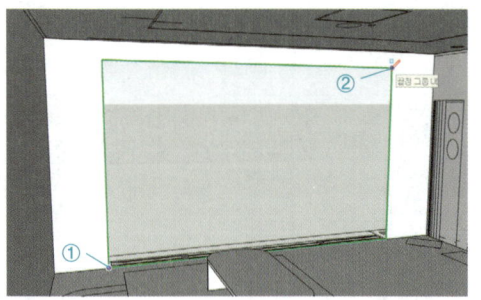
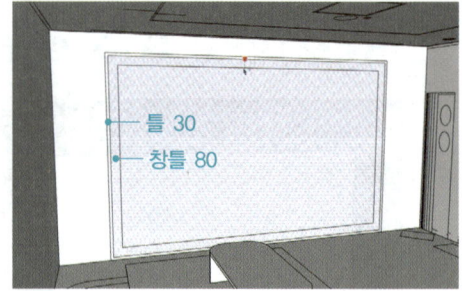

31 중간점을 기준으로 선 ①을 그리고, 다시 중간점을 기준으로 선 ②와 ③을 그려줍니다.

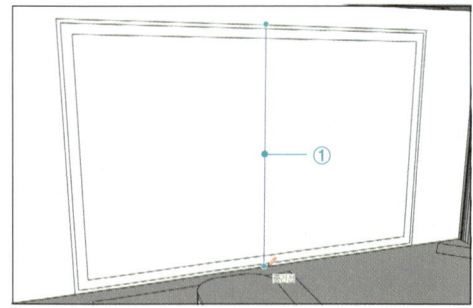
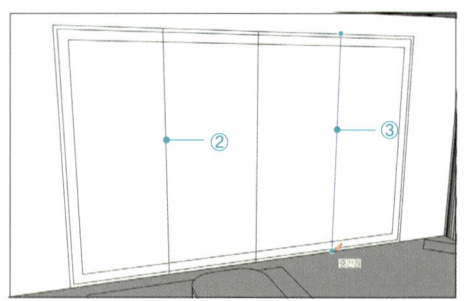

32 '이동(M)' 도구를 사용하여 선을 복사한 후 편집합니다. 창의 프레임을 편집할 때는 평면도에 표시된 창을 참고하여 안쪽과 바깥쪽의 위치를 확인합니다.

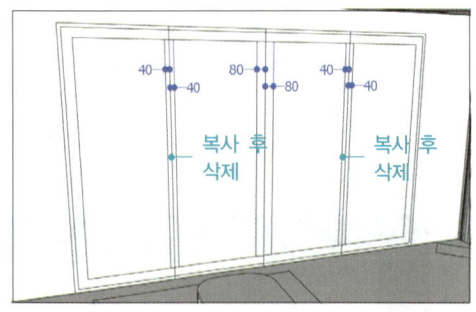
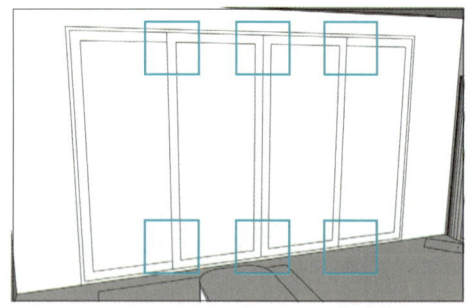

[편집 상태 확인]

❸❸ '밀기/끌기(P)' 도구를 사용하여 틀 ①은 안쪽으로 20, 창틀 ②와 ③은 안쪽으로 10 끌어줍니다. 창틀 ④와 ⑤는 바깥쪽으로 20 밀어내고, 유리 ⑥과 ⑦은 30 밀어냅니다.

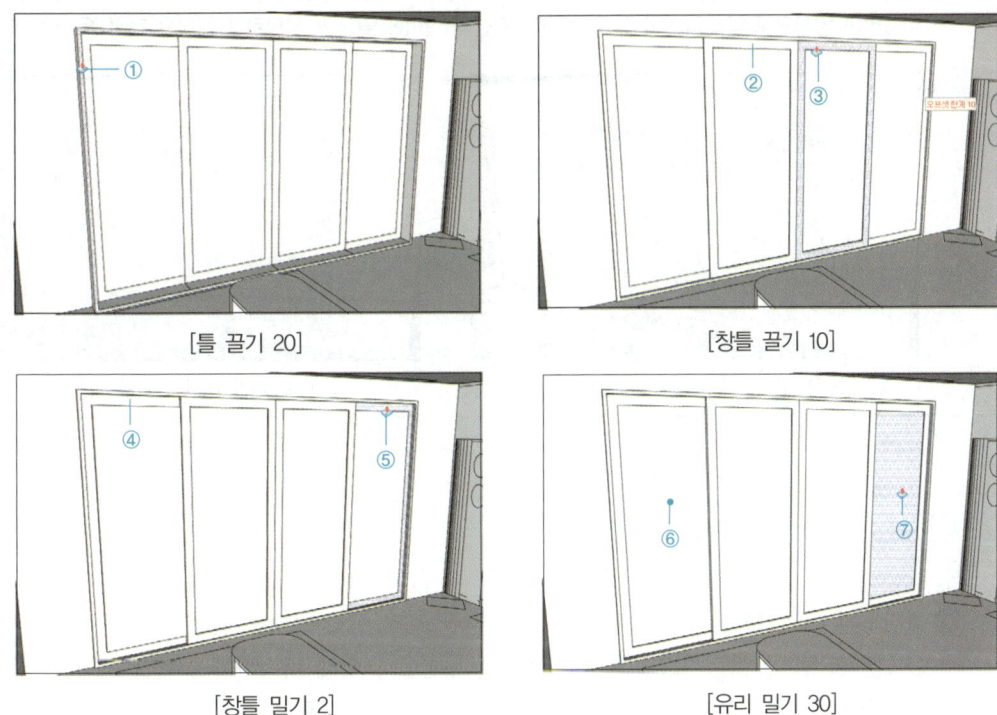

❸❹ 유리 부분에 재질을 넣고 그룹으로 지정합니다. 재질의 썸네일 이미지 및 명칭은 버전에 따라 다를 수 있습니다.

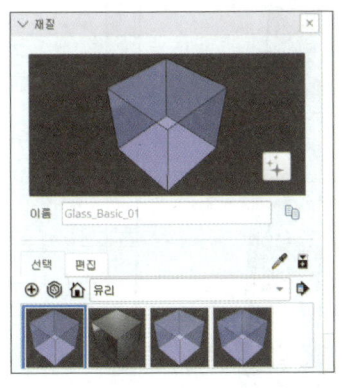 

| TIP | **창문 모델링** |

창을 만드는 데 시간이 부족하거나 작업이 오래 걸리거나 어렵다면 프레임만 편집한 후 유리 부분에 재질을 적용하는 방식으로 마무리할 수도 있습니다. 자신의 실력에 맞는 방식으로 표현하는 것이 중요합니다.

[틀의 깊이를 표현하고 유리를 적용]

[스케치만 하고 유리를 적용]

㉟ 평면도의 에어컨을 '선 그리기(L)' 도구로 따라 그려 전체 형태를 만듭니다. 에어컨 바닥면 ①을 클릭한 뒤, 높이는 입면도의 위치에서 ②지점을 클릭해 지정하고, Ctrl을 눌러 경계면을 추가한 후 ③지점을 클릭합니다. 에어컨을 모두 선택해 그룹으로 지정합니다.

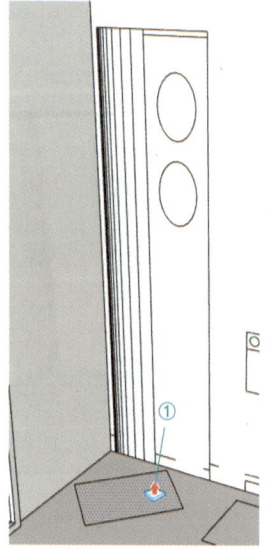
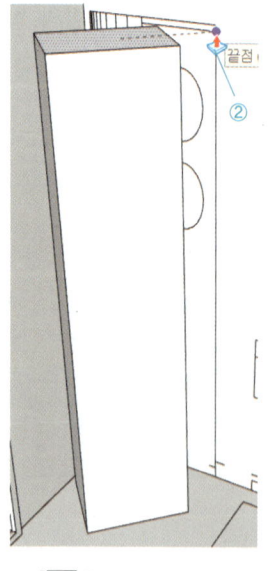
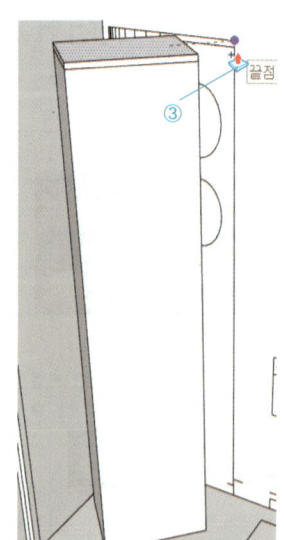

[Ctrl을 눌러 경계면 추가]

㊱ 입면도를 더블클릭해 편집 모드로 전환한 뒤, 오디오 본체 상단 부분만 선택하고 Ctrl + C를 눌러 클립보드에 복사합니다. Esc를 눌러 편집 모드를 종료합니다.

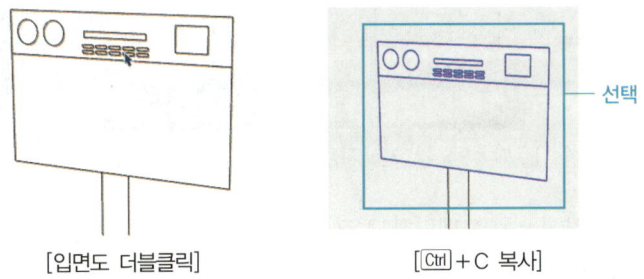

[입면도 더블클릭]   [Ctrl + C 복사]

㊲ 입면도의 오디오 바닥(측면)을 덧그린 후, 300만큼 끌고 그룹으로 지정합니다. 오디오의 기둥은 덧그려 100만큼 끌고 그룹으로 지정하고, 본체는 덧그려 200만큼 끌고 그룹으로 지정합니다.

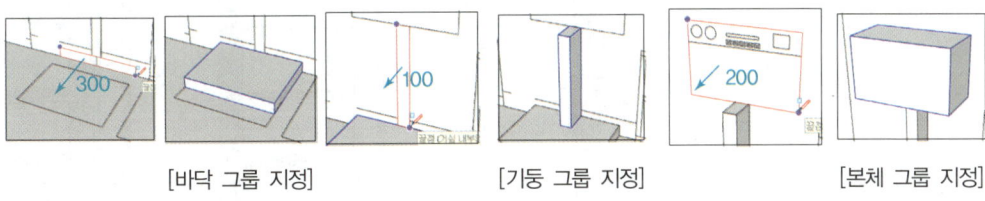

[바닥 그룹 지정]   [기둥 그룹 지정]   [본체 그룹 지정]

㊳ Ctrl + V를 눌러 복사한 오디오 본체의 선을 불러옵니다. ①지점을 클릭하여 임시로 배치한 후 z축으로 90°, y축으로 90° 회전한 후 본체에 맞게 이동합니다.

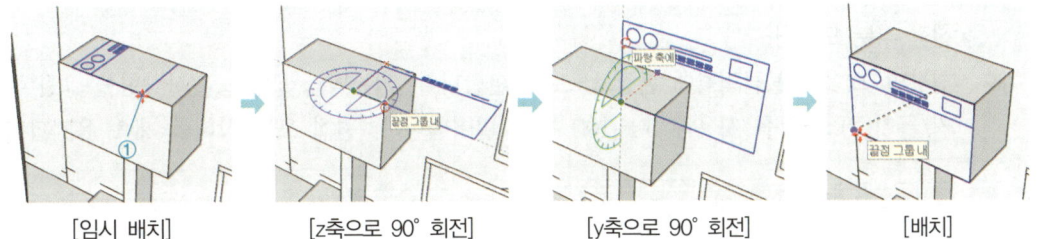

[임시 배치]   [z축으로 90° 회전]   [y축으로 90° 회전]   [배치]

㊴ 오디오 본체를 마우스 오른쪽 버튼으로 클릭합니다. '분해'를 클릭하고 다시 오디오 본체를 포함 선택하여 그룹으로 지정합니다.

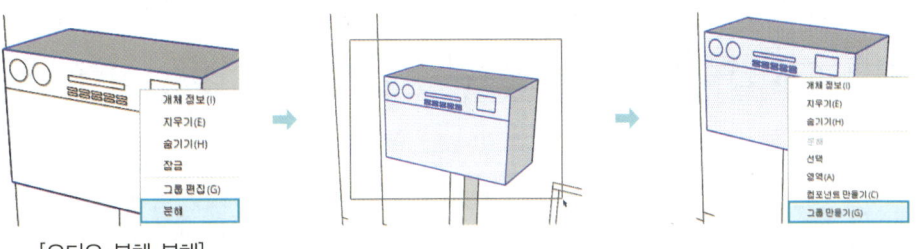

[오디오 본체 분해]

㊵ 거실장과 TV도 입면도를 활용하여 모델링하고 그룹으로 지정합니다.

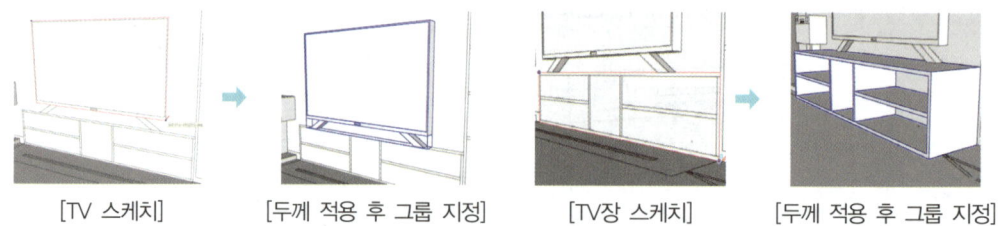

[TV 스케치]   [두께 적용 후 그룹 지정]   [TV장 스케치]   [두께 적용 후 그룹 지정]

㊶ 입면도를 활용하여 장식장을 모델링하고 그룹으로 지정합니다. 손잡이의 위치 및 크기는 입면도와 동일하지 않아도 됩니다.

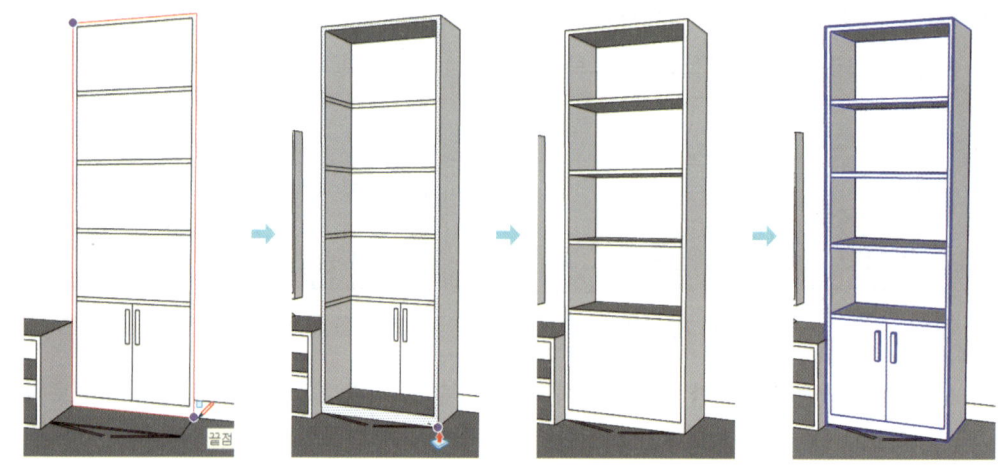

㊷ 천장 부분 모델링

천장면(①)을 더블클릭하여 편집모드로 전환합니다. 커튼박스 모양으로 사각형을 그린 후 '밀기/끌기(P)' 도구를 사용해 50~100 정도 밀어냅니다. 편집 모드 상태를 계속 유지합니다.

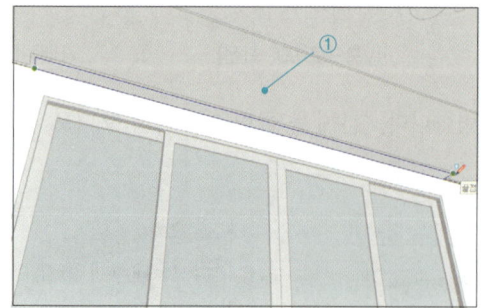 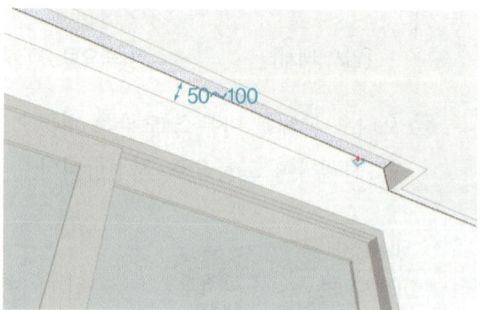

㊸ 이제 천장면의 단차를 맞추겠습니다. 단차 위치에 맞춰 사각형(①)을 그리고 '밀기/끌기(P)' 도구를 사용하여 100만큼 밀어냅니다. 작업이 완료되면 Esc키를 눌러 편집모드를 종료합니다.

[천장도의 단차 부분 참고]

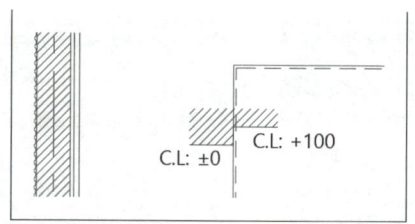

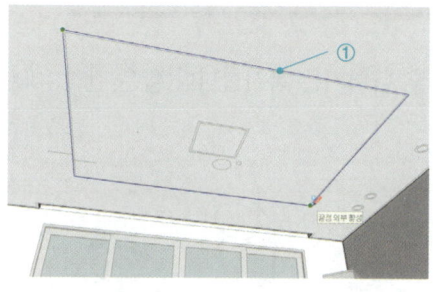
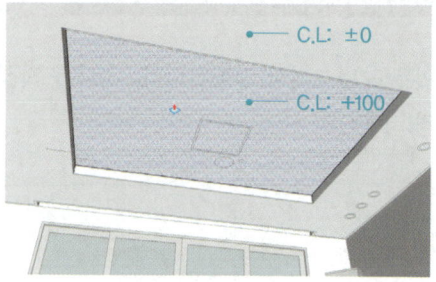

㊹ 천장의 조명과 설비는 도면의 모양을 그대로 사용할 수 있지만 덧그려서 진행합니다. 직부등은 사각형으로, 스프링클러와 감지기는 원으로 그립니다. 직부등은 50, 스프링클러와 감지기는 20 정도 끌어줍니다. '호(A)' 도구로 디자인을 수정하고, '오프셋(F)' 도구로 프레임을 표현합니다.

[설비 스케치]

[두께 적용]

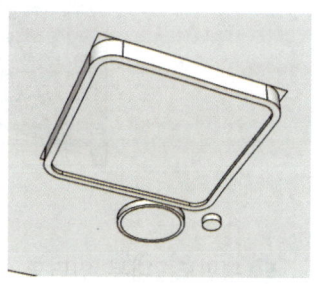
[디자인 및 프레임 표현]

㊺ 직부등, 스프링클러, 감지기를 각각의 그룹으로 지정하고, 높아진 천장면으로 이동시킵니다. 기준점으로는 직부등의 상단 ①지점을 클릭하고 z축을 따라 이동하여 '면에 그룹 내'라는 도움말이 뜨면 클릭합니다.

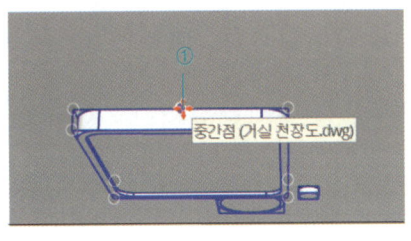 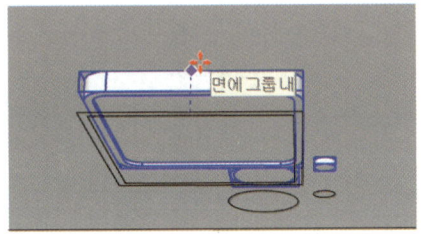

㊻ 매입등도 덧그려서 진행합니다. 하나를 작성한 후 나머지는 복사합니다(짧은 간격: 300, 넓은 간격: 1600).

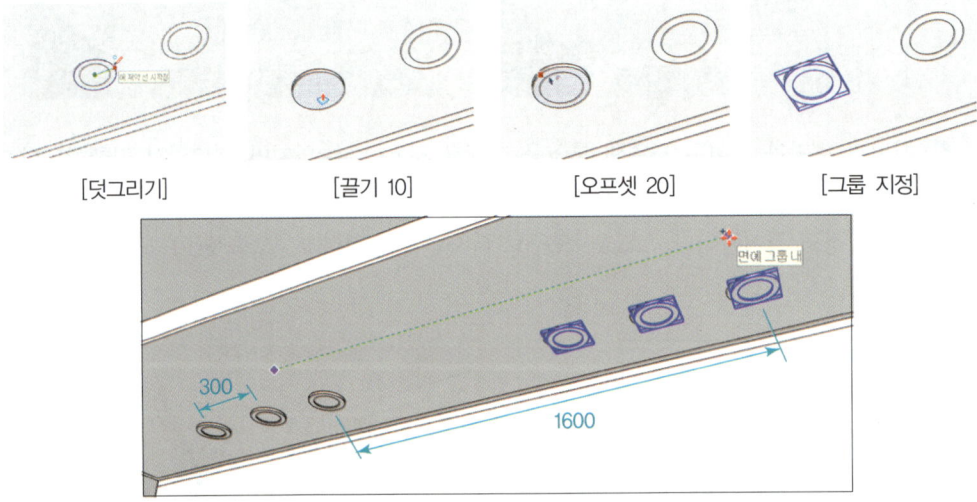

[300 간격으로 복사 후 1600 간격으로 복사]

㊼ 평면도, 내부 입면도, 천장도를 삭제하거나 태그를 모두 Off합니다.
(참고 도면의 삭제 및 태그 Off 시점은 사용자에 따라 다를 수 있습니다.)

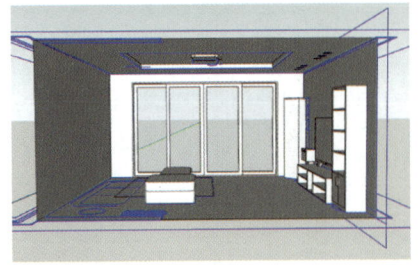 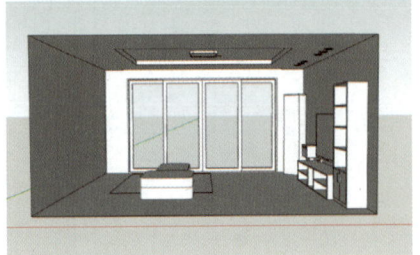

❹❽ 천장몰딩을 만들기 위해 '사각형(R)'을 누르고 ①지점을 클릭합니다. 왼쪽 방향키(←)를 눌러 축을 맞추고 커서를 ②지점 근처로 이동해 그려질 방향을 확인합니다. 30, 30을 입력하고 Enter↵를 누릅니다.

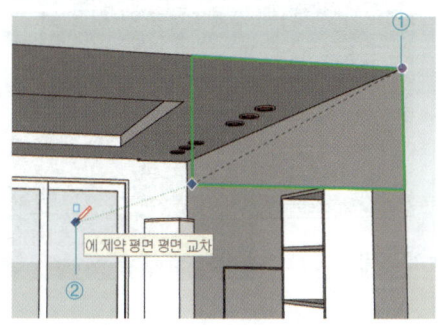 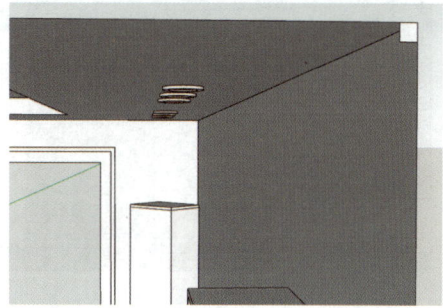

❹❾ 사각형이 따라갈 경로를 '선 그리기(L)' 도구로 그려줍니다. 화면을 충분히 확대하면서 선 ①, ②, ③, ④를 정확하게 그립니다.

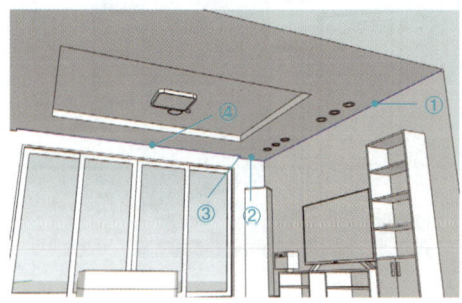

❺⓿ 그려진 선(①)을 클릭하고 마우스 오른쪽 버튼을 눌러 '선택' 옵션에서 '모두 연결됨'을 선택합니다. Shift 를 누른 상태로 사각형만 포함 선택해 선택사항에서 제외시킵니다.

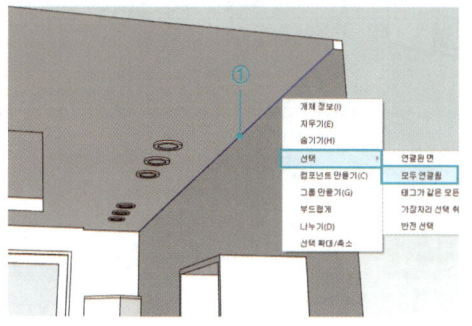 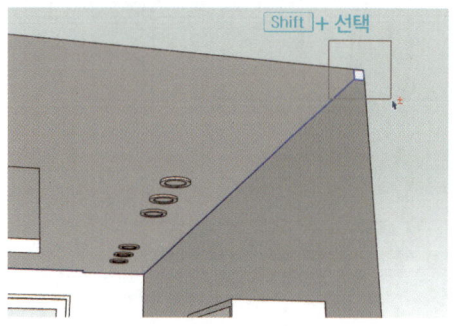

㉑ '따라가기( )' 도구를 클릭한 후 몰딩면(①)을 클릭합니다. 작성된 몰딩(②)을 트리플클릭하여 그룹으로 지정합니다.

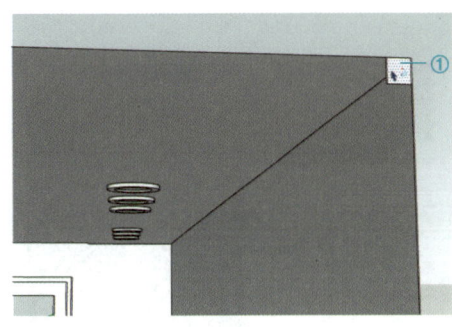 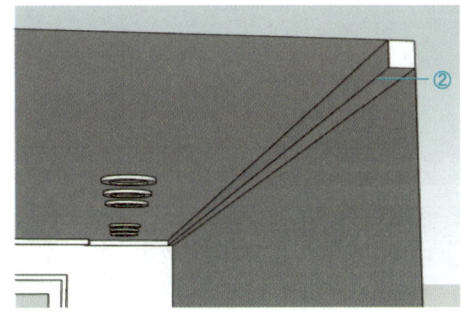

㉒ TV 방향 벽에 붙어 있는 가구를 안쪽으로 10 정도 이동시키고, 마우스 오른쪽 버튼을 눌러 '숨기기'를 클릭합니다.

 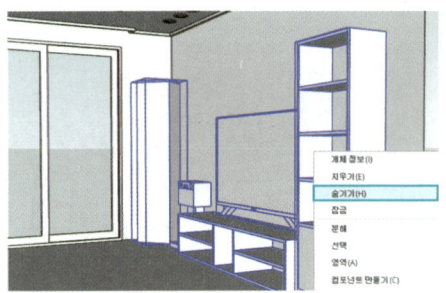

㉓ 걸레받이 위치에 맞춰 선 ①, ②를 그립니다. 선 ①, ②를 '오프셋(F)' 도구를 사용해 안쪽으로 10만큼 복사합니다.

[오프셋 10]

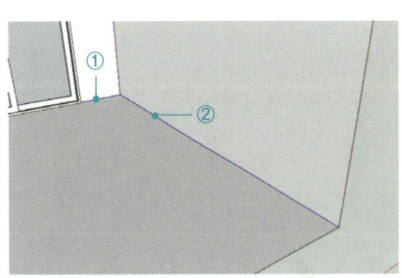 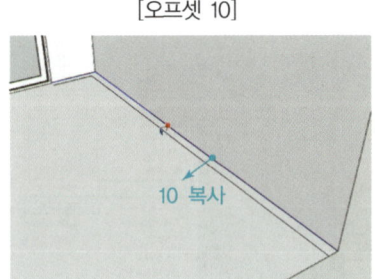

❺❹ 시작 지점 A와 끝 지점 B를 확대해 선을 그려 닫혀 있는 도형으로 작성합니다.

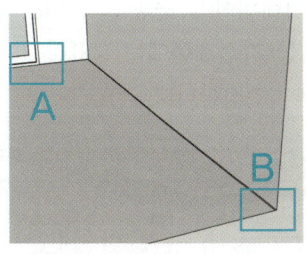 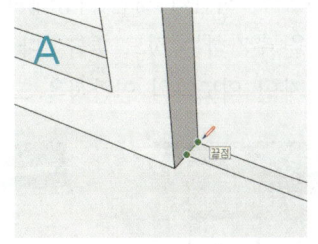 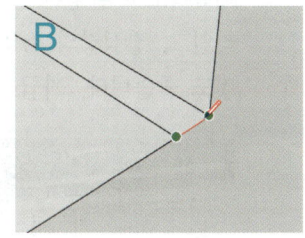

❺❺ '밀기/끌기(P)' 도구를 사용해 도형을 80만큼 끌어 걸레받이를 만들고 그룹으로 지정합니다.

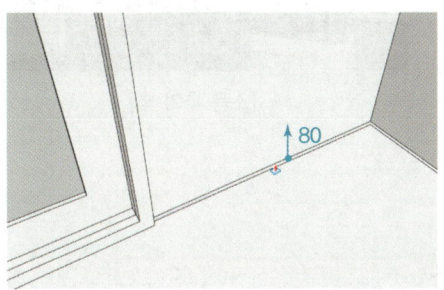 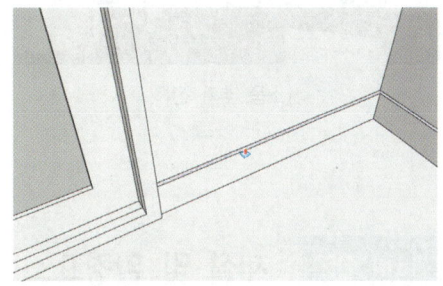

❺❻ 메뉴의 [편집] ⇨ [숨기기 취소]에서 '모두'를 클릭합니다.

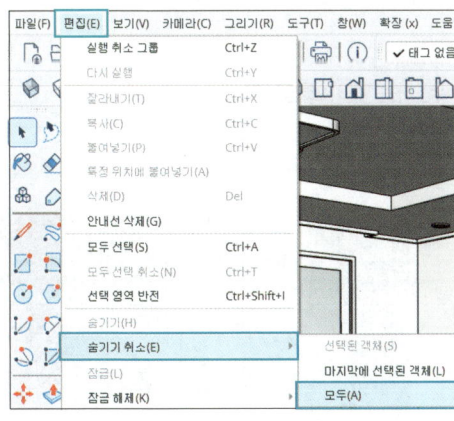 

57 세부 모델링

대략적으로 완성된 모델은 남은 시간과 개인 역량에 따라 디테일하게 수정하고, 커튼이나 블라인드, 장식장의 소품 등을 추가하는 것도 좋습니다. TV 등 가전제품에는 상표를 표기하는 것도 좋습니다. 가급적 디자인 의도와의 연관성을 고려하여 수정합니다.

[소품 추가 전]

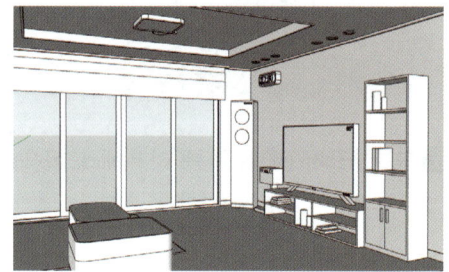
[소품 추가 후]

Section 05 재질 및 환경요소 적용

재질은 면적이 넓은 천장, 벽, 바닥에 채도가 높지 않은 컬러를 우선 적용한 후, 이후 몰딩과 주요 가구순으로 작업을 진행합니다.

*재질을 적용하기 전 평면도의 '디자인 의도'를 한 번 더 확인하는 것이 좋습니다.

❶ 바닥에 패턴을 만들기 위해 선(①)을 그리고 600 간격으로 복사합니다.

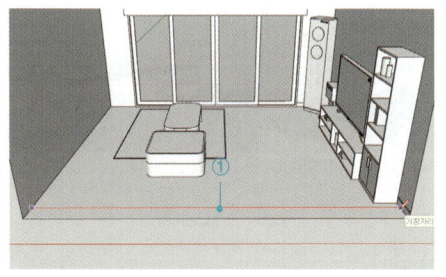
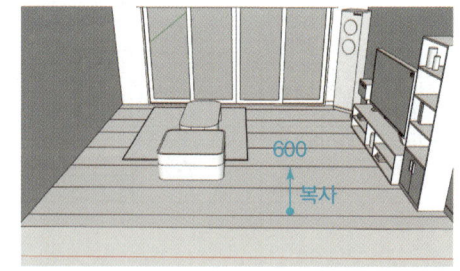

❷ 한 번 더 수직선(①)을 그리고 600 간격으로 복사합니다. 수직선은 수평선에 의해 분리되어 있으므로 Shift 키를 눌러 선택합니다.

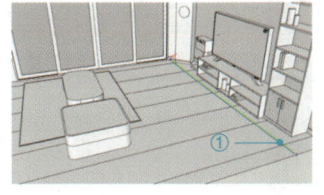  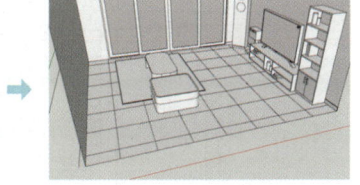

❸ 천장면이나 벽면을 더블클릭하여 편집모드로 전환하고, 천장, 벽, 바닥에 재질을 적용합니다 (사용자가 자유롭게 재질을 적용해도 됩니다).

[천장 : M00_Soft_Cloud]　　[벽 : M01_Silver_Fog]　　[바닥 : M04_Stone_Frost]

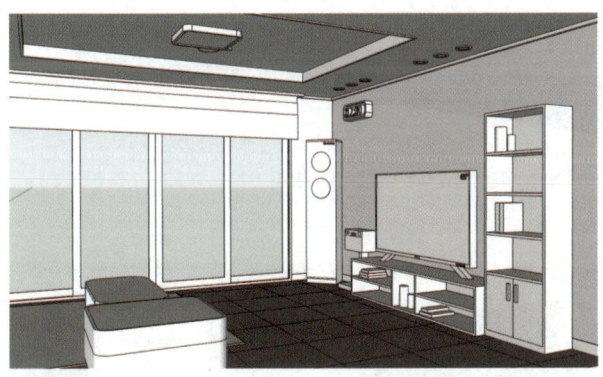

❹ 천장몰딩과 걸레받이는 그룹 상태에서 재질을 적용하고, 조명기는 더블클릭하여 빛이 나오는 부분만 재질을 적용합니다. TV, PC 모니터, 거울은 반사되는 표면만 재질을 적용합니다.

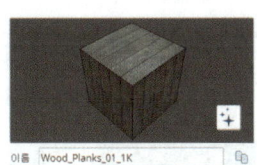  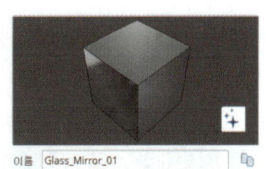

[몰딩, 걸레받이 : Wood_Planks_01_1K]　　[조명 : D02_Buttercup_Glow]　　[TV, 모니터, 거울 : Glass_Mirror_01]

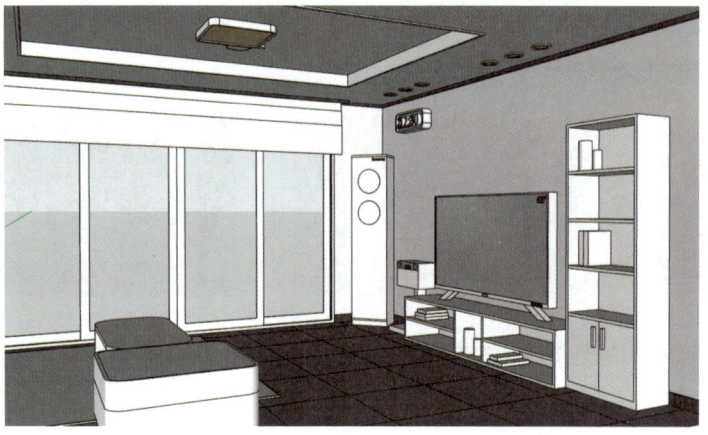

> **TIP** **재질의 편집**
>
> 걸레받이와 천장몰딩은 결이 있는 나무 재질입니다. 면이 넓지 않아 현재 적용된 상태로도 큰 문제는 없지만, 시간이 여유로운 경우에는 재질을 적용할 때 그룹 상태로 적용하지 말고 편집 모드에서 면을 모두 선택해 재질을 적용합니다. 이렇게 하면 재질의 방향을 편집할 수 있습니다.
>
>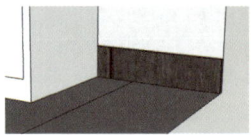
>
> [그룹 상태에서 재질을 적용한 걸레받이와 천장몰딩]
>
> *편집 모드에서 재질 적용과정
>
>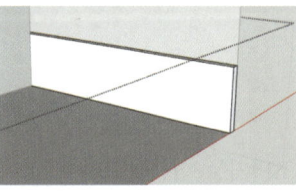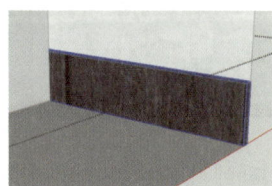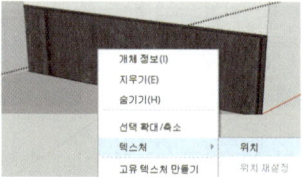
>
> [편집 모드]　　　　　[재질 적용]　　　　　[마우스 오른쪽 버튼 클릭 후 위치 클릭]
>
>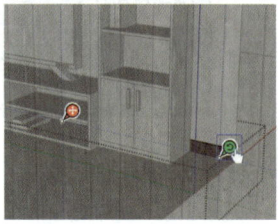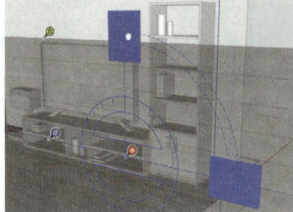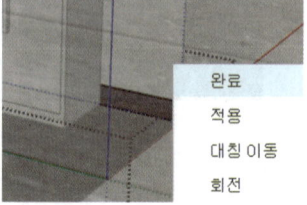
>
> [녹색 핀을 클릭 드래그]　　[90° 설정]　　[마우스 오른쪽 버튼 클릭 후 완료]

❺ 주요 가구에는 2~3가지 정도의 컬러만 사용합니다. 누락된 가구나 소품을 확인하고 공간이 비어 보이는 곳에는 액자나 거울로 보완합니다.

❻ 트레이에서 그림자 모드를 활성화하거나 '음영 처리를 위해 태양 사용'을 활성화합니다(그림자 설정은 사용자의 취향이나 경험에 따라 다를 수 있습니다).

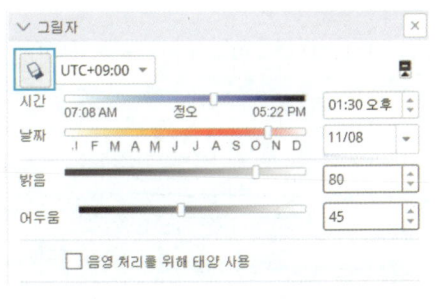

[그림자 활성화]

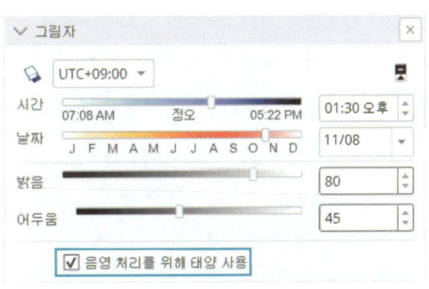

[음영 처리를 위해 태양 사용 활성화]

❼ 창문이 있을 경우, 외부에서 빛이 들어오는 시간대로 설정하거나 모델의 방향을 조정하는 것도 좋습니다. 내부 공간이 어둡지 않도록 그림자 설정에서 시간 및 밝기 정도를 조절합니다.

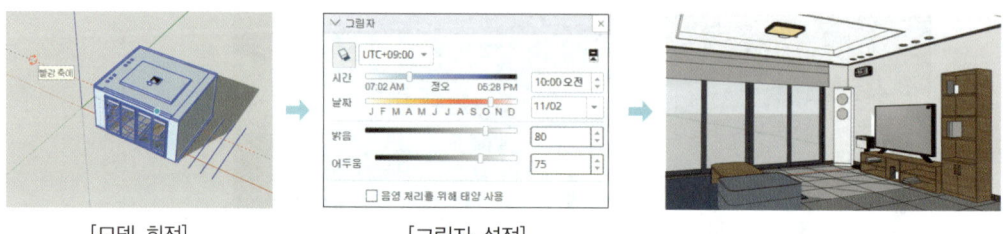

[모델 회전]　　　　　　　　　　[그림자 설정]

❽ 메뉴의 [보기] ⇨ [면 스타일]에서 '앰비언트 오클루전'을 클릭해 음영을 적용합니다.

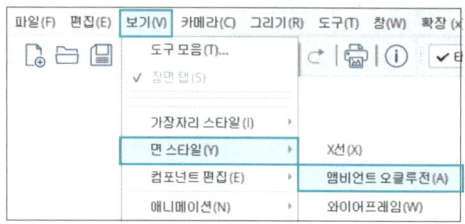

❾ 벽면 ①을 더블클릭하여 편집 모드로 전환합니다. 시야 확보를 위해 벽면 ①을 클릭해 삭제합니다.

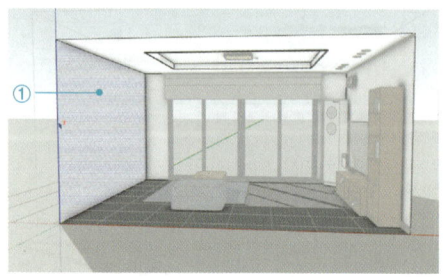
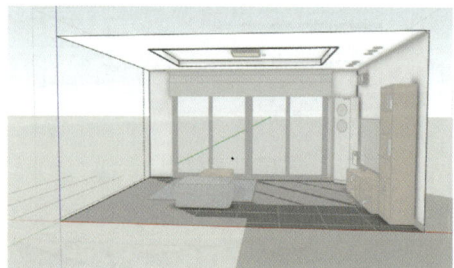

❿ 출력 화면을 대략적으로 설정해 보면, 우측 천장과 바닥면이 잘립니다. 천장면(①)을 더블클릭해 편집 모드로 전환합니다.

⓫ 선 ①, ②, ③을 클릭한 후, '이동(M)' 도구를 사용해 기준점 ④를 클릭하고 ⑤지점을 클릭합니다.

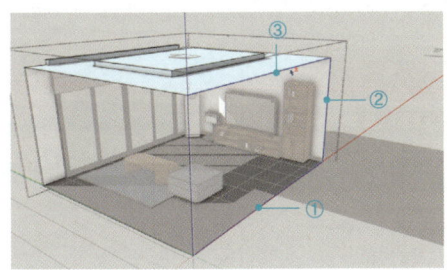 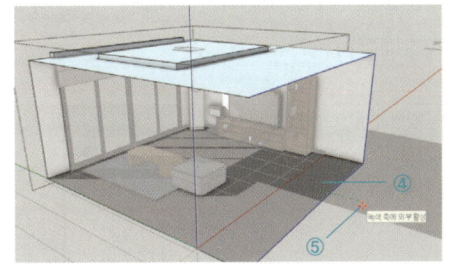

Section 06 실내투시도 이미지 추출 및 배치

실내투시도 장면을 저장하고 고해상도 이미지로 출력합니다.

❶ 완성된 실내 공간을 보기 좋은 시점으로 맞춘 후 메뉴의 [카메라]에서 '2점 투시(T)'를 클릭합니다. 이후 화면을 클릭 드래그로 한 번 더 조정합니다.

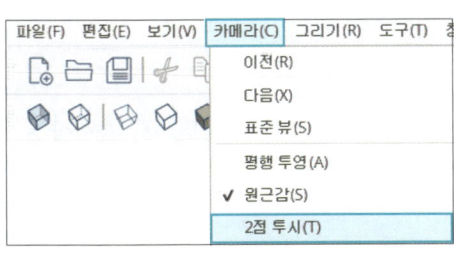 

❷ 트레이의 [장면]에서 '장면 추가(⊕)'(①)를 클릭하여 현재 시점의 화면을 저장합니다. 장면을 저장한 후 시점이 흐트러지거나 다른 작업을 하더라도 장면 탭(③)을 클릭하면 저장된 장면으로 되돌아갑니다.

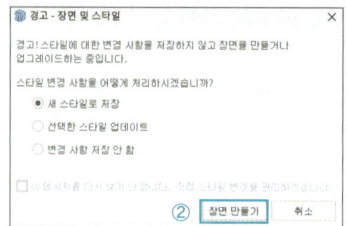

❸ 부족한 부분이 없다면 스케치업 모델링 파일을 저장하고, 설정한 장면으로 출력하기 위해 메뉴의 [파일] ⇨ [내보내기]에서 '2D 그래픽'을 클릭합니다.

❹ 저장할 폴더를 지정하고 파일 이름은 '실내투시도'(①), 형식은 'tif'(②)로 설정하고 '옵션'(③) 버튼을 클릭합니다. 내보내기 옵션에서 '뷰 크기 사용'(④)을 해제하고 픽셀값은 '3000', 선 배율 승수는 '1'로 설정합니다. 설정을 마친 후 '확인'(⑦)을 클릭하고 '내보내기'(⑧) 버튼을 클릭하면 실내투시도 이미지가 저장됩니다.

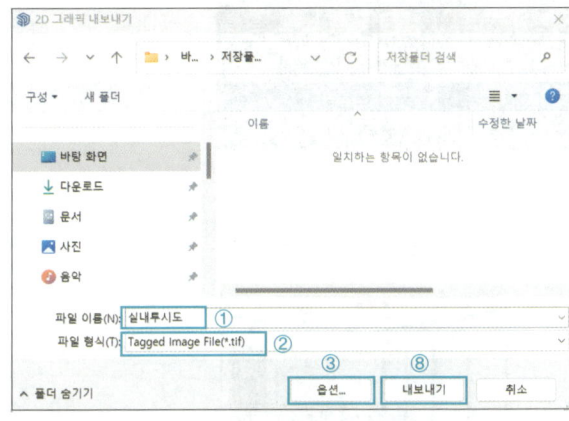
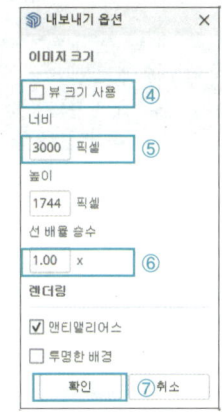

❺ 출력된 이미지의 품질을 확인한 후, CAD에서 2D 도면 작성 파일(평면도, 천장도, 내부 입면도)을 실행합니다. 완성된 입면도의 도면양식과 도면명을 우측으로 복사합니다.

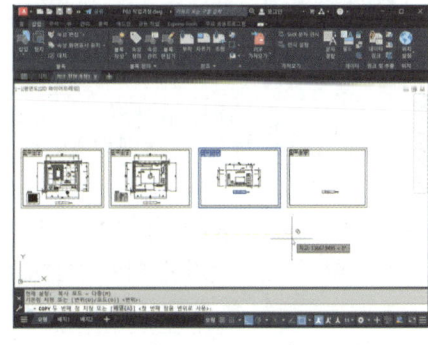

[이미지 뷰어로 확인]　　　　　　　　　　　[도면 양식 복사]

❻ 표제란 하단의 도면명과 축척을 '실내투시도', 'N.S'로 수정합니다.

❼ 메뉴 [삽입]에서 참조의 '부착'(②)을 클릭합니다. 저장한 실내투시도 이미지를 클릭하고 '열기' 버튼을 클릭합니다(부착 명령어: attach).

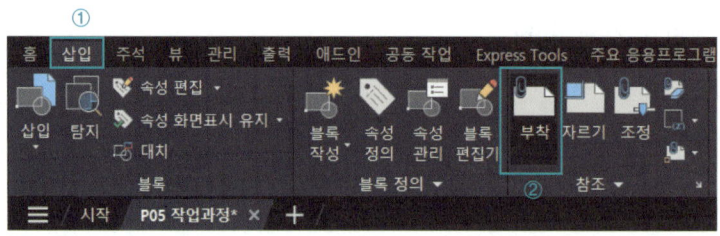

❽ 이미지 부착 설정창에서 '확인'(①) 버튼을 클릭합니다. ②지점을 먼저 클릭하고 ③지점 근처를 클릭해 적절한 크기로 이미지를 부착합니다.

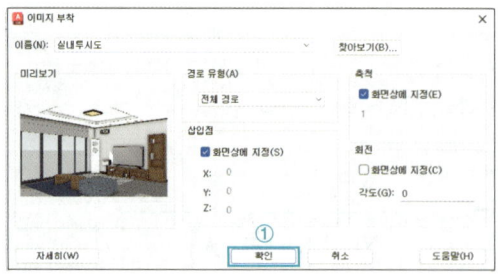
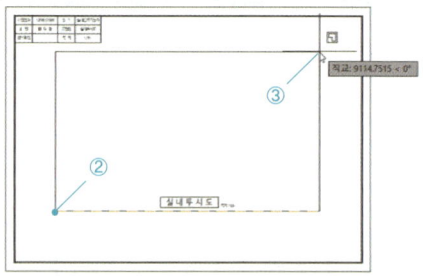

330 Part 05 3D 모델링 과제 작성

실내건축기능사 실기

❾ 부착된 이미지를 보기 좋게 재배치하고 작업 파일을 저장합니다.

> **학습파일** | 완성파일 \ Part05 \ Ch02 \ 거실 – 실내투시도.dwg

Chapter 02 거실: 3D 모델링 및 실내투시도

Chapter 03 주방 : 3D 모델링 및 실내투시도

Section 01 요구도면 확인

① 실내투시도 1장(축척 : N.S)
- 계획의 포인트가 좋은 지점에서 1소점 또는 2소점 투시법으로 투시도를 작성합니다.
- 투시도 방향은 가급적 시각적으로 유리한 내부 입면도를 작성한 방향으로 설정합니다.
- 완성된 3D 모델링을 TIF 또는 PNG 형식의 고해상도 이미지로 출력합니다.

② 투시도 방향 설정

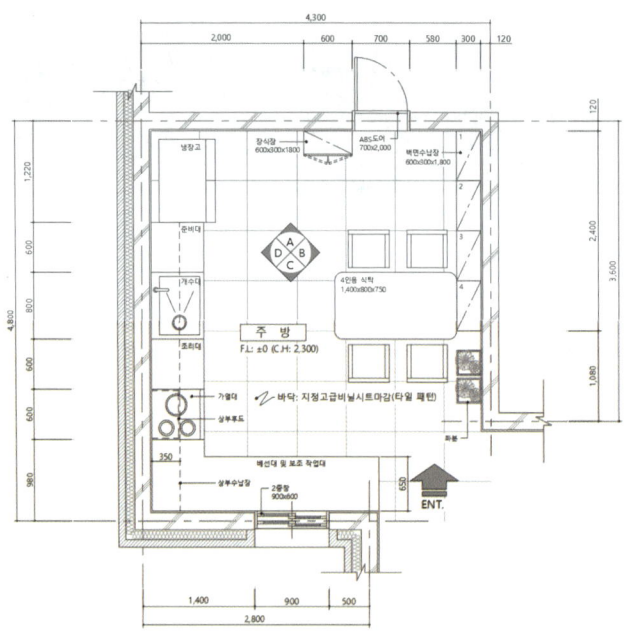

Section 02 3D 모델링 과정

① 완성된 평면도, 내부 입면도, 천장도를 모델링 용도로 수정합니다.
② 완성된 2D 도면을 스케치업으로 가져와 배치합니다.

❸ 화면에 보여지는 부분을 중심으로 모델링을 진행합니다.
❹ 재질, 그림자, 앰비언트 등 사실적인 효과를 적용합니다.
❺ 실내투시도로 추출할 화면을 장면으로 등록합니다.
❻ 장면을 고해상도 이미지 파일로 출력합니다.
❼ CAD 프로그램을 실행해 [Attach] 명령으로 실내투시도 이미지를 부착합니다.
❽ 실내투시도를 A3 용지 규격의 PDF 파일로 출력합니다.
❾ 제출 및 용지 출력을 진행합니다.

Section 03 2D 도면 수정

❶ Part 03의 Chapter 03에서 완성한 주방 2D 도면을 준비합니다. 도면을 수정하기 위해 임시 폴더를 생성하고, 완성된 2D 도면 파일을 해당 폴더에 복사합니다. 이때 원본 파일이 삭제되거나 수정되는 것에 주의합니다.

❷ 2D 도면에서 모델링에 불필요한 도면양식, 치수 등을 모두 삭제하고 저장합니다.

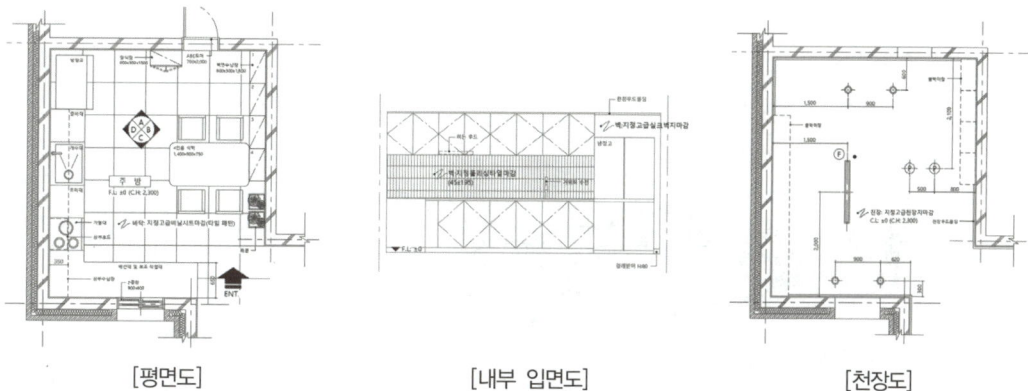

[평면도] [내부 입면도] [천장도]

* 위의 수정된 도면은 가독성을 고려해 검정 단색으로 변경한 이미지입니다.

Section 04   3D 모델링

> 학습파일 | ▶ 동영상 \ Part05 \ Ch03 \ 주방 – 투시도.mp4

❶ SketchUp 환경설정 및 2D 도면 가져오기
　SketchUp을 실행하여 '건축–밀리미터' 템플릿을 선택하여 시작합니다.

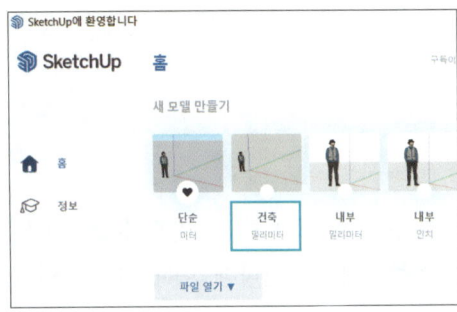 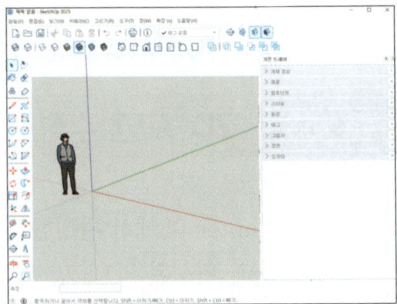

❷ 메뉴의 [파일]에서 '가져오기'를 클릭한 뒤 수정된 평면도를 선택하고 '가져오기'를 클릭합니다. 결과 메시지창이 나타나면 닫기를 클릭합니다.

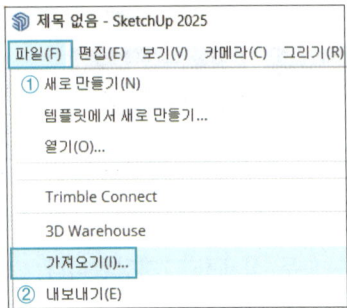 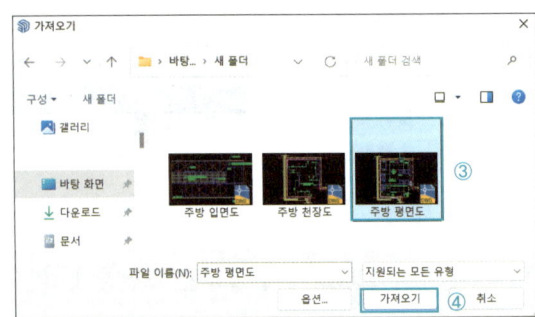

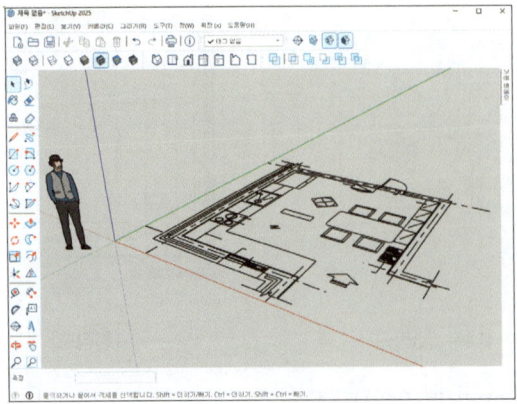

❸ 같은 방법으로 내부 입면도와 천장도도 가져옵니다. 가져온 도면은 원점에 배치되므로 겹치지 않도록 빈 공간으로 이동시킵니다. 기본 인물은 삭제합니다.

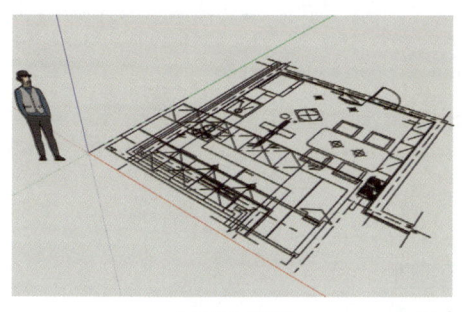
[도면이 겹침]

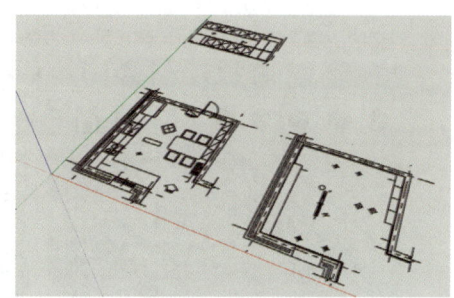
[겹치지 않게 이동]

❹ 평면도를 선택해 좌측에 하나 복사합니다.

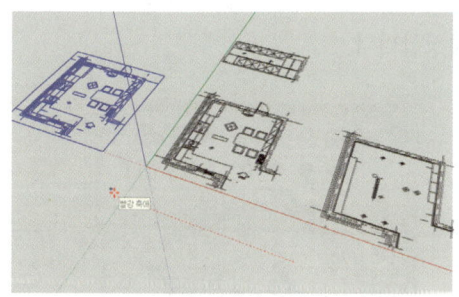

❺ 트레이 [스타일]에서 '편집'(①) 탭을 클릭한 뒤 '가장자리'(②) 항목을 선택하고 '프로필'(③)을 '1'로 설정합니다. 트레이의 태그에서 추가 '⊕'(④)를 클릭하여 '평면도', '천장도', '입면도' 태그를 생성합니다.

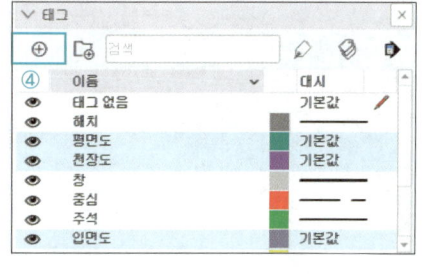

Craftsman Interior Architecture

❻ 가져온 평면도에 등록한 태그를 지정합니다. '평면도'(①)를 선택한 후 태그 컨트롤 패널에서 '평면도'(②) 태그를 클릭합니다.

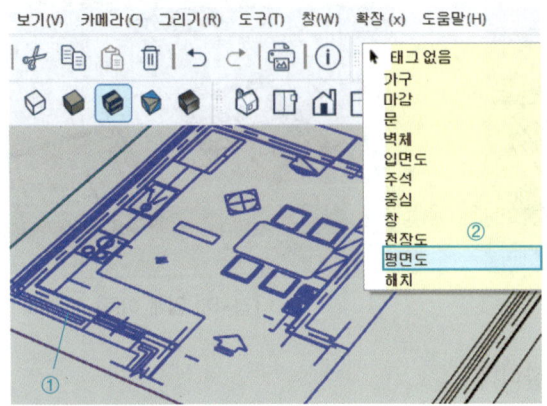

❼ 입면도와 천장도도 같은 방법으로 태그를 지정합니다.

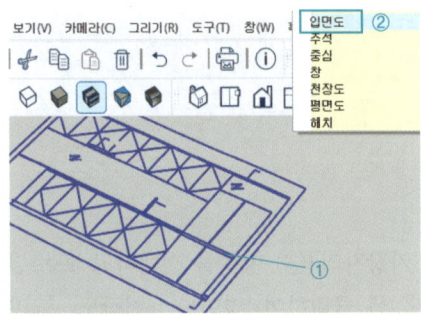 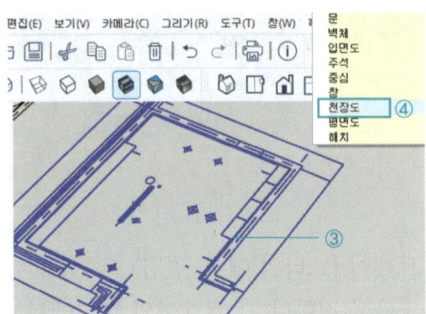

❽ 공간 구성

평면도를 확대한 후 실내 마감선의 ①, ②지점을 기준으로 사각형을 그립니다.

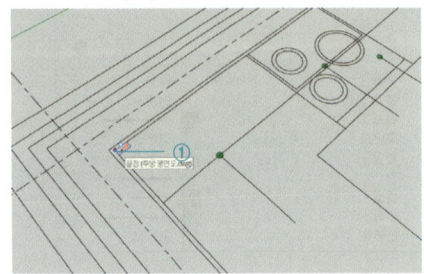 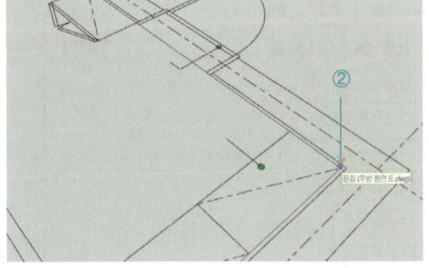

❾ 앞서 작성된 사각형(①)을 '밀기/끌기(P)' 도구를 사용해 바닥면을 '2300'만큼 올립니다.

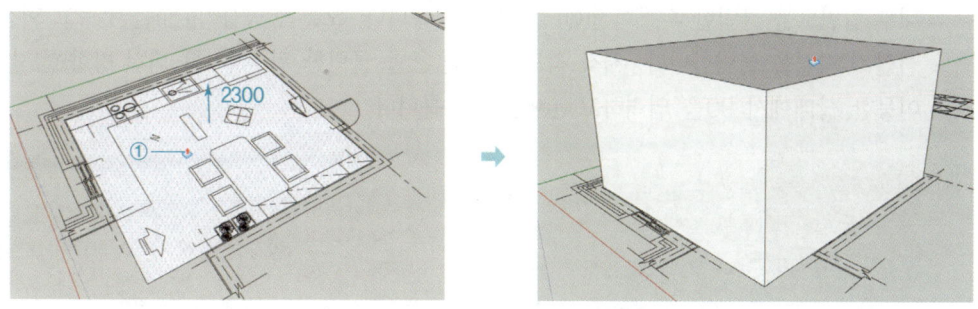

❿ 식탁과 화분의 표현이 어려우므로, 주방의 특징을 잘 나타낼 수 있는 작업대 방향으로 투시도 모델링을 진행합니다. 작업 영역과 관련이 없는 출입구 벽면(①)을 클릭하여 삭제합니다.

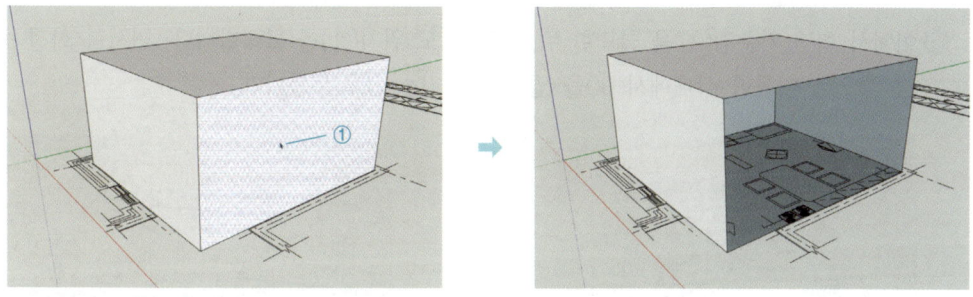

⓫ 작성된 모든 면을 트리플클릭으로 선택한 뒤, 마우스 오른쪽 버튼을 클릭합니다. '면 반전'을 클릭하고 다시 마우스 오른쪽 버튼을 클릭해 그룹으로 지정합니다.

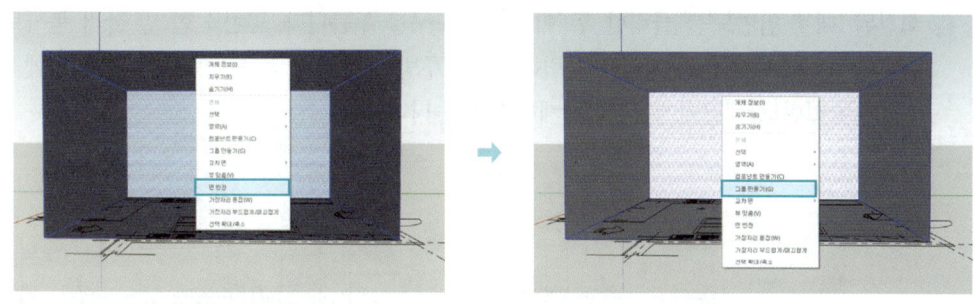

[5개의 도면 모두 면 반전]   [그룹 지정]

⓬ 공간 내부에 바닥 단차나 칸막이벽이 있는 경우, 단차를 맞추고 칸막이벽을 작성합니다. 주방의 경우에는 내부에 추가적인 벽이나 단차가 없으므로 다음 단계인 '내부 입면도' 배치로 진행합니다.

13 도면 배치

내부 입면도를 클릭한 후, '회전(Q) 도구'를 누릅니다. 오른쪽 방향키(→)를 누르고 회전 기준점인 ①지점을 클릭합니다. 시작 각도 위치인 ②를 클릭한 뒤, 커서를 회전 방향 ③지점으로 이동한 상태에서 90을 입력하고 Enter↵ 를 누릅니다.

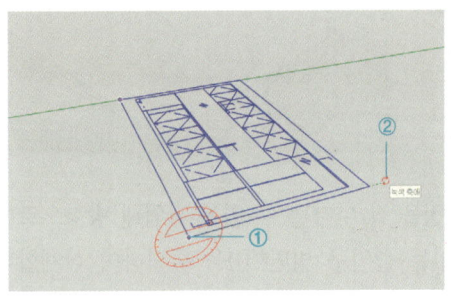
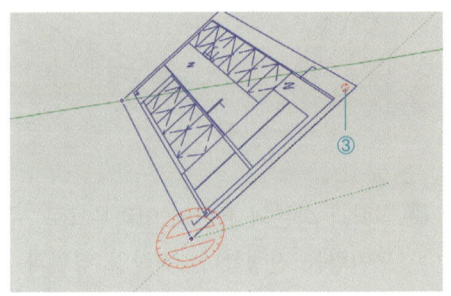

14 이어서 회전 기준점(①)을 클릭한 뒤, 시작 각도 위치(②)를 클릭합니다. 커서를 회전 방향 지점 ③으로 이동한 상태에서 90을 입력한 후 Enter↵ 를 누릅니다.

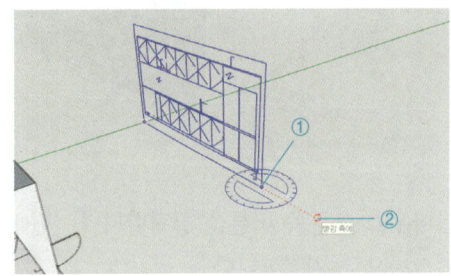
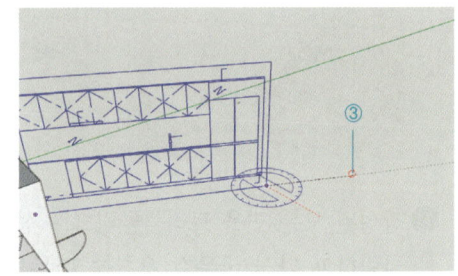

15 회전된 '내부 입면도'를 클릭한 후 '이동(M)' 도구를 누릅니다. Ctrl을 한 번 눌러 복사로 변경합니다. ① 복사 기준점 지점을 클릭하고, ② 주방 내부의 지점을 클릭합니다. 벽면에 배치하지 않은 입면도는 근처에 두고 삭제하지 않습니다.

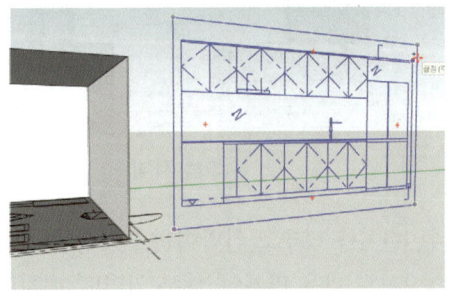
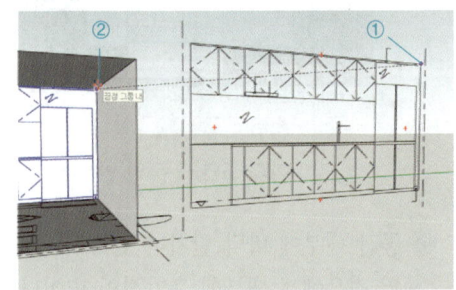

❶❻ 가져온 천장도를 클릭한 뒤 '이동(M)' 도구를 누릅니다. 마감선(①)을 기준으로 하여 천장면의 지점 ②에 배치합니다.

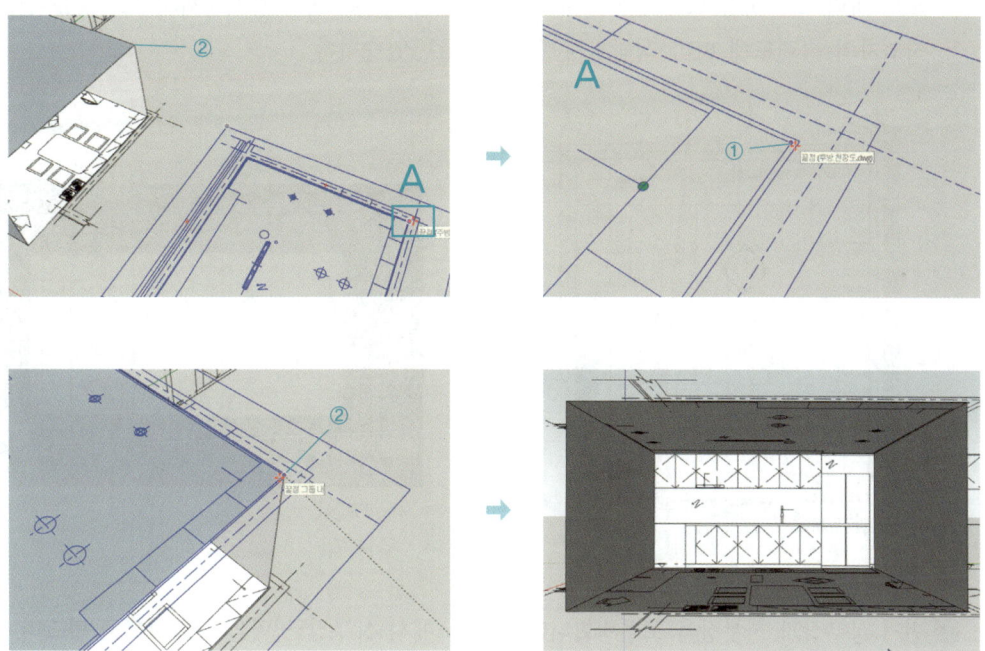

❶❼ 현재 상태에서도 모델링은 가능하지만, 불필요한 중심선이나 기호가 보이지 않도록 태그를 설정하는 것이 좋습니다. 트레이의 태그에서 '중심', '주석'과 태그 옆의 눈 아이콘을 클릭하여 비활성화합니다.

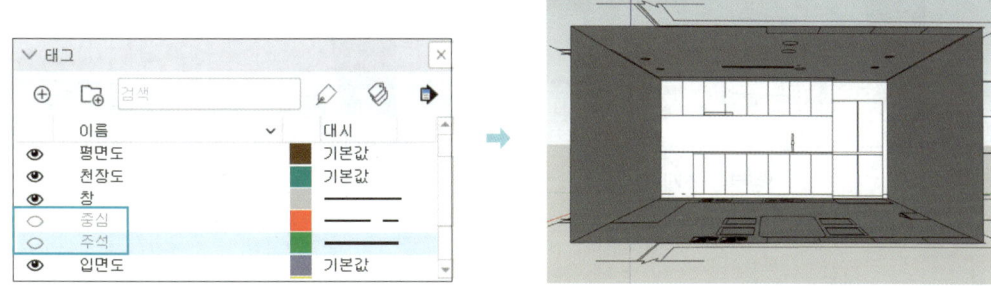

[중심, 주석 태그 Off]

❿ 내부 모델링

내부 모델링의 작업 범위는 사용자에 따라 다를 수 있습니다. 현재 주방에서는 작업대를 정면으로 바라보는 시점으로, 왼쪽에는 보조 작업대, 오른쪽에는 장식장까지 모델링을 진행하며, 작업자의 숙련도에 따라 식탁까지 모델링할 수 있습니다.

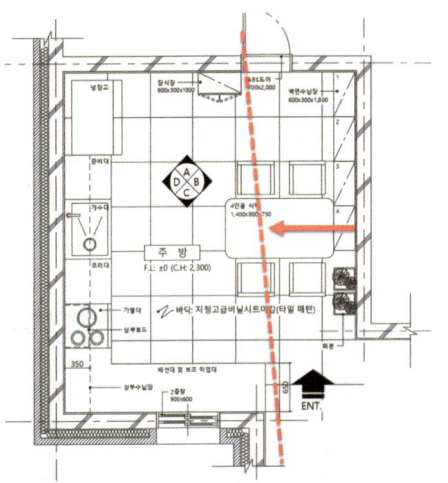
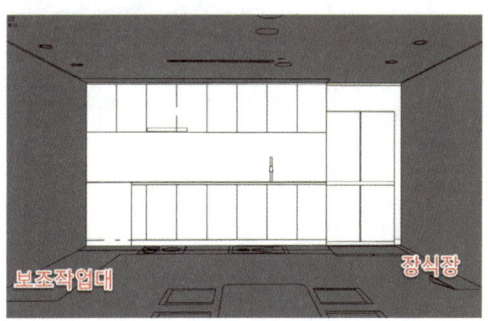

❾ 먼저 상부장과 하부장을 모델링합니다. 천장도에서 상부장 영역을 사각형으로 덧그려 형태를 만들고, 그룹으로는 지정하지 않습니다.

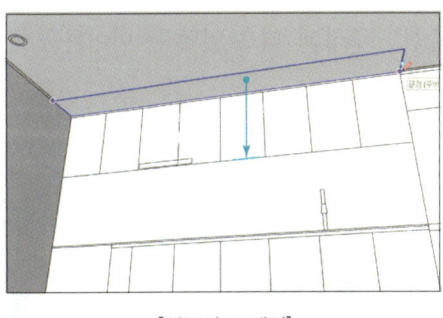
[상부장 스케치]

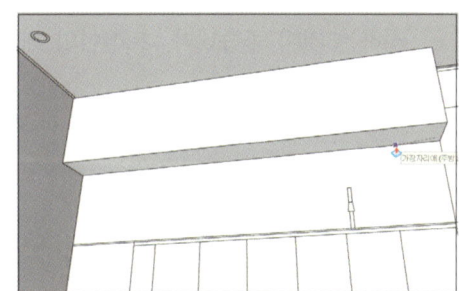
[상부장 높이 적용]

❷⓪ 평면도에서 하부장 영역을 '선 그리기(L)' 도구를 사용해 덧그려 형태를 만들고, **그룹으로 지정하지는 않습니다.**

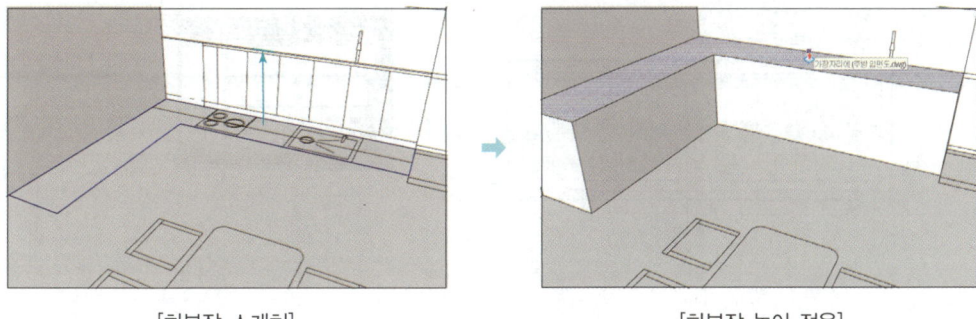

[하부장 스케치]　　　　　　　　　　　　[하부장 높이 적용]

❷① 복사해 둔 입면도를 분해합니다. 이때 병합 메시지가 나타나면 '확인'을 클릭합니다. 끊어진 선과 후드를 제외한 상부장의 선을 모두 선택합니다.

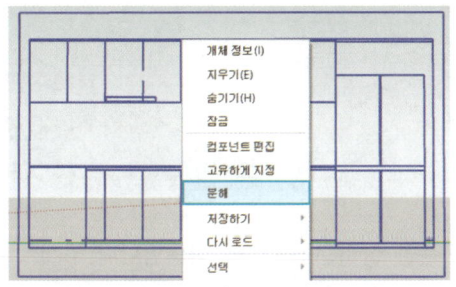 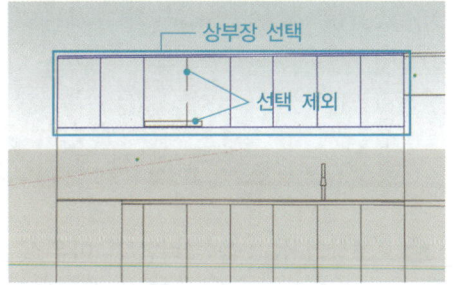

❷② '이동(M)' 도구를 사용해 ①지점을 기준으로 ②지점에 복사합니다. 끊어진 부분은 끝점을 이용해 새로운 선을 그리고, 상부장을 트리플클릭하여 그룹으로 지정합니다.

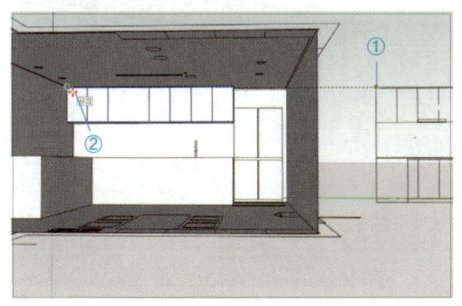 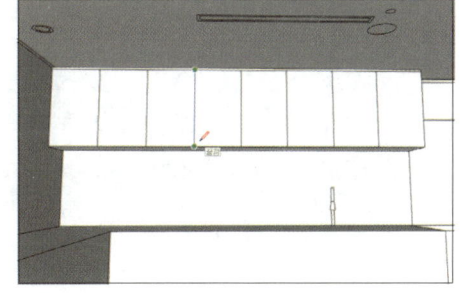

[선 추가 후 그룹 지정]

㉓ 분해한 입면도에서 하부장 선을 선택합니다. '이동(M)' 도구를 사용해 ①지점을 기준으로 ②지점에 복사합니다.

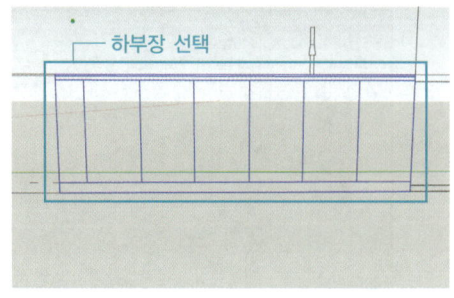 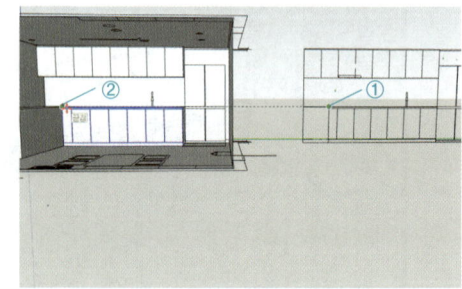

㉔ 하부장 끝선 ①, ②, ③을 따라 보조장에 선 ④, ⑤, ⑥을 그려줍니다.

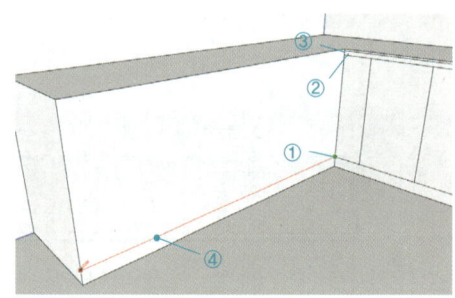 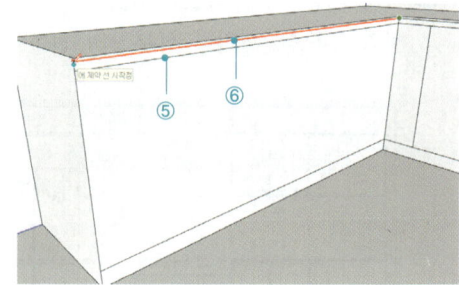

㉕ 보조장의 선 ①을 클릭한 후 마우스 오른쪽 버튼을 눌러 '나누기'를 선택합니다. 5개로 분할되는 지점으로 커서를 이동해 클릭합니다. 입면계획에는 없지만, 작업대 계획에 따라 4~6개 정도로 나누면 됩니다.

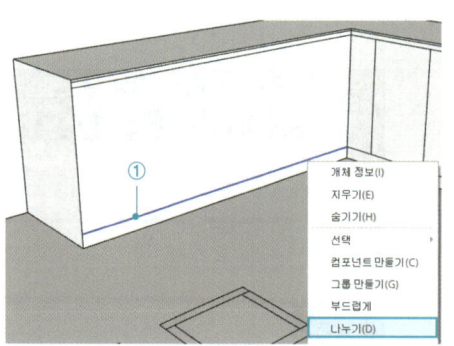 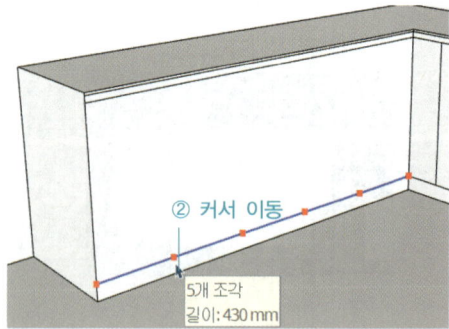

㉖ 분할된 끝점을 이용해 선을 그려줍니다.

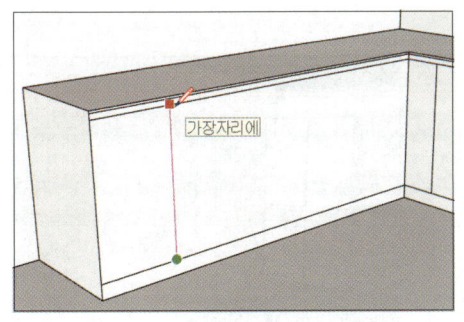 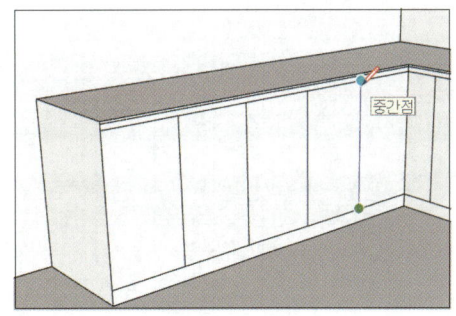

㉗ 상판과 도어 사이의 틈 ①, ②를 30만큼 밀어 넣고 그룹으로 지정합니다.

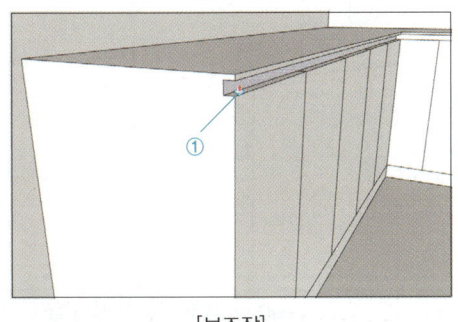 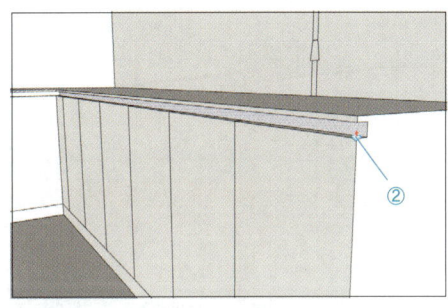

[보조장]   [하부장]

㉘ 평면도의 냉장고를 '선 그리기(L)' 도구를 사용해 덧그려 전체 형태를 만듭니다. 높이는 입면도의 위치 ①지점을 클릭하여 지정하고, 그룹으로는 지정하지 않습니다.

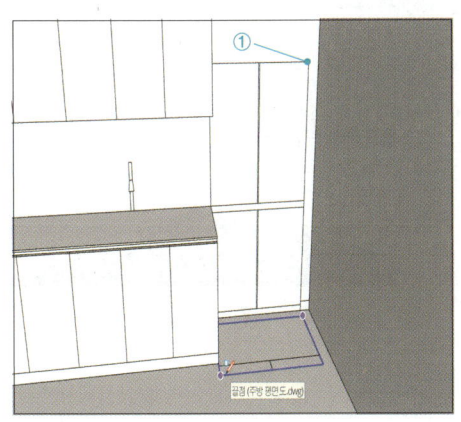 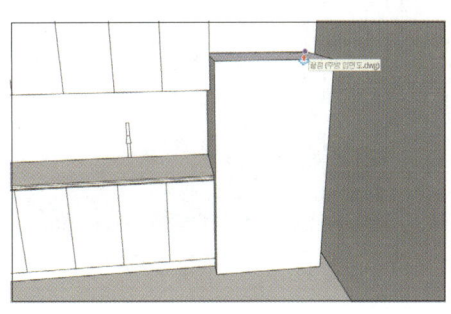

㉙ 분해한 입면도에서 냉장고 선을 선택한 후 '이동(M)' 도구를 사용해 ①지점을 기준으로 ②지점에 복사합니다.

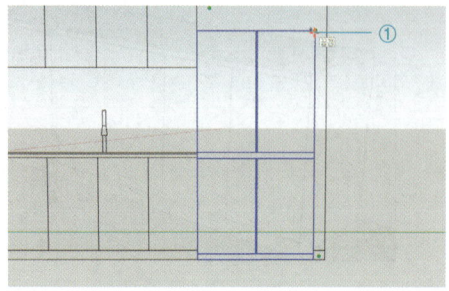 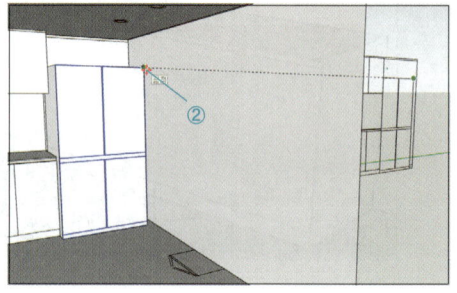

㉚ 도어의 모든 틈(①, ②, ③, ④)을 50씩 밀어 넣고 그룹으로 지정합니다.

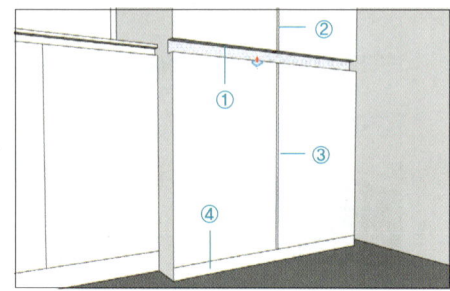 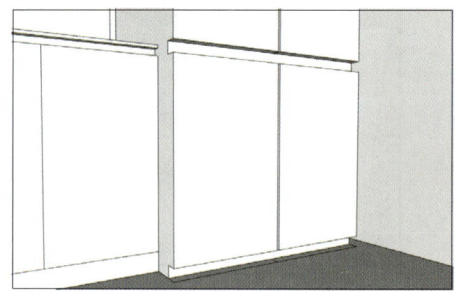

㉛ 장식장은 입면도 정보가 없으므로 평면도를 기준으로 사각형을 그리고, 1800 높이로 올려줍니다.

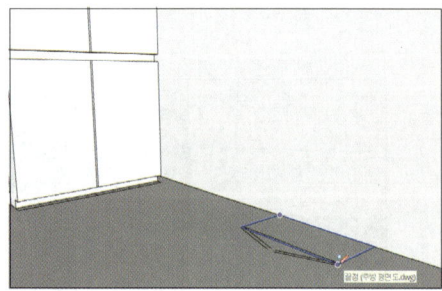 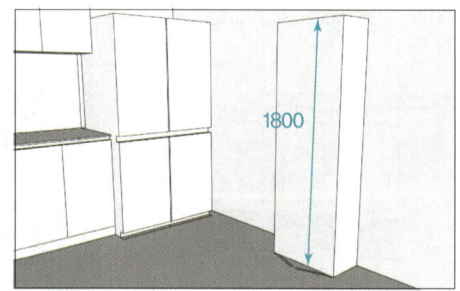

[장식장 스케치]   [장식장 높이 적용]

㉜ '오프셋(F)' 도구를 사용해 틀 두께를 20으로 설정하고, 바닥틀은 50으로 수정합니다. 상단 선 ①, ②를 선택해 300~320 간격으로 4개 복사합니다.

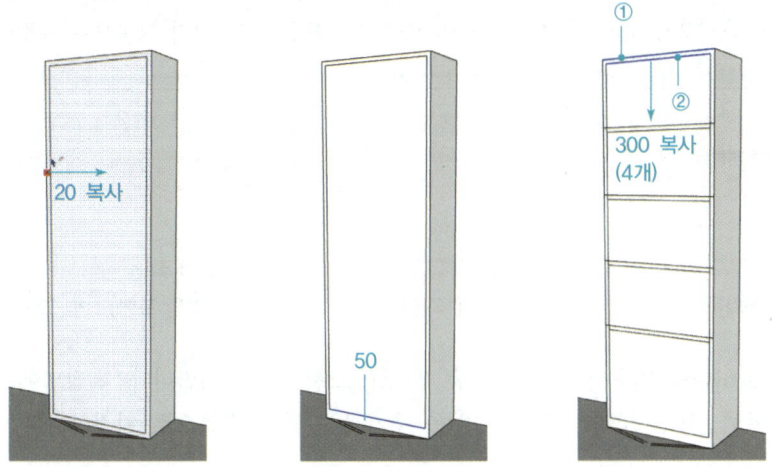

㉝ 교차된 선은 '지우개(E)' 도구를 사용해 정리합니다. 하부에는 도어와 손잡이를 표현하고 상부 면은 280만큼 밀어 수납공간을 만듭니다. 완성된 장식장은 그룹으로 지정합니다.

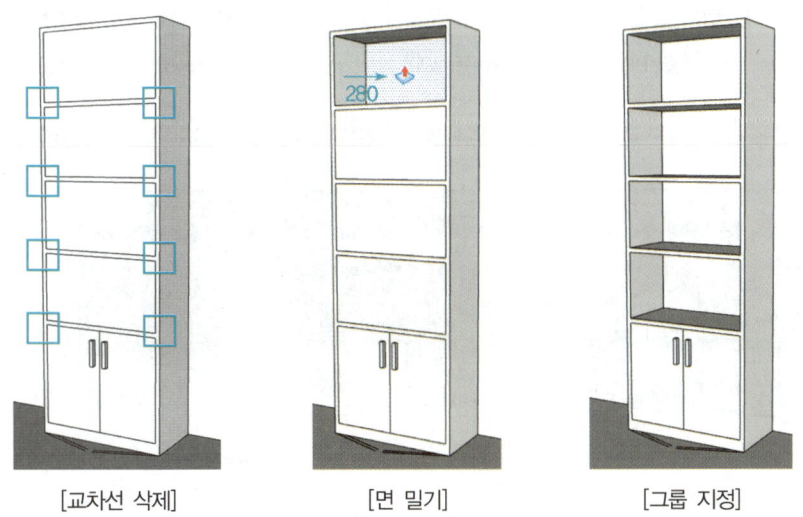

[교차선 삭제]   [면 밀기]   [그룹 지정]

㉞ 천장 부분 모델링

천장의 조명과 설비는 도면의 모양을 그대로 사용할 수도 있지만 덧그려서 진행합니다. 직부등은 사각형으로, 스프링클러와 감지기는 원으로 그려줍니다. 직부등은 50, 스프링클러와 감지기는 20 정도 끌어줍니다. '오프셋(F)' 도구를 사용해 프레임을 표현하고, 각각 그룹으로 지정합니다.

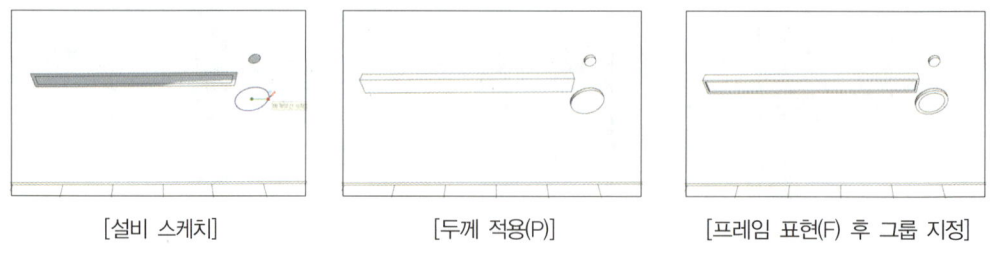

[설비 스케치]   [두께 적용(P)]   [프레임 표현(F) 후 그룹 지정]

㉟

식탁 위의 펜던트 하나를 원통형(H: 300)으로 만들고 그룹으로 지정합니다. 천장면에서 아래로 300만큼 이동해 끈(R: 5)과 소켓(H: 10)을 추가로 만들어 그룹으로 지정합니다.

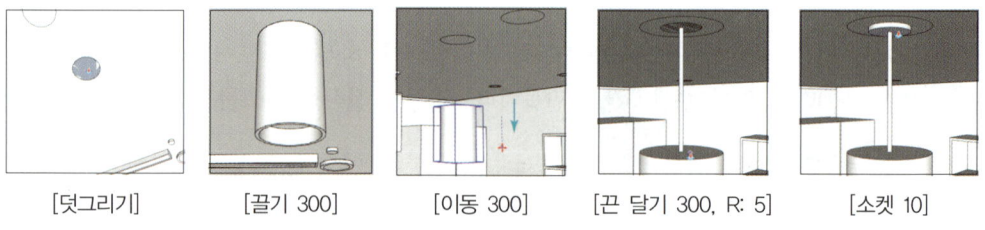

[덧그리기]   [끌기 300]   [이동 300]   [끈 달기 300, R: 5]   [소켓 10]

㊱

펜던트 조명을 500 간격으로 복사하고, 복사된 원통을 위쪽으로 150 정도 이동합니다.

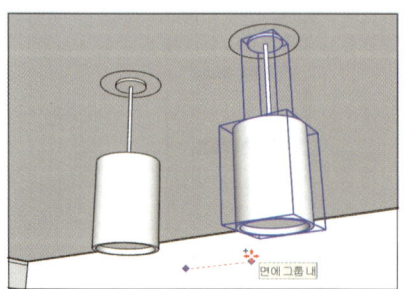 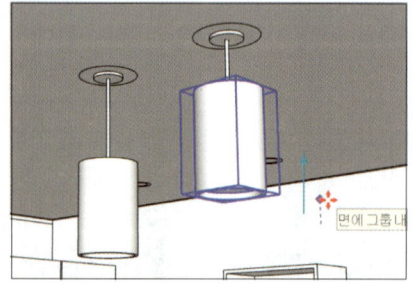

❸ 매입등도 덧그려서 진행합니다. 하나를 완성한 후 나머지는 300 간격으로 복사합니다. 반대편은 대칭이 아니므로 천장도의 기호를 참고하여 적당한 위치에 클릭해 복사합니다.

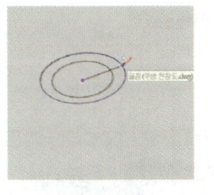
[덧그리기]

[끌기 10]

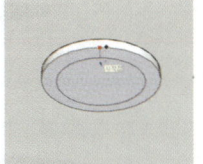
[오프셋 20]

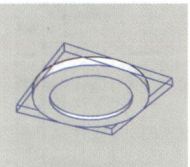
[그룹 지정]

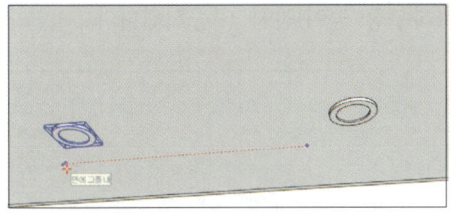
[복사 간격: 300]

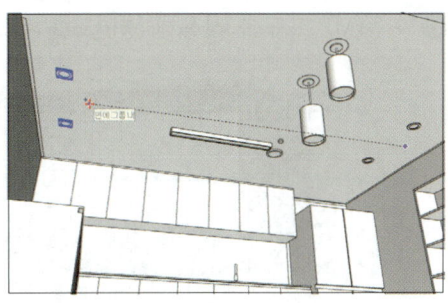
[천장도 위치를 고려하여 배치]

❸ 천장몰딩을 만들기 위해 좌측 상단 코너를 확대하고 사각형을 그립니다. 30 두께로 끌고 그룹으로 지정합니다(천장몰딩은 보이는 부분만 작성합니다).

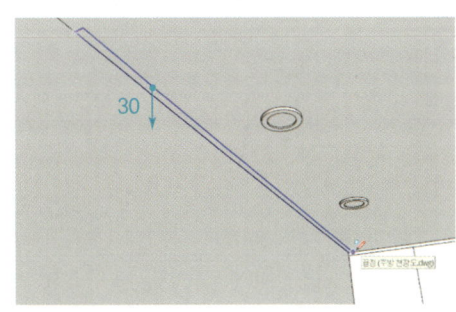
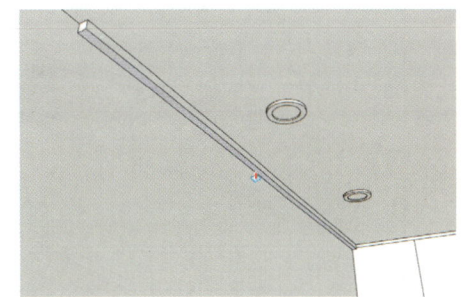

❸ 반대편 천장몰딩도 선 그리기로 덧그려 30 두께로 끌어주고 그룹으로 지정합니다.

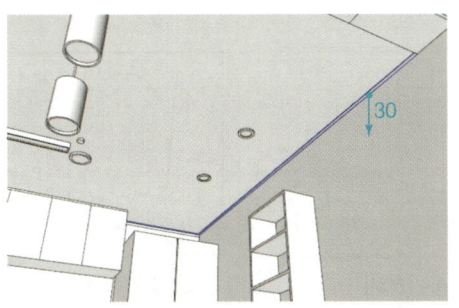
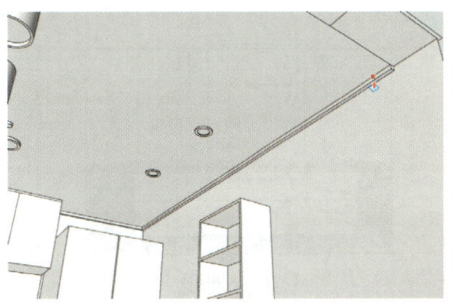

㊵ 장식장을 안쪽으로 10 이동시킨 후 ①지점을 기준으로 벽면에 4000×80 크기의 사각형을 그립니다. 두께 10으로 걸레받이를 만들고 그룹으로 지정합니다.

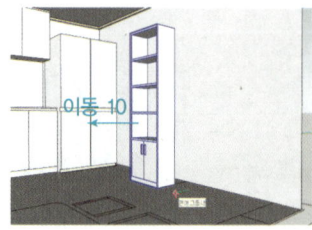 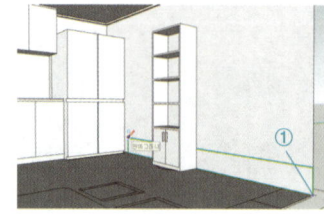 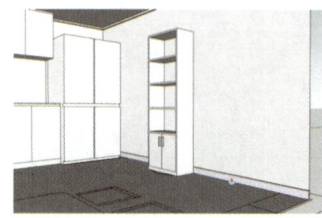

㊶ '이동(M)' 도구를 사용해 평면도를 위로 900(하부장 높이)만큼 이동시킵니다.

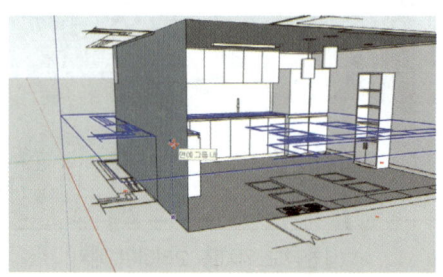 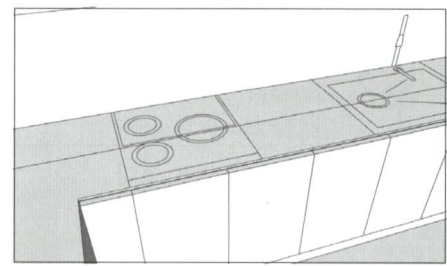

㊷ 레인지와 싱크볼은 외형만 스케치하고 두께를 10으로 표현합니다. 싱크볼은 하부장을 더블클릭해 편집모드에서 스케치한 후 200 정도 밀어냅니다.

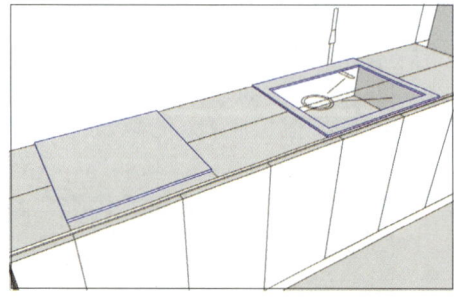

㊸ 수전의 옆 모습을 대략적으로 스케치합니다. 바닥 ①지점에 반지름 10 정도의 원을 그려 '따라가기' 도구를 사용해 수전의 모양을 만듭니다.

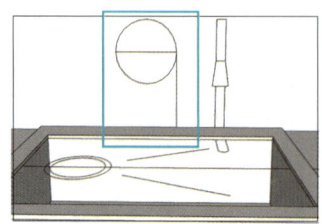 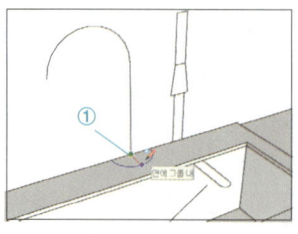 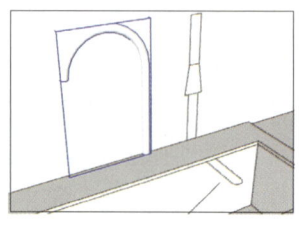

[경로 스케치]   [단면 스케치]   ['따라하기' 적용 후 그룹 지정]

㊹ 완성된 수전을 이동하여 스케치한 선은 지우고 수전을 회전시켜 배치합니다(수전, 싱크볼 깊이, 레인지 등 중요도가 낮은 집기는 실제 시험에서 시간을 고려해 작성 여부를 판단합니다).

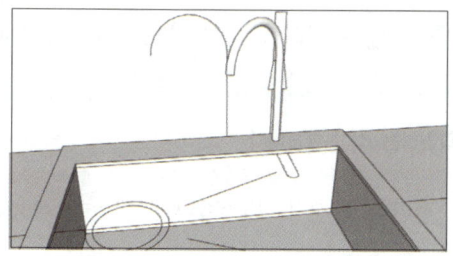 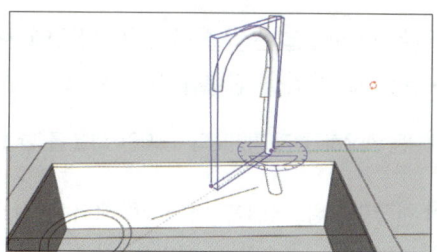

㊺ 평면도, 내부 입면도, 천장도를 삭제하거나 태그를 모두 Off합니다(참고 도면의 삭제 또는 태그 Off 시점은 사용자에 따라 다를 수 있습니다).

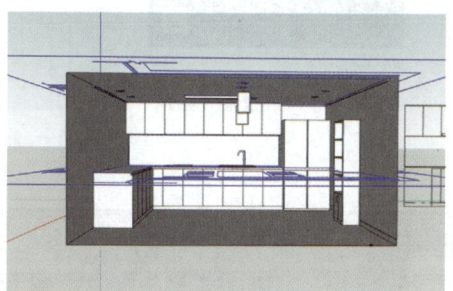 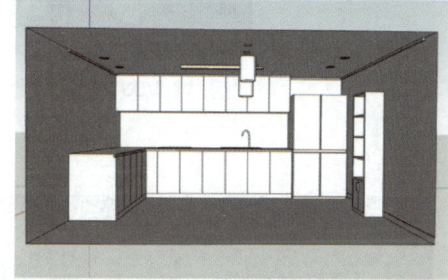

㊻ 세부 모델링

대략적으로 완성된 모델은 남은 시간과 개인 역량에 따라 디테일하게 수정하고, 장식장의 소품 등을 추가하는 것도 좋습니다. 가급적 디자인 의도와의 연관성을 고려하여 수정합니다.

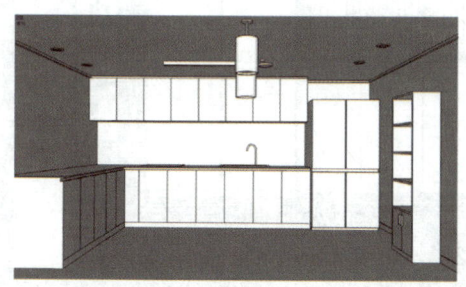 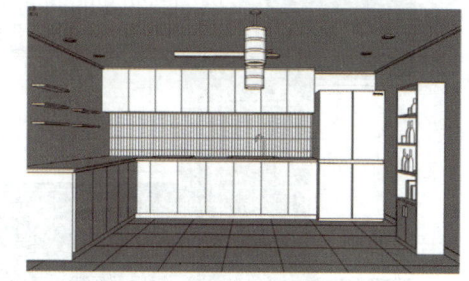

Section 05 재질 및 환경요소 적용

재질은 면적이 넓은 큰 천장, 벽, 바닥에 채도가 높지 않은 컬러를 우선 적용한 후, 몰딩과 주요 가구순으로 작업을 진행합니다.

*재질을 적용하기 전 평면도의 '디자인 의도'를 한 번 더 확인하는 것이 좋습니다.

① 천장면이나 벽면을 더블클릭해서 편집모드로 전환하고 천장, 벽, 바닥에 재질을 적용합니다 (사용자가 자유롭게 재질을 적용해도 됩니다).

[천장, 벽: M00_Soft_Cloud]

[바닥: M05_Graphite_Haze]

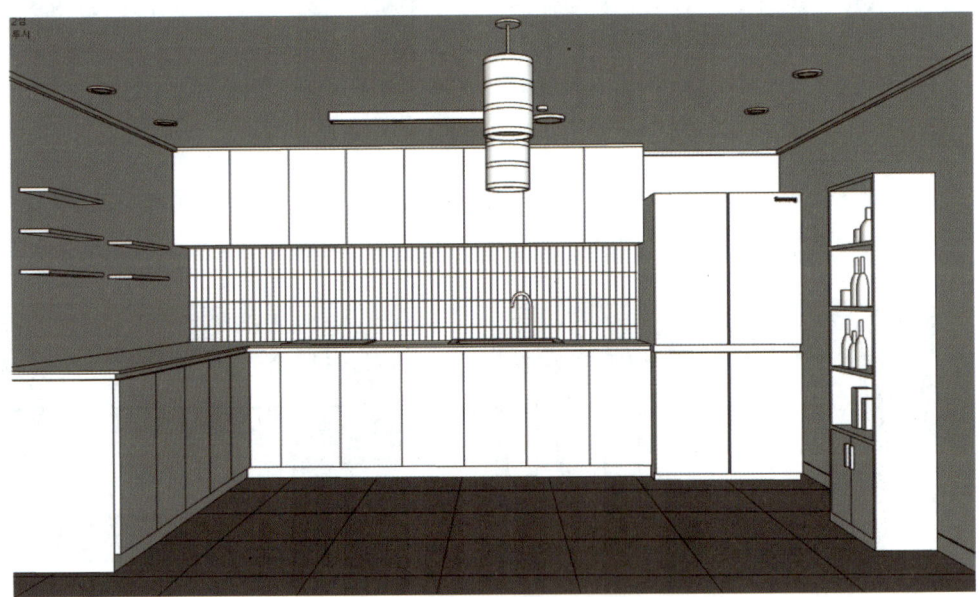

❷ 천장몰딩과 걸레받이는 그룹 상태에서 재질을 적용하고, 조명기구는 더블클릭 후 빛이 나오는 부분만 재질을 적용합니다. 레인지, 싱크볼, 수전, 장식장의 소품은 금속이나 거울 재질로 적용합니다.

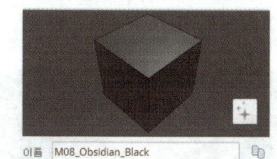  

[몰딩,걸레받이: M08_Obsidian_Black]　　[조명: D02_Buttercup_Glow]　　[소품: Metal_06_1K]

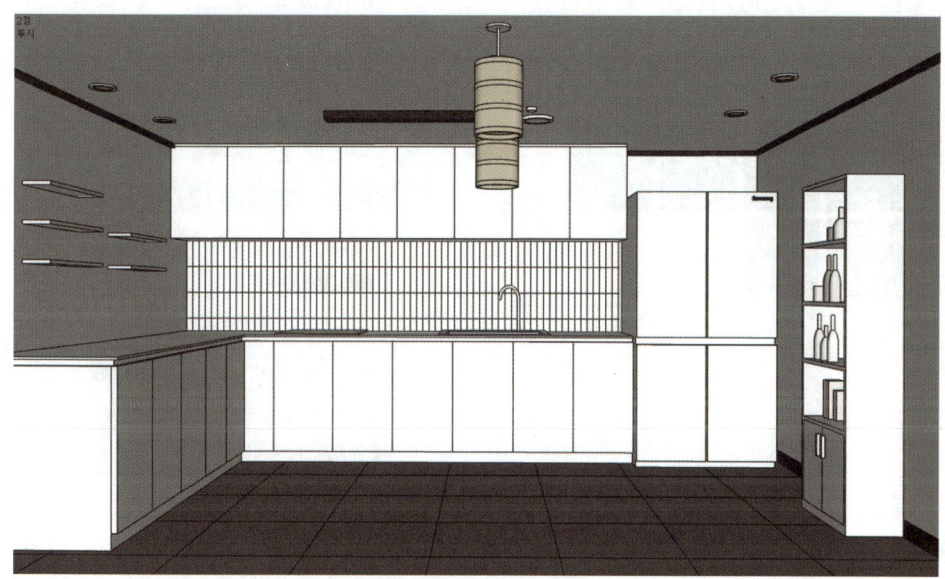

| TIP | **재질의 편집** |

재질 적용 시 패턴의 크기나 색상을 변경할 때는 재질을 적용하고 편집(①) 탭을 클릭해 색상과 크기를 설정합니다. 이미 재질이 적용된 경우에는 '페인트통( )' 도구 상태에서 Alt 를 눌러 스포이드( )로 추출할 재질을 모델에서 클릭해 편집합니다.

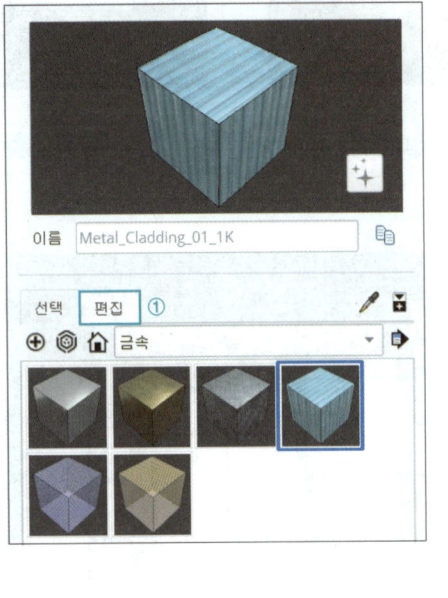
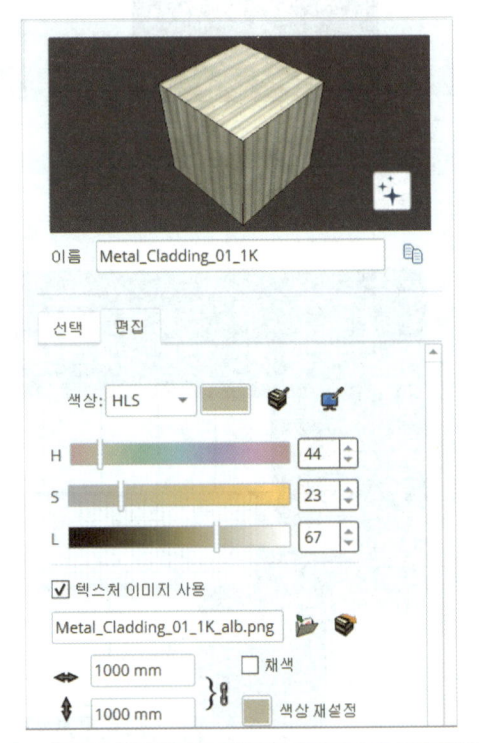

❸ 주요 가구의 컬러는 2~3가지 정도만 사용합니다. 누락된 가구나 소품이 없는지 확인하고 공간이 비어 보이는 곳은 액자, 시계 등으로 보완합니다.

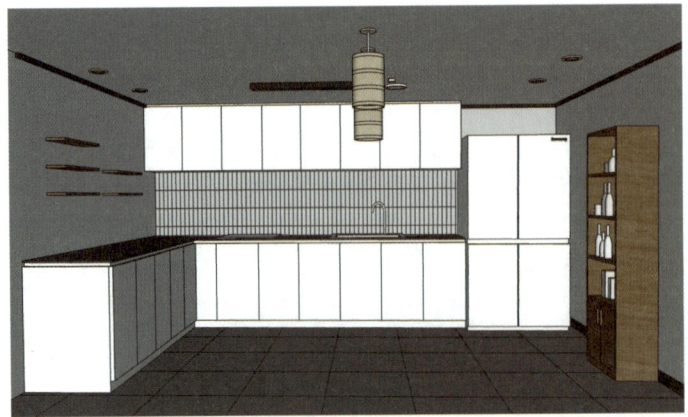

❹ 창이 없는 공간에서는 '음영 처리를 위해 태양 사용'을 활성화한 뒤, '밝음' 및 '어두움' 옵션을 선택하여 적절한 밝기를 설정합니다(그림자 설정은 학습자의 취향이나 경험에 따라 다를 수 있습니다).

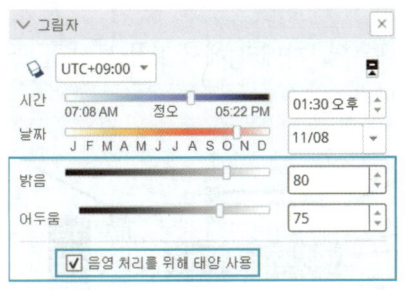 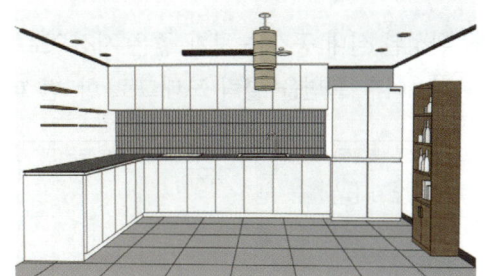

❺ 메뉴의 [보기] ⇨ [면 스타일]에서 '앰비언트 오클루전'을 클릭해 음영을 적용합니다.

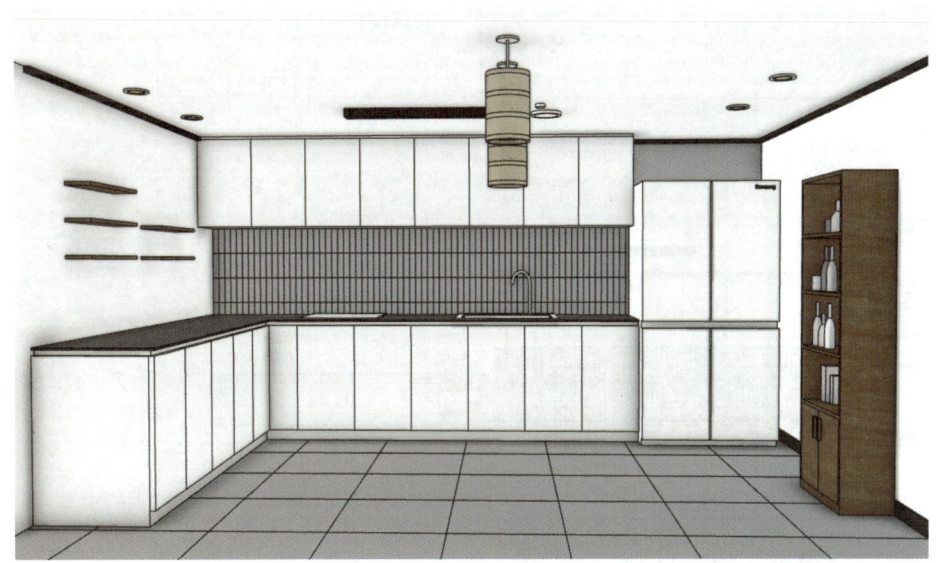

Craftsman Interior Architecture

| Section 06 | 실내투시도 이미지 추출 및 배치 |

실내투시도 장면을 저장하고 고해상도 이미지로 출력합니다.

❶ 완성된 실내 공간을 보기 좋은 시점으로 맞춘 후 메뉴의 [카메라]에서 '2점 투시'를 클릭합니다. 이후 화면을 클릭 드래그로 한 번 더 조정합니다.

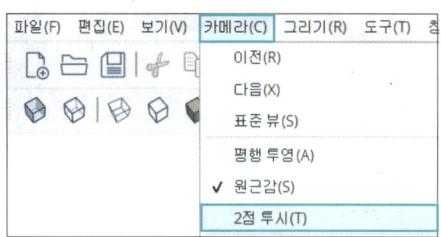 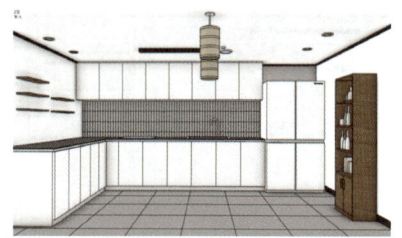

❷ 트레이의 [장면]에서 '장면 추가(⊕)' (①)를 클릭해서 현재 시점의 화면을 저장합니다. 장면을 저장한 후 시점이 흐트러지거나 다른 작업을 하더라도 '장면 탭'(②)을 클릭하면 저장된 장면으로 되돌아갑니다.

 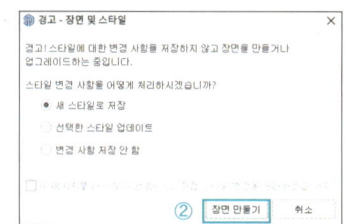

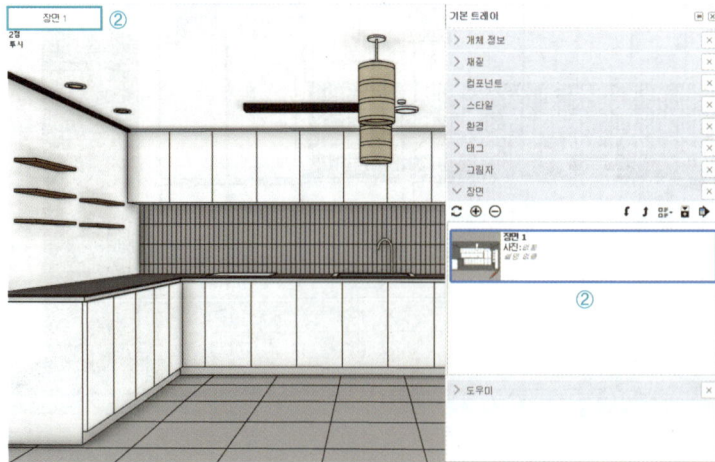

❸ 부족한 부분이 없다면 스케치업 모델링 파일을 저장하고, 설정한 장면으로 출력하기 위해 메뉴의 [파일] ⇨ [내보내기]에서 '2D 그래픽'을 클릭합니다.

❹ 저장할 폴더를 지정하고 파일 이름은 '실내투시도'(①), 형식은 'tif'(②)로 설정하고 '옵션'(③) 버튼을 클릭합니다. 내보내기 옵션에서 '뷰 크기 사용'(④)을 해제하고 픽셀값을 '3000'(⑤), 선 배율 승수는 '1'(⑥)로 설정합니다. 설정을 마친 후 '확인'(⑦)을 클릭하고 '내보내기'(⑧) 버튼을 클릭하면 실내투시도 이미지가 저장됩니다.

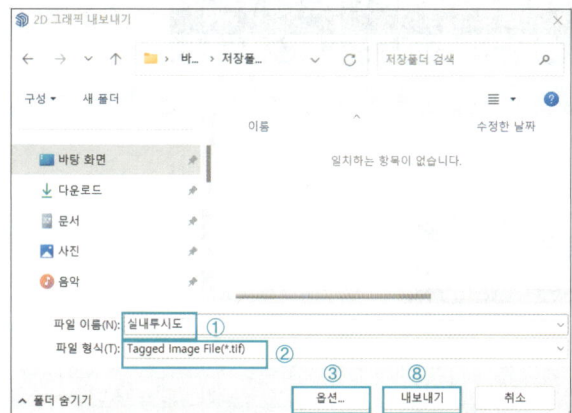 

❺ 출력된 이미지의 품질을 확인한 후, CAD에서 2D 도면 작성 파일(평면도, 내부 입면도, 천장도)을 실행합니다. 완성된 입면도의 도면양식과 도면명을 우측으로 복사합니다.

 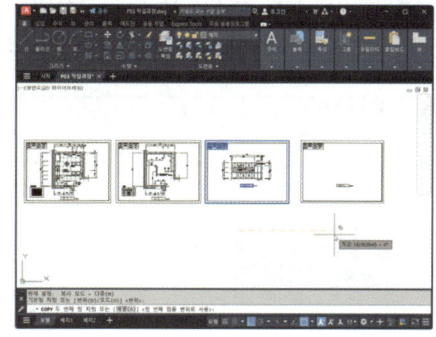

[이미지 뷰어로 확인]　　　　　　　　　[도면 양식 복사]

❻ 표제란 하단의 도면명과 축척을 '실내투시도', 'N.S'로 수정합니다.

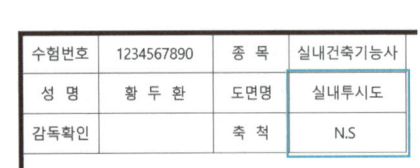 

❼ 메뉴 [삽입]에서 참조의 '부착'을 클릭합니다. 저장한 실내투시도 이미지를 클릭하고 '열기' 버튼을 클릭합니다(부착 명령어: attach).

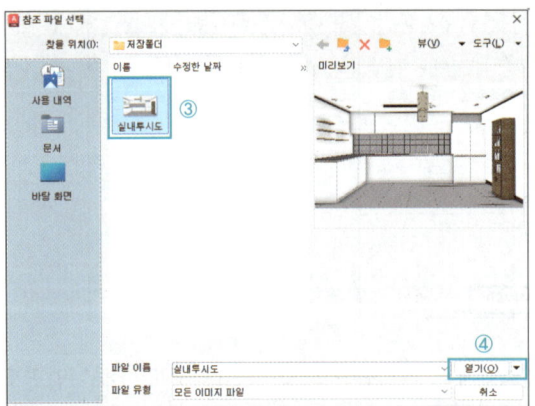

❽ 이미지 부착 설정창에서 '확인'(①) 버튼을 클릭합니다. ②지점을 먼저 클릭하고, ③지점 근처를 클릭하여 적절한 크기로 이미지를 부착합니다.

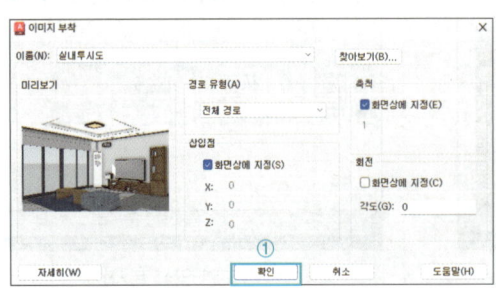 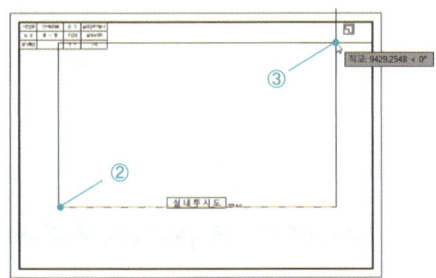

❾ 부착된 이미지를 보기 좋게 재배치하고 작업파일을 저장합니다.

> **학습파일** | 완성파일 \ Part05 \ Ch03 \ 주방 – 실내투시도.dwg

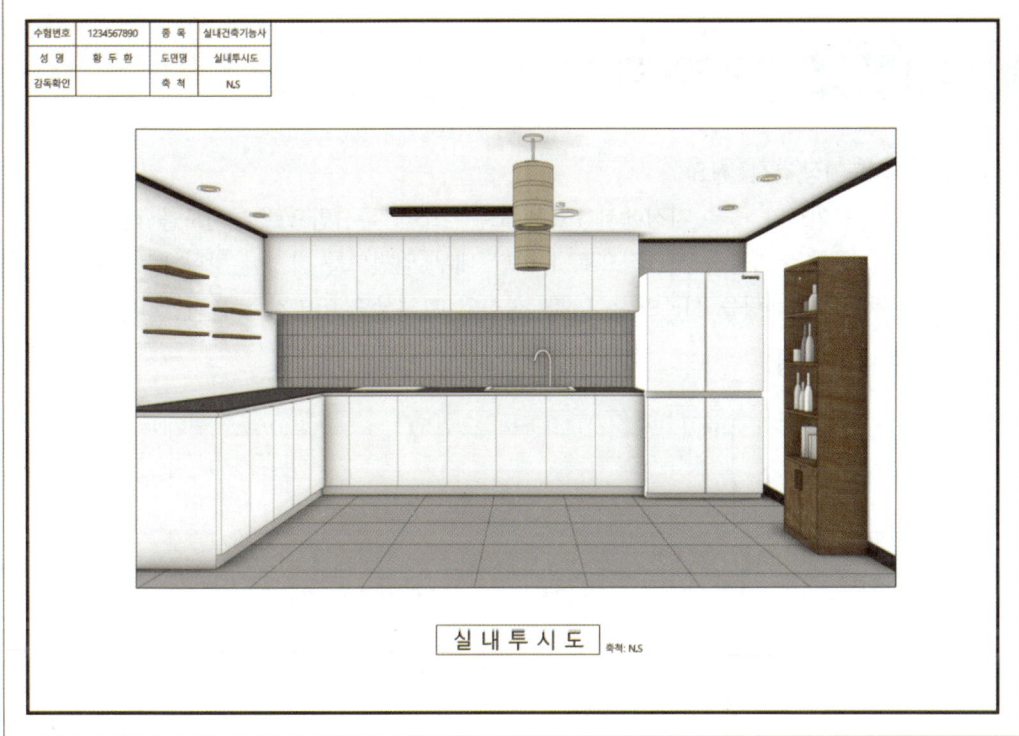

Chapter 04 원룸 : 3D 모델링 및 실내투시도

Section 01 요구도면 확인

① 실내투시도 1장(축척 : N.S)
- 계획의 포인트가 좋은 지점에서 1소점 또는 2소점 투시법으로 투시도를 작성합니다.
- 투시도 방향은 가급적 시간적으로 유리한 내부 입면도를 작성한 방향으로 설정합니다.
- 완성된 3D 모델링을 TIF 또는 PNG 형식의 고해상도 이미지로 출력합니다.

② 투시도 방향 설정

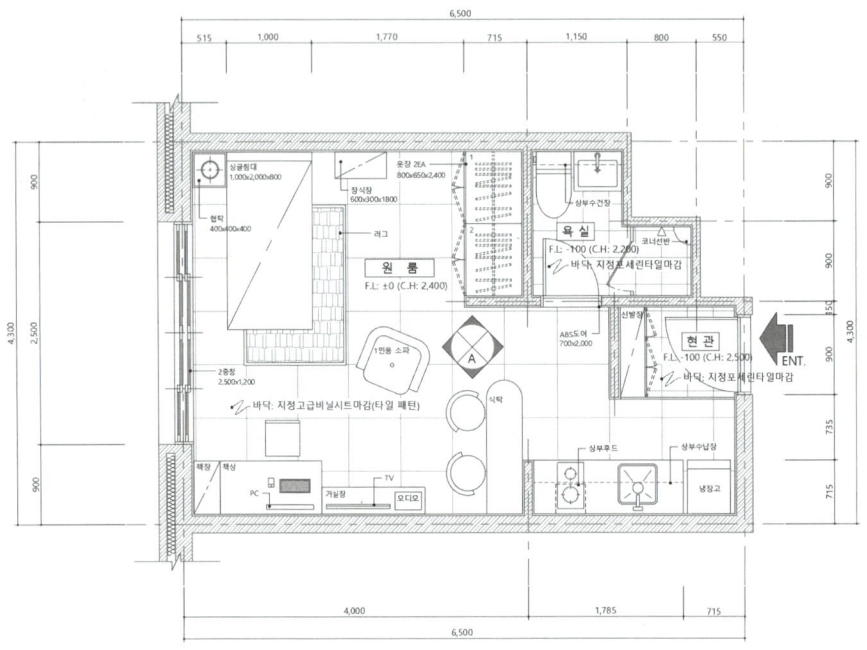

Section 02 3D 모델링 과정

① 완성된 평면도, 내부 입면도, 천장도를 모델링 용도로 수정합니다.
② 완성된 2D 도면을 스케치업으로 가져와서 배치합니다.

❸ 화면에 보여지는 부분을 중심으로 모델링을 진행합니다.
❹ 재질, 그림자, 앰비언트 등 사실적인 효과를 적용합니다.
❺ 실내투시도로 추출할 화면을 장면으로 등록합니다.
❻ 장면을 고해상도 이미지 파일로 출력합니다.
❼ CAD 프로그램을 실행해 [Attach] 명령으로 실내투시도 이미지를 부착합니다.
❽ 실내투시도를 A3 용지 규격의 PDF 파일로 출력합니다.
❾ 제출 및 용지 출력을 진행합니다.

Section 03 2D 도면 수정

❶ Part 03의 Chapter 04에서 완성한 원룸 2D 도면을 준비합니다. 도면을 수정하기 위해 임시 폴더를 생성하고, 완성된 2D 도면 파일을 해당 폴더에 복사합니다. 이때 원본 파일이 삭제되거나 수정되는 것에 주의합니다.

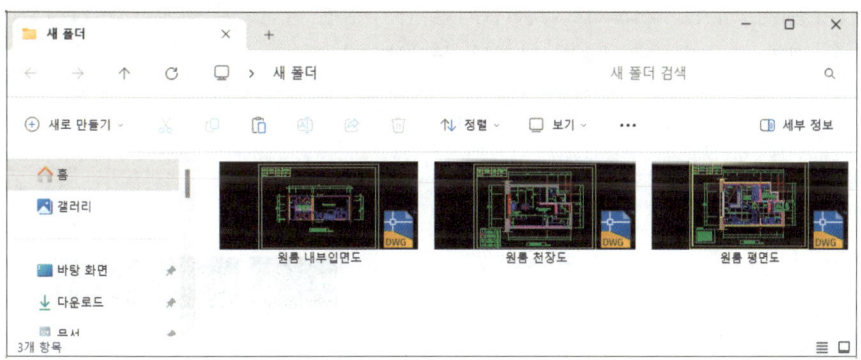

❷ 2D 도면에서 모델링에 불필요한 도면양식, 치수 등을 모두 삭제하고 저장합니다.

[평면도]   [내부 입면도]   [천장도]

* 위의 수정된 도면은 가독성을 고려해 검정 단색으로 변경한 이미지입니다.

Craftsman Interior Architecture

Section 04 3D 모델링

학습파일 | ▶ 동영상 \ Part05 \ Ch04 \ 원룸 – 투시도.mp4

❶ SketchUp 환경설정 및 2D 도면 가져오기

SketchUp을 실행하여 '건축-밀리미터' 템플릿을 선택하여 시작합니다.

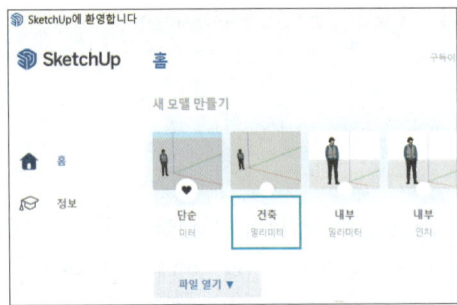
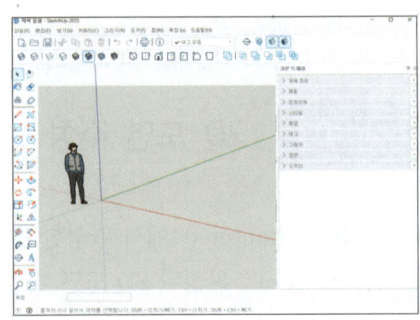

❷ 메뉴의 [파일](①)에서 '가져오기'(②)를 클릭한 뒤 수정된 평면도를 선택하고 '가져오기'를 클릭합니다. 결과 메시지창이 나오면 닫기를 클릭합니다.

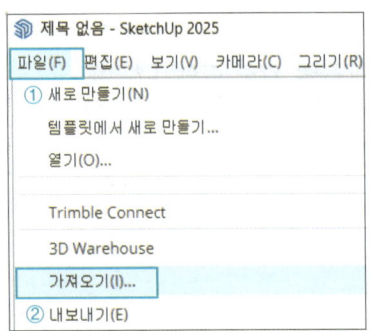
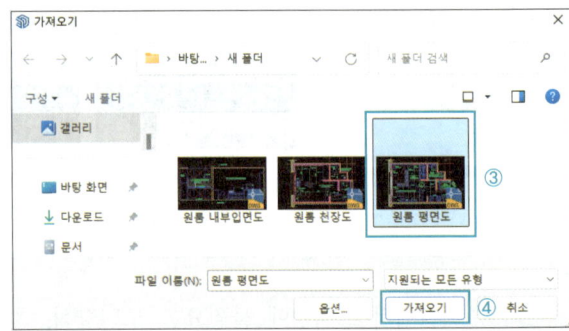

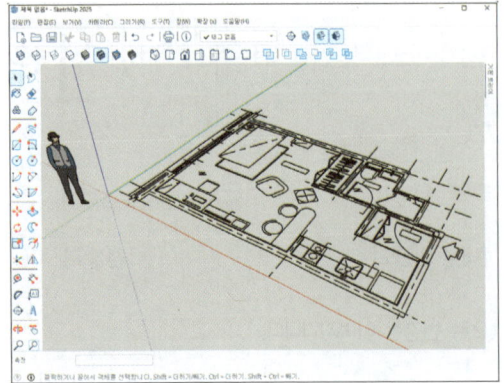

360 Part 05 3D 모델링 과제 작성

❸ 같은 방법으로 내부 입면도와 천장도도 가져옵니다. 가져온 도면은 원점에 배치되므로, 겹치지 않도록 빈 공간으로 이동시킵니다. 기본 인물은 삭제합니다.

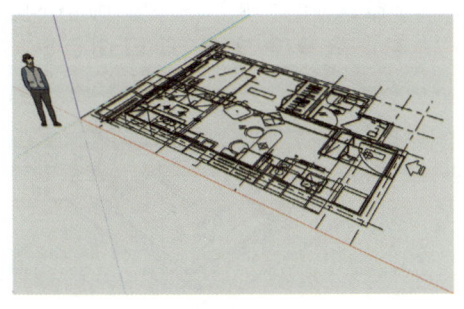
[도면이 겹침]

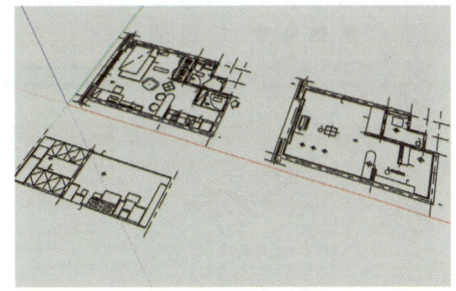
[겹치지 않게 이동]

❹ 트레이 [스타일]에서 '편집'(①) 탭을 클릭한 뒤, '가장자리'(②) 항목을 선택하고 '프로필'(③)을 '1'로 설정합니다. 트레이의 '태그'에서 '추가(⊕)'(④)를 클릭하여 '평면도', '천장도', '입면도' 태그를 생성합니다.

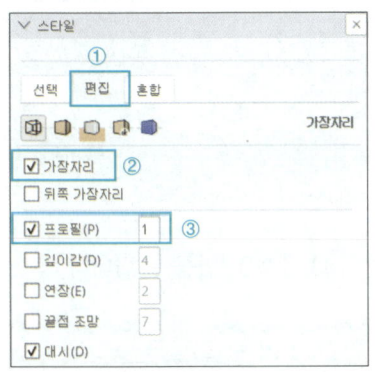

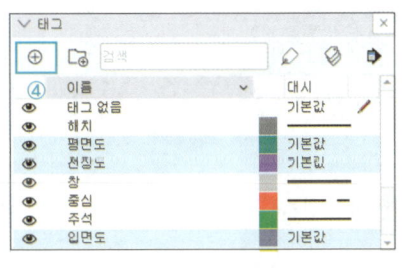

❺ 가져온 평면도에 등록한 태그를 지정합니다. 평면도(①)를 선택한 후, 태그 컨트롤 패널에서 '평면도'(②) 태그를 클릭합니다.

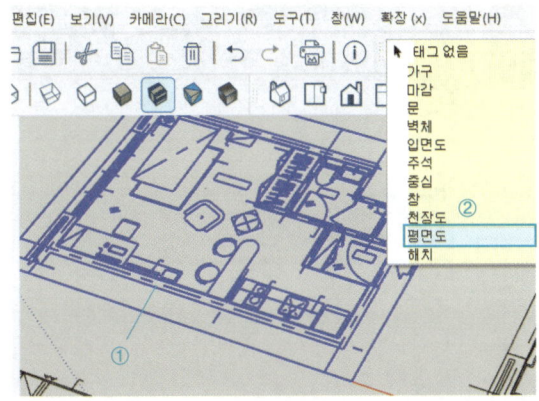

❻ 입면도와 천장도도 같은 방법으로 태그를 지정합니다.

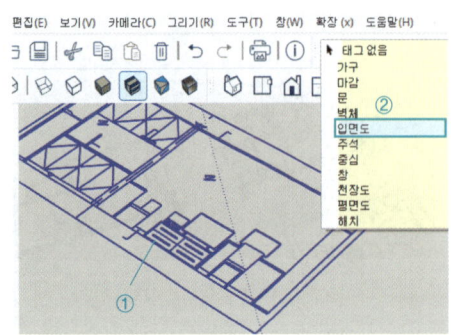 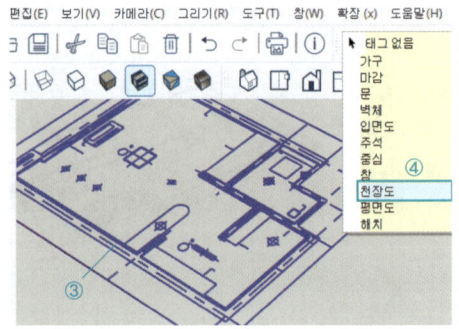

❼ 공간 구성

평면도를 확대한 후 실내 마감선의 ①, ②지점을 클릭해 사각형을 그립니다.

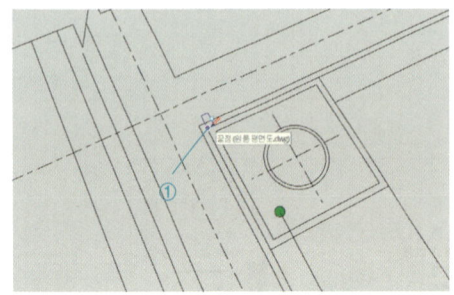 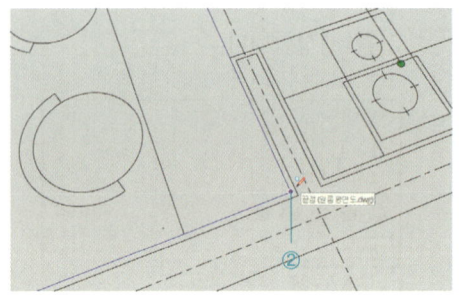

❽ 앞서 작성한 사각형을 '밀기/끌기'(P) 도구로 바닥면(①)을 '2400'만큼 올립니다.

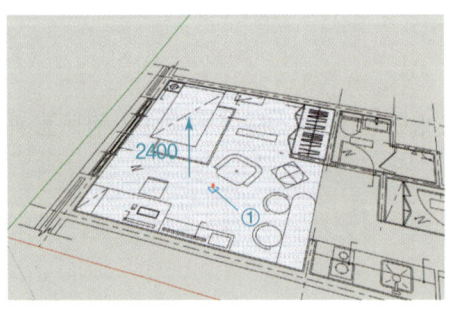 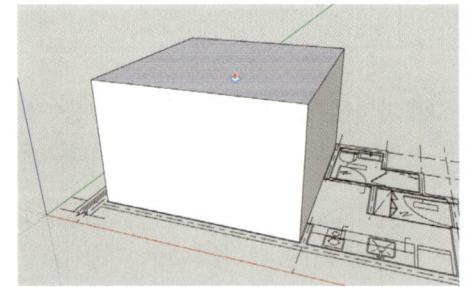

❾ 식탁과 주방이 위치한 벽면은 길이가 6500으로 작업범위가 넓고 가구가 많아 작업시간 관리에 부담이 될 수 있습니다. 창문을 정면으로 모델링하기 위해 벽면의 ①부분을 클릭하여 삭제합니다.

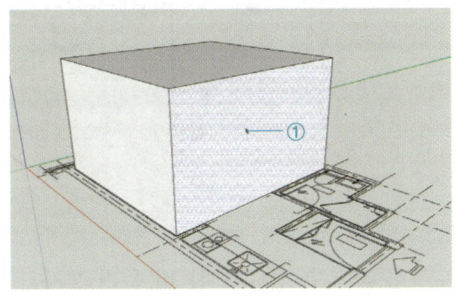 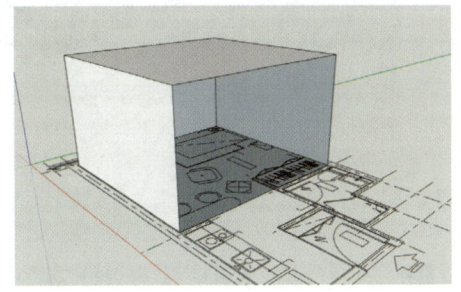

❿ 공간을 이루는 모든 면을 반전시키고 그룹으로 지정합니다.

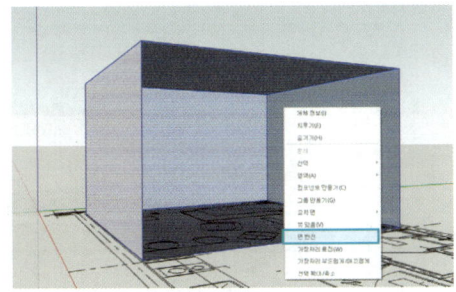 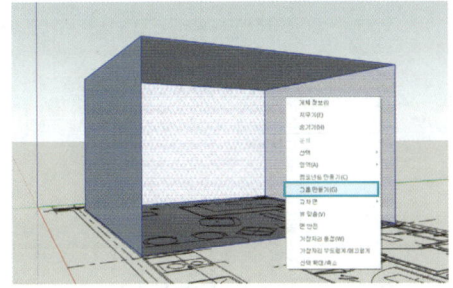

⓫ 공간 내부에 바닥 단차나 칸막이벽이 있는 경우, 단차를 맞추고 칸막이벽을 작성합니다. 현관에 단차가 있고 주방에 칸막이벽이 있지만 작업영역에는 해당되지 않으므로 다음 단계인 '내부 입면도'를 배치합니다.

⓬ 도면 배치

내부 입면도를 클릭한 후 '회전(Q)' 도구를 누릅니다. 오른쪽 방향키(→)를 누르고, 회전 기준점(①)을 클릭합니다. 시작 각도 위치인 ②를 클릭한 뒤 커서를 회전 방향 ③지점으로 이동시킨 상태에서 '90'을 입력하고 Enter⏎를 누릅니다.

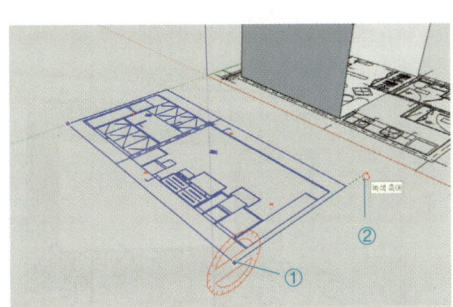 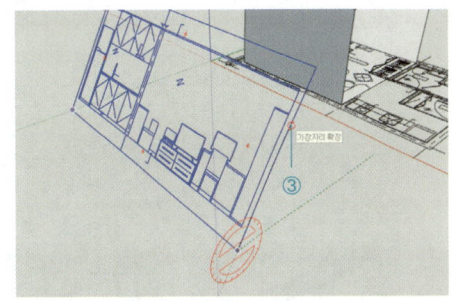

⑬ 이어서 회전 기준점(①)을 클릭한 뒤 시작 각도 위치(②)를 클릭합니다. 커서를 회전 방향 ③지점으로 이동한 상태에서 180을 입력하고 [Enter↵]를 누릅니다.

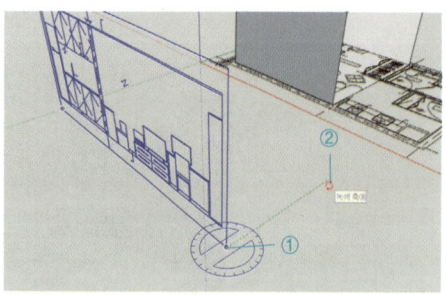
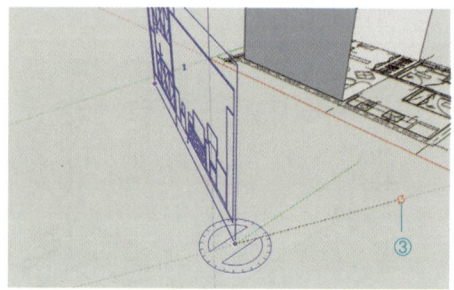

⑭ 회전된 '내부 입면도'를 클릭한 후 '이동(M)' 도구를 누르고, [Ctrl]을 한 번 눌러 복사로 변경합니다. 복사 기준점 ①을 클릭하고 원룸 내부의 ②지점을 클릭합니다(벽면에 배치하지 않은 입면도는 근처에 두고 삭제하지 않습니다).

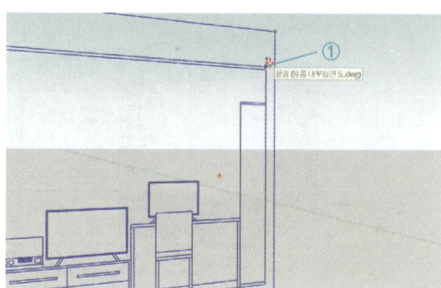
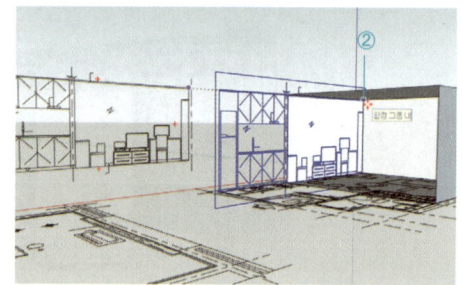

⑮ 가져온 천장도를 클릭하고 '이동(M)' 도구를 누릅니다. 마감선(①)을 기준으로 하여 천장면 ②지점에 배치합니다.

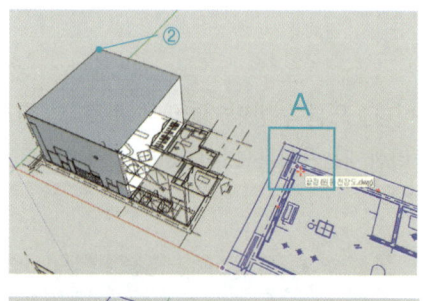
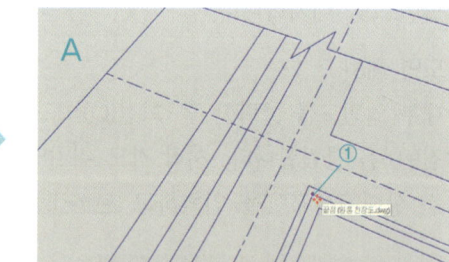
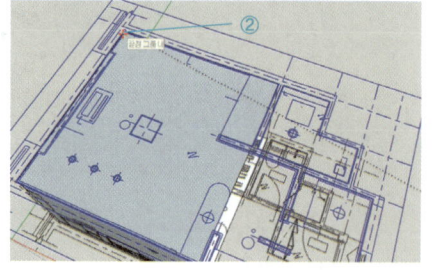
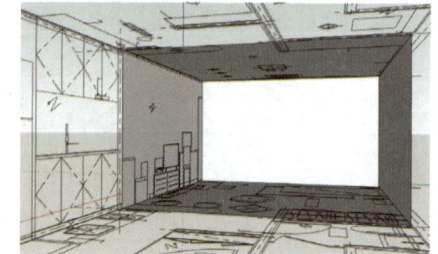

⑯ 현재 상태에서도 모델링은 가능하지만, 불필요한 중심선이나 기호가 보이지 않도록 태그를 설정하는 것이 좋습니다. 트레이의 '태그' 탭에서 '중심'과 '주석' 태그 옆의 눈 아이콘을 클릭하여 비활성화합니다.

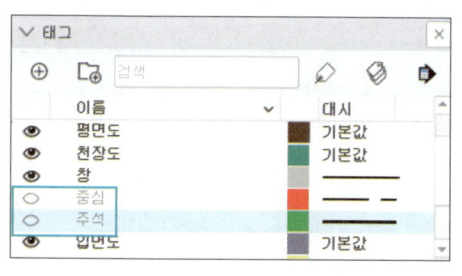

[중심, 주석 태그 Off]

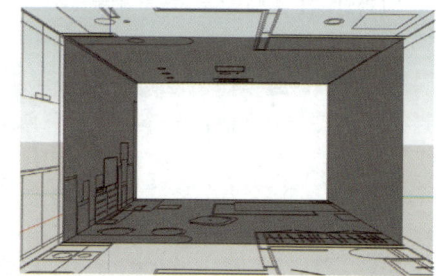

⑰ 내부 모델링

내부 모델링의 작업 범위는 사용자에 따라 다를 수 있습니다. 현재 원룸에서는 창문을 정면으로 바라보는 시점으로, 좌측에는 책상과 TV를, 우측에는 침대와 장식장까지 모델링을 진행하며, 작업자의 숙련도에 따라 중앙의 소파까지 모델링할 수 있습니다.

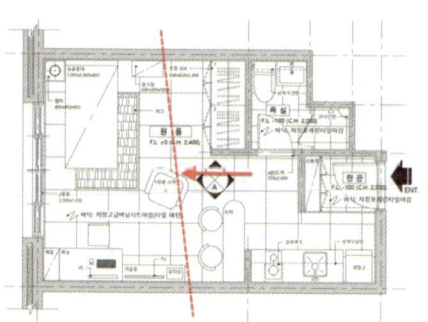
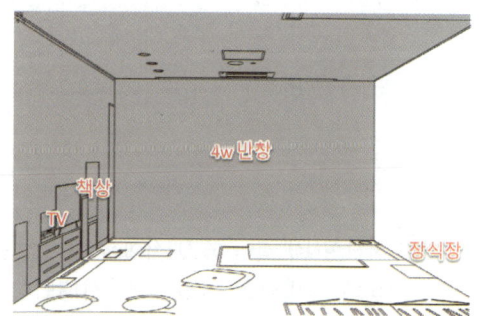

⑱ 먼저 정면의 창을 모델링합니다. 창 부분을 뚫기 위해 벽면 ①을 더블클릭하여 편집 모드로 전환하고, 엑스레이 모드(②)를 활성화합니다.

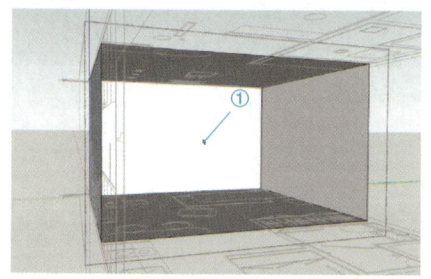
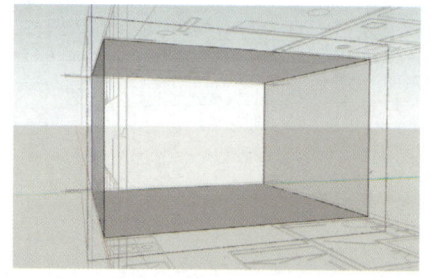

⑲ '줄자(T)' 도구를 사용해 창의 크기를 측정하거나, 평면도 및 작성조건에서 창문의 가로·세로 크기를 확인합니다. (원룸창: 2500×1200)
'줄자' 도구로 공간의 모서리 ①지점을 클릭한 후, z축 아래쪽으로 커서를 이동시키고 100을 입력한 뒤 Enter↵를 누릅니다.

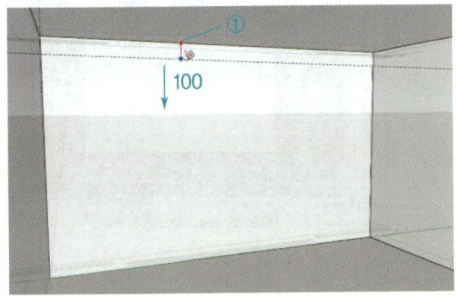

⑳ 이어서 '줄자(T)' 도구로 창문의 끝 지점(①)을 클릭하고 천장 끝 지점(②)을 클릭합니다.

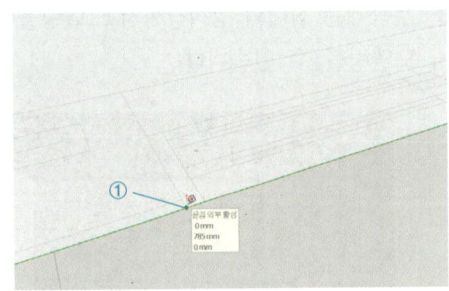
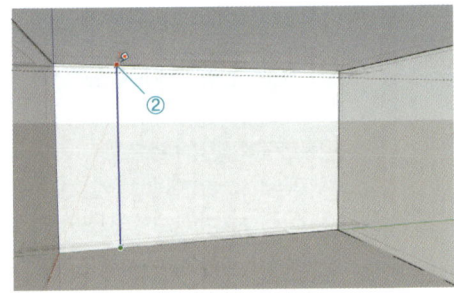

㉑ '사각형(R)' 도구로 ①지점을 클릭한 후 가로 2500, 세로 1200을 입력하고 Enter↵를 누릅니다 (현재는 벽면의 편집 모드 상태입니다).

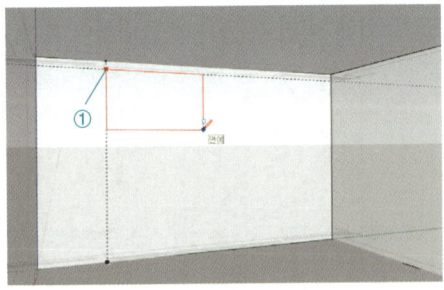
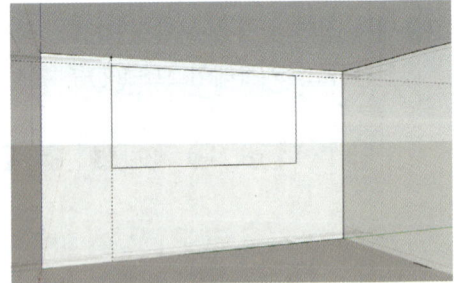

㉒ 면 ①과 안내선 ②, ③을 선택하여 삭제한 뒤, 엑스레이 모드(④)와 편집 모드(Esc)를 해제합니다.

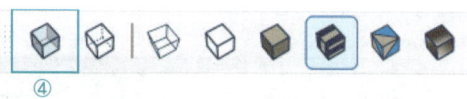

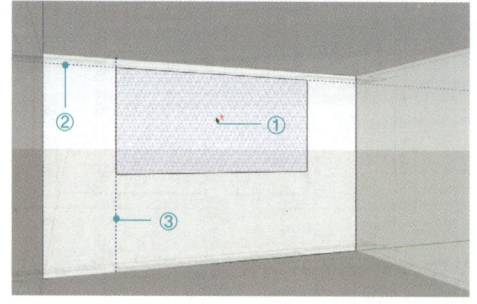 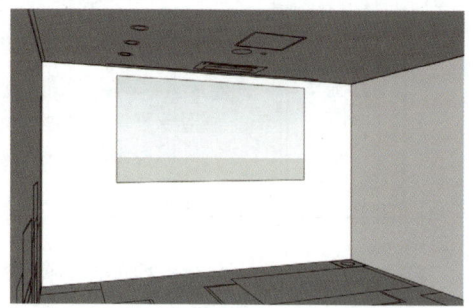

㉓ ①지점과 ②지점을 클릭해 사각형을 그리고, '오프셋(F)' 도구를 사용해 틀 30, 창틀 80을 복사합니다.

* 창영역을 뚫어내고 다시 사각형을 작성한 이유는, 그룹으로 지정된 벽면과 새로 만들어질 창을 분리하기 위함입니다.

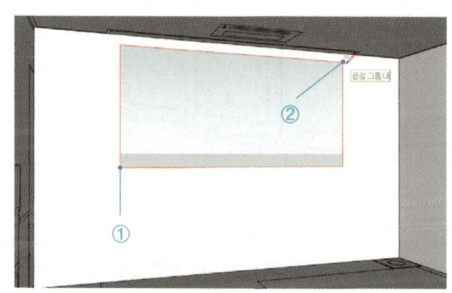 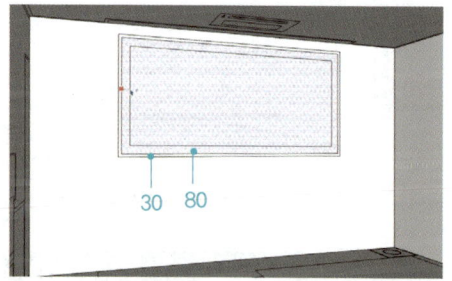

㉔ 중간점을 기준으로 선 ①을 그리고, 다시 중간점을 기준으로 선 ②, ③을 그려줍니다.

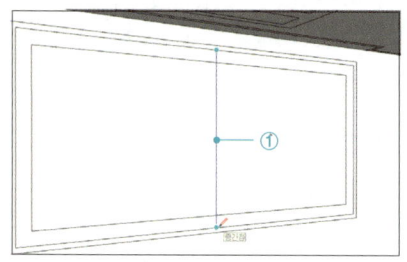 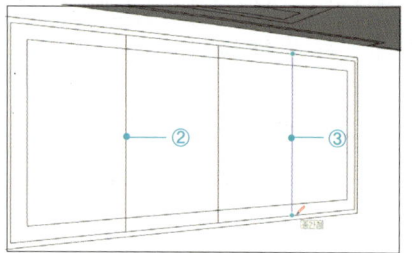

㉕ '이동(M)' 도구를 사용해 선을 복사한 후 편집합니다. 창의 프레임을 편집할 때는 평면도에서 그려진 창을 참고하여 안쪽과 바깥쪽의 위치를 확인합니다.

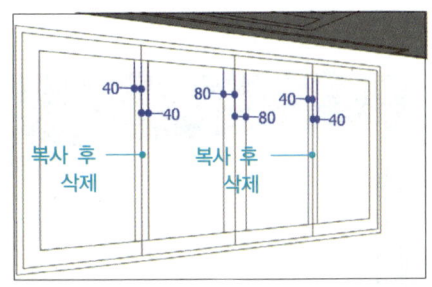 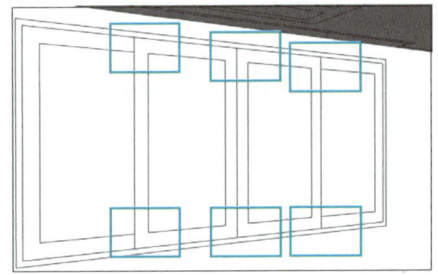

㉖ '밀기/끌기(P)' 도구를 사용해 틀 ①은 20, 창틀 ②와 ③은 안쪽으로 10만큼 끌어줍니다. 창틀 ④와 ⑤는 바깥쪽으로 20만큼 밀어내고, 유리 ⑥과 ⑦은 30만큼 밀어냅니다.

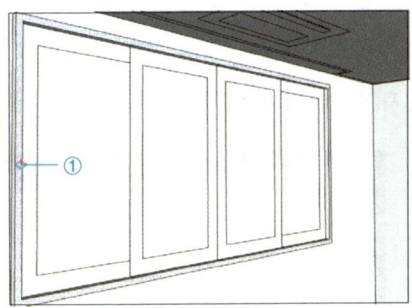
[틀 끌기 20]

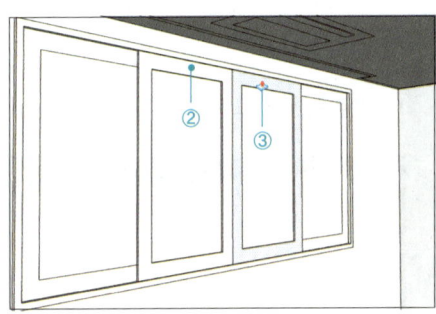
[창틀 끌기 10]

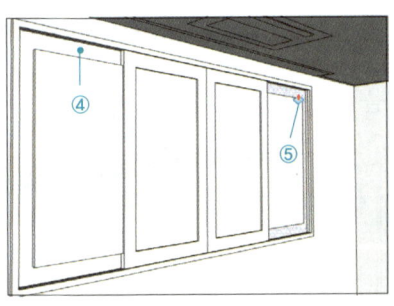
[창틀 밀기 20]

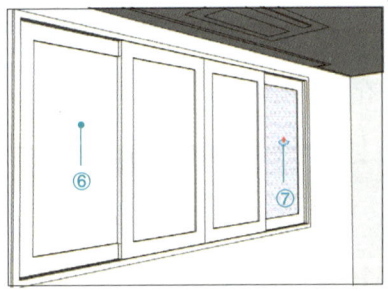
[유리 밀기 30]

㉗ 유리 부분에 재질을 넣고 그룹으로 지정합니다.

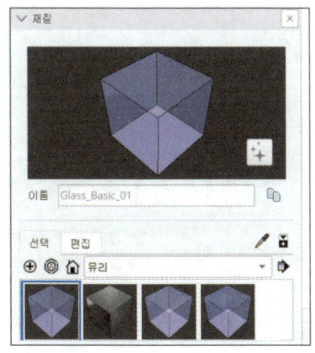
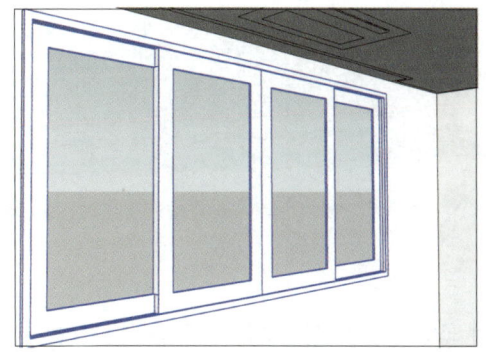

㉘ 협탁(①)은 높이 400으로 형태만 만들고 그룹으로 지정합니다. 위에 올릴 스탠드는 치수에 상관없이 자유롭게 원형이나 사각형으로 만들고 그룹으로 지정합니다.

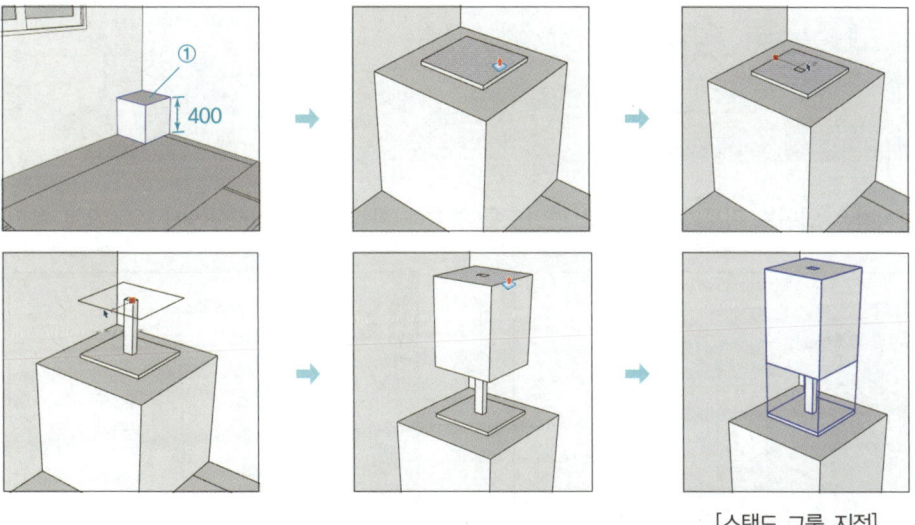

[스탠드 그룹 지정]

㉙ 침대는 '사각형(R)' 도구로 스케치하고, '선 그리기(L)' 도구로 헤드의 경계선을 그려줍니다. '밀기/끌기(P)' 도구로 헤드보드는 800, 바닥틀은 200 정도 끌어주고 그룹으로 지정합니다.

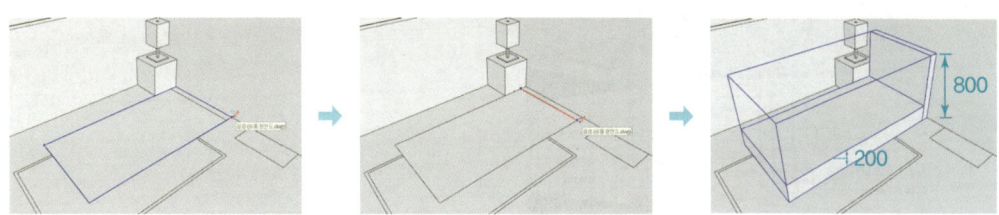

㉚ 바닥틀 모양에 맞춰 사각형을 그리고, '밀기/끌기(P)' 도구로 200만큼 끌고 그룹으로 지정합니다.

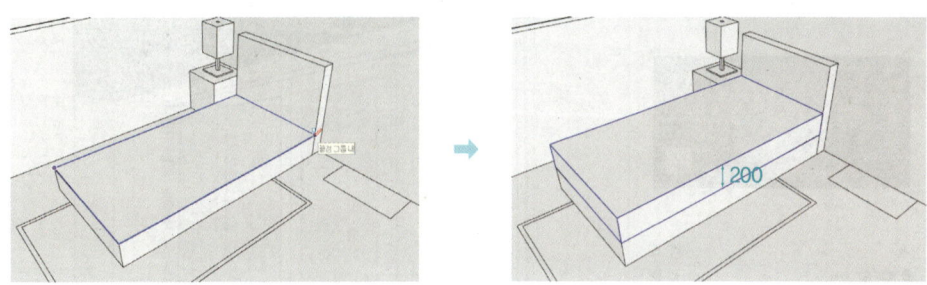

㉛ 러그의 모양에 맞춰 사각형을 그리고, '밀기/끌기(P)' 도구로 10 정도 끌고 그룹으로 지정합니다. 두께가 너무 얇으면 바닥면과 겹침 현상이 나타날 수 있습니다. 앞서 만든 침대는 z축 위로 10만큼 이동합니다.

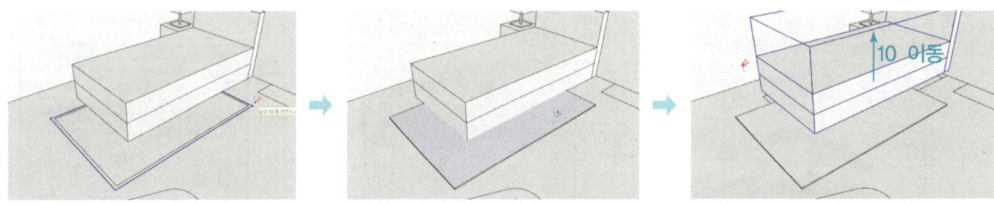

㉜ 장식장은 입면도 정보가 없으므로 평면도를 참고해 사각형을 그리고, 높이 1800으로 올려줍니다.

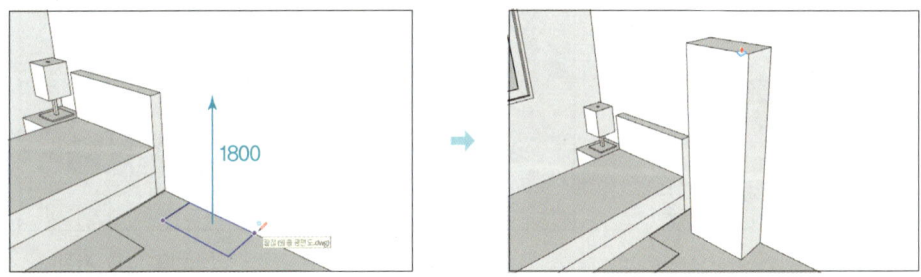

㉝ 입면도의 선을 활용하기 위해 근처에 복사해 둔 입면도를 분해합니다. 메시지가 나타나면 확인을 클릭합니다.

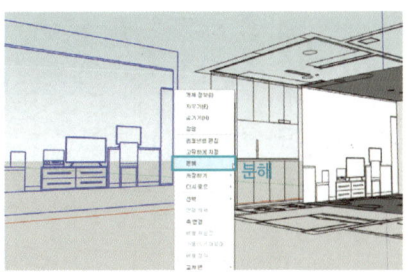

㉞ 평면도의 책장 위치에 맞춰 사각형을 그리고, 입면도의 높이로 끌어줍니다.

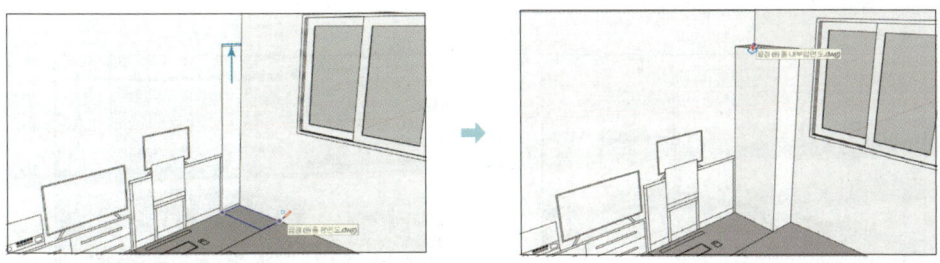

㉟ '오프셋(F)' 도구를 사용해 틀의 두께를 20으로 설정하고, 상단의 선 ①, ②를 선택해 320 간격으로 선반을 5개 복사합니다. 책장 선반의 높이는 300 내외로 자유롭게 구성하면 됩니다.

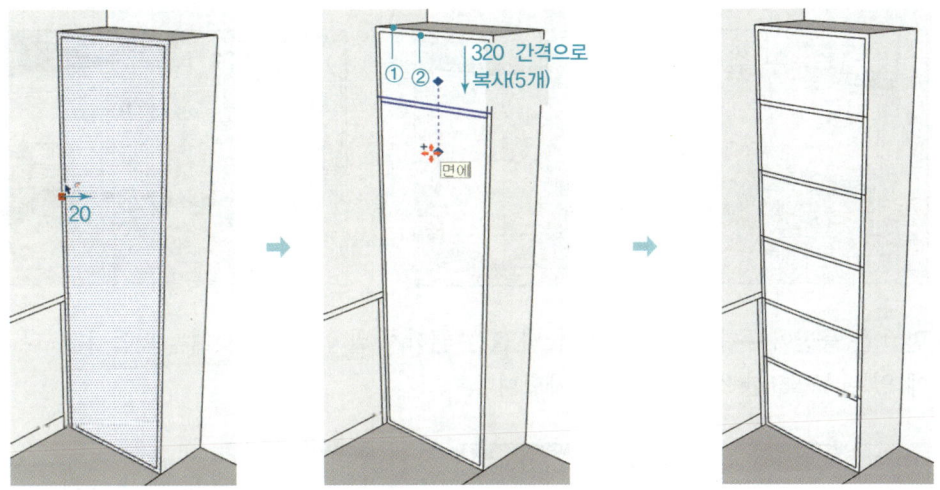

㊱ 교차된 선은 '지우개(E)' 도구로 삭제합니다. 하부에는 도어와 손잡이를 표현하고, 상부면은 280만큼 밀어 수납공간을 만듭니다. 완성된 장식장은 그룹으로 지정합니다.

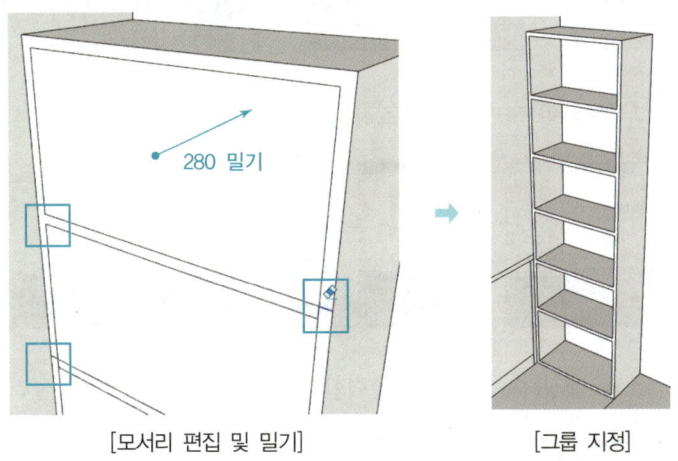

[모서리 편집 및 밀기]   [그룹 지정]

㊲ 입면도를 참고하여 책상의 상판과 다리의 형태를 사각형으로 덧그리고, 평면도에서의 위치만큼, 즉 ①지점까지 끌어줍니다. 완성된 책상은 그룹으로 지정합니다.

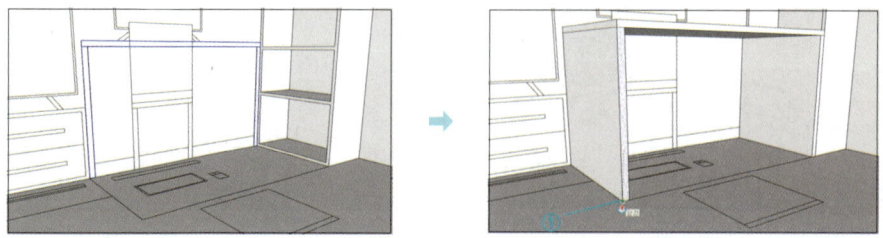

㊳ 평면도의 의자 위치에 맞춰 사각형을 그리고, 입면도의 ①지점까지 끌어줍니다. 이때 그룹으로 지정하지 않습니다. 복사한 입면도(②)에서 의자의 선을 복사해 붙여 넣습니다.

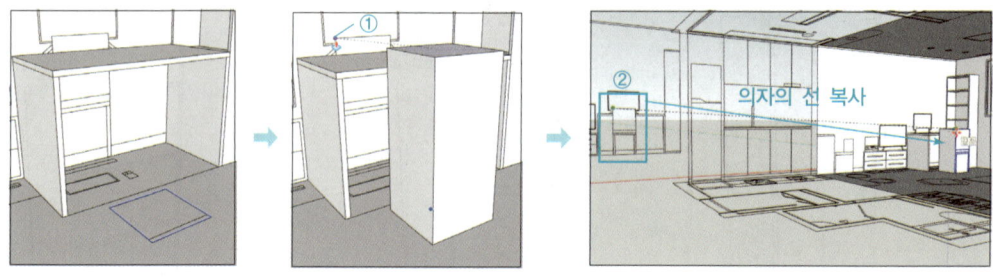

㊴ 면 ①은 등받이 두께를 남기고 370, 면 ②는 끝까지 밀어 의자의 형태를 만듭니다. 다리 부분에 있는 불필요한 선 ③, ④는 삭제합니다.

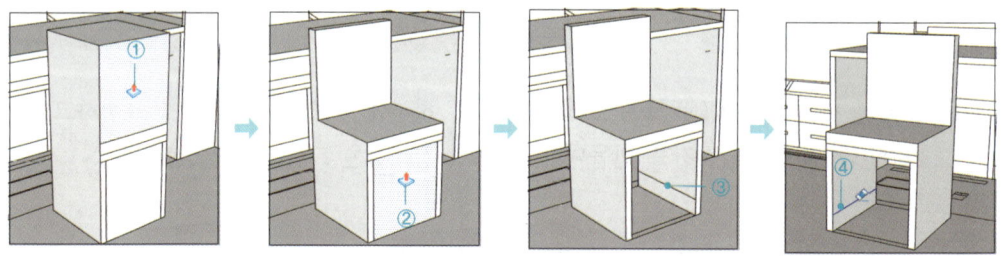

㊵ 의자 다리의 두께를 약 30 정도로 조정한 후 그룹으로 지정합니다.

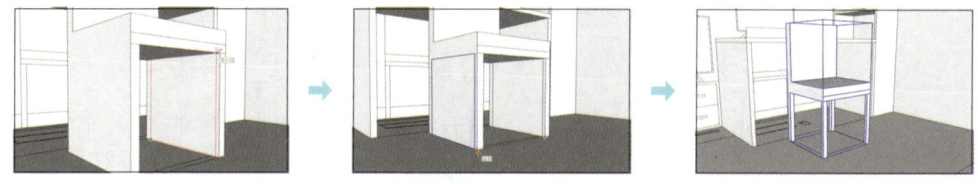

㊶ 의자를 선택한 후 '대칭(△)' 도구를 클릭합니다. 왼쪽 방향키(←)를 눌러 대칭이동하고 Esc를 눌러 종료합니다.

* 의자는 평면도의 선만으로 만들어도 무방합니다. 모델링의 모든 과정은 학습자의 취향과 경험에 따라 달라질 수 있습니다.

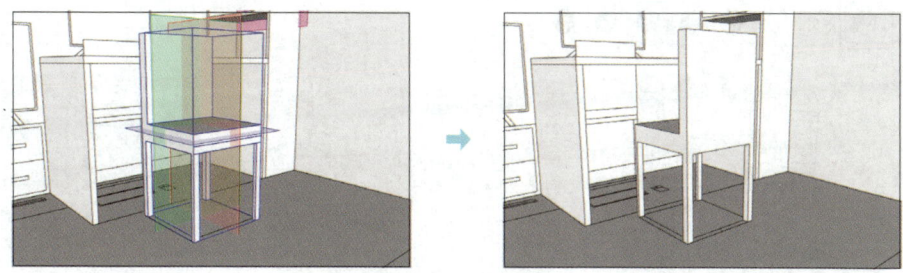

❷ 입면도의 모니터를 덧그려 적절한 두께로 형태를 만들어줍니다.

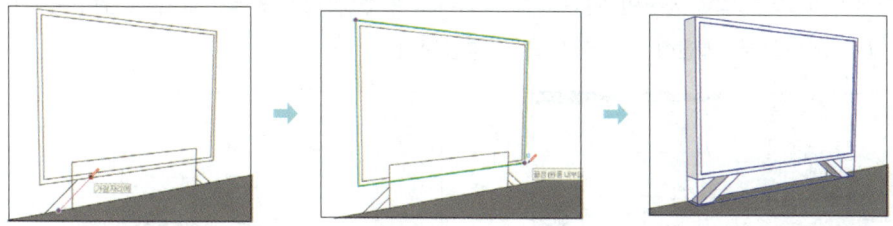

❸ 평면도에서 TV장 위치에 맞춰 사각형을 그리고, 입면도의 높이 ①지점까지 끌어올립니다.

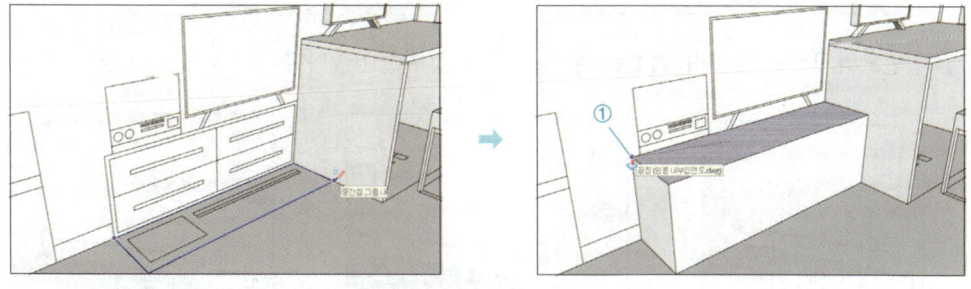

❹ 복사한 입면도에서 TV장의 선(①)을 복사해 붙여 넣습니다. 중간 홈 부분만 사각형으로 한 번 더 덧그려 면을 만들고 20 정도 밀어 그룹으로 지정합니다.

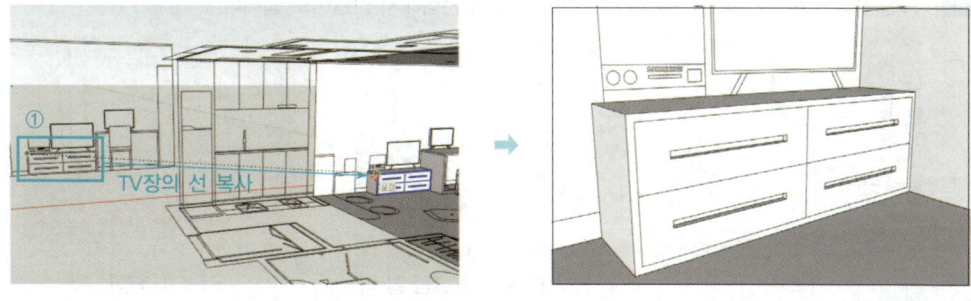

Craftsman Interior Architecture

㊺ 오디오와 TV도 동일한 과정으로 모델링합니다. 엑스레이 모드(①)를 활성화한 후, 입면도의 윤곽을 덧그리고 평면에서의 크기로 밀고 끌어 형태를 만듭니다.

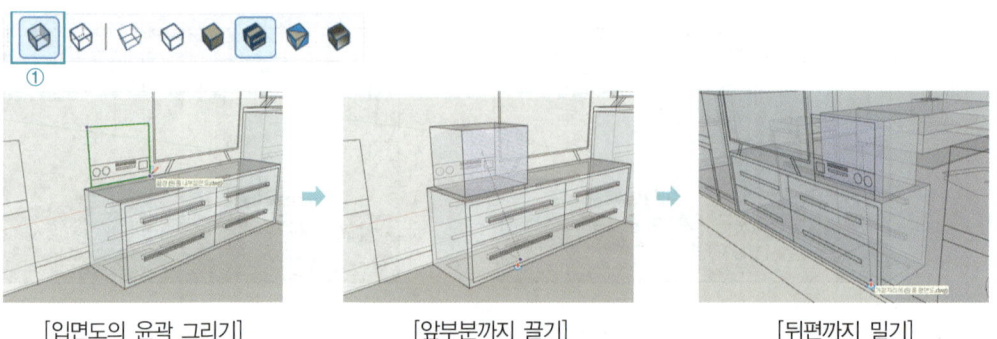

[입면도의 윤곽 그리기]   [앞부분까지 끌기]   [뒤편까지 밀기]

㊻ 엑스레이 모드를 끄고 복사한 입면도에서 오디오의 선(①)을 복사해 붙여 넣습니다. 선을 추가로 그려 오디오를 표현하고 그룹으로 지정합니다.

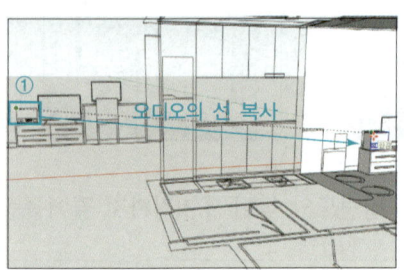
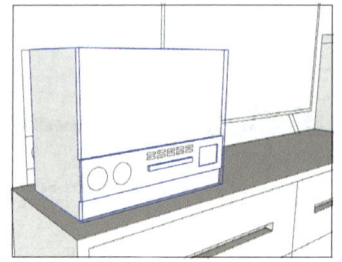

㊼ 입면도의 TV를 덧그려 적절한 두께로 형태를 만들어줍니다.

TIP TV는 앞서 만든 모니터를 '축척(S)' 도구를 사용해 편집해서 만들어도 됩니다.

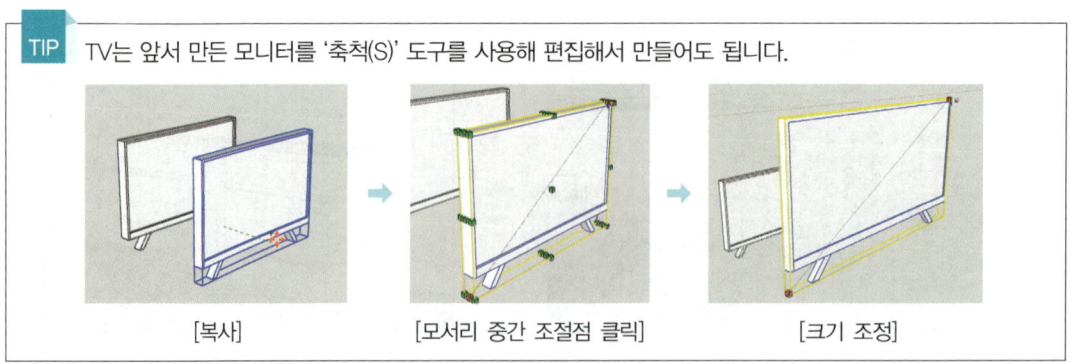

[복사]   [모서리 중간 조절점 클릭]   [크기 조정]

㊽ 천장 모델링

천장의 조명과 설비는 도면의 모양을 그대로 사용할 수 있지만, 덧그려서 진행합니다. 매입등은 하나만 만들어서 복사하고 각각 그룹으로 지정합니다.
(끌기 두께 기준 : 직부등 50, 매입등 10, 소방설비 20, 에어컨 10~20)

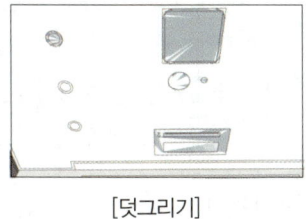
[덧그리기]

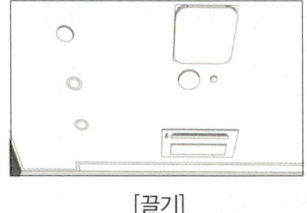
[끌기]

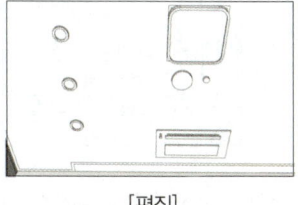
[편집]

㊾ 천장면(①)을 더블클릭해 편집모드로 전환합니다. 커튼박스 모양으로 사각형을 그리고, '밀기/끌기(P)' 도구로 50~100만큼 밀어냅니다. 편집 모드 상태는 계속 유지합니다.

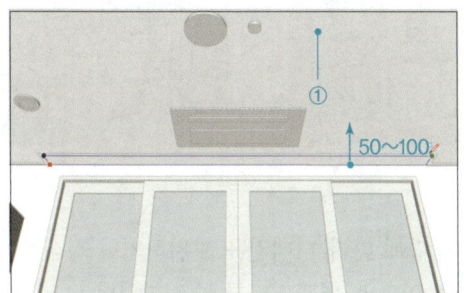
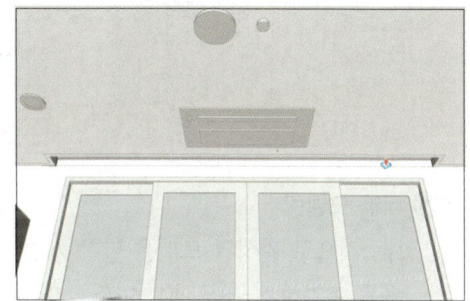

㊿ 평면도(①)를 더블클릭하여 편집모드로 전환합니다. 소파의 원형 단추를 제외한 나머지 선을 선택한 후 Ctrl + C를 눌러 복사하고, Esc를 눌러 편집모드를 종료합니다.

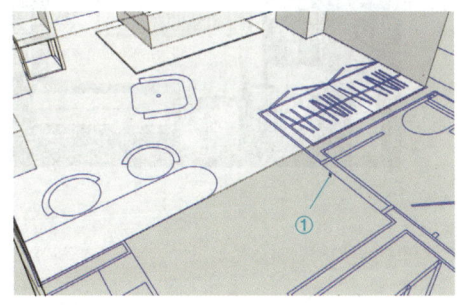
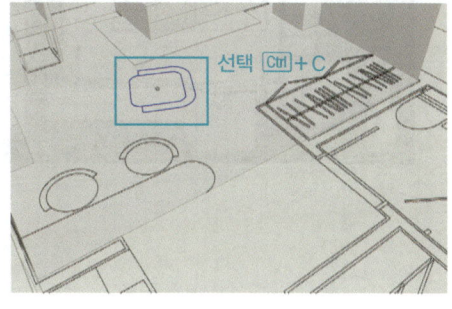

㉕ 메뉴의 [편집]에서 '특정 위치에 붙여넣기'를 클릭합니다. 면을 추가하기 위해 특정 부분에 선 (①)을 덧그려주고 면이 추가되는지 확인합니다.

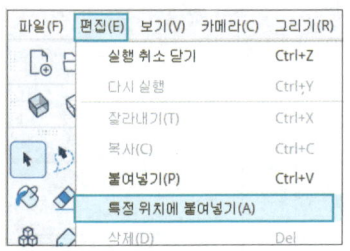
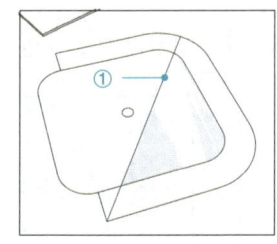
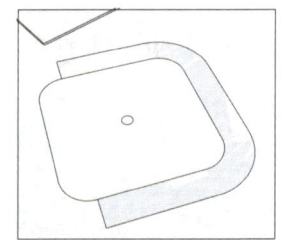

㉒ 등받이는 550~600, 좌방석은 350~400 정도 올려 소파를 만들고 그룹으로 지정합니다.

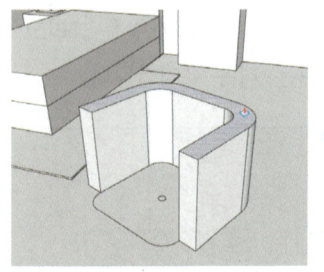
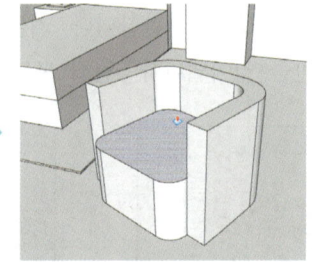
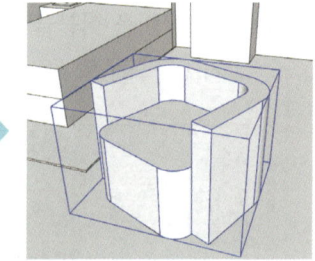

㉓ 세부 모델링

대략적으로 완성된 모델은 남은 시간과 개인 역량에 따라 디테일을 보완하거나 장식장에 소품 등을 추가하는 것도 좋습니다. 가급적 디자인 의도와 연관되도록 수정합니다.

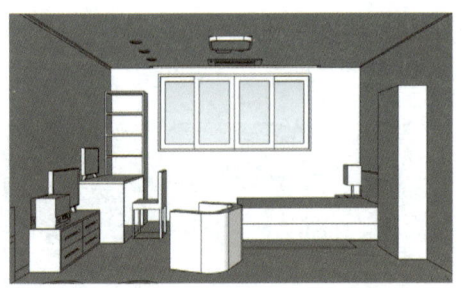

❺❹ 평면도, 내부 입면도, 천장도를 삭제하거나 태그를 모두 Off합니다. 참고 도면을 삭제하거나 태그 Off 시점은 사용자에 따라 다를 수 있습니다.

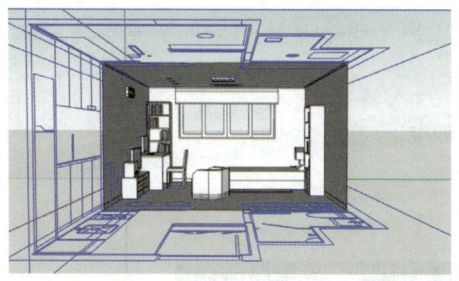 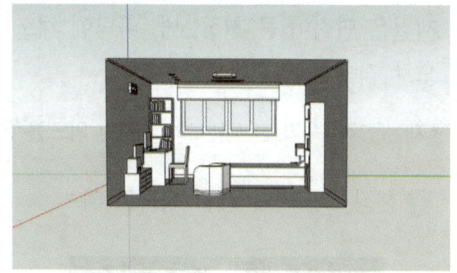

❺❺ 바닥에 패턴을 만들기 위해 선(①)을 그린 후, 600 간격으로 복사합니다.

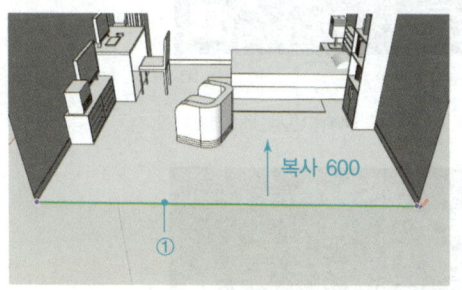 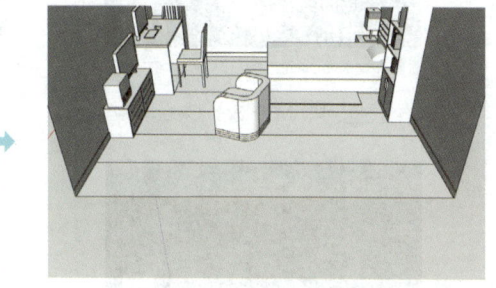

❺❻ 수직선을 한 번 더 그리고 600 간격으로 복사합니다. 수직선은 수평선에 의해 분할되어 있으므로 [Shift]를 눌러 선택합니다.

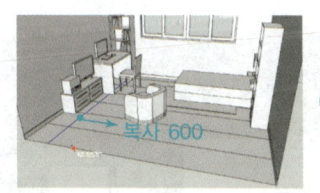 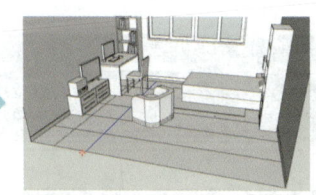 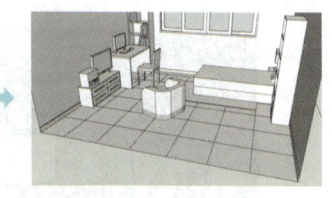

Craftsman Interior Architecture

Section 05 재질 및 환경요소 적용

재질은 면적이 큰 천장, 벽, 바닥에 채도가 높지 않은 컬러를 우선 적용한 후 몰딩과 주요 가구순으로 작업을 진행합니다.

* 재질을 적용하기 전 평면도의 '디자인 의도'를 한 번 더 확인하는 것이 좋습니다.

❶ 천장, 벽, 바닥 재질 적용의 예

[천장, 벽: M00_Soft_Cloud]

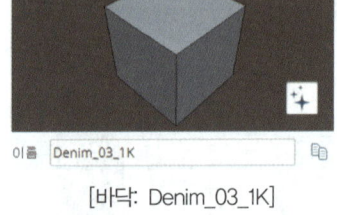
[바닥: Denim_03_1K]

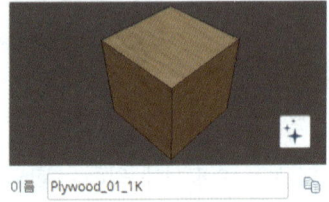
[걸레받이, 천장몰딩: Plywood_01_1K]

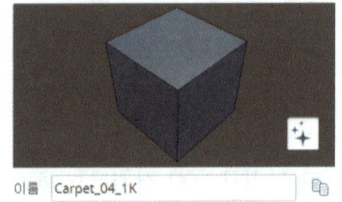
[러그: Carpet_04_1K]

> **TIP** **3색 배색 견본(three-color combination)**
> 세 가지 색상을 조화롭게 배합하여 다양한 이미지와 분위기를 표현한 예시이다. 색의 톤과 대비 관계를 통해 시각적 통일감과 변화를 학습하고, 배색의 원리를 이해하는 데 활용된다.
>
> ❶ 차분함, 안정감, 중후함
>
>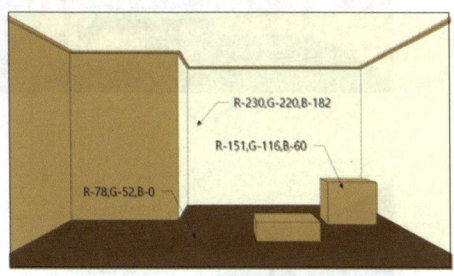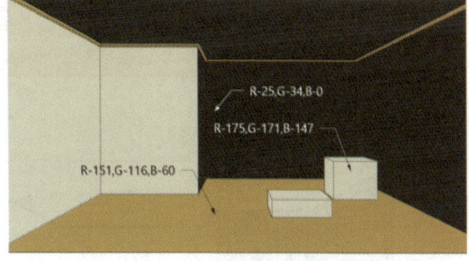
>
> ❷ 서늘한, 어두운, 미스테리한
>
>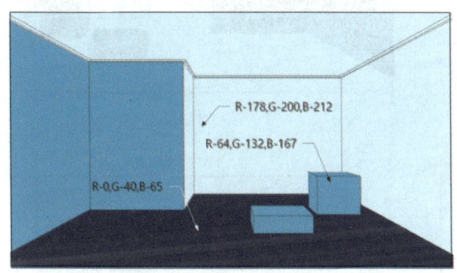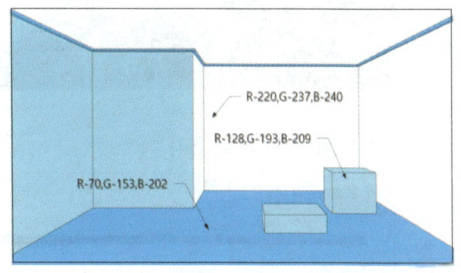
>
> ❸ 심플한, 모던한, 단정한
>
>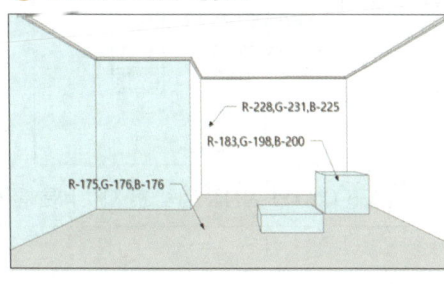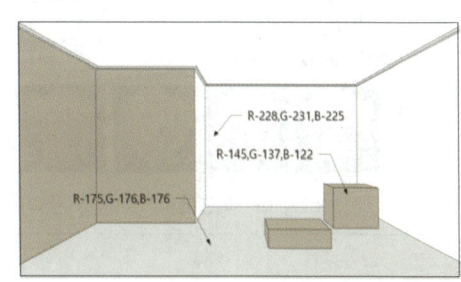
>
> ❹ 부드러운, 봄, 밝은
>
>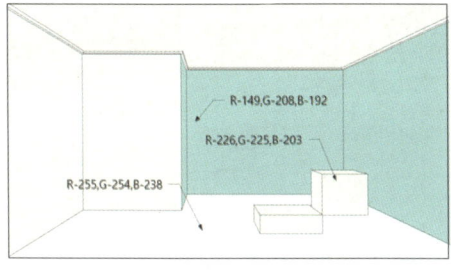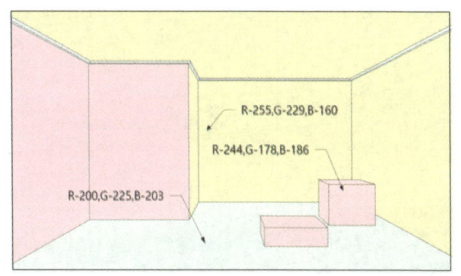

Craftsman Interior Architecture

❺ 강렬한, 경쾌한, 활발한

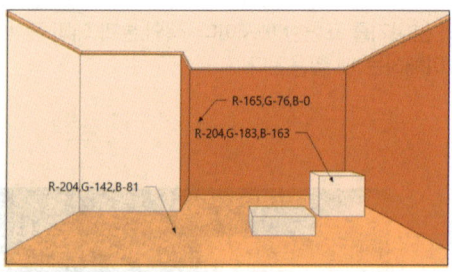
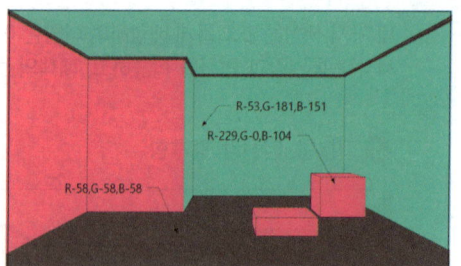

❻ 모던한, 흑백, 단순한

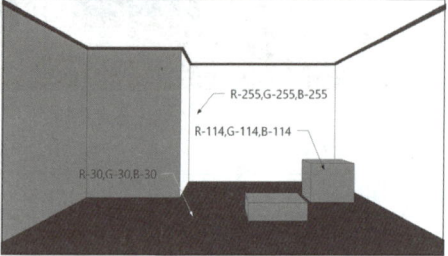
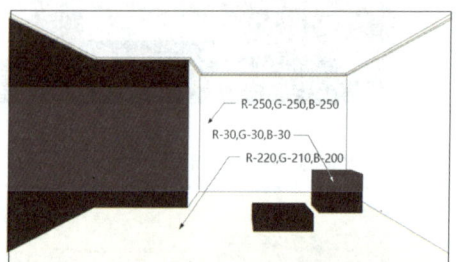

❼ 색상(RGB) 재질 추가

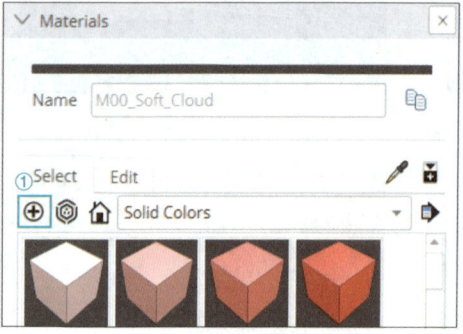
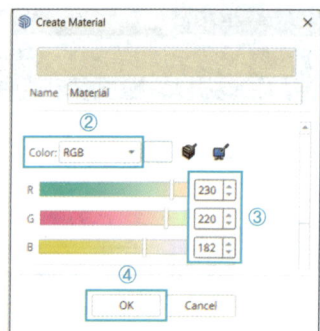

[Materials 패널에서 '추가(⊕)' 클릭]   [RGB Color의 설정값 입력 후 'OK' 버튼 클릭]

❷ 주요 가구의 컬러는 2~3가지 정도만 사용합니다. 누락된 가구나 소품이 없는지 확인하고, 공간이 비어 보이는 곳은 액자나 거울로 보완합니다.

❸ 트레이의 그림자 모드를 활성화하고 남쪽으로 창이 향하도록 90° 회전합니다. 회전 방향은 시간 및 계절에 따라 다를 수 있습니다.

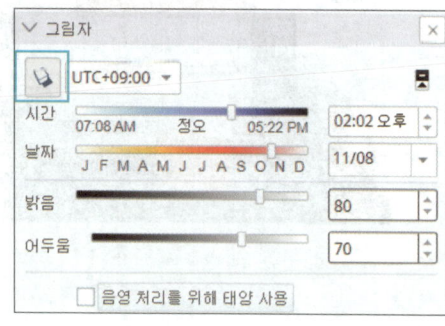

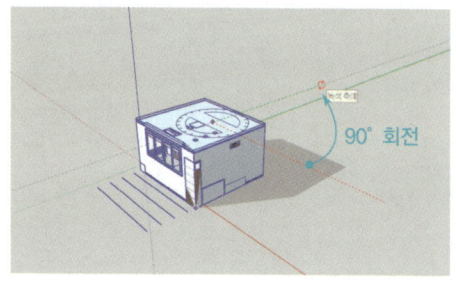
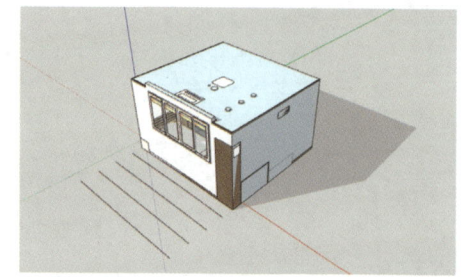

❹ 상단 메뉴의 [보기] ⇨ [면 스타일]에서 '앰비언트 오클루전'을 클릭해 음영 효과를 적용합니다.

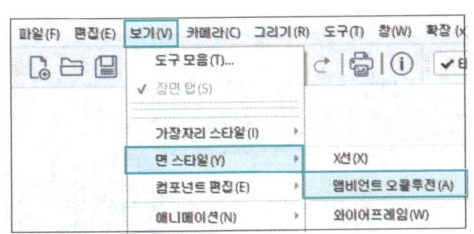 

Section 06 실내투시도 이미지 추출 및 배치

실내투시도 장면을 저장하고 고해상도 이미지로 출력합니다.

❶ 완성된 실내 공간을 보기 좋은 시점으로 맞춘 후, 메뉴의 [카메라]에서 '2점 투시'를 클릭합니다. 이후 클릭 드래그로 한 번 더 화면을 조정합니다.

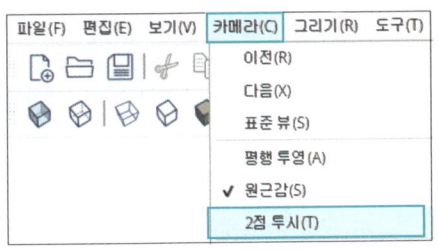 

❷ 트레이의 '장면'에서 '장면 추가(⊕)'(①)를 클릭하여 현재 시점의 화면을 저장합니다. 장면을 저장한 후 시점이 흐트러지거나 다른 작업을 하더라도 장면 탭(③)을 클릭하면 저장된 시점으로 되돌아갑니다.

 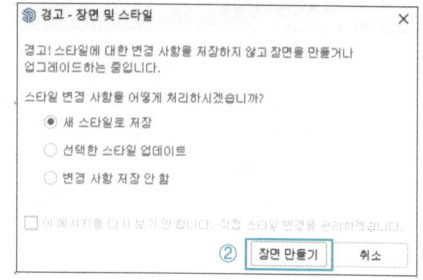

❸ 모델링에 부족한 부분이 없다면 스케치업 모델링 파일을 저장한 후, 설정한 장면을 출력하기 위해 메뉴의 [파일] ⇨ [내보내기]에서 '2D 그래픽'을 클릭합니다.

❹ 저장할 폴더를 지정한 후, 파일 이름을 '실내투시도'(①), 형식을 'tif'(②)로 설정합니다. '옵션' (③) 버튼을 클릭한 후, '뷰 크기 사용'(④)을 해제하고 픽셀값을 '3000'(⑤), 선 배율 승수를 '1'(⑥)로 설정합니다. 설정을 마친 후 확인을 클릭하고 내보내기 버튼을 누르면 실내투시도 이미지가 저장됩니다.

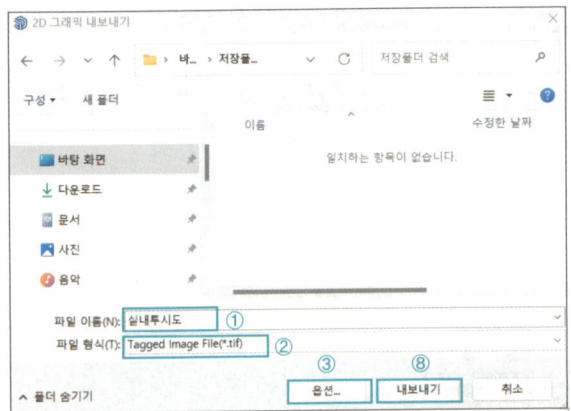
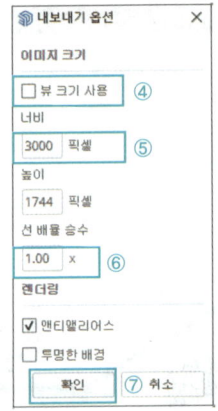

❺ 출력된 이미지의 품질을 확인한 후 캐드에서 2D 도면 작성 파일(평면도, 천장도, 내부 입면도)을 실행합니다. 완성된 입면도의 도면 양식과 도면명을 우측으로 복사합니다.

[이미지 뷰어로 확인]

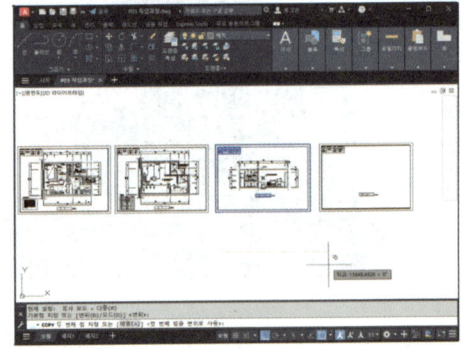
[도면 양식 복사]

❻ 표제란과 하단의 도면명 및 축척을 '실내투시도', 'N.S'로 수정합니다.

❼ 메뉴의 [삽입](①)에서 참조의 '부착'(②)을 클릭한 후, 저장한 실내투시도 이미지를 선택하고 열기 버튼을 클릭합니다(부착 명령어: attach).

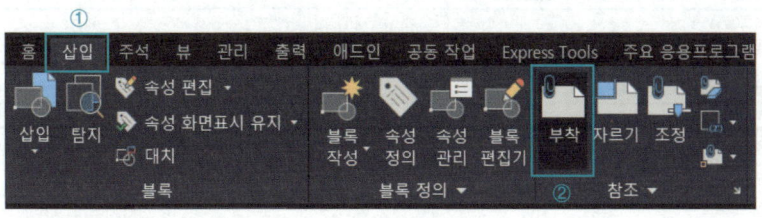

❽ 이미지 부착 설정창에서 '확인' 버튼(①)을 클릭합니다. ②지점을 클릭하고, ③지점 근처를 클릭하여 적절한 크기로 이미지를 부착합니다.

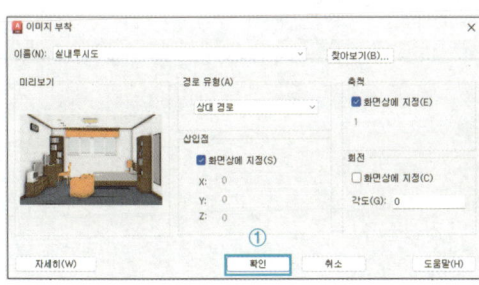 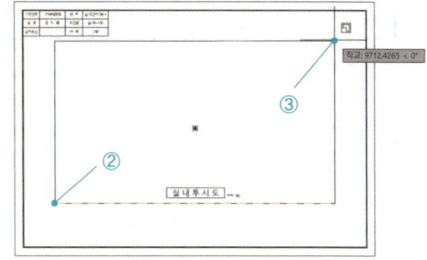

❾ 부착한 이미지를 보기 좋게 재배치하고 작업파일을 저장합니다.

> **학습파일** | 완성파일\Part05\Ch04\원룸 실내투시도.dwg

PART 6

실기시험 처음부터
끝까지 따라하기

Chapter 01 | AutoCAD 환경설정
Chapter 02 | 시험문제 확인 및 도면 양식 작성
Chapter 03 | 평면도 작성
Chapter 04 | 내부 입면도 작성
Chapter 05 | 천장도 작성
Chapter 06 | 투시도 작성

본 단원에서는 앞서 학습한 2D 도면과 3D 모델링 내용을 바탕으로, 실기시험(공개문제)의 시작부터 출력까지 전 과정을 살펴보겠습니다. 본 학습을 통해 실기시험의 전체 수행과정을 익히고, 자신감을 가질 수 있도록 합니다.

'평면도', '내부 입면도', '천장도', '실내투시도'의 완성도면

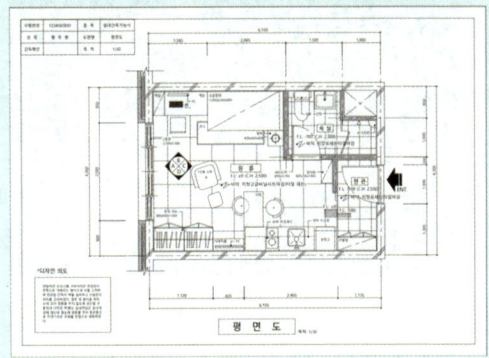
[평면도]

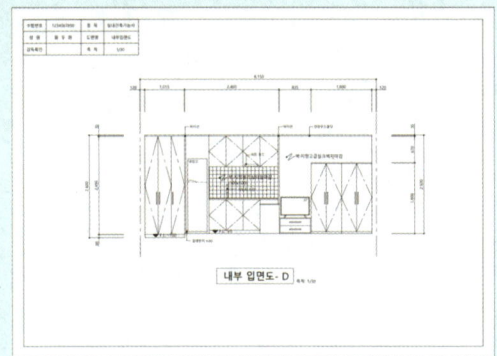
[내부 입면도]

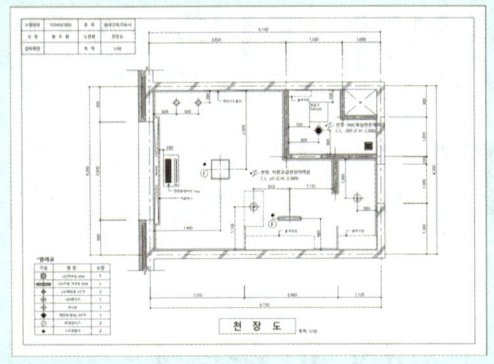
[천장도]

[실내투시도]

Chapter 01 AutoCAD 환경설정

수험생의 실력과 연습량도 중요하지만, 시험장에 설치된 장비 또한 실기시험에 큰 영향을 줄 수 있습니다. 시험이 시작된 후 장비에 문제가 발생하면 당황하거나 기분이 좋지 않은 상태에서 작업이 진행될 수 있으므로 시험 시작 전에 장비 상태를 미리 점검하는 것이 중요합니다.

> 학습파일 | ▶ 동영상\Part06\Ch01, 02\환경설정 및 도면양식.mp4

Section 01 시험 시작 전 장비(PC) 확인

마우스 휠이나 버튼, 키보드의 상태에 이상이 있거나 키캡에 문제가 있다면, 시험 담당자에게 알려 좌석을 변경하거나 장비를 교체해야 합니다. 이 모든 점검은 반드시 시험 시작 전에 완료해야 합니다.

Section 02 AutoCAD 버전에 따른 시스템 확인

❶ [startup] 명령을 실행해 코드가 〈1〉로 설정되어 있는지 확인합니다.
　값이 〈1〉이 아닌 경우 1로 변경한 후 [New] 명령을 실행해 새 도면을 미터법으로 시작합니다.

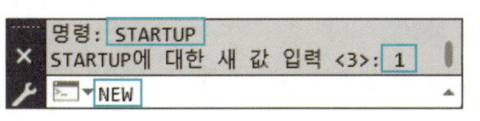 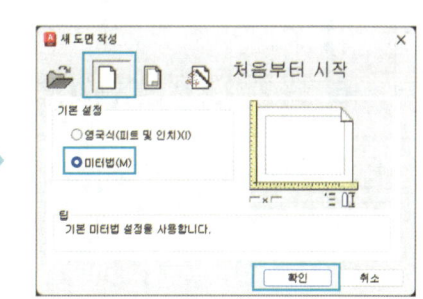

❷ AutoCAD 버전이 2021 이상인 경우, [Trim], [Extend] 명령의 모드를 확인합니다.
'빠른 작업(Q)' 모드 사용자가 아니라면, '표준 작업(S)' 모드로 변경합니다.

• Trim 모드 설정 변경

• Extend 모드 설정 변경

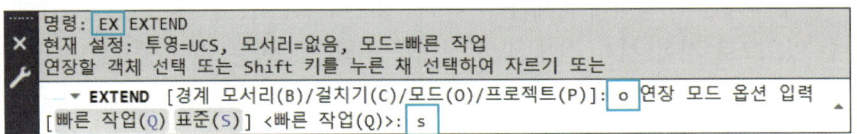

❸ 핵심 시스템 변수인 [pickfirst] 명령을 실행하여 코드가 〈1〉로 설정되어 있는지 확인합니다. 〈1〉로 설정되어 있지 않으면, Layer(도면층)가 변경되지 않거나, 더블클릭을 사용한 수정이나 Delete 키를 이용한 객체 삭제가 불가능합니다.

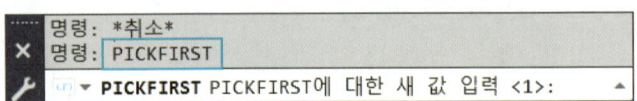

❹ 바탕색, 커서의 크기, 동적 입력 F12 (Off), 스냅모드 F9 (Off), 객체 스냅 F3 (On) 등을 확인합니다.

❺ 객체 스냅 설정 상태

객체 스냅은 사용자 특성에 따라 다를 수 있습니다.

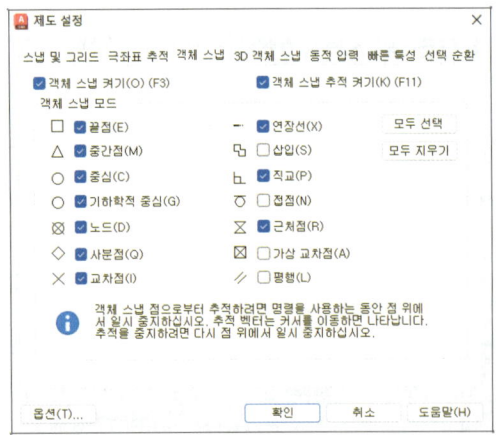

> **TIP** **AutoCAD 초기화**
>
> 1. AutoCAD 프로그램을 실행했을 때 배경, 메뉴 등의 환경이 익숙하지 않은 설정으로 되어 있다면, 프로그램을 초기화할 수 있습니다.
>   Windows의 시작 버튼을 클릭한 뒤 모든 앱을 클릭합니다.
>
>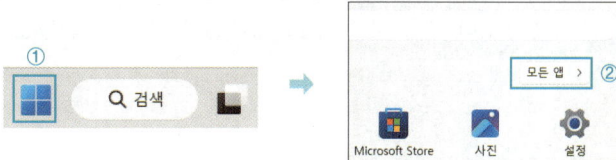
>
> 2. 현재 PC에 설치된 AutoCAD 버전의 폴더에서 '기본값으로 재설정'을 클릭합니다. '사용자 설정 재설정'을 클릭하면 설치 초기 상태로 복원됩니다.
>
>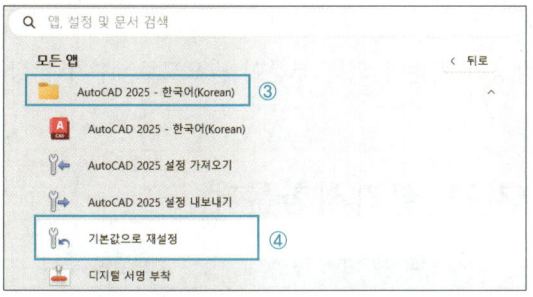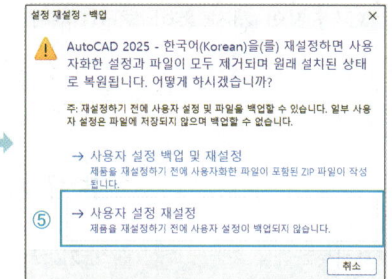

Chapter 02 시험문제 확인 및 도면 양식 작성

> 평면도, 요구사항, 작성조건은 시험 시작 후 5분 정도 정독해야 합니다. 작성조건을 작업 도중에 파악하거나 도면 독해가 잘못되면 큰 감점이나 오작으로 이어질 수 있습니다. 작업 전 과정에서 천장 높이, 축척, 내부 입면도 방향 등 작성조건을 확인하는 것이 가장 중요합니다.

Section 01 요구사항 확인

요구조건의 천장 높이, 창호 규격, 벽체 두께, 필요한 집기, 각 도면의 축척, 내부 입면도의 방향 등을 확인합니다. 요구조건에는 도면작성의 기준이 되는 부분이 많으므로, 수치나 항목은 눈에 잘 띄게 펜으로 표시해 둡니다.

국가기술자격 실기시험문제

자격종목	실내건축기능사	과 제 명	원룸형 주택

※ 시험시간 : 5시간

1. 요구사항

※ 요구조건에 따라 건축 설계 프로그램을 사용하여 도면을 작도하고, PDF 파일로 변환하여 출력 후 작업물과 출력물을 제출하시오.

(1) 요구조건

개 요	용 도	• 원룸형 주택
	인적 구성	• 20대 여성 1인
제시도면 조건	설계면적	• 6,150mm×4,300mm×2,500mm(CH)
	출입문	• 1,000mm×2,100mm(H)
	화장실문	• 800mm×2,100mm(H)
	이중창문	• 2,500mm×1,500mm(H)
	외벽체	• 콘크리트 벽체/붉은벽돌 치장마감 [내부 마감재 임의+THK 200mm 철근콘크리트+THK 100mm 단열재+0.5B 붉은벽돌 마감]
	내벽체	• 콘크리트 벽체 [THK 200mm 철근콘크리트] • 화장실 벽체 [0.5B 벽돌 쌓기]

실내건축기능사 실기

설계조건	필요 공간 및 집기	• 싱글침대 • 1인용 소파 및 테이블 • 옷장 • 컴퓨터 및 책상 • 장식장	• 책장 • 2인용 식탁 및 의자 • 신발장 • TV 및 테이블 • 주방기구

※ 위에 제시된 조건은 필수조건이며, 이외에 필요한 조건은 수험자가 임의로 추가할 수 있습니다(주어지지 않은 치수는 수험자가 임의로 설정).

2. 요구도면

① 평면도(1장, 가구 배치 및 바닥마감재 표기) – 축척 S: 1/30
- 평면도 주변의 여유 공간에 설계(디자인) 의도를 200자 이내로 서술합니다.

② 내부 입면도(1장) – 축척 S: 1/30
- D방향 1면 작성(가구 배치 및 벽면재료 표기)

③ 천장도(1장) – 축척 S: 1/30
- 설비 및 조명기구 배치, 범례표 작성/천장마감재 표기

④ 실내투시도(1장) – 축척 S: N.S
- 계획의 포인트가 좋은 지점에서 1소점 또는 2소점 투시법으로 작성합니다.

3. 기타 사항

(1) 도곽 작성

- 아래 예시와 같이 도곽 및 표제란을 작성합니다.
- 도곽 안에 요구도면이 모두 들어가도록 작업한 후 PDF 파일로 제출 및 출력합니다(3D 작업 포함).

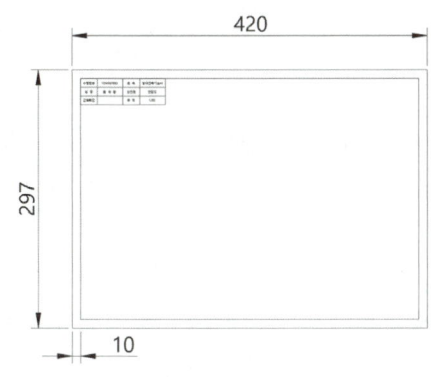

[도곽 예시]

[표제란 예시]

(2) 도면 배치 순서

2D 작업(흑백)			3D 작업(컬러)
첫째 장	둘째 장	셋째 장	넷째 장
평면도	내부 입면도	천장도	실내투시도

(3) 2D 작업 선 두께

빨강(1)=0.05mm	노랑(2)=0.3mm	녹색(3)=0.25mm	하늘색(4)=0.2mm
파랑(5)=0.15mm	보라(6)=0.1mm	회색 1(8)=0.05mm	회색 2(9)=0.1mm

• 선의 통일을 위해, 제시된 조건에 따라 검은색 선의 PDF 파일로 제출합니다.

>  참고
>
> 선의 두께는 예고 없이 변경될 수 있으므로 수험장에서 필히 확인합니다.
> 벽체, 기둥 등 구조체는 가장 두꺼운 선(0.3~0.4mm), 해치 패턴(0.05~0.1mm)을 우선 적용 후 나머지 0.2 내외의 두께를 마감, 가구, 치수, 문자 등에 적용합니다.

Section 02 수험자 유의사항

해당 내용은 매 시험 동일히게 제시되지만, 작업 순서, 제출용 폴더의 예시 등 변경될 수 있는 부분이 있으므로 정독합니다.

2. 수험자 유의사항

※ 다음 유의사항을 고려하여 요구사항을 완성하시오.

가. 명시되지 않은 조건은 건축법, 건축구조 및 건축제도 원칙에 따릅니다.
나. 시험 시작 후 제공된 폴더명은 수험자의 비밀번호로 바꾸고, 모든 파일은 해당 폴더 안에 저장 하도록 합니다.
다. 정전 또는 기계 고장으로 인한 자료 손실을 방지하기 위하여 수시로 저장합니다.
라. 2D 작업이 완료되면 2D 제출용 폴더를 생성하여 해당 폴더 안에 PDF 파일로 저장 후 감독위 원에게 제출합니다. (2D 작업 PDF 제출이 완료된 이후 3D 작업을 실시)
마. 3D 작업이 완료되면 3D 제출용 폴더를 생성하여 해당 폴더 안에 PDF 파일로 저장 후 감독 위원에게 제출하고 시험위원 입회하에 본인이 직접 A3 용지에 2D, 3D 도면을 출력하도록 합니다.

※ 2D 제출용 폴더명 예시 : 1_홍길동_2D (비번호_이름_2D)
※ 3D 제출용 폴더명 예시 : 1_홍길동_3D (비번호_이름_3D)
※ PDF 파일명 예시 : 1_홍길동_평면도 (비번호_이름_도면명)
※ 출력작업 시 출력 관련된 설정 외의 도면 수정작업 등은 할 수 없으며, 수정작업이 발견될 경우 실격 처리됩니다.
※ 수험자의 작도 오류로 인해 도면이 출력되지 않는 경우, 출력시간이 10분을 초과할 경우 실격 처리됩니다. (출력시간은 시험시간에 포함되지 않으며, 출력 기회는 2회 제공됩니다.)

바. 시험장의 장비(시설) 등이 파손되거나 고장 나지 않도록 유의하여 작업하도록 합니다.
사. 다음 사항에 해당하는 경우, 실격 처리되며 채점 대상에서 제외됩니다.
① 시험시간 내에 요구도면을 완성하지 못한 경우
② 시험시간 내에 제출된 작품이라도 다음과 같은 경우
- 구조적 또는 기능적으로 사용 불가능한 도면이 1개라도 포함된 경우
- 주어진 조건을 지키지 않고 작도한 경우
③ 그외 채점 대상에서 제외되는 조건
- 지급된 재료 외의 재료를 사용한 경우
- 제공된 자료 외의 블록, 오브젝트, 프로그램(리습, 루비 등)을 별도로 사전에 지참하여 사용하는 경우
- 시험 중 시설·장비의 조작 또는 재료의 취급이 미숙하여 위해를 일으킬 가능성이 있다고 시험위원 전원이 판단한 경우

Section 03 **문제도면 – 평면도**

제시된 시험지(도면)에서 요구사항 페이지에 표기된 공간 구성과 필요 집기를 간략하게 스케치하고 주요사항 등을 메모합니다.

3. 도 면

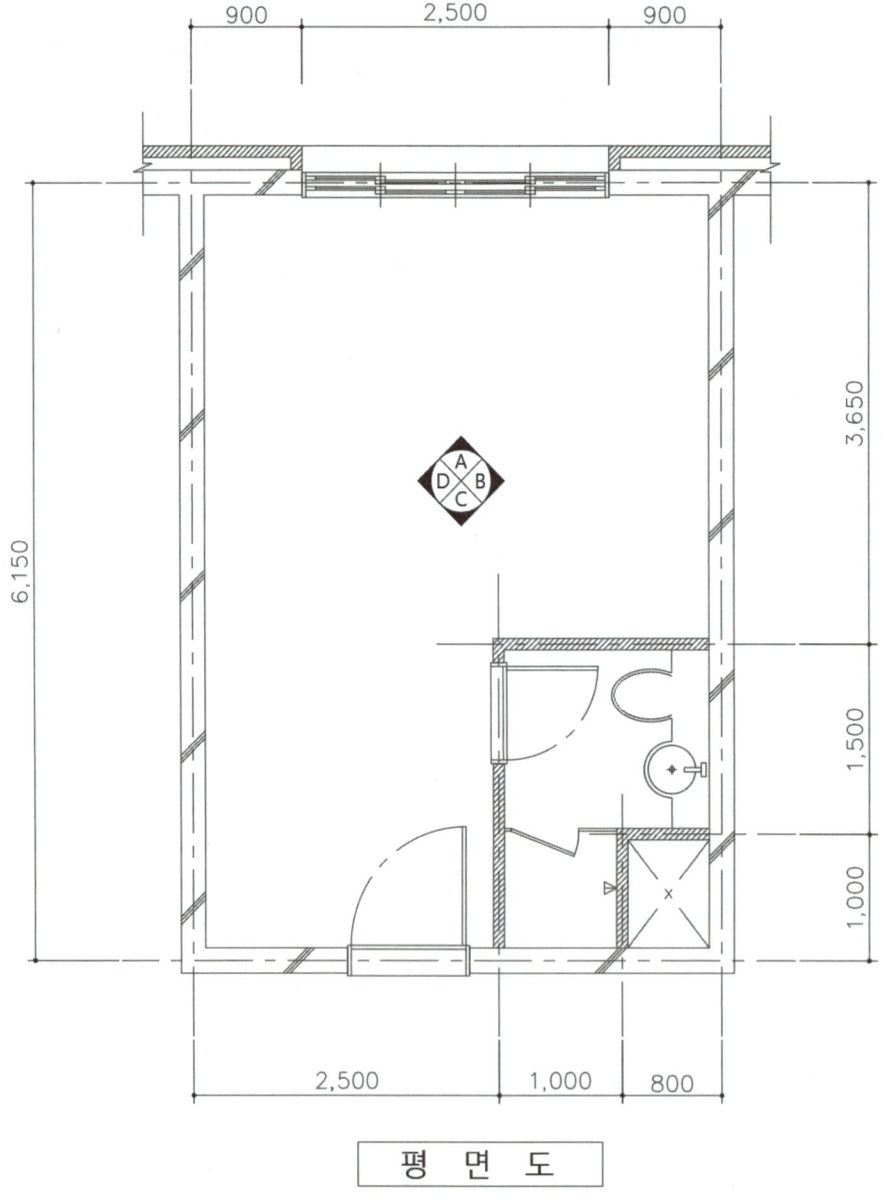

실내건축기능사 실기

Section 04 선의 유형, 도면층, 글꼴, 치수의 설정

① 새 도면을 시작한 후, [Linetype(LT)] 명령을 실행해 선의 유형을 설정합니다.

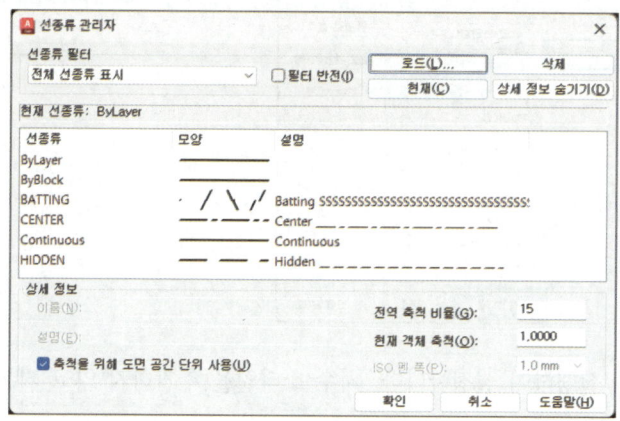

② 문제지에 제시된 '2D 작업 선 두께'를 기준으로, 도면층 [Layer(LA)] 명령을 실행하여 도면층을 다음과 같이 구성합니다.

* 선의 두께(가중치) 및 색상은 변경될 수 있으므로 반드시 시험장에서 확인합니다. 출력 시 적용되는 선 두께 설정은 과제작성이 완료된 후 출력 챕터에서 진행합니다.

[2D 작업 선 두께]

빨강(1)=0.05mm	노랑(2)=0.3mm	녹색(3)=0.25mm	하늘색(4)=0.2mm
파랑(5)=0.15mm	보라(6)=0.1mm	회색 1(8)=0.05mm	회색 2(9)=0.1mm

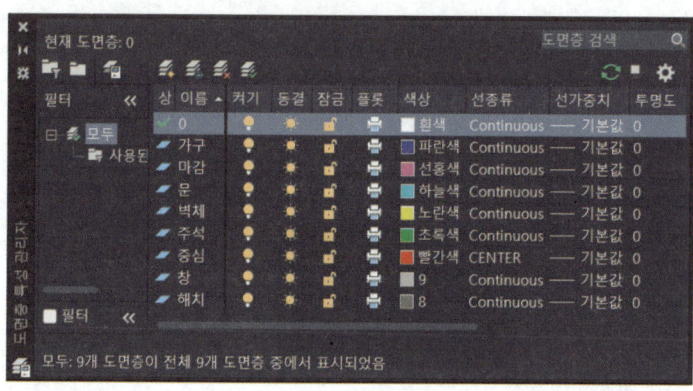

Chapter 02 시험문제 확인 및 도면 양식 작성

❸ 사용할 글꼴은 [Style(ST)] 명령을 실행하여 설정합니다. 신규 유형을 만들지 않고 Standard 유형의 글꼴을 '맑은 고딕'으로 변경합니다.

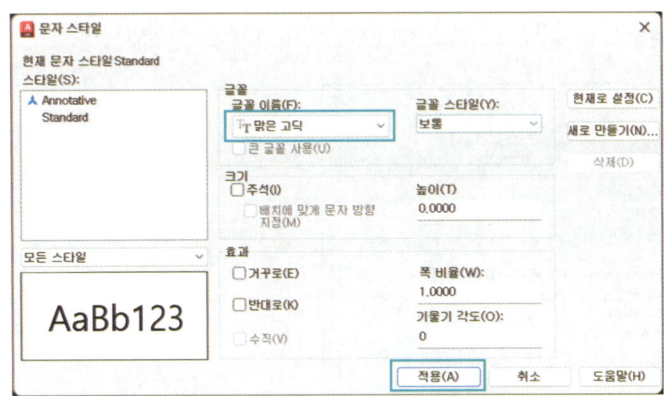

❹ 치수는 [Dimstyle(D)] 명령을 실행하여 설정합니다. 치수 스타일을 추가하지 않고 기본 스타일(ISO-25)을 수정하여 사용합니다.

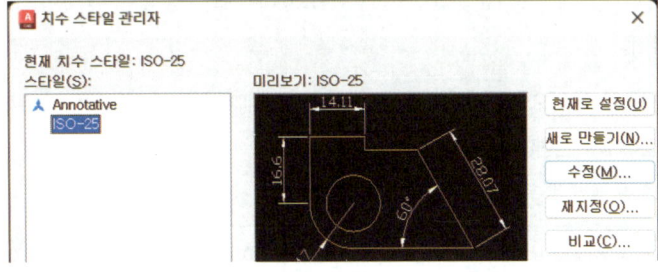

[치수 설정 항목]
- [기호 및 화살표] 탭 ⇨ 화살촉 및 지시선 모양: 작은 점
- [맞춤] 탭 ⇨ 전체 축척 사용: 30
- [1차 단위] 탭 ⇨ 단위 형식: Windows 바탕화면, 정밀도: 0

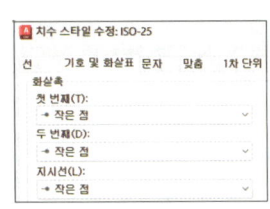
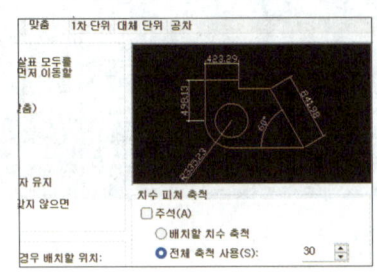
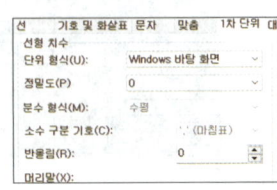

Section 05 도면 양식 작성하기

① 지정된 도면 양식을 A3 크기로 1/30 축척에 맞게 설정합니다.
  (Part 02의 Chapter 02를 참조합니다.)

  * 도면의 축척은 변경될 수 있으므로 반드시 시험장에서 확인합니다.

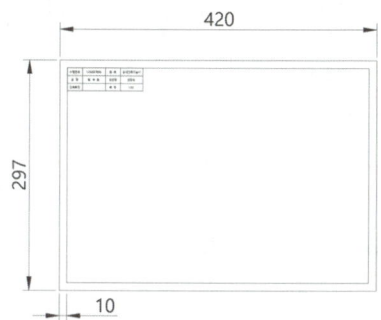

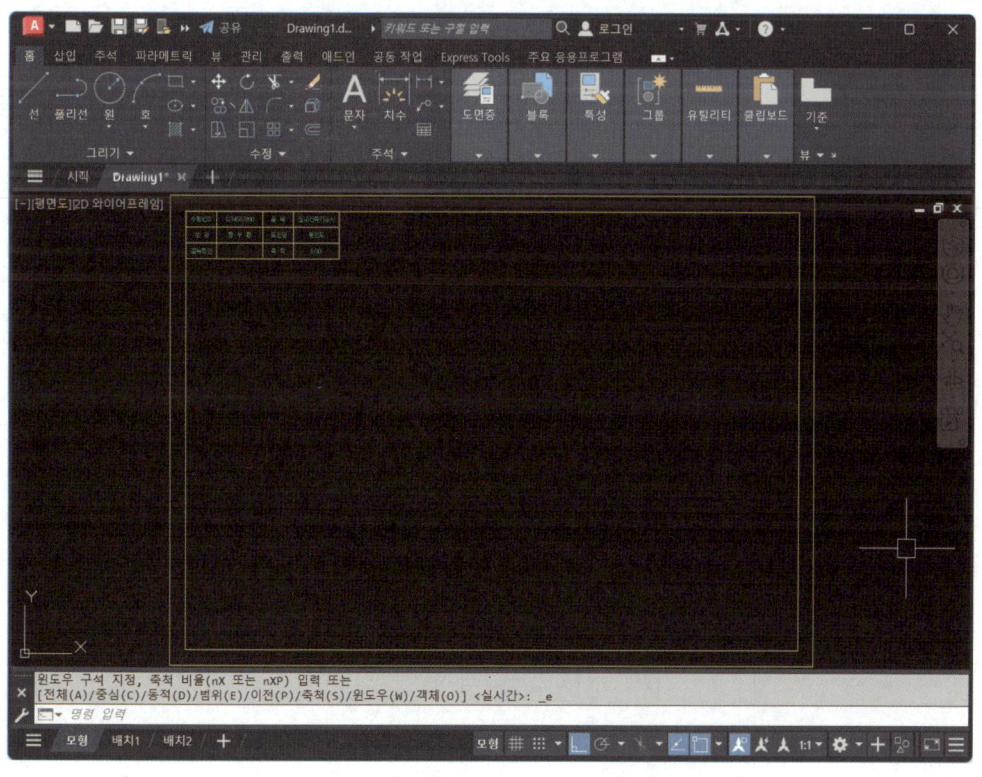

[완성된 실기시험 도면 양식]

Chapter 03 평면도 작성

평면도는 배점이 높고 내부 입면도, 천장도, 실내투시도 작성을 위한 기준이 되는 가장 중요한 도면입니다. 평면도의 실제 작업시간은 2시간 내외로, 도면작성을 완료해야 합니다.

학습파일 | ▶ 동영상 \ Part06 \ Ch03 \ 원룸 − 평면도.mp4

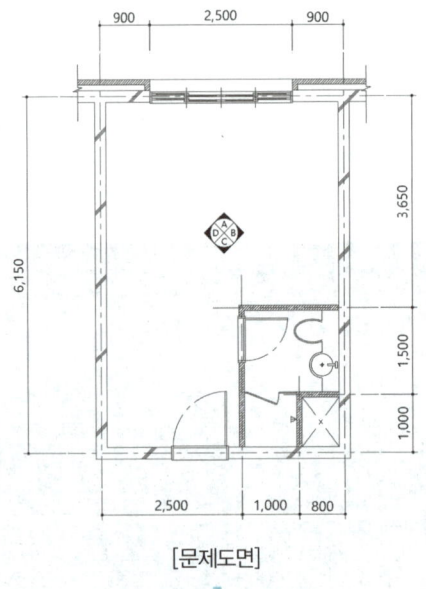

[문제도면]

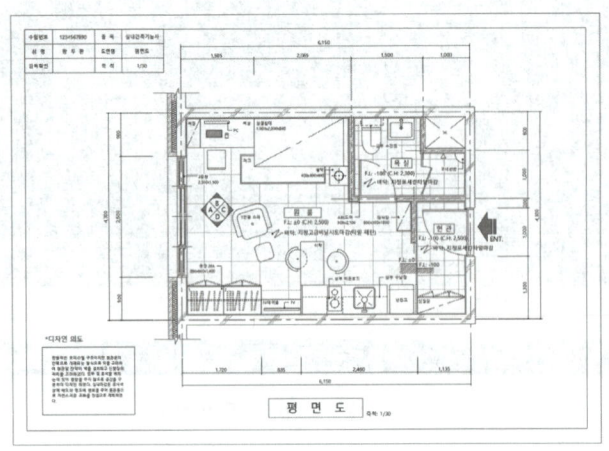

[완성도면]

Section 01 벽체 작성

❶ 제시된 문제도면은 세로로 긴 공간입니다. A3 용지에 그대로 배치해도 무방하지만, 답답할 수 있으므로 90° 회전하여 작성합니다. 현재 도면층은 '벽체'(노랑) 도면층으로 지정하고 도면 요소를 작성하면서 변경해 나갑니다.

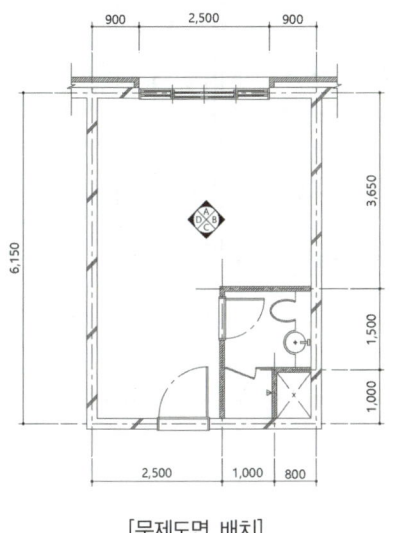
[문제도면 배치]

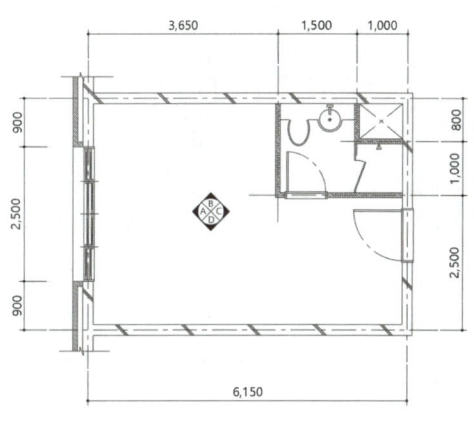
[90° 회전 배치]

❷ 공간 전체의 크기를 기준으로 중심선과 벽체 두께를 표시하고, 중심선은 '중심' 도면층으로 변경합니다. (제시되지 않은 조건은 주변 치수와 비교하여 수험자가 판단합니다.)

[요구조건]

외벽체	• 콘크리트 벽체/붉은벽돌 치장마감 [내부 마감재 임의 + THK 200mm 철근콘크리트 + THK 100mm 단열재 + 0.5B 붉은벽돌 마감]
내벽체	• 콘크리트 벽체 [THK 200mm 철근콘크리트] • 화장실 벽체 [0.5B 벽돌 쌓기]

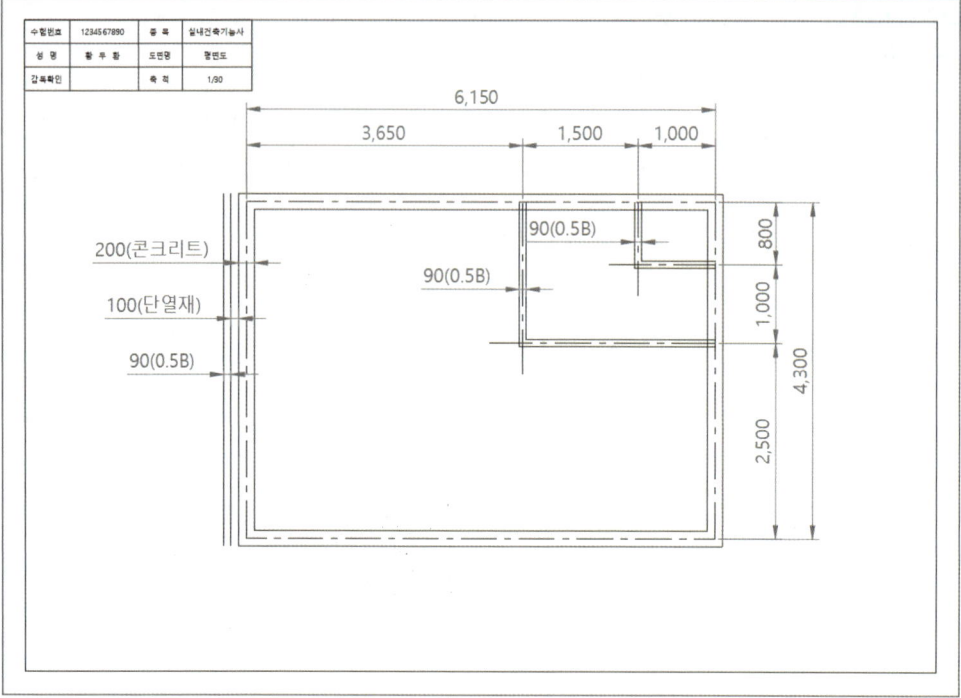

Section 02 창호 작성

① 창, 문, 출입구의 위치를 표시하고 벽체의 단열재 부분과 칸막이벽이 교차하는 부분을 편집합니다. 벽체의 끝부분에는 파단선을 작성하고, 중심선을 제외한 모든 선은 '벽체' 도면층으로 변경합니다. (현관문 옆 치수 200, 욕실문 옆 치수 150은 세부 치수가 없으므로 작업자가 도면을 참고하여 계획합니다. 이는 수험자에 따라 다를 수 있습니다.)

[요구조건]

출입문	1,000mm×2,100mm(H)
화장실문	800mm×2,100mm(H)
이중창문	2,500mm×1,500mm(H)

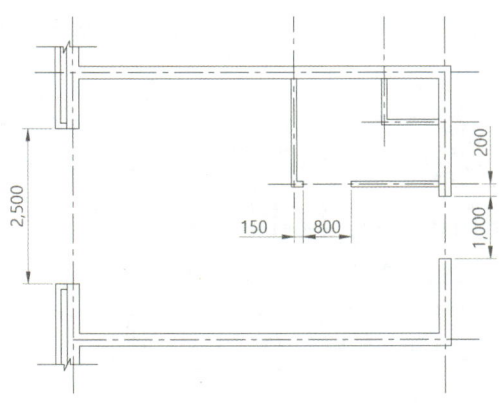 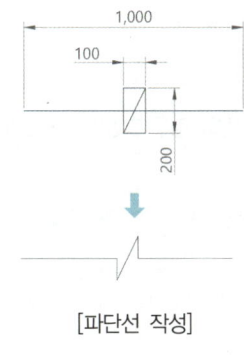

[파단선 작성]

❷ 도면의 빈 공간에 욕실문과 현관문을 그립니다.

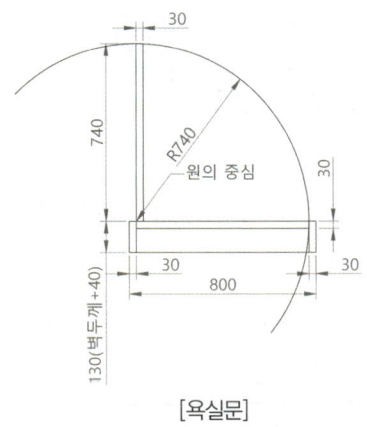 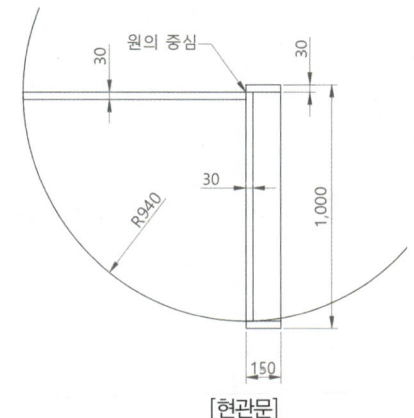

[욕실문] [현관문]

❸ 개폐 범위를 나타내는 호는 '중심'(빨강) 도면층으로, 나머지는 '문'(하늘색) 도면층으로 변경하고, 벽체와 문틀의 중간점을 기준으로 배치합니다. 덕트 부분에는 문제도면과 같이 보이드(×) 표시를 추가하고, '중심' 도면층으로 변경합니다.

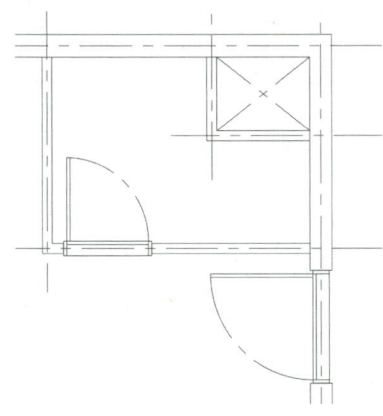

Craftsman Interior Architecture

❹ 빈 공간에 창을 배치합니다. 중심선은 '중심'(빨강) 도면층으로, 나머지는 '창'(회색 2) 도면층으로 변경합니다.

* 이중창을 작성할 경우 단창을 90 간격으로 복사합니다.

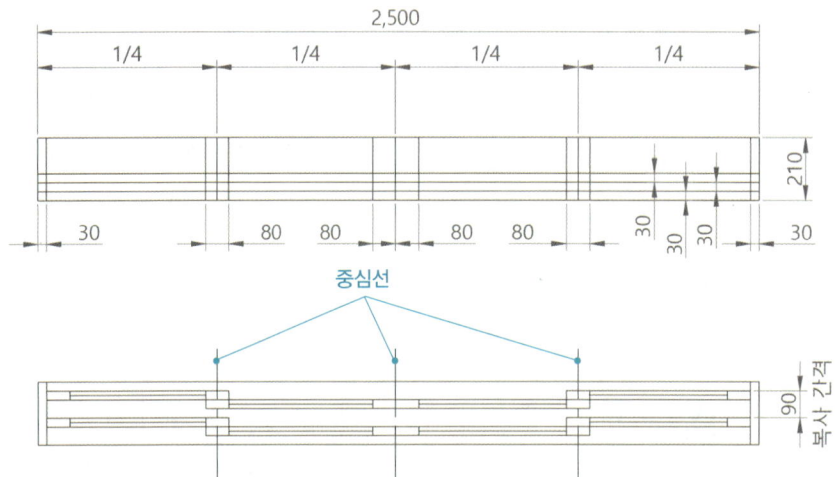

❺ 작성된 창을 90° 회전시키고 끝점과 끝점을 기준으로 창을 배치합니다. 창을 다시 실내 쪽으로 20만큼 이동시키고 입면으로 보이는 벽체선(①)을 그려줍니다.

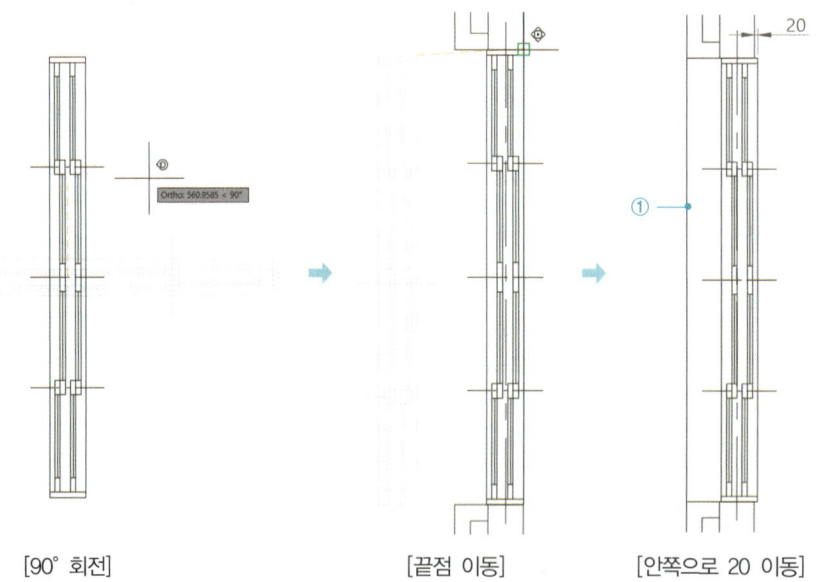

[90° 회전]   [끝점 이동]   [안쪽으로 20 이동]

❻ 욕실을 포함한 각 실은 [Offset(O)] 명령을 사용하여 모르타르 위 벽지마감을 20 두께로 그립니다. 코너 부분은 [Trim(TR)] 또는 [Fillet(F)] 명령으로 편집하고, '마감'(선홍색) 도면층으로 변경합니다.

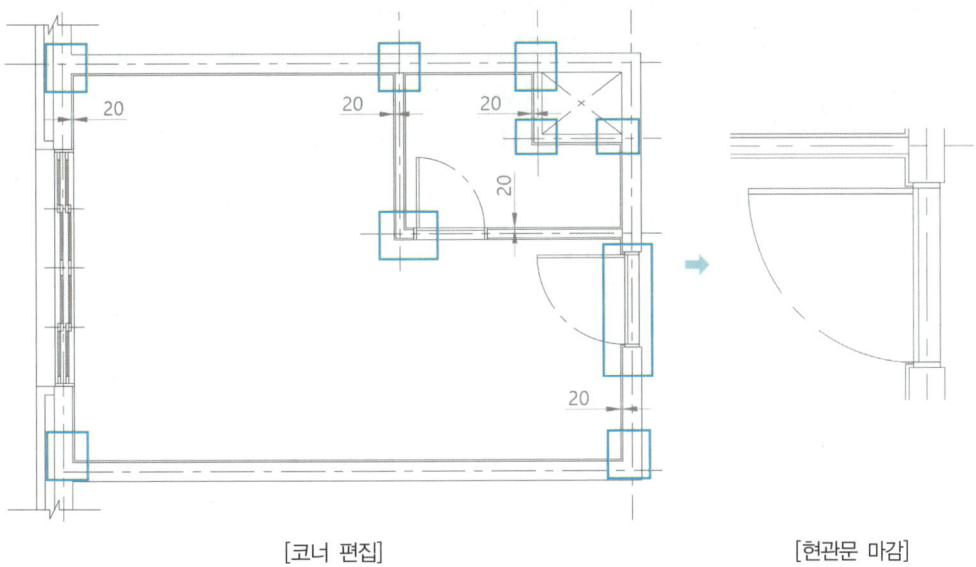

[코너 편집]　　　　　　　　　　　　　　　　[현관문 마감]

Section 03　가구 작성 및 배치

❶ 교재의 문제도면이나 노트에 원룸 공간을 간단히 구상하여 연필로 스케치합니다. 교재는 A안으로 진행합니다.

*실제 시험에서는 문제도면에 필기도구를 사용하여 스케치합니다.

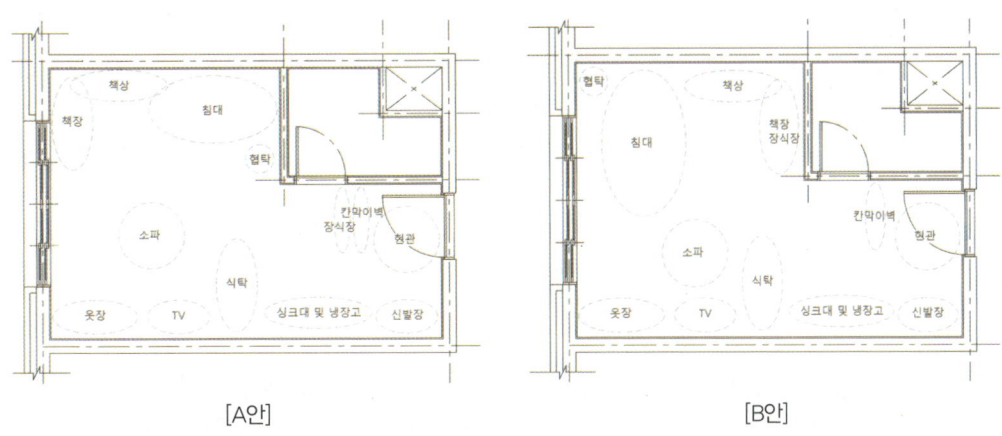

[A안]　　　　　　　　　　　　　　　　[B안]

❷ 현관의 크기를 확정하고 칸막이벽과 경계선을 작성합니다.

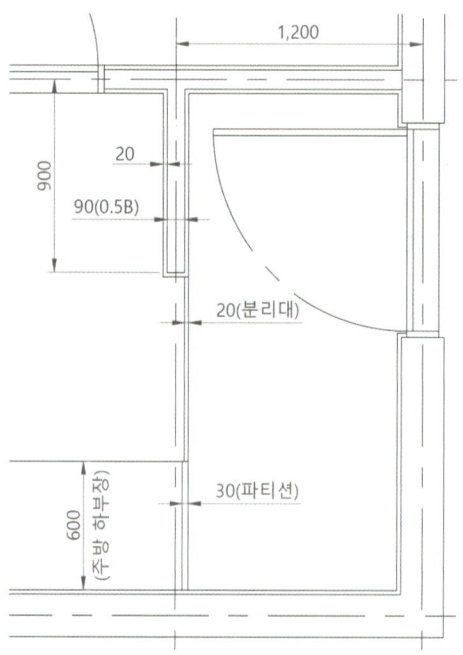

❸ 현재 도면층을 '가구'(파랑) 도면층으로 변경하고, 빈 공간에 요구조건에 주어진 필요한 가구를 모두 작성합니다. 주방가구(싱크대), 식탁, 신발장, 옷장은 기성 가구를 참고하여 도면에 직접 작성합니다.

[요구조건]

필요 공간 및 집기	• 싱글침대 • 1인용 소파 및 테이블 • 옷장 • 컴퓨터 및 책상 • 장식장	• 책장 • 2인용 식탁 및 의자 • 신발장 • TV 및 테이블 • 주방기구

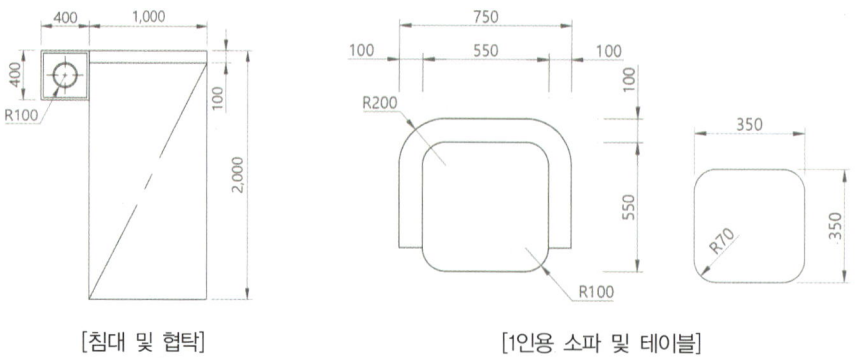

[침대 및 협탁]   [1인용 소파 및 테이블]

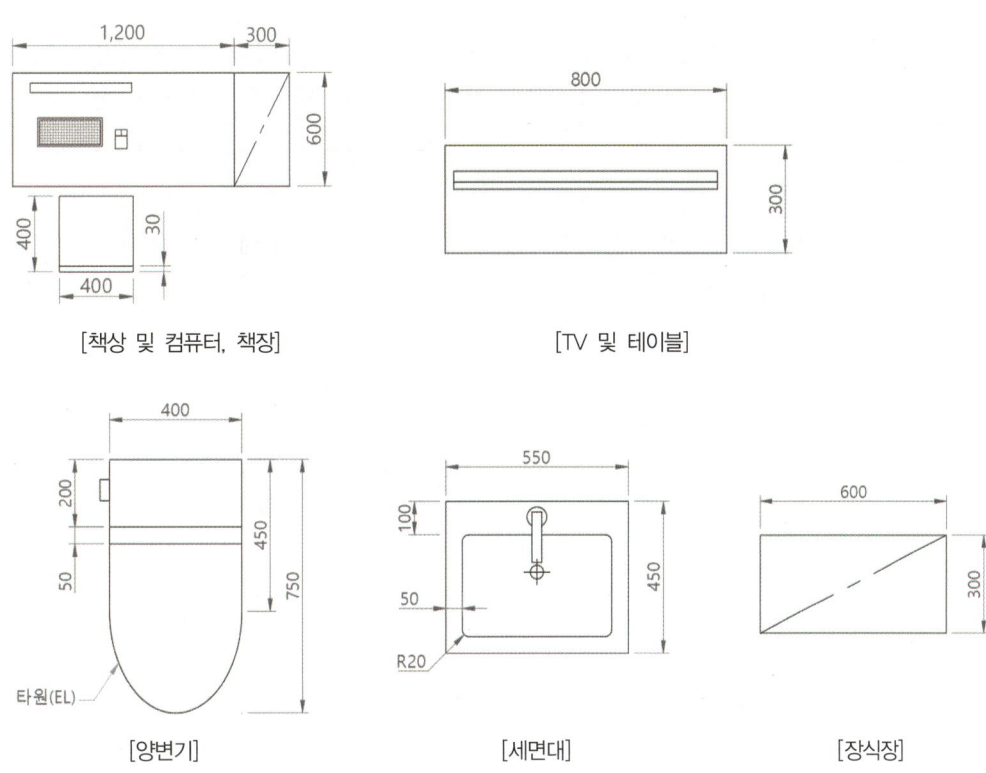

[책상 및 컴퓨터, 책장] [TV 및 테이블]

[양변기] [세면대] [장식장]

❹ 위치가 정해져 있는 싱크대, 신발장, 위생도기, 샤워부스를 작성한 후 도면에 배치합니다.

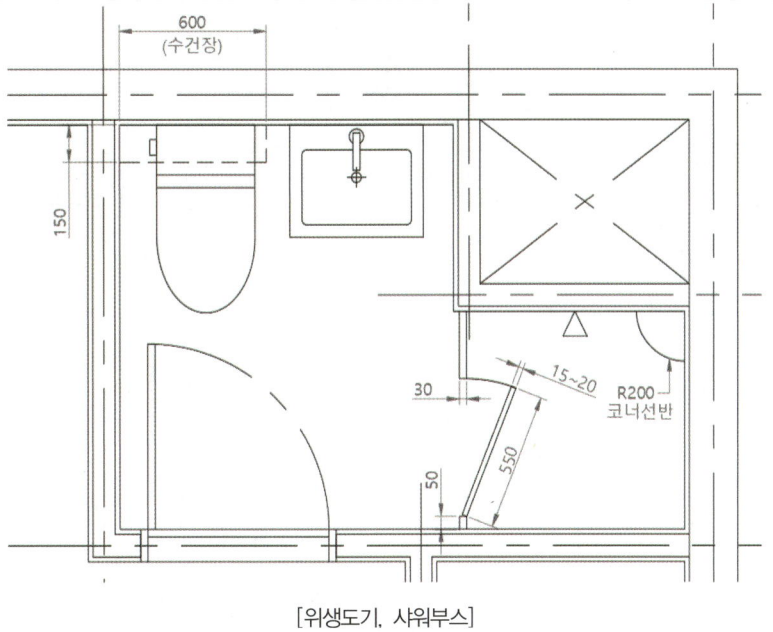

[위생도기, 샤워부스]

Chapter 03 평면도 작성

❺ **싱크대(하부장), 신발장**

원룸에 배치되는 키친네트(간이주방) 형식의 주방은 소형 냉장고를 포함하여 2~2.5m 정도의 공간이 필요합니다. 주방 공간의 치수를 미리 파악하여 작성할 수 있도록 합니다.

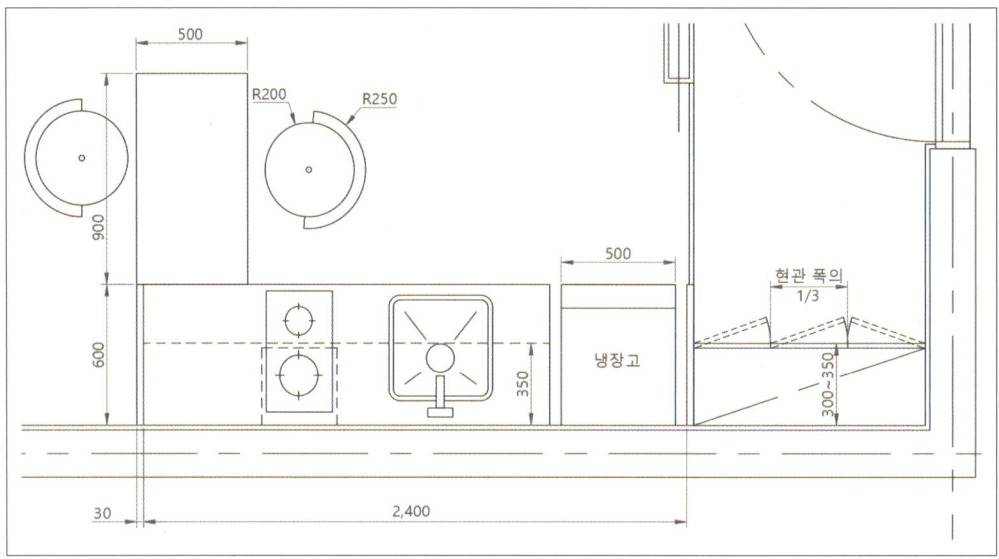

❻ 나머지 가구 및 추가 집기는 기능성과 동선을 고려하여 배치합니다. A구역과 B구역은 공간이 부족하고 C구역은 약간의 여유가 있습니다. 먼저 A구역은 책상의 크기를 줄이고, C구역은 TV용 테이블을 남는 공간까지 크게 편집합니다.

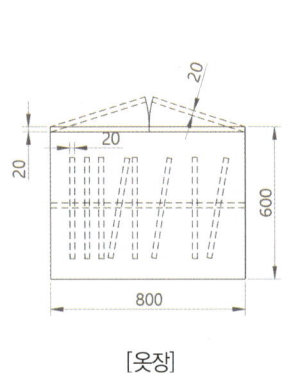

[옷장]

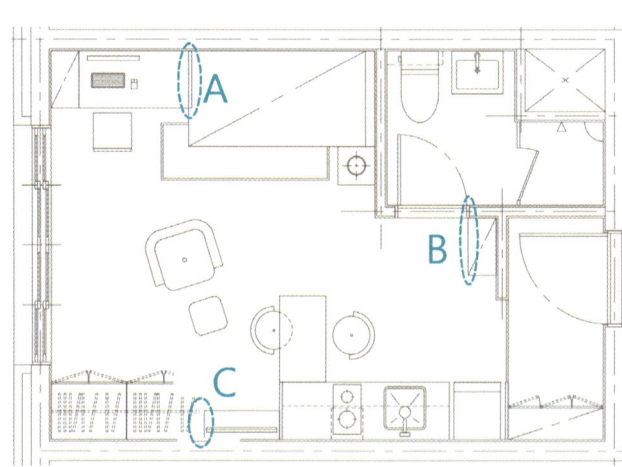

❼ B구역에서는 문의 시작 위치를 [신축(S)] 명령으로 조정합니다. 단축키 S를 입력하고 [Enter↵]를 누릅니다. ①, ②지점을 클릭하고 다시 [Enter↵]를 누릅니다. 기준점 ③지점을 클릭하고 커서를 ④지점으로 이동한 상태에서 15를 입력하고 [Enter↵]를 누릅니다. 직교모드([F8])가 On인 상태에서 거리값을 입력해야 합니다.

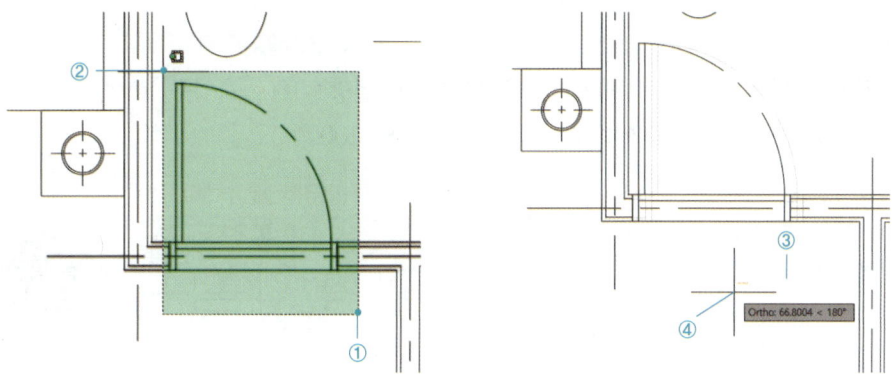

❽ 욕실 앞쪽에 공간이 확보되어 장식장(300)을 배치할 수 있습니다. 문의 위치를 유지하고 장식장의 깊이를 줄이는 방법도 가능합니다.

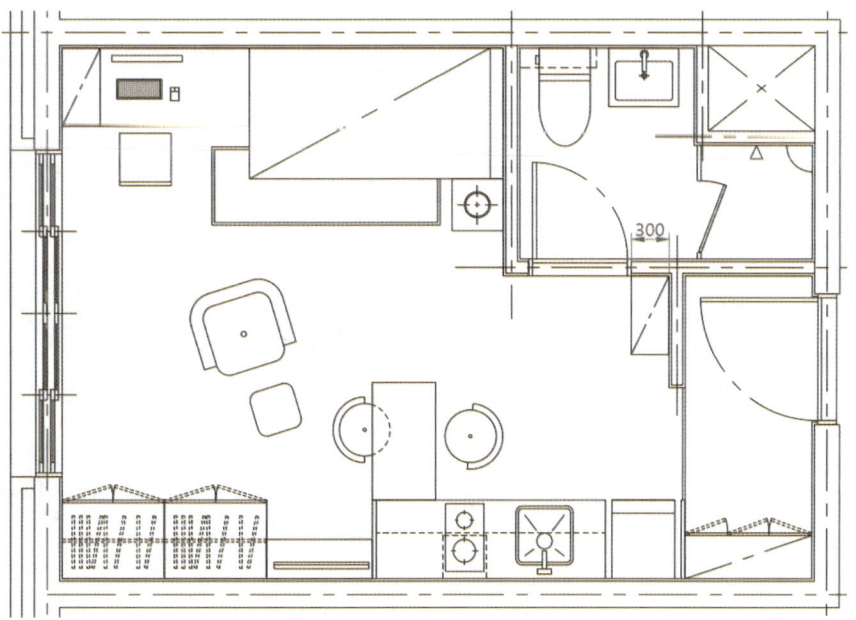

Section 04 문자 기입

① 현재 도면층을 '주석'(녹색) 도면층으로 변경하고 나머지 문자와 기호를 작성합니다. 지시선의 선은 [Line(L)] 명령으로, 점은 [Donut(DO)] 명령으로 작성합니다.

[문자 높이]
- 가구 및 집기 : 60, 바닥마감재, 바닥레벨 : 80, 실명 : 100, 출입구 ENT. : 100, 도면명 평면도 : 180, 축척 : 80, 입면기호 문자 : 100

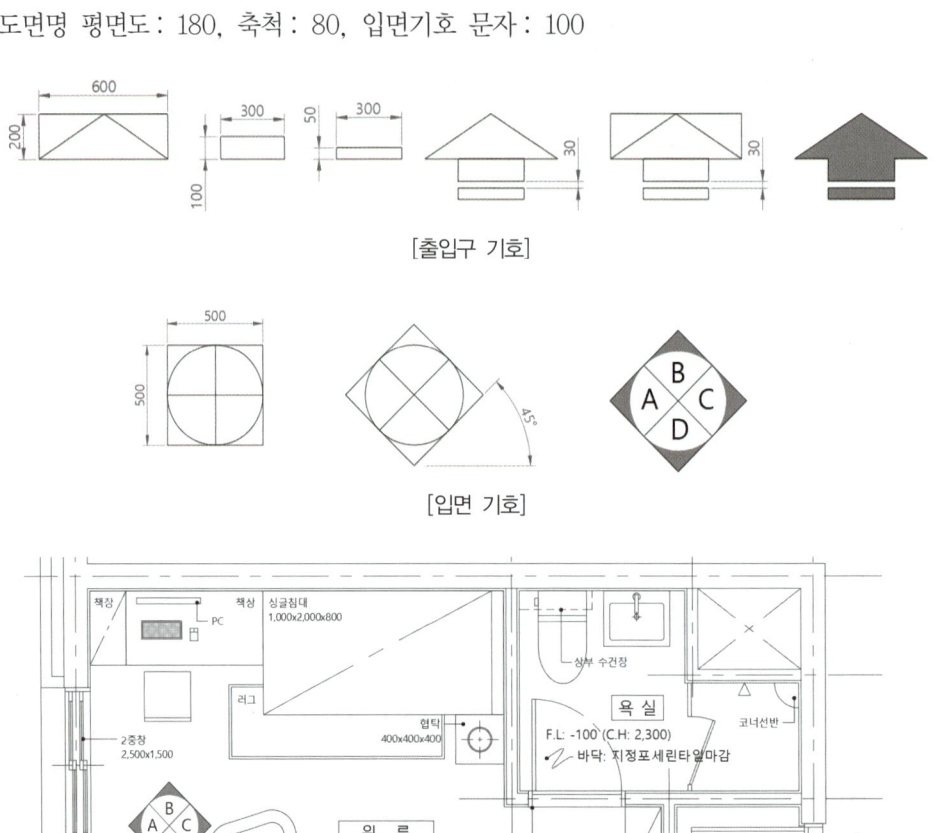

[출입구 기호]

[입면 기호]

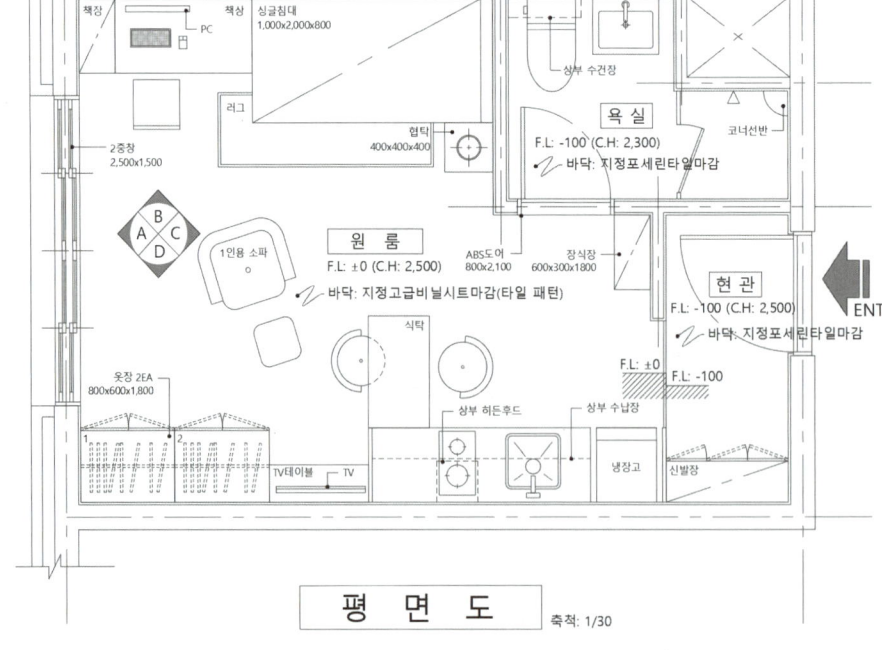

Section 05　선 정리 및 해치

❶ 외벽 부분을 확대한 후 단열재 두께(100)의 1/2(50)을 [Offset(O)] 명령으로 작성합니다. 복사된 선을 대기 상태의 커서로 선택하고 특성 패널에서 선 종류를 'BATTING'으로 변경합니다.

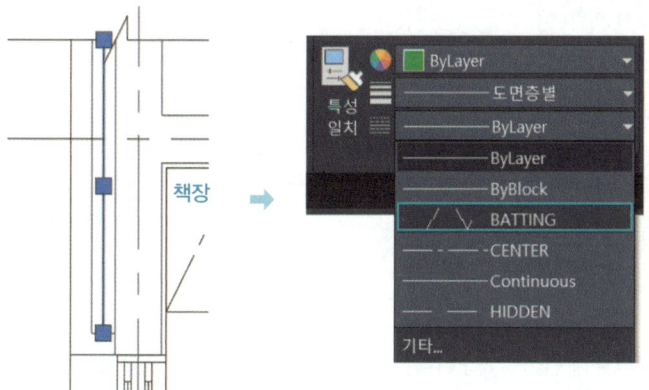

❷ 선이 선택된 상태에서 특성(Ctrl+1)을 실행합니다. 선 종류 축척을 '0.3' 정도로 설정하고, 단열재는 '해치'(회색 1) 도면층으로 변경합니다.

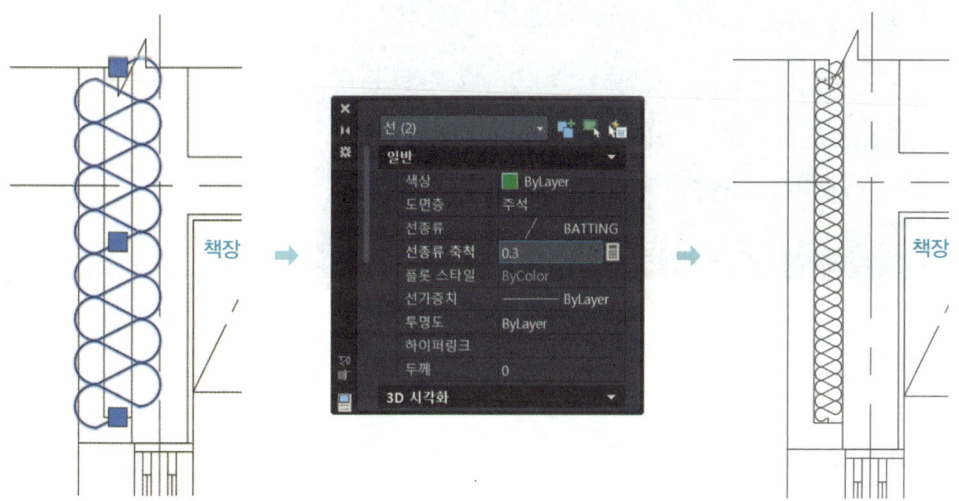

❸ 단열재 끝부분을 확대해 선의 길이를 보기 좋게 조정합니다.

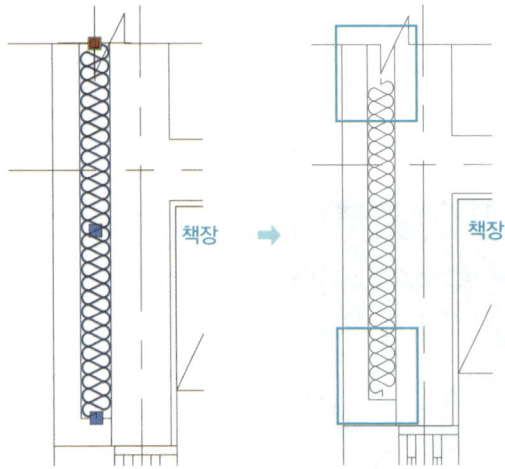

❹ [해치(H)] 명령을 사용해 바닥 패턴을 넣습니다. 패턴 형식은 '사용자 정의'로 하고, 간격은 600(욕실, 현관: 300)으로 한 뒤 '이중' 옵션을 적용합니다.

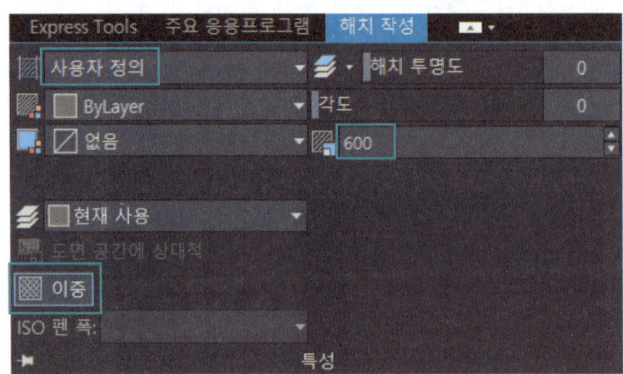

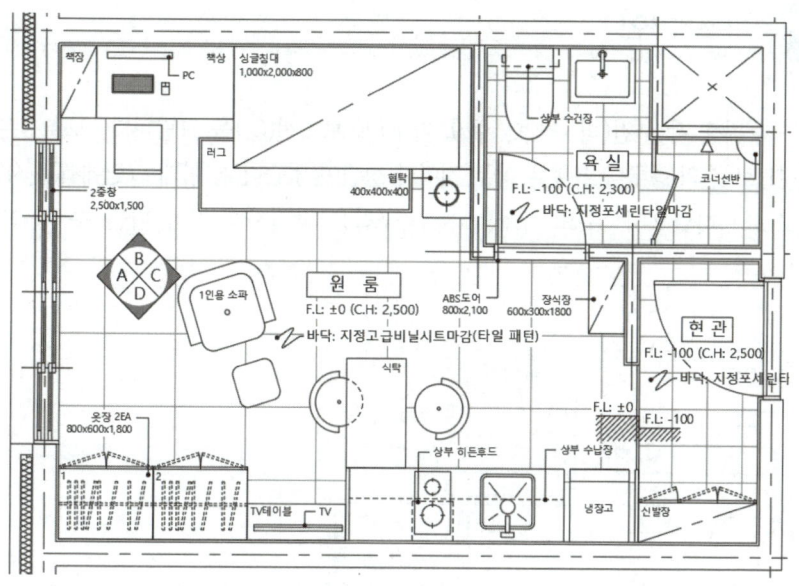

❺ 벽체의 재료표시 패턴을 넣기 위해 현재 도면층을 '해치'(회색 1) 도면층으로 변경하고 '중심' (빨강) 도면층을 Off합니다. 해치 적용 후 '중심' 도면층을 다시 On으로 전환합니다.
- 해치 패턴
- 칸막이벽, 치장벽돌: 'ANSI31' 축척 10
- 철근콘크리트벽: JIS_RC_18 축척 30~40

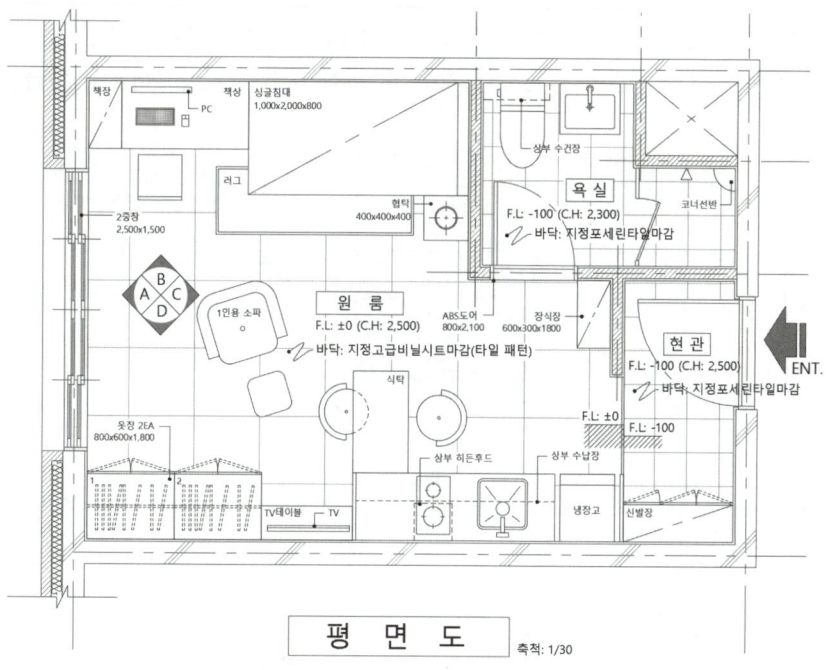

Section 06 치수 기입

❶ 치수를 기입하기 위해 각 구간(벽, 창호, 주요 가구)에 보조선(①)을 그립니다. 보조선은 치수 기입 후 삭제하므로 선의 종류나 유형은 아무 것이나 상관이 없습니다. 아래 그림에서는 시인성을 위해 파선으로 표시하였으며, 주요 가구의 치수 구간은 작업자에 따라 다를 수 있습니다.

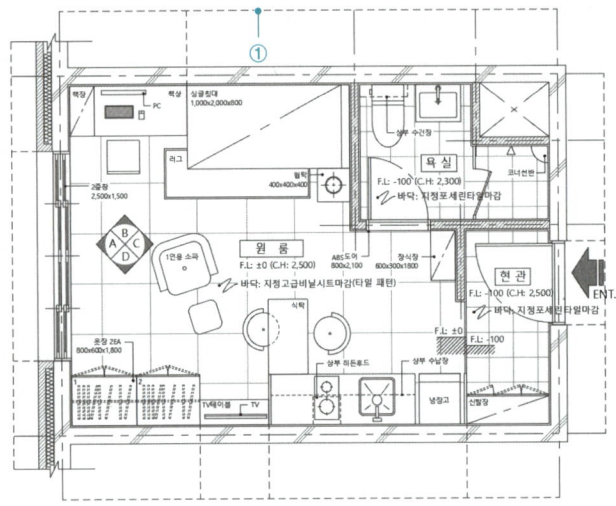

❷ 치수를 기입하기 위해 현재 도면층을 '주석'(녹색) 도면층으로 변경합니다. [선형치수(DLI)], [연속치수(DCO)], [신속치수(QDIM)] 명령 등을 사용해 치수를 기입하고 보조선은 삭제합니다. 기입된 치수의 값과 구간은 작업자의 기준 및 마감 두께에 따라 다를 수 있습니다.

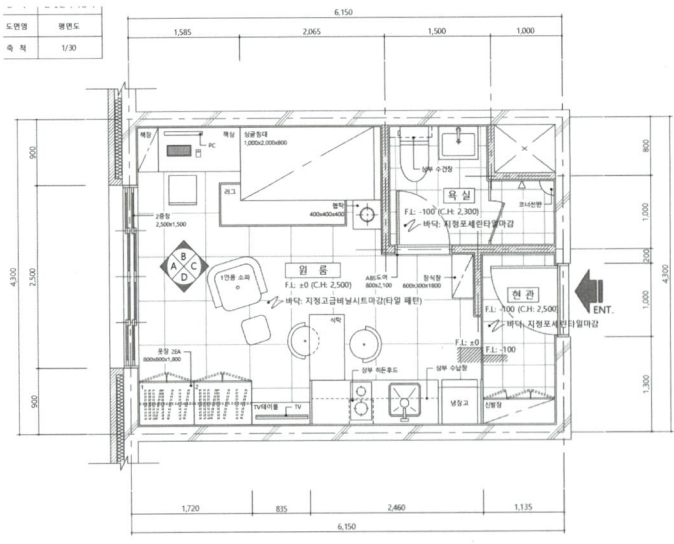

Section 07 디자인 의도

❶ 도면 하단의 빈 공간에 '디자인 의도'를 작성합니다. '디자인 의도' 문자는 높이 100, 내용은 높이 60으로 작성해 평면도를 완성합니다. '디자인 의도' 내용은 장문이므로 [Mtext(T)] 명령을 사용하여 작성합니다.

디자인 의도 작성

디자인 의도는 200자 이내로 서술합니다. 작업자가 계획한 마감재, 동선, 가구 배치, 색상, 조명, 디자인 콘셉트 등의 내용을 포함합니다.

1. 공간의 유형과 구조
2. 실내마감재의 종류 및 특징
3. 가구 배치의 형식이나 특징
4. 공간 구성과 동선의 특징
5. 조명 및 전체적인 분위기, 콘셉트

*디자인 의도

전형적인 오피스텔 구조이지만 현관문이 안쪽으로 개폐되는 형식으로 이를 고려하여 현관앞 칸막이 벽을 설치하고 신발장의 위치를 고려하였다. 업무 및 휴식을 취하는데 있어 영향을 주지 않도록 공간을 구분하여 디자인 하였다. 실내마감은 유사색상에 채도와 명도에 변화를 주어 톤온톤으로 자연스러운 조화를 컨셉으로 계획하였다.

1,400 / 2,000

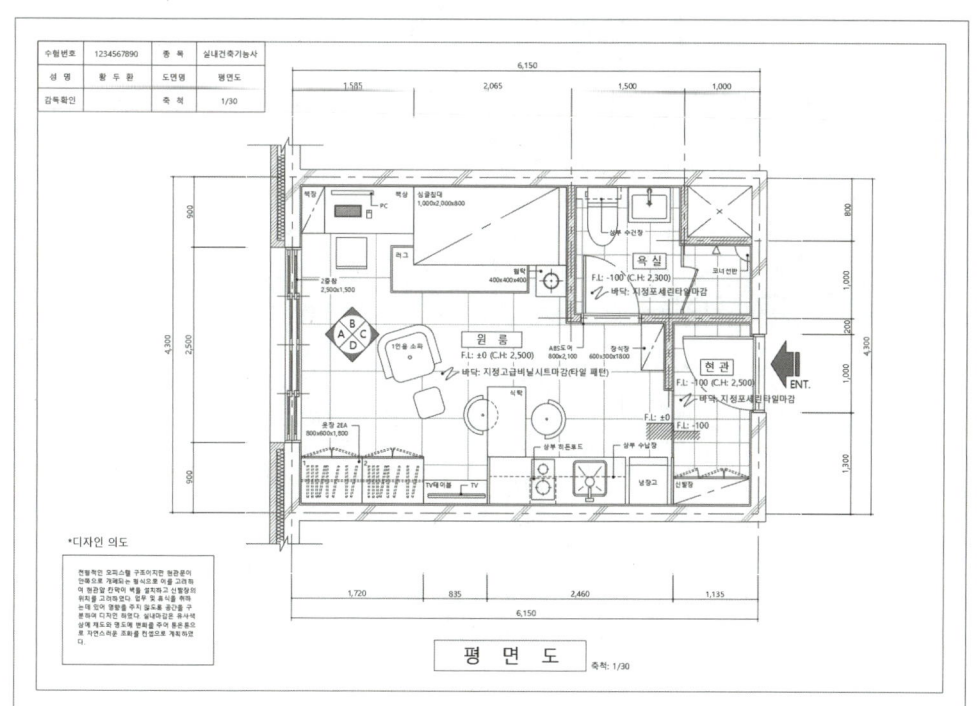

Chapter 04 내부 입면도 작성

내부 입면도는 평면도를 참고하여 작성합니다. 완성된 평면도를 복사해 벽면의 폭, 중심선, 가구 위치 등 평면도의 정보를 활용합니다. 천장도를 먼저 작성해도 무방합니다.

학습파일 | ▶ 동영상 \ Part06 \ Ch04 \ 원룸 – 내부 입면도.mp4

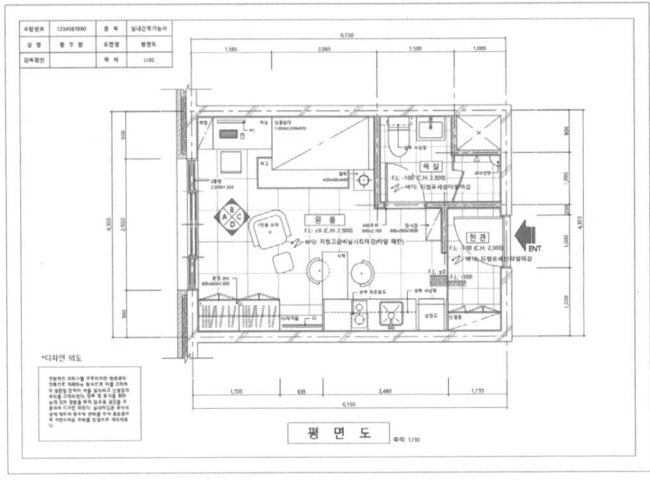

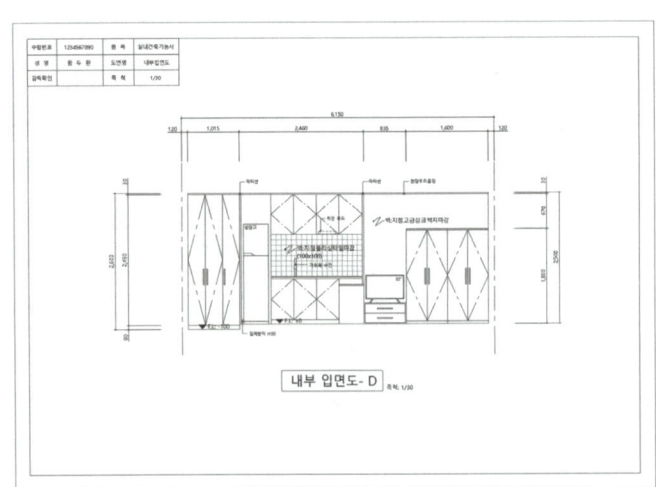

Section 01 내부 입면도 작성 준비

❶ 완성된 평면도를 천장도 우측에 그대로 복사해 표제란의 도면명(①)과 도면 하단의 도면명(②)을 '내부 입면도', '내부 입면도-A'로 수정합니다.

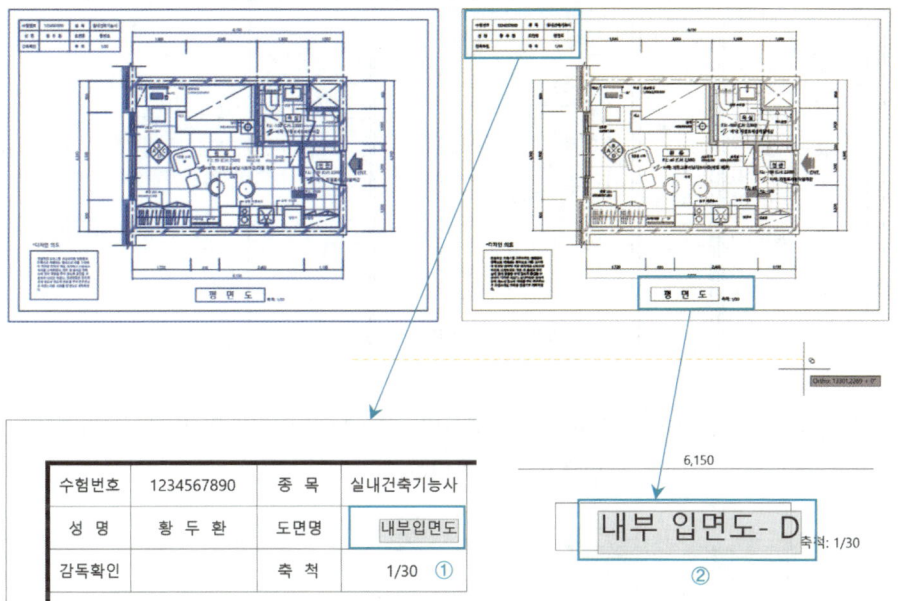

❷ 복사한 평면도의 디자인 의도는 삭제하고, 평면도를 도면양식 위로 이동시킵니다. 이동한 평면도는 D방향(싱크대)이 위로 향하도록 180° 회전하고 현재 도면층을 '벽체'(노랑) 도면층으로 변경합니다.

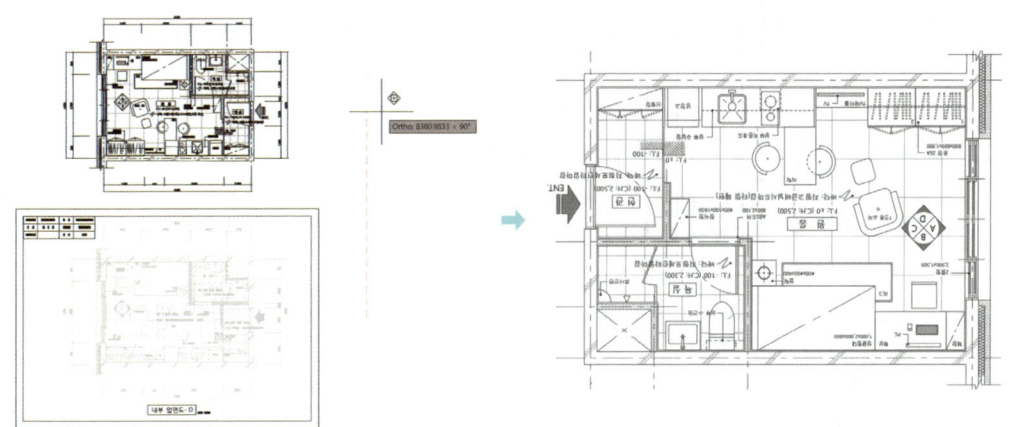

[180° 회전한 평면도]

Craftsman Interior Architecture

Section 02 입면 윤곽 작성

❶ [구성선(XL)] 명령의 [수직(V)] 옵션을 사용해 중심선, 마감 모서리, 가구의 위치를 표시합니다. 이때 선이 많으면 두 번에 나누어 작성해도 무방합니다.

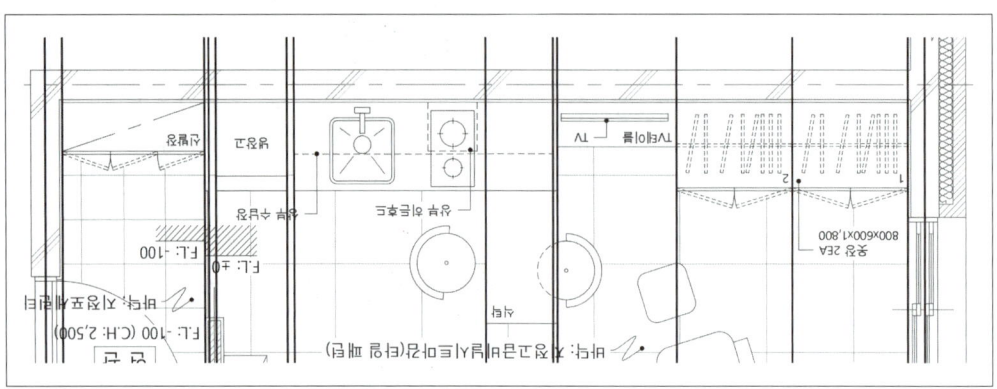

❷ 임의의 가로선(①)을 그려 요구조건으로 제시된 천장 높이 2,500을 표시합니다. 이후 벽면을 편집하고 중심선 ②, ③의 도면층을 변경합니다.

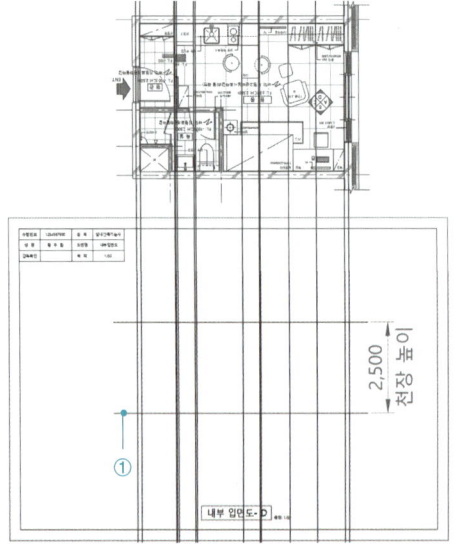

Section 03 가구 작성

❶ 현관의 단차(-100)와 신발장의 위치를 명확히 하고 걸레받이(80), 천장몰딩(30)을 표시합니다.

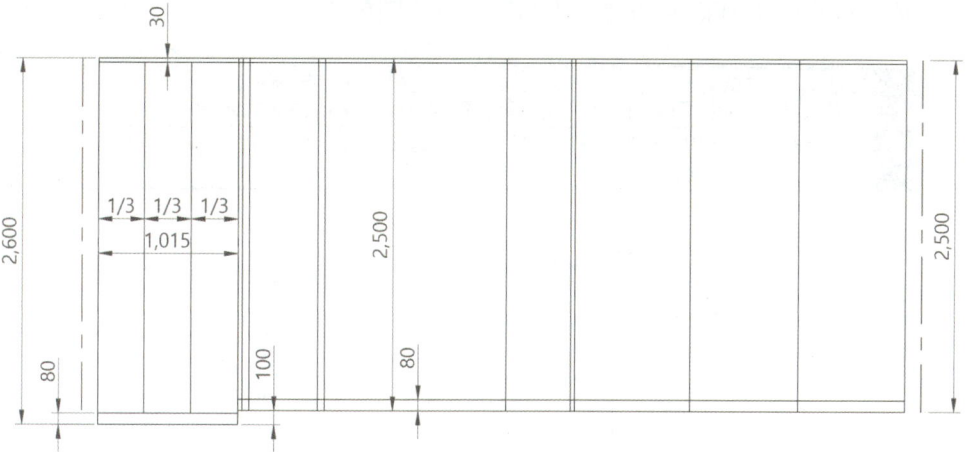

❷ 냉장고(1,900), 싱크대, 식탁(750), TV 테이블, 옷장을 표시하고 편집합니다.

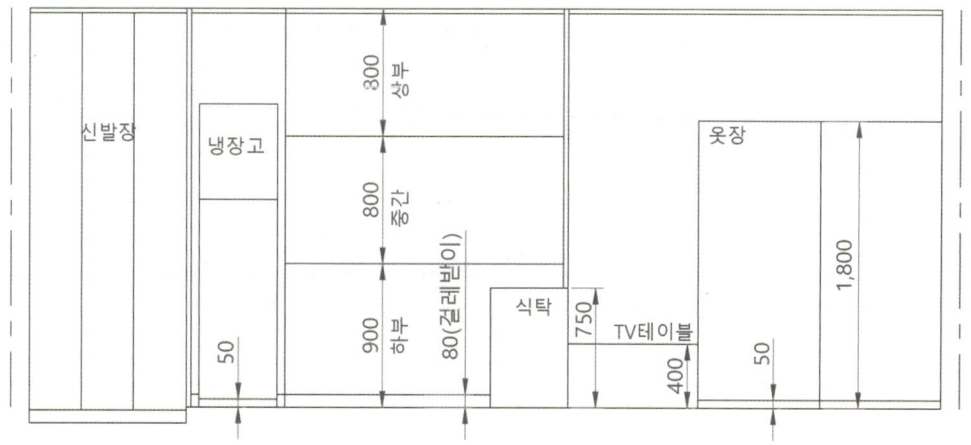

❸ 싱크대의 상부장과 하부장 도어를 400 내외의 값으로 분할합니다. 식탁과의 간섭이 생기지 않도록 식탁을 기준으로 선을 그려 3등분하며, [Offset(O)] 명령을 실행해 '1330/3'을 입력합니다. 장의 구성은 사용자에 따라 다를 수 있습니다. 식기세척기, 후드, 전자레인지, 밥솥 등 주방가전 배치에 따라 장의 폭이나 높이, 내부 구성 등 세부 계획이 필요하나 실기시험에서는 빠른 작업이 요구되므로 등분으로 하는 것을 권장합니다.

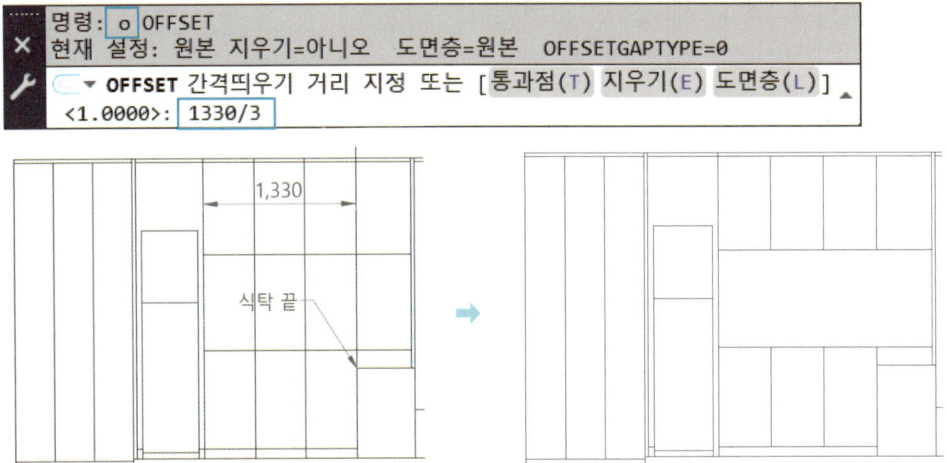

❹ 가구는 세부적으로 그려줍니다. 세부 치수의 정답은 없으므로 작업자가 직접 치수를 설정해 그려도 됩니다. 가구는 '가구'(파랑) 도면층으로 변경합니다. 천장몰딩과 걸레받이는 '마감'(선 홍색) 도면층으로 변경합니다. 실제 시험에서 작업시간이 부족하거나 손이 느린 수험자는 단순하게 표현합니다.

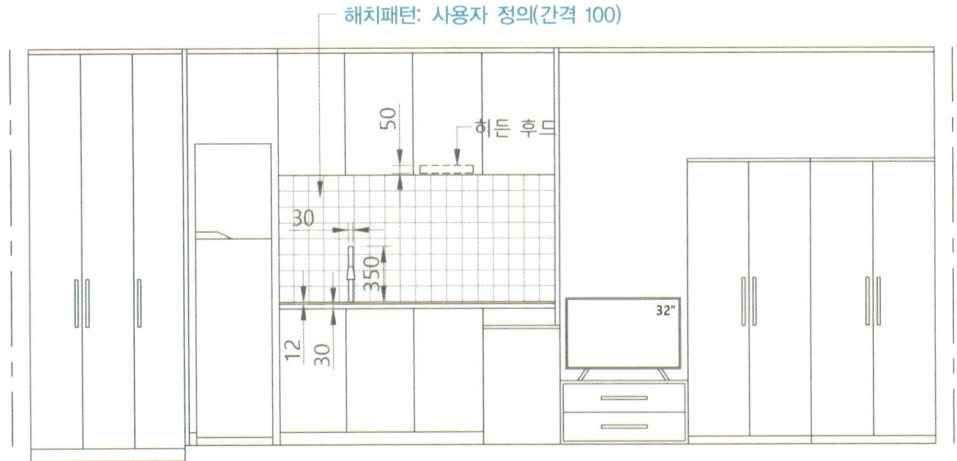

Section 04　기호 및 문자 기입

❶ 기호와 문자를 작성하고 '주석'(녹색) 도면층으로 변경합니다.

[문자 높이]

벽 마감, 레벨기호: 80, 수전, 냉장고, 후드, 몰딩, 걸레받이: 60

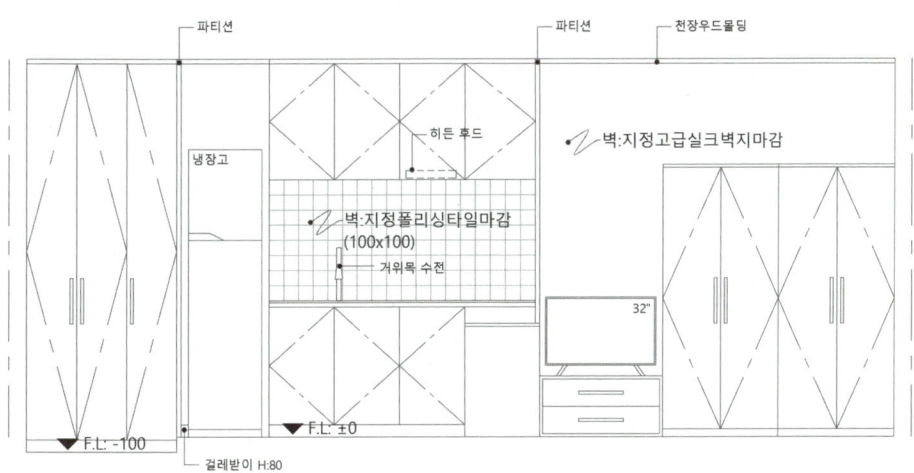

Section 05　치수 기입

❶ 치수를 기입하기 위해 각 구간(벽, 싱크대, 주요 가구)에 보조선(①)을 그려줍니다. 보조선은 치수 기입 후 삭제하므로 선의 종류나 유형은 아무 것이나 상관이 없습니다. 아래 그림은 시인성을 위해 파선으로 표시하였으며, 주요 가구의 치수 구간은 작업자에 따라 달라질 수 있습니다.

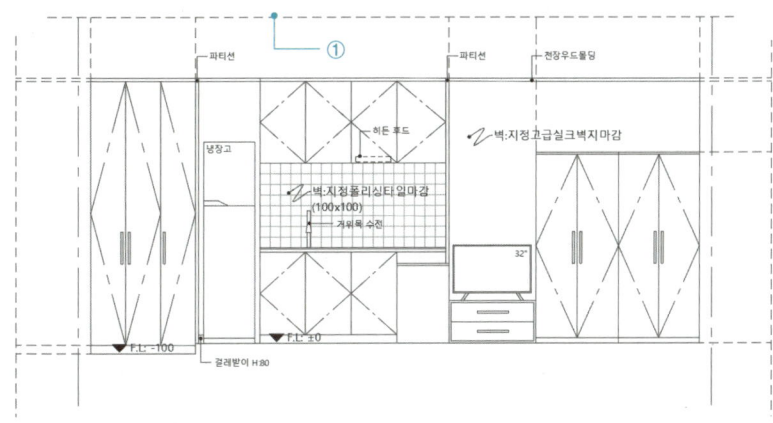

❷ 남은 공간을 충분히 활용해 치수를 기입하고, 누락되었거나 미흡한 부분을 보완하여 '내부 입면도-D'를 완성합니다.

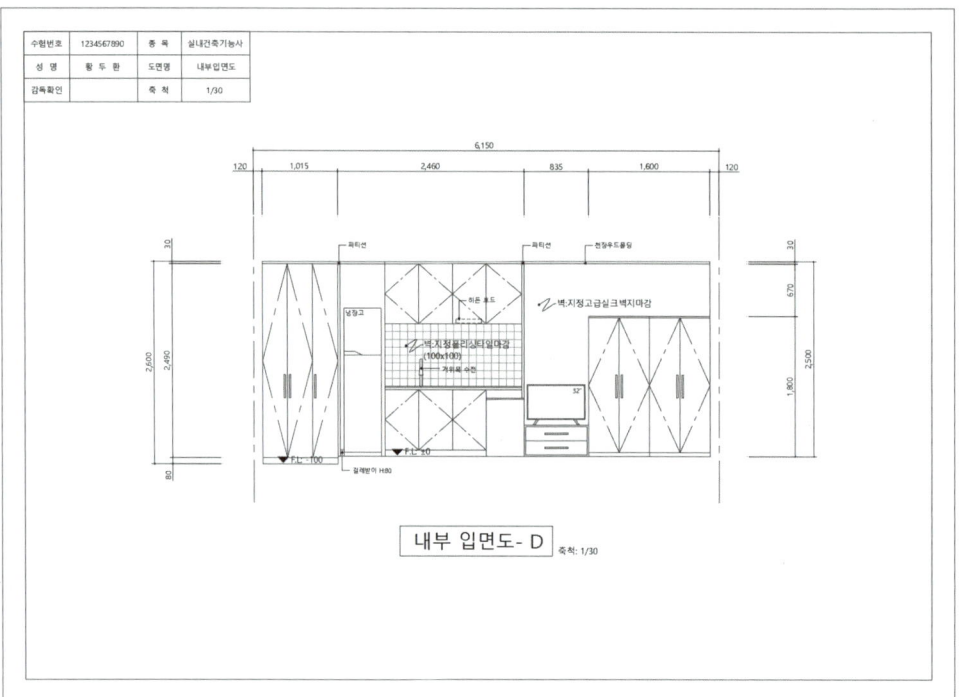

Chapter 05 천장도 작성

천장도 또한 평면도를 참고하여 작성합니다. 평면도의 공간을 그대로 활용하므로 완성된 평면도를 복사한 후 불필요한 부분은 삭제하고 조명 및 설비를 배치하여 완성합니다.

학습파일 | ▶ 동영상 \ Part06 \ Ch05 \ 원룸 – 천장도.mp4

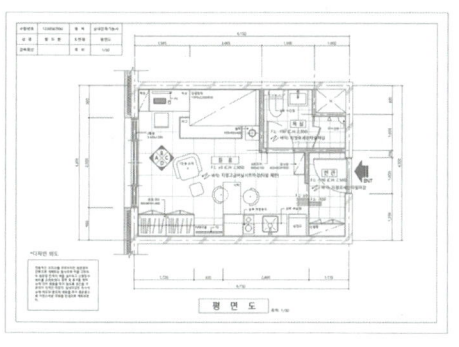
평 면 도

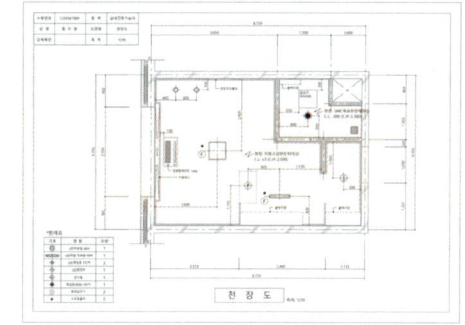
천 장 도

Section 01 천장도 작성 준비

❶ 완성된 평면도를 입면도 우측에 그대로 복사한 후 표제란의 도면명(①)과 도면 하단의 도면명(②)을 천장도로 수정합니다.

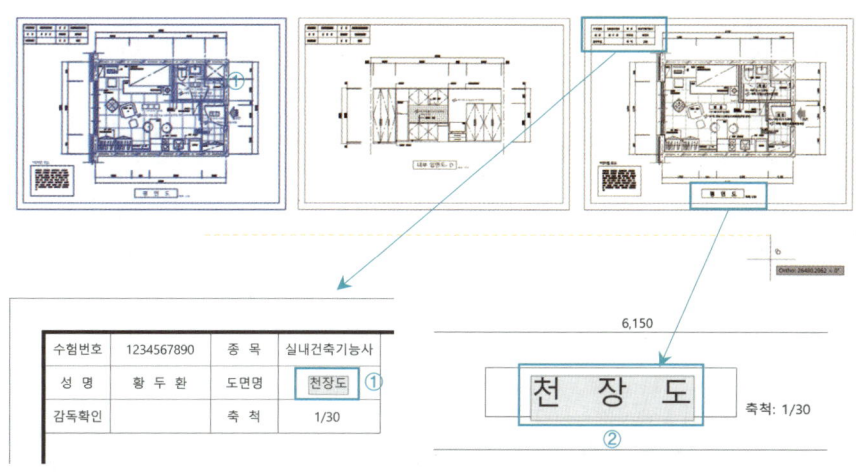

❷ '디자인 의도'를 '범례표'로 수정합니다. '디자인 의도'의 테두리선을 분해(X)하여 [Offset(O)] 명령으로 복사하고 소제목 높이는 80, 세부 내용은 60으로 작성합니다. 숫자 1 대신 다른 내용을 써도 무방합니다.

❸ 천장도와 관련 없는 부분적인 치수는 삭제합니다. 또한 천장면에 부착되는 붙박이가구인 상부 수납장과 벽면 수납장을 제외한 실내 공간의 모든 요소를 삭제합니다. 식탁은 펜던트의 위치를 확인하기 위해 파선으로 남겨 둡니다.

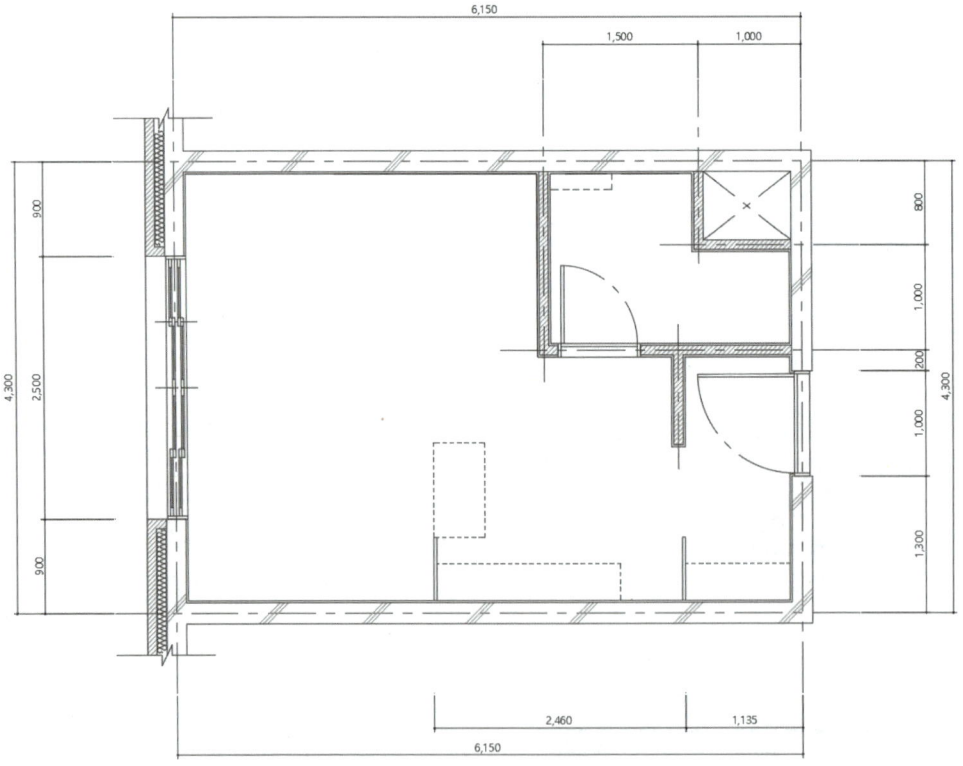

Section 02 개구부 편집 및 몰딩 작성

❶ 창과 문도 경계선을 제외한 나머지 모든 요소를 삭제합니다. 천장몰딩(30)과 커튼박스(120)를 작성하고, 도면층은 '마감'(보라) 도면층을 적용합니다.

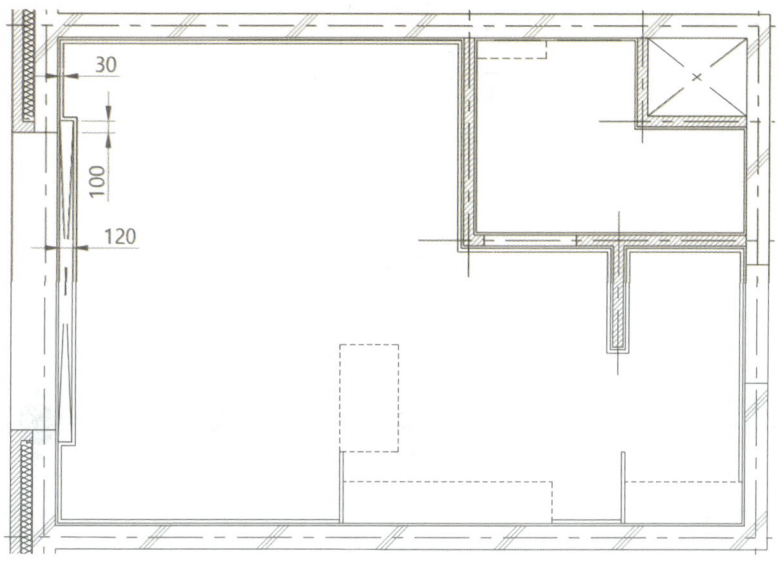

Section 03 조명 및 설비 배치

❶ 천장에 조명기구의 위치를 표시합니다.

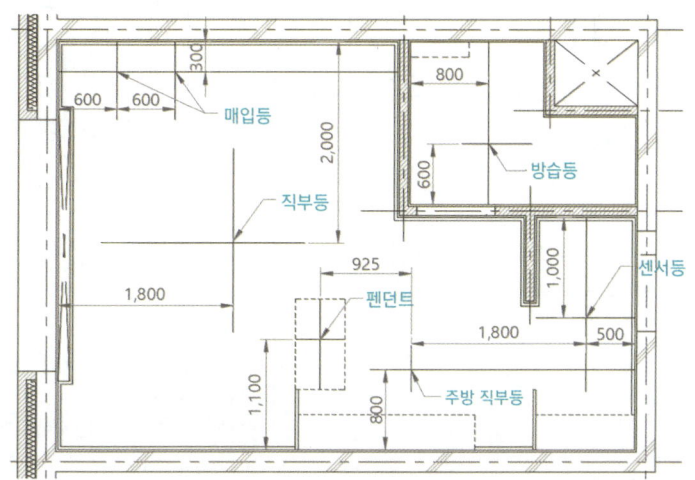

❷ 빈 공간에는 조명 및 설비를 '가구'(선홍색) 도면층으로 작성합니다. 천장설비는 교재와 다른 위치에 배치해도 됩니다. 기호 형식으로 작성된 천장설비는 디자인과 크기를 나타내는 것이 아니므로 실제 설치되는 설비와 크기가 다를 수 있습니다.

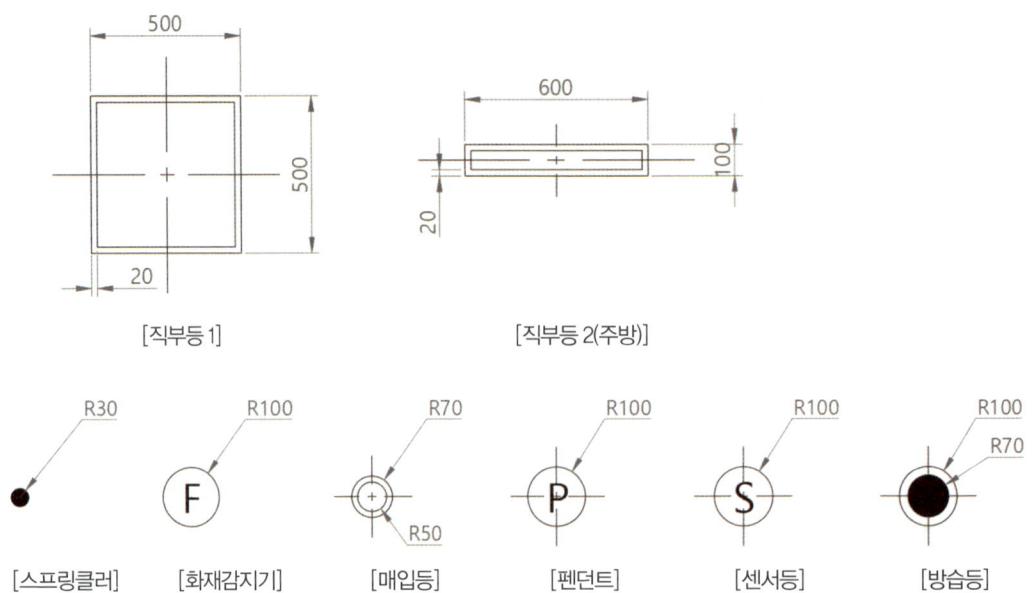

❸ 욕실에 점검구와 환풍기를 표시하고, 창문 중간에 에어컨을 배치합니다.

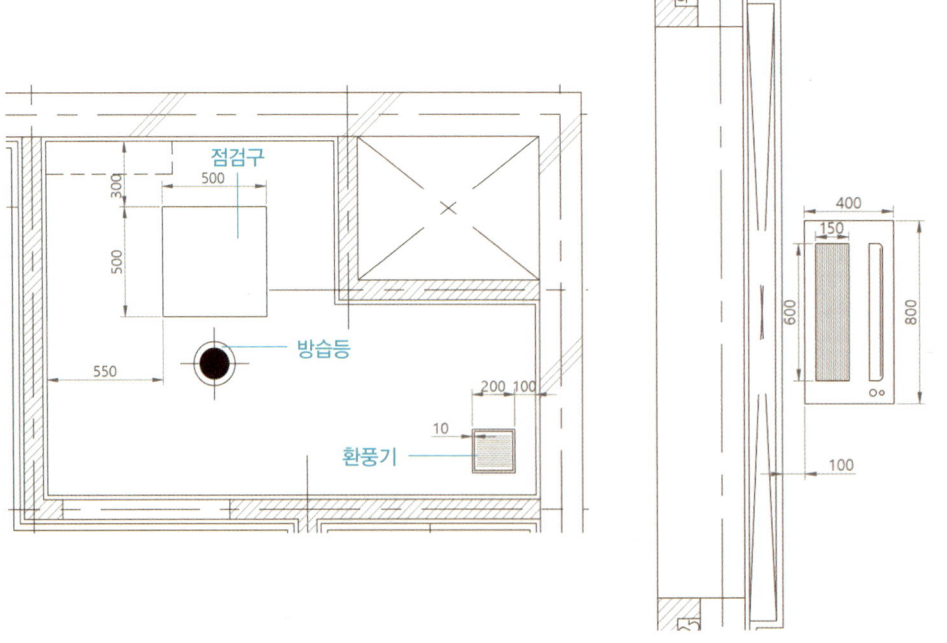

❹ 나머지 조명 및 천장설비를 배치하고 보조선은 삭제합니다. 스프링클러와 화재감지기는 직부등 주변에 적절히 배치합니다.

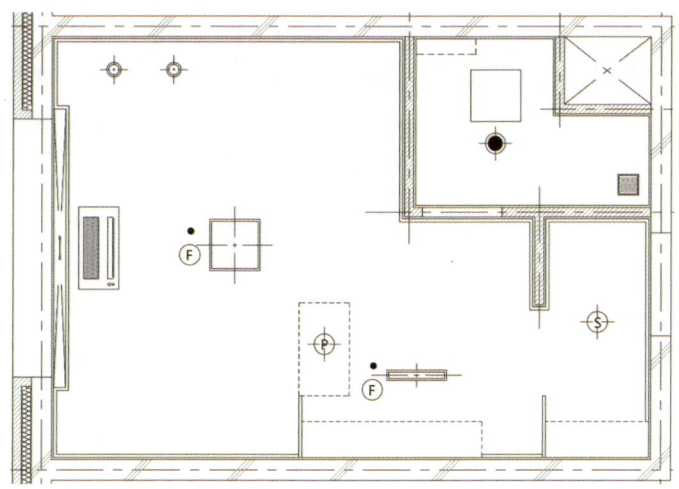

Section 04 문자 및 치수 기입

❶ 현재 도면층을 '주석'(녹색) 도면층으로 변경합니다. 조명 및 설비의 위치를 파악할 수 있도록 치수를 기입하고 문자를 작성합니다. 치수는 벽의 마감선(선홍색)을 기준으로 기입합니다.

[문자 높이]
붙박이장: 60, 천장몰딩: 60, 천장마감: 80

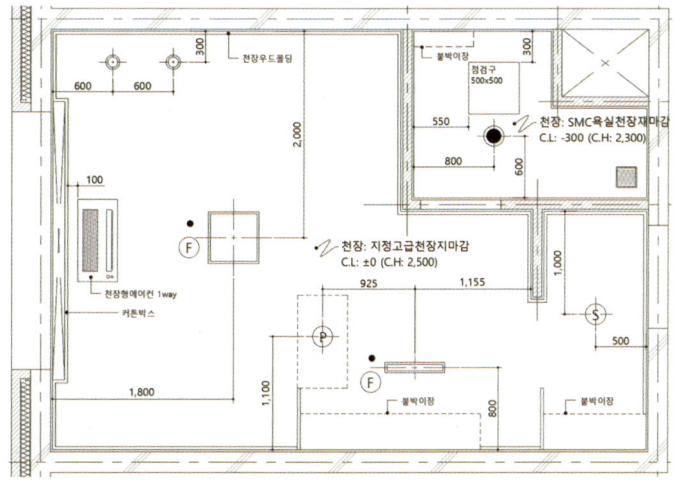

Craftsman Interior Architecture

❷ 범례표의 기호칸에 조명 및 설비 기호를 넣습니다. [축척(SC)] 명령을 사용해 크기를 줄여 배치하며, 기호칸이 부족하면 [Offset(O)], [Extend(EX)] 명령으로 칸을 추가합니다.

*범례표

기호	명 칭	수량
	1	1
	1	1
	1	1
	1	1
	1	1
	1	1

➡

*범례표

기호	명 칭	수량
⊞	LED직부등 60W	1
▭	LED주방 직부등 60W	1
⊕	LED매입등 2인치	2
ⓟ	LED펜던트	1
ⓢ	센서등	1
●	매입등(방습) 4인치	1
Ⓕ	화재감지기	2
●	스프링클러	2

❸ 치수를 정리하고 누락된 요소나 편집되지 않은 부분을 확인합니다.

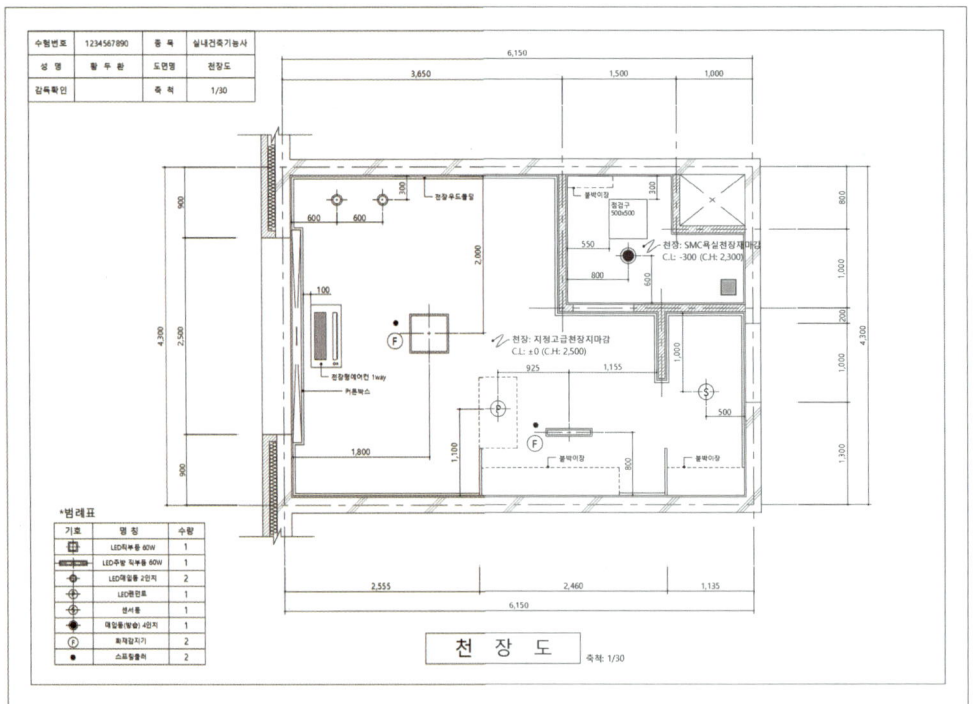

| Section | 05 | 2D 도면 저장 |

① 바탕화면에 2D 제출용 폴더를 만듭니다. 폴더 이름은 '비번호_이름_2D'로 합니다. 폴더 안에 완성된 2D 도면(AutoCAD 파일)을 저장합니다(폴더 이름은 시험문제지의 '2. 수험자 유의사항'에서 확인할 수 있습니다. 저장 폴더의 구성 및 제출형식은 변경될 수 있으므로 시험장에서 확인해야 합니다.

| Section | 06 | PDF 저장 |

① 2D 도면 과제를 완료한 후 '수험자 유의사항'의 항목 '라', '마'의 사항대로 도면을 PDF로 저장해서 감독위원에게 제출해야 합니다. (제출 시점은 시험장 여건에 따라 다를 수 있습니다.)

• 수험자 유의사항 '라', '마'

라. 2D 작업이 완료되면 2D 제출용 폴더를 생성하여 해당 폴더 안에 PDF 파일로 저장 후 감독위원에게 제출합니다. (2D 작업 PDF 제출이 완료된 이후 3D 작업 실시)

마. 3D 작업이 완료되면 3D 제출용 폴더를 생성하여 해당 폴더 안에 PDF 파일로 저장 후 감독위원에게 제출하고 시험위원 입회하에 본인이 직접 A3 용지에 2D, 3D 도면을 출력하도록 합니다.

※ 2D 제출용 폴더명 예시 : 1_홍길동_2D (비번호_이름_2D)

※ 3D 제출용 폴더명 예시 : 1_홍길동_3D (비번호_이름_3D)

※ PDF 파일명 예시 : 1_홍길동_평면도 (비번호_이름_도면명)

※ 출력작업 시 출력 관련된 설정 외의 도면 수정 작업 등은 할 수 없으며, 수정 작업 등을 한 경우 실격됩니다.

※ 수험자의 작도 잘못으로 도면이 출력되지 않는 경우, 출력시간이 10분을 초과할 경우는 실격 처리됩니다.
(출력시간은 시험시간에서 제외, 출력 기회는 2회 제공)

❷ PDF로 저장하기 위해 Ctrl + P를 입력하거나 플롯 아이콘 을 클릭합니다.

❸ 다음 항목을 설정한 후, 플롯 스타일 테이블 편집 아이콘 (⑦)을 클릭합니다.
- 프린터/플로터 이름: DWG To PDF.pc3
- 용지 크기: ISO 전체 페이지 A3(420mm×297mm)
- 플롯 간격 띄우기: 플롯의 중심
- 축척: 1:30
- 플롯 스타일 테이블: monochrome.ctb
- 도면 방향: 가로

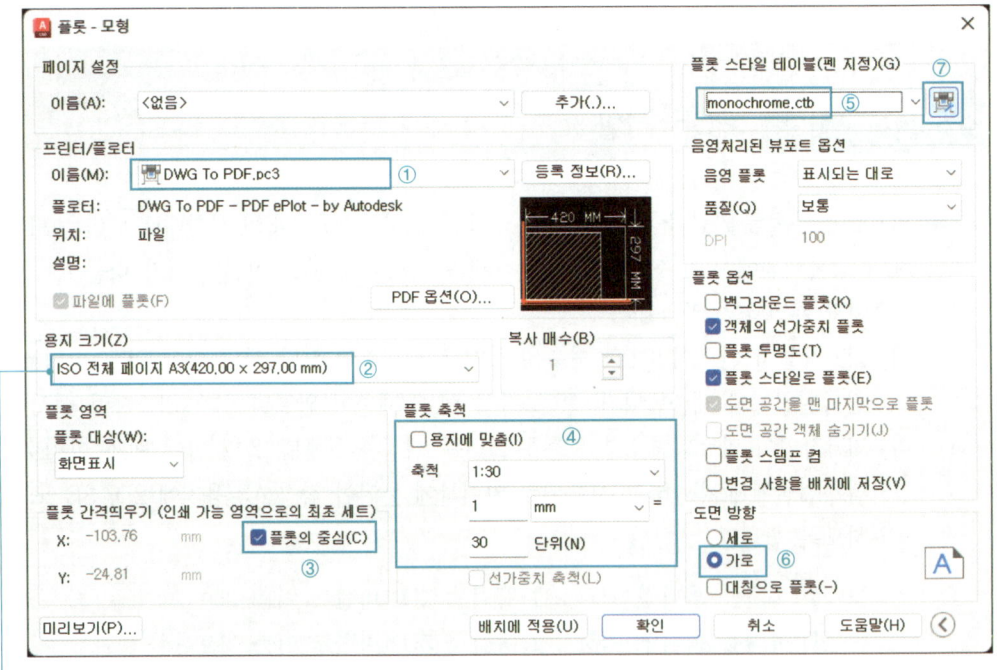

A3 용지는 선택 항목에 여러 가지가 있습니다. 필히 ISO 전체 페이지 A3를 선택해야 여백에 문제가 없습니다.

❹ 요구사항에 제시된 2D 작업 선 두께표를 참고하여 색상별 출력 두께를 설정합니다. '형식 보기' 탭에서 색상1(빨강)을 클릭한 뒤 선가중치를 '0.05'로 설정합니다. 같은 방법으로 8개의 색상에 대해 선가중치를 모두 설정하고 '다른 이름으로 저장' 버튼을 클릭합니다.
파일 이름은 '시험용' 또는 '성명'으로 입력하고 '저장 및 닫기' 버튼을 클릭합니다.

[요구사항의 '2D 작업 선 두께(선 가중치)]

빨강(1)=0.05mm	노랑(2)=0.3mm	녹색(3)=0.25mm	하늘색(4)=0.2mm
파랑(5)=0.15mm	보라(6)=0.1mm	회색1(8)=0.05mm	회색2(9)=0.1mm

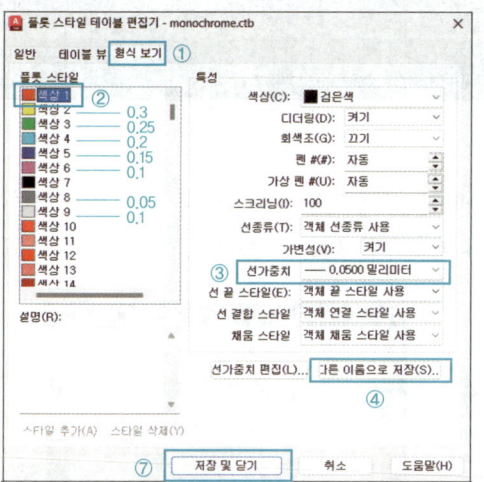
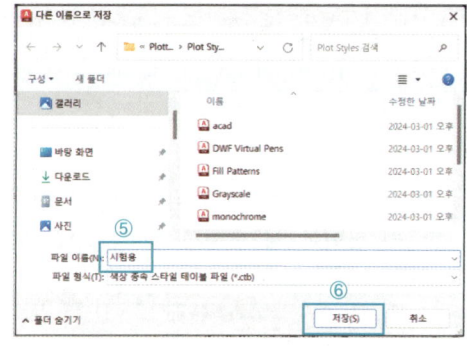

❺ 플롯 스타일 테이블을 '시험용.ctb'로 설정하고 '예'를 클릭합니다.

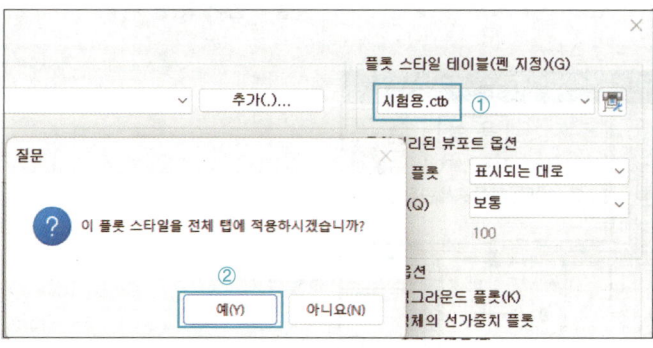

❻ 플롯 영역에서 '플롯 대상'을 '윈도우'로 설정한 뒤 평면도의 ②지점을 클릭하고 나서 ③지점을 클릭합니다.

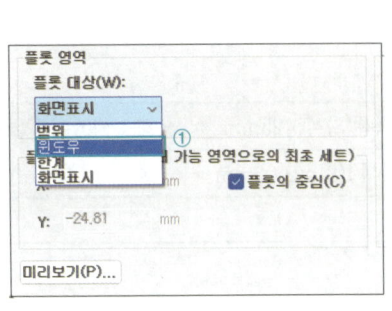
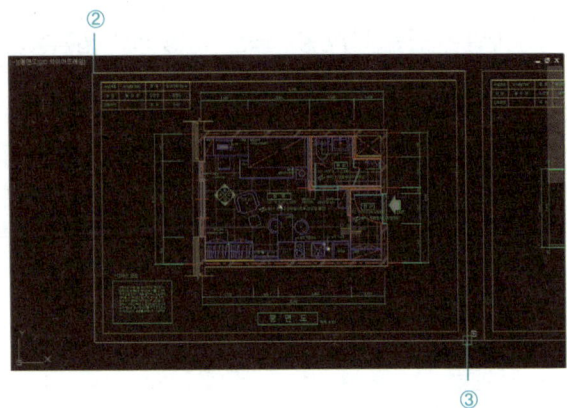

❼ '미리보기' 버튼을 클릭합니다. 메시지가 나타나면 '계속'을 클릭합니다. 미리보기 화면에서 출력 범위와 선 두께를 확인합니다. 확인 후 Esc를 한 번만 누릅니다.

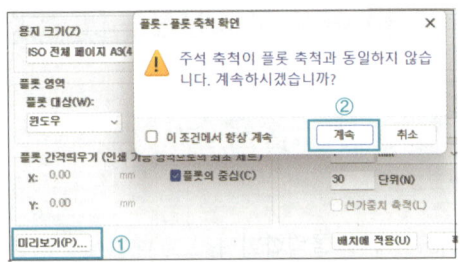
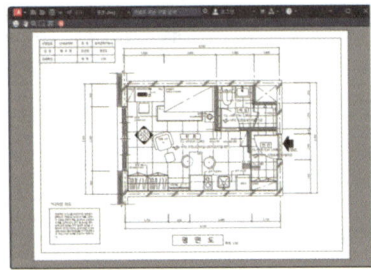

[출력 범위 확인]

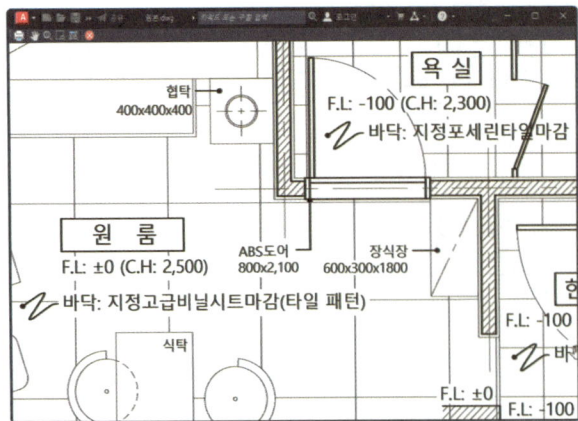

[출력 선 두께 확인(확대)]

❽ '확인' 버튼을 클릭한 후, 메시지가 나타나면 '계속'을 클릭합니다. '01_황두환_2D' 폴더에 "01_황두환_평면도" 이름으로 저장합니다. PDF 뷰어가 설치되어 있으면 자동 실행됩니다. 확인 후 뷰어는 닫습니다.

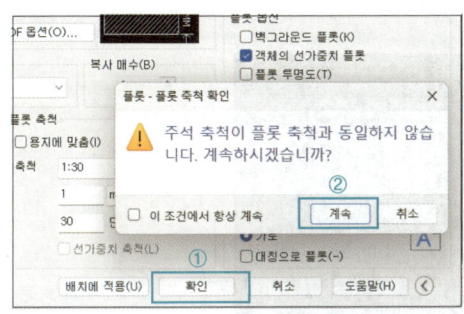
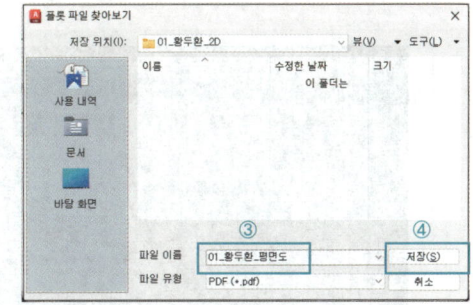

❾ 다시 Ctrl + P를 입력하거나 플롯 아이콘 을 클릭합니다. 평면도의 출력 설정을 그대로 사용하기 위해 페이지 설정 이름에서 〈이전 플롯〉을 선택합니다.

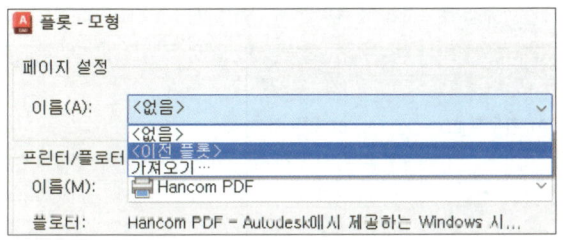

❿ 변경된 설정 항목을 확인하고 윈도우 버튼(①)을 클릭합니다.

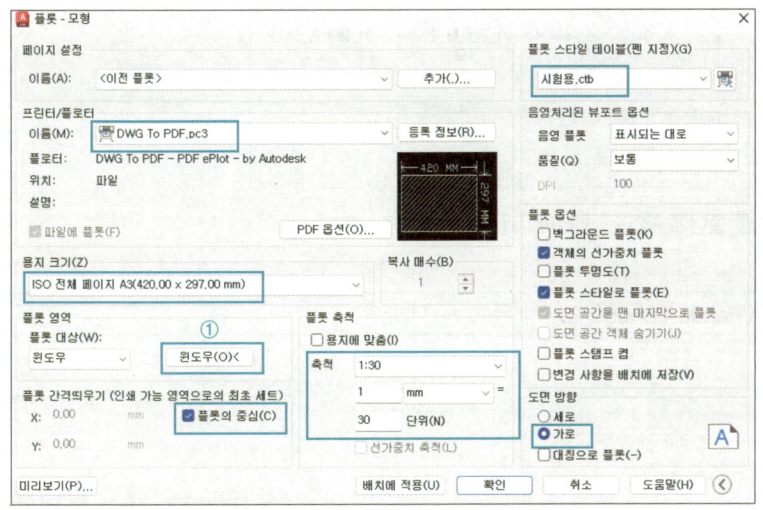

Craftsman Interior Architecture

11 내부 입면도의 ①지점과 ②지점을 차례로 클릭합니다. 미리보기로 확인한 후 '01_황두환_내부 입면도' 이름으로 저장합니다. 천장도도 동일한 방법으로 PDF를 출력한 후 감독관에게 제출합니다.

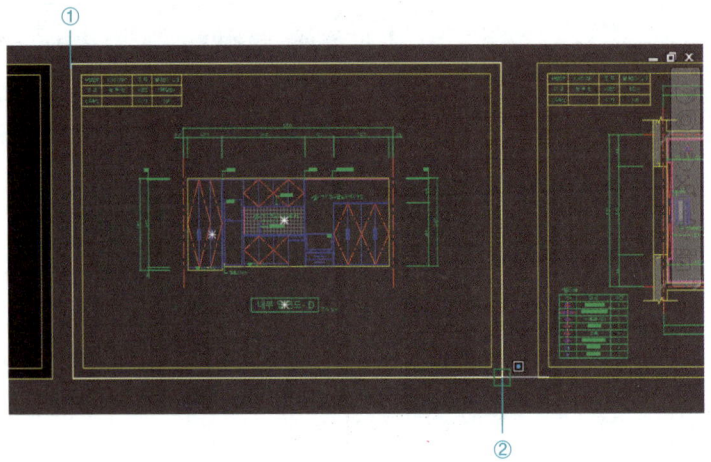

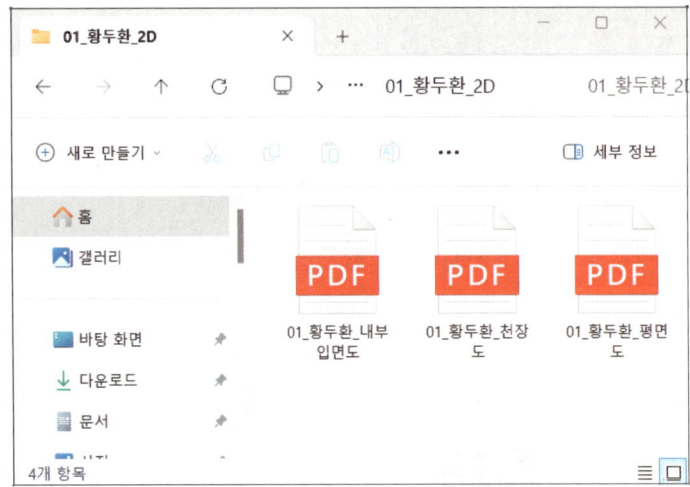

[제출 폴더에 저장된 원본파일과 PDF 파일]

> **학습파일** | 완성파일 \ Part06 \ Ch05 \ 2D

Chapter

06 투시도 작성

투시도 모델링은 앞서 작성한 2D 도면(평면도, 내부 입면도, 천장도)을 참고하여 작성합니다. 원본 2D 도면이 삭제되거나 손상되지 않도록 반드시 사본을 사용하여 작업합니다.

학습파일 | ▶ 동영상 \ Part06 \ Ch06 \ 원룸 – 투시도.mp4

Craftsman Interior Architecture

| Section 01 | 2D 도면 수정 |

❶ 도면을 수정하기 전에 임시 폴더를 만들어 완성된 2D 도면 파일을 복사합니다. 파일을 복사한 후 이름을 '모델링용'으로 변경합니다. 이때 원본 파일이 삭제되거나 수정되는 것에 주의합니다.

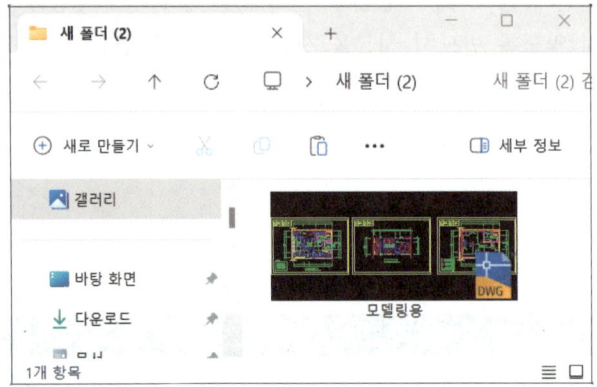

❷ '모델링용' 파일을 열어 모델링에 필요하지 않은 도면양식, 치수 등은 모두 삭제한 후 저장합니다.

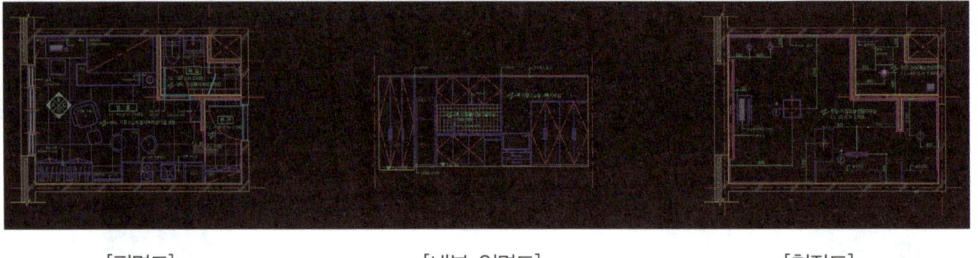

[평면도]　　　　　　　　[내부 입면도]　　　　　　　　[천장도]

Section 02 2D 도면 정리

❶ SketchUp을 실행하고, 템플릿은 '건축-밀리미터'를 선택하여 시작합니다.

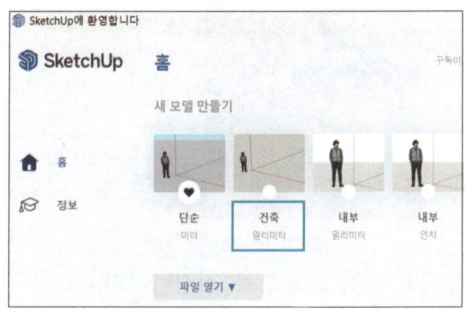
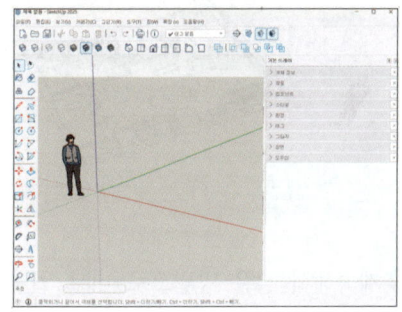

❷ 상단 메뉴에서 [파일] ⇨ [가져오기]를 클릭합니다. 수정한 모델링용 도면 파일을 선택하고 가져오기를 클릭합니다. 결과 메시지창이 뜨면 닫기를 클릭합니다.

❸ 가져온 도면은 3개의 도면이 그룹으로 지정되어 있습니다. 도면별로 그룹을 지정하기 위해 도면을 마우스 오른쪽 버튼으로 클릭하고 '분해'를 선택합니다.

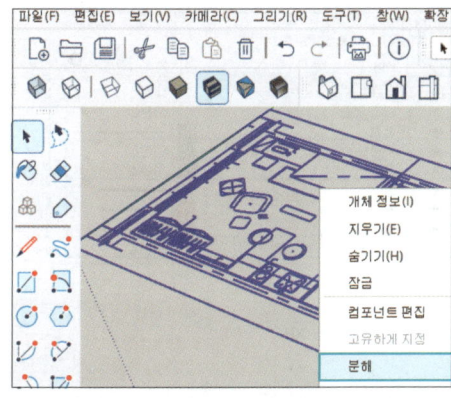

❹ 인물은 삭제하고 평면도만 포함하여 선택한 후, 마우스 오른쪽 버튼을 클릭하여 [그룹 만들기]를 선택합니다.

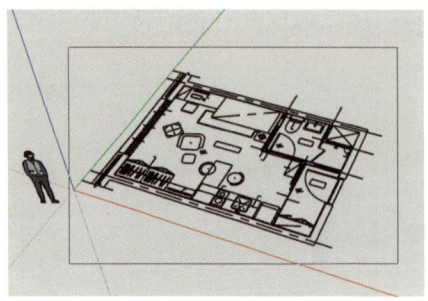 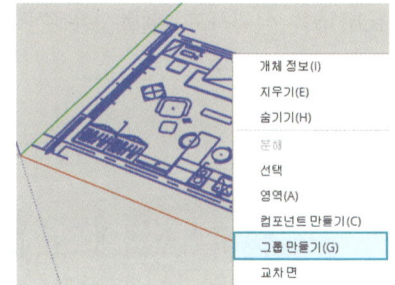

❺ 계속해서 같은 방법으로 내부 입면도와 천장도도 각각 그룹으로 지정합니다.

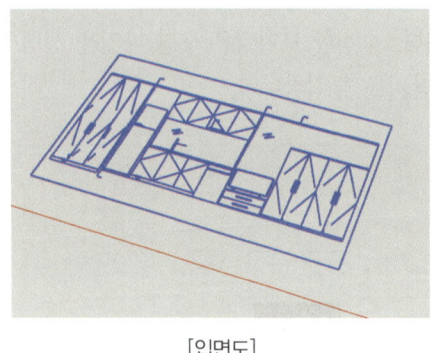 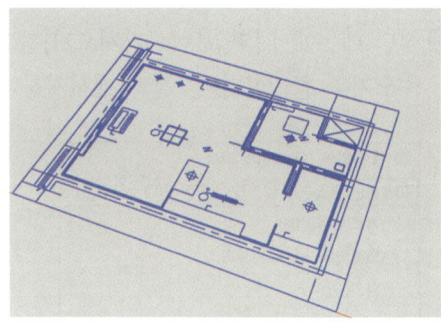

[입면도]   [천장도]

❻ 트레이의 [스타일] ⇨ [편집] 탭(①)에서 '가장자리' 항목(②)을 클릭하고 '프로필'(③)을 '1'로 설정합니다. 트레이의 [태그]에서 [추가(⊕)](④) 버튼을 클릭해 '평면도', '천장도', '입면도'를 추가합니다.

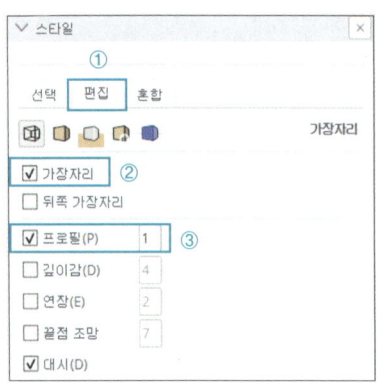 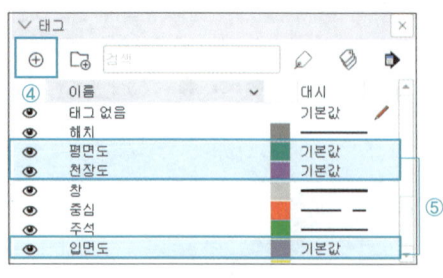

❼ 가져온 평면도를 등록한 태그로 지정합니다. 평면도 ①을 클릭하고, 태그 컨트롤 패널에서 평면도(②)를 클릭합니다. 입면도와 천장도도 같은 방법으로 각각의 태그를 지정합니다.

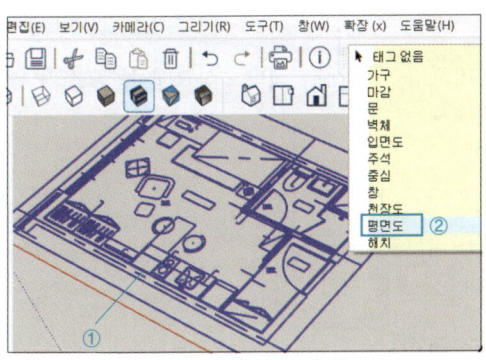 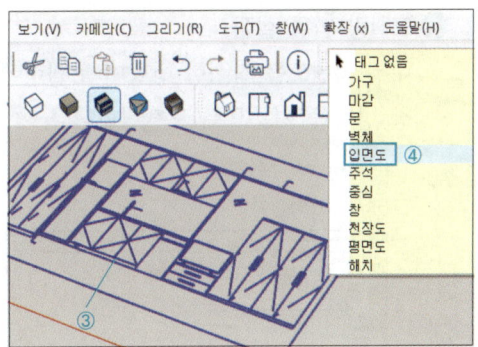

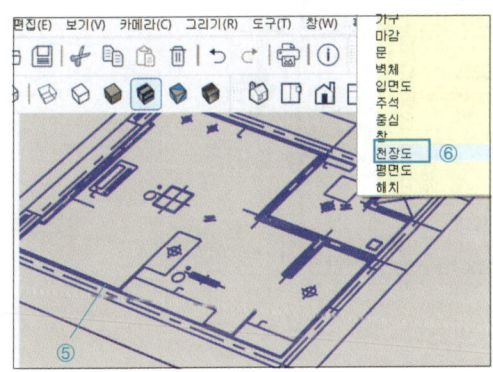

Section 03   3D 모델링

❶ 모델링 범위 설정

내부 입면도를 작성한 방향이 모델링에 유리하나, 신발장·식탁·싱크대 등 요소가 많으므로 창 방향을 기준으로 모델링합니다.

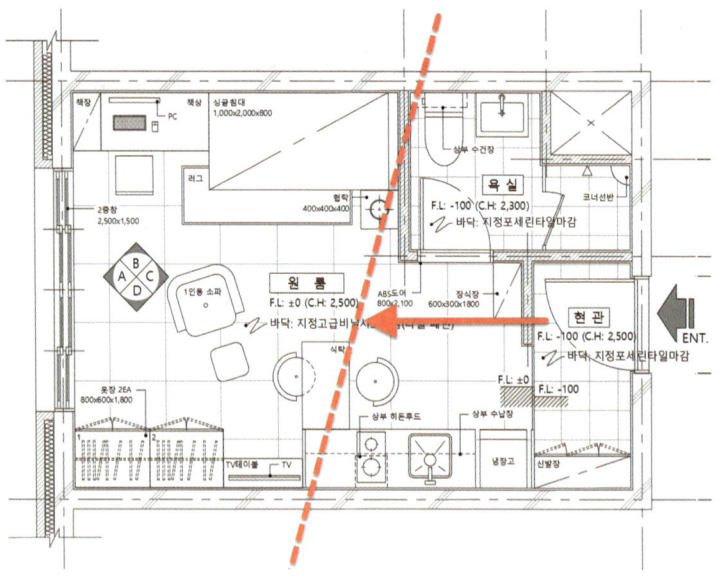

❷ 공간 구성

평면도를 확대하여 실내 마감선 ①, ②지점을 기준으로 모델링 영역에 해당하는 사각형을 그립니다.

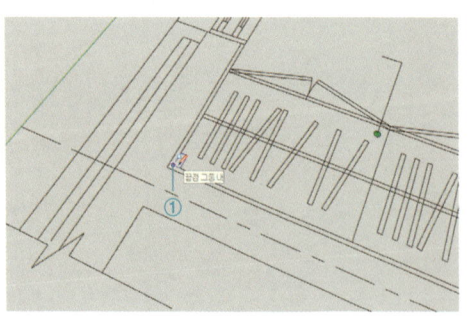 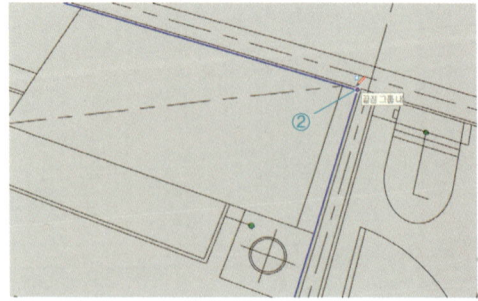

❸ 앞서 작성한 사각형(①)을 '밀기/끌기(P)' 도구를 사용하여 바닥면을 '2500'만큼 올립니다.

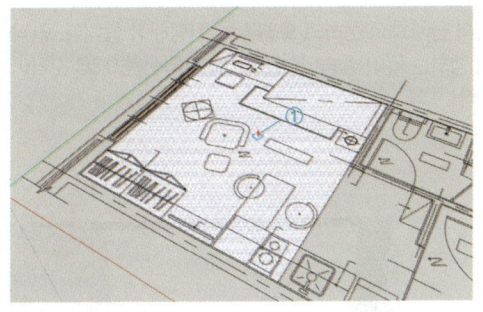 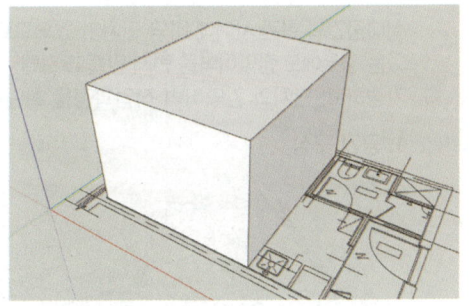

❹ 창문을 정면으로 모델링하기 위해 벽면 ①부분을 클릭하여 삭제합니다.

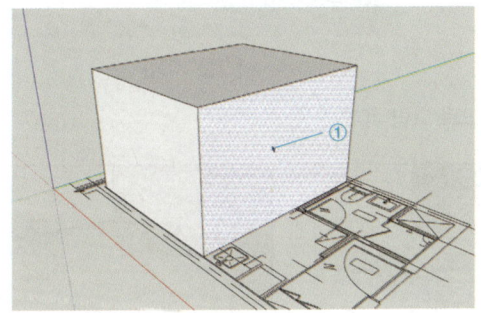 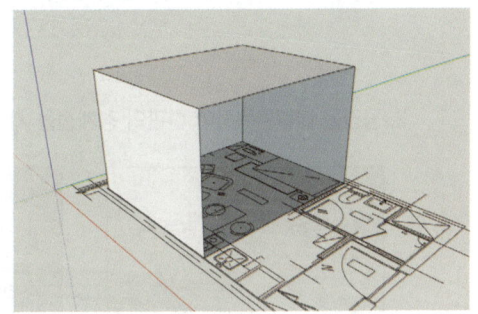

❺ 공간을 이루는 모든 면을 반전시키고 각각 그룹으로 지정합니다.

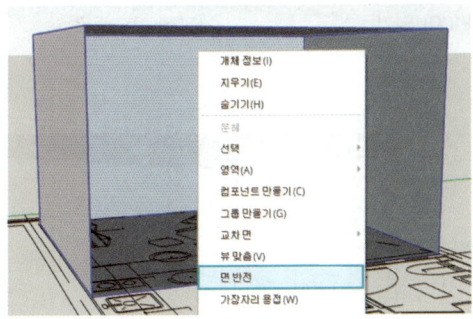 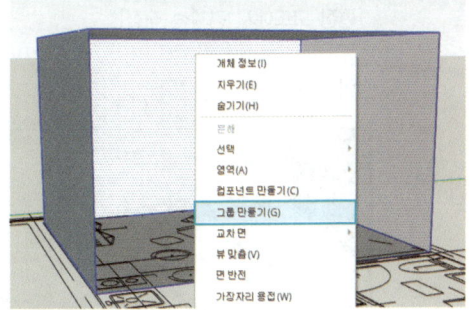

> **TIP** **'내부 입면 – D' 방향으로 모델링 시 유의사항**
>
> 실내공간과 현관 사이에 바닥 단차가 있으므로, 먼저 단차를 조정하고 모델링을 진행해야 합니다. 칸막이벽이 있는 경우에도 칸막이벽을 먼저 만들고 모델링을 진행하는 것이 좋습니다. 주방의 파티션은 0.5B 칸막이벽으로 가정하고, 단차와 칸막이벽 작업과정을 확인합니다.
>
> 1. 공간 구성
>
>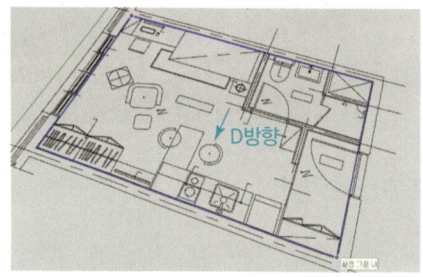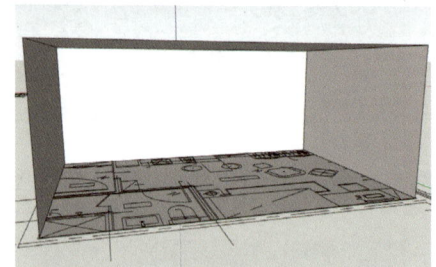
>
> [그룹 지정]
>
> 2. 공간을 더블클릭하여 현관의 경계선을 사각형으로 그립니다.
>
>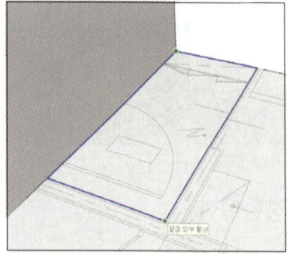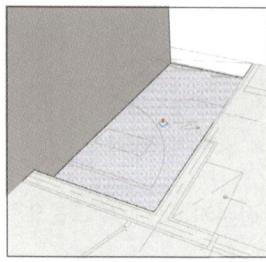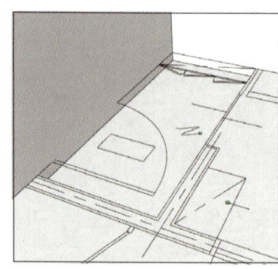
>
> [편집 모드에서 경계선 작성]   [단차(100) 밀기]   [편집모드 종료]
>
> 3. 칸막이벽 작성
>
>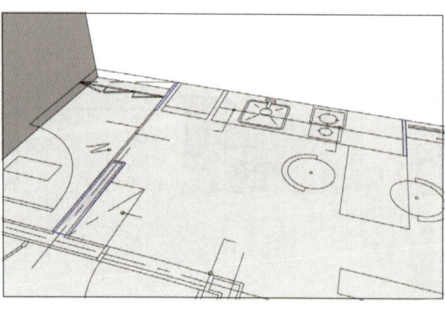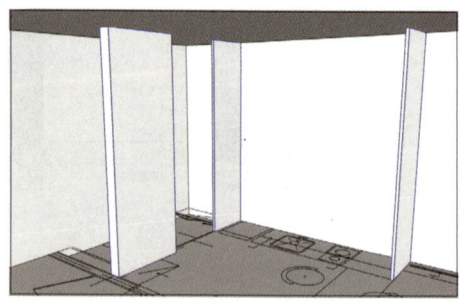
>
> [칸막이벽 스케치]   [천장까지 끌고 그룹 지정]

❻ 도면 배치

'회전(Q)' 도구를 사용하여 내부 입면도와 천장도를 마감선을 기준으로 배치합니다.

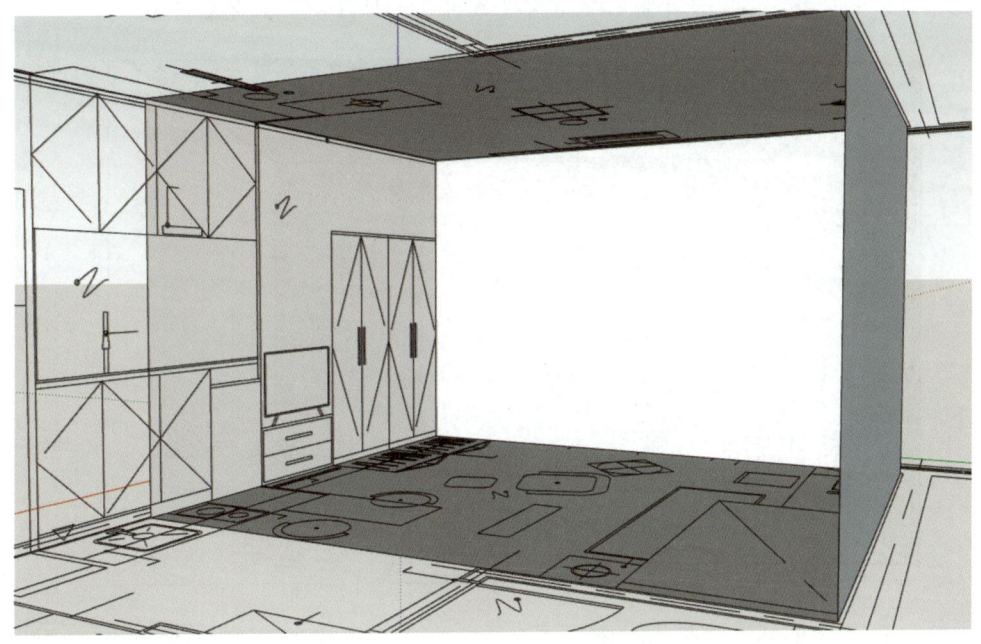

❼ 현재 상태에서도 모델링은 가능하지만, 태그를 활용해 불필요한 중심선이나 기호가 보이지 않게 설정하는 것이 좋습니다. 트레이의 태그에서 '중심', '주석' 태그 옆에 있는 눈 아이콘을 클릭해 Off로 전환합니다.

[중심, 주석 태그 Off]

❽ 내부 모델링의 작업 범위는 사용자에 따라 다를 수 있습니다. 현재 원룸에서는 창문을 정면으로 바라보는 시점을 기준으로, 좌측에는 옷장 2개와 TV, 우측에는 책상과 침대까지 모델링을 진행하고 작업자의 능력에 따라 중앙의 소파까지 모델링할 수 있습니다.

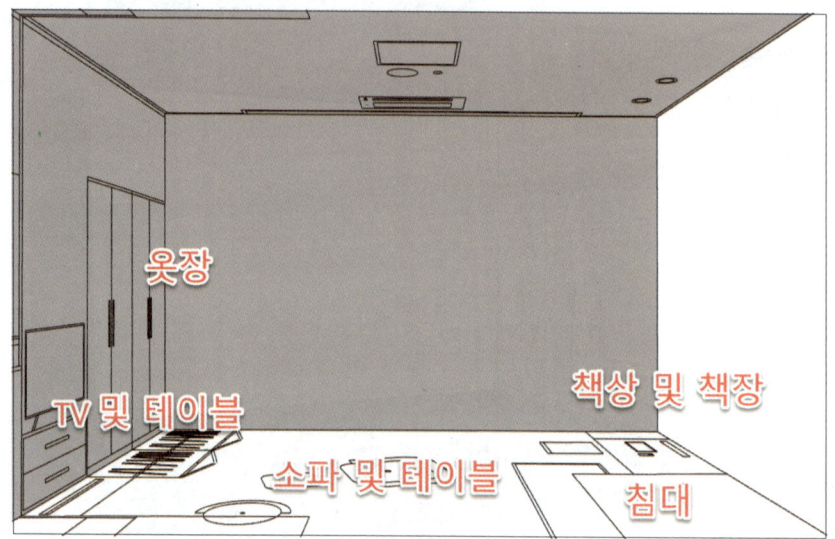

❾ 먼저 정면의 창을 모델링합니다. 창 부분을 뚫기 위해 벽면 ①을 더블클릭하여 편집 모드로 전환하고 엑스레이 모드를 활성화합니다.

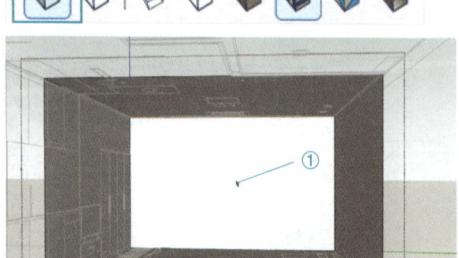
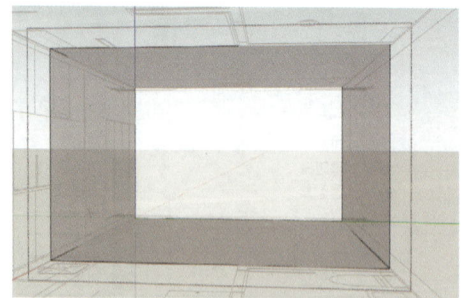

⑩ '줄자(T)' 도구를 사용해 창의 크기를 측정하거나 평면도나 작성조건에서 창의 가로, 세로 크기를 확인합니다. (원룸창 크기 : 2500×1500)

'줄자(T)' 도구로 공간의 모서리 지점(①)을 클릭하고 z축 아래 방향으로 커서를 이동해 100을 입력하고 Enter↵를 누릅니다.

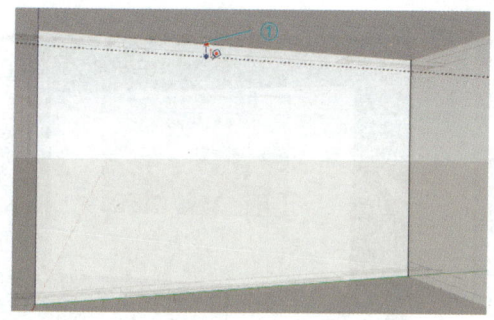

⑪ 계속해서 '줄자(T)' 도구로 평면도의 창 끝 지점(①)을 클릭하고 천장 끝 지점(②)을 클릭합니다.

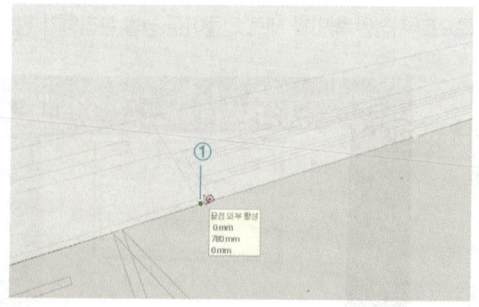
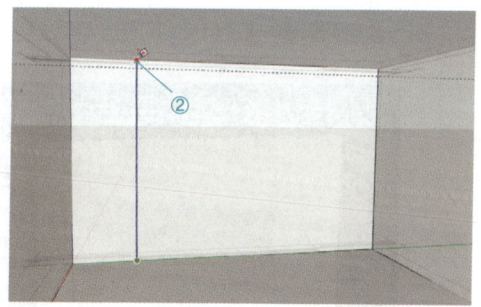

⑫ '사각형(R)' 도구를 사용하여 ①지점을 클릭한 후, 2500, 1500을 입력하고 Enter↵를 누릅니다. 이 작업은 현재 벽면의 편집 모드 상태에서 이루어집니다.

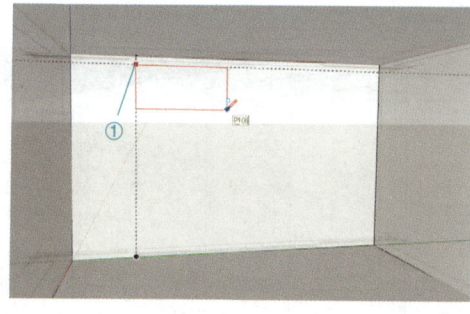
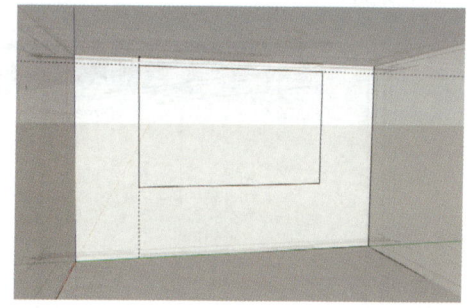

⑬ 면 ①과 안내선 ②, ③을 클릭하여 삭제합니다. 그런 다음 엑스레이 모드(④)를 비활성화하고 편집 모드(Esc)를 해제합니다.

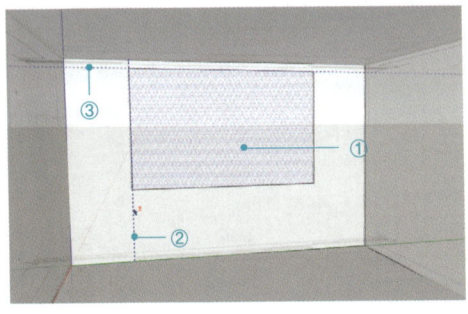 

⑭ ①지점과 ②지점을 클릭하여 사각형을 그리고, '오프셋(F)' 도구를 사용해 틀 30, 창틀 80을 복사합니다.

* 창 영역을 뚫어내고 다시 사각형을 그리는 이유는, 그룹으로 지정된 벽면과 새로 만들어질 창을 분리하기 위함입니다.

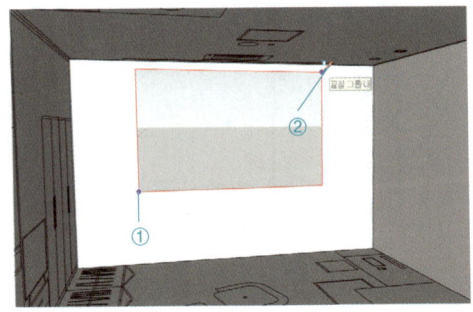 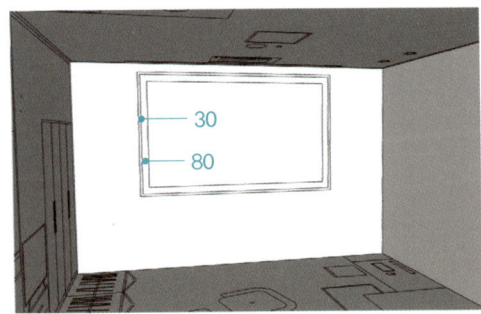

⑮ 중간점을 기준으로 선 ①을 그리고, 이어서 다시 중간점을 기준으로 선 ②, ③을 그려줍니다.

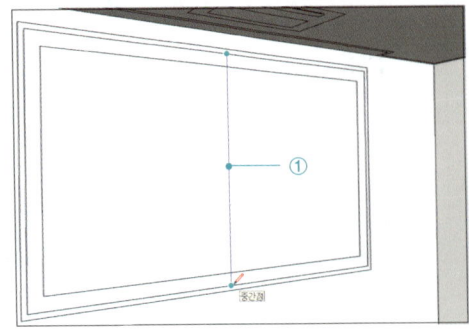 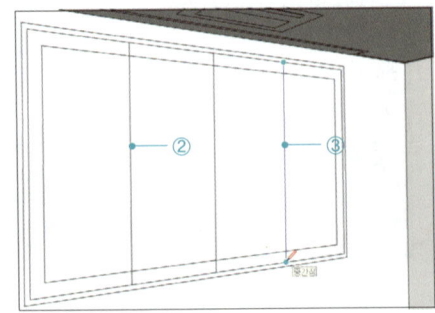

⓰ '이동(M)' 도구를 사용해 선을 복사한 후 편집합니다. 창의 프레임을 편집할 때는 평면도에 표시된 창 도면을 참고하여 안쪽과 바깥쪽의 위치를 확인합니다.

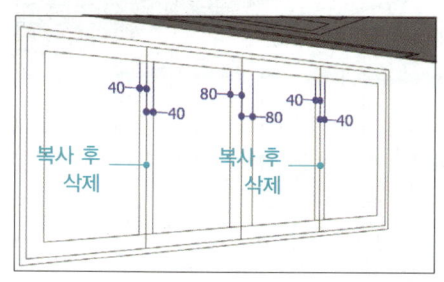 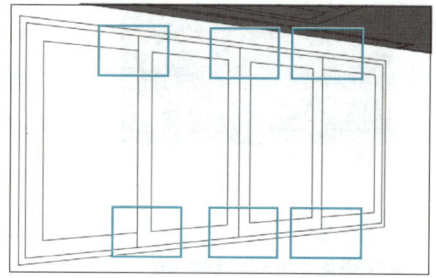

[편집 구간 강조 표시]

⓱ '밀기/끌기(P)' 도구를 사용하여 틀 ①은 20, 창틀 ②, ③은 각각 10만큼 안쪽으로 끌어줍니다. 창틀 ④, ⑤는 20만큼 바깥쪽으로 밀고, 유리 ⑥, ⑦은 30만큼 밀어냅니다.

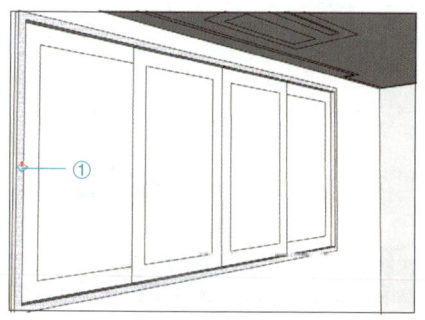 

[틀 끌기 20]   [창틀 끌기 10]

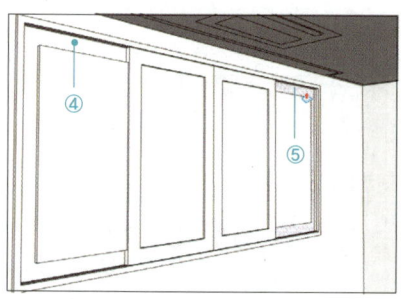 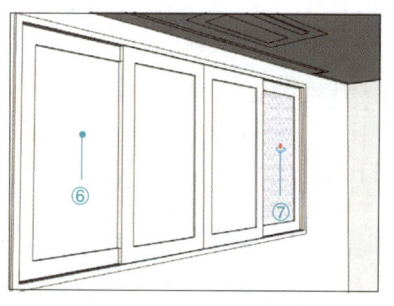

[창틀 밀기 20]   [유리 밀기 30]

⑱ 유리 부분에 재질을 넣고 그룹으로 지정합니다.

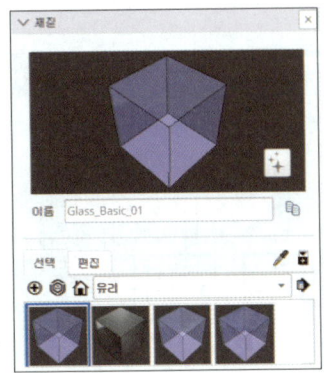 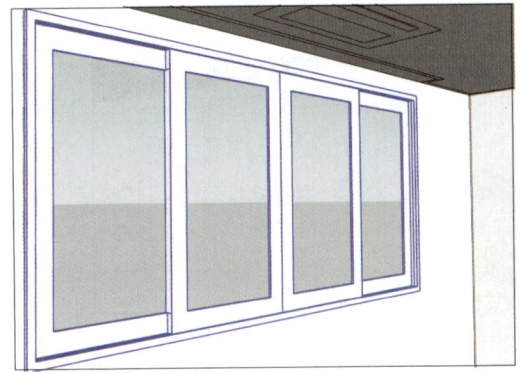

⑲ 평면도를 사용해 우측 벽면부터 가구의 형상을 만들고 그룹으로 지정합니다(책장: 1800, 책상: 750, 침대바닥: 200+200, 침대헤드: 800).

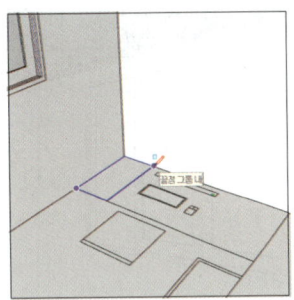  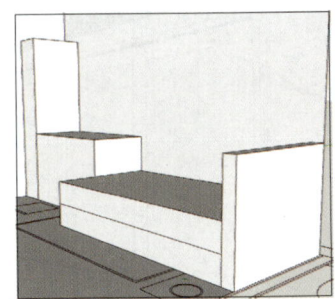

⑳ 우측 벽면은 내부 입면도 정보가 없으므로 자유롭게 세부적으로 모델링합니다. 모니터는 TV를 먼저 만든 후 복사하여 활용하는 방법도 있습니다.

㉑ 내부 입면도를 모델링에 활용하기 위해 근처에 복사한 후 분해합니다.

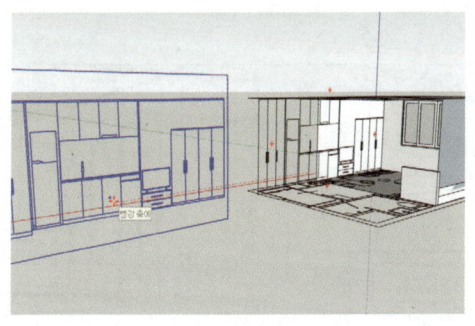 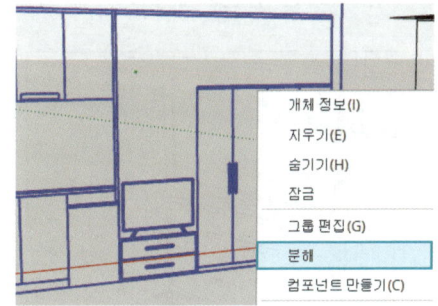

㉒ 입면도의 옷장 형태를 따라 사각형(①)을 덧그리고 평면도의 ②지점까지 끌어줍니다. 이후 복사한 입면도에서 옷장의 선을 복사해 붙여 넣습니다.

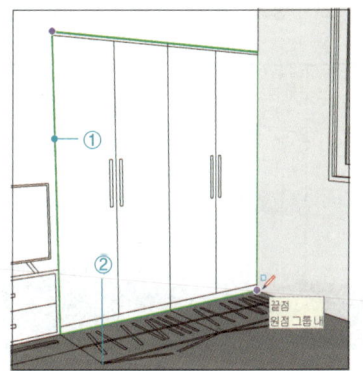 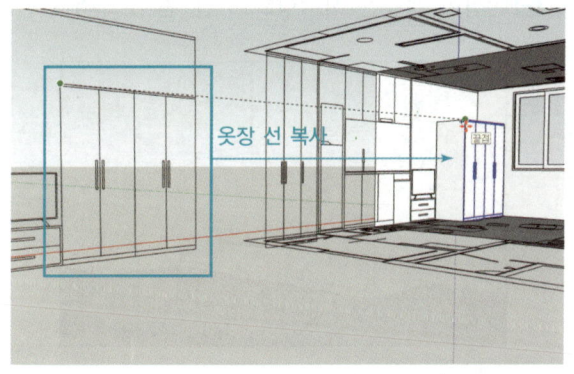

㉓ 손잡이 부분을 사각형으로 덧그리고 20 정도 끌어줍니다. 옷장을 그룹으로 지정합니다.

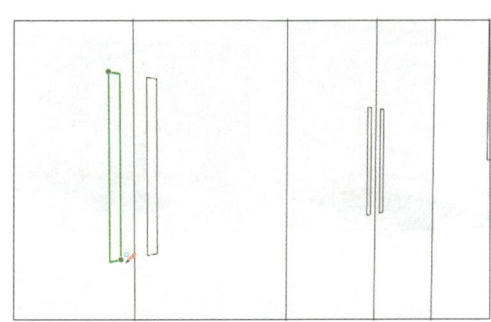 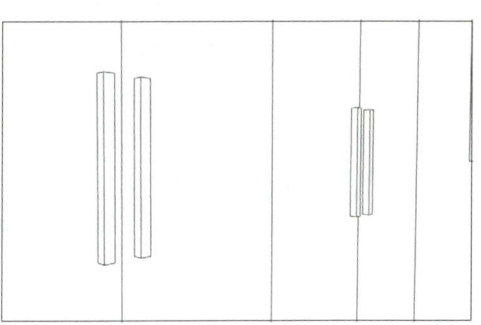

㉔ 평면도에서 TV 테이블의 위치에 맞춰 사각형(①)을 덧그리고, 입면도의 ②지점까지 끌어줍니다. 복사한 입면도에서 TV 테이블의 선을 복사해서 붙여 넣습니다.

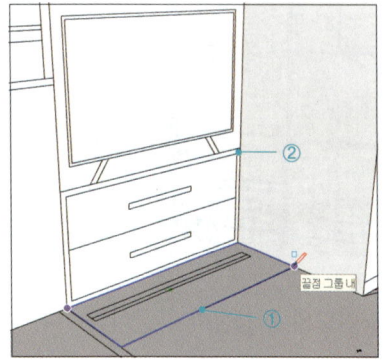 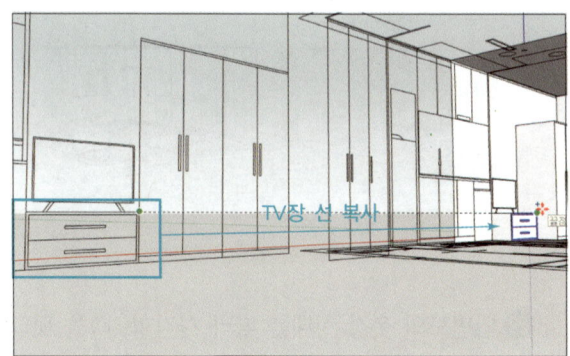

㉕ 손잡이 부분은 사각형으로 한 번 덧그려 면을 만들고, 20 정도 밀어 그룹으로 지정합니다.

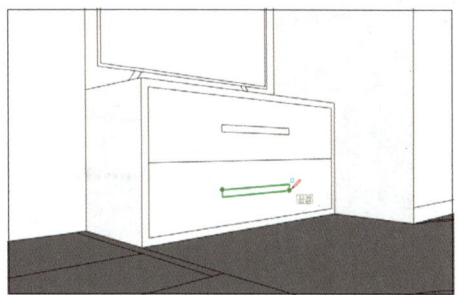 

㉖ 입면도의 TV를 덧그려 적절한 두께로 형태를 만듭니다. 그룹으로 지정한 뒤 테이블의 중앙으로 이동합니다. PC 모니터를 만들지 않았다면 TV를 복사해서 사용합니다.

Section 04 천장 모델링

① 천장면을 더블클릭하여 편집모드로 전환한 뒤, 커튼박스 모양으로 사각형을 그리고 '밀기/끌기(P)' 도구로 50~100 정도 밀어냅니다. 작업이 끝나면 편집 모드 상태를 종료합니다.

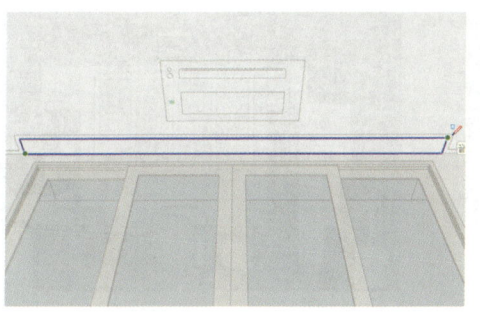 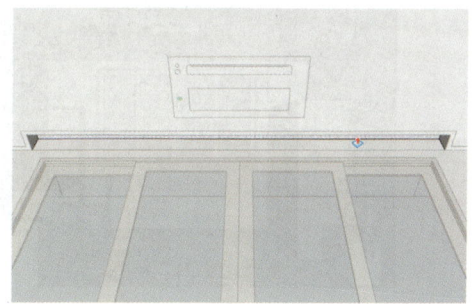

② 천장의 조명과 설비는 도면에 표시된 모양을 그대로 사용할 수 있지만 덧그려서 진행합니다. 매입등은 하나만 만들어서 복사해서 배치하고, 각각 그룹으로 지정합니다.

[끌기 두께 기준]
직부등: 50, 매입등: 10, 펜던트: 300, 소방설비: 20, 에어컨: 10~20

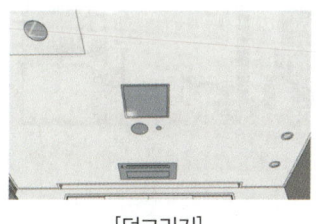 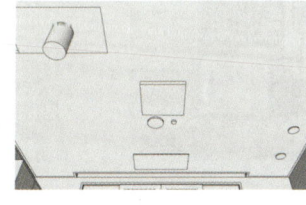 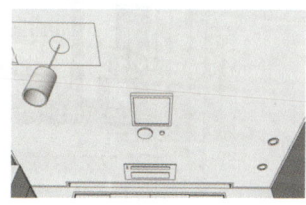

[덧그리기]   [끌기]   [편집]

Section 05 세부 모델링 및 소품 추가

① 대략적으로 완성된 모델은 남은 시간과 개인의 역량에 따라 디테일을 보완하거나, 장식장의 소품 등을 추가하는 것도 좋습니다. 가급적 디자인 의도와 연관성이 있도록 수정합니다.

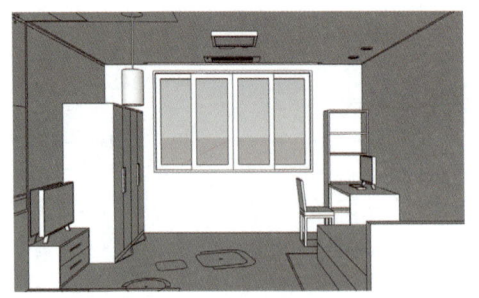 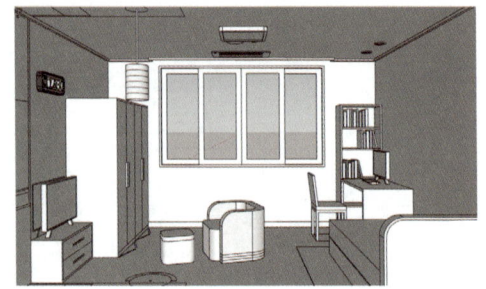

② 평면도, 내부 입면도, 천장도는 삭제하거나 태그를 모두 Off합니다.
참고 도면의 삭제 또는 태그 Off 시점은 사용자에 따라 다를 수 있습니다.

 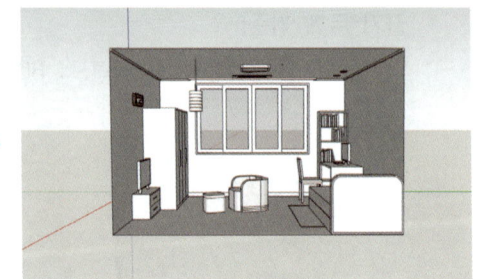

③ 바닥에 패턴을 만들기 위해 선을 그리고, 600 간격으로 복사합니다.

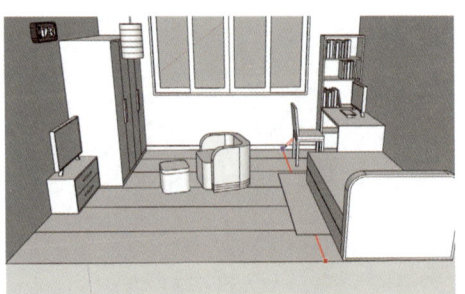 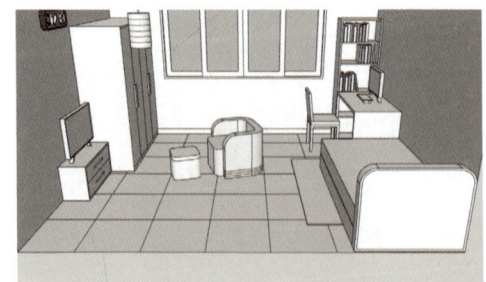

Section 06 재질 및 환경요소 적용

❶ 재질은 면적이 넓은 천장, 벽, 바닥에 채도가 높지 않은 컬러를 우선 적용하고 이후 몰딩과 주요 가구순으로 작업을 진행합니다.

*재질을 적용하기 전 평면도에 기재된 '디자인 의도'를 한 번 더 확인하는 것이 좋습니다.

  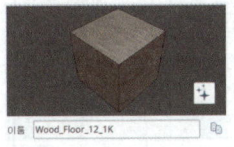 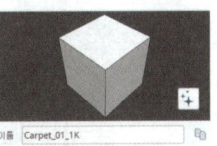

[천장, 벽: M00_Soft_Cloud]   [바닥: M04_Stone_Frost]   [몰딩: Wood_Floor_12_1K]   [러그: Carpet_01_1K]

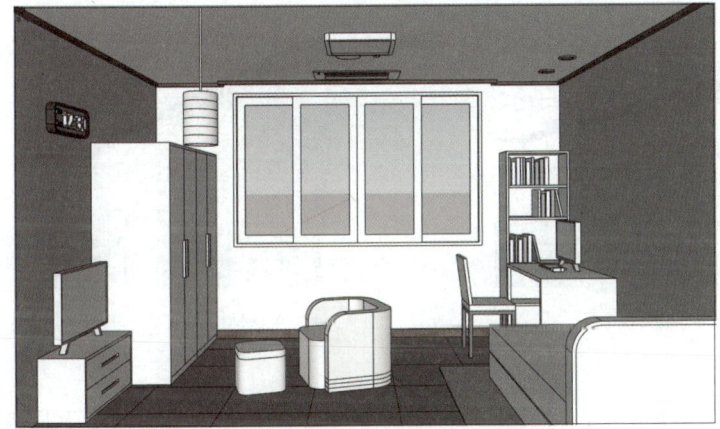

❷ 주요 가구의 컬러는 2~3가지 정도만 사용합니다. 누락된 가구나 소품이 있는지 확인하고, 공간이 비어 보이는 곳은 액자나 거울로 보완합니다.

> **TIP** 블라인드/커튼 작성

1. 블라인드
   커튼박스의 여유공간에서 ①지점부터 ②지점까지 사각형을 그리고, 두께를 10 정도 적용합니다. 이후 '이동 (M)' 도구를 사용해 이동 및 복사로 표현합니다.

[벽면에 사각형 그리기]   [두께 10 적용]

[안쪽으로 이동]   [복사]

2. 커튼
   빈 공간의 바닥면에 R50의 원을 그립니다. 중심점을 기준으로 축방향으로 여유 있게 선 2개를 그리고 벗어난 부분은 삭제합니다.

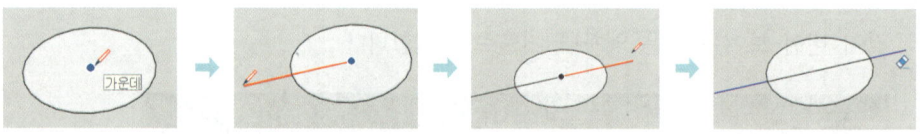

3. 선의 끝점을 기준으로 4~5개 정도 복사하고, 반원을 교차하면서 삭제합니다. 남은 호를 모두 선택하여 '오프셋 (F)' 도구로 간격 5 정도로 복사합니다.

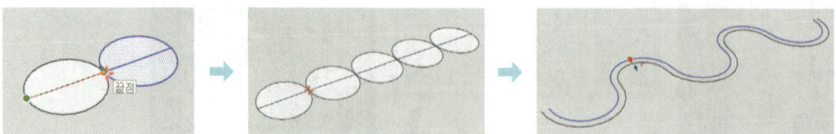

4. 양 끝을 확대해 선으로 닫아줍니다. 면이 만들어지면 창의 높이보다 200 정도 높게 끌고 그룹으로 지정합니다. 현재 작업 중인 창 높이가 1500이면, 커튼 높이는 1700으로 만들어줍니다.

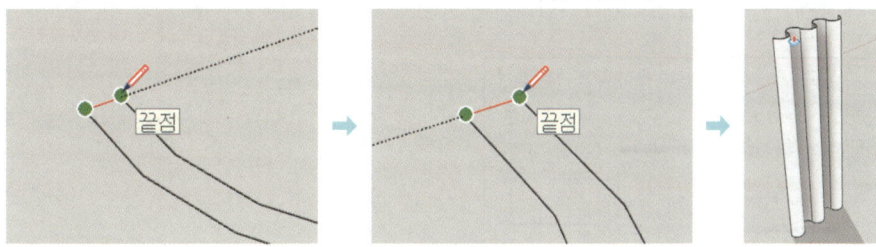

5. 커튼을 창의 한쪽 끝에 보기 좋게 배치한 후, '축척(S)' 도구로 중간 면의 그립을 밀어 좁게 만들어줍니다. 모양이 잡히면 반대편에도 복사하여 마무리합니다. 겹침 길이가 부족하면 '이동(M)' 도구로 복사합니다.

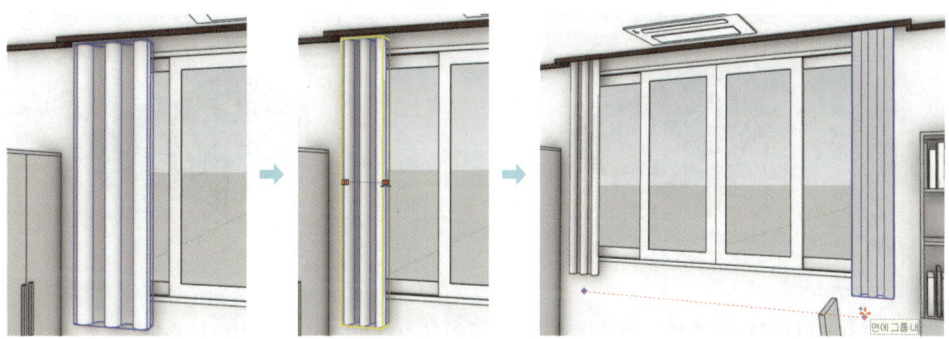

6. 동일한 커튼을 1개 더 복사한 후 패브릭 재질을 적용한 상태입니다.

❸ 트레이에서 '그림자 모드'를 활성화한 뒤, 창이 남쪽을 향하도록 90° 회전합니다. 실내가 어두운 경우에는 그림자 설정에서 '어두움' 옵션을 75 정도로 설정합니다. 이때 회전 방향은 시간 및 계절에 따라 다를 수 있습니다.

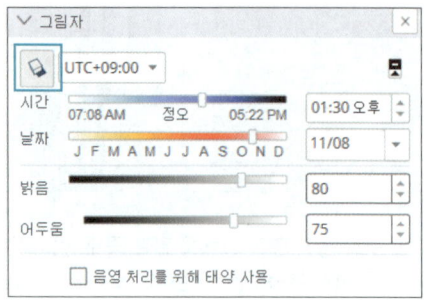

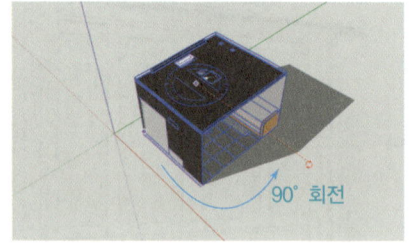 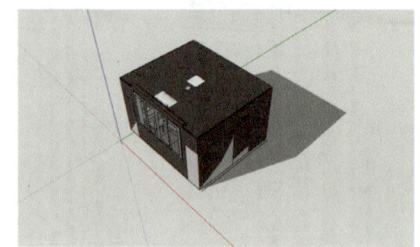

❹ 메뉴의 [보기] ⇨ [면 스타일]에서 '앰비언트 오클루전'을 클릭해 음영을 적용합니다.

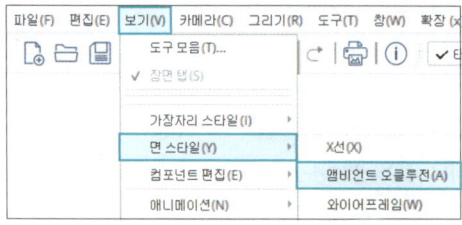

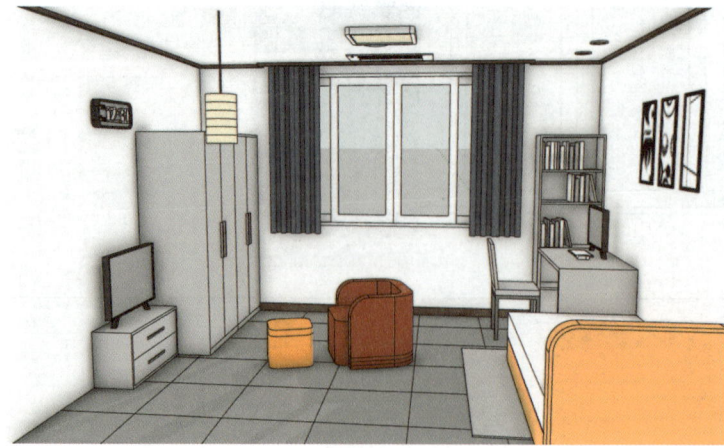

Section 07 실내투시도 이미지 추출 및 배치

실내투시도 장면을 저장하고 고해상도 이미지로 출력합니다.

❶ 완성된 실내 공간을 보기 좋은 시점으로 맞춘 후, 메뉴의 [카메라]에서 '2소점 투시'를 클릭합니다. 이후 클릭 드래그로 한 번 더 화면을 조정합니다.

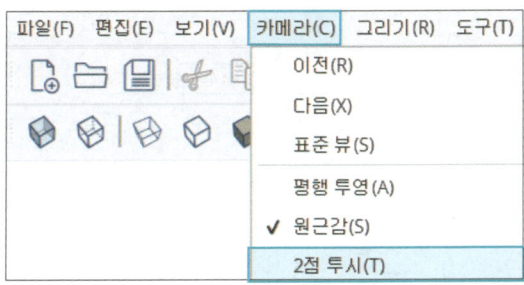

❷ 트레이의 [장면]에서 '장면 추가(⊕)'(①)를 클릭하여 현재 시점의 화면을 저장합니다. 장면을 저장한 후 시점이 흐트러지거나 다른 작업을 하더라도 장면 탭(③)을 클릭하면 저장된 장면으로 되돌아갑니다.

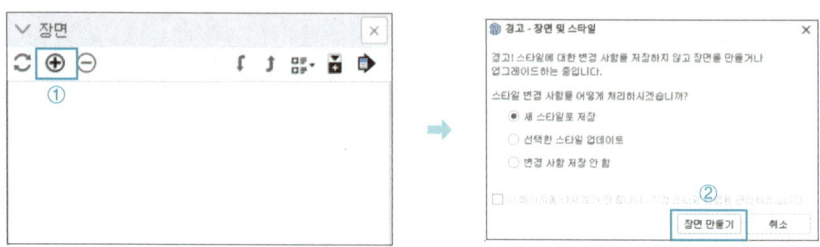

❸ 부족한 부분이 없다면 스케치업 모델링 파일을 저장하고, 설정한 장면으로 출력하기 위해 메뉴의 [파일] ⇨ [내보내기]에서 '2D 그래픽'을 클릭합니다.

❹ 바탕화면에 미리 만들어 둔 '01_황두환_2D' 폴더 안에 파일 이름을 '실내투시도', 형식을 'tif'로 설정하고 옵션 버튼을 클릭합니다. '뷰 크기 사용'을 해제하고 픽셀값을 '3000', 선 배율 승수는 '1'로 설정합니다. 확인을 클릭하고 내보내기 버튼을 누르면 실내투시도 이미지가 저장됩니다.

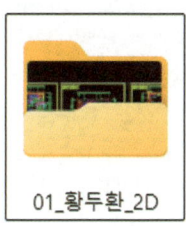

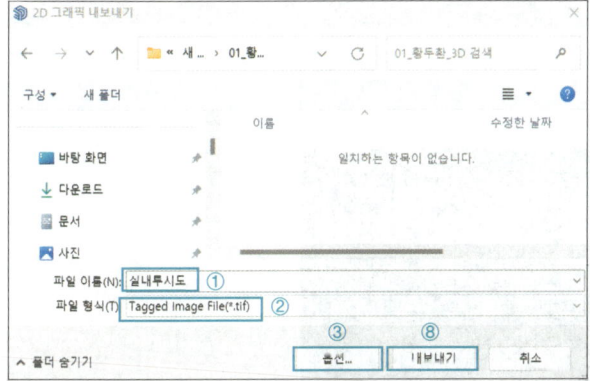
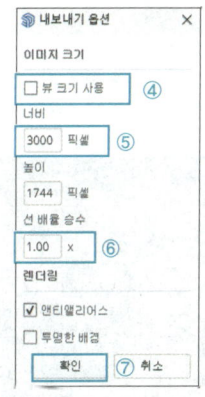

❺ 바탕화면에 '01_황두환_3D' 폴더를 만들어 3D 모델링 파일(스케치업)을 저장하고 스케치업을 종료합니다.

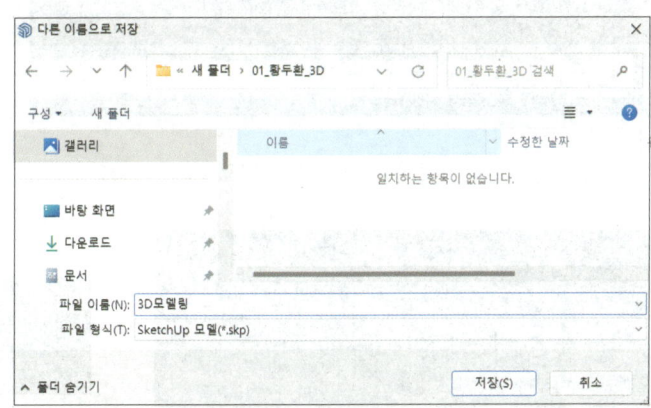

❻ 캐드를 실행한 후, '01_황두환_2D' 폴더에 있는 2D 완성 도면의 '원본' 파일을 불러옵니다. 완성된 내부 입면도의 도면양식과 도면명을 우측으로 복사합니다.

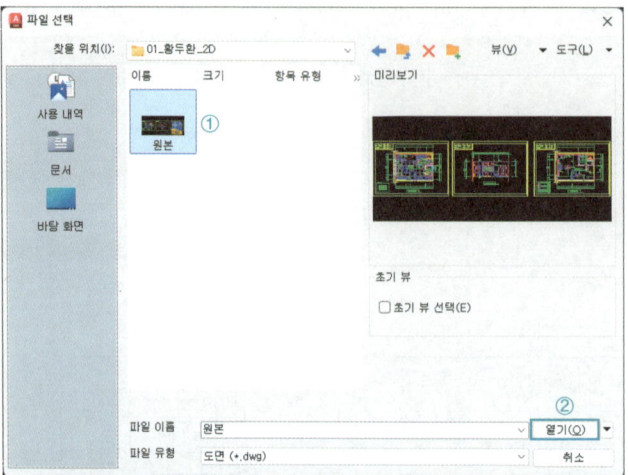

❼ 표제란 하단의 도면명과 축척을 '실내투시도', 'N.S'로 수정합니다.

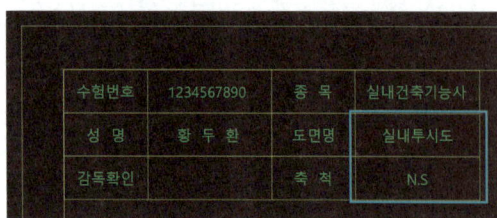

❽ 메뉴의 [삽입]에서 참조의 '부착'을 클릭합니다. 저장한 실내투시도 이미지를 클릭하고 '열기' 버튼을 클릭합니다. 부착 설정창에서 확인을 누르고 ⑥, ⑦지점을 클릭해 이미지를 부착합니다. (부착 명령어: attach)

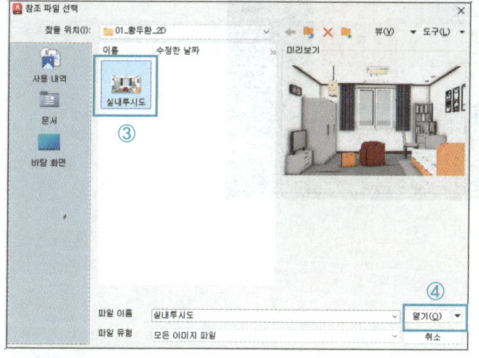

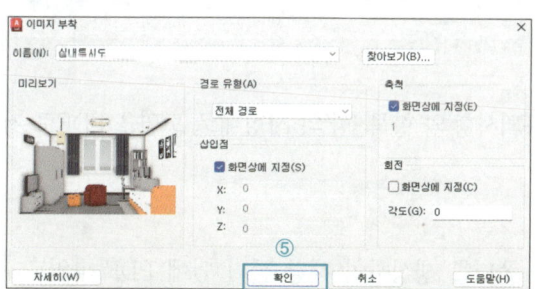

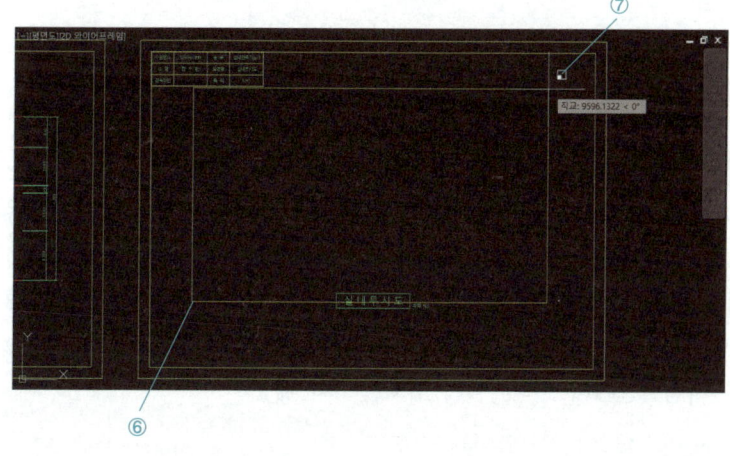

❾ 부착된 이미지를 보기 좋게 재배치하고 작업파일을 저장합니다.

Section 08 PDF 저장

❶ 3D 도면 과제를 완료한 후 '수험자 유의사항'의 항목 '마'의 사항대로 도면을 PDF로 저장해서 감독위원에게 제출해야 합니다.

• 수험자 유의사항 '마'

마. 3D 작업이 완료되면 3D 제출용 폴더를 생성하여 해당 폴더 안에 PDF 파일로 저장 후 감독위원에게 제출하고 시험위원 입회하에 본인이 직접 A3 용지에 2D, 3D 도면을 출력 하도록 합니다.

※ 2D 제출용 폴더명 예시 : 1_홍길동_2D (비번호_이름_2D)
※ 3D 제출용 폴더명 예시 : 1_홍길동_3D (비번호_이름_3D)
※ PDF 파일명 예시 : 1_홍길동_평면도 (비번호_이름_도면명)
※ 출력작업 시 출력 관련된 설정 외의 도면 수정작업 등은 할 수 없으며, 수정작업 등을 한 경우 실격 처리됩니다.
※ 수험자의 작도 잘못으로 도면이 출력이 안 되는 경우, 출력시간이 10분을 초과할 경우 는 실격 처리됩니다.
(출력시간은 시험시간에서 제외. 출력 기회는 2회 제공)

❷ PDF로 저장하기 위해 Ctrl+P를 입력하거나 플롯 아이콘을 클릭합니다. 평면도의 출력 설정을 그대로 사용하기 위해 '페이지 설정 이름'에서 〈이전 플롯〉을 선택합니다. 〈이전 플롯〉이 적용되지 않는 경우에는 2D 도면과 동일하게 설정합니다.

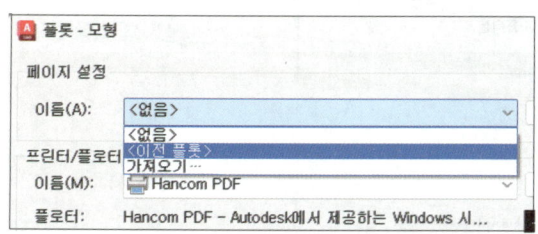

❸ 변경된 설정 항목을 확인하고 '윈도우' 버튼(①)을 클릭합니다. 실내투시도의 ②지점을 클릭하고 ③지점을 클릭합니다. '미리보기'로 출력 영역을 확인하고 '확인' 버튼을 클릭합니다.

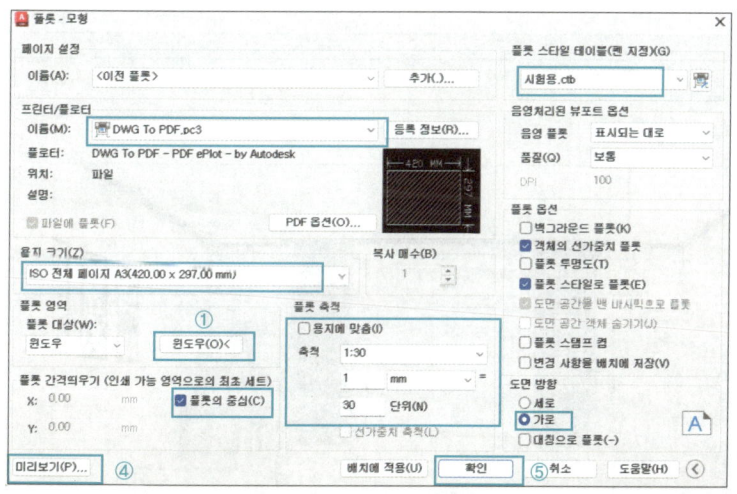

❹ 바탕화면의 '01_황두환_3D' 폴더에 '01_황두환_실내투시도' 이름으로 저장합니다.

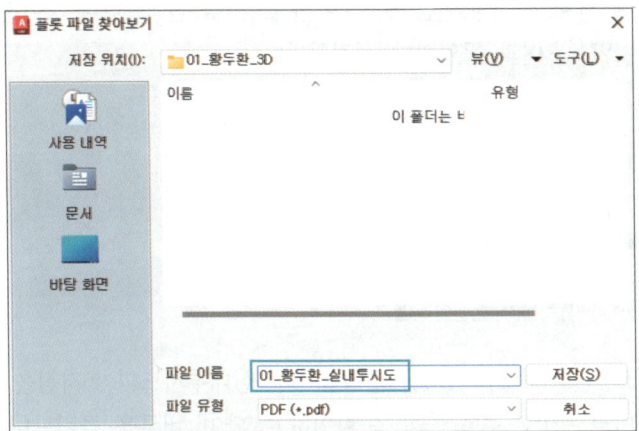

| 학습파일 | 완성파일\Part06\Ch06\3D\01_황두환_실내투시도 |

Section 09 A3 용지 출력

❶ 3D 모델링 제출 폴더를 감독위원에게 제출하고 시험위원 입회하에 2D 도면 PDF 3장과 3D 모델링(실내투시도) PDF 1장을 A3 용지로 출력합니다(출력 기회는 2회).
출력과정에서 수정은 할 수 없으며 출력시간은 10분입니다.

* 작업파일의 저장, 제출, 출력방식은 변경될 수 있으며 시험장 환경이나 감독관에 따라 조정될 수 있습니다.

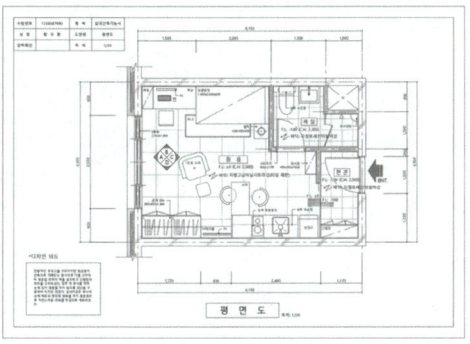
[평면도]

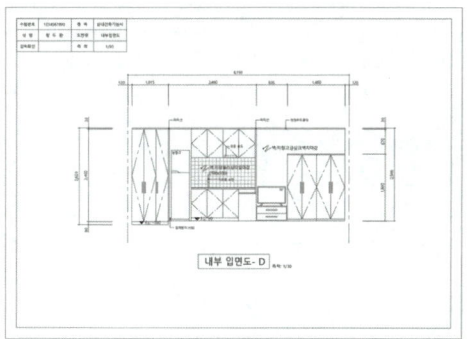
[내부 입면도-D]

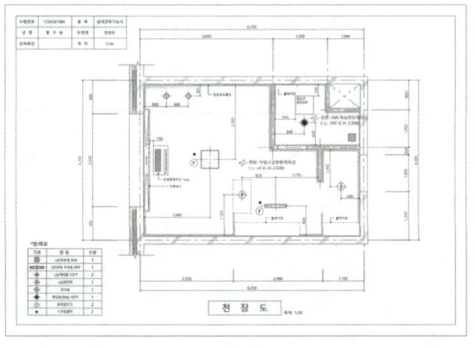
[천장도]

[실내투시도]

Craftsman Interior Architecture

PART 7

실내건축기능사 실기
예상문제

01 | **서 재**
02 | **부부침실**
03 | **식사실**
04 | **원룸형 주택 (A)**
05 | **원룸형 주택 (B)**
06 | **주거용 오피스텔 (A)**
07 | **주거용 오피스텔 (B)**

예상문제 01. 서 재

국가기술자격 실기시험문제

자격종목	실내건축기능사	과제명	서 재

※ 시험시간 : 5시간

1. 요구사항

※ 요구조건에 따라 건축 설계 프로그램을 사용하여 도면을 작도하고, PDF 파일로 변환하여 출력 후 작업물과 출력물을 제출하시오.

(1) 요구조건

개 요	용 도	• 서재
	인적 구성	• 40대 남성 변호사
제시도면 조건	설계면적	• 4,600mm×4,600mm×2,400mm(CH)
	출입문	• 900mm×2,100mm(H)
	이중창	• 1,500mm×1,500mm(H)
설계조건	외벽체	• 콘크리트 벽체/붉은벽돌 치장마감 [내부 마감재 임의 + THK 200mm 철근콘크리트 + THK 120mm 단열재 + 0.5B 붉은벽돌 마감]
	내벽체	• 콘크리트 벽체 [THK 200mm 철근콘크리트]
	필요 공간 및 집기	책장, 서랍장, 장식장, PC 책상 및 의자

※ 위 제시된 조건은 필수조건이며, 이외에 필요한 조건은 수험자가 임의로 추가할 수 있음.
   (주어지지 않은 치수는 수험자가 임의로 설정)

자격종목	실내건축기능사	과 제 명	서 재

(2) 요구도면

① 평면도(1장, 가구배치 및 바닥마감재 표기) – S : 1/30
  • 평면도 주변의 여유 공간에 설계(디자인) 의도를 200자 이내로 서술
② 내부 입면도(1장) – S : 1/30
  • B방향 1면(가구 배치 및 벽면재료 표기)
③ 천장도(1장) – S : 1/30
  • 설비, 조명기구 배치 및 범례표 작성/천장마감재 표기
④ 실내투시도(1장) – S : N.S
  • 계획의 포인트가 좋은 지점에서 1소점 또는 2소점 투시법으로 작성

(3) 기타 사항

① 도곽 작성
  • 아래 예시와 같이 도곽 및 표제란을 작성
  • 도곽 안에 요구도면이 들어가도록 작업 후 PDF 파일로 제출 및 출력(3D 작업 포함)

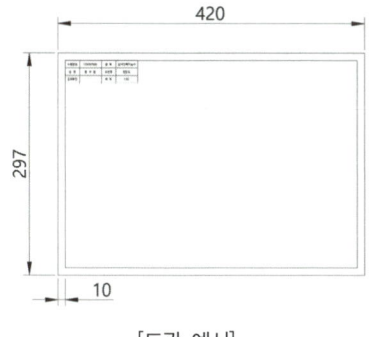

[도곽 예시]

[표제란 예시]

② 도면 배치 순서

2D 작업(흑백)			3D 작업(컬러)
첫째 장	둘째 장	셋째 장	넷째 장
평면도	내부 입면도	천장도	실내투시도

③ 2D 작업 선 두께

빨강(1)=0.05mm	노랑(2)=0.3mm	녹색(3)=0.25mm	하늘색(4)=0.2mm
파랑(5)=0.15mm	보라(6)=0.1mm	회색 1(8)=0.05mm	회색 2(9)=0.1mm

  • 선의 통일을 위해 제시된 조건으로 검은색 선의 PDF 파일로 제출

자격종목	실내건축기능사	과제명	서재

2. 수험자 유의사항

※ 다음 유의사항을 고려하여 요구사항을 완성하시오.

❶ 명기되지 않은 조건은 건축법, 건축구조 및 건축제도 원칙에 따릅니다.
❷ 시험 시작 후 제공된 폴더명을 본인 비번호로 바꾸고, 모든 파일은 해당 폴더 안에 저장하도록 합니다.
❸ 정전 및 기계 고장 등에 의한 자료손실을 방지하기 위하여 수시로 저장합니다.
❹ 2D 작업이 완료되면 2D 제출용 폴더를 생성하여 해당 폴더 안에 PDF 파일로 저장 후 감독위원에게 제출합니다. (2D 작업 PDF 제출이 완료된 이후 3D 작업을 실시)
❺ 3D 작업이 완료되면 3D 제출용 폴더를 생성하여 해당 폴더 안에 PDF 파일로 저장 후 감독위원에게 제출하고, 시험위원 입회하에 본인이 직접 A3 용지에 2D, 3D 도면을 출력하도록 합니다.

※ 2D 제출용 폴더명 예시: 1_홍길동_2D (비번호_이름_2D)
※ 3D 제출용 폴더명 예시: 1_홍길동_3D (비번호_이름_3D)
※ PDF 파일명 예시: 1_홍길동_평면도 (비번호_이름_도면명)
※ 출력작업 시 출력 관련된 설정 외의 도면 수정작업 등은 할 수 없으며, 수정작업 등을 한 경우 실격 처리됩니다.
※ 수험자의 작도 잘못으로 도면이 출력되지 않는 경우, 출력시간이 10분을 초과할 경우는 실격 처리됩니다(출력시간은 시험시간에서 제외, 출력 기회는 2회 제공).

❻ 시험장의 장비(시설) 등이 파손되거나 고장 나지 않도록 유의하여 작업하도록 합니다.
❼ 다음 사항은 실격에 해당하여 채점 대상에서 제외됩니다.
  ㉠ 시험시간 내에 요구사항을 완성하지 못한 경우
  ㉡ 시험시간 내에 제출된 작품이라도 다음과 같은 경우
    • 구조적·기능적으로 사용 불가능한 도면이 1개라도 있을 경우
    • 주어진 조건을 지키지 않고 작도한 경우
  ㉢ 기타 채점대상에서 제외되는 조건
    • 지급된 재료 이외의 재료를 사용한 경우
    • 제공된 자료 이외에 블록, 오브젝트, 프로그램(리습, 루비 등)을 별도로 사전에 지참하여 사용하는 경우
    • 시험 중 시설·장비의 조작 또는 재료의 취급이 미숙하여 위해를 일으킬 것으로 시험위원 전원이 합의하여 판단한 경우

| 자격종목 | 실내건축기능사 | 과 제 명 | 서 재 | 척 도 | NONE |

3. 도면

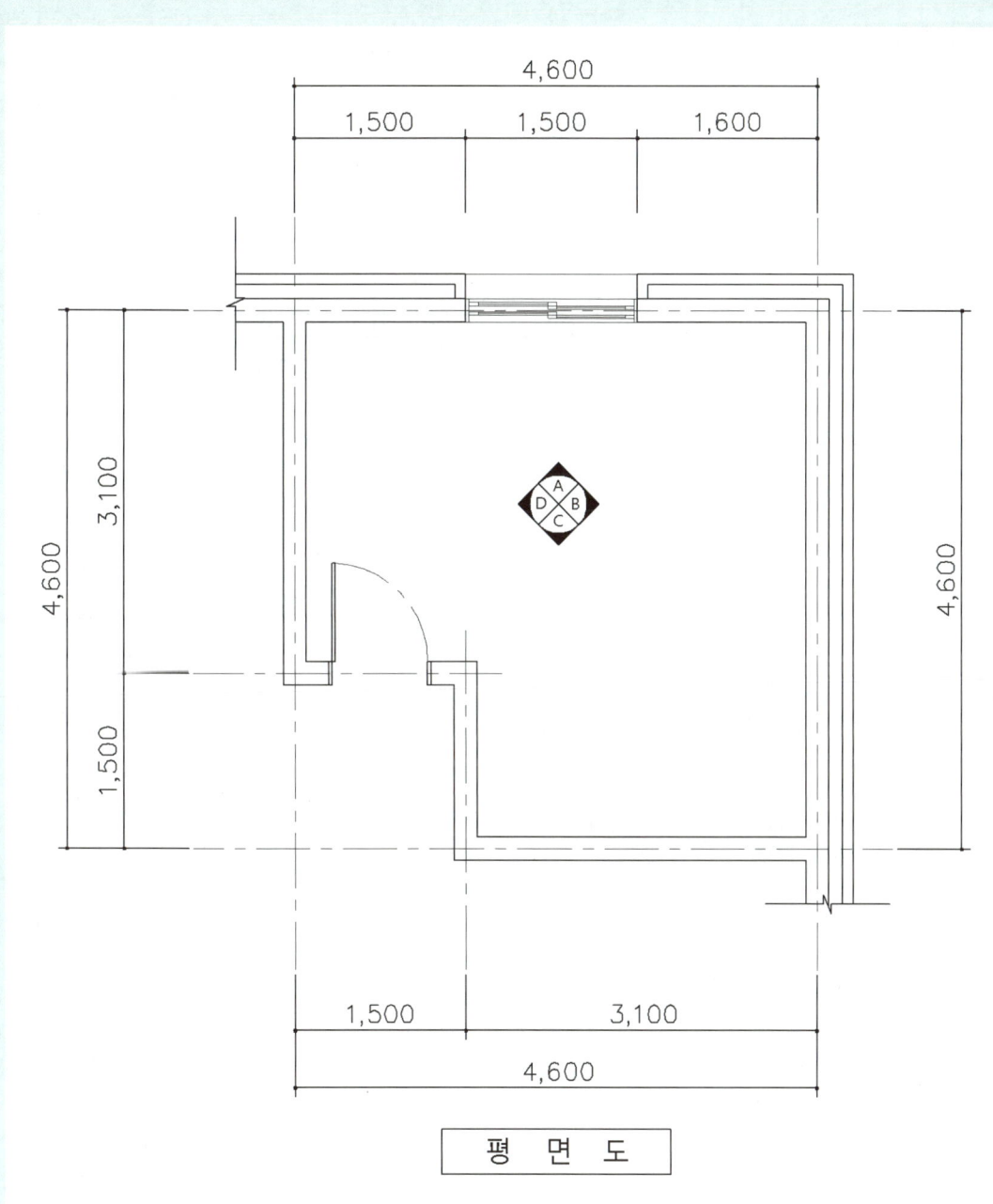

평 면 도

• 답안 도면1 – 평면도

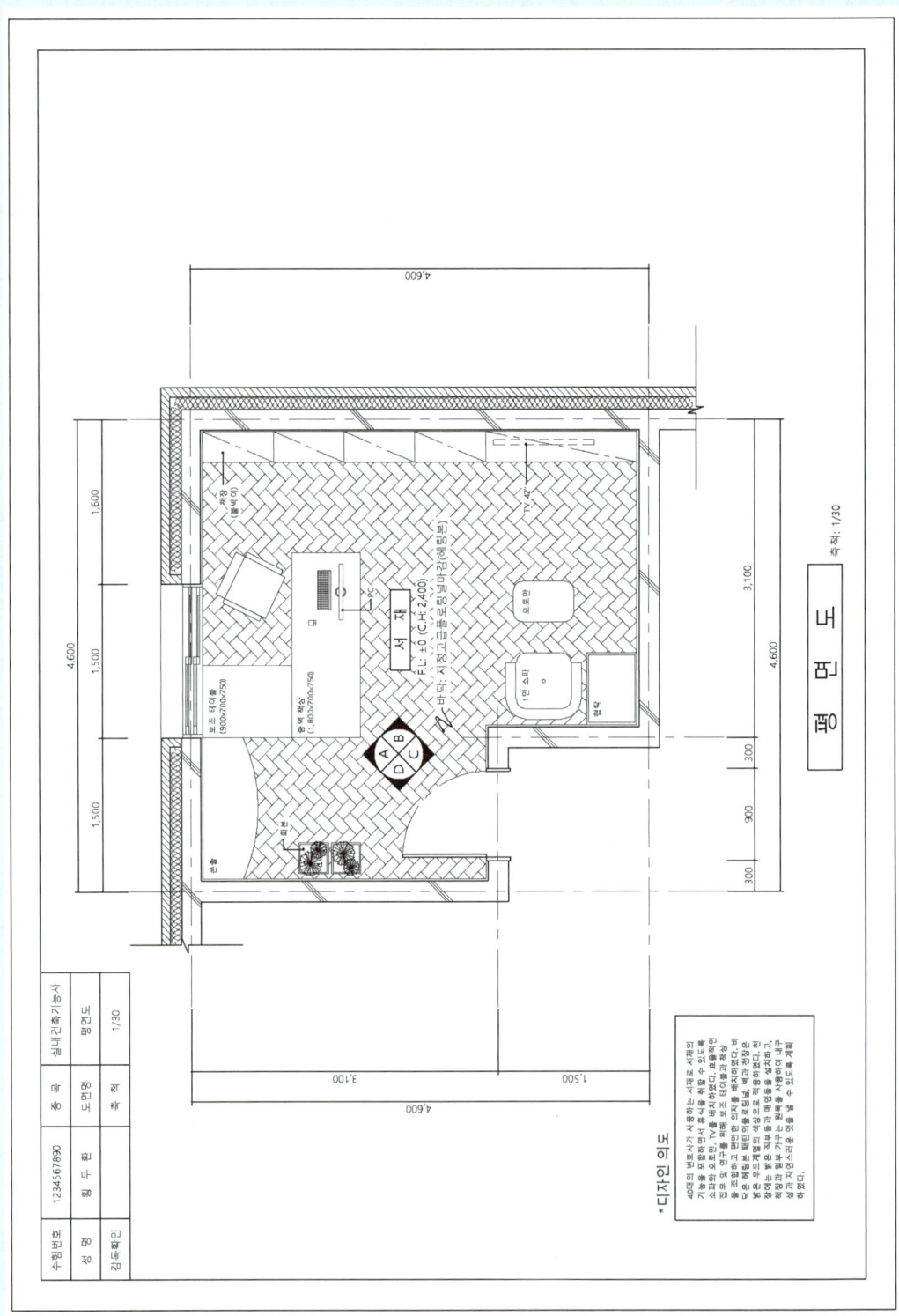

• 답안 도면2 - 내부 입면도

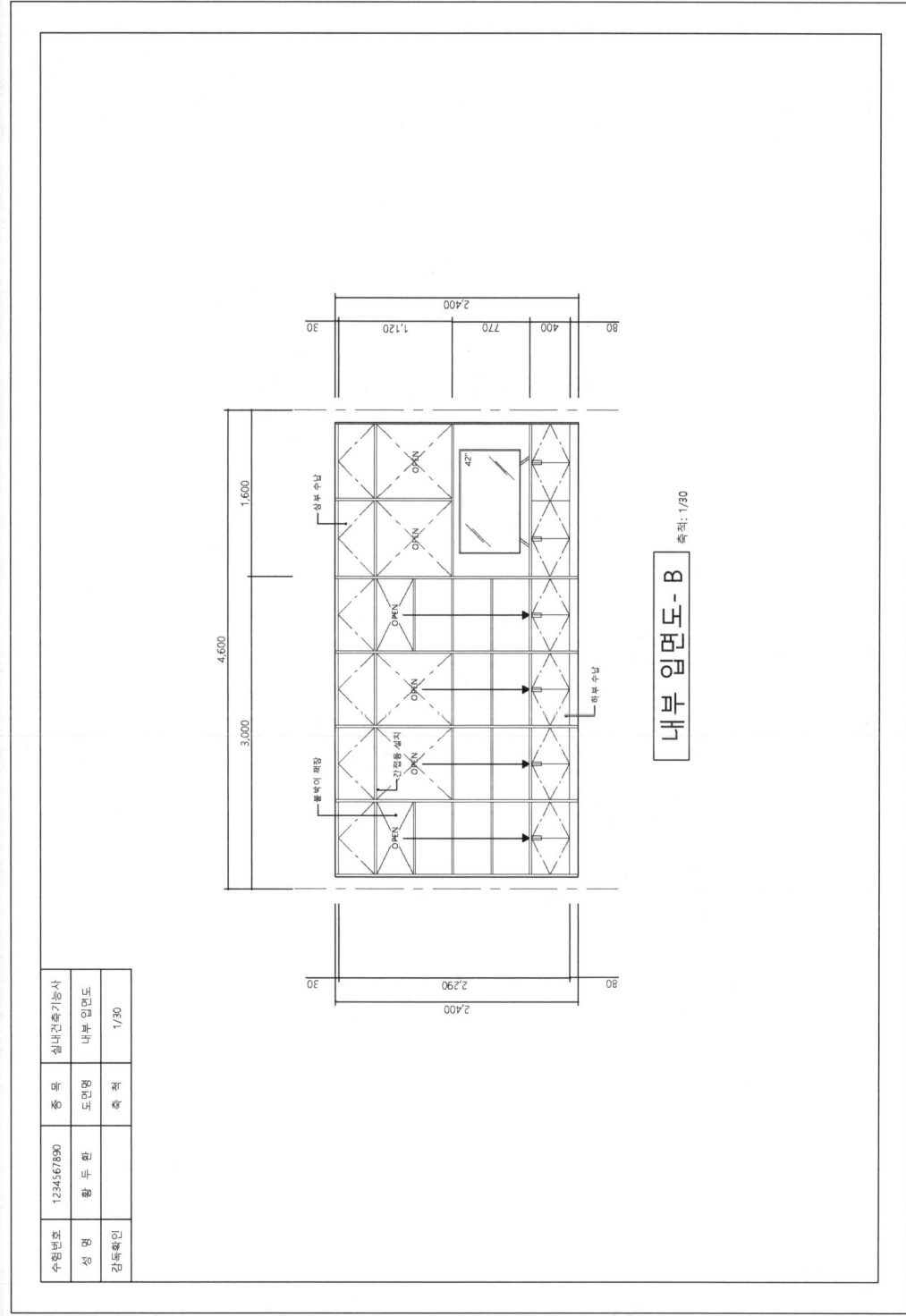

• 답안 도면3 – 천장도

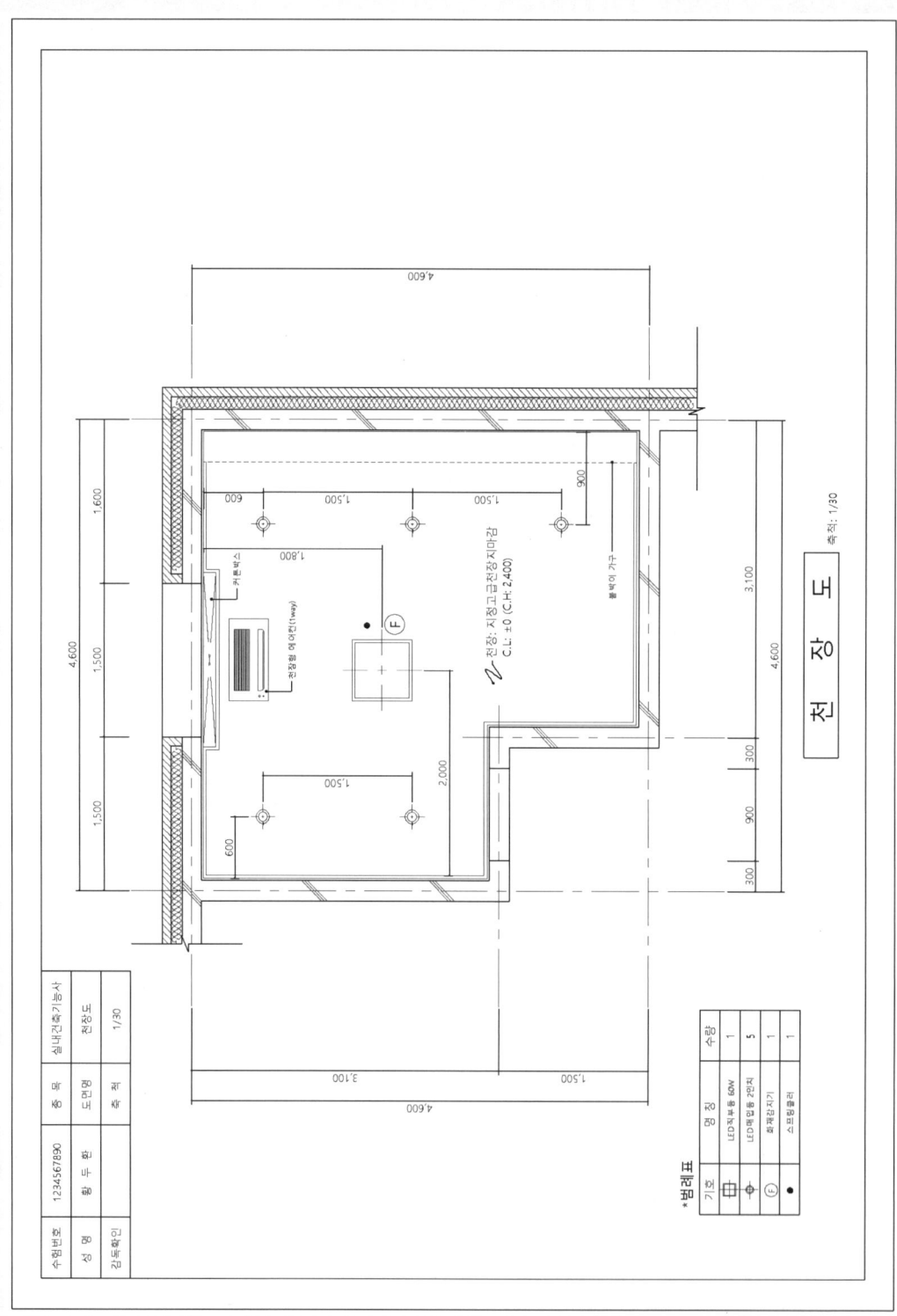

• 답안 도면4 - 실내투시도

예상문제 02. 부부침실

국가기술자격 실기시험문제

자격종목	실내건축기능사	과 제 명	부부침실

※ 시험시간 : 5시간

1. 요구사항

※ 요구조건에 따라 건축 설계 프로그램을 사용하여 도면을 작도하고, PDF 파일로 변환하여 출력 후 작업물과 출력물을 제출하시오.

(1) 요구조건

개 요	용 도	• 부부침실
	인적 구성	• 30대 신혼부부
제시도면 조건	설계면적	• 4,800mm×4,500mm×2,350mm(CH)
	출입문	• 900mm×2,100mm(H)
	이중창	• 1,500mm×1,200mm(H)
	외벽체	• 시멘트벽돌 벽체/붉은벽돌 치장마감 [내부 마감재 임의 + 1.0B 시멘트벽돌 + THK 120mm 단열재 + 0.5B 붉은벽돌 마감]
	내벽체	• 시멘트벽돌 벽체 [1.0B 벽돌 쌓기]
설계조건	필요 공간 및 집기	침대, 옷장, 화장대, 책장

※ 위 제시된 조건은 필수조건이며, 이외에 필요한 조건은 수험자가 임의로 추가할 수 있음.
  (주어지지 않은 치수는 수험자가 임의로 설정)

실내건축기능사 실기

| 자격종목 | 실내건축기능사 | 과 제 명 | 부부침실 |

(2) 요구도면

① 평면도(1장, 가구배치 및 바닥마감재 표기) – S: 1/30
  • 평면도 주변의 여유 공간에 설계(디자인) 의도를 200자 이내로 서술
② 내부 입면도(1장) – S: 1/30
  • B방향 1면(가구 배치 및 벽면재료 표기)
③ 천장도(1장) – S: 1/30
  • 설비, 조명기구 배치 및 범례표 작성/천장마감재 표기
④ 실내투시도(1장) – S: N.S
  • A방향을 정면으로 바라보는 시점에서 1소점 또는 2소점 투시법으로 작성

(3) 기타 사항

① 도곽 작성
  • 아래 예시와 같이 도곽 및 표제란을 작성
  • 도곽 안에 요구도면이 들어가도록 작업 후 PDF 파일로 제출 및 출력(3D 작업 포함)

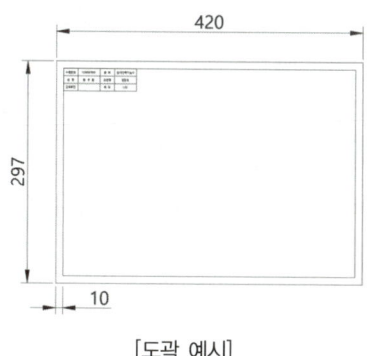

[도곽 예시]

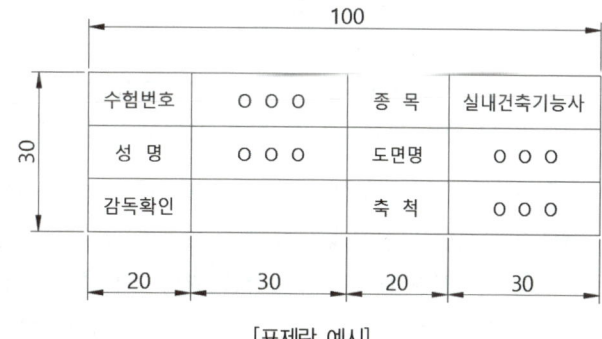

[표제란 예시]

② 도면 배치 순서

2D 작업(흑백)			3D 작업(컬러)
첫째 장	둘째 장	셋째 장	넷째 장
평면도	내부 입면도	천장도	실내투시도

③ 2D 작업 선 두께

빨강(1)=0.05mm	노랑(2)=0.3mm	녹색(3)=0.25mm	하늘색(4)=0.2mm
파랑(5)=0.15mm	보라(6)=0.1mm	회색 1(8)=0.05mm	회색 2(9)=0.1mm

• 선의 통일을 위해 제시된 조건으로 검은색 선의 PDF 파일로 제출

자격종목	실내건축기능사	과제명	부부침실

2. 수험자 유의사항

※ 다음 유의사항을 고려하여 요구사항을 완성하시오.

❶ 명기되지 않은 조건은 건축법, 건축구조 및 건축제도 원칙에 따릅니다.
❷ 시험 시작 후 제공된 폴더명을 본인 비번호로 바꾸고, 모든 파일은 해당 폴더 안에 저장하도록 합니다.
❸ 정전 및 기계 고장 등에 의한 자료손실을 방지하기 위하여 수시로 저장합니다.
❹ 2D 작업이 완료되면 2D 제출용 폴더를 생성하여 해당 폴더 안에 PDF 파일로 저장 후 감독위원에게 제출합니다. (2D 작업 PDF 제출이 완료된 이후 3D 작업을 실시)
❺ 3D 작업이 완료되면 3D 제출용 폴더를 생성하여 해당 폴더 안에 PDF 파일로 저장 후 감독위원에게 제출하고, 시험위원 입회하에 본인이 직접 A3 용지에 2D, 3D 도면을 출력하도록 합니다.

※ 2D 제출용 폴더명 예시: 1_홍길동_2D (비번호_이름_2D)
※ 3D 제출용 폴더명 예시: 1_홍길동_3D (비번호_이름_3D)
※ PDF 파일명 예시: 1_홍길동_평면도 (비번호_이름_도면명)
※ 출력작업 시 출력 관련된 설정 외의 도면 수정작업 등은 할 수 없으며, 수정작업 등을 한 경우 실격 처리됩니다.
※ 수험자의 작도 잘못으로 도면이 출력되지 않는 경우, 출력시간이 10분을 초과할 경우는 실격 처리됩니다(출력시간은 시험시간에서 제외, 출력 기회는 2회 제공).

❻ 시험장의 장비(시설) 등이 파손되거나 고장 나지 않도록 유의하여 작업하도록 합니다.
❼ 다음 사항은 실격에 해당하여 채점 대상에서 제외됩니다.
  ㉠ 시험시간 내에 요구사항을 완성하지 못한 경우
  ㉡ 시험시간 내에 제출된 작품이라도 다음과 같은 경우
    • 구조적·기능적으로 사용 불가능한 도면이 1개라도 있을 경우
    • 주어진 조건을 지키지 않고 작도한 경우
  ㉢ 기타 채점대상에서 제외되는 조건
    • 지급된 재료 이외의 재료를 사용한 경우
    • 제공된 자료 이외에 블록, 오브젝트, 프로그램(리습, 루비 등)을 별도로 사전에 지참하여 사용하는 경우
    • 시험 중 시설·장비의 조작 또는 재료의 취급이 미숙하여 위해를 일으킬 것으로 시험위원 전원이 합의하여 판단한 경우

| 자격종목 | 실내건축기능사 | 과 제 명 | 부부침실 | 척 도 | NONE |

3. 도면

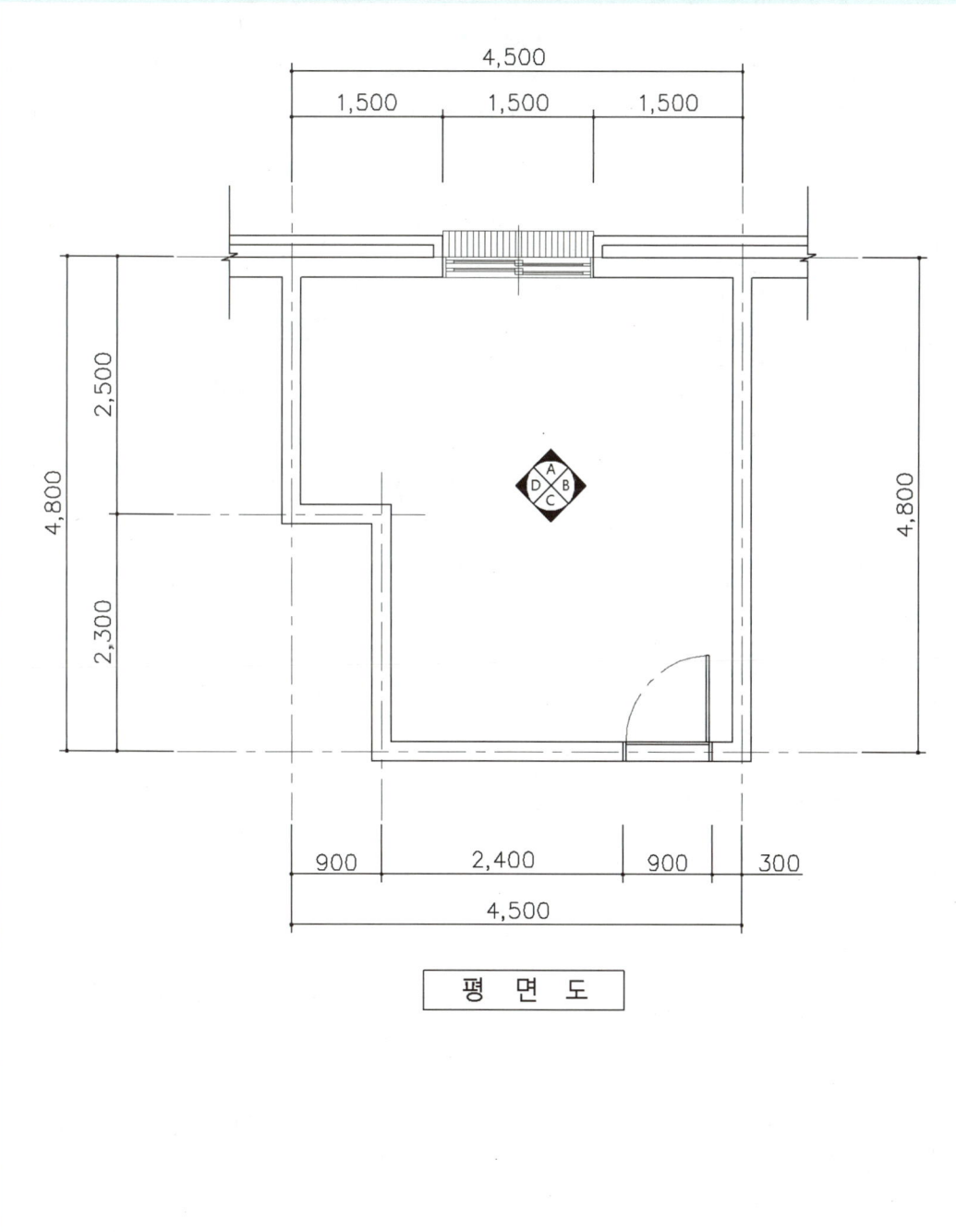

평 면 도

답안 도면1 - 평면도

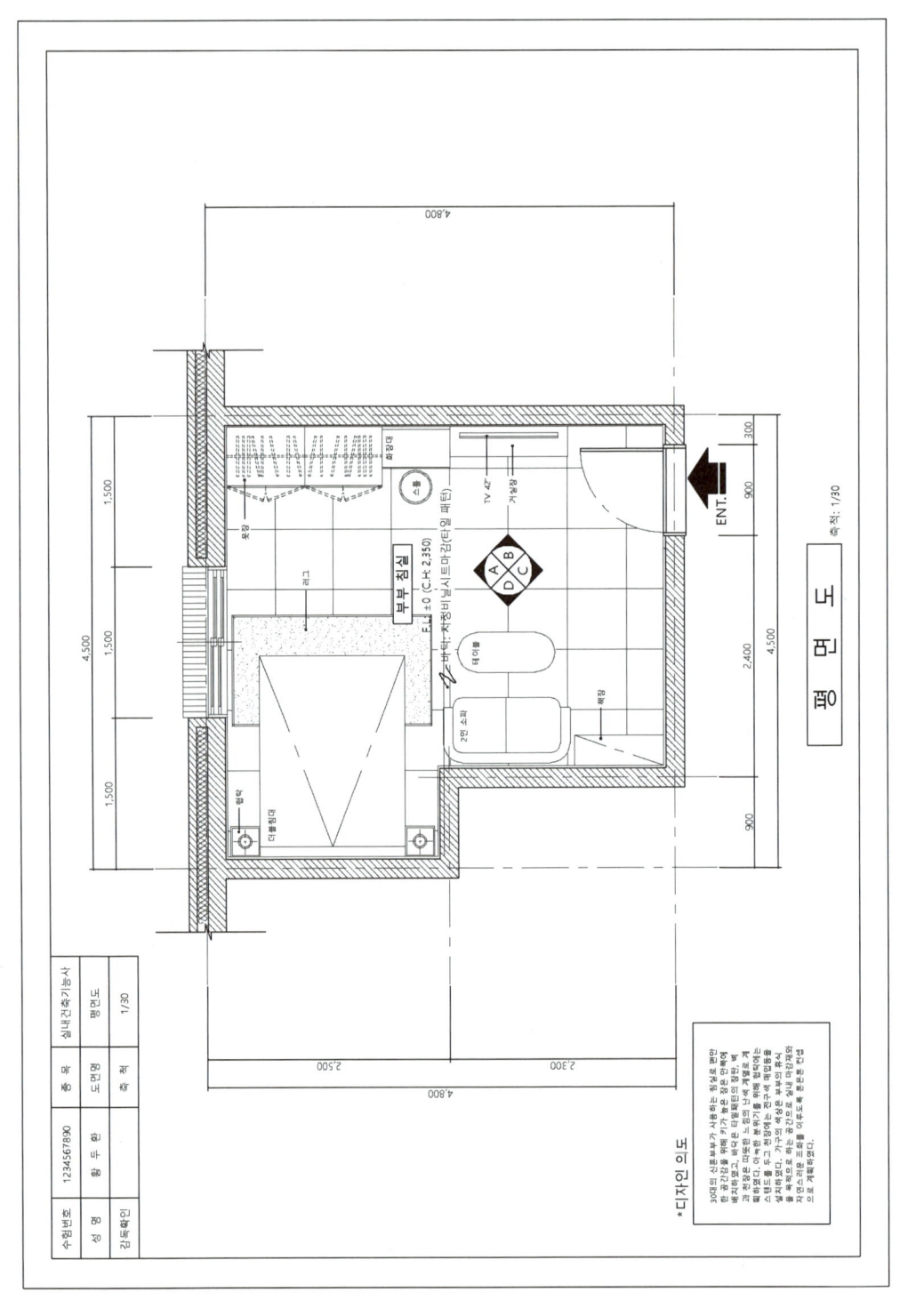

• 답안 도면2 – 내부 입면도

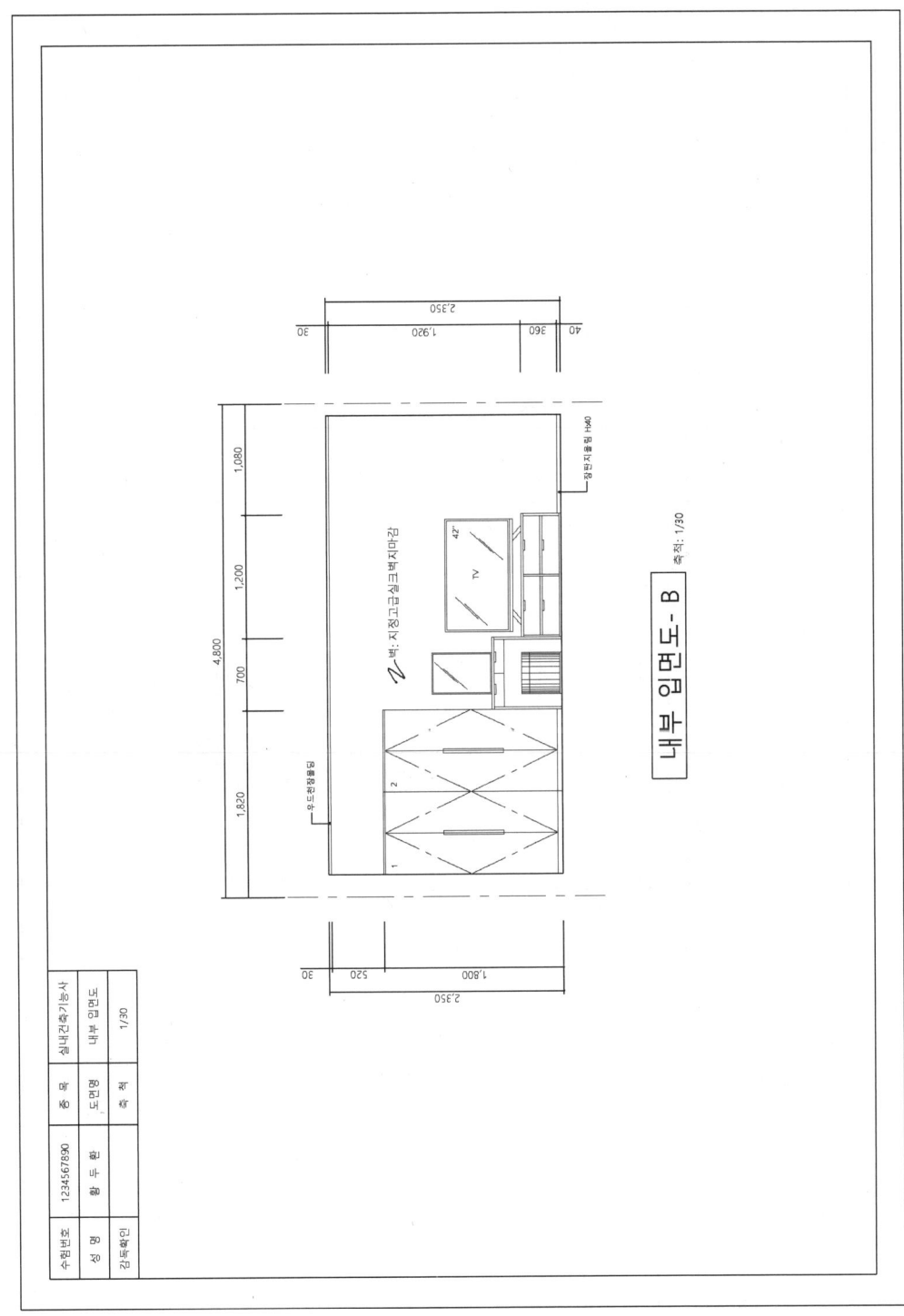

• 답안 도면3 – 천장도

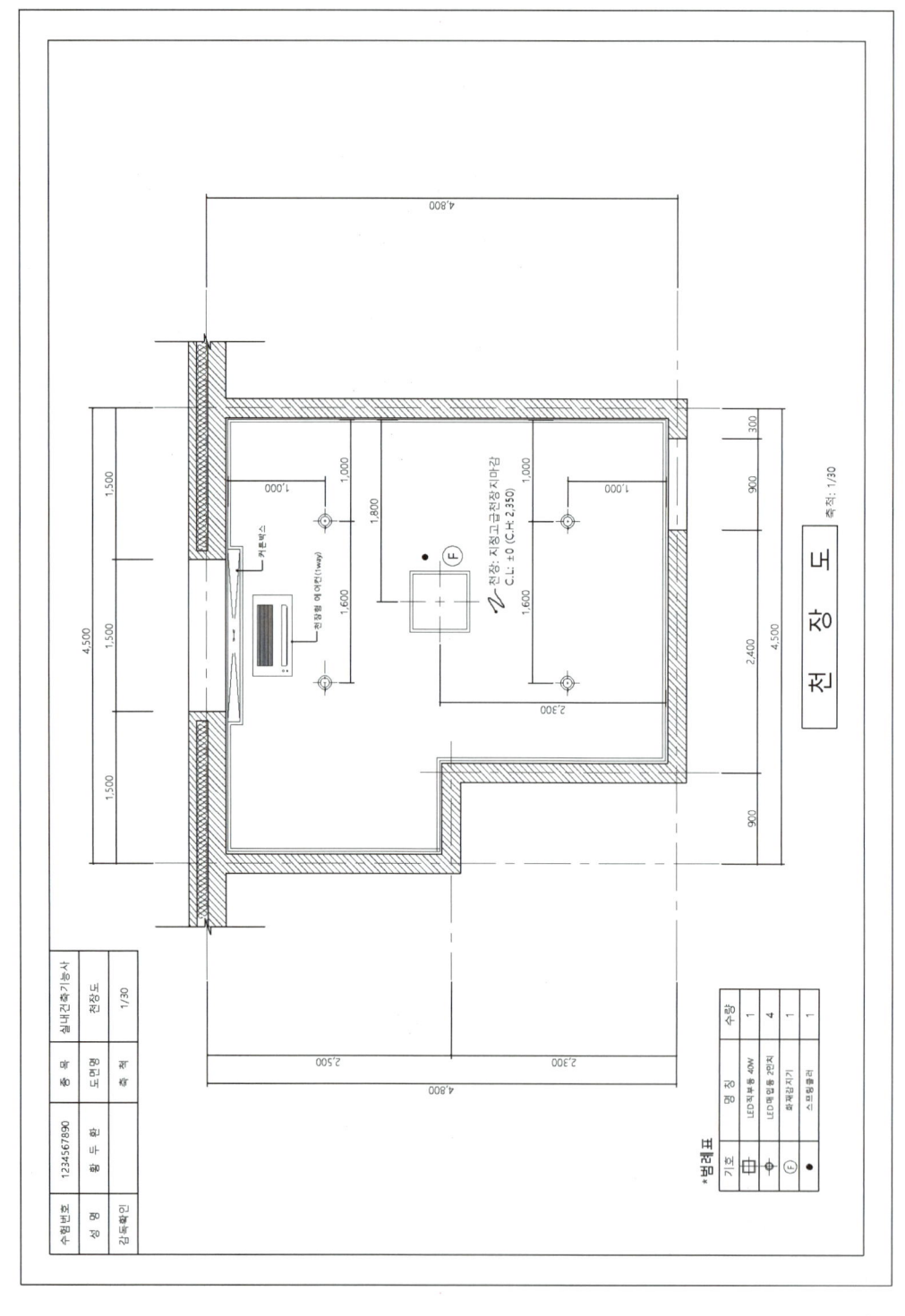

• 답안 도면4 - 실내투시도

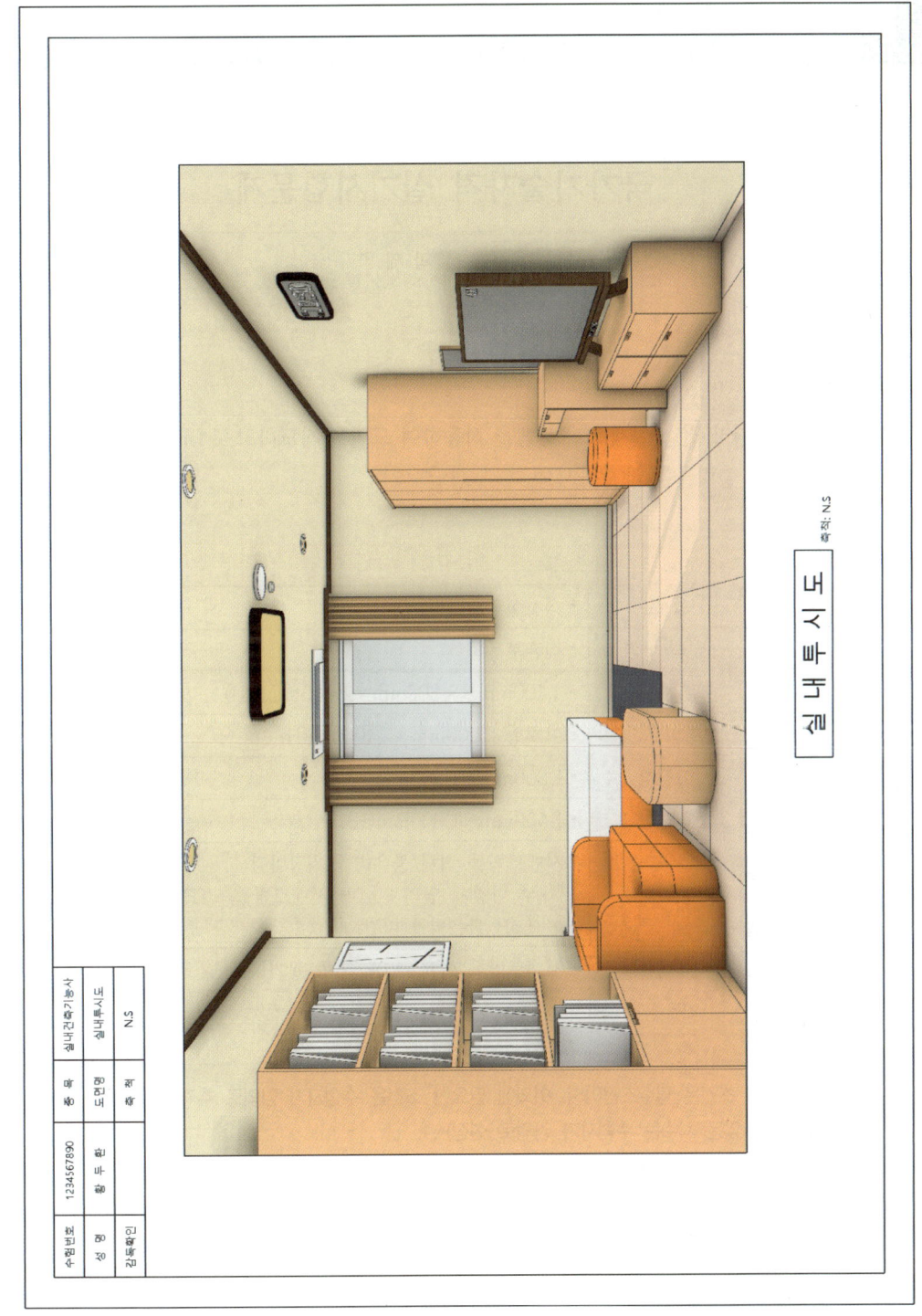

예상문제 03. 식사실

국가기술자격 실기시험문제

자격종목	실내건축기능사	과 제 명	식사실

※ 시험시간 : 5시간

1. 요구사항

※ 요구조건에 따라 건축 설계 프로그램을 사용하여 도면을 작도하고, PDF 파일로 변환하여 출력 후 작업물과 출력물을 제출하시오.

(1) 요구조건

개 요	용 도	• 식사실
	인적 구성	• 신혼부부
제시도면 조건	설계면적	• 4,100mm × 3,800mm × 2,400mm(CH)
	입구	• 아치형 2,100mm × 2,100mm(H)
	고정창	• 1,800mm × 1,200mm(H)
	이중창	• 1,500mm × 1,800mm(H)
	외벽체	• 시멘트벽돌 벽체/붉은벽돌 치장마감 [내부 마감재 임의 + 1.0B 시멘트벽돌 + THK 100mm 단열재 + 0.5B 붉은벽돌 마감]
	내벽체	• 시멘트벽돌 벽체 [1.0B 벽돌 쌓기]
설계조건	필요 공간 및 집기	식탁(4인용), 장식장, 수납장

※ 위 제시된 조건은 필수조건이며, 이외에 필요한 조건은 수험자가 임의로 추가할 수 있음.
 (주어지지 않은 치수는 수험자가 임의로 설정)

| 자격종목 | 실내건축기능사 | 과 제 명 | 식사실 |

(2) 요구도면

① 평면도(1장, 가구배치 및 바닥마감재 표기) – S : 1/30
 • 평면도 주변의 여유 공간에 설계(디자인) 의도를 200자 이내로 서술
② 내부 입면도(1장) – S : 1/30
 • A방향 1면(가구 배치 및 벽면재료 표기)
③ 천장도(1장) – S : 1/30
 • 설비, 조명기구 배치 및 범례표 작성/천장마감재 표기
④ 실내투시도(1장) – S : N.S
 • 계획의 포인트가 좋은 지점에서 1소점 또는 2소점 투시법으로 작성

(3) 기타사항

① 도곽 작성
 • 아래 예시와 같이 도곽 및 표제란을 작성
 • 도곽 안에 요구도면이 들어가도록 작업 후 PDF 파일로 제출 및 출력(3D 작업 포함)

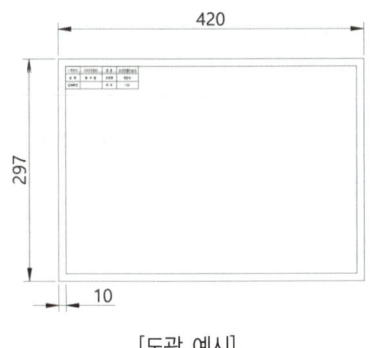

[도곽 예시]

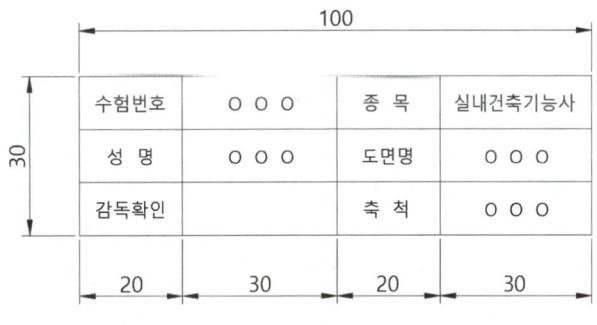

[표제란 예시]

② 도면 배치 순서

2D 작업(흑백)			3D 작업(컬러)
첫째 장	둘째 장	셋째 장	넷째 장
평면도	내부 입면도	천장도	실내투시도

③ 2D 작업 선 두께

빨강(1)=0.05mm	노랑(2)=0.3mm	녹색(3)=0.25mm	하늘색(4)=0.2mm
파랑(5)=0.15mm	보라(6)=0.1mm	회색1(8)=0.05mm	회색2(9)=0.1mm

 • 선의 통일을 위해 제시된 조건으로 검은색 선의 PDF 파일로 제출

자격종목	실내건축기능사	과제명	식사실

2. 수험자 유의사항

※ 다음 유의사항을 고려하여 요구사항을 완성하시오.

❶ 명기되지 않은 조건은 건축법, 건축구조 및 건축제도 원칙에 따릅니다.
❷ 시험 시작 후 제공된 폴더명을 본인 비번호로 바꾸고, 모든 파일은 해당 폴더 안에 저장하도록 합니다.
❸ 정전 및 기계 고장 등에 의한 자료손실을 방지하기 위하여 수시로 저장합니다.
❹ 2D 작업이 완료되면 2D 제출용 폴더를 생성하여 해당 폴더 안에 PDF 파일로 저장 후 감독위원에게 제출합니다. (2D 작업 PDF 제출이 완료된 이후 3D 작업을 실시)
❺ 3D 작업이 완료되면 3D 제출용 폴더를 생성하여 해당 폴더 안에 PDF 파일로 저장 후 감독위원에게 제출하고, 시험위원 입회하에 본인이 직접 A3 용지에 2D, 3D 도면을 출력하도록 합니다.

※ 2D 제출용 폴더명 예시: 1_홍길동_2D (비번호_이름_2D)
※ 3D 제출용 폴더명 예시: 1_홍길동_3D (비번호_이름_3D)
※ PDF 파일명 예시: 1_홍길동_평면도 (비번호_이름_도면명)
※ 출력작업 시 출력 관련된 설정 외의 도면 수정작업 등은 할 수 없으며, 수정작업 등을 한 경우 실격 처리됩니다.
※ 수험자의 작도 잘못으로 도면이 출력되지 않는 경우, 출력시간이 10분을 초과할 경우는 실격 처리됩니다(출력시간은 시험시간에서 제외, 출력 기회는 2회 제공).

❻ 시험장의 장비(시설) 등이 파손되거나 고장 나지 않도록 유의하여 작업하도록 합니다.
❼ 다음 사항은 실격에 해당하여 채점 대상에서 제외됩니다.
  ㉠ 시험시간 내에 요구사항을 완성하지 못한 경우
  ㉡ 시험시간 내에 제출된 작품이라도 다음과 같은 경우
    • 구조적·기능적으로 사용 불가능한 도면이 1개라도 있을 경우
    • 주어진 조건을 지키지 않고 작도한 경우
  ㉢ 기타 채점대상에서 제외되는 조건
    • 지급된 재료 이외의 재료를 사용한 경우
    • 제공된 자료 이외에 블록, 오브젝트, 프로그램(리습, 루비 등)을 별도로 사전에 지참하여 사용하는 경우
    • 시험 중 시설·장비의 조작 또는 재료의 취급이 미숙하여 위해를 일으킬 것으로 시험위원 전원이 합의하여 판단한 경우

| 자격종목 | 실내건축기능사 | 과제명 | 식사실 | 척도 | NONE |

3. 도면

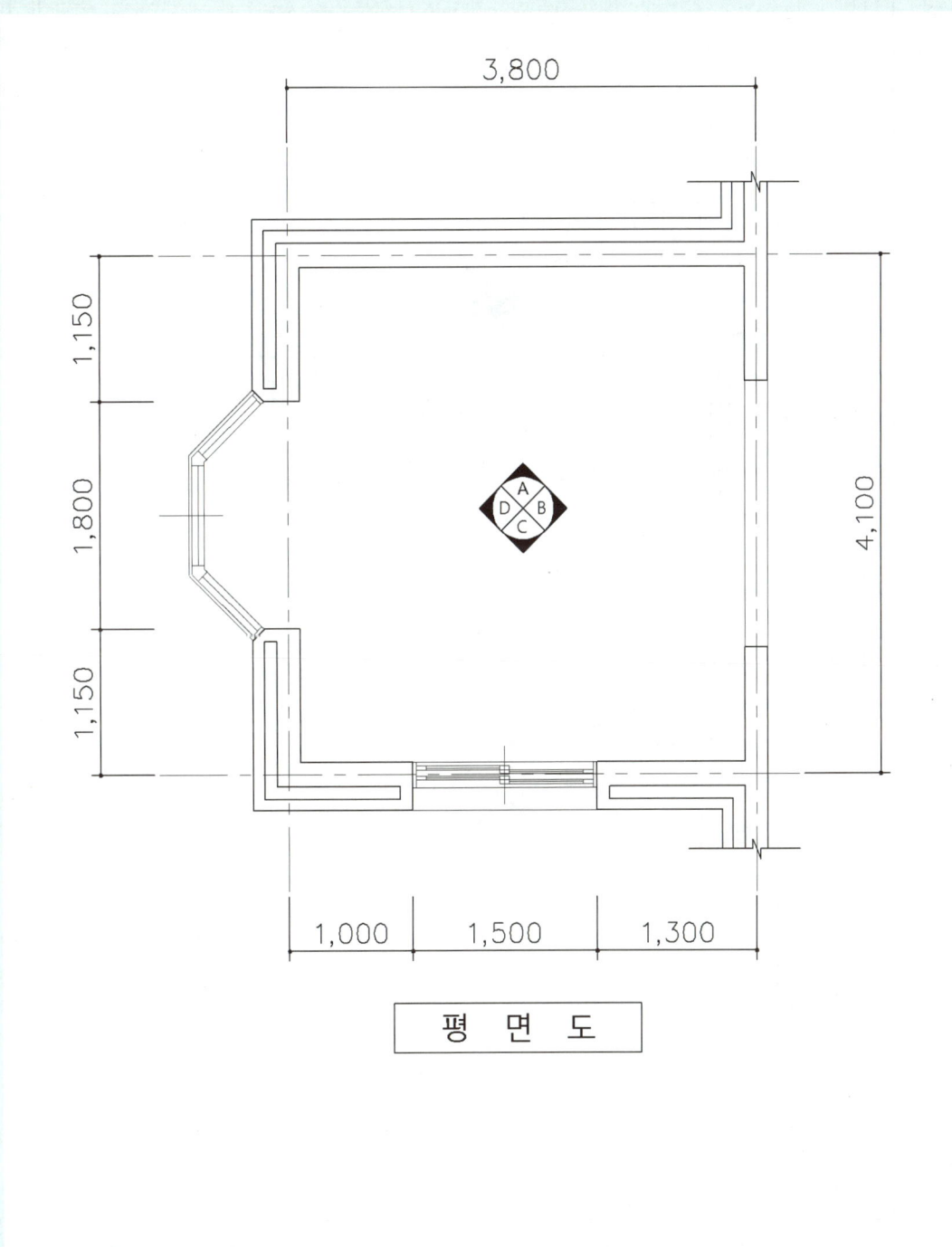

평 면 도

• 답안 도면1 – 평면도

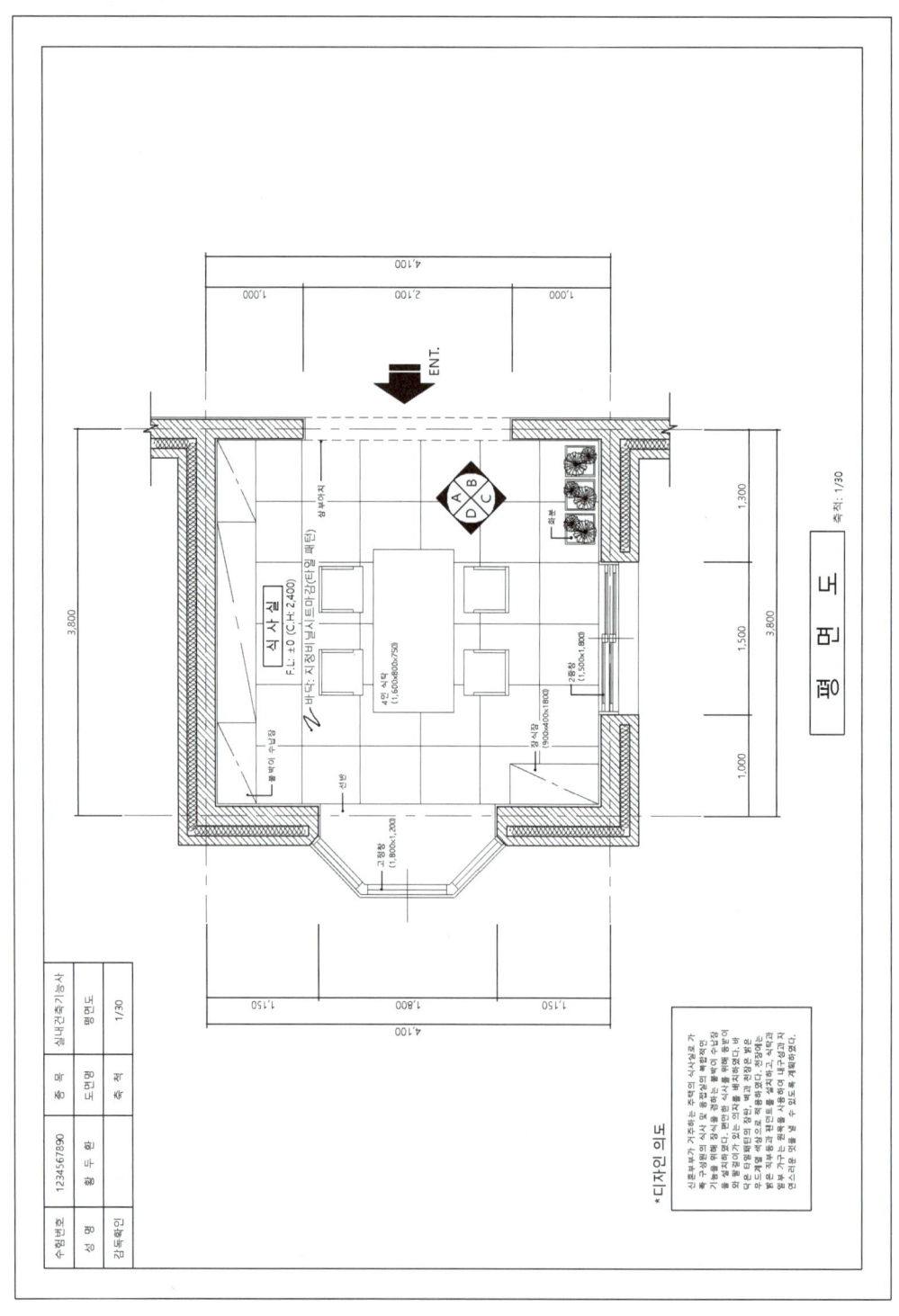

• 답안 도면2 – 내부 입면도

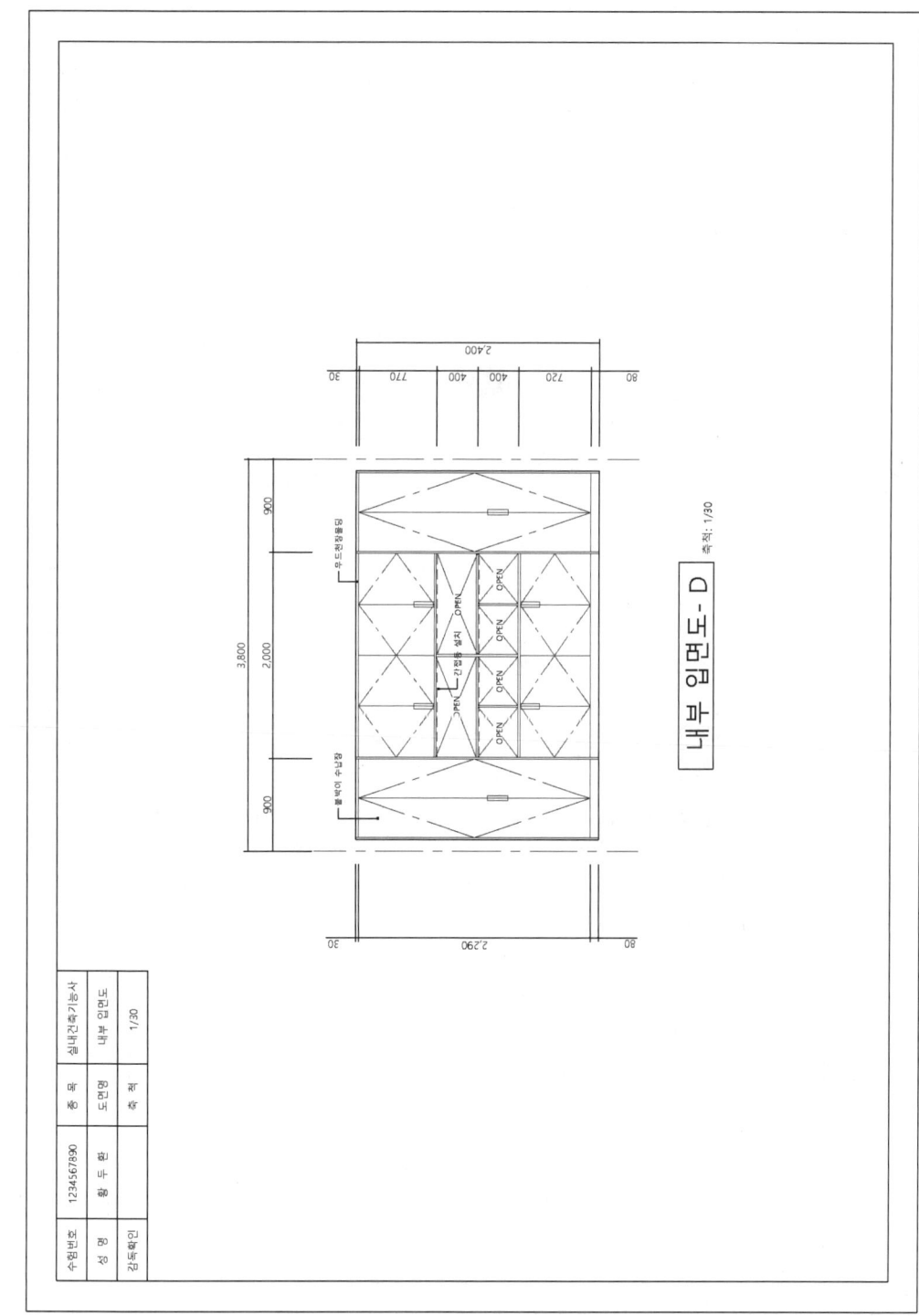

• 답안 도면3 - 천장도

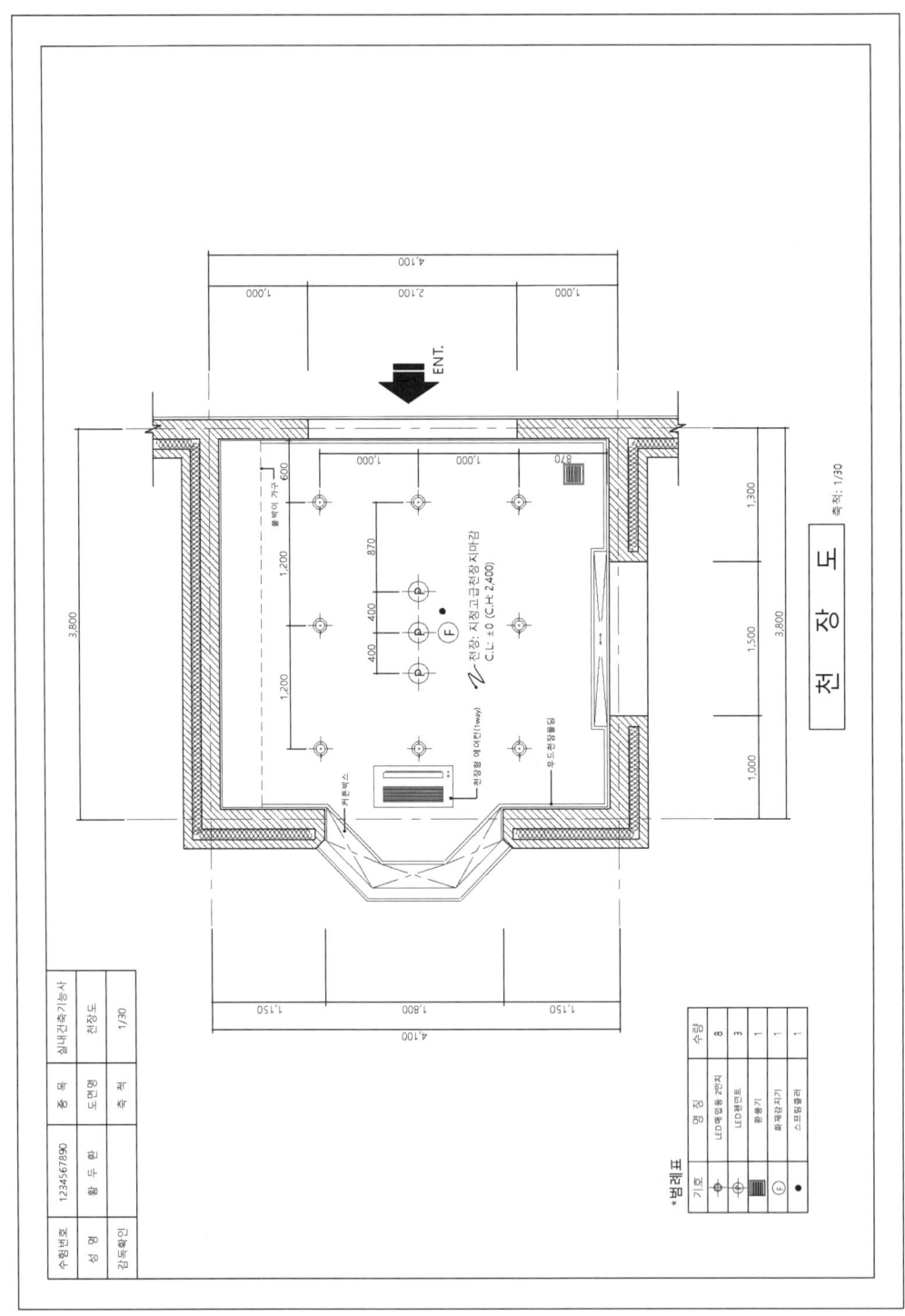

• 답안 도면 4 – 실내투시도

예상문제 04. 원룸형 주택 (A)

국가기술자격 실기시험문제

자격종목	실내건축기능사	과 제 명	원룸형 주택(A)

※ 시험시간 : 5시간

1. 요구사항

※ 요구조건에 따라 건축 설계 프로그램을 사용하여 도면을 작도하고, PDF 파일로 변환하여 출력 후 작업물과 출력물을 제출하시오.

(1) 요구조건

개 요	용 도	• 원룸형 주택
	인적 구성	• 30대 독신 남성
제시도면 조건	설계면적	• 6,600mm×4,500mm×2,400mm(CH)
	출입문	• 1,000mm×2,100mm(H)
	화장실문	• 700mm×2,000mm(H)
	이중창문	• 1,800mm×1,200mm(H)
	외벽체	• 시멘트벽돌 벽체/붉은벽돌 치장마감 [내부 마감재 임의 + 1.0B 시멘트벽돌 + THK 100mm 단열재 + 0.5B 붉은벽돌 마감]
	내벽체	• 시멘트벽돌 벽체 [1.0B 벽돌 쌓기]
설계조건	필요 공간 및 집기	• 싱글침대 • 2인용 식탁 • 1인용 소파 및 테이블 • 신발장 • 옷장, 책장 • TV 및 오디오 장식장 • 컴퓨터 및 책상 • 취사 및 주방도구

※ 위 제시된 조건은 필수조건이며, 이외에 필요한 조건은 수험자가 임의로 추가할 수 있음.
  (주어지지 않은 치수는 수험자가 임의로 설정)

| 자격종목 | 실내건축기능사 | 과 제 명 | 원룸형 주택(A) |

(2) 요구도면

① 평면도(1장, 가구배치 및 바닥마감재 표기) – S: 1/30
  • 평면도 주변의 여유 공간에 설계(디자인) 의도를 200자 이내로 서술
② 내부 입면도(1장) – S: 1/30
  • A방향 1면(가구 배치 및 벽면재료 표기)
③ 천장도(1장) – S: 1/30
  • 설비, 조명기구 배치 및 범례표 작성/천장마감재 표기
④ 실내투시도(1장) – S: N.S
  • 계획의 포인트가 좋은 지점에서 1소점 또는 2소점 투시법으로 작성

(3) 기타 사항

① 도곽 작성
  • 아래 예시와 같이 도곽 및 표제란을 작성
  • 도곽 안에 요구도면이 들어가도록 작업 후 PDF 파일로 제출 및 출력(3D 작업 포함)

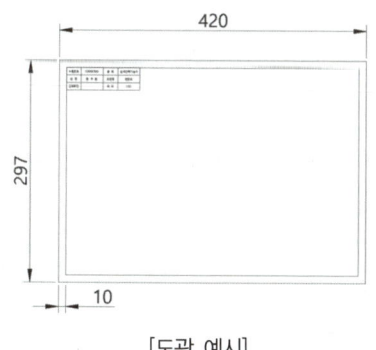

[도곽 예시]

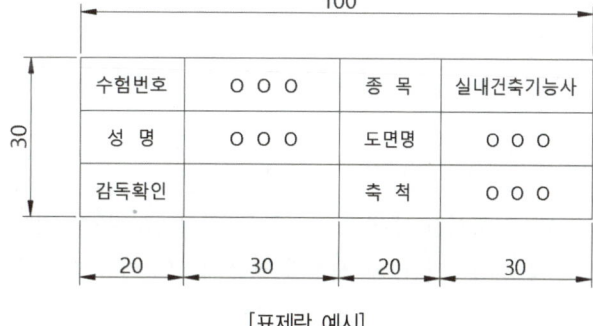

[표제란 예시]

② 도면 배치 순서

2D 작업(흑백)			3D 작업(컬러)
첫째 장	둘째 장	셋째 장	넷째 장
평면도	내부 입면도	천장도	실내투시도

③ 2D 작업 선 두께

빨강(1)=0.05mm	노랑(2)=0.3mm	녹색(3)=0.25mm	하늘색(4)=0.2mm
파랑(5)=0.15mm	보라(6)=0.1mm	회색 1(8)=0.05mm	회색 2(9)=0.1mm

  • 선의 통일을 위해 제시된 조건으로 검은색 선의 PDF 파일로 제출

| 자격종목 | 실내건축기능사 | 과 제 명 | 원룸형 주택(A) |

2. 수험자 유의사항

※ 다음 유의사항을 고려하여 요구사항을 완성하시오.

❶ 명기되지 않은 조건은 건축법, 건축구조 및 건축제도 원칙에 따릅니다.
❷ 시험 시작 후 제공된 폴더명을 본인 비번호로 바꾸고, 모든 파일은 해당 폴더 안에 저장하도록 합니다.
❸ 정전 및 기계 고장 등에 의한 자료손실을 방지하기 위하여 수시로 저장합니다.
❹ 2D 작업이 완료되면 2D 제출용 폴더를 생성하여 해당 폴더 안에 PDF 파일로 저장 후 감독위원에게 제출합니다. (2D 작업 PDF 제출이 완료된 이후 3D 작업을 실시)
❺ 3D 작업이 완료되면 3D 제출용 폴더를 생성하여 해당 폴더 안에 PDF 파일로 저장 후 감독위원에게 제출하고, 시험위원 입회하에 본인이 직접 A3 용지에 2D, 3D 도면을 출력하도록 합니다.

※ 2D 제출용 폴더명 예시: 1_홍길동_2D (비번호_이름_2D)
※ 3D 제출용 폴더명 예시: 1_홍길동_3D (비번호_이름_3D)
※ PDF 파일명 예시: 1_홍길동_평면도 (비번호_이름_도면명)
※ 출력작업 시 출력 관련된 설정 외의 도면 수정작업 등은 할 수 없으며, 수정작업 등을 한 경우 실격 처리됩니다.
※ 수험자의 작도 잘못으로 도면이 출력되지 않는 경우, 출력시간이 10분을 초과할 경우는 실격 처리됩니다(출력시간은 시험시간에서 제외, 출력 기회는 2회 제공).

❻ 시험장의 장비(시설) 등이 파손되거나 고장 나지 않도록 유의하여 작업하도록 합니다.
❼ 다음 사항은 실격에 해당하여 채점 대상에서 제외됩니다.
　㉠ 시험시간 내에 요구사항을 완성하지 못한 경우
　㉡ 시험시간 내에 제출된 작품이라도 다음과 같은 경우
　　• 구조적·기능적으로 사용 불가능한 도면이 1개라도 있을 경우
　　• 주어진 조건을 지키지 않고 작도한 경우
　㉢ 기타 채점대상에서 제외되는 조건
　　• 지급된 재료 이외의 재료를 사용한 경우
　　• 제공된 자료 이외에 블록, 오브젝트, 프로그램(리습, 루비 등)을 별도로 사전에 지참하여 사용하는 경우
　　• 시험 중 시설·장비의 조작 또는 재료의 취급이 미숙하여 위해를 일으킬 것으로 시험위원 전원이 합의하여 판단한 경우

| 자격종목 | 실내건축기능사 | 과 제 명 | 원룸형 주택(A) | 척 도 | NONE |

3. 도면

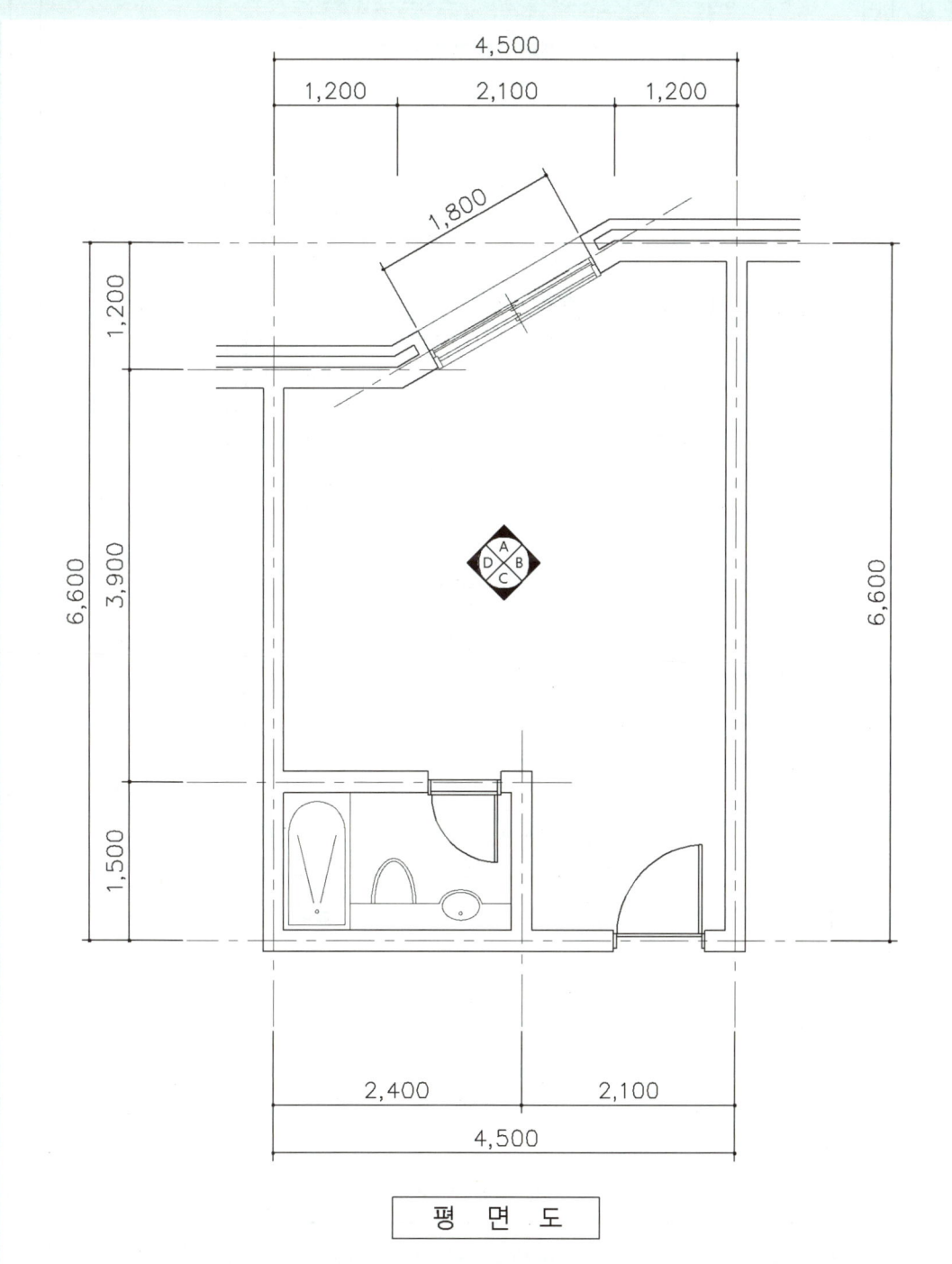

평 면 도

• 답안 도면1 – 평면도

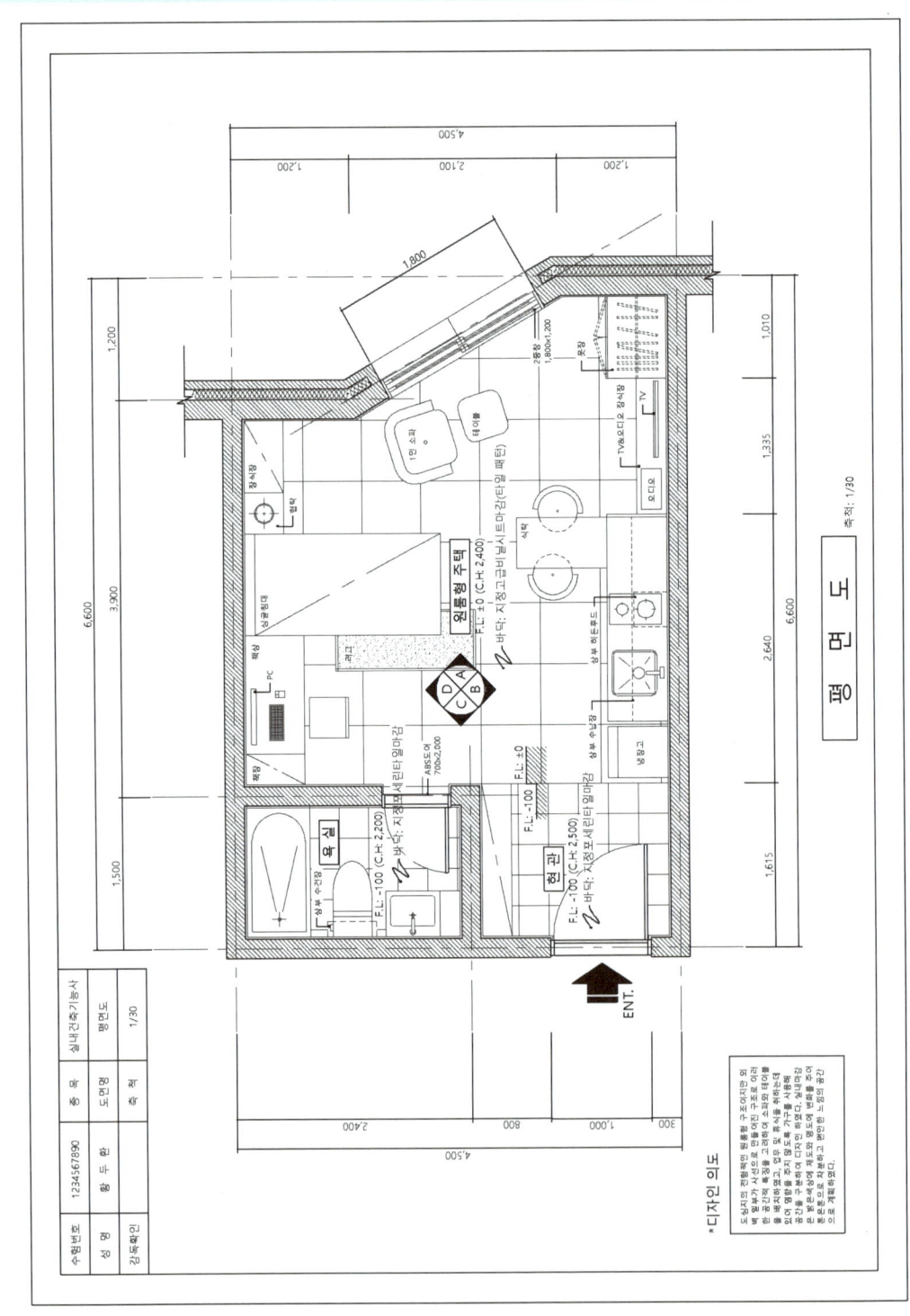

• 답안 도면2 – 내부 입면도

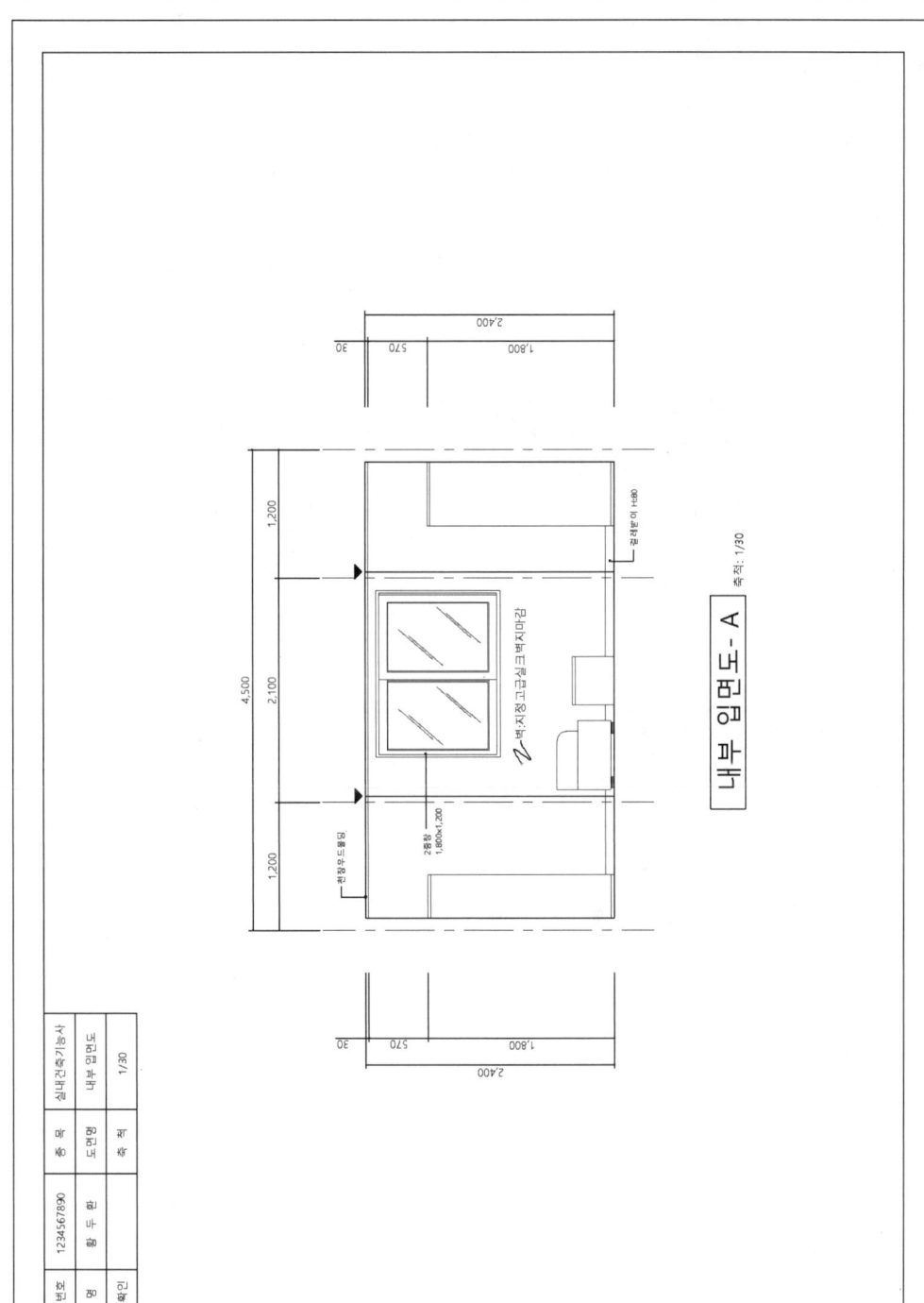

• 답안 도면3 – 천장도

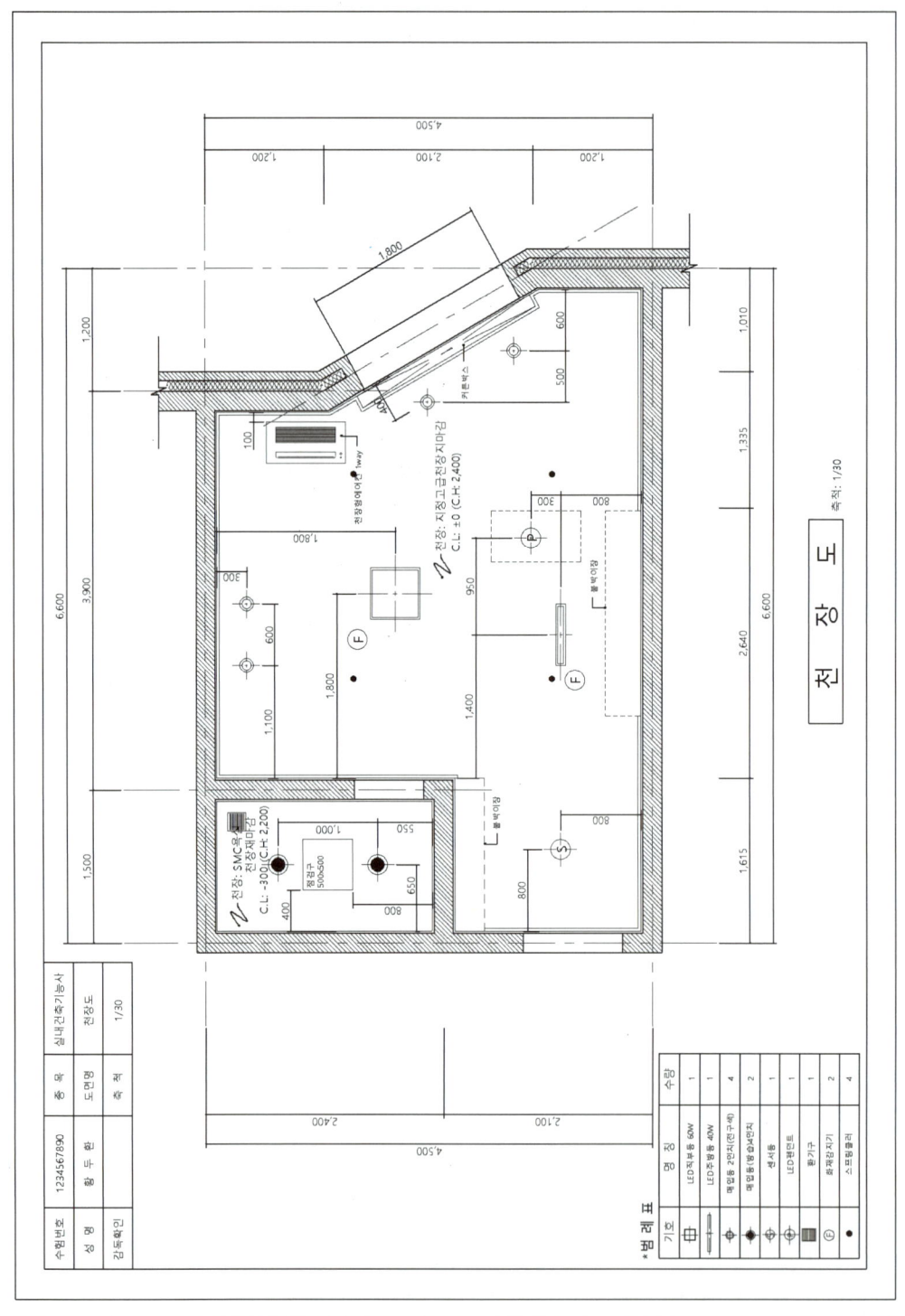

• 답안 도면 4 – 실내투시도

예상문제 05. 원룸형 주택 (B)

국가기술자격 실기시험문제

자격종목	실내건축기능사	과 제 명	원룸형 주택(B)

※ 시험시간 : 5시간

1. 요구사항

※ 요구조건에 따라 건축 설계 프로그램을 사용하여 도면을 작도하고, PDF 파일로 변환하여 출력 후 작업물과 출력물을 제출하시오.

(1) 요구조건

개 요	용 도	• 원룸형 주택
	인적 구성	• 20대 신혼부부
제시도면 조건	설계면적	• 7,700mm×5,400mm×2,600mm(CH)
	출입문	• 1,000mm×2,100mm(H)
	화장실문	• 700mm×2,000mm(H)
	다용도실문	• 700mm×2,000mm(H)
	이중창문	• 4,200mm×1,500mm(H)
	외벽체	• 콘크리트 벽체 [THK 200mm 철근콘크리트]
	내벽체	• 시멘트벽돌 벽체 [0.5B 벽돌 쌓기]
설계조건	필요 공간 및 집기	• 더블침대 • 2인용 식탁 • 2인용 소파 및 테이블 • 신발장 • 옷장 2EA • TV 및 테이블 • 컴퓨터 및 책상 • 취사 및 주방도구 • 세탁기 • 화장대

※ 위 제시된 조건은 필수조건이며, 이외에 필요한 조건은 수험자가 임의로 추가할 수 있음.
 (주어지지 않은 치수는 수험자가 임의로 설정)

| 자격종목 | 실내건축기능사 | 과 제 명 | 원룸형 주택(B) |

(2) 요구도면

① 평면도(1장, 가구배치 및 바닥마감재 표기) - S : 1/30
  • 평면도 주변의 여유 공간에 설계(디자인) 의도를 200자 이내로 서술
② 내부 입면도(1장) - S : 1/30
  • B방향 1면(가구 배치 및 벽면재료 표기)
③ 천장도(1장) - S : 1/30
  • 설비, 조명기구 배치 및 범례표 작성/천장마감재 표기
④ 실내투시도(1장) - S : N.S
  • 계획의 포인트가 좋은 지점에서 1소점 또는 2소점 투시법으로 작성

(3) 기타 사항

① 도곽 작성
  • 아래 예시와 같이 도곽 및 표제란을 작성
  • 도곽 안에 요구도면이 들어가도록 작업 후 PDF 파일로 제출 및 출력(3D 작업 포함)

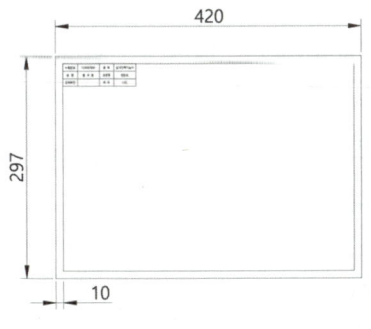

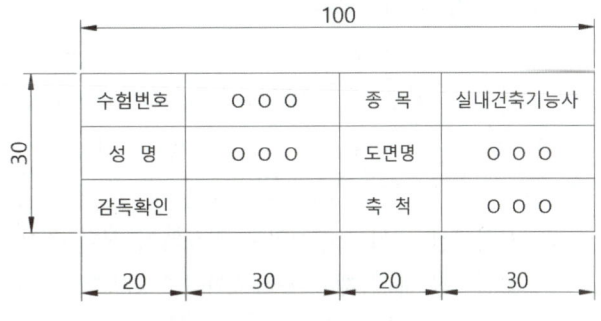

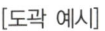

[표제란 예시]

② 도면 배치 순서

2D 작업(흑백)			3D 작업(컬러)
첫째 장	둘째 장	셋째 장	넷째 장
평면도	내부 입면도	천장도	실내투시도

③ 2D 작업 선 두께

빨강(1)=0.05mm	노랑(2)=0.3mm	녹색(3)=0.25mm	하늘색(4)=0.2mm
파랑(5)=0.15mm	보라(6)=0.1mm	회색 1(8)=0.05mm	회색 2(9)=0.1mm

  • 선의 통일을 위해 제시된 조건으로 검은색 선의 PDF 파일로 제출

자격종목	실내건축기능사	과 제 명	원룸형 주택(B)

2. 수험자 유의사항

※ 다음 유의사항을 고려하여 요구사항을 완성하시오.

❶ 명기되지 않은 조건은 건축법, 건축구조 및 건축제도 원칙에 따릅니다.
❷ 시험 시작 후 제공된 폴더명을 본인 비번호로 바꾸고, 모든 파일은 해당 폴더 안에 저장하도록 합니다.
❸ 정전 및 기계 고장 등에 의한 자료손실을 방지하기 위하여 수시로 저장합니다.
❹ 2D 작업이 완료되면 2D 제출용 폴더를 생성하여 해당 폴더 안에 PDF 파일로 저장 후 감독위원에게 제출합니다. (2D 작업 PDF 제출이 완료된 이후 3D 작업을 실시)
❺ 3D 작업이 완료되면 3D 제출용 폴더를 생성하여 해당 폴더 안에 PDF 파일로 저장 후 감독위원에게 제출하고 시험위원 입회하에 본인이 직접 A3 용지에 2D, 3D 도면을 출력하도록 합니다.

※ 2D 제출용 폴더명 예시: 1_홍길동_2D (비번호_이름_2D)
※ 3D 제출용 폴더명 예시: 1_홍길동_3D (비번호_이름_3D)
※ PDF 파일명 예시: 1_홍길동_평면도 (비번호_이름_도면명)
※ 출력작업 시 출력 관련된 설정 외의 도면 수정작업 등은 할 수 없으며, 수정작업 등을 한 경우 실격 처리됩니다.
※ 수험자의 작도 잘못으로 도면이 출력되지 않는 경우, 출력시간이 10분을 초과할 경우는 실격 처리됩니다(출력시간은 시험시간에서 제외, 출력 기회는 2회 제공).

❻ 시험장의 장비(시설) 등이 파손되거나 고장 나지 않도록 유의하여 작업하도록 합니다.
❼ 다음 사항은 실격에 해당하여 채점 대상에서 제외됩니다.
  ㉠ 시험시간 내에 요구사항을 완성하지 못한 경우
  ㉡ 시험시간 내에 제출된 작품이라도 다음과 같은 경우
    • 구조적·기능적으로 사용 불가능한 도면이 1개라도 있을 경우
    • 주어진 조건을 지키지 않고 작도한 경우
  ㉢ 기타 채점대상에서 제외되는 조건
    • 지급된 재료 이외의 재료를 사용한 경우
    • 제공된 자료 이외에 블록, 오브젝트, 프로그램(리습, 루비 등)을 별도로 사전에 지참하여 사용하는 경우
    • 시험 중 시설·장비의 조작 또는 재료의 취급이 미숙하여 위해를 일으킬 것으로 시험위원 전원이 합의하여 판단한 경우

| 자격종목 | 실내건축기능사 | 과 제 명 | 원룸형 주택(B) | 척 도 | NONE |

3. 도면

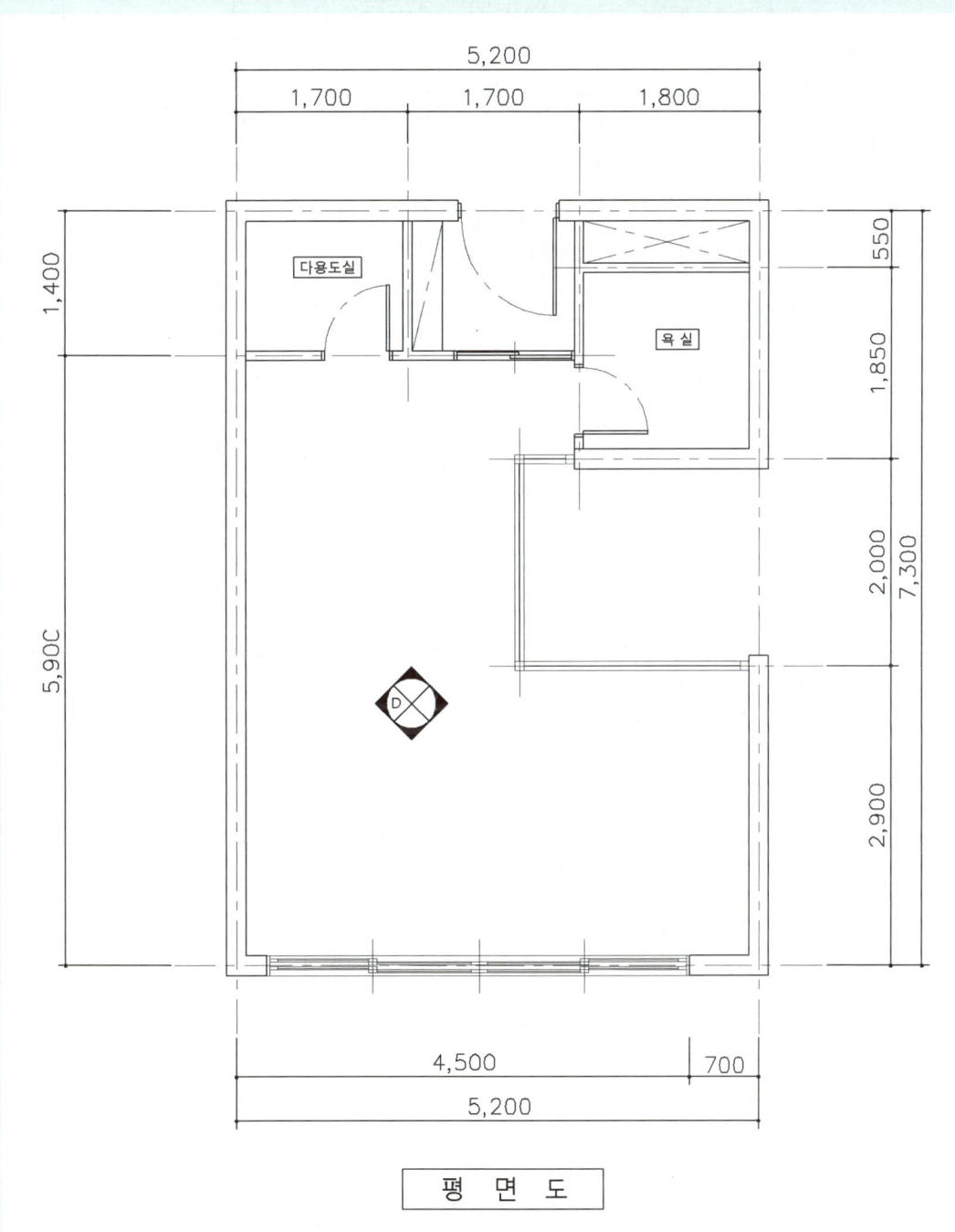

평 면 도

• 답안 도면1 - 평면도

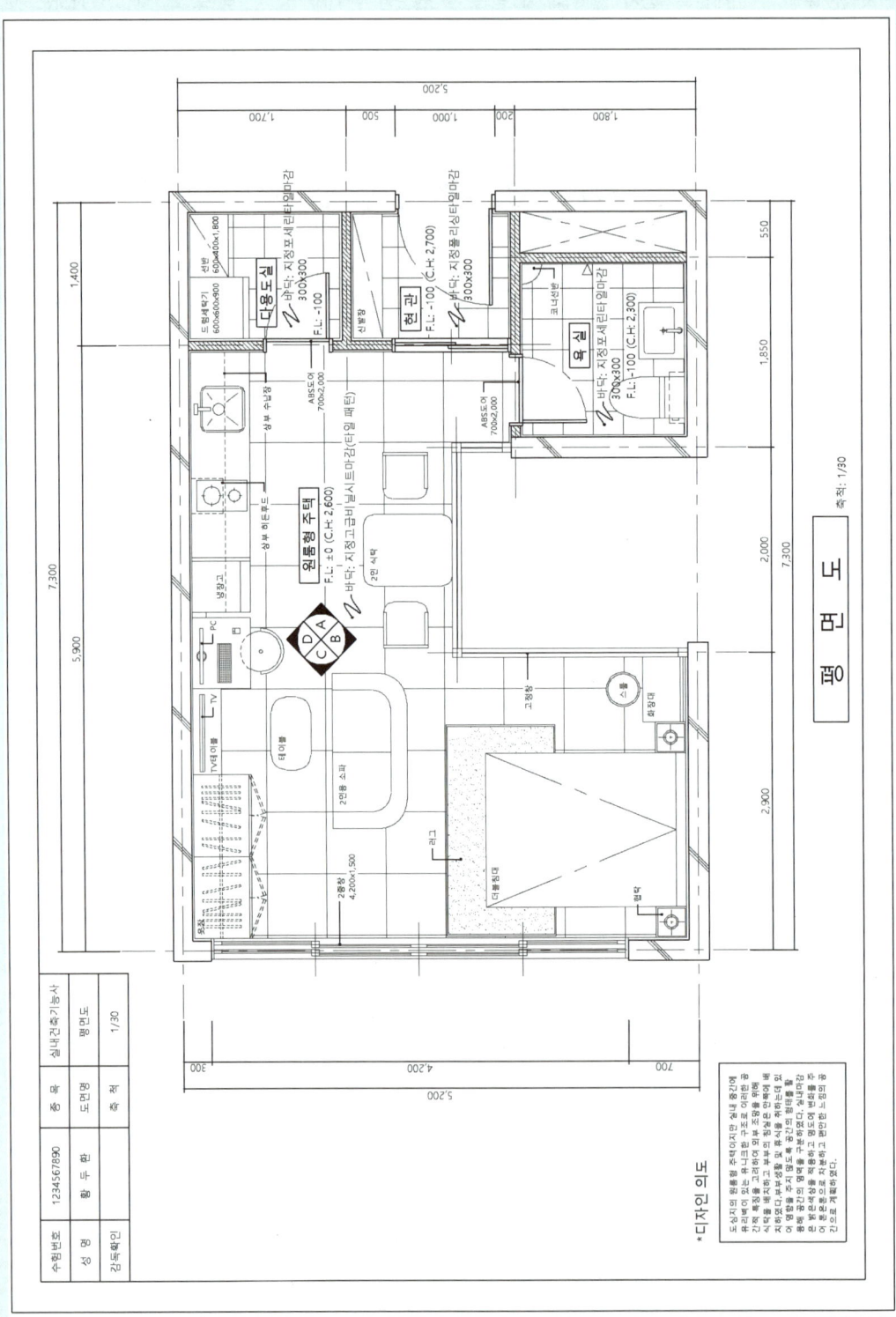

• 답안 도면2 - 내부 입면도

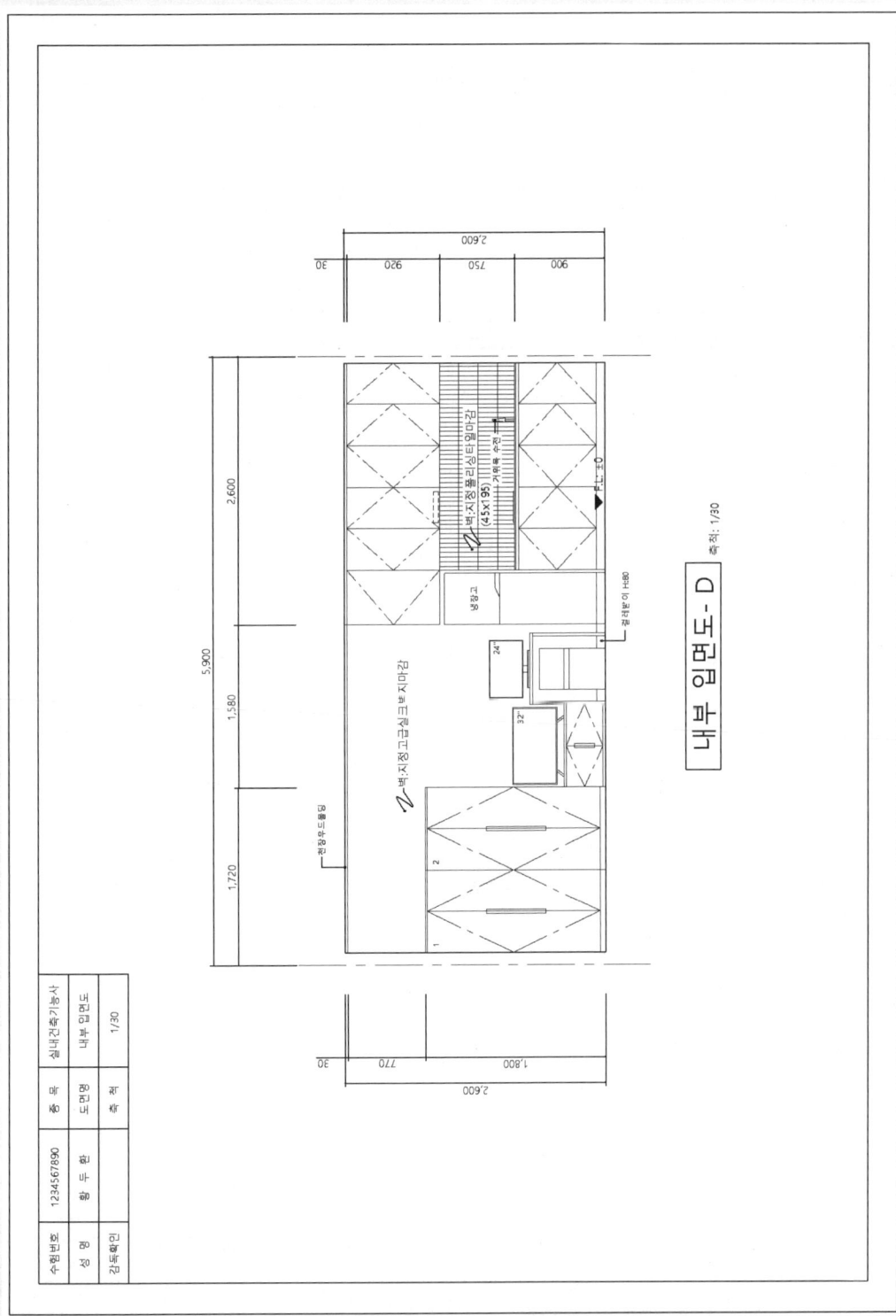

• 답안 도면3 - 천장도

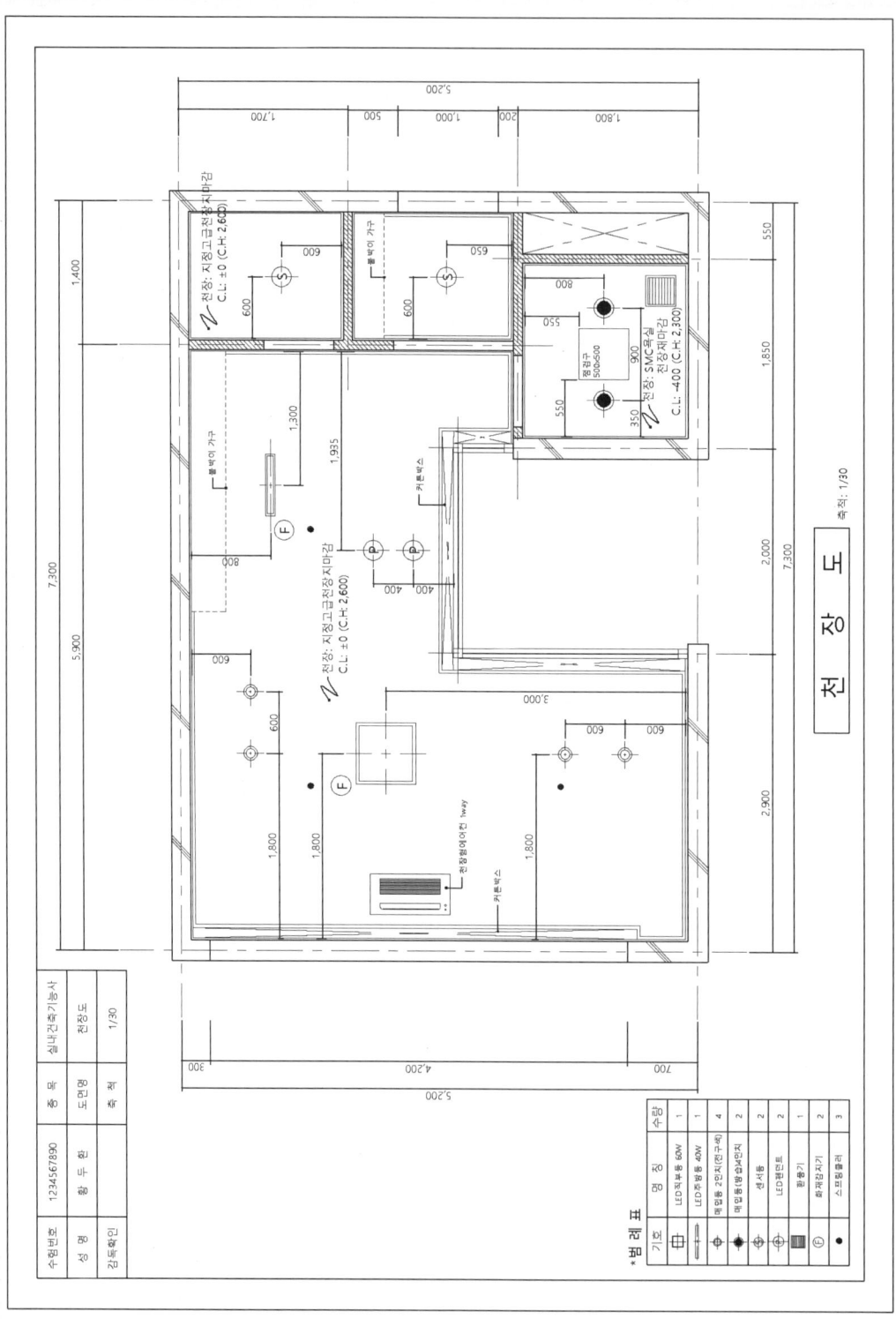

• 답안 도면4 – 실내투시도

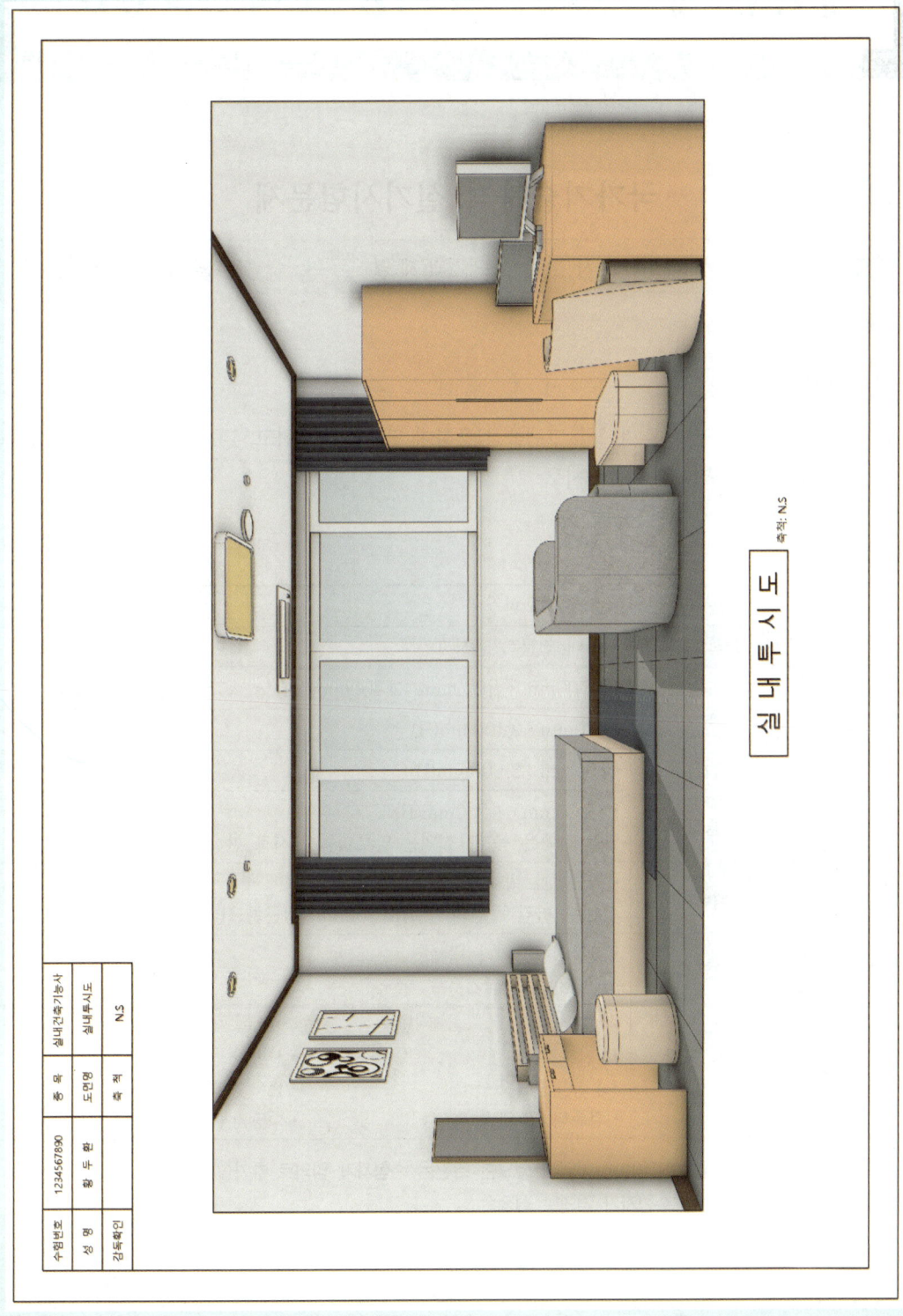

예상문제 06. 주거용 오피스텔 (A)

국가기술자격 실기시험문제

자격종목	실내건축기능사	과 제 명	주거용 오피스텔 (A)

※ 시험시간 : 5시간

1. 요구사항

※ 요구조건에 따라 건축 설계 프로그램을 사용하여 도면을 작도하고, PDF 파일로 변환하여 출력 후 작업물과 출력물을 제출하시오.

(1) 요구조건

개 요	용 도	• 주거용 오피스텔
	인적 구성	• 30대 전문직 남성 1인
제시도면 조건	설계면적	• 6,500mm×4,900mm×2,400mm(CH)
	출입문	• 900mm×2,100mm(H)
	화장실문	• 800mm×2,000mm(H)
	이중창문	• 3,200mm×1,200mm(H) * 실내 쪽은 목재, 실외는 알루미늄 새시로 한다.
	외벽체	• 콘크리트 벽체/붉은벽돌 치장마감 [내부 마감재 임의 + THK 200mm 철근콘크리트]
	내벽체	• 화장실 및 기타 벽체 [0.5B 벽돌 쌓기]
설계조건	필요 공간 및 집기	• 싱글침대 • 2인용 식탁 • 2인용 소파 • 신발장 • 옷장, 장식장 • TV 및 테이블 • 컴퓨터 및 책상 • 주방기구

※ 위 제시된 조건은 필수조건이며, 이외에 필요한 조건은 수험자가 임의로 추가할 수 있음.
 (주어지지 않은 치수는 수험자가 임의로 설정)

| 자격종목 | 실내건축기능사 | 과 제 명 | 주거용 오피스텔 (A) |

(2) 요구도면

① 평면도(1장, 가구배치 및 바닥마감재 표기) – S: 1/30
- 평면도 주변의 여유 공간에 설계(디자인) 의도를 200자 이내로 서술

② 내부 입면도(1장) – S: 1/30
- B방향 1면(가구 배치 및 벽면재료 표기)

③ 천장도(1장) – S: 1/30
- 설비, 조명기구 배치 및 범례표 작성/천장마감재 표기

④ 실내투시도(1장) – S: N.S
- 계획의 포인트가 좋은 지점에서 1소점 또는 2소점 투시법으로 작성

(3) 기타 사항

① 도곽 작성
- 아래 예시와 같이 도곽 및 표제란을 작성
- 도곽 안에 요구도면이 들어가도록 작업 후 PDF 파일로 제출 및 출력(3D 작업 포함)

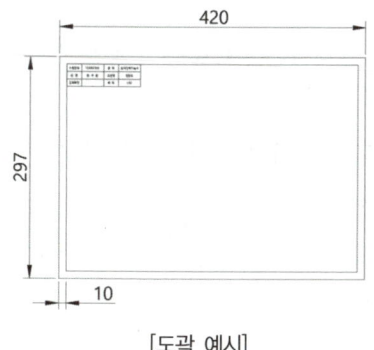

[도곽 예시]

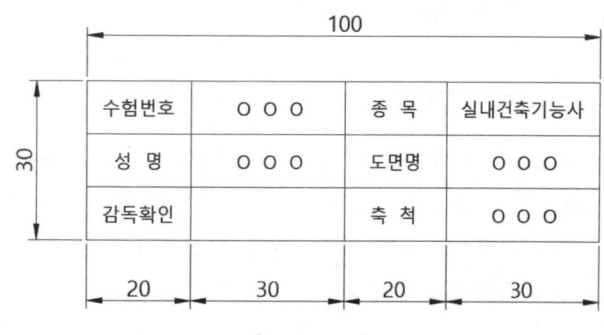

[표제란 예시]

② 도면 배치 순서

2D 작업(흑백)			3D 작업(컬러)
첫째 장	둘째 장	셋째 장	넷째 장
평면도	내부 입면도	천장도	실내투시도

③ 2D 작업 선 두께

빨강(1)=0.05mm	노랑(2)=0.3mm	녹색(3)=0.25mm	하늘색(4)=0.2mm
파랑(5)=0.15mm	보라(6)=0.1mm	회색 1(8)=0.05mm	회색 2(9)=0.1mm

- 선의 통일을 위해 제시된 조건으로 검은색 선의 PDF 파일로 제출

| 자격종목 | 실내건축기능사 | 과 제 명 | 주거용 오피스텔(A) |

2. 수험자 유의사항

※ 다음 유의사항을 고려하여 요구사항을 완성하시오.

❶ 명기되지 않은 조건은 건축법, 건축구조 및 건축제도 원칙에 따릅니다.
❷ 시험 시작 후 제공된 폴더명을 본인 비번호로 바꾸고, 모든 파일은 해당 폴더 안에 저장하도록 합니다.
❸ 정전 및 기계 고장 등에 의한 자료손실을 방지하기 위하여 수시로 저장합니다.
❹ 2D 작업이 완료되면 2D 제출용 폴더를 생성하여 해당 폴더 안에 PDF 파일로 저장 후 감독위원에게 제출합니다. (2D 작업 PDF 제출이 완료된 이후 3D 작업을 실시)
❺ 3D 작업이 완료되면 3D 제출용 폴더를 생성하여 해당 폴더 안에 PDF 파일로 저장 후 감독위원에게 제출하고, 시험위원 입회하에 본인이 직접 A3 용지에 2D, 3D 도면을 출력하도록 합니다.

  ※ 2D 제출용 폴더명 예시: 1_홍길동_2D (비번호_이름_2D)
  ※ 3D 제출용 폴더명 예시: 1_홍길동_3D (비번호_이름_3D)
  ※ PDF 파일명 예시: 1_홍길동_평면도 (비번호_이름_도면명)
  ※ 출력작업 시 출력 관련된 설정 외의 도면 수정작업 등은 할 수 없으며, 수정작업 등을 한 경우 실격 처리됩니다.
  ※ 수험자의 작도 잘못으로 도면이 출력되지 않는 경우, 출력시간이 10분을 초과할 경우는 실격 처리됩니다(출력시간은 시험시간에서 제외, 출력 기회는 2회 제공).

❻ 시험장의 장비(시설) 등이 파손되거나 고장 나지 않도록 유의하여 작업하도록 합니다.
❼ 다음 사항은 실격에 해당하여 채점 대상에서 제외됩니다.
  ㉠ 시험시간 내에 요구사항을 완성하지 못한 경우
  ㉡ 시험시간 내에 제출된 작품이라도 다음과 같은 경우
    • 구조적·기능적으로 사용 불가능한 도면이 1개라도 있을 경우
    • 주어진 조건을 지키지 않고 작도한 경우
  ㉢ 기타 채점대상에서 제외되는 조건
    • 지급된 재료 이외의 재료를 사용한 경우
    • 제공된 자료 이외에 블록, 오브젝트, 프로그램(리습, 루비 등)을 별도로 사전에 지참하여 사용하는 경우
    • 시험 중 시설·장비의 조작 또는 재료의 취급이 미숙하여 위해를 일으킬 것으로 시험위원 전원이 합의하여 판단한 경우

| 자격종목 | 실내건축기능사 | 과 제 명 | 주거용 오피스텔(A) | 척 도 | NONE |

3. 도면

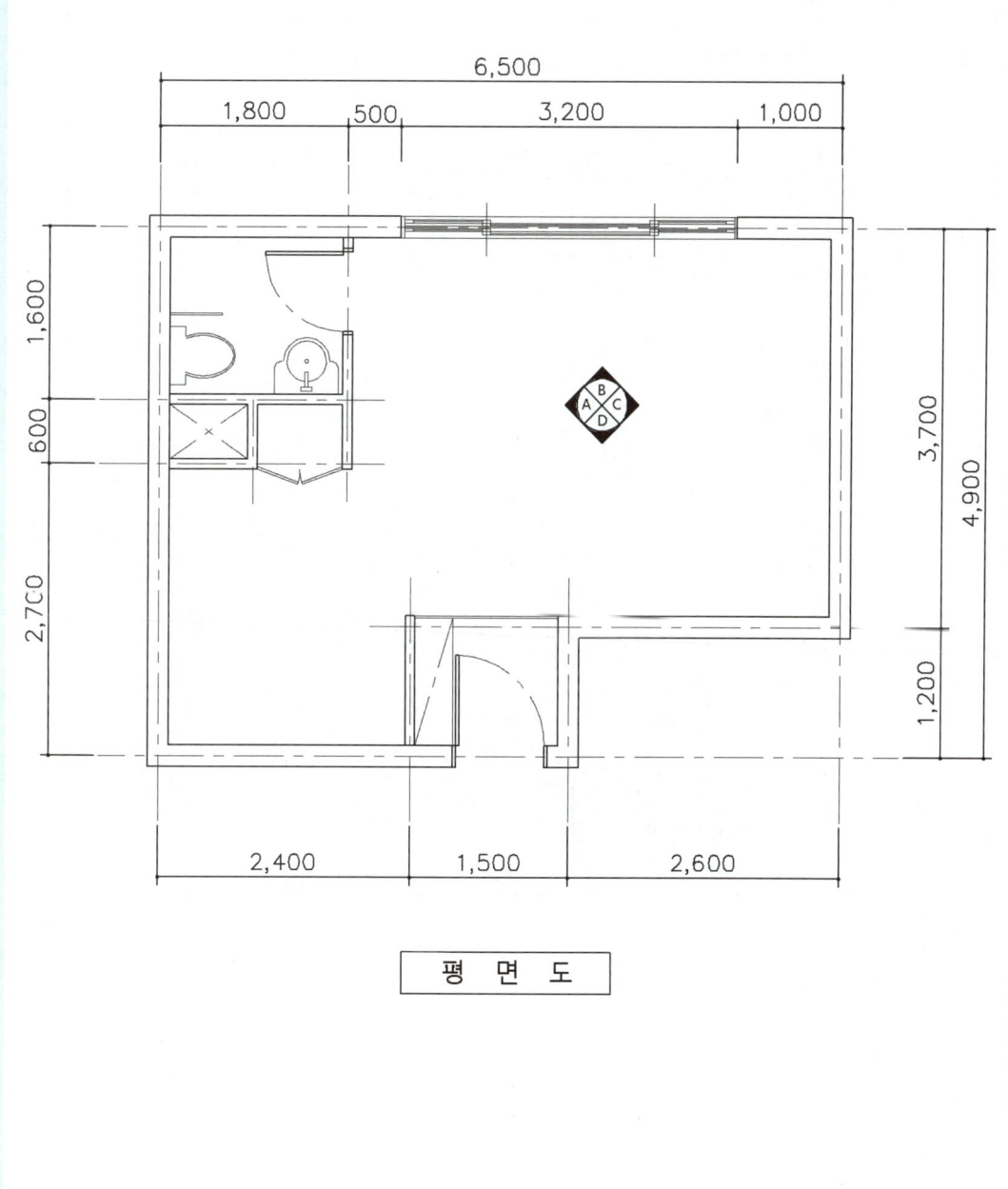

평 면 도

• 답안 도면1 - 평면도

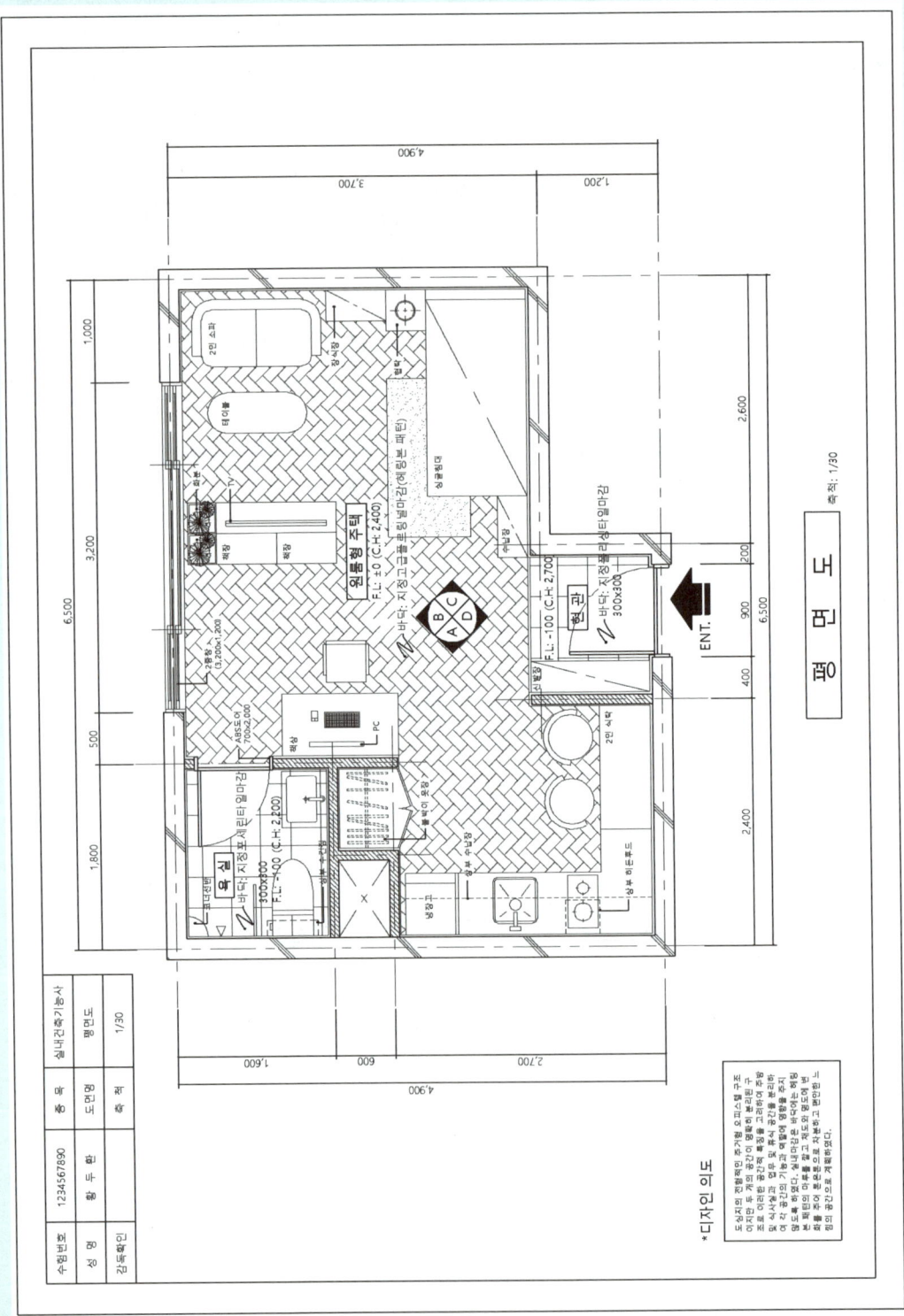

• 답안 도면2 - 내부 입면도

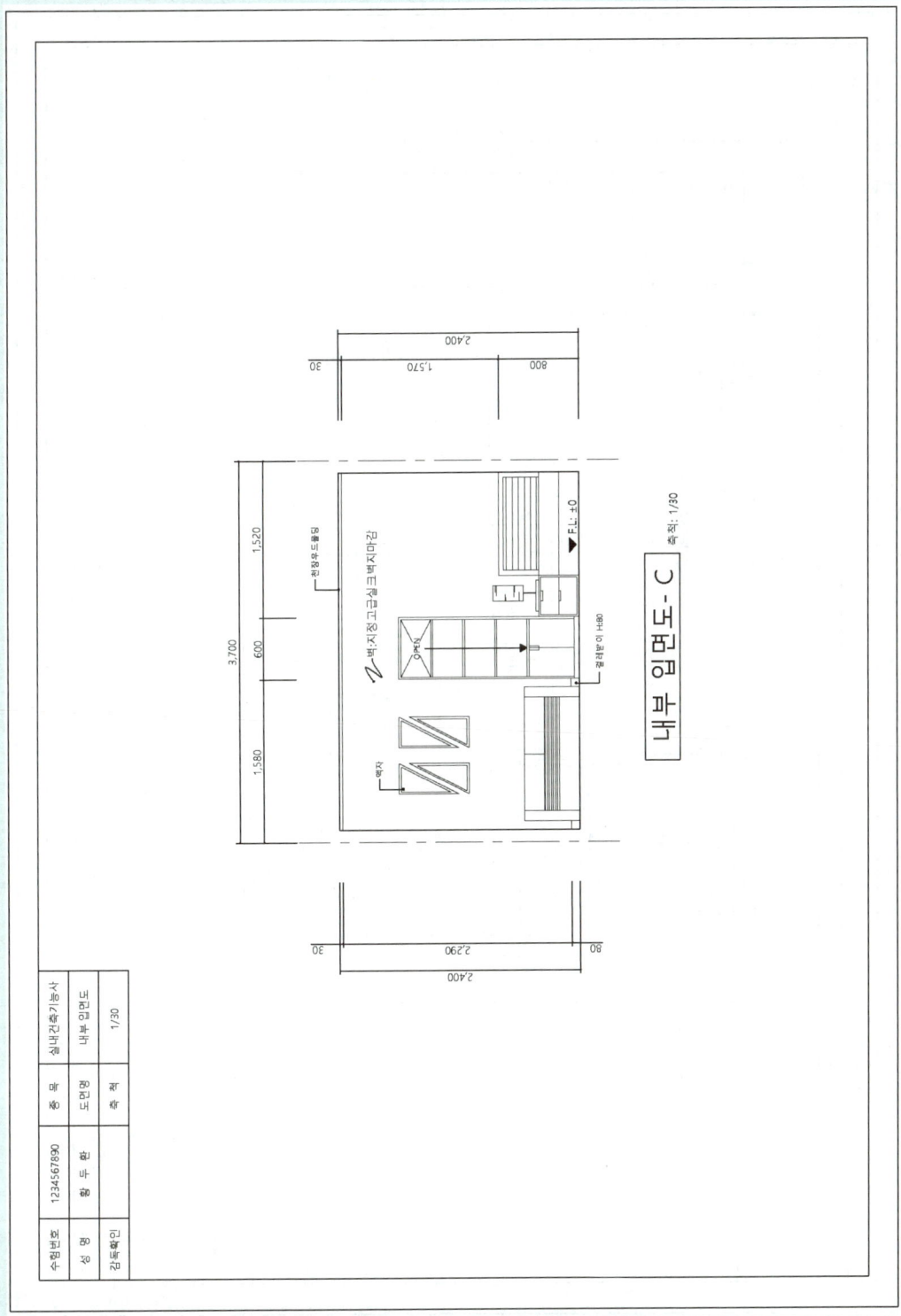

• 답안 도면3 - 천장도

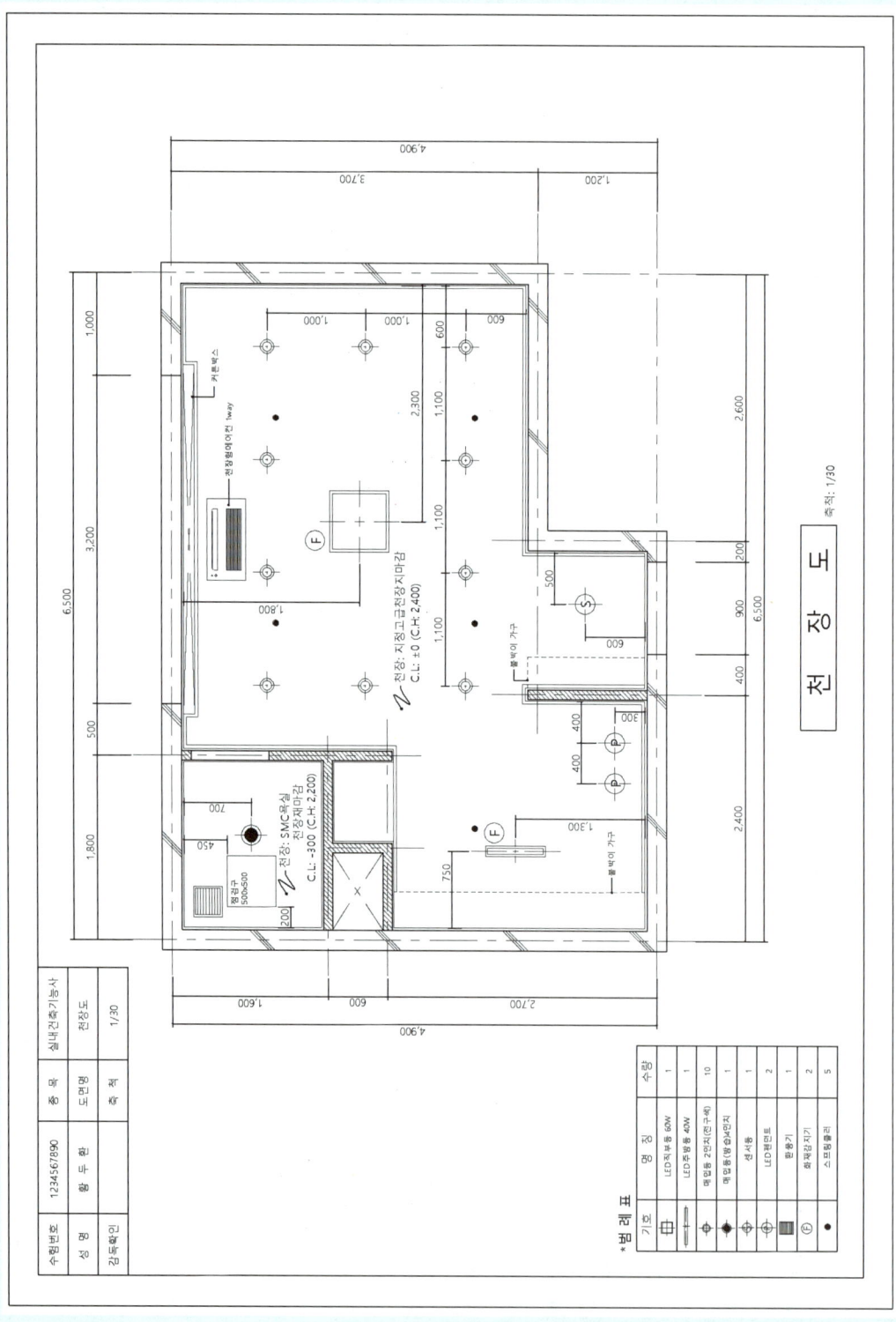

• 답안 도면 4 – 실내투시도

예상문제 07. 주거용 오피스텔 (B)

국가기술자격 실기시험문제

자격종목	실내건축기능사	과 제 명	주거용 오피스텔(B)

※ 시험시간 : 5시간

1. 요구사항

※ 요구조건에 따라 건축 설계 프로그램을 사용하여 도면을 작도하고, PDF 파일로 변환하여 출력 후 작업물과 출력물을 제출하시오.

(1) 요구조건

개 요	용 도	• 주거용 오피스텔
	인적 구성	• 20대 남성 1인
제시도면 조건	설계면적	• 6,400mm×4,700mm×2,300mm(CH)
	출입문	• 900mm×2,100mm(H)
	화장실문	• 700mm×2,000mm(H)
	이중창문	• 1,500mm×1,200mm(H)
	외벽체	• 콘크리트 벽체/붉은벽돌 치장마감 [내부 마감재 임의 + THK 200mm 철근콘크리트 + THK 100mm 단열재 + 0.5B 붉은벽돌 마감]
	내벽체	• 콘크리트 벽체 [THK 200mm 철근콘크리트] • 화장실 벽체 [0.5B 벽돌 쌓기]
설계조건	필요 공간 및 집기	• 싱글침대　　　　　　• 2인용 식탁 • 2인용 소파 및 테이블　• 신발장 • 옷장, 장식장　　　　• TV 및 테이블 • 컴퓨터 및 책상　　　• 주방기구

※ 위 제시된 조건은 필수조건이며, 이외에 필요한 조건은 수험자가 임의로 추가할 수 있음.
  (주어지지 않은 치수는 수험자가 임의로 설정)

| 자격종목 | 실내건축기능사 | 과제명 | 주거용 오피스텔(B) |

(2) 요구도면

① 평면도(1장, 가구배치 및 바닥마감재 표기) – S: 1/30
- 평면도 주변의 여유 공간에 설계(디자인) 의도를 200자 이내로 서술

② 내부 입면도(1장) – S: 1/30
- B방향 1면(가구 배치 및 벽면재료 표기)

③ 천장도(1장) – S: 1/30
- 설비, 조명기구 배치 및 범례표 작성/천장마감재 표기

④ 실내투시도(1장) – S: N.S
- 계획의 포인트가 좋은 지점에서 1소점 또는 2소점 투시법으로 작성

(3) 기타 사항

① 도곽 작성
- 아래 예시와 같이 도곽 및 표제란을 작성
- 도곽 안에 요구도면이 들어가도록 작업 후 PDF 파일로 제출 및 출력(3D 작업 포함)

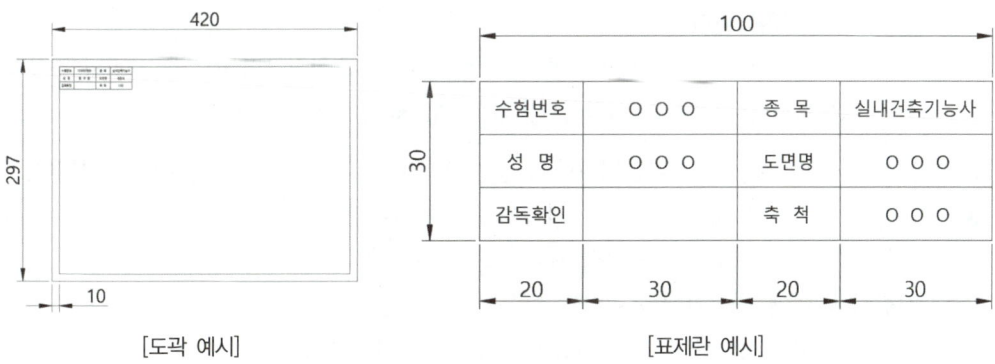

[도곽 예시]   [표제란 예시]

② 도면 배치 순서

2D 작업(흑백)			3D 작업(컬러)
첫째 장	둘째 장	셋째 장	넷째 장
평면도	내부 입면도	천장도	실내투시도

③ 2D 작업 선 두께

빨강(1)=0.05mm	노랑(2)=0.3mm	녹색(3)=0.25mm	하늘색(4)=0.2mm
파랑(5)=0.15mm	보라(6)=0.1mm	회색1(8)=0.05mm	회색2(9)=0.1mm

- 선의 통일을 위해 제시된 조건으로 검은색 선의 PDF 파일로 제출

자격종목	실내건축기능사	과 제 명	주거용 오피스텔(B)

2. 수험자 유의사항

※ 다음 유의사항을 고려하여 요구사항을 완성하시오.

❶ 명기되지 않은 조건은 건축법, 건축구조 및 건축제도 원칙에 따릅니다.

❷ 시험 시작 후 제공된 폴더명을 본인 비번호로 바꾸고, 모든 파일은 해당 폴더 안에 저장하도록 합니다.

❸ 정전 및 기계 고장 등에 의한 자료손실을 방지하기 위하여 수시로 저장합니다.

❹ 2D 작업이 완료되면 2D 제출용 폴더를 생성하여 해당 폴더 안에 PDF 파일로 저장 후 감독위원에게 제출합니다. (2D 작업 PDF 제출이 완료된 이후 3D 작업을 실시)

❺ 3D 작업이 완료되면 3D 제출용 폴더를 생성하여 해당 폴더 안에 PDF 파일로 저장 후 감독위원에게 제출하고 시험위원 입회하에 본인이 직접 A3 용지에 2D, 3D 도면을 출력하도록 합니다.

※ 2D 제출용 폴더명 예시: 1_홍길동_2D (비번호_이름_2D)

※ 3D 제출용 폴더명 예시: 1_홍길동_3D (비번호_이름_3D)

※ PDF 파일명 예시: 1_홍길동_평면도 (비번호_이름_도면명)

※ 출력작업 시 출력 관련된 설정 외의 도면 수정작업 등은 할 수 없으며, 수정작업 등을 한 경우 실격 처리됩니다.

※ 수험자의 작도 잘못으로 도면이 출력되지 않는 경우, 출력시간이 10분을 초과할 경우는 실격 처리됩니다(출력시간은 시험시간에서 제외, 출력 기회는 2회 제공).

❻ 시험장의 장비(시설) 등이 파손되거나 고장 나지 않도록 유의하여 작업하도록 합니다.

❼ 다음 사항은 실격에 해당하여 채점 대상에서 제외됩니다.
  ㉠ 시험시간 내에 요구사항을 완성하지 못한 경우
  ㉡ 시험시간 내에 제출된 작품이라도 다음과 같은 경우
   • 구조적·기능적으로 사용 불가능한 도면이 1개라도 있을 경우
   • 주어진 조건을 지키지 않고 작도한 경우
  ㉢ 기타 채점대상에서 제외되는 조건
   • 지급된 재료 이외의 재료를 사용한 경우
   • 제공된 자료 이외에 블록, 오브젝트, 프로그램(리습, 루비 등)을 별도로 사전에 지참하여 사용하는 경우
   • 시험 중 시설·장비의 조작 또는 재료의 취급이 미숙하여 위해를 일으킬 것으로 시험위원 전원이 합의하여 판단한 경우

| 자격종목 | 실내건축기능사 | 과 제 명 | 주거용 오피스텔(B) | 척 도 | NONE |

3. 도면

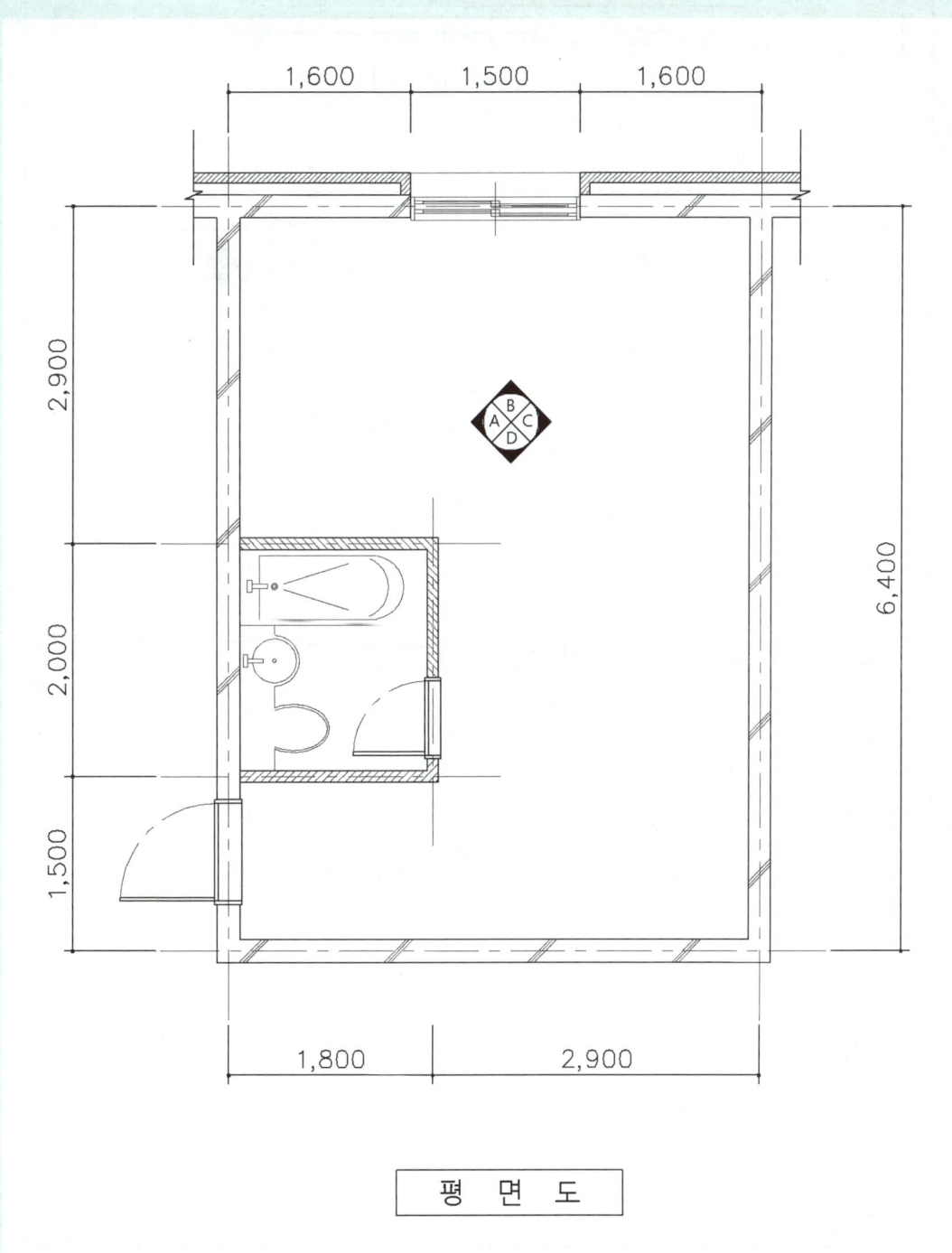

평 면 도

• 답안 도면1 – 평면도

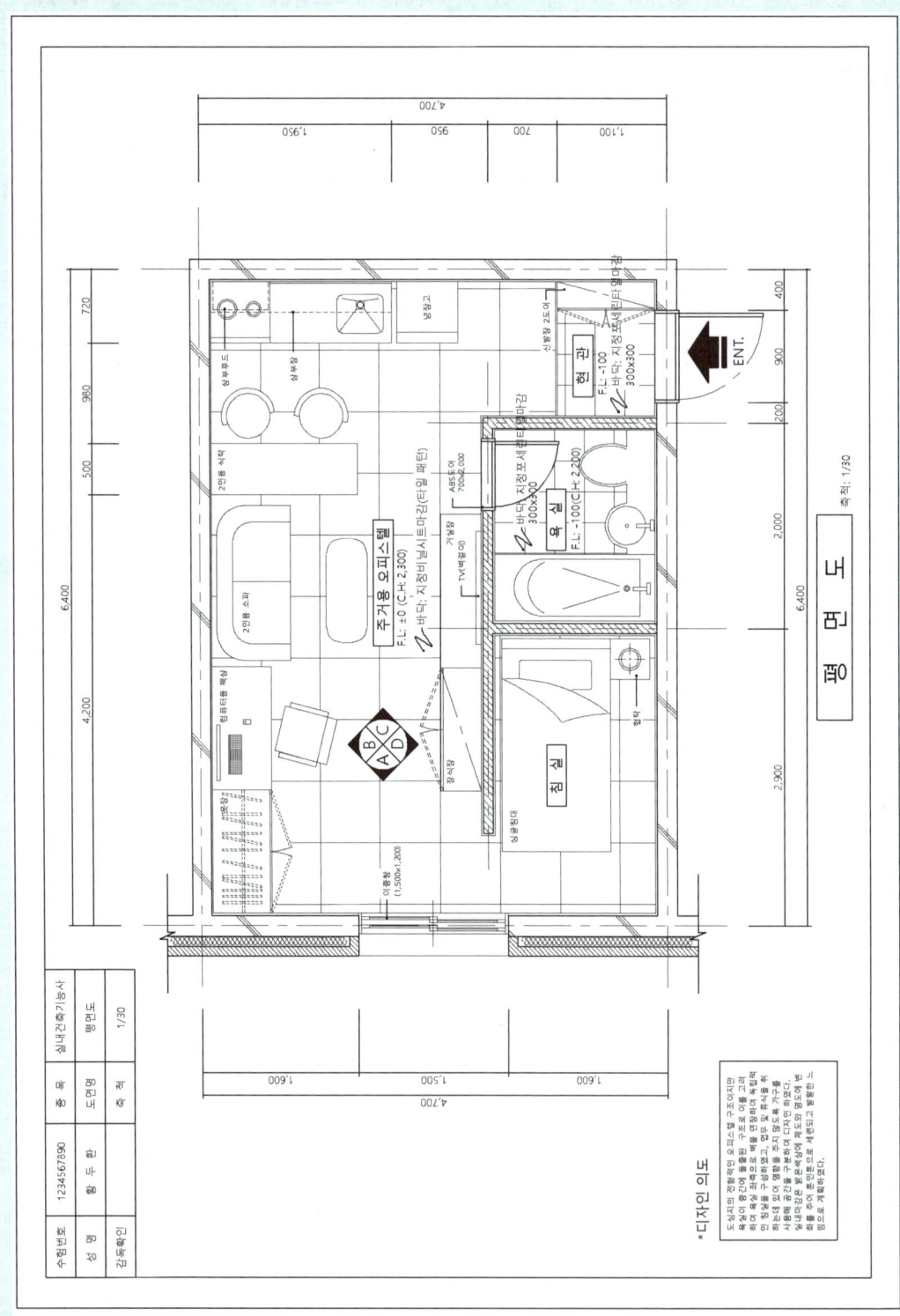

• 답안 도면2 – 내부 입면도

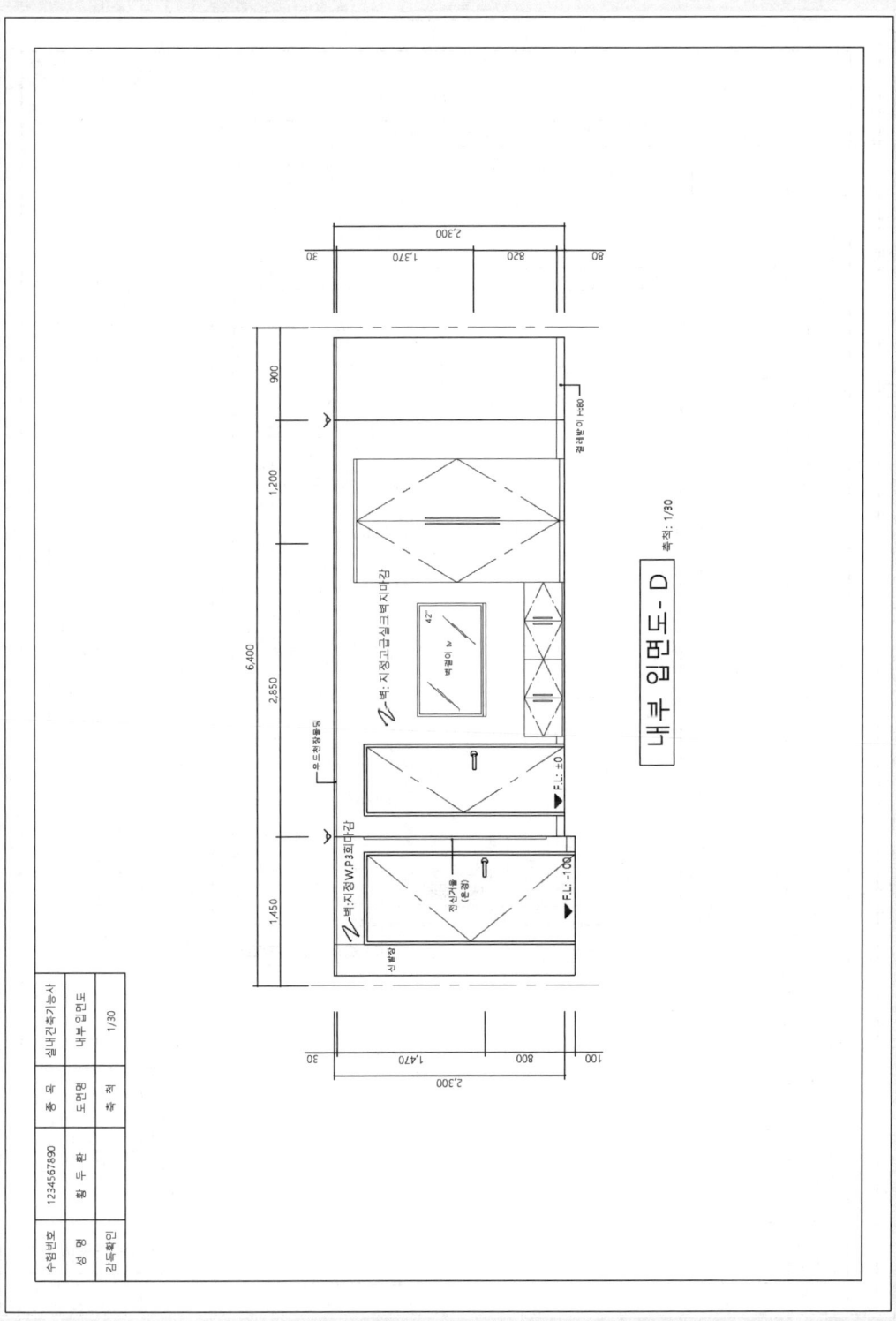

• 답안 도면3 - 천장도

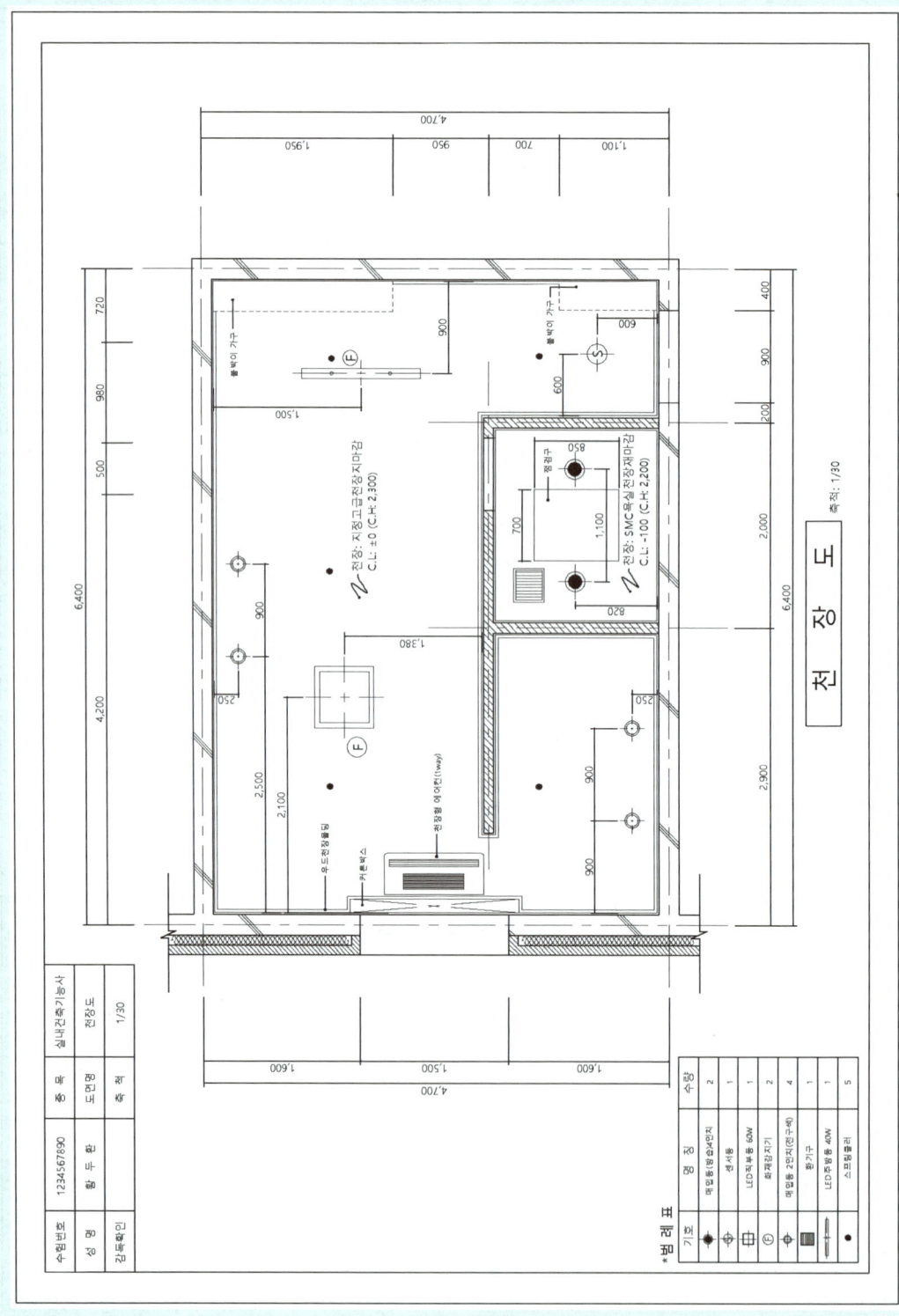

• 답안 도면 4 – 실내투시도

스마트 실내건축기능사 실기

2026. 1. 7. 초 판 1쇄 인쇄
2026. 1. 14. 초 판 1쇄 발행

저자와의 협의하에 검인생략

지은이 | 황두환
펴낸이 | 이종춘
펴낸곳 | BM ㈜도서출판 성안당

주소 | 04032 서울시 마포구 양화로 127 첨단빌딩 3층(출판기획 R&D 센터)
      | 10881 경기도 파주시 문발로 112 파주 출판 문화도시(제작 및 물류)
전화 | 02) 3142-0036
     | 031) 950-6300
팩스 | 031) 955-0510
등록 | 1973. 2. 1. 제406-2005-000046호
출판사 홈페이지 | www.cyber.co.kr
ISBN | 978-89-315-1214-4 (13540)
정가 | 32,000원

이 책을 만든 사람들
책임 | 최옥현
진행 | 이희영
표지 디자인 | 박현정
본문 디자인 | 민혜조
홍보 | 김계향, 임진성, 김주승, 최정민, 이해솜
국제부 | 이선민, 조혜란
마케팅 | 구본철, 차정욱, 오영일, 나진호, 강호묵
마케팅 지원 | 장상범
제작 | 김유석

이 책의 어느 부분도 저작권자나 BM ㈜도서출판 성안당 발행인의 승인 문서 없이 일부 또는 전부를 사진 복사나 디스크 복사 및 기타 정보 재생 시스템을 비롯하여 현재 알려지거나 향후 발명될 어떤 전기적, 기계적 또는 다른 수단을 통해 복사하거나 재생하거나 이용할 수 없음.

※ 잘못 만들어진 책은 바꾸어 드립니다.